中国国家标准汇编

2008年修订-102

中国标准出版社　编

中国标准出版社
北京

图书在版编目（CIP）数据

中国国家标准汇编：2008年修订.102/中国标准出版社编.—北京：中国标准出版社，2009
ISBN 978-7-5066-5598-9

Ⅰ.中…　Ⅱ.中…　Ⅲ.国家标准-汇编-中国-2008　Ⅳ.T-652.1

中国版本图书馆CIP数据核字（2009）第204393号

中国标准出版社出版发行
北京复兴门外三里河北街16号
邮政编码:100045
网址 www.spc.net.cn
电话:68523946　68517548
中国标准出版社秦皇岛印刷厂印刷
各地新华书店经销
*
开本 880×1230　1/16　印张 35.5　字数 1 076 千字
2009年12月第一版　2009年12月第一次印刷
*
定价 200.00 元

ISBN 978-7-5066-5598-9
9 787506 655989

出 版 说 明

1.《中国国家标准汇编》是一部大型综合性国家标准全集。自1983年起，按国家标准顺序号以精装本、平装本两种装帧形式陆续分册汇编出版。它在一定程度上反映了我国建国以来标准化事业发展的基本情况和主要成就，是各级标准化管理机构，工矿企事业单位，农林牧副渔系统，科研、设计、教学等部门必不可少的工具书。

2.《中国国家标准汇编》收入我国每年正式发布的全部国家标准，分为“制定”卷和“修订”卷两种编辑版本。

“制定”卷收入上年度我国发布的、新制定的国家标准，顺延前年度标准编号分成若干分册，封面和书脊上注明“20××年制定”字样及分册号，分册号一直连续。各分册中的标准是按照标准编号顺序连续排列的，如有标准顺序号缺号的，除特殊情况注明外，暂为空号。

“修订”卷收入上年度我国发布的、被修订的国家标准，视篇幅分设若干分册，但与“制定”卷分册号无关联，仅在封面和书脊上注明“20××年修订-1，-2，-3，……”字样。“修订”卷各分册中的标准，仍按标准编号顺序排列(但不连续)；如有遗漏的，均在当年最后一分册中补齐。需提请读者注意的是，个别非顺延前年度标准编号的新制定的国家标准没有收入在“制定”卷中，而是收入在“修订”卷中。

读者配套购买《中国国家标准汇编》“制定”卷和“修订”卷则可收齐上一年度我国制定和修订的全部国家标准。

3.由于读者需求的变化，自1996年起，《中国国家标准汇编》仅出版精装本。

4.2008年制修订国家标准共5946项。本分册为“2008年修订-102”，收入新制修订的国家标准21项。

中国标准出版社
2009年10月

目　　录

ICS 97.200.40
Y 57

GB

中华人民共和国国家标准

GB/T 18170—2008
代替 GB 18170—2000

电池车类游艺机通用技术条件

Specifications of amusement rides battery car category

2008-11-12 发布　　2009-05-01 实施

中华人民共和国国家质量监督检验检疫总局
中国国家标准化管理委员会　发布

前　言

本标准代替 GB 18170—2000《电池车类游艺机通用技术条件》。

本标准与 GB 18170—2000 相比，主要变化如下：

——在第 1 章的“范围”中，明确了电池车类游艺机的设计、制造、安装、改造、维修、试验、检验和使用管理；

——增加了第 5 章“传动系统”、第 6 章“电气”、第 7 章“车场和车道”、第 8 章“车辆”、第 9 章“安全设施”、第 10 章“制造与安装”以及附录 A；

——在第 4 章中增加了设计要考虑的各种载荷和设计计算应考虑的应力、刚度计算、疲劳强度等；

——在第 8 章中增加了安全带的要求；

——在第 9 章中增加了安全标识的要求；

——在第 11 章“试验方法”中去掉了应力测量；

——在第 12 章“检验规则”中增加了三条产品重缺陷：起动时有明显打滑现象，传动机构运转不正常，整机运行时有异常的振动、冲击、发热、声响及卡滞现象；安全把手损坏、失效；安全带损坏、失效；去掉了主电路无短路保护；

——增加了附录 A（规范性附录）关于“主要部件”、“重要的轴、销轴”和“重要焊缝”的规定。

本标准的附录 A 为规范性附录。

本标准由全国索道、游艺机及游乐设施标准化技术委员会提出并归口。

本标准起草单位：全国索道、游艺机及游乐设施标准化技术委员会，中国特种设备检测研究院，中山市康乐游艺机有限公司，重庆市特种设备质量安全检测中心。

本标准主要起草人：王洲、陈若蒙、梁祖尧、马文飞、张寿民、曹国胜、邓明旭、邹定东。

本标准所代替标准的历次版本发布情况为：

——GB 18170—2000。

电池车类游艺机通用技术条件

1 范围

本标准规定了电池车类游艺机通用技术条件和技术要求。

本标准适用于电池车类游艺机的设计、制造、安装、改造、维修、试验、检验和使用管理(以下简称电池车)。

2 规范性引用文件

下列文件中的条款通过本标准的引用而成为本标准的条款。凡是注日期的引用文件,其随后所有的修改单(不包括勘误的内容)或修订版均不适用于本标准,然而,鼓励根据本标准达成协议的各方研究是否可使用这些文件的最新版本。凡是不注日期的引用文件,其最新版本适用于本标准。

GB/T 528 硫化橡胶或热塑性橡胶拉伸应力应变性能的测定(GB/T 528—1998,eqv ISO 37:1994)

GB/T 531 橡胶袖珍硬度计压入硬度试验方法(GB/T 531—1999,idt ISO 7619:1986)

GB/T 699 优质碳素结构钢

GB/T 1447 纤维增强塑料拉伸性能试验方法

GB/T 1449 纤维增强塑料弯曲性能试验方法

GB/T 1451 纤维增强塑料简支梁冲击韧性试验方法

GB/T 1689 硫化橡胶耐磨性能的测定(用阿克隆磨耗机)

GB/T 2828.1 计数抽样检验程序 第1部分:按接收质量限(AQL)检索的逐批检验抽样计划(GB/T 2828.1—2008,ISO 2859-1:1999,IDT)

GB/T 3077 合金结构钢

GB/T 7403.1 牵引用铅酸蓄电池 第1部分:技术条件(GB/T 7403.1—1996,neq IEC 254-1:1983)

GB 8408—2008 游乐设施安全规范

GB 11211 硫化橡胶与金属粘合强度的测定 拉伸法(GB 11211—1989,eqv ISO 814:1986)

3 总则

3.1 电池车是指在规定的车场或车道内运行,以蓄电池为电源、电动机驱动及运动形式类似的游艺机。

3.2 电池车的设计、制造、安装、改造、维修、试验、检验和使用管理,应执行本标准并符合GB 8408—2008的规定。

3.3 电池车的设计、制造、安装、使用应保证人身安全。

3.4 本标准未提到的其他要求,均应按国家有关标准、规范和规定执行。

4 基本设计规定

4.1 基本要求

4.1.1 电池车的设计应有设计说明书、设计计算书、安全分析及符合国家有关标准的全套设计图样。

4.1.2 电池车的设计应规定其整机及主要部件设计使用寿命,整机使用寿命不小于23 000 h。

4.1.3 电池车的设计应符合GB 8408—2008的规定。

4.2 电池车的载荷应符合 GB 8408—2008 中 4.2 的规定。

4.2.1 载荷一般包括:永久载荷(用 G_k 表示)、变载荷(用 Q_k 表示),并按 GB 8408—2008 中表 1 选择冲击系数。

4.2.2 载荷组合按 GB 8408—2008 中 4.2.4 的规定并结合实际工作状况选取。

4.3 人员活动区域均布活载荷的取值应符合 GB 8408—2008 中 4.3 的规定。

4.4 电池车设计计算应符合 GB 8408—2008 中 4.5 的规定。

4.4.1 电池车的设计应根据具体结构作相应计算:应力计算、刚度计算、疲劳强度计算等。

4.4.2 重要的轴、销轴及焊缝除做应力计算外,宜做疲劳强度验算,两者都应满足给定的安全系数。对于难以拆卸的重要轴及销轴,应按无限寿命设计。

4.5 电池车速度应不大于 10 km/h。儿童专用的电池车速度应不大于 5 km/h。

5 传动系统

5.1 传动系统的设计,应保证运行安全,在系统出现失效的情况下,电池车应处于安全状态。

5.2 电池车起动、运行过程中不应有明显打滑现象,传动机构应运转正常。整机运行时不允许有异常的振动、冲击、发热、声响及卡滞现象。

5.3 机械传动部分应符合 GB 8408—2008 中 5.3.1、5.3.2、5.3.3、5.3.4、5.3.5、5.3.6、5.3.7 的规定。

5.4 各种运行试验中,零部件不应有永久变形及损坏现象。

6 电气

6.1 电气系统应符合 GB 8408—2008 中 6.1 的规定。

6.2 控制系统应符合 GB 8408—2008 中 6.2 的规定。

6.3 应设必要的音响等信号装置。

6.4 应设有开关锁和运行定时器或投币器。

6.5 蓄电池应固定牢固,不能因碰撞而移动。

6.6 蓄电池应密封良好,不允许有漏液、渗液现象;技术性能应符合 GB/T 7403.1 的规定。

6.7 在额定载荷下,蓄电池按实际工况连续工作时间宜不小于 4 h。

6.8 电气安装应符合 GB 8408—2008 中 6.5 的规定。

6.9 每辆电池车上应设有短路保护装置。

7 车场和车道

7.1 车场地面和车道路面应平整坚实,不应有凹凸不平现象。

7.2 车场四周应设置缓冲拦挡物,拦挡物应牢固可靠。

7.3 车道路面宽度:允许超车行驶的应不小于 5 m。不允许超车行驶的应不小于 3 m。

7.4 车道路面坡度应不大于 5%。道路内侧转弯半径应不小于 5 m。

7.5 车道内不应有障碍物和插入支线,车道两侧应设置缓冲拦挡物,拦挡物应牢固可靠。

7.6 在专用车道内运行的电池车应设有停车站和站台,站台面应高出车体缓冲装置。

7.7 车速大于 5 km/h 的电池车应设专用车道或车场,并应单向运行。

7.8 车速 5 km/h 以上的电池车与儿童专用电池车严禁在同一场地使用。

8 车辆

8.1 每辆车应在显著位置上固定标牌,标牌内容至少应包括产品名称、产品型号、产品编号、制造日期和制造许可证编号等。

8.2 每辆车应标出定员人数。

8.3 车辆框架应采用金属结构材料，座席应采用软质、木质或玻璃钢等材料制造。

8.4 凡乘客可触及之处，不允许有外露的锐边、尖角、毛刺和危险突出物等。

8.5 座席宽度每人应不小于400 mm，专供儿童乘坐的每人应不小于250 mm。车速大于5 km/h的座席深度应不小于550 mm，座席靠背高度应不小于300 mm。

8.6 应设有安全把手，骑乘式电池车除设有安全把手外还应设有脚踏板。

8.7 车速大于5 km/h的电池车应设有安全带，安全带宜采用尼龙编织带等适于露天使用的高强度带子，带宽应不小于30 mm，安全带破断拉力不小于6 000 N。安全带与机体的联接应可靠，并应承受可预见的乘客各种动作产生的力。

8.8 车速大于5 km/h的电池车应设有制动装置，制动装置应符合GB 8408—2008中7.7.5的规定。在额定载荷和额定速度下的制动距离应小于4 m。

8.9 车轮装置应转动灵活，润滑、维修方便；车轮应耐磨、耐热并有足够的强度。

8.10 电池车受阻不能运行时，电机应具备足够的抗过载能力，不允许烧坏电动机。

8.11 减速器及摩擦离合器应平稳可靠。

8.12 电池车车架四周应设缓冲装置，缓冲装置应安全可靠。

8.12.1 车速不大于5 km/h的电池车缓冲装置突出车体和装饰应不小于20 mm。

8.12.2 车速大于5 km/h的电池车缓冲装置突出车体和装饰应不小于50 mm。

8.13 同一车场车辆的缓冲装置应在同一高度上。

8.14 操纵手轮应轻便省力，满载时作用在转盘上的最大切向力应不大于40 N。

8.15 转向机构应灵活、可靠，不应有卡滞现象。

8.16 车辆应能前进、左转、右转。

8.17 电池车转弯半径应符合表1的规定。

表1 电池车转弯半径

型式参数	三轮电池车				四轮电池车
座席型式	单排单人	单排双人	双排单人	双排双人	双排单人或双排双人
转弯半径/m	≤1.3	≤2	≤2	≤3.5	≤3.5

9 安全设施

9.1 安全标志的设置应符合GB 8408—2008中7.1.6的规定。

9.2 安全栅栏、站台及操作室的设置应符合GB 8408—2008中7.8.1～7.8.5的规定。

10 制造与安装

10.1 一般规定应符合GB 8408—2008中8.1.1、8.1.2、8.1.3、8.1.5、8.1.6、8.1.7的规定。

10.2 金属材料应符合GB 8408—2008中8.2.1、8.2.2、8.2.3、8.2.4、8.2.5、8.2.6的规定。

10.3 非金属材料应符合GB 8408—2008中8.3.1、8.3.2、8.3.4、8.3.5、8.3.6的规定。

10.4 重要零件(见附录A)加工应符合GB 8408—2008中8.4.1、8.4.2的规定。

10.5 重要的轴和销轴宜进行调质处理，硬度应符合GB/T 699和GB/T 3077的规定。

10.6 结构件应符合GB 8408—2008中8.5.1、8.5.3的规定。

10.7 焊接应符合GB 8408—2008中8.6.1、8.6.2、8.6.3、8.6.4、8.6.6、8.6.8的规定。

10.8 螺栓及销轴连接应符合GB 8408—2008中8.7.1、8.7.3、8.7.4、8.7.5、8.7.6的规定。

10.9 装配应符合GB 8408—2008中8.9.1、8.9.2、8.9.3、8.9.4、8.9.5、8.9.6、8.9.7的规定。

10.10 涂装应符合 GB 8408—2008 中 8.12.1、8.12.2、8.12.3 的规定。
10.11 检验应符合 GB 8408—2008 中 8.13.1、8.13.2、8.13.3、8.13.4、8.13.6、8.13.7、8.13.8 的规定。

11 试验方法

11.1 一般要求

11.1.1 凡新产品、产品转厂制造及有重大改进的产品在出厂前应按本标准进行有关试验。

11.1.2 产品发放制造许可证、质量抽查、安全检查等应按本标准进行有关试验。根据不同的试验目的，试验项目可有所增减。

11.2 试验条件

11.2.1 在露天试验时风速应不大于 8 m/s。

11.2.2 环境温度应为 0 ℃～40 ℃，相对湿度宜不大于 85%。

11.2.3 试验载荷与其额定载荷值的误差应不超过±5%。

11.2.4 制造单位应提供产品的检验数据、记录、图样和技术文件。

11.2.5 试验期间应根据使用说明书进行技术保养。

11.2.6 有特殊要求的电池车可以增加试验项目。

11.3 试验仪器

11.3.1 根据试验要求选择相应精度的检测仪器和量具。

11.3.2 试验用的仪器和量具应经法定计量部门检定合格，在试验前后应进行检查校对，其偏差应符合规定要求。

11.4 电池车的车场和车道、车辆、传动系统、外观和涂装等应符合本标准的规定要求。

11.5 橡胶轮的试验应按 GB/T 528、GB/T 531 和 GB/T 1689 的规定进行；铁芯与胶轮的扯离强度应按 GB/T 11211 的规定进行。

11.6 外壳玻璃钢的试验应按 GB/T 1447、GB/T 1449 和 GB/T 1451 的规定进行。

11.7 满载试验

11.7.1 按设计额定值进行加载。

11.7.2 按实际工况连续运行试验，每天不少于 8 h，连续运行累计时间不少于 80 h。

11.7.3 操纵手轮的切向力的测量应符合本标准的规定要求。

11.7.4 车速测定

在坚实平整的车场或车道上，电池车在额定载荷下，沿直线以最高车速运行，测量出通过不小于 10 m 的距离所需时间，测量应不少于 3 次，取其平均值。计算所得的车速应符合本标准的规定要求。

11.7.5 制动距离测量

在坚实平整的车场或车道上，电池车在额定载荷下，沿直线以最高车速运行时，从开始制动直至停止运行，测量出所经过的距离，测量应不少于 3 次，取其平均值。计算所得的制动距离应符合本标准的规定要求。

11.7.6 碰撞试验

在额定载荷、最高车速状态下，车速不大于 5 km/h 的电池车向刚性墙壁垂直连续碰撞不少于3 次；车速大于 5 km/h 的电池车向车道缓冲拦挡物垂直连续碰撞不少于 3 次；零部件不应有破损和变形，且整机不应发生故障，仍能正常行驶。

11.7.7 电池车工作时间的测定

将蓄电池充足电，在额定载荷下连续运行，当蓄电池输出电压降到额定值的 85%时，其运行时间应符合本标准的规定要求。

11.8 最小转弯半径测量

将电池车方向盘(或手柄)分别向左和向右旋转至终点位置，并各行驶一圈，在相互垂直两方向测量前轮或前外轮形成的轨迹直径，取其平均值的一半，并应符合本标准的规定要求。

11.9　在满载试验过程中运行均应正常，机械传动系统和电气系统均应符合本标准的规定要求。

11.10　电气参数测量

11.10.1　电池车在满载运行试验中，蓄电池电压应不小于额定电压的85%。

11.10.2　电动机电流应不大于电动机额定电流。

11.11　试验后对有问题或有疑似问题的部位应进行拆检，并详细记录拆检情况，对发现的问题应及时研究，判明原因。记录可利用文字和拍照等方式。

11.12　各项试验结束后应编写有明确结论和符合有关规定的试验报告。

12　检验规则

12.1　电池车应从检查批次中随机抽样。

12.2　产品抽样按GB/T 2828.1要求一次抽样方法，其合格质量水平(AQL)为4.0，一般检查水平为Ⅱ级。

12.3　批量抽取样本大小及其检验判据应符合表2的规定。若样本不合格品数小于或等于合格判定数Ac，则该批量为合格；若样本不合格品数大于或等于不合格判定数Re，则该批量为不合格。

表2　批量取样大小及检验判据

批量	样本大小	样本中不合格品数量	
		合格判定数 Ac	不合格判定数 Re
2～8	2	0	1
9～15	3		
16～25	5		
26～50	8	1	2
51～90	13		
91～150	20	2	3

12.4　对不合格的批量应逐台检验，合格品可以出厂；不合格品经返工后应达到合格品的要求，否则应报废。

12.5　不符合标准规定的产品缺陷，分为重缺陷和轻缺陷，重缺陷见表3。每台样本有一项以上(含一项)重缺陷或5项以上(含5项)轻缺陷时为不合格品。

表3　产品重缺陷

标准条号	缺陷内容
5.2	起动时有明显打滑现象，传动机构运转不正常。整机运行时有异常的振动、冲击、发热、声响及卡滞现象
5.4	各种运行试验中，零部件有永久变形及损坏现象
8.6	安全把手损坏、失效
8.7	安全带损坏、失效
8.10	电池车受阻时烧坏电动机

附　录　A
（规范性附录）
关于“主要部件”、“重要的轴、销轴”和“重要焊缝”的规定

A.1　“主要部件”是指车架、车轮轴等。

A.2　“重要的轴、销轴”是指重要的传动轴、车轮轴等。

A.3　“重要焊缝”是指乘坐物支撑件焊缝、车轮轴连接焊缝等。

ICS 25.200
J 36

中华人民共和国国家标准

GB/T 18177—2008
代替 GB/T 18177—2000

钢件的气体渗氮

Gas nitriding of steel parts

2008-06-25 发布 2009-01-01 实施

中华人民共和国国家质量监督检验检疫总局
中国国家标准化管理委员会 发布

前　言

本标准代替 GB/T 18177—2000《钢件的气体渗氮》。

本标准与 GB/T 18177—2000 相比，进行了以下内容的修改和补充：

——按标准编写要求，给出了完整的"规范性引用文件"的导语，增加了相关的规范性引用文件，并规范了"规范性引用文件"的写法；

——将原标准"2 定义"改为"3 术语和定义"，重新给出了"引导语"，增加了"常规渗氮、短时渗氮、奥氏体渗氮、纳米化渗氮、氮势、临界氮势、氮势门槛值、可控渗氮、脉冲渗氮"术语和定义。删除了原标准中的"待渗氮件、渗氮件、氨分解率、渗氮层、畸变"5 条术语；

——增加了"设备防爆装置"、"废气处理装置"的要求（见 7.1.6、7.1.7）；

——增加了"渗氮炉与输氨管道、氨瓶连接应保持密封性"要求（见 7.2.3）；

——增加了"氮势的测量与控制"内容（见 7.4）；

——重新修改并补充了原标准"渗氮处理"的内容（见第 8 章）；

——增加了"能源消耗要求"（见第 10 章）；

——删除了原标准的附录 A；

——增加了"不同气源进行渗氮时氮势与测量值之间的关系"（附录 A）、"氮势与氨分解率的关系"（附录 B）、"氮势门槛值曲线的测定方法"（附录 C）、"动态可控渗氮氮势控制曲线的数学表达式"（附录 D）。

本标准的附录 A、附录 C、附录 D 为规范性附录，附录 B 为资料性附录。

本标准由国家标准化管理委员会提出。

本标准由全国热处理标准化技术委员会（SAC/TC 75）归口。

本标准起草单位：上海交通大学、上海市激光制造与材料改性重点实验室、江苏省热处理与表面改性工程技术研究中心、广东世创金属科技有限公司。

本标准主要起草人：胡明娟、潘健生、朱文明、董小虹。

本标准所代替标准的历次版本发布情况为：

——GB/T 18177—2000。

钢件的气体渗氮

1 范围

本标准规定了钢件在含氨气氛中加热的气体渗氮工艺、设备、检验、能源消耗及安全卫生要求等。

本标准适用于碳素钢、合金结构钢、合金工具钢、不锈钢及耐热钢等的气体渗氮。

2 规范性引用文件

下列文件中的条款通过本标准的引用而成为本标准的条款。凡是注日期的引用文件，其随后所有的修改单(不包括勘误的内容)或修订版均不适用于本标准，然而，鼓励根据本标准达成协议的各方研究是否可使用这些文件的最新版本。凡是不注日期的引用文件，其最新版本适用本标准。

GB 536—1988 液体无水氨

GB/T 699 优质碳素结构钢

GB/T 700 碳素结构钢(GB/T 700—2006,ISO 630:1995,NEQ)

GB/T 1182 产品几何技术规范(GPS) 几何公差 形状、方向、位置和跳动公差标注(GB/T 1182—2008,ISO 1101:2004,IDT)

GB/T 1220 不锈钢棒

GB/T 1221 耐热钢棒

GB/T 1299 合金工具钢

GB/T 3077 合金结构钢

GB/T 7232 金属热处理工艺术语

GB/T 9452 热处理炉有效加热区测定方法

GB/T 9943 高速工具钢

GB/T 10125 人造气氛腐蚀试验 盐雾试验(GB/T 10125—1997,eqv ISO 9227:1990)

GB/T 11354—2005 钢铁零件 渗氮层深度测定和金相组织检验

GB/T 12603 金属热处理工艺分类及代号

GB 15735 金属热处理生产过程安全卫生要求

GB/T 15822.2 无损检测 磁粉检测 第2部分:检测介质(GB/T 15822.2—2005,ISO 9934-2:2002,IDT)

GB/T 17358 热处理生产电耗定额及其计算和测定方法

GB/T 19944 热处理生产燃烧消耗定额及其计算和测定方法

JB/T 6050 钢铁热处理零件硬度测试通则

JB/T 9199 防渗涂料 技术条件

JB/T 9218 无损检测 渗透检测(JB/T 9218—2007,EN 571-1:1997,MOD)

JB/T 10175 热处理质量控制要求

3 术语和定义

GB/T 7232中确立以及下列术语和定义适用于本标准。

3.1

常规渗氮　conventional nitriding

从20世纪30年代开始发展并沿用至今的气体渗氮工艺。

3.2

抗蚀渗氮　anti-corrosion nitriding

为提高钢件的耐腐蚀性能而进行的渗氮工艺。

3.3

短时渗氮　short-time nitriding

渗氮时间在几十分钟至几小时之间选择的气体渗氮工艺。

3.4

奥氏体渗氮　austenitic nitriding

在介于Fe-N系的共析 A_1 点和Fe-C系的共析 A_1 点之间的温度范围内进行渗氮的工艺。

3.5

纳米化渗氮　nanocrystallization nitriding

预先使工件表面层晶粒细化成纳米结构然后渗氮的方法。

3.6

氮势　nitrogen potential

炉气中的氨分压与氢分压的1.5次方的比值称为氮势，在一定温度下氮势与氮活度成正比，它是炉气渗氮能力热力学的度量。可用符号 N_p（或 r）表示：$N_p = p_{NH_3}/p_{H_2}^{1.5}$。

3.7

临界氮势　critical nitrogen potential

在热力学平衡条件下，在钢件表面形成化合物层所需的最低氮势，临界氮势与钢的成分及渗氮温度有关。

3.8

氮势门槛值　nitrogen potential threshold

在实际生产条件下，对应于一定的渗氮时间、在钢件表面形成化合物层所需的最低氮势。渗氮时间愈长，氮势门槛值愈低。

3.9

可控渗氮　controlled nitriding

为了改善渗氮层脆性，通过调节炉气的氮势，控制渗氮件表面氮浓度和相结构的气体渗氮工艺。

3.10

脉冲渗氮　pulse nitriding

炉压不断脉冲式变化的气体渗氮方法。

4　工艺分类代号

气体渗氮的工艺分类及代号应符合GB/T 12603的规定。气体渗氮工艺分类代号为53301。

5　工件

5.1　材料

常用钢种应符合相应的标准要求见表1。

5.2　外观、形状及尺寸

根据表2的规定，记录待渗氮件的外观、形状及尺寸，并予以保存。

表 1　常用的渗氮钢种

标　　准	牌　　号	备　　注
GB/T 700《碳素结构钢》	Q235	适用于短时渗氮、抗蚀渗氮和奥氏体渗氮
GB/T 699《优质碳素结构钢》	08、08Al、10、15、20、20Mn、35、40、45、50	
GB/T 3077《合金结构钢》	18Cr2Ni4WA、20Cr、20CrMnMo、20CrMnTi、20Cr2Ni4、25Cr2MoVA、25Cr2Ni4WA、30CrMnSiA、35CrMo、38CrMoAlA、40Cr、40CrMnMo、40CrNiMoA、42CrMo、50CrVA	可根据不同的要求选择气体渗氮方法
GB/T 1299《合金工具钢》	Cr12、Cr12MoV、3Cr2W8V、5CrMnMo、5CrNiMo、4Cr5MoSiV1、4Cr5W2VSi	
GB/T 9943《高速工具钢棒技术条件》	W18Cr4V、W6Mo5Cr4V2	适用于短时渗氮
GB/T 1220《不锈钢棒》	12Cr13、20Cr13、30Cr13、95Cr18、	渗氮后耐磨性提高，抗蚀性下降
GB/T 1221《耐热钢棒》	14Cr11MoV、42Cr9Si2、40Cr10Si2Mo、45Cr14Ni14W2Mo	

表 2　待渗氮件外观等状态

序号	项　　目	备　　注
1	外观	不允许有裂纹、污渍、锈斑、黑皮等
2	质量[a]	以 kg 为计量单位
3	工件的形状[a] 特殊形状 壁厚差异 孔的形状与位置 零件图纸编号	用简图表示
4	尺寸及精度[a] 尺寸 需渗氮部分加工余量 整体的加工余量 需渗氮部分的表面粗糙度 尺寸精度 形状公差[b] 位置公差[b] 定位公差[b]	用简图表示 直线度、平面度、圆度、圆柱度、线轮廓度、面轮廓度 平行度、垂直度、倾斜度 同轴度、对称度、位置度、圆跳动、全跳动

[a] 在不影响加工的情况下，可以部分或全部省略。

[b] 各形位公差的定义应符合 GB/T 1182 的规定。

5.3　待渗氮件的验收

对待渗氮件的钢种、处理前的状态、外观、形状及尺寸按 5.1、5.2 规定执行。如有必要，可采用钢的火花试验方法鉴别钢种或按 GB/T 15822.2、JB/T 9218 规定进行探伤检验。

6　预备热处理

6.1　应根据工件对基体材料性能的要求进行待渗氮件预备热处理。一般采用调质或正火处理。38CrMoAl 钢必须采用调质并在调质淬火时保证工件表面层的奥氏体转变为马氏体组织。

6.2　易畸变的工件，在调质和粗加工后还应施行去应力退火。其温度应比调质的高温回火低，比渗氮高。

6.3　工模具钢一般采用淬火与回火处理。不锈钢、耐热钢除通常可采用调质处理外，奥氏体不锈钢还可采用固溶处理。

6.4　工件预备热处理后的金相组织、硬度及畸变应符合技术要求和工艺规定。38CrMoAl 钢调质后表面 5 mm 内游离铁素体量不应超过 5%（面积分数，相当于 GB/T 11354—2005 的 1～2 级），并且不允许含有粒状贝氏体或上贝氏体的回火组织或珠光体组织。

6.5　工件表面不应有裂纹、脱碳、贫碳、划痕、磕碰、污渍等缺陷。

6.6　工件校直后应施行去应力退火。

7　气体渗氮设备及工艺材料

7.1　渗氮炉

7.1.1　炉子有效加热区按 GB/T 9452 规定测定，其实际温度偏差值（指炉膛内有效装料区内）不应超过±5 ℃。

7.1.2　炉膛内部各种材料（指与气氛接触的）不应对渗氮气氛的稳定产生有害影响。

7.1.3　炉膛应有良好的密封。炉内气氛不得有泄漏现象，应保证炉气顺畅流过渗氮件。

7.1.4　炉子应设有氨分解率测定装置。氨分解率应能根据工艺要求进行调整。

7.1.5　控温系统应保证炉子温度符合工艺要求。

7.1.6　密封箱式渗氮炉和推料盘式渗氮炉必须有可靠的防爆装置。

7.1.7　渗氮炉必须有完善的废气处理装置，不允许将含有氨的废气直接向大气中排放或直接点燃，可以将废气通过温度达 750 ℃以上并装有触媒的氨分解器使废气中的氨充分分解之后再排放，或将废气通入水中使氨吸收之后排放，吸氨的水容器中的废水不得直接排放，应加入酸类进行中和处理，并对中和后产生的氨盐作回收处理。

7.2　氨气

7.2.1　渗氮用氨气，其品质应符合 GB 536—1988 一级品的要求。

7.2.2　液氨应灌装在符合国家标准规定的钢瓶（罐）内。液氨瓶应安放于单独的房间内，房间严禁烟火，并防止氨瓶剧烈撞击和避免日光曝晒。液氨及液氨瓶应有生产厂的质量保证单。

7.2.3　渗氮炉与输氨管道、氨瓶的连接应保证密封性。

7.3　测温与控温

7.3.1　应根据气体渗氮工艺要求，配置符合 JB/T 10175 所要求的控温系统。

7.3.2　应配备跟踪显示加热温度的温度记录装置。

7.3.3　在工艺要求的范围内，补偿显示仪表的读数之后，所采用的电热温控系统显示器的温度指示综合误差应为±1.5 ℃，并应有超温自动报警功能。

7.4　氮势的测量与控制

7.4.1　氮势（N_p）可以通过测定炉气成分，按照 $N_p = p_{NH_3} / p_{H_2}^{1.5}$ 来换算。式中氨分压（p_{NH_3}）在 1atm 下等于氨体积百分数，可用氨红外仪测定；p_{H_2} 在 1atm 下等于氢体积百分数，可用热导式仪表或氢探头等仪器测定；

7.4.2　氮势与测量值的关系与所采用的气源有关，计算公式见附录 A。

7.4.3　用氨＋氨分解气为气源进行渗氮时，可用氨分压测定仪表或氢分压测试仪表或氨分解率自动测试仪进行反馈调节气体加入量，实现氮势自动控制；用其他气源进行渗氮时，应根据氨分压与氢分压两种仪表同时测量结果进行反馈，以实现氮势自动控制。氮势与氨分解率的关系参见附录 B。

7.5　设备的维护保养

应制订适当的设备操作规程和维护保养制度，并妥善保管有关记录。

8 渗氮处理

8.1 处理前状态

根据表3的规定记录待渗氮件的状态，并保存相关记录。

表3 待渗氮件的状态记录

序号	项目	备注
1	钢材数据 牌号 化学成分[a] 炼钢炉号[a] 硬度及其他力学性能[a] 金相组织	 晶粒度、脱碳层、非金属夹杂物、显微组织
2	毛坯制造方法 铸造 锻造 轧制 挤压	 注明冷、热锻，必要时注明锻造比 注明冷、热轧 注明冷、热挤压
3	处理前的加工方法 冲压 拉拔 滚轧 焊接	 注明冷、热冲压 注明冷、热拉拔 注明冷、热滚轧 注明焊接部位及焊接方法 前道工序已生成表面膜时，应注明其种类与成分
4	预备热处理 正火 完全退火 球化退火 去应力退火 淬火回火(包括调质) 固溶处理时效 时效	 需要时注明加热温度、保温时间及冷却方法 需注明去应力在工序流程中的安排，去应力之后的加工余量
5	渗氮前表面精加工状态 切削方法及其条件 磨削方法及其条件 矫正及其程度 其他加工或表面处理方法及其条件	 包括切削剂的种类 包括磨削剂的种类 注明冷、热矫正与去应力的程序
[a] 在不影响加工的情况下，可以部分或全部省略。		

8.2 防渗

在机械零件设计时应避免采用局部渗氮。不能有渗氮层的部位，可按下述方法之一进行防渗处理：

a) 预留2倍以上渗氮层深度的加工余量；

b) 镀0.003 mm～0.015 mm的锡层；

c) 镀0.02 mm以上的无孔隙铜层；

d) 镀0.02 mm～0.04 mm的镍层；

e) 刷涂防渗涂料应符合 JB/T 9199 的规定。

8.3 处理前的表面要求

8.3.1 工件表面粗糙度应符合图样要求，表面应洁净，不许有油垢、污物、锈斑、划痕、磕碰、污渍等，并不应有尖锐棱角。

8.3.2 工件加工余量应符合工艺规定。通常结构件渗氮表面的磨削余量单边应不大于 0.05 mm。

8.3.3 不锈钢件可采用喷细砂去除钝化膜(也可用其他方法)。

8.3.4 待渗氮件允许预先进行滚压、超声喷丸或其他冷塑性形变加工后再进行渗氮处理。

8.4 试样

8.4.1 除小件外，通常每炉待渗氮件应带有随炉试样。试样应与待渗氮件的钢号、预备热处理工艺和表面粗糙度一致。试样规格一般为 ϕ20 mm～ϕ30 mm；厚度为 4 mm～10 mm。

8.4.2 重要工件的试样应在待渗氮件上截取。

8.5 装炉

8.5.1 检验装炉的工夹具，发现脆化、开裂或形状不符合要求等问题应及时修理或更换。

8.5.2 按工艺要求将待渗氮件平稳、牢靠地装在工夹具上。

8.5.3 将待渗氮件平稳牢固地装在有效加热区内，相互保持适当间隔，保证气氛流通和温度均匀。

8.5.4 根据炉膛大小，每炉应在不同位置吊放有编号的试样 3 件～10 件。

8.6 渗氮工艺

渗氮工艺方法、特点及其适用范围见表 4。

表 4 渗氮工艺方法、特点及其适用范围

渗氮工艺		工艺方法			工艺特点及适用范围
		渗氮时间/h	渗氮温度/℃	氨分解率/%	
常规渗氮	一段渗氮	20～100	490～520	渗氮时间的前 1/4～1/3：20～35	硬度要求高，畸变小的工件
				渗氮时间的后 2/3～3/4：35～50	
	二段渗氮	15～60	第 1 阶段 500～510	占总渗氮时间的 1/3～1/2：20～30	硬度要求略低，渗层较深，不易畸变的工件
			第 2 阶段 550～560	占总渗氮时间的 1/2～2/3：40～60	
	三段渗氮	30～50	第 1 阶段 500～510	20～30	硬度要求较高，不易畸变的工件
			第 2 阶段 550～560	40～60	
			第 3 阶段 520～530	30～40	
短时渗氮		2～4	500～580 常用为 560～580	35～65	高速工具钢短时渗氮时间一般为 20 min～40 min，采用较高的氨分解率，避免在高速钢渗氮层表面出现化合物层。 除了高速钢之外，短时渗氮所形成的化合物层很薄，所以脆性不太大，可以带着化合物层服役，使耐磨性大幅度提高，并降低摩擦系数。 各种碳钢、合金渗氮钢、合金结构钢、模具钢、铸铁都可以采用短时渗氮处理。具有很高的耐磨、疲劳强度、抗擦伤、抗咬合性能和抗蚀性等特点，保留了铁素体氮碳共渗的优点，并从根源上消除了后者炉气中含极毒 HCN 气体的缺点。 凡是以磨损或咬合为主要失效方式，而承受的接触应力不高的工件，用短时渗氮替代常规渗氮，节能效果明显

表 4（续）

<table>
<tr><th colspan="2" rowspan="2">渗氮工艺</th><th colspan="3">工 艺 方 法</th><th rowspan="2">工艺特点及适用范围</th></tr>
<tr><th>渗氮时间/h</th><th>渗氮温度/℃</th><th>氨分解率/%</th></tr>
<tr><td colspan="2" rowspan="2">奥氏体渗氮</td><td>2～4</td><td>600～700</td><td rowspan="2">60～80</td><td rowspan="2">在奥氏体渗氮温度下形成的渗层组织是ε相化合物层、奥氏体层和扩散层。淬火至室温为化合物层、残余奥氏体层、淬火马氏体层、扩散层。
以提高耐腐蚀性为主的工件经奥氏体渗氮后不必进行回火处理。
奥氏体渗氮油淬后经过 180 ℃～200 ℃回火，残留奥氏体未发生转变，保持很高韧性和塑性，适用于对韧性要求很高，以及在装配或使用过程中需承受一定程度塑性形变的渗氮件。
奥氏体渗氮经过 220 ℃～250 ℃回火，残留奥氏体发生分解，硬度提高到 950 HV 以上，化合物层中的ε相也发生时效，使硬度提高到 1 000 HV以上，适合于耐磨性要求很高的渗氮件。
奥氏体渗氮的耐蚀性优于抗蚀渗氮</td></tr>
<tr><td>典型工艺为 2</td><td>650</td></tr>
<tr><td rowspan="4">可控渗氮</td><td>氮势定值控制可控渗氮</td><td colspan="3">整个渗氮过程中氮势控制不变，根据氮势门槛值曲线的测定方法（见附录 C）选择氮势控制值，控制表面化合物层的厚度。分为：无化合物可控渗氮、单相 γ′化合物可控渗氮</td><td>无化合物层的可控渗氮的渗层表面不形成化合物层，渗层的脆性很小，渗氮速度慢。
氮势控制的设定值略高于氮势门槛值。获得单相 γ′化合物层或厚度为 1 μm～3 μm 的薄化合物层。脆性明显小于常规渗氮，渗氮速度慢</td></tr>
<tr><td rowspan="2">氮势分段控制可控渗氮</td><td colspan="3">以氮势门槛值曲线为依据分段控制。在渗氮初期采用高氮势，由氮势门槛值曲线判断在高氮势下开始出现化合物层的时间，并在此时间之前将氮势降低到与渗氮总时间对应的氮势门槛值</td><td rowspan="2">如每一段的保温时间略短于氮势门槛值曲线所对应的时间，则可实现无白层可控渗氮。如适当延长高氮势和中氮势阶段的时间，使工艺曲线超过氮势门槛值曲线，则可实现单相 γ′可控渗氮或带有薄化合物层的可控渗氮。
分段控制可控渗氮，渗氮速度高于定值控制可控渗氮，略低于常规渗氮</td></tr>
<tr><td colspan="3">中间增加一段中等氮势的分段控制。在渗氮初期采用高氮势，在即将出现白层之前降至中氮势，待到又将出现白层之前，再将氮势降到与渗氮时间相对应的氮势门槛值</td></tr>
<tr><td>动态可控渗氮</td><td colspan="3">动态可控渗氮法将工艺过程分为二个阶段，在第一阶段尽可能提高气相氮势，一旦表面的氮浓度达到预先的设定值，立即转入第二阶段，令氮势按照“动态氮势控制曲线”连续下降，使表面氮浓度不再升高也不下降。动态氮势控制曲线的数学表达式见附录 D</td><td>具有良好的耐磨性</td></tr>
<tr><td colspan="2">脉冲渗氮</td><td colspan="3">渗氮温度和渗氮时间与短时渗氮类似。采用反复充气和抽气的脉冲方式，使炉压在一定幅度范围内交替上升和下降</td><td>脉冲渗氮是在具备抽真空功能的渗氮炉中进行。适用于有盲孔、细孔、狭缝的工件以及用散装方式装炉的小零件，改善了渗氮层均匀性</td></tr>
<tr><td colspan="2">抗蚀渗氮</td><td colspan="3">在 600 ℃～700 ℃进行短时间的一段渗氮</td><td>以获得一定深度的致密的ε相层（渗氮白亮层）</td></tr>
<tr><td colspan="2">表面纳米化渗氮</td><td colspan="3">用超声喷丸（无向强力喷丸）、机械研磨、多方向滚压等方法，使待渗氮件表面经受多方向反复塑性形变，将表面层晶粒细化至纳米尺度，然后进行渗氮</td><td>可以明显提高渗氮速度，降低渗氮温度和提高渗氮层硬度</td></tr>
</table>

8.7 渗氮操作

8.7.1 待渗氮件与试样装炉后，保证炉子密封，接通氨气管道，检查管路是否畅通和有无泄漏。

8.7.2 检查并调整温度仪表、液氨瓶、流量计、压力计、氨分解率测定仪、氮势控制控制仪、电源系统以及计算机控制系统等是否处于正常状态。

8.7.3 上述检查工作完成后，即可按工艺要求严格调节和控制升温速度、保温温度、保温时间以及氨分解率(氮势)等工艺参数。

8.7.4 细长、薄壁、不对称和截面尺寸急剧变化等形状易畸变的工件应适当控制升温速度，可采用阶段升温方式，在 460 ℃～470 ℃保温一定时间，待炉内工件温度均匀后再升至渗氮温度。

8.7.5 向炉膛内通入氨气或氮气以充分排出炉膛内空气。

8.7.6 整个渗氮过程应始终保持炉膛密封性，渗氮后的冷却和出炉因具体情况而异，易畸变的工件需缓冷，不易畸变的工件对冷却速度不必严格要求，而着重考虑生产效率，工件出炉前应排除炉内剩余氨气，再打开炉门。短时渗氮一般采用油冷，奥氏体渗氮必须油淬或等温淬火。

8.7.7 渗氮过程中若发生停电事故，当炉温不低于 400 ℃时应继续向炉膛通入氨气。恢复供电后，再升到工艺规定温度。

8.7.8 渗氮件应尽量避免校正。如必须校正，随后应立即进行去应力退火及探伤。渗氮后畸变超差的工件，需热校正。校直的加热温度应低于渗氮温度。重要零件渗氮后一段不应校直。

8.7.9 为保持炉膛内氨分解率的稳定，炉膛、炉内构件与工夹具长期使用后，应定期施行退氮处理。退氮可在停炉后施行，空炉加热至 600 ℃～650 ℃，空烧 4 h～6 h。

9 渗氮件的品质检验

9.1 检验内容及要求

9.1.1 表面不应有裂纹、剥落及肉眼可见的疏松等缺陷。

9.1.2 在硬度、层深和脆性等各项要求均合格的前提下，渗氮件表面允许存在氧化色。

9.1.3 渗氮件应达到工艺要求的表面硬度。不同表面硬度偏差不允许超过表 5 的规定。

表 5 表面硬度偏差的允许值

维氏硬度偏差/HV			
单件		同批	
<600	>600	<600	>600
45	60	70	100

注 1：同批是指用相同钢材、经相同预备热处理并在同一炉次渗氮处理后的一组工件。

注 2：局部渗氮件的测定位置不应在渗氮边界附近，其位置距渗氮边界应不小于 1 个渗层深度的距离。

9.1.4 渗氮件应达到工艺要求的渗氮层深度，其深度偏差应符合超过表 6 的规定。抗蚀渗氮件 ε 相致密层深度应不小于 0.01 mm。

9.1.5 渗氮处理后的金相组织应符合 GB/T 11354—2005 的有关规定。

9.1.6 抗蚀渗氮件需经腐蚀试验，应得到符合要求的抗蚀性。

表 6 渗氮层深度偏差的允许值

渗氮层深度/mm	深度偏差/mm	
	单件	同批
<0.3	0.05	0.10
0.3～0.6	0.10	0.15
>0.6	0.15	0.20

注 1：同批是指用相同钢材、经相同预备热处理并在同一炉次渗氮处理后的一组工件。

注 2：局部渗氮件的测定位置不应在渗氮区边界附近，其位置距渗氮边界应不小于 2 个渗层深度的距离。

9.2 检验方法

9.2.1 裂纹、发裂等外观检验可用肉眼判别，也可采用磁粉或渗透探伤等方法鉴别。后者应符合GB/T 15822.2、JB/T 9218标准的规定。

9.2.2 表面硬度检验按照JB/T 6050规定执行。

9.2.3 渗层脆性检验、渗氮层疏松检验、渗氮扩散层中氮化物检验、渗氮层测量深度和金相组织检验均按照GB/T 11354—2005的规定执行。

9.2.4 抗蚀渗氮的耐蚀性检验按GB/T 10125规定执行，也可采用下列两种方法中的一种检验抗蚀渗氮件的耐蚀性：

a) 将试样浸入6%～10%$CuSO_4$水溶液中或将上述溶液滴在试样或被测工件表面上，持续1 min～2 min后，无铜的沉积为合格。

b) 取10g$K_3Fe(CN)_6$(赤血盐)、20gNaCl溶于1 L蒸馏水中，将渗氮试件浸入上述溶液1 min～2 min后，无蓝色印迹为合格。

10 能源消耗要求

气体渗氮的能源消耗定额应符合GB/T 17358及GB/T 19944的有关规定。

11 安全卫生要求

气体渗氮过程的安全卫生要求应符合GB 15735的有关规定。

12 产品报告单

12.1 根据要求可按每批或每炉开具报告单。

12.2 产品报告单内容：

a) 批号或炉号；
b) 工艺类型或代号；
c) 工件的名称和图号；
d) 工件的材料牌号；
e) 单件质量及数量；
f) 加工单位名称；
g) 品质检验结果；
h) 操作者姓名或代号；
i) 品质检验员姓名或代号；
j) 报告日期。

附 录 A
（规范性附录）
不同气源进行渗氮时氮势与测量值之间的关系

A.1 纯氨或氨＋氨分解气

纯氨或氨＋氨分解气进行渗氮时氮势 N_p 的计算公式见(A.1)～(A.4)。

$$N_p = p_{NH_3} / p_{H_2}^{1.5} \quad \text{(A.1)}$$

式中：

p_{NH_3}——炉气中氨分压；

p_{H_2}——炉气中氢分压。

或

$$N_p = \frac{1-V}{(0.75V)^{1.5}} \quad \text{(A.2)}$$

式中：

V——氨分解率(可用氨分解测试仪测定)，$V=1-p_{NH_3}$。

或

$$N_p = \frac{1-\frac{4}{3}p_{H_2}}{p_{H_2}^{1.5}} \quad \text{(A.3)}$$

或

$$N_p = \frac{p_{NH_3}}{[0.75(1-p_{NH_3})]^{1.5}} \quad \text{(A.4)}$$

A.2 氨＋氮混合气体

氨＋氮混合气体进行渗氮时氮势计算公式见(A.5)～(A.7)，设原料气中 NH_3 的摩尔数为 X。

$$N_p = p_{NH_3}\left[\frac{1+X}{1.5(X-p_{NH_3})}\right]^{1.5} \quad \text{(A.5)}$$

或

$$N_p = (1-V)\left[\frac{1+X}{1.5(X-1+V)}\right]^{1.5} \quad \text{(A.6)}$$

或

$$N_p = \frac{1.5X-(1+X)p_{H_2}}{1.5p_{H_2}^{1.5}} \quad \text{(A.7)}$$

附 录 B
（资料性附录）
氮势与氨分解率的关系

B.1 氨或氨气＋氨分解气

氨分解率的数学表达式见(B.1)，氮势的数学表达式见(B.2)，纯氨或氨＋氨分解气渗氮时氮势与氨分解率对照见表B.1。

$$V = 1 - p_{NH_3} \quad \cdots\cdots(B.1)$$

$$N_p = 1 - V/(0.75\ V)^{1.5} \quad \cdots\cdots(B.2)$$

表B.1 纯氨或氨＋氨分解气渗氮时氮势与氨分解率对照表

序　号	V	$N_p = 1 - V/(0.75\ V)^{1.5}$
1	0.1	43.817 8
2	0.2	13.770 6
3	0.3	6.558 8
4	0.4	3.651 5
5	0.5	2.177 3
6	0.6	1.325 1
7	0.7	0.788 7
8	0.8	0.430 3
9	0.9	0.180 3
10	0.95	0.083 1

B.2 氨＋氮混合气体

氨＋氮混合气体渗氮时氮势数学表达式见(B.3)，氨＋氮混合气体渗氮时氮势与氨分解率对照见表B.2。

$$N_p = (1 - V)\left[\frac{(1 + x)}{1.5(x - 1 + V)}\right]^{1.5} \quad \cdots\cdots(B.3)$$

式中：

x——通入气体中 NH_3 的百分含量；

V——氨分解率。

注：上式成立的前提是$(x-1+V)>0$，否则无法得到实数解。

表B.2 氨＋氮混合气体渗氮时氮势与氨分解率对照表

NH_3/%	氨分解率(V)							
	0.2	0.3	0.4	0.5	0.6	0.7	0.8	0.9
0.2								2.262 7
0.3							5.102 8	0.902 1
0.4						8.554 1	2.016 2	0.548 7
0.5					12.649 1	3.354 1	1.217 2	0.395 3

表 B.2（续）

NH_3/%	氨分解率(V)							
	0.2	0.3	0.4	0.5	0.6	0.7	0.8	0.9
0.6				17.418 6	4.926 7	2.011 3	0.870 9	0.311 6
0.7			22.892 2	6.744 7	2.937 1	1.430 8	0.682 5	0.259 6
0.8		29.098 5	8.818 2	4.000 0	2.078 5	1.115 4	0.565 7	0.224 5
0.9	36.064 8	11.157 0	5.205 5	2.817 6	1.612 9	0.920 2	0.486 8	0.199 2

附 录 C
（规范性附录）
氮势门槛值曲线的测定方法

C.1 表示氮势门槛值与渗氮时间关系的曲线称为氮势门槛值曲线，其数学表达式见(C.1)。

$$N_{p(t)} = \frac{N_{p(c)}}{1 - \exp(\frac{\beta^2 t}{D})\mathrm{erfc}(\frac{\beta\sqrt{t}}{D})} \quad \cdots\cdots(C.1)$$

式中：

$N_{p(t)}$——与渗氮时间 t 相对应的氮势门槛值；

$N_{p(c)}$——临界氮势。是钢的成分和渗氮温度的函数；

β——工件表面氮的物质传递系数；

D——氮在钢中的扩散系数(按活度计算的扩散系数)。

C.2 氮势门槛值测定示例

令$(\frac{\beta}{\sqrt{D}})=B$，则式(C.1)可简写为：$N_{p(t)}=\frac{N_{p(c)}}{1-\exp(B^2 t)\mathrm{erfc}(B\sqrt{t})}$。用试验方法测出二个不同时间 t_1 和 t_2 的氮势门槛值 $N_{p(t_1)}$ 和 $N_{p(t_2)}$，分别代入上式，得式(C.2)、式(C.3)。解联立式(C.2)、式(C.3)即可求得 $N_{p(c)}$ 和 B 的值，并可用下式计算出该钢种在同一渗氮温度下对应于不同渗氮时间的氮势门槛值。

$$N_{p(t_1)} = \frac{N_{p(c)}}{1 - \exp(B^2 t_2)\mathrm{erfc}(B\sqrt{t_1})} \quad \cdots\cdots(C.2)$$

$$N_{p(t_2)} = \frac{N_{p(c)}}{1 - \exp(B^2 t_2)\mathrm{erfc}(B\sqrt{t_2})} \quad \cdots\cdots(C.3)$$

附　录　D
（规范性附录）
动态可控渗氮氮势控制曲线的数学表达式

D.1　动态氮势控制曲线的数学表达式见(D.1)。

$$N_{p(g)} = N_{p(D)}\left(1 + \frac{1}{\sqrt{\pi}\left(\frac{\beta\sqrt{t}}{\sqrt{D}}\right)}\right) \qquad \cdots\cdots(D.1)$$

式中：

$N_{p(g)}$——气相氮势调节值；

$N_{p(D)}$——目标氮势。

D.2　$(\beta/\sqrt{D})$可以从同一钢种的氮势门槛值曲线求得，目标氮势取临界氮势，可实现无白层可控渗氮；目标氮势高于 γ'相的临界氮势而低于 ε 相的临界氮势，可实现单相 γ'可控渗氮；目标氮势略高于 ε 相临界氮势，可实现薄化合物层的可控渗氮。单相 γ'可控渗氮与薄化合物层可控渗氮的脆性虽略大于无白层可控渗氮，但比常规渗氮低得多，可以直接投入使用，并且具有优异的耐磨性。

ICS 35.240.60
A 22

GB

中华人民共和国国家标准

GB/T 18184—2008
代替 GB/T 18184—2000

商业自动化术语

Terms of commerce automation

STANDARDS PRESS OF CHINA

2008-12-30 发布　　　　　　2009-06-01 实施

中华人民共和国国家质量监督检验检疫总局
中国国家标准化管理委员会　发布

前　言

本标准代替 GB/T 18184—2000《商业自动化术语》。

本标准与 GB/T 18184—2000 相比，主要变化如下：

——删掉商业管理类术语；

——原术语分类中“计算机类术语和系统工程类术语”修订为“商用专业技术与系统工程术语、商用专业机具设备”；

——商用专业技术与系统工程术语顺序依次为：信息系统类、网络技术类、知识仓库类、软件与开发类、集成类、性能以及认证；

——商用专业机具设备术语顺序为：收款机类、触摸查询一体机、条码电子秤、读写设备、盘点设备、电子货架标签、打印设备、液晶电子显示屏、自动售货机以及个人购物助理类；

——删除了多个与商业自动化内容不相关或关联不强的条目；

——增加了对于打印机的具体分类；

——增加了新的条目 2.1.5、2.1.7、2.1.8、2.1.11、2.1.14、2.1.15、2.1.16、2.1.17、2.1.18、2.1.19、2.1.20、2.1.21、2.1.22、2.1.27、2.1.28、2.1.29、2.1.30、2.1.37、2.1.38、2.1.39、2.1.61、2.1.62、2.1.63、2.2.4、2.2.5、2.2.6、2.2.7、2.2.8、2.2.9、2.2.14、2.1.15、2.2.16。

本标准由中华人民共和国商务部提出并归口。

本标准起草单位：中商商业发展规划院。

本标准主要起草人：申冬华，牛宜斌，毛红，郭亮，李亚琼，王凤宏，孙美玉，金辉，王艺璇。

商业自动化术语

1 范围

本标准给出了商业自动化常用的相关术语和定义。

本标准适用于商业经营管理和商业自动化系统的相关领域。

2 术语和定义

2.1 商用专业技术与系统工程术语

2.1.1

自动化 automation

将过程、进程或装置转换变成自动的操作。

[GB/T 5271.1—2000,定义 01.01.12]

2.1.2

商业自动化 commerce automation

以商品流通过程为对象,综合应用现代管理技术、信息技术、自动化技术和系统工程技术,对不同业种和业态的商流、物流、信息流进行控制,实现企业经营作业程序优化和自动化。

2.1.3

管理信息系统 management information system(MIS)

商业企业由人、计算机及其他外围设备等组成的能进行信息的收集、传递、存贮、加工、维护和使用的系统。其主要任务是最大限度的利用现代计算机及网络通讯技术加强企业的信息管理,通过对企业拥有的人力、资金、商品、供应商、顾客等资源的调查了解,建立正确的数据,加工处理并编制成各种信息资料及时提供给管理人员,以便进行正确的决策,不断提高企业的管理水平和经济效益。

2.1.4

POS 系统 point of sales(POS)system

基于计算机网络的电子收款机,具有实现收款、商品数据采集的商品管理功能。

2.1.5

商业智能 business intelligence(BI)

帮助企业更好地利用数据提高决策质量的技术,包含了从数据仓库到分析型系统。这些分析包括财务管理、点击流分析、供应链管理、关键绩效指标、客户分析等。

2.1.6

决策支持系统 decision support system(DSS)

以支持半结构化或非结构化决策过程为特征的计算机辅助决策系统。

2.1.7

高效顾客反馈系统 efficient consumer response (ECR)

分销商和供应商组成联盟一起为消费者最大的满意度以及最低成本而努力,建立一个敏捷的消费者驱动的系统,实现精确的信息流和高效的实物流在整个供应链内的有序流动。

2.1.8

协同计划预测与补货系统 collaborative plan forecast and replenishment (CPFR)

利用 internet 通过零售企业与生产企业的合作,共同做出商品预测,并在此基础上实行连续补货的系统。

2.1.9

多媒体导购系统　multimedia promotion system

采用声音、图像等直观信息实现商品推销、图像活动广告、自动查询、远程作业培训的计算机系统。

2.1.10

自动仓库　automated warehouse

由计算机和控制器进行控制的仓库系统。在该系统中，产品(或部件，零件)的分类、流动、入库、检索、取货、装货均可借助于计算机和物料装卸运输装置自动运行。

2.1.11

射频识别　radio frequency identification(RFID)

通过射频信号识别目标对象并获取相关数据信息的一种非接触式的自动识别技术。

[GB/T 18354—2006，定义 5.20]

2.1.12

计算机系统　computer system

由一台或多台计算机硬件和相关软件组成的一种功能装置。

2.1.13

操作系统　operating system

控制程序执行的软件。操作系统可以提供以下的服务，例如，资源分配调度、输入/输出控制和数据管理。虽然操作系统目前主要是一种软件，但部分或全部地用硬件来实现是可能的。操作系统是在单一点上提供支持，而不是强制每个程序去关心如何控制硬件。

2.1.14

自动再订货系统　automatic reordering system

能够在库存达到预先确定的再订货点时发出商品订单的系统，该系统由计算机基于永续盘存系统和再订货点的计算进行操作。

2.1.15

账面盘存系统　book inventory system

按成本记下某一既定时间内所有存货的总价值。具体做法是定期记录采购额，将其加入现有的存货价值中，然后减去销售额，得出新的当期存货值。

2.1.16

借记卡系统　debit-card system

一种计算机化结算系统，使商品或服务的应付金额立即从顾客的银行账户上转到零售商的账户上。

2.1.17

零售信息系统　retail information system(RIS)

专用于零售企业管理的信息系统。

2.1.18

自动补货　automatic replenishment

基于计算机信息技术、快捷、准确地获取客户的需求信息，预测未来商品需求，并据此持续的补充库存的一种技术。

[GB/T 18354—2006 定义 4.18]

2.1.19

全过程商品管理系统　merchandising management system(MMS)

能够为商店或仓库提供库存详细记录的自动化信息系统，该系统能够保障商品的合理分类，并能提供任一商店或仓库任一时点的精确库存信息。

2.1.20

门店运营管理系统　store operation system

能够完成门店的管理以及商品的要货、促销等业务的自动化信息系统。

2.1.21

仓库管理系统　warehouse management system

对物料存放空间进行管理的系统，区别于库存管理。其功能主要有两方面：一为通过在系统中设定一定的仓库仓位结构对物料具体空间位置的定位，二为通过在系统中设定一些策略对物料入库、出库和库内等作业流程进行指导。

2.1.22

电子防盗系统　electronic article surveillance(EAS)

一种高科技的防止商店失窃的计算机系统，主要由三部分组成：检测器、解码器和电子标签。它能够通过贴在商品上的标签或条形码来防止盗窃。

2.1.23

网络信息中心　network information center(NIC)

为用户提供网络信息资源服务的网络技术管理机构，主要职责是对网上资源进行管理和协调。

2.1.24

电子数据交换　electronic data interchange(EDI)

按商定的标准，对商业交易、行政事务或报文数据进行结构化，并在计算机应用之间交换的电子传送。

[GB/T 18811—2002，定义 3.28]

2.1.25

电子订货系统　electronic ordering system(EOS)

企业通过计算机网络完成企业间产品交易过程的计算机系统。

2.1.26

电子货币　electronic currency

消费者所拥有的、以电子方式存储在电子设备上的具有一定货币单位的货币金额。它由消费者购买并存储在电子设备上，当消费者使用该设备进行购买活动时它会相应地减少。它有别于诸如借记卡或贷记卡这样的传统的电子支付交易(通常需要在线授权并在交易后借记消费者的银行账户)。现有两种不同类型的电子设备：预先付值卡(或简称预付卡)和预先付值软件产品。对于预付卡，电子金额存储在卡上的计算机芯片或集成电路中。对于预先付值软件产品，电子金额存储在计算机硬盘内，在支付时通过通信网络传送。

[GB/T 18811—2002，定义 3.33]

2.1.27

电子银行　electronic banking

利用现代通讯和计算机技术，为客户提供智能化程度高、不受银行营业时间限制的 24 小时全天候金融服务，全部业务流程在没有银行人员协助的情况下完全由客户自己完成。

2.1.28

电子资金转账　electronic funds transfer(EFT)

一种通过电子方式将资金从某个人或者组织的银行账户转移到另一个人或组织的银行账户的技术。

2.1.29

在线数字化支付　on-line digital payment(ODP)

卖方与买方通过网络上的电子商务网站进行交易时，银行为其提供网上资金结算服务的一种业务。

2.1.30

应用程序服务供应商　application service provider(ASP)

通过 internet 以租赁方式，采用一对多的方式提供应用软体服务的经营模式。

2.1.31

知识库　knowledge base(KB)

用来存储知识、具有语义处理与推理求解功能、可根据不同需求进行知识管理和问题求解并提供知识共享的规则库与事实库。

2.1.32

知识库系统　knowledge base system(KBS)

由知识库、知识库管理系统以及支持它的操作系统与语言构成的进行知识获取、知识管理、问题求解的系统。

2.1.33

知识库管理系统　knowledge base management system(KBMS)

以知识库为主要资源的系统化管理机制。

2.1.34

软件　software

与计算机系统的操作有关的程序、规程和可能相关的文档。

[GB/T 11457—2006，定义 2.1469]

2.1.35

系统软件　system software

管理、使用和维护计算机系统资源的软件。例如，操作系统，编译程序，实用程序。

2.1.36

应用软件　application software

解决属于专用领域的，非计算机本身问题的软件。

2.1.37

类推模型　analog model

将类推原理应用于计算机中的一种选址软件。

2.1.38

引力模型　gravity model

根据赖利提出的零售引力模型所设计的一种借助计算机选址的软件。

2.1.39

可控变量　controllable variables

零售商直接施加影响力的方面(如营业时间和销售人员等)。

2.1.40

软件工程　software engineering

软件开发、运行、维护和引退的系统方法。

2.1.41

软件开发周期　software development cycle

从决定开发一个软件产品开始到产品交付为止的时间间隔。这个周期通常包括需求阶段、设计阶段、实现阶段、测试阶段，有时还包括安装和验收阶段。同时也是从决定开发软件产品开始到开发者不再改进产品时为止的时间周期；有时作为软件生存周期的同义语使用。

2.1.42

软件开发计划　software development plan

为开发某一软件产品而做的项目计划。

2.1.43

软件开发过程　software development process

把用户要求转化为软件需求，把软件需求转化为设计，用代码来实现设计，以代码进行测试，完成文档编制，并确认软件可以投入运行性使用的过程。

2.1.44

结构化程序设计　structured programming

一种定义良好的软件开发技术。它采用自上而下设计和实现方法，并严格地使用结构化程序的控制构造。宽泛地讲，指组织和编写程序的一种技术。这种技术可简化复杂性，改进明晰度，并便于排除隐错和修改。

2.1.45

模块　module

离散的程序单位，且对于编译、对于和其他单位相结合、对于装入来说是可识别的，例如汇编程序、编译程序、连接编辑程序或执行的例行程序的输入或输出。

2.1.46

软件文档　software document

以人们可读的形式出现的技术数据和信息。包括计算机列表和打印输出，它们描述或规定软件设计或细节，说明软件具备的能力，或为使用软件以便从软件系统得到所期望的结果而提供的操作指令。

2.1.47

软件工具　software tool

一种计算机程序。用来帮助开发、测试、分析或维护另一计算机程序或它的文件。例如，自动设计工具、编译程序、测试工具、维护工具。

2.1.48

软件配置　software configuration

软件产品在不同时期的组合，该组合随着开发工作的进展而不断变化。

2.1.49

文档　document

文件

一种数据媒体和其上所记录的数据。它具有永久性并可以由人或机器阅读。通常仅用于描述人工可读的内容。例如，技术文件、设计文件、版本说明文件等。

2.1.50

需求　requirement

用户为解决某一问题或达到某个目标所需要的条件或能力；亦是系统或系统部件为满足或具有的条件或能力以满足合同、标准，规格说明或其他正式的强制性文件。所有需求的集合形成了以后开发系统或系统部件的基础。

2.1.51

需求分析　requirements analysis

研究用户要求以得到系统或软件需求的定义的过程；以及对系统需求或软件需求的验证。

2.1.52

需求规格说明　requirement specification

陈述系统或系统部件(例如，软件配置项)的需求的规格说明，通常包括功能需求、性能需求、接口需求、设计需求以及开发标准。

2.1.53

功能需求　functional requirement

规定系统或系统部件必须能够执行的功能的需求。

[GB/T 11457—2006,定义 2.667]

2.1.54

功能设计 functional design

定义数据处理系统各部件的功能及相互之间接口的过程。

[GB/T 11457—2006,定义 2.665]

2.1.55

规格说明 specification

规范

以一种完全的、精确的、可验证的方法规定系统或系统部件的需求、设计、性能或其他特性的文件;或对某产品、某种材料或进程将要满足的一组需求的扼要陈述,并在适当的时候指明一种过程,根据该过程可确定给定需求是否得到满足。

2.1.56

过程 procedure

规程

计算机程序的一个部分。它被命名并实现一个特定的任务;为解决某一问题而采取的动作的经过;为解决某一问题而采取的动作的经过的描述;每次完成一任务时要遵循的一组手工的步骤。

2.1.57

数据 data

事实、概念或指令的一种形式化的表示形式,以适合于人工或自动方式进行通信、解释或处理。

[GB/T 18811—2002 3.22]

2.1.58

数据库 data base

数据基

一种数据集,或一种数据集的部分或全体,它至少包括足够为一给定目的或给定数据处理系统使用的一个文件。

2.1.59

数据字典 data dictionary

与数据相关的信息的库,包括数据含义、与其他数据的关系、出处、用法和格式等。

[GB/T 18811—2002,定义 3.23]

2.1.60

数据结构 data structure

数据项之间的次序安排和可访问性的一种形式表示,其中不涉及其实际存储排列方法。

2.1.61

数据库零售 data-base retailing

一种收集、储存和使用与顾客相关信息的方式。

2.1.62

数据库挖掘 data mining

从数据库的大量数据中揭示出隐含的、先前未知的并有潜在价值的信息的非平凡过程。

2.1.63

数据库仓库 data ware house

面向主题的、集成的、相对稳定的、反映历史变化的数据集合,用于支持管理决策。

2.1.64

流程图 flowchart

问题定义、分析或求解的一种图形表示。在这种表示中,用符号表示操作、数据、流程和设备。

2.1.65

作业流程图　task flowchart

以一项相对独立的管理业务为单位，用标准图例和简捷的文字将作业流程的内容、步骤及要求绘制出来的图。

2.1.66

集成　integration

把软件、硬件元素或两者合成为一个完整的系统的过程。

2.1.67

配置　configuration

计算机系统或网络按照其功能部件的特点、数量和主要特性而确定的排列，包括硬件配置和软件配置。

2.1.68

接口　interface

界面

一个共有的边界，接口可能是连接两个设备的硬件组成部分，也可能是由两个或多个计算机程序所访问的一部分存储器或寄存器，且与另一系统组成部分的交互作用或通信。

2.1.69

接口规格说明　interface specification

规定系统或系统组成部分的接口需求的规格说明。

2.1.70

接口测试　interface testing

为确保程序或系统组成部分彼此正确地传递信息或控制而进行的测试。

2.1.71

性能　performance

对计算机系统或子系统执行其功能的能力的度量。例如，响应时间、吞吐能力、事务处理数。

2.1.72

容错　tolerance

系统在各种异常条件下提供继续操作的能力。

2.1.73

冗余　redundancy

以改善运行可靠性而引入重复或代替的系统元素，确保在一旦元素失效时系统能继续运行。

2.1.74

精度　precision

a) 分辨几乎相等的诸值能力的一种度量。例如，4 位数字在精度上小于 6 位数字；但适当地计算所得出的 4 位数字可以比不适当地计算所得的 6 位数字更精确；

b) 对所提及的数量的可分辨的程度。例如：三位数字可分辨 1 000 种可能性。

2.1.75

可维护性　maintainability

按照规定的使用条件，在给定时间间隔内的一个项保持在某一指定状态或恢复到某一指定状态的能力。

2.1.76

可移植性　portability

软件不加改动地从一种运行环境转移到另一种运行环境下运行的能力。

2.1.77

可靠性 reliability

在规定时间间隔内和规定条件下，一项配置实现所要求的功能的能力。

2.1.78

可重用性 reusability

复用率

一个模块可在多种应用中加以利用的程度。

2.1.79

可扩展性 scalability

软件系统可以在不同规模、不同档次的硬件平台上运行的能力。

2.1.80

健壮性 robustness

尽管引入了不合理的输入，软件仍能继续正常运行的程度。

2.1.81

安全性 security

保密性

对计算机硬件、软件进行的保护，以防止其受到意外的或蓄意的存取、使用、修改、毁坏或泄密。安全性也涉及对人员及数据、通信以及计算机安装的物理保护。

2.1.82

适应性 adaptability

使不同的系统约束条件和用户需求得到满足的容易程度。

[GB/T 11457—2006 定义 2.40]

2.1.83

后备 back-up

后援

发生系统失效或灾害时，为恢复数据文件或软件，重新起动处理，使用备份计算机设备而做的准备。

2.1.84

互操作能力 interoperability

互操作性

两个或多个系统交换信息并相互使用已交换的信息的能力；或指两个或两个以上系统可相互操作的能力。

2.1.85

兼容性 compatibility

两个或两个以上系统运行同一软件可得到同样结果的能力；或指两个或两个以上系统处理同样的数据文件可得到同样结果的能力。

2.1.86

交互系统 interactive system

能够使加入该系统的用户的输入得到系统响应的系统。

2.1.87

开放系统 open system

一种按标准建立起来的计算机系统。开放系统的主要特征是：兼容性(compatibility)、可移植性(portability)、互操作性(interoperability)和可扩展性(scalability)。开放系统可以使用户摆脱特定厂商的控制，并有利于提高软件厂商的效益。

2.1.88

认证　certification

a）一个系统或计算机程序符合其规定的需要的一种书面保证；

b）一种书面认可书，说明某计算机系统是可靠的，可以在某确定的环境中工作或产生合理的信息；

c）为使系统获准投入运行性使用，对系统的可接受性所做的正式演示；

d）证实某系统、软件子系统或计算机程序在其运行环境中能满足规定的需求的过程。认证通常在实际条件下的现场中进行，不仅用于估价软件本身，而且用于估价作为软件设计依据的规格说明。认证使验证和确认的过程扩充到实际或模拟的运行环境中；

e）正式的权威机构根据可付诸实施的需求以书面形式确定，验证和证明人员及处理、过程或条教为合格所采取的步骤和行动。

2.2　商用专业机具设备

2.2.1

普通型电子收款机　ordinary ECR

在收款作业中只能进行金额管理和重点商品跟踪管理（少量的PLU），不具备通信接口和其他外设接口的电子收款机。也称一类收款机。

2.2.2

在线型电子收款机　on-line ECR

应用程序和设备管理程序固化在EPROM中，采用专用芯片，具备商品管理能力、通信联网能力的电子收款机。也称二类收款机。

2.2.3

POS机　point of sales（POS）device

在微型计算机技术的基础上，通过操作系统在能够实现收款等作业的应用软件支持下的电子收款机。也称三类收款机。

2.2.4

移动POS　wireless POS

可接受无线通讯功能的终端设备。

2.2.5

自助收银设备　self service check-out terminal（SCO）

由顾客自己完成支付购物消费所发生金额的POS设备。

2.2.6

触摸查询一体机　kiosk

多媒体信息查询终端，其基本功能包括：信息查询、公用电话、上网浏览、收发E-mail，新闻，广告等。扩展功能包括：可视电话、IP电话、传真、股票、网上缴费、购物、订票等。

2.2.7

条码电子秤　bar-code electronic weighing system

采用现代传感器技术、电子技术和计算机技术一体化并具有质量、金额等信息条码输出功能的电子称量装置。

2.2.8

磁卡读写器　magnetic card read-write device

通过磁力读写信息的设备，能够用磁卡读写信息，并将读取的信息传递到计算机或终端设备上。

2.2.9

IC卡读写器　IC card read-write machine

通过集成电路读写信息的装置，是IC卡与应用系统间的桥梁，可将读取的信息传递到计算机或终端设备上。

2.2.10

条码阅读器 bar code reader

利用光电原理将条码信息转化为计算机可接受的信息的输入设备，它作为快速登记或结算的一种输入手段，对商品外包装上或印刷品上的条码信息直接阅读，并输入到联机系统中。条码阅读器按工作方式可分为固定式和移动式(手持式)；按光源的不同，可分为发光二极管、激光及其他光源形式。

2.2.11

盘点设备 stocktaking terminal

零售店内进行周期性的商品盘点的终端设备，通常包括无线盘点设备、批处理方式盘点设备。

2.2.12

电子货架标签 electronic shelf label(ESL)

一种区别于传统的纸质商品标签的电子屏设备，用于商场或库房货架，可通过与商店内部信息管理系统对接及时准确地自动更新商品最新的价格、库存数量等信息。

2.2.13 **打印机**

2.2.13.1 **按打印票据数量分类**

2.2.13.1.1

单站式打印机 single station printer

简易打印机，只为用户打印相关凭据的打印机。

2.2.13.1.2

两站式打印机 dual station printer

能为用户同时打印凭据和存根的打印机。

2.2.13.1.3

三站式打印机 ternary station invoice printer

能为用户同时提供凭据、存根和特殊纸张(如发票)打印的打印机。

2.2.13.2 **按打印内容分类**

2.2.13.2.1

票据打印机 invoice printer

提供支票、发票等票据套打印功能的打印机。

2.2.13.2.2

条码打印机 bar code printer

专门用于打印条码的打印机。

2.2.14

液晶电子显示屏 liquid crystal display(LCD)

显示屏的一种，原理是在两片平行的玻璃当中放置液态的晶体，两片玻璃中间有许多垂直和水平的细小电线，透过通电与否来控制杆状水晶分子改变方向，将光线折射出来产生画面。

2.2.15

自动售货机 vending machine

商业自动化的常用设备，能根据投入的钱币自动付货的机器，它不受时间、地点的限制，能节省人力、方便交易，是一种全新的商业零售形式。

2.2.16

个人购物助理 personal shopping assistant(PSA)

基于无线网络技术的带有液晶触摸屏显示器的微型电脑，同时可以通过条形码阅读设备或 RFID 读写器进行商品或顾客身份的扫描或识别。

参 考 文 献

[1] GB/T 5271.1—2000 数据处理词汇 第1部分:基本术语
[2] GB/T 18354—2006 物流术语
[3] GB/T 18811—2002 电子商务基本术语
[4] GB/T 11457—2006 信息技术 软件工程术语

中 文 索 引

英 文 索 引

A

B

C

D

E

F

G

I

K

L

M

T

V

W

ICS 43.180
R 16

中华人民共和国国家标准

GB/T 18189—2008
代替 GB/T 18189—2000

摩托车维修业开业条件

Requirements for industry of motorcycle maintenance and repair being managed

2008-10-21 发布　　2009-04-01 实施

中华人民共和国国家质量监督检验检疫总局
中国国家标准化管理委员会　发布

前　　言

本标准代替 GB/T 18189—2000《摩托车维修业开业条件》。

本标准与 GB/T 18189—2000 相比主要变化如下：

——关于摩托车维修业开业条件的范围，修订为：规定了摩托车维修企业应具备的人员、组织管理、安全生产与环境保护、设施、设备等条件。适用于一类、二类摩托车维修企业的经营许可审验（见第 1 章）；

——取消了关于一类、二类摩托车维修企业的经营范围的规定；

——关于摩托车维修企业的开业条件，调整为对人员、组织管理、安全生产和环境保护、设施、设备等条件的要求（见第 3 章）；

——关于人员条件，调整为对技术负责人、检验员、维修技术人员的要求（见 3.1）；

——组织管理、安全生产与环境保护的内容有所完善（见 3.2）；

——关于设施条件，规定的生产厂房面积作了调整；增加了对租赁合同的要求（见 3.3）；

——关于设备条件，作了调整（见 3.4）；

——取消了对流动资金的要求；

——取消了中外合资（合作）维修企业和特约维修中心（站）条件。

本标准由中华人民共和国交通运输部提出。

本标准由全国汽车维修标准化技术委员会（SAC/TC 247）归口。

本标准起草单位：交通部公路科学研究院。

本标准主要起草人：刘家欣，张学利，蔡凤田，窦秋月。

本标准所代替标准的历次版本发布情况为：

——GB/T 18189—2000。

摩托车维修业开业条件

1 范围

本标准规定了摩托车维修业的分类及开业应具备的人员、组织管理、安全生产与环境保护、设施、设备等条件。

本标准适用于一类、二类摩托车维修企业的经营许可审验。

2 分类

摩托车维修业按经营规模大小分为一类摩托车维修企业和二类摩托车维修企业。

3 开业条件

3.1 人员

3.1.1 岗位设置及人员数量要求见表1。

表1 人员数量、生产厂房面积、维修工具及设备要求

项　目	一类摩托车维修企业	二类摩托车维修企业
人员数量	应设置技术负责人岗位 至少配备1名检验员和4名维修技术人员	应设置技术负责人和检验员岗位 至少配备2名维修技术人员
生产厂房面积/m^2	≥50	≥20
维修工具及设备	a) 轮胎拆装设备或专用工具 b) 补胎专用工具 c) 充电设备 d) 空气压缩机 e) 砂轮机 f) 钳工作业台及工具 g) 扭力扳手 h) 厚薄规 i) 万用表 j) 手电钻 k) 轮胎气压表 l) 气缸压力表 m) 外径千分尺 n) 内径千分表 o) 游标卡尺 p) 气门研磨设备或工具 q) 维修专用工具及各种拉压具 r) 台钻 s) 举升作业平台 t) 焊接设备 u) 镗缸设备 v) 磨缸设备 w) 涂漆设备 x) 排气分析仪	a) 轮胎拆装工具 b) 补胎专用工具 c) 充电设备 d) 空气压缩机 e) 砂轮机 f) 钳工作业台及工具 g) 扭力扳手 h) 厚薄规 i) 万用表 j) 手电钻 k) 轮胎气压表 l) 气缸压力表 m) 外径千分尺 n) 内径千分表 o) 游标卡尺 p) 气门研磨设备或工具 q) 镗缸设备(允许外协) r) 磨缸设备(允许外协) s) 涂漆设备(允许外协) t) 排气分析仪(允许外协)

3.1.2　技术负责人应熟悉摩托车维修业务及专业知识，了解相关的行业法规及标准。

3.1.3　检验员应熟悉摩托车维修的相关标准、政策法规和技术要求，具有行业主管部门颁发的从业资格证书。

3.1.4　维修技术人员应熟悉所从事工种的维修技术和操作规范，并了解摩托车维修及相关技术要求。

3.2　组织管理、安全生产与环境保护

3.2.1　应明示各类证、照、作业项目、收费标准及服务承诺等。

3.2.2　应备有国家、行业和地方的摩托车维修技术标准及所承修摩托车的维修技术资料。

3.2.3　应制定质量保证、检验、设备及配件管理、技术档案管理、安全管理等各项制度。

3.2.4　应建立安全生产责任制，制定安全操作规程并明示。安全防护、消防设施等应符合有关规定。

3.2.5　摩托车维修产生的废弃物，其收集、存放和处理应符合国家有关的环保规定。

3.3　设施

3.3.1　应有与维修作业相适应的生产厂房和停车场地。生产厂房面积应符合表1的规定。

3.3.2　租赁的生产厂房和停车场，应具有合法的租赁合同，租赁期限不得少于1年。

3.3.3　生产厂房应整洁、明亮，通风、排水、照明设施良好，地面平整坚实。

3.3.4　摩托车配件应按类别摆放整齐，存放在清洁、干燥处。

3.4　设备

应配备与其维修作业相适应的维修工具及设备，其技术状况应完好，符合相应的产品技术条件等国家标准或行业标准的要求。应配备的维修工具及设备见表1。

ICS 55.140;13.300
A 82

GB

中华人民共和国国家标准

GB 18191—2008
代替 GB 18191—2000

包装容器 危险品包装用塑料桶

Packing containers—Plastic drum for packages of dangerous goods

2008-09-18 发布 2009-09-01 实施

中华人民共和国国家质量监督检验检疫总局
中国国家标准化管理委员会 发布

前　　言

本标准的第5章和8.1为强制性的，其余为推荐性的。

本标准代替GB 18191—2000《包装容器　危险品包装用塑料桶》。

本标准与GB 18191—2000相比主要变化如下。

——对容量作了重新规定，与《关于危险货物运输的建议书　规章范本》一致；

——原标准的图形有混淆，新标准去掉了图形，增加了塑料桶的定义；

——回避了具体的尺寸；

——检验内容中去掉了单环负载试验；

——堆码试验的负荷计算，去掉了“取整数”的规定；

——堆码试验对装固体和液体的包装做了区分和进一步明确。

本标准由全国危险化学品管理标准化技术委员会(SAC/TC 251)提出并归口。

本标准负责起草单位：中化化工标准化研究所。

本标准参加起草单位：佛山市南海东兴塑料制罐有限公司、常州出入境检验检疫局、常州市塑料厂有限公司、宝鸡秦川未来塑料机械有限责任公司。

本标准主要起草人：王晓兵、周玮、罗意自、高翔、肖领、朱义华、陆文正、史永红、梅建、张君玺。

本标准于2000年首次发布。

包装容器　危险品包装用塑料桶

1　范围

本标准规定了盛装危险品用塑料桶的产品分类、要求、试验方法、检验规则、标志、运输和贮存。

本标准适用于盛装危险品，以高密度聚乙烯为主要原料且最大容积不大于450 L、净含量不大于450 kg的塑料桶(以下简称危塑桶)。

2　规范性引用文件

下列文件中的条款通过本标准的引用而成为本标准的条款。凡是注日期的引用文件，其随后所有的修改单(不包括勘误的内容)或修订版均不适用于本标准，然而，鼓励根据本标准达成协议的各方研究是否可使用这些文件的最新版本。凡是不注日期的引用文件，其最新版本适用于本标准。

GB/T 2828.1　计数抽样检验程序　第1部分：按接收质量限(AQL)检索的逐批检验抽样计划(GB/T 2828.1—2003，ISO 2859-1：1999，IDT)

GB/T 4857.3　包装　运输包装件　基本试验　第3部分：静载荷堆码试验方法(GB/T 4857.3—2008，ISO 2234：2000，IDT)

GB/T 4857.5　包装　运输包装件　跌落试验方法(GB/T 4857.5—1992，eqv ISO 2248：1985)

GB/T 17344　包装　包装容器　气密试验方法

GB 19270.1　水运危险货物包装检验安全规范　通则

GB 19270.2　水运危险货物包装检验安全规范　性能检验

联合国《关于危险货物运输的建议书　规章范本》(第14修订版)

3　术语和定义

GB 19270.1确立的以及下列术语和定义适用于本标准。

3.1

塑料桶　plastic drum

由塑料制成的两端为平面或凸面的圆柱形包装。

4　产品分类

4.1　分类

按GB 19270.1要求对可以盛装的危险货物的类别进行分类，见表1。

表1

分类代号	Ⅰ	Ⅱ	Ⅲ
用　　途	Ⅰ类包装	Ⅱ类包装	Ⅲ类包装

4.2　结构

4.2.1　危塑桶型分为开口式和闭口式两种，注入口径大于70 mm的为开口式，注入口径不大于70 mm的为闭口式。

4.2.2　提手分整体式、安装式和端手式。

4.2.3　桶口可采用螺纹或其他结构，口盖应配合适宜；采用螺纹结构时，应扣旋紧一圈以上。

5 要求

5.1 尺寸偏差

5.1.1 容量偏差:满载容量应不大于公称容量的5%。

5.1.2 桶体的实际尺寸与设计尺寸的偏差应符合表2的规定。

表2

规格/L	1~30				40~450			
项　目	长度	宽度	高度	口径	长度	宽度	高度	口径
尺寸偏差/mm	±5			±2	±10			±2

5.2 外观要求

危塑桶的外形结构应保证运输、贮存过程中堆码稳固,并符合表3的规定。

表3

项目	气泡		黑色杂质		塑化不良	裂缝空洞	粘把	擦痕	油污	色差	变形
	泡径/mm	个数	个数	长度[a]/mm							
要求	≤3	≤3	≤5	0.5~4	不准有	不准有	不积液	≤5%	轻度	轻度	不影响使用
			≤3	4~6							

[a] 每100 cm^2 表面中。

5.3 性能要求

5.3.1 对首次使用的拟装液体的危塑桶,应按照GB 19270.2的要求进行六个月以上进行相容性试验。

5.3.2 性能试验要求应符合表4和表5的规定,其中当拟装的物质为固体或相对密度不超过1.2的液体时,跌落高度按表4要求;当拟装相对密度(d)超过1.2的液体物质时,跌落高度按表5要求。

表4

序　号	项　目	闭口桶			开口桶		
		Ⅰ类	Ⅱ类	Ⅲ类	Ⅰ类	Ⅱ类	Ⅲ类
1	气密试验/kPa	30	20		—		
2	液压试验/kPa	250	100		—		
3	堆码负载/kg	见6.4.3中的公式					
4	跌落高度/m	1.8	1.2	0.8	1.8	1.2	0.8

表5

包装类别	Ⅰ类包装	Ⅱ类包装	Ⅲ类包装
跌落高度	d×1.5 m	d×1.0 m	d×0.67 m

6 试验方法

6.1 结构尺寸及外观

6.1.1 结构尺寸:采用精密度为0.5 mm的通用量具检测,应符合表2规定。

6.1.2 外观检验:采用精度0.02 mm的游标卡尺测量气泡、黑色杂质;粘把试验采用试样中灌水的方法,检查提手内是否保持流通和积液;其余项目在自然光线下目测。

6.2 气密试验

6.2.1 试验样品数量

每种设计型号取3个试验样品。

6.2.2 试验前试验样品的特殊准备

将有通气孔的封闭装置以相似的无通气孔的封闭装置代替，或将通气孔堵死。

6.2.3 试验设备

按GB/T 17344的要求。

6.2.4 试验方法

将样品包括其封闭装置箝制在水面下5 min，同时施加内部空气压力，施加的空气压力(表压)见表4，箝制方法不应影响试验结果。其他至少有同等效力的方法也可以使用。

6.2.5 通过试验的准则

所有试样应无泄漏。

6.3 液压试验

6.3.1 试验样品数量

每种设计型号取3个试验样品。

6.3.2 试验前容器的特殊准备

将有通气孔的封闭装置用相似的无通气孔的封闭装置代替，或将通气孔堵死。

6.3.3 试验设备

液压危险货物包装试验机或达到相同效果的其他试验设备。

6.3.4 试验方法和试验压力

将罐内注满水，把压力表与加压泵连接，并通过连通部件固定在罐口上。往罐内加压，达到表4规定的试验压力后，保持压力30 min，支撑容器的方式不应使试验结果无效。试验压力应连续地、均匀地施加。

6.3.5 通过试验的准则

所有试样应无泄漏。

6.4 堆码试验

6.4.1 试验样品数量

每种设计型号取3个试验样品。

6.4.2 试验设备

按GB/T 4857.3的要求。

6.4.3 试验方法和堆码载荷

在试验样品的顶部表面施加一载荷，此载荷质量相当于运输时可能堆码在它上面的同样数量包装件的总质量。如果试验样品内装的液体的相对密度与待运液体的不同，则该载荷应按后者计算。包括试验样品在内的最小堆码高度应是3 m。当拟装物质为液体时，应在不低于40 ℃的温度下经受28 d的堆码试验。当拟装物质为固体时，应在常温下堆码24 h。

堆码载荷的计算见下式：

$$P=\left(\frac{H-h}{h}\right)\times M$$

式中：

P——加载的载荷，单位为千克(kg)；

H——堆码高度(不小于3m)，单位为米(m)；

h——单个包装件高度，单位为米(m)；

M——单个包装件毛重，单位为千克(kg)。

6.4.4 通过试验的准则

试验样品不得泄漏，试验样品不允许有可能影响运输安全的损坏，或者可能降低其强度或造成包装件堆码不稳定的变形。在进行判定之前，样品应冷却至环境温度。

6.5 跌落试验

6.5.1 试验样品数量和跌落方向

每种设计型号取6个试验样品；

第一次跌落(用3个样品，每个样品跌落一次)：样品应以凸边斜着撞击在冲击板上；

第二次跌落(用另外3个样品，每个样品跌落一次)：样品应以第一次跌落未试验过的最弱部位撞击在冲击板上，例如封闭装置或者合缝线上。

6.5.2 样品的特殊准备

进行跌落试验前，应将试验样品及其内装物的温度降至－18 ℃或更低，试验液体应保持液态，必要时可添加防冻剂。

6.5.3 试验设备

符合GB/T 4857.5中对试验设备的要求。冷冻室(箱)应能满足6.5.2的要求。

6.5.4 跌落高度

按表4或表5规定高度进行跌落。

6.5.5 通过试验的准则

6.5.5.1 盛装液体的样品在内外压力达到平衡后，应无渗漏。

6.5.5.2 盛装固体的样品进行跌落试验并以其上端面撞击冲击板，如果全部内装物仍留在样品之中，即使封闭装置不再防筛漏，试验样品即通过试验。

6.5.5.3 在撞击时封闭装置有少许排出物，但无进一步渗漏，仍认为样品合格。

7 检验规则

7.1 出厂检验

7.1.1 产品交货应按批检验，同一规格、相同配方的每一交货批为一批。

7.1.2 按5.1、5.2和5.3中气密试验的规定进行检验。采用GB/T 2828.1正常检查一次抽样方案，其检查水平为特殊检查水平S-2(IL＝2)，合格质量水平为4.0(AQL＝4.0)，抽样数和合格判定数见表6。

表6

批量范围	正常一次抽样 IL＝2 AQL＝4.0		
	样本数	合格判定数	不合格判定数
1～1 200	3	0	1
1 201及以上	13	1	2

7.2 型式检验

7.2.1 本标准规定的技术要求5.3为型式检验项目。

7.2.2 型式检验条件

危塑桶生产有下列情况之一时，应进行型式检验：

a) 新产品投产或老产品转产的试制定型鉴定；

b) 正式生产后，如结构、材料、工艺有较大改变，可能影响产品性能时；

c) 正常生产时，每季度一次；

d) 产品长期停产后，恢复生产时；

e) 出厂检验结果与上次型式检验结果有较大差异时；

f) 国家质量监督机构提出进行型式检验。

7.3 **判定规则**

7.3.1 出厂检验的判定规则

按本标准的要求逐项进行检验，其中一项不合格，则判定该样品为不合格。当不合格数大于或等于表6规定的不合格数时，则判定该批产品不合格。

7.3.2 型式检验的判定规则

进行5.3中各项检验时，当一个样本不合格则该项不合格。如一项不合格为该批不合格。

7.3.3 不合格批中的危塑桶经剔除后，再次提交检验，其严格度不变。仍不合格时，判定为不合格品。

8 标志、运输和贮存

8.1 每只危塑桶应标有符合联合国《关于危险货物运输的建议书 规章范本》和GB 19270.1规定的危险品包装标记。

8.2 每批危塑桶应有合格证，并附有使用说明书。

8.3 运输中应避免摔跌、避免与坚硬锐利物碰撞。

8.4 危塑桶应遮篷储存，避免曝晒。灌装温度60 ℃以下，贮存温度40 ℃以下。自生产之日起，危塑桶贮存保质期为2年。

ICS 55.040
A 82

中华人民共和国国家标准

GB/T 18192—2008
代替 GB 18192—2000

液体食品无菌包装用纸基复合材料

Paper based laminated material using for aseptic packaging of liquid food

2008-06-25 发布　　　　2008-10-01 实施

中华人民共和国国家质量监督检验检疫总局
中国国家标准化管理委员会　发布

前　言

本标准代替 GB 18192—2000《液体食品无菌包装用纸基复合材料》。

本标准与 GB 18192—2000 相比主要变化如下：

——增加了“中封贴条”的定义；

——修改了内层塑料膜定量；

——增加了对材料的要求；

——将“拉伸强度”改为“拉断力”。修改了“拉断力”、“内层塑料膜剥离强度”和“挺度”等物理机械性能指标；

——将“透氧率”分为“铝箔”和“其他阻隔材料”两类；

——取消了“复合层塑料膜与纸的粘结度”的要求；

——取消了“材料整体的卫生指标”要求；

——增加了“溶剂残留量的卫生指标”要求；

——修改了“封合强度试验方法”；

——明确规定了“拉断力试验”的试验条件；

——增加了 “溶剂残留量的卫生检验”要求；

——修改了检验规则；

——删除了原标准的附录 B、附录 C。

本标准附录 A 为规范性附录。

本标准由中国包装联合会提出。

本标准由全国包装标准化技术委员会归口。

本标准主要起草单位：利乐中国有限公司、康美包(苏州)有限公司、光夏嘉美包装(厦门)有限公司、青岛人民印刷有限公司、中国包装联合会。

本标准参加起草单位：山东泉林包装有限公司、上海天龙无菌包装材料有限公司、四川威之国际新材料有限公司、山东新巨丰科技包装有限责任公司。

本标准主要起草人：李书良、王利、李肖萍、王煜、王渊博、刘华、吴建国、王威之、隗功海。

本标准所代替标准的历次版本发布情况为：

——GB 18192—2000。

液体食品无菌包装用纸基复合材料

1 范围

本标准规定了液体食品无菌包装用纸基复合材料的分类、要求、试验方法、检验规则、标志、包装、运输和贮存。

本标准适用于以原纸为基体，与塑料、铝箔或其他阻透材料等经复合而成，以卷筒形式或以单个产品形式供应的供无菌灌装液体食品用的材料。

2 规范性引用文件

下列文件中的条款通过在本标准中引用而构成为本标准的条款。凡是注日期的引用文件，其随后所有的修改单(不包括勘误的内容)或修订版均不适用于本标准，然而，鼓励根据本标准达成协议的各方研究是否可使用这些文件的最新版本，凡是不注日期的引用文件，其最新版本适用于本标准。

GB/T 191 包装储运图示标志(GB/T 191—2008,ISO 780:1997,MOD)

GB/T 1038 塑料薄膜和薄片气体透气性试验方法 压差法(GB/T 1038—2000,neq ISO 2556:1997)

GB/T 1040.3 塑料 拉伸性能的测定 第3部分:薄膜和薄片的试验条件(GB/T 1040.3—2006,ISO 527-3:1995,IDT)

GB/T 2679.3 纸和纸板挺度的测定(GB/T 2679.3—1996,eqv ISO 2493:1992)

GB/T 2828.1—2003 计数抽样检验程序 第1部分:按接收质量限(AQL)检索的逐批检验抽样计划(GB/T 2828.1—2003,ISO 2859-1:1999,IDT)

GB/T 3198 铝及铝合金箔

GB/T 5009.60 食品包装用聚乙烯、聚苯乙烯、聚丙烯成型品卫生标准的分析方法

GB/T 6673 塑料薄膜和薄片长度和宽度的测定(GB/T 6673—2001,idt ISO 4592:1992)

GB/T 8808 软质复合塑料材料剥离试验方法

GB 9685 食品容器、包装材料用助剂使用卫生标准

GB 9687 食品包装用聚乙烯成型品卫生标准

GB/T 10004—1998 耐蒸煮复合膜、袋(eqv JISZ 1707:1995)

GB 11680 食品包装用原纸卫生标准

QB/T 2358 塑料薄膜包装袋热合强度试验方法

3 术语和定义

下列术语和定义适用于本标准。

3.1

液体食品 liquid food

可以在管道中流动的液态食品。包括液体中带颗粒的和酱状的食品。

3.2

无菌包装 aseptic packaging

将经过灭菌的食品(饮料、奶制品等)在无菌环境下，封装在经过灭菌的容器中，使其在常温下，不加防腐剂也能得到较长的货架寿命的包装。

3.3

搭接　longitudinal sealing

材料外表面与材料内表面互相接触的封合方式。

3.4

对接　transversal sealing

材料的内表面互相接触的封合方式。

3.5

中封贴条　sealing strip

搭接部位内表面上覆盖原纸断面的条形塑料材料。

4　分类

4.1　按供应状态分为卷筒形式和单个产品形式两类。

4.2　按阻隔材料分为铝箔和其他阻隔材料两类。

5　材料

5.1　复合材料原纸板卫生指标应符合 GB 11680 规定。

5.2　铝箔卫生指标应符合 GB/T 3198 规定。

5.3　其他材料及中封贴条的卫生指标应符合相关国家标准规定。

6　要求

6.1　外观质量

6.1.1　无污染，无异物。

6.1.2　印刷图案完整清晰，无明显变形和色差，无残缺和错印。

6.1.3　内外表面平整，无皱摺，无孔洞，无裂纹，无气泡。

6.1.4　压痕线平直，无破裂。

6.2　卷筒质量

以卷筒形式供应的材料其收卷应管芯圆整，表面平滑，端面整齐。接头牢固，每 1 000 m 接头数量不多于 3 个。接头部位应有明显标记，并对准、对正图案，每段长度不小于 25 m。

6.3　尺寸偏差

6.3.1　材料的尺寸偏差应符合表 1 规定。

表 1　材料的尺寸偏差

产品类别	项　目	允许偏差/mm
卷筒形式	宽度	±1
	卷筒内径	$^{+3}_{0}$
单个产品形式	长宽	±1
	宽度	±0.5

6.3.2　印刷位置的尺寸偏差应符合表 2 规定。

表 2　印刷位置的尺寸偏差

产品类别	项　目	允许偏差/mm
两类形式	压痕线与印刷图案相对位置	±0.8
卷筒形式	分切位置	±1
	光标间距	±1

6.3.3 套印精度

印刷图案的套印精度为±0.8 mm。

6.4 内层塑料膜定量

内层塑料膜定量应不小于 19 g/m²。

6.5 物理机械性能

物理机械性能应符合表 3 规定。

表 3 物理机械性能

项目	要求	
拉断力/(N/ 15 mm)	容器容量≤250 mL	纵向≥200 横向≥100
	250 mL<容器容量≤500 mL	纵向≥220 横向≥120
	容器容量>500 mL	纵向≥240 横向≥140
封合强度/(N/15 mm)	搭接≥60 对接≥15	
内层塑料膜剥离强度/(N/15 mm)	≥2.0	
透氧率/[cm³/(m²·24 h·0.1 MPa)]	铝箔≤1.0	
	其他阻隔材料≤15.0	
挺度/mN·m	容器容量≤250 mL	纵向≥7.0
	250 mL<容器容量≤500 mL	纵向≥10.0 横向≥6.0
	容器容量>500 mL	纵向≥18.0 横向≥8.0
注：封合强度试验中，若沿非封合面被拉断，视为合格。		

6.6 卫生指标

6.6.1 内层聚乙烯材料的卫生指标应符合 GB 9687 规定。

6.6.2 材料用添加剂卫生指标应符合 GB 9685 规定。

6.6.3 溶剂残留量应符合表 4 规定。

表 4 溶剂残留量

单位为毫克每平方米

项目	要求
溶剂残留量	≤10
苯类残留量	≤2

7 试验方法

7.1 外观质量

外观质量在自然光下目测。

7.2 卷筒质量

外观及接头数量在自然光下目测，长度用卷尺测量。

7.3 尺寸偏差

7.3.1 卷筒宽度偏差按 GB/T 6673 规定进行测量。

7.3.2 卷筒内径偏差及单个产品的尺寸偏差用精度不低于 0.1 mm 的游标卡尺进行测量。

7.3.3 压痕线与印刷图案套印精度和分切位置偏差用 10 倍带刻度的放大镜测量并计算偏差。

7.3.4 光标间距用刻度值不大于 0.1 mm 的游标卡尺进行测量。

7.4 内层塑料膜定量

内层塑料膜定量按附录 A 规定进行检验。

7.5 物理机械性能

7.5.1 拉断力

拉断力按 GB/T 1040.3 规定,取Ⅱ型试样,试样宽度为 15 mm,试验速度为 100 mm/min±10 mm/min,夹距为 100 mm 进行试验。当压痕间距小于 100 mm 时,取平板材料进行试验。

7.5.2 封合强度

封合强度按 QB/T 2358 规定进行试验。材料的热封条件由生产厂家根据材料特性提供。作搭接强度试验时允许将符合使用条件的中封贴条同时封上。试验速度为 100 mm/min。

7.5.3 内层塑料膜剥离强度

内层塑料膜剥离强度按 GB/T 8808 规定进行试验。

7.5.4 透氧率

透氧率按 GB/T 1038 规定进行试验。

7.5.5 挺度

挺度按 GB/T 2679.3 规定进行试验。

7.6 卫生指标

7.6.1 内层塑料膜的卫生指标

内层塑料膜的卫生指标按 GB/T 5009.60 规定,可将材料折叠成无顶的正方体容器,仅对与食品接触的内表面进行检验。

7.6.2 溶剂残留量

溶剂残留量按 GB/T 10004—1998 中 5.7 规定进行检验。

8 检验规则

8.1 组批

同一品种,同一规格,连续生产的,不超过 800 万个包装的产品为一批。

8.2 检验分类

产品检验分为出厂检验和型式检验。

8.2.1 出厂检验

出厂检验项目为 6.1、6.2 和 6.3。

8.2.2 型式检验

型式检验项目为第 6 章的全部项目。有下列情况之一时,应进行型式检验:

a) 当原材料品种、产品结构、生产工艺改变时;

b) 停产 6 个月以上,重新恢复生产时;

c) 连续生产满 1 年时;

d) 首次生产时。

8.3 抽样

8.3.1 外观质量和尺寸偏差按 GB/T 2828.1 规定进行,采用正常检查二次抽样方案,特殊检查水平 S-4,接收质量限(AQL)为 2.5,见表 5。

表 5 外观质量和尺寸偏差抽样方案

批量	样本	样本量	累计样本量	接收质量限(AQL)	
				接收数 Ac	拒收数 Re
≤35 000	第一	32	32	1	4
	第二	32	64	3	5
35 001～500 000	第一	50	50	2	5
	第二	50	100	6	7
≥500 001	第一	80	80	3	6
	第二	80	160	9	10

8.3.2 卷筒质量

内层塑料膜定量、物理机械性能及卫生指标抽样，以批为单位，以卷筒形式供货的产品从每批样品中任取一卷进行检验，以单个产品形式供货的产品从每批样品中，按试验项目要求，抽取足够试验用的样品进行检验。

8.4 判定

8.4.1 样本单位的判定

以卷筒形式供货的产品折合成盒的个数抽取试样，一个盒为一个样本单位；以单个产品形式供货的产品以一只为一个样本单位，全部项目均合格，则样本单位为合格。

8.4.2 合格项的判定

8.4.2.1 外观质量、卷筒质量和尺寸偏差根据表 5 判定。

8.4.2.2 内层塑料膜定量、物理机械性能检验若有不合格项，应从原批产品中抽取双倍样品对不合格项进行复验，复验结果全部合格，则该批产品内层塑料膜定量和物理机械性能为合格；若复验仍不合格，则该批产品不合格。

8.4.2.3 卫生指标检验若有一项不合格，则该批产品不合格。

8.4.3 合格批的判定

产品按 8.4.2.1、8.4.2.2 和 8.4.2.3 判定均合格，则该批产品为合格。

9 标志、包装、运输和贮存

9.1 标志

标志应符合 GB/T 191 的规定。产品应有合格标识，注明产品名称、规格、数量、批号、生产厂家、生产日期等内容。

9.2 包装

以卷筒形式供应的产品用收缩膜进行包装后，用纸箱或托盘进行包装。以单个产品形式供应的产品用纸箱进行包装后，置于托盘上或其他纸箱内，然后用收缩膜进行整体包装。也可由供需双方商定。

9.3 运输

运输时应小心轻放，防止机械碰撞或接触锐利物体，防止日晒雨淋并不受污染。

9.4 贮存

产品应贮存在清洁、干燥、通风的库房内，远离热源和污染源，严禁与有毒、有害物品混放。产品贮存期限从生产之日起不超过 1 年。

附　录　A
（规范性附录）
内层塑料膜定量的检验方法

A.1　检验仪器

精度 0.001 g 的天平，1∶1（体积比）甲苯与乙醇的混合液，恒温水浴槽。

A.2　检验条件

用恒温水浴槽将甲苯与乙醇的混合液加温到 60 ℃±5 ℃。

A.3　检验步骤

A.3.1　以卷筒形式供应的材料、用圆刀在试样上割取面积为 50 cm^2 或 100 cm^2 的试样 3 个；以单个产品形式供应的材料、根据尺寸大小割取面积为 50 cm^2 或 100 cm^2 的试样 3 个。

A.3.2　将试样放入甲苯和乙醇的混合液中浸泡 10 min，轻轻将内层塑料膜分离掉，然后放置 120 min。

A.3.3　将三个试样分别在天平上称量，换算为克每平方米（为内层塑料膜的定量），以 3 个试样的平均值表示结果，精确到小数点后 1 位。

ICS 91.120.25
P 15

中华人民共和国国家标准

GB/T 18207.1—2008
代替 GB/T 18207.1—2000

防震减灾术语
第1部分：基本术语

Terminology of protecting against and mitigating earthquake disasters—Part 1:Basic terms

2008-06-06 发布 2008-10-01 实施

中华人民共和国国家质量监督检验检疫总局
中国国家标准化管理委员会 发布

前　言

GB/T 18207《防震减灾术语》分为二个部分：

——第1部分：基本术语；

——第2部分：专业术语。

本部分为GB/T 18207的第1部分。

本部分代替GB/T 18207.1—2000《防震减灾术语　第1部分：基本术语》。

本部分与GB/T 18207.1—2000相比有如下变化：

a) 依据《中华人民共和国防震减灾法》修订工作的需要和颁布实施的《地震监测管理条例》增加了地震灾害等级、地震监测等方面的术语和定义14条；

b) 删除了不适于纳入本部分的术语10条；

c) 修改和完善了32条术语的定义。

本部分由中国地震局提出。

本部分由全国地震标准化技术委员会(SAC/TC 225)归口。

本部分起草单位：中国地震局地球物理研究所、中国地震局地震预测研究所、中国地震台网中心。

本部分主要起草人：陈运泰、张国民、孙其政、孙士鋐、陈鑫连、刘锡荟、杜玮、曹学锋、黎益仕、冯义钧、肖承邺。

本部分所代替标准的历次版本发布情况为：

——GB/T 18207.1—2000。

防震减灾术语
第1部分:基本术语

1 范围

GB/T 18207的本部分规定了防震减灾的基本术语,适用于防震减灾有关工作及制定防震减灾有关法规和标准,也适用于科研、教学、新闻、出版。

2 规范性引用文件

下列文件中的条款通过GB/T 18207的本部分的引用而成为本部分的条款。凡是注日期的引用文件,其随后所有的修改单(不包括勘误的内容)或修订版均不适用于本部分,然而,鼓励根据本部分达成协议的各方研究是否可使用这些文件的最新版本。凡是不注日期的引用文件,其最新版本适用于本部分。

GB 17740—1999 地震震级的规定

GB/T 17742 中国地震烈度表

JGJ/T 97—1995 工程抗震术语标准

3 地震

3.1

地震 earthquake

大地震动。包括天然地震(构造地震、火山地震)、诱发地震(矿山采掘活动、水库蓄水等引发的地震)和人工地震(爆破、核爆炸、物体坠落等产生的地震)。一般指天然地震中的构造地震。

3.2

震源 earthquake source;seismic source

产生地震的源。

3.3

震级 magnitude

对地震大小的相对量度。

[GB 17740—1999中的2.1]

3.4

地震构造 seismotectonics

与地震有关的地质构造。

3.5

地震烈度 seismic intensity

地震引起的地面震动及其影响的强弱程度。

[GB/T 17742]

3.6

地震波 seismic wave

地震时从震源发出的,在地球内部和沿地球表面传播的波。

3.7

震中　epicentre

震源在地面上的投影。

3.8

极震区　meizoseismal area

一次地震破坏或影响最重的区域。

3.9

宏观震中　macro-epicentre

极震区的几何中心。

3.10

震源距　hypocentral distance

震源至某一指定点的距离。

3.11

震中距　epicentral distance

震中至某一指定点的地面距离。

[GB 17740—1999 中的 2.6]

3.12

(宏观)震中烈度　(macro) epicentral intensity

极震区的地震烈度。

3.13

无感地震　feltless earthquake

震中附近的人不能感觉到的地震。

3.14

有感地震　felt earthquake

震中附近的人能够感觉到的地震。

3.15

极微震　ultra-microearthquake

震级<1 级的地震。

3.16

微震　micro-earthquake

1 级≤震级<3 级的地震。

3.17

小[地]震　small earthquake

3 级≤震级<5 级的地震。

3.18

中[等]地震　moderate earthquake

5 级≤震级<7 级的地震。

3.19

大[地]震　large earthquake

震级≥7 级的地震。

3.20

特大地震　great earthquake

震级≥8 级的地震。

3.21

破坏性地震　destructive earthquake

造成人员伤亡或经济损失的地震。

3.22

严重破坏性地震　severely destructive earthquake

造成严重的人员伤亡或经济损失，使灾区丧失或部分丧失自我恢复能力，需要国家采取相应行动的地震。

3.23

地方震　local earthquake

震中距在1°以内的地震。

注：1°≈111 km。

3.24

区域性地震　regional earthquake

震中距在1°～13°范围内的地震。

注：也有定义为1°～10°。

3.25

远震　teleseism；teleseimic earthquake

震中距在30°～180°范围内的地震。

注：也有定义为20°～180°或9°～180°。

3.26

地震活动性　seismicity

在一定时间、空间范围内地震发生的强度、频度、时间和空间等方面的分布规律和特征。

4　地震监测预报

4.1

地震前兆　earthquake precursor

地震前出现的与该地震孕育和发生相关联的现象。

4.2

地震观测　earthquake observation

对地震活动及地球物理、地球化学、地形变动等相关现象的观察与测量。

4.3

地震监测　earthquake monitoring

以防震减灾和监测地下核爆炸为目的的地震观测。

4.4

地震预测　earthquake prediction

对未来地震的发生时间、地点和震级进行估计和推测。

4.5

地震重点监视防御区　key area for earthquake surveillance and protection

未来一定时间内，可能发生地震并造成灾害，需要加强防震减灾工作的区域。

4.6

地震重点危险区　critical earthquake risk area

未来一年或稍长时间内可能发生5级以上地震的区域。

4.7

震情　earthquake situation

有关地震活动和地震影响的情况。

4.8

震情会商　earthquake situation consultation

对震情进行分析与研究的专门会议。

4.9

地震预报　earthquake forecast

政府向社会公告可能发生地震的时域、地域、震级范围等信息的行为。

4.10

地震长期预报　long-term earthquake forecast

对未来十年内可能发生地震灾害的地域的预报。

4.11

地震中期预报　intermediate-term earthquake forecast

对未来一年或二年内可能发生地震灾害的地域和震级范围的预报。

4.12

地震短期预报　short-term earthquake forecast

对三个月内将要发生地震的时间、地点、震级的预报。

4.13

临震预报　imminent earthquake forecast

对十日内将要发生地震的时间、地点、震级的预报。

4.14

震后地震趋势判定　evaluation of post-earthquake trend

对社会产生影响的地震发生后，对地震影响地区近期内地震活动形势发展的分析判断。

4.15

地震速报　rapid earthquake information report

对已发生地震的时间、地点、震级等的快速测报。

4.16

地震监测台[站]　earthquake monitoring station

设置地震监测设施并开展地震监测的基层机构。

4.17

地震监测台网　earthquake monitoring network

由若干地震监测台站组成的地震监测网络/体系。

4.18

全国地震监测台网　nation/country-wide earthquake monitoring network

全国各级地震监测台网的总称，由国家地震监测台网、省级地震监测台网和市、县地震监测台网组成。

4.19

专用地震监测台网　specific earthquake monitoring network

由大型水库、油田、矿山、石油化工、交通等重大工程建设单位建设和管理的地震监测台网。

4.20

地震监测预报方案　program/scheme for earthquake monitoring and forecast

由地震重点监视防御区所在的地震主管部门或机构制定的地震监测台网布局、震情跟踪措施和地震预报对策等方案的总称。

4.21

地震监测设施　facility for earthquake monitoring

开展地震监测的仪器、设备、装置,以及配套的监测场地、山洞、井等的统称。

4.22

流动地震监测　mobile earthquake monitoring

为某项研究任务或震情跟踪工作需要开展的野外地震监测。

4.23

地震台阵　seismic array

将有规则排列分布的地震仪器连接起来,采用专门技术进行信号处理的地震观测系统。

4.24

地震观测环境　environment for earthquake observation

地震监测设施能够正常工作所要求的周围环境。

4.25

强震动观测　strong motion observation

记录强震动和工程结构地震反应的地震观测。

5　地震灾害预防

5.1

地震灾害　earthquake disaster

地震造成的人员伤亡、财产损失、环境和社会功能的破坏。

5.2

地震原生灾害　primary earthquake disaster

地震直接造成的灾害。

5.3

地震次生灾害　secondary disaster of earthquake

地震造成工程结构、设施和自然环境破坏而引发的灾害。

例如,火灾、爆炸、瘟疫、有毒有害物质污染以及水灾、泥石流和滑坡等对居民生产和生活区的破坏。

5.4

地震灾害等级　earthquake disaster level

地震灾害大小的级别划分。

5.5

一般地震灾害　minor earthquake disaster

造成20人以下人员死亡或一定经济损失的地震灾害;发生在人口较密集地区5.0级～6.0级地震所造成的灾害。

5.6

较大地震灾害　moderate earthquake disaster

造成20人～50人员死亡或较大经济损失的地震灾害;发生在人口较密集地区6.0级～6.5级地震所造成的灾害。

5.7

重大地震灾害　major earthquake disaster

造成50人～300人员死亡或重大经济损失,且地震直接经济损失不超过该省(自治区、直辖市)上年生产总值1%的地震灾害;发生在人口较密集地区6.5级～7.0级地震所造成的灾害。

5.8

特别重大地震灾害　significant earthquake disaster

造成300人以上人员死亡，或地震直接经济损失占该省（自治区、直辖市）上年生产总值1%以上的地震灾害；发生在人口较密集地区7.0级以上地震所造成的灾害。

5.9

地震灾害预测　earthquake disaster prediction

对未来地震可能造成的灾害作出估计。

5.10

地震灾害预防　earthquake disaster prevention

避免和减轻地震灾害的防御性工作。

5.11

地震对策　earthquake countermeasure

防御和减轻地震灾害的策略。

5.12

群测群防　mass monitoring and prevention

群众性的监测地震活动和防御地震灾害的行为。

5.13

重大建设工程　major construction project

对社会有重大价值或者有重大影响的工程。主要指地震发生后，一旦遭到破坏会造成重大社会影响和重大经济损失的建设工程。

5.14

地震基本烈度　basic intensity

一个地区在未来一定时期内、一定场地条件和超越概率水平下可能遭遇的地震烈度。

例如，1990年颁布的《中国地震烈度区划图》定义地震基本烈度为：50年期限内，一般场地条件下，可能遭遇超越概率为10%的地震烈度。

5.15

地震区划　seismic zoning

以地震烈度、地震动参数为指标，对研究区域地震影响程度的区域划分。

5.16

抗震设防要求　requirement for fortification against earthquake

建设工程抗御地震破坏的准则和在一定风险水准下抗震设计采用的地震烈度或地震动参数。

5.17

地震危险性分析　seismic risk analysis

用确定性方法或概率计算方法给出工程场地或某一区域在未来一定时间内可能遭遇的地震烈度或地震动参数值。

5.18

地震安全性评价　seismic safety evaluation

根据对建设工程场地条件和场地周围的地震活动与地震地质环境的分析，按照工程设防的风险水准，给出与工程抗震设防要求相应的地震烈度和地震动参数，以及场地的地震地质灾害预测结果。

5.19

抗震性能鉴定　evaluation of earthquake resistant capability

检查现有工程的设计、施工质量和现状，按规定的抗震设防要求，对其在地震作用下的安全性进行评估。

[JGJ/T 97—1995 中的 2.1.5]

5.20

抗震加固措施　strengthening measure for earthquake resistance

为使现有建设工程达到规定的抗震设防要求所采取的增强强度、提高延性、加强整体性和改善传力途径等措施。

5.21

抗震设计　earthquake resistance design

对地震区的工程结构进行的一种专业设计。一般包括概念设计、结构抗震计算和抗震构造措施三个方面。

[JGJ/T 97—1995 中的 5.1.1]

5.22

抗震设计规范　seismic design code

建设工程达到抗震设计要求所遵循的原则和具体技术性规定。

6　地震应急与救援

6.1

地震应急　earthquake emergency response

破坏性地震发生前所做的各种应急准备以及地震发生后采取的紧急抢险救灾行动。

6.2

地震应急期　earthquake emergency response period

为减轻地震灾害，采取应急措施的时段。

6.3

地震应急预案　pre-plan for earthquake emergency response

预先编制的地震应急方案。

6.4

地震应急演练　earthquake emergency response exercise

为防止和减轻未来地震灾害而开展的模拟训练。

6.5

地震应急指挥机构　earthquake emergency response administration

指挥和组织地震应急工作的临时行政机构。

6.6

地震应急救援　earthquake emergency rescue

对地震灾区采取的紧急抢救与援救行动。

6.7

地震避难场所　earthquake shelter

为应对破坏性地震，安置居民临时生活区或疏散人员的安全场所。

7　震后救灾与重建

7.1

地震灾情　earthquake disaster situation

地震造成的人员伤亡、经济损失以及社会影响等情况。

7.2

地震灾区　earthquake stricken area

地震发生后,遭受人员伤亡、经济损失的地区。

7.3

生命搜寻与救助　post-earthquake search and rescue

破坏性地震发生后搜寻并收容幸存者,实行急救和基本医疗援助的过程。

7.4

地震烈度评定　seismic intensity evaluation

根据受地震影响地区的宏观和微观地震资料,确定该地区的地震烈度。

7.5

地震灾害损失评估　earthquake loss assessment

对地震灾害造成的损失的程度作出评定与估计。

7.6

震后恢复与重建　post-earthquake recovery and reconstruction

使地震灾区的生产、生活和社会功能恢复基本正常以及对地震破坏的建(构)筑物、公共设施的修复与建设。

7.7

地震遗迹　earthquake remains

地震留下的痕迹,包括震毁、震损或地震影响区域内完好的建(构)筑物及地震活动产生的地质、地形、地貌变动的痕迹等。

7.8

地震遗址　earthquake relic

地震遗迹所在的地方。

中 文 索 引

英 文 索 引

B

C

D

E

F

G

H

I

K

L

M

N

P

R

S

T

U

ICS 35.100.70
L 73

中华人民共和国国家标准化指导性技术文件

GB/Z 18219—2008/ISO/IEC TR 10032:2003
代替 GB/T 18219—2000

信息技术　数据管理参考模型

Information technology—Reference model of data management

(ISO/IEC TR 10032:2003,IDT)

2008-06-17 发布　　2008-11-01 实施

中华人民共和国国家质量监督检验检疫总局
中 国 国 家 标 准 化 管 理 委 员 会　发布

前　　言

本指导性技术文件等同采用国际标准 ISO/IEC TR 10032:2003《信息技术　数据管理参考模型》。

本指导性技术文件代替 GB/T 18219—2000。

本指导性技术文件在前一版的基础上没有技术上的改动，仅对前一版翻译不准确的术语和行文加以修改；标准性质由推荐性标准改为指导性技术文件。

本指导性技术文件附录 A 和附录 B 是资料性附录。

本指导性技术文件由中华人民共和国信息产业部提出。

本指导性技术文件由中国电子技术标准化研究所归口。

本指导性技术文件起草单位：中国电子技术标准化研究所。

本指导性技术文件主要起草人：王静。

本指导性技术文件所代替标准的历次发布情况为：

——GB/T 18219—2000。

引　言

在规定数据管理的参考模型时我们看到，不同的数据管理系统的实现者会采用不同的术语来规定或引用相似的数据管理功能，而且，同样的术语也常常用以描述不同的功能。显然，我们必须使数据管理功能标准化。本指导性技术文件充当了这一角色，即表述了一个数据管理的参考模型，并且定义了本模型适用的范围。

本指导性技术文件定义数据管理的参考模型。当同时考虑现有标准和将出现的标准时，它提供一个以数据管理为目的的协调各标准的公共基础。

术语“数据管理”包括描述、创建、修改、使用和控制信息系统中的数据。这种数据管理功能可以作为信息系统应用的公共服务来执行。或者，每一次应用可定义和控制与它相关的数据。在数据管理功能作为公共服务来执行的情况下，提供用于数据访问和控制的标准化设施更加可取，以实现数个用户对数据的共享。这样的标准化需要决定一些接口，以便利制定各项有关标准。

本指导性技术文件的目标是在第1章规定的范围内提供一个可用于下述各项的框架：

a) 接口标识；

b) 定位所有彼此相关的接口；

c) 标识在每一接口上提供的设施；

d) 标识支持每一接口的进程，并且在适当的时候标识这种支持所需数据；

e) 定位信息系统生存周期中接口的使用；

f) 对与每一已适当标识的接口关联的绑定选项加以标识。

本指导性技术文件有三个应用于数据管理标准化的主要目标：

a) 资源共享能力；

b) 使支持一个信息系统生存周期的开销最小；

c) 优化使用标准化的成果。

资源共享能力的目标不仅应用于数据库中由数据表示的信息资源，还应用于第6章描述的那种处理器资源。我们特别强调处于不同位置的信息资源和由不同软硬件开发的信息资源的共享。资源共享的能力最终归结于访问控制。

使得支持一个信息系统的开销最小的目标适用于该信息系统生存周期的所有阶段，包括设计、开发、操作和维护的开销。

最优化使用标准化成果的目标是指减少所需要的标准的个数和简化这些标准的内容。

本指导性技术文件为制订或改进标准划定了一个范围，并提供一个维护所有相关标准一致性的公共框架。

本指导性技术文件提供了一个框架，它使各专家小组在为信息系统的各个部分制订相应标准时独立而有效的开展工作。

本指导性技术文件有充分的余地适应技术发展而进行相应的新标准的制订。

本指导性技术文件中给出的数据管理参考模型的描述如下：

——第4章介绍了数据管理和基于信息系统的需求；

——第5章解述了该参考模型中所需的数据概念以及它们是如何相关的，还阐述了进程的概念；

——第6章提供一个体系结构模型，其中可放入与数据管理相关的不同数据和处理组件；

——第7章描述了数据管理标准化的目标和原则；

——附录A是相关标准的清单；

——附录 B 说明了现有的和未来的标准是如何与第 6 章中描述的体系结构模型相关的。

本指导性技术文件规定了数据管理提供的服务类，它还提供了一个框架，描述这些类之间相关联的方式。尽管如此，数据管理并不是独自存在，而是像第 4 章中描述的那样存在于一个提供其他服务（如数据存储和数据通信）的环境中。

附录 A 列举了相关的数据管理标准；附录 B 描述数据管理参考模型的体系结构与现有的和正在制订的数据库标准的关系。

信息技术 数据管理参考模型

1 范围

本指导性技术文件定义了数据管理参考模型。它建立了一个框架，用于协调信息系统中为管理持久数据而制订的现有和未来标准。现有的数据管理标准参见附录A。

本指导性技术文件定义了有关信息系统中保有的所有数据的公共术语和概念。这些概念用来更加具体地定义由特殊数据管理组件（如数据库管理系统或数据字典系统）提供的服务。这些有关服务的定义所规定的接口，可作为未来标准化的主题。

本指导性技术文件未规定数据管理的服务和协议。本文件既不是各种系统的实现规范，也不是评定实现的符合性的依据。

本指导性技术文件的范围中所包括的一些进程，与处理持久数据及其与特定信息系统的要求所特有的进程的交互有关。这包括公共数据管理服务，例如定义、存储、检索、更新、维护、备份、恢复和通信应用以及字典数据和与之通信所要求的服务。

本指导性技术文件的范围顾及了位于一个或多个计算机系统上的数据管理标准，包括分布式数据库管理的服务。

本指导性技术文件的范围不包括通常由操作系统提供的公共服务，例如与特定类型的物理存储设备、存储数据的特定技术以及通信和人机界面的特定细节有关的进程。

数据管理标准定义了界面上提供的服务。对进程如何实现则不作限制。

2 术语和定义

下列术语和定义适用于本指导性技术文件。

2.1

访问控制 access control

防止对资源的未授权使用的技术，包括防止以未授权方式使用资源的情况。对数据管理的目的来说，访问控制关系到能由得到授权的数据访问并防止未授权的访问。访问控制确定用户可完成的进程。

2.2

访问控制数据 access control data

与定义或修改访问控制特权关联的数据的汇集。

2.3

访问控制机制 access control mechanism

可用于实施行安全策略的机制。

2.4

应用 application

与信息系统特定要求有关的数据操纵和处理的操作。

2.5

应用进程 application process

针对特殊信息系统要求的特定进程。

2.6

应用系统 application system

应用进程的汇集，这种汇集利用由人机界面、通信设施和数据管理系统提供的服务，完成满足信息系统要求所必要的处理。

2.7

审核踪迹　audit trail

在一段时间内信息系统中发生的活动的记录。

2.8

授权　authorization

对特定用户标识符的特权的定义。

2.9

绑定　binding

促使某个进程与特定数据定义相联系的过程。

2.10

客户　client

当一个处理器请求由另一处理器(即一个服务器)提供服务时,前者所担任的角色。

2.11

客户-服务器关系　client-server relationship

在一个客户请求服务器提供服务的时刻,在客户与服务器之间所建立的关系。

2.12

通信链接　communications linkage

在计算机系统之间或用户与计算机系统之间交换数据的手段。

2.13

计算机系统　computer system

作为单一单元由软件(例如一个操作系统)管理的硬件的汇集。其中操作系统也可提供公共服务,例如访问控制、进程间通信以及图形用户界面。

2.14

配置　configuration

组成信息系统的进程的集合以及这些进程相互联系的方式。

2.15

配置管理　configuration management

在信息系统生存周期的自始至终,管理其配置的活动。

2.16

约束规则　constraining rule

一种规则:作为“数据建模设施”的组成部分,控制约束的规格说明,这些约束可通过施加于数据的汇集来表达。

2.17

约束　constraint

对给定数据的汇集所许可的值的限制。

2.18

数据内容标准　data content standard

在许多应用系统中具有足够普遍的适用性的对数据汇集的逻辑规格说明。

2.19

数据定义　data definition

对确定一个或多个数据实例汇集必须遵守的规则的描述。

2.20

数据导出　data export

一种数据管理服务，它从数据库中检索一组数据，并创建这些数据按数据交换格式组织的副本。

2.21

数据导入　data import

一种数据管理服务，它向数据库中插入一组按数据交换格式组织的数据。

2.22

数据独立性　data independence

可改变数据定义而没有不必要地影响进程时进程对数据的独立性。

2.23

数据完整性　data integrity

数据值对规定的一组规则的符合性。

2.24

数据交换格式　data interchange format

一组数据构造规则：用于确定数据的格式，以便能从一个数据管理系统导出数据并通过另一数据管理系统导入数据。

2.25

数据交换标准　data interchange standard

适用于按数据构造规则集定义一组数据，以使该组数据能在两个计算机系统之间交换的标准。

2.26

数据管理　data management

在一个或多个信息系统中，定义、创建、存储、维护数据及关联进程并对其提供访问(权限)的活动。

2.27

数据管理环境　data management environment

计算机系统所涉及的数据及关联处理元素的抽象概念化。

2.28

数据管理服务　data management service

由数据管理系统提供的服务。

2.29

数据管理会话期　data management session

数据管理进程的客户正在使用一组数据管理服务期间的一段时间。

2.30

数据管理系统　data management system

有关对数据进行组织和控制的系统。

2.31

数据操纵进程　data manipulation process

由“数据建模设施”的数据操纵规则规定语义的进程。

2.32

数据操纵规则　data manipulation rule

规定进程时必须遵守的规则，或者，执行进程时数据管理系统自动遵守的规则。

2.33

数据建模设施　data modelling facility

用以定义某一模式的规则，以及对按该模式存储的数据进行操作的数据操纵规则。

2.34

数据构造规则　data structuring rule

规定可以如何构造数据汇集的规则。

2.35

数据类型　data type

支配自身所有实例的公共的静态和动态性质的命名的形式规格说明。

2.36

数据库　database

按某一模式存储、并按"数据建模设施"中设置的规则进行操纵的数据的汇集。

2.37

数据库控制器　database controller

对遵照并实现"数据建模设施"的服务汇集的抽象表示。

2.38

数据库环境　database environment

数据库及其关联的模式和数据库控制器。

2.39

数据库语言　database language

一种具有形式语法，用于定义、创建、访问和维护数据库的语言。

2.40

数据库管理　database management

数据库的创建、使用和维护。

2.41

数据库管理系统　database management system;DBMS

支持数据库管理，并一起支持和控制该数据库的创建、使用及维护的集成化服务的汇集。

2.42

字典系统　dictionary system

包含和一个企业以及与一个或多个应用系统有关的运行、活动、过程和数据的信息的信息系统。

2.43

分布式数据库　distributed database

跨两个或两个以上数据库环境分布的数据的汇集。

2.44

分布式信息系统　distributed information system

一种信息系统，其数据和关联进程跨两个或两个以上数据库环境分布。

2.45

分布数据　distribution data

对分布式数据库系统中数据对象的位置、复制和分片的信息进行定义的数据。

2.46

分片　fragmentation

对于分布式数据库中某一数据类型的实例的数据值，跨多于一个数据库环境所作的划分。

2.47

功能标准　functional standard

由其他标准汇编而成，表明这些标准如何备在一起的标准。

2.48

水平分片　horizontal fragmentation

对于某实例的子集，由所有数据值形成划分的分片。

2.49

信息系统　information system

对有关某一论域的信息的存储和操纵加以组织的系统。

2.50

交换数据建模设施　interchange data modelling facility

一种支持数据管理系统之间的数据交换的“数据建模设施”。

2.51

界面标准　interface standard

对某个进程的界面上可用的服务进行定义的标准。

2.52

级对　level pair

将模式和与其关联的数据库结成一组的建模概念。有两种相邻数据级，上级总是包含下级所存储的数据的定义。

2.53

管理域　management domain

包括两个或更多信息系统的集合的域，其中任一系统都可以是分布式的，这些系统已按交换数据和进程的要求进行设计和构造。

2.54

持久数据　persistent data

在信息系统中，为多于一个数据管理会话留着的数据。

2.55

特权　privilege

给予所标识的用户允许其使用特殊的数据管理服务以访问特定的数据或进程的授权。

2.56

进程　process

信息系统的一个现用组件。

2.57

处理链接　processing linkage

处理器之间可能的交互的表示。

2.58

处理器　processor

一个建模概念：表示硬件与软件的某种组合，该组合能为一个或更多个其他同类对象或人员用户提供服务。

2.59

模式　schema

对用于构造及维护数据库的内容、结构和约束的描述。

2.60

服务器　server

为另一处理器提供服务的处理器所担任的角色。

2.61

服务　service

由一个处理器为另一处理器提供的，或由一个进程为另一进程提供的能力。

2.62

服务接口　service interface

通过某个进程或处理器使之可用的一组已定义的服务。

2.63

会话　session

一段时间，在此期间客户与服务器之间可进行多次交互，并且双方都维护着有关对方的数据。

2.64

源模式　source schema

在变换成一个模式之前的一个或一组数据定义。

2.65

事务　transaction

由四个性质——原子性、一致性、隔离性和耐久性——表征的有关操作的集合。一个事务由一个事务标识符唯一地标识。

2.66

瞬时数据　transient data

流入或流出信息系统的数据，或者，对分布式系统，两个计算机系统之间流动的数据。

2.67

用户处理器　user processor

为人员用户提供服务，并且是(直接或间接地)数据库控制器的客户的处理器。

2.68

变体　variant

一个信息系统的全部或部分组成，与另一提供相同设施但具有不同配置共存的配置。

2.69

版本　version

在特定时间点由信息系统的全部或部分组成的配置。

2.70

垂直分片　vertical fragmentation

对所有实例，由同一类型的数据值形成划分的分片。

3　符号和缩略语

本章的目的是规定本指导性技术文件中使用的符号和缩略语。

3.1　符号

3.1.1　持久数据

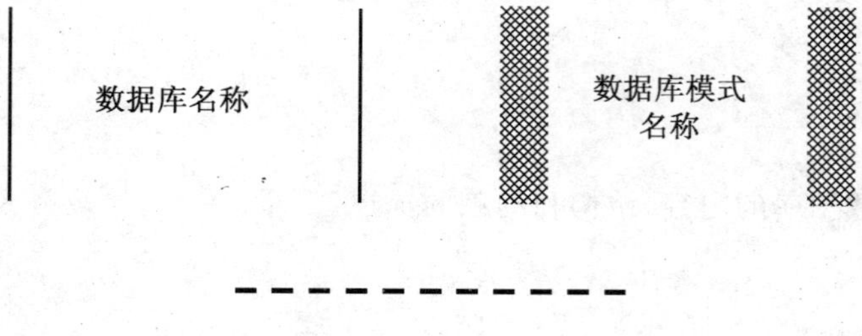

3.1.2　通信链接

3.1.3　处理链接

3.1.4 进程类

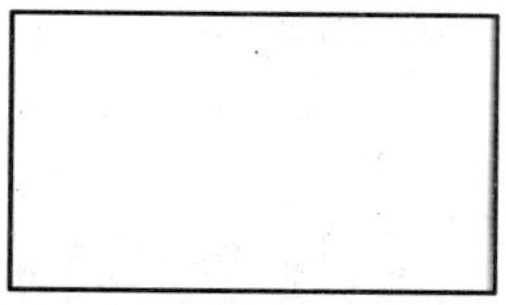

进程类符号用于指示数据操纵进程。处理链接在左边处指示输入，在右边处指示输出，在顶部处指示约束。

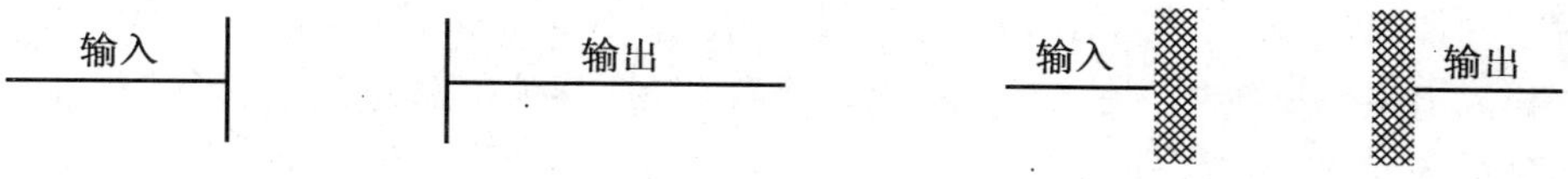

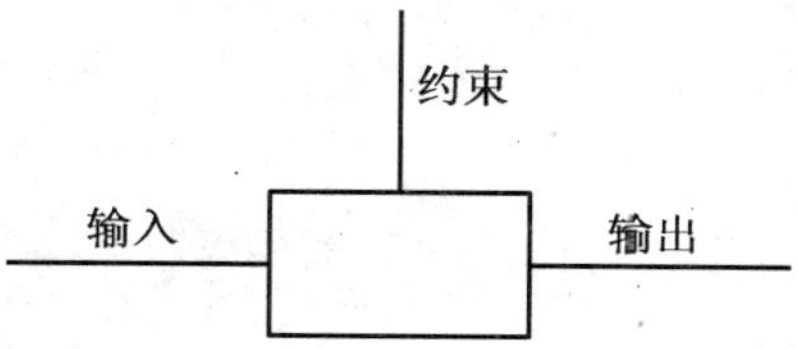

3.1.5 处理器类

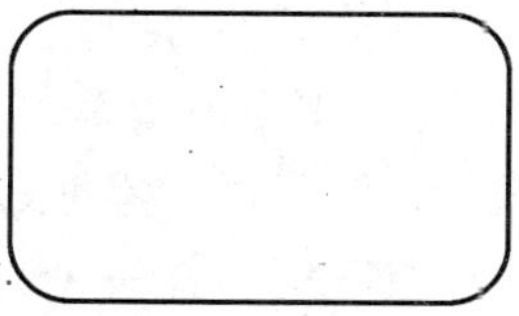

3.1.6 带服务接口的处理器类

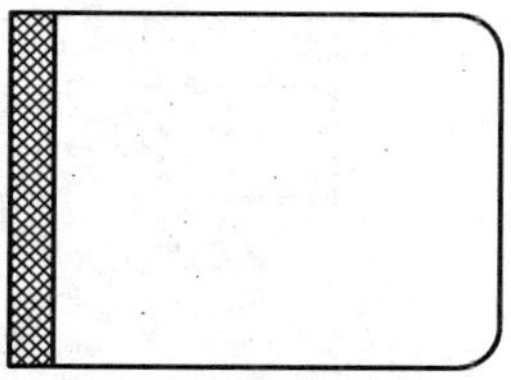

带服务接口的处理器类符号，用在带处理链接的图中，以指示该处理器类作为客户或作为服务器参与的交互。对服务器的每一处理链接都连接到加阴影的服务接口。

3.1.7 类名

处理器类以大写字母引用，由此，实例只以小写字母引用。

3.2 缩略语

ACID	原子性、一致性、隔离性和耐久性的集合
DBMS	数据库管理系统
IRDS	信息资源字典系统
NDL	网络数据库语言
OSI	开放系统互连
RDA	远程数据库访问
SQL	结构化查询语言

4 数据管理需求

4.1 目的

本章描述如下内容：

a) 信息系统的有关概念；

b) 提出数据管理需求的信息系统的有关问题；

c) 数据管理的范围。

4.2 信息系统

企业为了运转，需要收集、保有和处理有关自身的运作、外部环境以及与环境交互的信息。为企业处理这些任务的系统称为"信息系统"。每个信息系统都支持机构的一组需求，而且企业可拥有一个或多个信息系统来满足其总体需要。一个信息系统可位于一个计算机系统中，也可分散在多个计算机系统中。对于后一种情况，本指导性技术文件将其归类为分布式信息系统。

数据流入和流出信息系统，这些交互可与人或进程(包括其他信息系统进行)进行。许多交互可并发出现。每一交互都要求经批准的授权。

本指导性技术文件区别两种数据，分别称为"瞬时数据"和"持久数据"。瞬时数据是流入或流出信息系统的数据，对于分布式信息系统而言是在两个计算机系统之间流动的数据。持久数据是信息系统在一段时期内始终留有其表示的数据。

数据管理关心组织和控制持久数据。行使这一功能的系统称为"数据管理系统"。

4.2.1 信息系统中数据管理的语境

图1所示为数据管理系统相对于计算机系统和信息系统的某些部分(如应用进程、通信设施以及人机界面)的定位。

为本指导性技术文件的目的，计算机系统是作为一个单一单元由像操作系统这样的软件管理的硬件的汇集，其中操作系统也可提供进程间通信、图形用户界面等公共服务。

信息系统的各个部分可分布于多个计算机系统。在一个计算机系统之内，可有信息系统任一部分的若干实例。

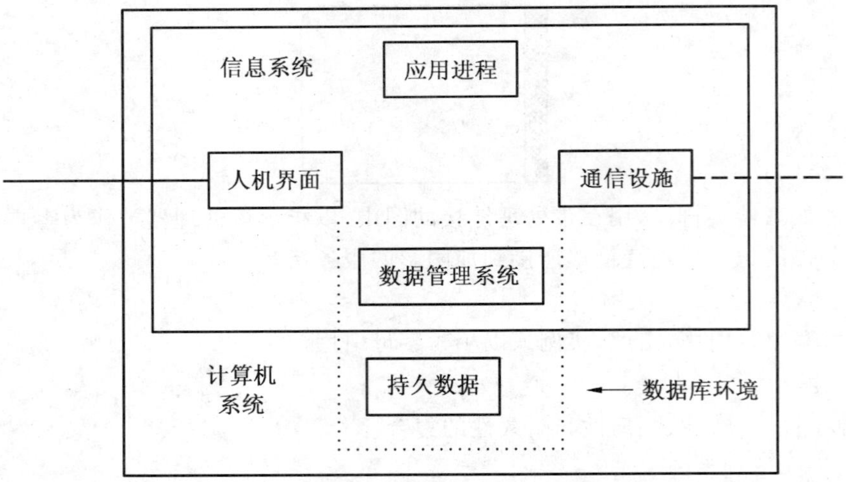

图1 信息系统内数据管理系统的位置

图1表明：

a) 数据管理系统提供管理持久数据汇集的服务；

b) 人机界面提供面向人员用户的界面；

c) 应用进程提供针对特殊信息系统要求的能力；

d) 由通信设施提供对其他数据管理系统、信息系统和计算机系统的界面；

e) 人机界面提供的服务可由信息系统的其他部分使用；

f) 应用进程可使用由信息系统其他部分提供的服务；

g) 信息系统的每一部分都可使用计算机系统提供的服务；

h） 数据管理系统和持久数据的综合称为“数据库环境”。

4.3 数据库和模式

数据库环境中的持久数据包括一个模式及其关联的数据库。模式是数据定义的汇集，这些定义确定用于构造和维护数据库的内容、结构和约束。数据库是由模式所定义的持久数据的汇集。

数据管理系统使用模式中的数据定义，以使能够对数据库中按模式定义的数据进行访问并加以管理。

4.4 数据建模设施

模式是根据一组数据构造规则制订的。每组数据构造规则都可具有一组关联的数据操纵规则，后者定义按数据构造规则所构造的数据上可完成的进程。

数据构造规则和数据操纵规则合称“数据建模设施”。

区别”数据建模设施”中的固有规则与特定于一个信息系统的规则很重要，前者在制定模式时使用，后者在一个模式中定义，并表示在增生一个遵守该模式的数据库时由数据管理系统使用的约束。

“数据建模设施”可借助在接口处提供给数据管理系统的服务来规定，或由数据库语言来规定。

数据库管理系统（DBMS）包含一个数据管理系统和支持数据库的开发和应用的其他进程。

数据库语言用于按数据构造规则来定义模式，并按关联的数据操纵规则来定义进程。

“数据建模设施”的三类例子是关系的、网状的和层次的。在不同类别中，“数据建模设施”的数据构造规则可以非常相似（如网状的和关系的），但关联的数据操纵设施可以不同。

4.5 数据独立性

数据管理的一个目标是数据独立性，这使对信息系统中的模式有可能作出附加的变更（和可能的修改），而不必对已有的应用进程作不必要的变更。这一目标通常以三种补充的方式达到。

第一种是通过以下途径将应用进程绑定到模式：应用进程只知道模式的一部分，也就是应用模式，这是应用进程所需的。

第二种是确保应用进程不依赖于数据的物理表示。

改善数据独立的第三种方式是在模式中而不是在应用进程中包括尽可能多的约束。模式中可包含的约束的范围取决于定义模式时用来定义约束的“数据建模设施”的能力。

4.6 数据管理服务

数据管理服务在数据管理系统的服务接口处提供。这些服务支持使用“数据建模设施”（不论是借助服务还是借助数据库语言规定的）和管理持久数据所需的所有其他设施。

任何进程都可请求使用服务接口处可用的数据管理服务。这里有一个要求，即服务接口独立于可由数据管理系统实现的服务的方式，亦独立于持久数据的物理表示。

来自一个与数据库环境有关的数据管理服务的进程的请求序列构成数据管理会话。

4.7 处理器和接口

数据管理进程可由用户、数据管理进程或其他进程启用。这些进程将由多个处理器完成，每个处理器都有一个接口。对处理器的接口需要加以规定。这些接口可依赖于用来规定使用该接口的进程的标准编程语言。

在任何接口上，为了能够使用基础的处理器，都会有用户（人或代表用户的进程）需要知道的种种因素。这些因素应保持在最低限度，以便在接口上提供尽可能多的独立性。

4.8 访问控制

在任何机构的语境中，对于可借助安全策略表达的访问控制，都有其特殊需求。安全策略确定信息系统中的每个用户所要求的访问形式，而且信息系统必须有适当的访问控制机制，该机制可用于实施安全策略。

在数据管理范围内，需求能够确定是否允许为数据管理服务提出访问特定数据元素的特定请求，提出这种请求的是已经标识的用户（个人或进程）。访问控制应基于用户标识符、进程标识符和被引用数据的适当组合。访问控制特权分配给用户,使之能在特定条件下对数据完成特定的进程。

能将数据管理语境中的访问控制需分为两种范畴。第一种,必须有定义并作后续修改访问控制特权可能性。第二种,在任何时候都必须有可能实施对访问控制特权当时当地的需要。

4.8.1 对访问控制特权的定义和修改

要求设施来定义特权,这包括初始创建、修改、挂起和删除。为用户分配特权的过程称为"授权"。需要规定一个全局性的机构,要求该机构定义和修改数据管理环境中其他访问控制特权。

特权可借助用户的标识符、对利用应用进程的限制、数据库、模式、数据、日期、时间、位置和特权的有效期来定义。特权也可利用上述各方面的组合进行分配。

也可以要求附加的信息,例如授予了特权的用户的标识符。描述特权的数据称为"访问控制数据"。在数据管理的范围内,这些数据的存储和管理方式必须与任何其他数据相同,包括让访问控制适用于自身。

4.8.2 访问控制的实施

判定是否允许对数据进行任何特殊的访问取决于用户的特权。

访问控制的实施要求用户及代表用户的进程是可标识的,并且在提出请求时刻,能检查请求访问某些数据的服务的机构。

4.8.3 数据管理范围外的安全

以下各方面的安全问题与数据访问控制有关,但超出了本指导性技术文件所讨论的数据管理的范围:

a) 对用户标识的鉴别;

b) 对已存储数据的保护,以使只有数据管理系统可对其访问;

c) 对经过通信得到的数据的保护,以便只有数据管理系统可对其访问;

d) 一旦当有破坏或企图破坏安全性的情况时用户所采取的行动(如报告和记日志供随后分析);

e) 必须报告和以日志记载无有效特权的用户对安全的任何破坏或企图破坏,以便随后分析。

4.9 支持数据管理的运行需求

信息系统对数据管理有一组运行需求,它们与信息系统对存储和操纵数据的特定需求无关。这些需求如下:

a) 对信息系统生存周期的支持;

b) 配置管理、版本控制及变体;

c) 并发处理;

d) 数据库事务管理;

e) 性能工程;

f) 引用数据;

g) 可扩展的"数据建模设施";

h) 在用户界面上对不同"数据建模设施"的支持;

i) 审核踪迹;

j) 恢复;

k) 逻辑数据重构;

l) 物理存储重组。

数据管理提供通用的设施以满足这些需求,这样就不必为每个信息系统开发特定的解决方案。

4.9.1 信息系统生存周期支持

每个应用系统都要经历由几个阶段组成的生存周期。开始可能是信息系统规划阶段,确定企业中需要哪些应用系统,接下来,要经过分析、设计、构造、运行、修订,至阶段结束。生存周期的精确定义超出本指导性技术文件的考虑范围。

支持一个信息系统的生存周期提出三种类型的要求。首先，在应用系统进入运行阶段之后可需要修订，这对数据管理系统提供的功能(例如修改模式或进程的能力)提出重大要求。其次，要求在每一阶段内和阶段之间记录关于生存周期的信息并提供控制行动的手段。第三，要求存储、修改和检索带有版本控制的进程定义与数据定义。

4.9.2 配置管理、版本控制及变体

管理一段时期内对信息系统配置作出的更改的活动称为"配置管理"。这种活动可以是不间断的，不具有任何特殊状态的配置。然而，出于各种实际原因，经常有必要在特定时刻标识系统配置的互不连接的版本。除管理系统配置的改变之外，还有必要追踪属于每一特定版本的配置。

信息系统处于生存周期的某个阶段时，可要求作为信息系统组成部分的持久数据和进程以不同的表示形式并发存在。在修订阶段，新数据类型和新进程可需要与其他已被试用和测试过的数据类型和进程共存。

另一方面，进程的两种形式可看作不同的变体。这意味着，每一变体都满足不同的需求(如内部存储表示不同)，并且不打算以一种变体取代另一变体。

4.9.3 并发处理

信息系统是可由几个用户并发共享的资源。即使只有一个用户在使用信息系统，并发性要求也很重要。用户能始发出对数据管理系统的服务请求，若能够并发地访问数据，就能更方便地加以处理。数据管理环境必须确保每一用户的各别意愿都以一种与他们所感知的数据一致的方式达到。

要求并发交互必须不能彼此干扰，而且要求并发处理不应影响数据完整性。

4.9.4 数据库事务管理

数据库事务定义为数据库交互的界限限定的序列，这些序列共同组成一个工作逻辑单元。数据库更新时，数据库事务是更新步骤的一个序列，包括添加和删除，它们将数据库的内容从一种一致状态改变为另一种一致状态。信息系统数据库的一致状态应借助数据库遵循的模式并且有可能借助应用进程中嵌入的规则来评价。

系统质量的 ACID 测试规定数据库事务管理的如下需求：

a) 原子的。所有变更的影响，或者在完成数据库事务之后必须在数据库内持续下去，或者根本不存留。

b) 一致的。在完成时刻，数据库事务使数据库处于一致状态。

c) 隔离的。对数据库事务所做的未提交的改变对任何其他并发的数据库事务来说必须是不可见的，反之亦然。

d) 耐久的。一旦提交，系统必须确保数据库事务处理的结果可以经受起随后的任何误动作。

确保数据库事务具备这些性质被认为等同于"可串行化性"概念。几个数据库事务的并发执行在如下意义下必须是串行等效的：如同以某种任意顺序完成执行，对各事物的并发实施是相同的。

4.9.5 性能工程

要求能够改善任何计算机化信息系统的性能，无论该系统是应用程序系统，或是字典系统，或者是这两者高度集成的系统。

作出这些改善的基础取决于有关进程使用的频率，以及访问和更改数据的频率统计数字的汇集。

4.9.6 引用数据

数据库环境中的所有数据都必须唯一性地区别于同一数据库环境中的其他数据。在此应采用必要的限定来达到目的。

名称可以以是用户指派名，或是数据管理系统指派名。在后一种情况中，名称可能对用户没有意义。

应用程序系统、字典系统和任何其他种类的信息系统，都有命名需求。计算机系统中的每个数据库环境都需要与其他数据库环境区分开来。

4.9.7 可扩展的“数据建模设施”

当“数据建模设施”可作为数据管理系统的标准时，要求能够添加数据类型和与该数据类型关联的进程。全文本处理与结构化数据的处理一起进行就是这种需求的一个例子。

4.9.8 对用户界面上不同“数据建模设施”的支持

用户可首选按不同于数据管理系统提供的“数据建模设施”来操纵数据。因此，要求能将数据在数据管理系统首选的格式与用户首选的格式之间进行映射。

4.9.9 审核踪迹

出于审计的目的，可有必要在数据库中维护一份数据更改成功的记录，并在某些情况中保有查询数据并生成报告的事务的记录。这种记录可包括有关的数据值、始发用户的事务及标识的详情。可按对数据库中所有数据、选出的数据类型或者规定数据值的要求来规定审核踪迹。

4.9.10 恢复

要求能够将数据库返回到先前的一致状态。这一需求是由于错误的事务、系统故障或者存储的数据丢失而提出的。能采用各种机制来满足这一需求，如记录对数据库的所有更改并保有数据库的全部或部分的备份。

4.9.11 逻辑数据重构

“逻辑数据重构”定义为在信息系统使用一段时间后更改数据定义的进程。更改可以是对现有数据定义的添加，还可以是对现有数据定义部分的修改。

通常，纯粹添加性的更改只影响那些需要利用这一更改的应用进程。然而，某些修改可影响现存的数据定义，并且作为重构的一部分，有必要确保数据和模式一致。

4.9.12 物理存储重组

物理存储重组定义为更改存储媒体中持久数据的表示的进程。

4.10 分布式信息系统中支持数据管理的附加运行需求

除了任何信息系统都提出的运行需求之外，分布式信息系统还提出进一步的需求。在这些情况下，管理中的数据存储在多于一个计算机系统中。

在分布式信息系统中，属于这种信息系统的数据存储在两个或两个以上数据库环境中，每一环境包含在一个计算机系统中。

请求者有可能不知道被请求服务的系统的标识。另外，正请求的服务可从多个持有复制数据的站点获得。

依赖于分布中的数据的运行需求如下：

a） 分布控制；

b） 数据库事务管理；

c） 通信；

d） 导出导入；

e） 分布独立性；

f） 系统自治；

g） 分布式数据库的恢复。

其中某些需求也适用于单一计算机系统中包含多于一个数据库环境的信息系统中。

分布式系统的范畴划分有两种方式。第一种指数据分布能予管理的程度。这种程度在以下两种极端之间变化：

a） 一种极端是，对数据分布没有任何管理。这意味着每个应用进程对任何要求的数据均可用的数据库环境都负责命名（但不必定位）。每一数据库环境都是自治的；

b） 另一种极端是，跨两个或更多个数据库环境中的数据分布完全协调，以至于应用进程根本不知道数据实际上是否是分布式的或如何分布的。所有数据的汇集称为“分布式数据库”。分布式数据库管理得使其内部一致并遵守在一个模式中的定义。模式本身可以以某种方式分布。

第二种范畴划分指分布情景，情景描述分布式信息系统可开发或演变的替代方式。内容如下：

a) 分布式数据库系统，其中成分数据库环境以各环境之间有可能交互的方式设计；

b) 联邦数据库系统，其中两个或两个以上分别设计的数据库系统在分别使用一段时期之后在某种意义上合在一起，在功能上像单个分布式数据库系统；

c) 其情景是：每个数据库环境都遵守一组标准，因此能与其他数据库环境交互(可能在特别的基础上)，后者中的每一个都分别设计但遵守同样的标准。

4.10.1 分布控制

分布控制包括分片控制和复制控制。

在分片分布式数据库中，分片是对某个数据类型的实例的数据值跨多个数据库环境的划分。出于性能和可用性的原因，要求对分布式数据库中的数据能以各种方式进行分片。两种最常用的方法是水平分片和垂直分片，水平分片的划分由实例子集的所有数据值形成；垂直分片的划分由相同类型数据的所有实例形成。

水平分片使确保每个数据库环境都包含本地应用进程所要求的每种数据类型的实例成为可能。

垂直分片使确保每个数据库环境能包含本地应用进程所要求的每种数据类型的所有实例的值成为可能。

对分布数据可要求不同策略：

a) 没有任何分片；

b) 只有水平分片；

c) 只有垂直分片；

d) 允许水平分片和垂直分片的任何一种组合。

当分布式环境支持分片时，附加要求信息系统的用户不必知道数据如何分片或在计算机系统之间如何分布。

出于种种原因，如性能的原因或防止计算机系统失效，有必要提供数据库的全部或部分的副本。这些复制的数据可存储在与初始创建此数据并随后加以控制的计算机系统不同的计算机系统中。对分片的要求和对复制的要求可结合起来，以便把一组分片的副本分派到两个或更多个数据库环境中。在每个数据库环境中，需要对关于哪些数据位于哪些数据库环境的信息是可访问的(直接或间接地)。

提供数据库的全部或部分拷贝的这一要求，引出了另一要求：当数据在更新时，同时能维护数据所有副本的一致性。控制复制的算法也必须确保在事务内部的协调更新。

4.10.2 数据库事务管理

在分布式数据库中，要求对本地各事务管理系统的效果进行同步，以确保对于每一数据库以及所有数据库，对分布式数据的改变达到一致的状态。

在一个计算机系统中的处理可与在另一个计算机系统中的处理并发进行，而不至影响每一计算机系统的数据完整性。

4.10.3 通信

与某个信息系统进行远程通信可以是必要的。而且，位于一个计算机系统中的某个信息系统需要能与位于不同站点处的信息系统进行通信。

这样的通信需求能导致分布式信息系统出现故障或失效，例如：

a) 传输中可丢失消息；

b) 由于传输错误和随之发生的重传，消息可能不按发送的顺序到达；

c) 在某些情况下，连接故障与远程站点处的故障无法区分。

为了防止由于这些故障或失效而损失数据库的完整性，有必要知道数据被复制的程度。

4.10.4 导出导入

要求能对数据库进行部分或全部复制(带上或不带数据定义),并将其插入同一或不同的(有可能是远程的)数据库环境。这些数据即称为从一个环境中导出又导入另一个环境。一旦数据被导出,就能将其导入所需的多个其他环境中,也可以为了归档而留住。

4.10.5 分布独立性

应用进程应该独立于数据的分布。有多种分布独立性。对局部独立性而言,应用进程必须知道分布式数据库中存在的不同分片,但不知道其位置。由于分片透明性,应用进程可不必知道分片的存在。

4.10.6 系统自治

在某些分布式信息系统中,要求存储分布式数据的计算机系统是自治的。自治的计算机系统在功能上需要具有独立于其他计算机系统的能力。这样的要求与如下因素有关:性能需要,在通信故障期间的数据可用性以及管理的考虑,如记账和用户鉴别。

对分布式信息系统中自治计算机系统的要求,对这样的信息系统的数据管理提出了很大的需求。

4.10.7 分布式数据库的恢复

分布于多个数据库中经修改的数据应以这样的方式进行恢复:最终结果必须为一致状态,而且跨各数据库的状态必须一致。

4.11 字典系统

对数据管理有若干与信息系统数据有关的需求。这些数据通过一种称为"字典系统"的特殊类型的信息系统来管理。

为了将字典系统的特殊目的与其他信息系统区分开来,后者称为"应用系统"。字典系统是一种包含与一个或更多个应用系统有关的数据的信息系统。

字典系统特别关心的详细需求是对生存周期、版本控制、配置管理、审计和性能工程的支持。

5 数据级对和相关进程的概念

5.1 目的

本章的目的是阐明本指导性技术文件要求的数据构造,其间的相互关系,及其与本指导性技术文件所要求的进程构造的关系。

5.2 级对

级对构造是一种阐明数据库与模式之间关系的手段。图 2 的图形记法用以图示说明数据库与其定义之间本质的耦合关系。

级对构造的影响在于每一数据库都符合在关联模式中规定的数据构造。数据库中的数据值只能由那些绑定于数据库模式的数据操纵进程来处理。模式确定了许可的处理的恰当形式,因此,级对构造阐明了在多个数据操纵进程之间达到一致操作采用的手段。

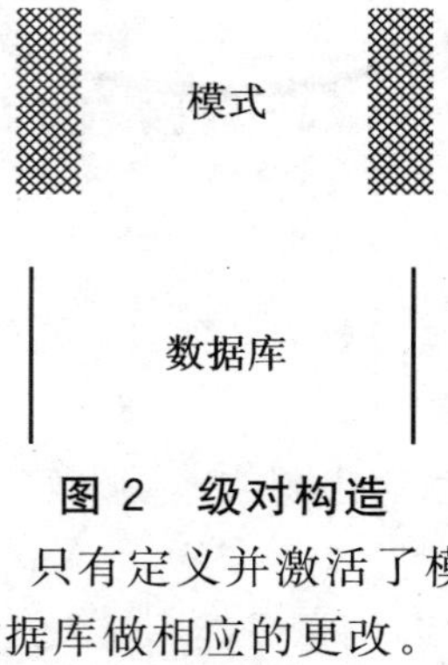

图 2 级对构造

对数据值的表示和解释取决于模式。只有定义并激活了模式之后才能进行处理。改变模式时,为了维持一致性,就不得不对所有关联的数据库做相应的更改。

5.2.1 互锁级对

特定的模式不仅定义了数据,而且本身就是必须创建、保护并可加以修改的数据的汇集。因而,数据管理技术对模式管理是适当的。具体地讲，级对中的模式能在更高级的数据库中表示，其数据构造可由更高级模式定义。这种数据库和模式构成另一个更高级的级对。这样的两个级对称为是“互锁的”，如图3所示。

图3说明数据库-1符合模式-1。数据库-1中的数据可由绑定于模式-1的数据操纵进程进行处理。图3还说明数据库-2符合模式-2，并且数据库-2中的数据可由绑定于模式-2的数据操纵进程进行处理。数据库-2中的模式-1的表示称为“源模式”。源模式能从数据库中选择，否则就以数据库中的其他数据一样的方式由数据操纵语句处理。

这两个级对处于数据定义的不同级上。因为图3中的模式-2有可能具有数据库中记录的数据实例的形式的表示，所以就能看出，互锁级对的概念是一种递归概念，并能用于两个、三个或者更多的级对。当数据定义不能以任何方式修改时，递归停止。

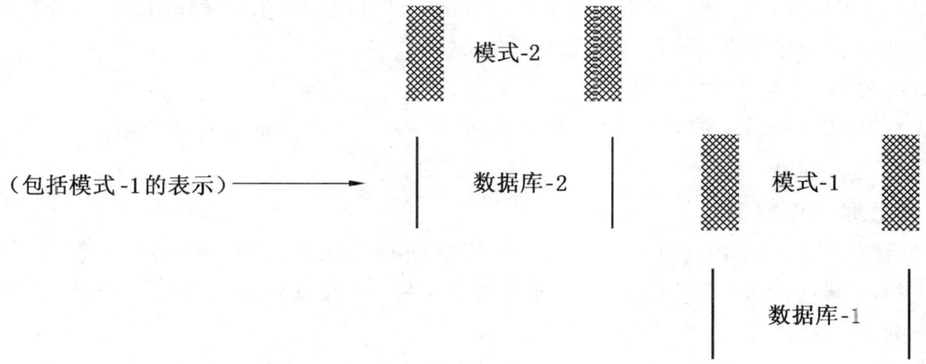

图3　互锁级对

5.2.2　级对的递归使用

由于级对潜在的多阶性，就要求有对每级引用的机制。本指导性技术文件在考虑常见性质时，采用通用标号(N)、(N+1)等来递增地指示更高级次。

将级对(N)的模式与下一个级对(N+1)的数据库相关联，即产生互锁级对。前者称为“(N)模式”，后者称为“(N+1)数据库”。图4将这一标号法应用于图3。

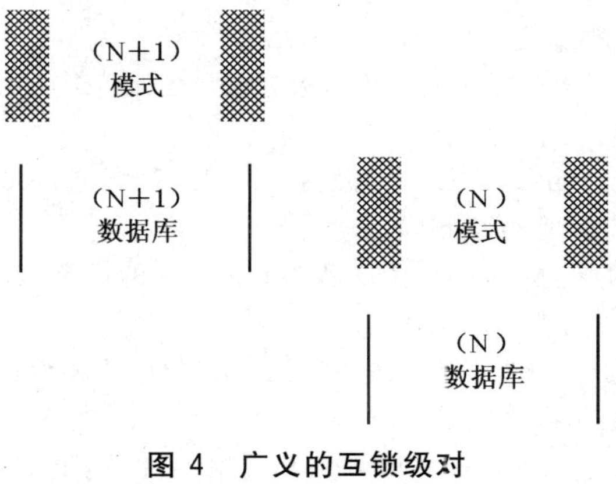

图4　广义的互锁级对

5.2.3　级对上的操作

数据库的实现涉及创建和维护数据定义的进程，同时使这些定义对数据操纵进程可用并执行选择和修改数据库中数据的操作。

上述进程与图4关系如下：

a)　(N)数据库表示实际打算用在级(N)操纵的数据；

b)　(N)模式表示对控制级对(N)的进程已经可用的模式。此模式仅包含(N)数据库的数据定义。如果一个进程符合该级对的模式，则称其“绑定于该模式”；

c) (N+1)数据库包含在为数据库(N)设计进程期间已经创建并在系统运行期间维护的数据定义。

这样的数据定义汇集称为“源模式”。一个(N+1)数据库也可包含不同于数据定义的数据,例如对那些数据定义的描述以及使用到这些描述的进程的设计和规格说明;

d) (N+1)数据库可包含一个或更多源形式(N)模式的表示。在已经选出其中一个(N)源模式之后,可利用激活的进程将(N)源模式转换为称为“目标模式”的形式,以使可以增生关联的(N)数据库。一个(N)源模式可被多次激活,每次激活都分辨产生一个带有关联(N)数据库的(N)目标模式,该目标模式可利用数据操纵进程增生(N)数据库。

互锁有一个最低级对,这一级对中较低级上的数据不包含与模式及其组件有关的数据,因此不能被激活。该级对于是成为应用系统的一部分,其较低级中的数据是一个应用数据库。

互锁也有一个最高级对,这一级对中较高级上的模式不被记录在较高级的数据库中。该模式而后隐含在数据管理系统所使用的“数据建模设施”中。

5.3 “数据建模设施”上级对的依赖性

级对构造与”数据建模设施”的概念是紧密有关的。一个“数据建模设施”包括一组数据构造规则和关联的一组数据操纵规则。

5.3.1 级对和数据构造规则

一个“数据建模设施”包括一组用于定义一个模式的数据构造规则。这些规则包括适用于约束规格说明的规则,而这些约束可以是模式的一部分。按照关联的“数据建模设施”的数据构造规则,每一模式都必须是完全的、一致的。

在图 4 中,(N+1)模式约束了能增生(N+1)数据库的数据。其结果是,(N+1)模式对(N+1)数据库中包含的每个(N)源模式都有影响。

5.3.2 级对和数据操纵规则

“数据建模设施”也包括数据操纵进程的语义规则。对于一个(N)模式来说,基于数据构造规则的约束也对在数据库上完成的更新数据操纵的进程的语义产生影响。

5.4 级对和关联进程

数据库中的数据可通过一系列数据操纵进程进行检索或修改。另外,如果这些数据的一部分包含一个源模式,则有可能在该数据上进行已激活的进程。

图 5 和图 6 说明用于定义(N+1)模式的数据构造规则是如何影响用于操纵(N)数据库中数据的数据操纵进程的。

利用了数据操纵进程有五个:(1)选择;(2)激活;(3)将进程绑定到数据构造和操纵规则;(4)将进程绑定到数据定义;(5)选择、添加、修改或删除。

数字 1 至 5 指按图阐明的步骤。注意,图 5 和图 6 是图 4 的扩充,表明激活、模式链接、中间的数据汇集以及对其他数据操纵进程的准备和操作。

以下步骤描述了图 5 和图 6 中对应的进程,以此说明“数据建模设施”的规则如何使(N)数据操纵进程能在(N)数据库上正确操作:

步骤 1:数据操纵进程利用(N+1)模式的规则和数据构造,从(N+1)数据库中选择一个(N)源模式。(N+1)数据库中的(N)源模式的表示是能加以修改的持久数据。选定之后,(N)源模式可具有也可不具有持久数据的表示形式。

例如,选择操作可在(N+1)数据库中简单地只设置一个标志,或者可从(N+1)数据库中取出数据并存入与(N+1)数据库存储处不同的数据库。这个另一数据库也必须符合(N+1)模式。

步骤 2:激活源模式以便创建一个(N)目标模式和一个空(N)数据库。在激活之前,必须对确保源模式是有效模式先进行分析。这种分析可以全部或部分地由作选择的(N+1)数据操纵进程来进行,也可由分析源模式的另一进程进行,或与激活一同进行。

激活可造成与先前在(N+1)数据库中选出的(N)模式关联的标志设置的改变。否则,激活可引起(N+1)数据的物理移动,并导致表示形式的变更。在两者的任何一种情况下,必须保护已激活的模式免受造成数据库不再符合该模式的任何改变。

步骤3:管控(N)数据操纵进程访问(N)数据库的操作的数据构造和操纵规则,与(N+1)模式所关联的构造和规则相同,或基于这些构造和规则。

步骤4:访问(N)数据库的每一(N)数据操纵进程都绑定到(N+1)模式中"数据建模设施"规则数据定义。当(N+1)级是顶级时,这种绑定是隐式的。

步骤5:为了使数据操纵进程能够访问(N)数据库,(N)模式必须是现用的。

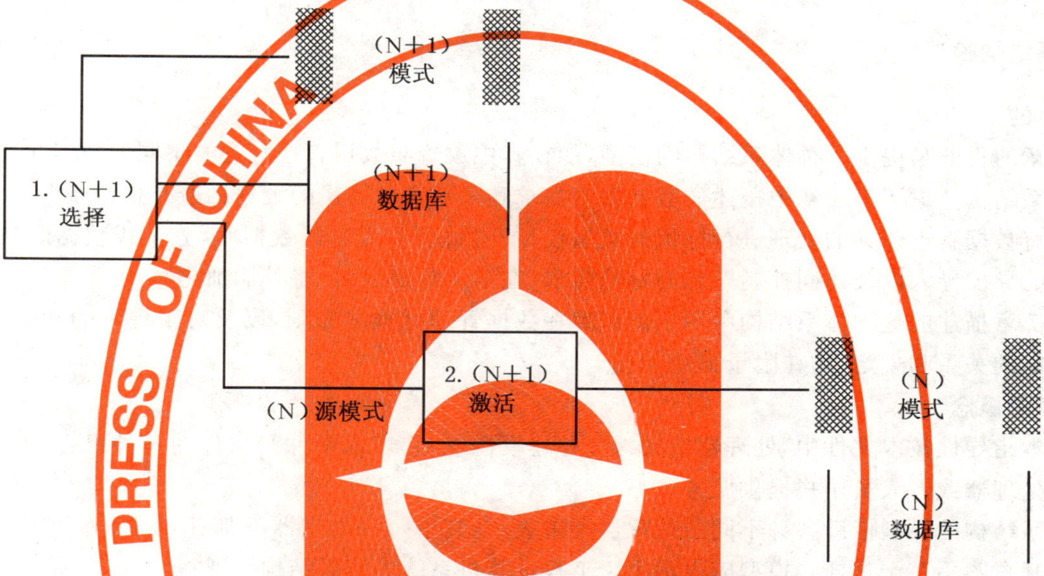

图5 空数据库的创建

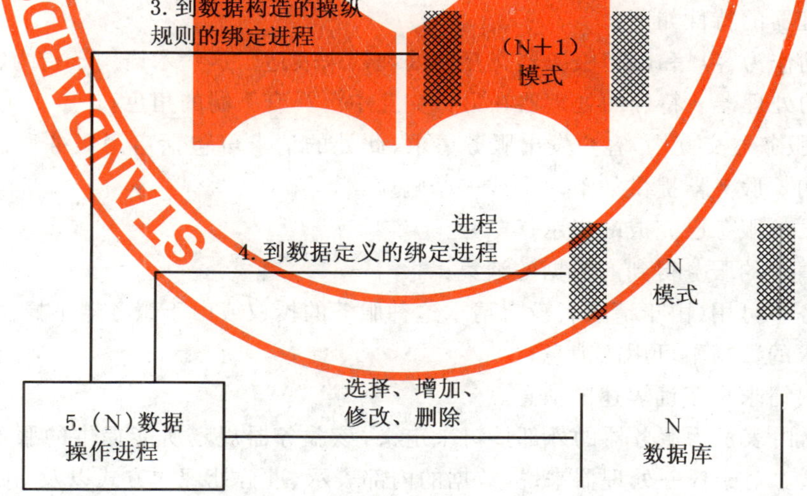

图6 绑定与数据操纵

步骤1和步骤2适用于创建空数据库,步骤3使(N+1)级中定义的"数据建模设施"与(N)数据操纵进程成为显式关系。这一步骤还使互锁级对的重要属性成为显式。为了使数据管理进程能够正确运行,要求有双方的级对。

绑定可采用各种的方式(例如通过引用模式,或将模式并入进程),在不同时间(例如在执行期间或程序编译期间)来实现。所做的选择可影响执行时间、存储空间以及当修改模式时维护进程和模式一致性的难易程度。选择不应在其他方面影响进程的结果。

5.5 对级对的访问控制

所有的数据和在其上的进程都经受访问控制。访问控制对任何级对都同样适用。

5.6 模式修改

需要能够改变数据库的结构，这就意味着对关联的模式必须修改。对模式作出修改之后，始发数据库中的数据有必要按新模式正确表示出来。

通过如下步骤即能完成：修改(N+1)数据库中的源模式，将其激活以产生新的(N)模式和空数据库(如图5所示)，将始发数据传送到新的数据库。也能利用增量修改来满足这一要求，效果相同。将数据从始发版本数据库传送到新版本数据库的机制超出本指导性技术文件的范围。

6 体系结构模型

6.1 目的

本章的目的是提供一种体系结构的模型，能在其中放置与数据管理有关的不同的数据和处理组件。这种体系结构考虑了第4章中概述的数据管理需求和第5章中描述的数据构造及处理概念。这种模型从对所有数据管理公共的处理进行标识的类属模型开始；而后为满足数据库、分布式数据库环境、数据库数据的导出导入以及访问控制设施的特殊需求(在第4章规定)再将其详细化。

第7章描述的这种体系结构中用于标识潜在数据管理标准的原则，以及对于现有的和未来的数据管理标准的关系和规定，均在附录B中给出。

6.2 建模概念

在本指导性技术文件中，处理器定义为一种建模概念，它表示硬件和软件的某种组合，能为一个或更多个处理器或者人员用户提供服务。

体系结构的模型借助各种不同的处理器类来表示，其中每一处理器类都针对数据管理的某些特殊方面。其意图不在于这样的模型应表示用于工程计算机系统的体系结构实现。

6.2.1 参考模型处理器的特性

参考模型处理器的特性如下：

a) 模型借助作为客户和(或)服务器交互的处理器来表达。这些术语用于指为特定交互而具有这些角色的处理器。特殊的处理器在另一交互中可具有不同的角色；

b) 在客户-服务器交互中，客户发出服务请求，此处的请求可包括启用服务所需的任何数据值的规格说明。服务器提供如下一个或多个响应：

   1) 请求的服务已完成的指示；

   2) 从请求的服务得到的数据的汇集；

   3) 服务不可用(由于请求者没有请求这种服务的授权或由于服务器不提供此服务)的消息；

   4) 请求的数据不可用的消息；

   5) 提出请求未正确表述的消息；

c) 各处理器由表示为服务器的外部接口来定义，该服务器规定所能提供的服务和此服务适用的数据类型。对于任一处理器来说，数据的内部表示、进行处理的方式以及对由其他服务器所提供的任何一次服务的使用，都与其接口的定义没有关系。然而为了建模，处理器与其他服务器的交互是有关系的；

d) 每一处理器都是某个类别的实例。对所有是该类实例的处理器来说，该类别确定了公共的服务。某些类别定义其服务所适用的数据类型，并且某些类别要求一个分别的模式来定义对其服务适用的数据；

e) 在任何时候，一个处理器都可以是多个服务器的客户；某些服务器可支持若干个并发的客户；

f) 处理器用作构件块来提供数据管理服务。对某些处理器的使用可以是递归的。

6.2.2 抽象层

参考模型处理器只关心与数据管理有关的必要细节。至于处理器如何实现，在计算机系统中与其他处理器又有何关系，这些都无关紧要。特别是，体系结构模型中标识的交互通常允许一个客户处理器和服务器处理器处于同一计算机系统之内(此时其交互由操作系统的设施支持)，或者处于不同的计算机系统(此时其交互作用由操作系统设施或通信设施支持)。

当要求模型某些方面的更多细节时，采用如下的精化形式：

a) 特化，其中一个类属处理器类的子类定义为具有相异的名称和服务，作为该类属处理器服务的补加的或修改的形式；

b) 分解，其中一个处理器类的服务由两个或更多个彼此交互的处理器类提供。

6.2.3 处理器的记法

在模型图示及关联的描述中，有必要标识是否正在引用一个类或一个处理器的实例；区别这两个概念的记法是：由带大写首字母的名称来引用类，而只用小写字母来引用实例。例如，体系结构模型的一个处理器是类 User Processor，它具有称为“用户处理器”的实例 user processors。

用图来表明特殊类型的处理中所涉及的处理器类，以及类间的客户-服务器交互。一个处理器类的通用图解记法如图 7 所示，其中的外框包着类名，边界上加阴影的部分表示接口。图中的其余文字阐明了这种构造的用法。

图 7 处理器例图

对任何处理器，与其他处理器交互的形式都有两种：第一种，作为一个服务器，此时有一根连线表示某个客户发到接口的服务请求；第二种，作为另一服务器的服务客户，此时有一根连线从边界(不是接口)上的某点连到该另一服务器的接口。每一条线都表示一个处理链接，它能支持客户和服务器处理器的实例之间的一个或多个交互的序列。

体系结构模型包括采用这一记法构造的许多图，这些图在出现时给予阐明。在每一情况，都有必要确定处理器的实例可如何交互。在某些情况下，对处理器实例之间允许的交互可有约束；在其他情况下，可以是自由的，这在类图中可以并不显而易见。在这样的情形，给出交互的实例集合的例子，以便提供对类图的解释。

6.3 数据管理的类属模型

相对于关心数据库中存储的数据的定义与访问的一类用户的通用语境来说，类属模型表示了对所有数据管理来说公共的处理器类的特征。图 8 所示是类属模型的组件。

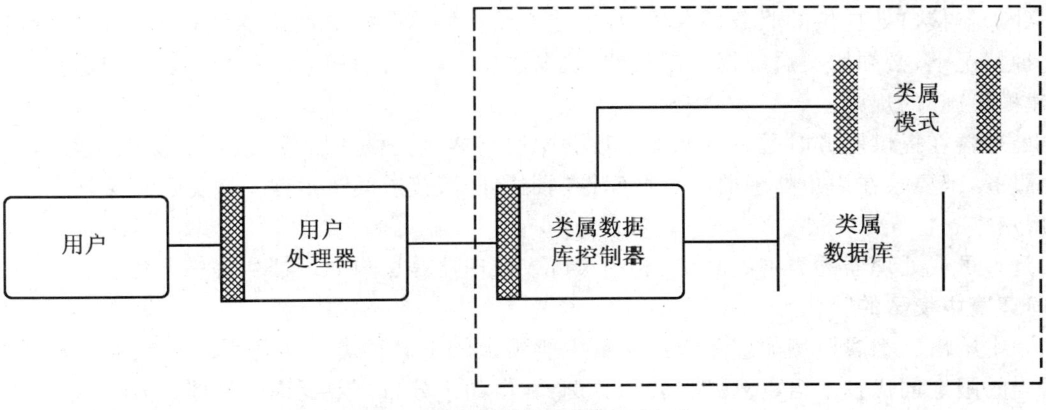

图 8 数据管理的类属模型

这一模型基于第5章中所描述的类属数据库类和类属模式类的特性。每一处理器类及其实例都有下述的数据管理特性，此处“类属”一词的使用应针对数据管理类。

6.3.1 类属数据库控制器

类属数据库控制器是通用处理器类的名称，这些处理器为数据库类的定义和对其访问提供数据管理服务；这样的处理器要求对模式进行访问，而且其服务包括与关联的模式类有关的那些服务。

类属数据库控制器与一个模式及其关联的数据库绑定，它们共同形成一个类属数据库环境。每一数据库环境都应有唯一的标识符。

由任何数据库控制器类中的任一数据库控制器访问的数据，必须按定义“数据建模设施”的规则进行构造和操纵。

由任一数据库控制器访问的数据可包括一个或更多个已定义的“数据建模设施”的规则。这些规则必须根据数据库控制器所基于的定义“数据建模设施”的规则来表示。

数据库控制器提供的典型服务包括：

a) 为一个客户处理器建立数据管理会话，同时要求以显式或隐式绑定到一个命名的数据库环境（然后允许请求以下服务）；

b) 添加或修改数据库模式中的数据定义；

c) 从数据库的模式中检索数据定义；

d) 在数据库中添加、修改或删除数据；

e) 从数据库中检索数据；

f) 开始一个有一个或多个请求服务的数据库事务；

g) 通过提交或回滚来结束一个数据库事务；

h) 为数据库建立备份过程；

i) 初启数据库的恢复过程；

j) 重组数据库；

k) 关闭会话。

对这些服务的请求通过以下手段速递给数据库控制器：

a) 数据库语言的语句；

b) 到数据管理服务接口的消息；

c) 对过程的调用。

6.3.2 用户处理器

用户处理器是处理器类的名称，这些处理器都是由数据库控制器直接或间接提供的数据管理服务的客户。每个用户处理器都提供一组服务，当受到请求时，其中许多要利用数据管理服务。用户处理器的服务可有多种目的，这超出本指导性技术文件的范围。

用户处理器接口处提供的服务可利用“数据建模设施”，这种设施与类属数据库控制器所使用的不同。在这种情况下，必须用类属数据控制器的“数据建模设施”，先行定义用户处理器的接口处所要使用的“数据建模设施”的规则。

用户处理器在提供服务时是一个或多个数据库控制器所提供的服务的客户；使用任何一个数据库控制器的服务，都要求在用户处理器与数据库控制器之间直接或间接地建立数据管理会话。

6.3.3 用户

用户是人员或处理器的类别的名称，这些人员或处理器是用户处理器所提供服务的客户。

6.4 不同环境中模型的特化

在6.3中给出的类属模型能应用于第4章中所规定的不同种类的信息系统。在最抽象层，这能简单地以适当的限定词代替术语“类属”来表示。例如，借助于分布式数据库控制器、分布式数据库和分布式模式能将类属模型应用于分布式数据库环境。

在以下各章中,通过分解这些抽象类以及考虑表明组件类的可能的实例,更详细地分析这些模型的特化。

6.5 数据库环境

在类属模型的这一应用中,用于数据库环境的数据库控制器会支持6.3.1中规定的典型服务。

在6.2中已描述了全面的解释如何要求理解每一类的可能的实例。以下两例展示了对一个数据库环境中可能的实例的两种不同的安排,以及使用数据库控制器的各种服务的后果。

图9所示例子的本质特征是,许多用户处理器正在使用在同一数据库环境中的数据管理服务。为简明起见,对每个用户处理器只图示一个用户。这并不是要成为一种限制。

这一例子表明,对许多客户用户处理器,必须并发地支持数据库控制器服务,此外,一个客户还必须能运行数据库事务而不受其他客户的干扰。

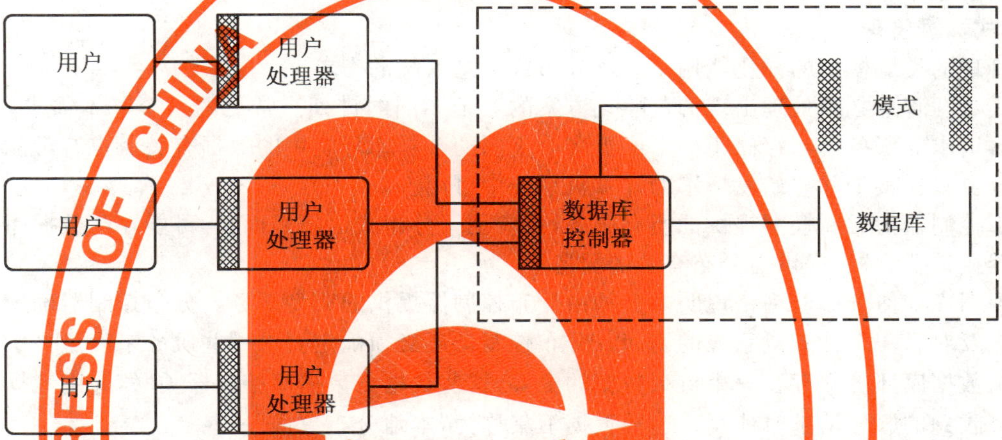

图9 访问一个数据库环境示例

图10示例在本质上区别于图9示例之处在于,某些用户处理器能够访问多于一个数据库环境。

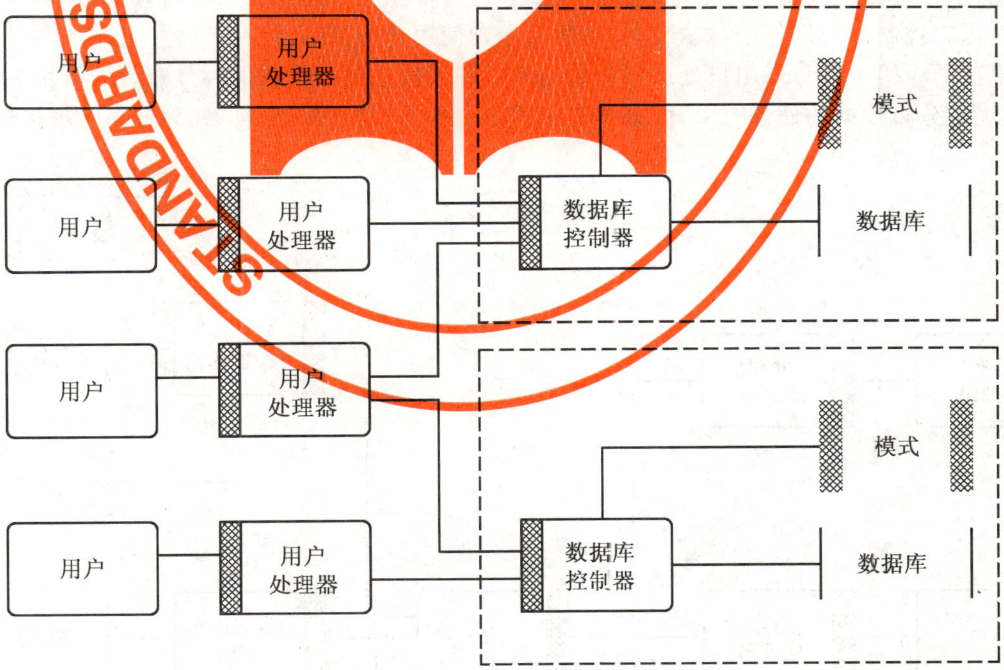

图10 访问许多数据库环境示例

在这种情况下,访问多于一个数据库环境的用户处理器必须有能力把服务请求引向含有要被访问的数据的数据库环境。因此,任何服务请求必须包括打算访问的数据库环境的标识符;这样的标识符与数据库环境关联的方式不属于本指导性技术文件的范围。而且，数据库控制器的服务只能在自身的数据库环境内提供。任何数据库事务或者涉及多于一个数据库环境的数据之间的关系，必须由除数据库控制器外的某个处理器支持。

数据库控制器可具有使用服务接口的能力，以此访问不在自身控制之下的数据。

这一示例表明，一个数据库控制器的服务不支持多重数据库环境中的数据管理，不过用户处理器可在特定的语境中支持这样的数据管理。

以上描述未考虑数据库环境与任何一种特殊计算机系统之间的关系。在图10中，两个数据库环境可以在相同或不同的计算机系统中。而且，两个示例都允许用户处理器位于与数据库环境不同的计算机系统内，在这种情况下，处理链接要求通信协议。这些协议可以是交互的无源载体，或者提供支持远程使用数据管理服务的特定服务。

6.6 分布式数据管理

数据管理的类属模型的详化能用于应对分布式信息系统的需求。

分布式数据管理必须处理出现的范畴化方案的若干不同的排列。常见的一个基本需求是，由一个用户处理器请求的服务可与存储于一个或更多个不同的数据库环境中的数据有关。也有可能用户处理器请求的服务只在某个并非始发请求的计算机系统中可用。

数据库控制器为类属模型提供的所有服务，可应用于分布式语境。而且，可能在与数据库控制器不同的处理器接口上，必须提供与分布有关的服务。

关于数据库如何分布的规格说明是一种由分布控制器提供的典型服务。分布控制器确定对服务的请求是否涉及对另一个计算机系统的访问。分布控制器还必须确定要求哪些服务来满足一次请求。

每一个数据库环境都存在一个持久数据的汇集，这些数据与数据库控制器关联，并由数据库控制器在处理它接收到的服务请求时使用。这种数据汇集称为“本地分布数据”。

数据分布的方式在存放分布数据的数据库中规定。类似地，分布式数据库的分布数据本身可采用任何备择的方式分布。

图11所示是分布式数据管理的体系结构模型。这种模型基于这样一个分解，即对于本地化的数据管理使用数据库控制器，对于分布式数据管理的分布则使用分布控制器。

在该模型的应用中，用户、用户处理器和数据库控制器按先前所描述的。分布管理员是一种特殊的用户类，与规定分布数据的任务有关；而分布定义器是一种专用的用户处理器，为分布管理提供服务。

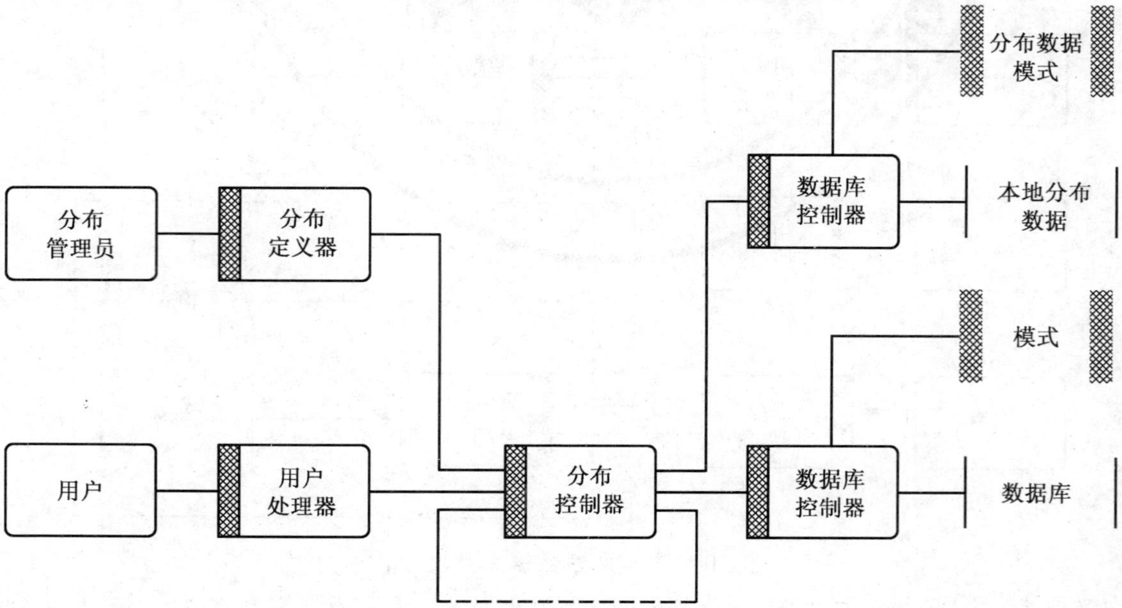

图11 分布式数据管理

6.6.1 分布控制器

为定义和访问分布式数据库提供服务的处理器类称为“分布控制器”。分布控制器必须有能力来访问模式的有关部分、与分布式数据库直接或间接关联的分布数据的有关部分，以及分布式数据，而不论那些部分是在本地数据库环境中还是远程数据库环境中。

根据同一个定义的“数据建模设施”，分布控制器所用的分布数据必须是可访问的。

对于任何分布式数据库，假定每个计算机系统都有一个分布控制器。各分布控制器均提供对分布式数据库中存放在同一计算机系统的任何数据库环境中的部分的访问。而且，分布控制器通过与不同计算机系统中的其他分布控制器的通信(图 11 中虚线所示的部分)，能实现对分布式数据库中在远程数据库环境中的部分的访问。

图 11 中的特殊约束是，分布定义器是要求访问分布数据的服务的唯一用户处理器。其他种类的用户处理器不要求任何显式地要求访问分布数据的服务，而是利用为类属模型而定义的同样的数据库控制器服务。然而，在支持数据的分布式处理方面，分布控制器为其他分布控制器提供附加的服务。

一旦接收到来自用户处理器的对某一服务的初始请求，分布控制器就先利用数据库控制器访问同一计算机系统中本地分布数据的服务，确定为引用的数据规定的数据库环境。当所要求的规格说明不可用作本地分布数据的一部分时，分布控制器与另一计算机系统中的另一分布控制器通信，以便找到要求的分布数据。

一旦确定了被引用数据的数据库环境，分布控制器就能启用同一计算机系统中任何数据库控制器的服务，或者与远程分布控制器通信，以实施所请求服务的部分或全部。这一过程的完成方式由一个分布控制器确定，以便达到处理和通信资源的优化利用。

6.6.2 分布控制器的角色和级对

虽然始发请求的用户应无需知道所涉及的特定级对，但来自用户的请求可与任一级对有关。当分布控制器接收到这样的请求时，分布控制器必须以某种方式确定涉及到哪个级对。

然后，分布控制器访问本地分布数据，以确定请求的数据位于哪一数据库环境，以及所请求的服务是否能在那个数据库环境中完成。

6.7 导出导入模型

导出导入模型是类属模型的特化，以展示数据库控制器的服务，从而将 4.10.4 中描述的导出导入能力包括在内。

利用导出服务首先要求一个欲从数据库环境中导出的数据的规格说明；这可包括选出的特定数据类型或数个数据类型的值，或者这样的数据加上相应的模式定义。其次，必须对文件命名并选择适合于规定数据的文件格式的类型。

使用导入服务要求数据已经导出的文件的名称以及已经使用的文件格式。

导出和导入的体系结构模型基于这样的分解，即把 6.4 中描述的为任何类型数据库环境提供服务的数据库控制器与提供所要求服务的导出导入处理器中分开。图 12 说明了用户处理器对导出导入服务的使用。在分布式环境中，能够利用分布控制器的服务。

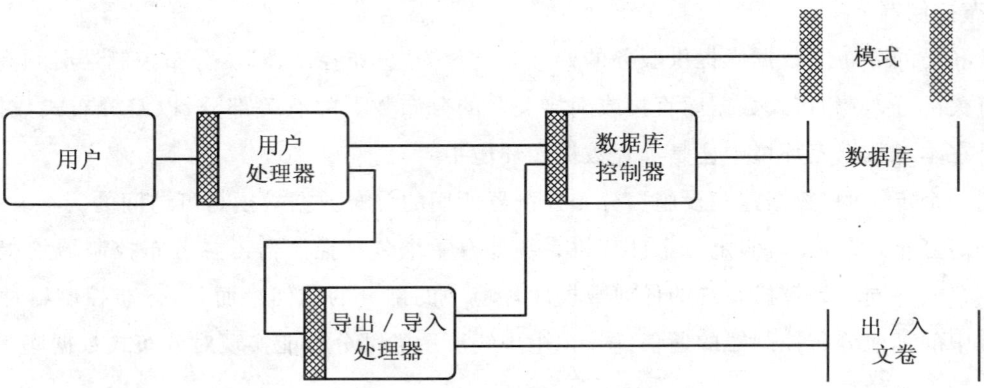

图 12　导出导入模型

6.8　数据管理的访问控制

对所有形式的访问控制进行控制的能力，可由数据管理服务提出要求。访问控制可由任一数据管理处理器提供，并可包括要求定义访问控制数据的服务。访问控制可适用于若干处理器。

访问控制要求，任何由处理器提供的服务都可要求特定的授权。每一请求服务都必须以显式或隐式与用户的鉴别标识符关联。这种标识符可通过涉及利用数据管理服务的会话在开始时所作的声明，与服务请求隐式关联。

检查使用处理器提供服务的每一授权的处理器称为“访问控制处理器”。访问控制处理器可采用若干种方式与别的处理器产生联系，包括：

a）　访问控制处理器由受控的处理器用作服务器；

b）　访问控制处理器请求由受控处理器提供的服务；

c）　访问控制处理器可嵌入受控处理器。

与采用的方法无关的是：是否允许特殊的服务请求，取决于关联的标识符对涉及的进程和数据是否有预先声明的特权。如果服务请求的所有适当的特权并非都存在，对该请求的响应则指示访问控制违规，并将这种违规记录下来，供访问控制的一般管理使用。

为了支持访问控制，由处理器提供服务的方式必须考虑适当特权的需要。对于大多数服务来说，服务请求的形式并不改变，但可以不得不允许由于没有特权而拒绝可能的响应。

为了定义数据库环境的有效标识符及与其关联的特权，要求附加的服务。

图 13 所示是访问控制的方法之一。

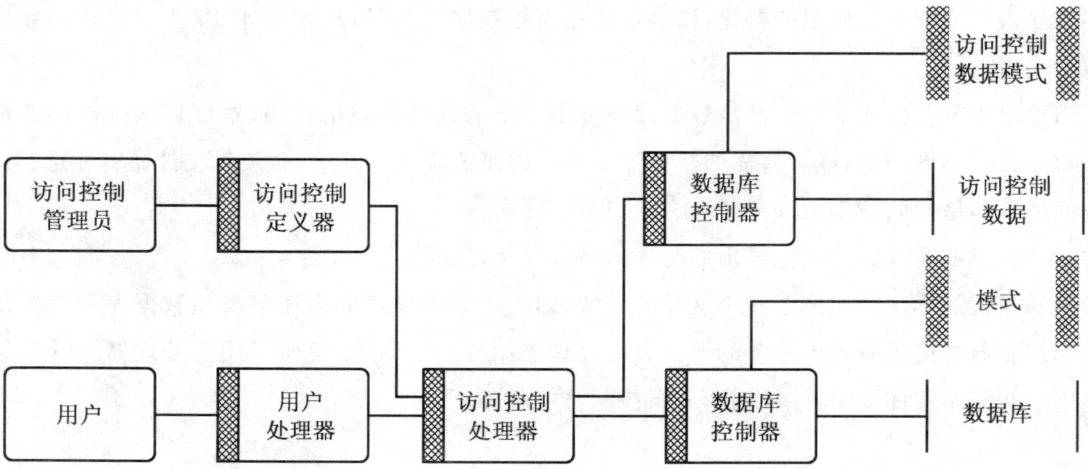

图 13　分布式环境中的访问控制

访问控制管理员是一种特殊的用户类，与规定访问控制数据的任务有关；访问控制定义器是一种专用的用户处理器，为访问控制管理员提供服务。

如图13所示，使用数据库控制器可导致隐式启用关联的访问控制功能，以便校验用户处理器是否得到授权来完成所要求的动作。这样的访问控制功能将要求检索与请求中的特殊操作有关的访问控制数据。这在图13中示为显式存储的访问控制数据。

图13所示是应用于数据库控制器时的访问控制功能。然而，与访问控制有关的可有其他处理器，例如访问控制定义器本身。访问控制定义器是建立有关的访问控制数据的机制，以便确认与所有这些处理器关联的操作存在适当的特权。

7 数据管理标准化的目标和原则

7.1 目的

本章规定标准化的目标，在规定标准时这些目标与数据管理参考模型一起使用。

本章从三个互为补充的角度来描述标准化：

——技术目标，这基于本指导性技术文件中提出的概念；

——可达到这些技术目标的手段；

——数据管理标准的有关问题。

7.2 与数据管理标准化关联的技术目标

以下八项技术目标是为数据管理标准化规定的。每个目标都与引言中所论述的三项主要目标中的一项或更多项关联。这些目标是借助本指导性技术文件中前几章引入的概念表达的：

a) 对所有分布式情景的支持；

b) 定位独立性；

c) 标准化的数据库事务管理；

d) 数据库的导出和导入；

e) 处理数据复杂性的降低；

f) 分布式情景中的总体性能；

g) 数据独立性；

h) 应用系统的可移植性；

i) 可扩展的"数据建模设施"；

j) 用户数据的柔性显现。

最后两项目标对于数据管理标准化尤为重要。这两项不同于前八项之处在于，为将来技术演变留有空间，而此处不能规定达到这些目标的深一级的手段。

7.2.1 对所有分布式情景的支持

当设计分布式信息系统时，所用的每一计算机系统和每一数据管理系统都应由同一厂商供货是不必要的。

由不同厂商供货的系统称为是"异构的"，由不同种类的数据管理系统访问和更新的数据库称为"异构分布式数据库"。

不同类型的进程间通信要求不同的基础通信设施，这些设施可由操作系统设施、OSI通信服务或者其他通信服务提供。

支持分布式数据库的标准应由基于在每一数据管理环境提供的已选出"服务接口"。当接收到特殊服务请求时，与接口关联的处理器应以标准预定义的方式作出反应，并以标准方式响应。

除了在同一管理域中互工作的处理器之外，一个管理域中的数据管理系统还有必要能访问自另一管理域中的另一数据管理系统管理的数据，但以服务器管理域中的访问控制要求得到满足为前提。处于两个管理域中的处理器可由相同或不同的实现方来提供。

7.2.2 位置独立性

对于通过用户处理器使用数据管理服务的用户来说，将要访问的数据存储在本地或者远程不应有任何差别。

为了提供允许这种位置独立的分布式系统通信机制，必须把数据管理服务和这些服务可用的接口设计成用户不要求知道数据存储在何处。

用户处理器不应要求知道正处理的数据的位置。唯一的例外要算用户处理器，它在系统设置以便建立与之交换数据的数据库环境的位置时使用。

远程访问虽然要求附加的信息以确定远程存储数据的位置，但不应要求通向正提供的数据管理服务的根本不同的途径。对数据的远程与本地访问的要求，对所有级对都应同样适用。

7.2.3 标准化的数据库事务管理

数据库事务概念是一种适当的机制，用于处置数据管理系统中涉及完整性、恢复和并发控制三方面的问题。公认的数据库事务性质(ACID：原子性，一致性，与其他数据库事务处理结果的隔离性，耐久性)，能采用本地数据管理环境中的可串行化性等概念加以规定。

异构分布式数据库的互工作，要求为数据库事务管理选择适当的机制并使之标准化。

7.2.4 数据库的导出和导入

为了共享全部或部分数据库，包括应用级上和任何级对上两种数据，提出了支持数据管理系统之间的数据传送的要求。

数据管理系统的实现之间可能存在差异，若要使数据对多于一个数据管理系统可理解，就需要一种供数据传送的标准表示形式。在字典系统和计算机辅助系统工程工具之间许可共享分析和设计信息方面，导出导入设施特别重要。

为归档式数据库提供标准表示形式，也提出要求。这可以使用同一格式。

导出和导入设施，就像数据库卸载加载设施，与正常的检索和更新操作通常已作为完全分开的问题进行处置。其原因在于“数据建模设施”和数据格式很大程度上已成为各个厂商的专利。

为产生导出导入文件，要求指出所关心的数据库部分的选择进程与正常检索语句的关联语义没有显著不同。

这使考虑把与较低级数据关联的模式层数据的表达形式作为一个导出导入文件的潜在部分。然而，既然这样的元数据与较低级数据(例如应用层数据)并无固有差别，并能使用同一“数据建模设施”表示，那么可以对适宜创建导出导入文件的所有数据层次都采用相样方法。

参考模型方法是，与标准数据库语言关联的选择操作用来规定数据库中想要的导出导入文件的部分。为了说明导出导入目的的特定选择要求，例如确保模式层数据与应用层数据相伴，有必要扩展数据操纵语言的检索语义。

采用“服务接口”的方法，对这样的请求的响应意味着，这种检索操作的结果可以是一条消息(可以很长)。然后，该响应能很简单地用于不同目的(也就是不是显现给用户，而是作为文件来存储或通信)。

7.2.5 处理数据复杂性的降低

现有分布式数据管理系统的许多复杂性，大多可直接归因于不同“数据建模设施”之间映射时遇到的困难。

用于克服这些困难的策略是，利用标准方法，以避免异构环境中不同数据管理系统的“数据建模设施”之间的差异。

本指导性技术文件提倡的方法无需考虑本地数据管理系统使用的各“数据建模设施”的潜在不同。

虽然，那些希望与不符合已选“标准”“数据建模设施”的数据管理系统接口的厂商可以关心在不同“数据建模设施”之间的转换，但没有必要在数据管理标准中处置这样的数据模型转换。

7.2.6 分布式情景的总体性能

在每一分布式情景，特别是分布式数据库和联邦数据库情景，标准化工作的目的是能提高性能。

7.2.7 数据独立性

为了减少修改和增强系统的费用，数据独立性（见4.5）在所有信息系统中都很重要。

7.2.8 应用系统的可移植性

数据管理标准化的一个目标，是能改进应用系统从一个计算机系统到另一个计算机系统的可移植性。

7.2.9 可扩展的“数据建模设施”

当觉察到有新要求和新技术变得可用时，任何数据建模设施必须具备扩展能力。

7.2.10 用户数据的柔性显现

在任何信息系统中，都必须考虑的一种处理器是用户处理器，它负责协调与用户的交互。

数据结构对用户可见的要求，与利用交换数据建模设施可表示的数据结构可以不同。

不管这些设施针对的是集中式还是分布式系统，这样的用户界面对基本数据管理设施的规定应是一种完全正面的考虑。

因此，在正常情况下，不同类型用户处理器上的接口标准化，超出数据管理标准化的范围。

7.3 达到目标的方法

能采取以下手段达到数据管理标准化前八项目标：

a) 对每一级对都采用同一“数据建模设施”；

b) 对所有级对都采用同一交换机制；

c) 对所有级对都可采用同一处理器；

d) 在数据库控制器的接口上利用标准化的服务；

e) 采用标准化的访问控制；

f) 采用便利互操作所需的标准化数据表示；

g) 支持数据分片；

h) 将逻辑结构与物理结构分隔；

i) 在执行期间访问模式。

这些手段以本指导性技术文件前几章中设定的术语描述。

7.3.1 对每一级对都采用同一“数据建模设施”

数据管理系统对本指导性技术文件中规定的所有级对都应利用同一“数据建模设施”，而且，对模式层数据提供的数据操纵进程应与由模式控制的数据库上提供的相同。

一个“数据建模设施”的数据构造规则可利用另一“数据建模设施”来规定。在这种情况下，区分定义“数据建模设施”与已定义“数据建模设施”很重要。一个“数据建模设施”的数据构造规则有可能依照相同“数据建模设施”的规则来定义和操纵。

为了表达其他“数据建模设施”能如何定位，有必要标识特定的级对。在信息系统生存周期的早期阶段，一般的习惯做法是，利用不同于在应用级对处所用的“数据建模设施”开发一个应用数据模型。

7.3.2 对所有级对都采用同一交换机制

本指导性技术文件允许使用不同的“数据建模设施”。通过把用于在不同数据管理环境之间交换的“数据建模设施”标准化，即能支持分布式数据管理。

作为分布式数据管理系统的标准选出的“数据建模设施”，称为“交换数据建模设施”。

由用户处理器提供服务的用户无需知道哪一个“数据建模设施”用作交换数据建模设施。

如果在不同的管理域之间有可能交换数据，那么在这些管理域使支持同一交换数据建模设施就很重要。交换数据建模设施与级对公用的数据建模设施应该是同一个。

7.3.3 对所有级对都可采用同一处理器

需要以对标准“数据建模设施”适当的形式给出的模式的恰当表示。

当处理器，例如不同的数据库控制器和用户处理器，能共享标准化的表示形式，那么这种表示形式就是必不可少的。

由用户处理器提供的服务知道多于一个级对应是可能的。而且，由用户处理器提供的服务以这些服务的用户将所有数据都视为与一个级对关联的方式来表达，也应是可能的。

7.3.4 在数据库控制器的接口上利用标准化的服务

为了便利多个数据库环境的互操作，数据库控制器的服务接口必须标准化。

这些服务可以是支持数据库语言标准所要求的服务的子集，但要求备择的、适当的表示形式。

7.3.5 采用标准化的访问方法

使异构分布式数据库和可互操作的分别研制的系统成为可能的后果是，必要目标是使用标准化的访问控制方法。

7.3.6 采用便利互操作所需的标准化的数据表示

管理分布式数据库要求一个关于数据分片位置信息的数据库，该数据库本身可以是分布式的。

在集中式数据管理系统的情况下，位置信息与特定的硬软件环境的特点有关，并且在性质上完全能作为专利。

一个目标是，在分布式数据库管理系统网络之内，数据位置信息必须全局可用。实际上，这使用于表示这种位置信息的格式的标准化成为必然。

7.3.7 支持数据分片

当准备支持异构分布式数据库和互操作性时，需要对分布数据以及访问与这些分布数据有关的数据分片的方式加以标准化。

标准"数据建模设施"提供一种构造这种信息的手段。应该利用这些设施来提供对该信息的本地和远程访问。

分布处理器还必须能够对分布式数据库中的水平和垂直分片寻址。

数据管理系统利用这种位置信息以便为应用进程提供某种程度的独立性。请求要求来自多个站点数据的信息的结果，在将数据显现给提出请求的应用系统之前先行统一。

7.3.8 将逻辑结构与物理结构分隔

根据"数据建模设施"的数据构造规则来构造数据的方式称为"数据的逻辑结构"。该结构的规格说明必须与将给定的逻辑结构表示为存储设备中的永久数据的方式分开。

经常有必要要改变物理数据结构。这种改变的需要可由或可不由逻辑重构触发。无论在哪种情况下，确保数据的物理表示符合数据定义都是必要的。

7.3.9 在执行期间访问模式

在信息资源字典系统控制下的单一数据定义源的要求，能通过数据字典系统加以处置，该系统对于信息系统中使用的其他处理器来说是"现用的"。

对存贮在数据库中的数据的控制由字典系统处理，在该字典系统中，采用与访问数据库模式相同的方式访问元数据。

模式数据的精确形式的规格说明许可符合标准的处理器的任何得到授权的用户检索模式数据。

另外还要求能够修改模式数据。模式操纵设施的定义不仅必须考虑对模式数据标准表示的影响，而且还必须考虑对存储在存有模式的数据库中的关联数据的影响。

一致性要求排除未对由模式控制的数据库中的数据深思熟虑即修改模式层数据的做法。

这样的要求能通过将模式操纵服务打包来处置，以使对现存的数据库取值的适当修改也受影响。服务可包括对先前存在的数据进行转换的规格说明，使其与已更新的模式数据达到一致。

原则上，在数据管理标准化范围内，这种模式修改服务应同样适用于任何级对。而实际上，这种改变实际受到影响的方式，特别是在这种改变期间数据库是否是不可用的，都不属于数据管理参考模型范围内的问题。

重要的原则是，模式操纵设施参照它对模式层数据的标准化表示的影响并借助于对有关较低级数据的影响进行标准化。

7.3.10 用户数据建模设施不同于交换数据建模设施

一个本地数据管理系统能利用多于一个数据建模设施。当确定一个可能用于分布式环境的数据管理系统的体系结构框架时,从交换数据建模设施到特殊计算机系统中支持的数据建模设施的映射,应是次要的考虑因素。

7.4 数据管理标准的有关问题

对许多信息系统公用的数据管理各个方面的标准化,对系统使用者的技能及为他们提供软件两方面都是有益的。

规定数据管理标准的不同范畴以及可制定范畴的样式很重要。"数据建模设施"在数据管理标准化中扮演的角色也特别重要。

7.4.1 数据管理标准的范畴

有四类广义的、并不一定彼此排斥的数据管理标准。在显现这些范畴时,有必要区别数据结构的标准化与数据实例的标准化。

第一范畴定义了接口上提供服务的种类。有关本范畴的标准称为"接口标准"。这样的标准对需要如何构造提供服务的处理成分不应施加不必要的限制。

第二范畴的数据管理标准采用"数据建模设施"的规则和约定为特定目的表示数据。这样的标准称为"数据内容标准"。数据内容标准对给定级对的模式部分的内容进行了定义。

第三范畴数据管理标准是交换标准。这种标准用于分布式系统,并用于在不同管理域中的信息系统之间通信,把数据从一个数据管理环境送到另一数据管理环境。交换标准定义数据的物理表示。

第四范畴是功能标准,它是规定将共同作用的那些标准的选项的其他标准的汇集。功能标准可以采用多种形式,这取决于各个标准的范畴以及每个标准对"数据建模设施"的依赖性。

7.4.2 "数据建模设施"在标准化中的角色

"数据建模设施"的概念对于数据管理标准的概念来说是根本的,数据管理标准能牵扯到"数据建模设施"的方式有三种:

a) "数据建模设施"本身可以是一项标准的主题;
b) "数据建模设施"可显式用作在另一标准的规格说明中的定义工具;
c) "数据建模设施"的数据构造规则和数据操纵规则在另一标准中(如数据库语言标准)可以是隐式的。

7.4.3 标准化样式

规定信息技术标准时可采用各种样式。某些样式与标准的范畴无关(见7.4.1)。

已规定以下样式:

a) 抽象语法;
b) 面板(抽象屏幕格式);
c) 具体语法;
d) 过程调用;
e) 服务约定(如随 OSI 服务所用的)。

抽象语法标准定义了一组服务的语义,而不规定任何在初始化或启用每一服务时采用的语言学形式。

面板接口类似于抽象语法,但作为标准的一部分,规定了为人员用户提供的服务的封装。

具体语法可用于规定在初始化或启用各服务时使用的语言学形式。

过程调用接口为标准程序设计语言的调用语句定义一组有序的参数以及关联的绑定规则。过程调用也可以是隐式的,这意味着,所用语句在编译之前翻译成调用语句。

过程调用可初启在不同计算机系统中涉及访问数据的处理器。这种过程调用有时称为"远程过程调用”。然而,仍有可能为不考虑是由本地或由远程站点提供服务的过程调用开发一项标准。

服务约定是一组程序设计语言标准,独立于在开放系统环境中使用而规定参数列表和服务原语的约定。

任何一种样式都可用来定义接口标准。抽象或具体语法可用于定义语境标准或者交换标准。可能需要特别的样式来定义功能标准,而且有必要引用其中定义术语的各单项标准。

附 录 A
（资料性附录）
有关的标准

有关标准包含：

GB/T 12991(所有部分） 信息处理系统 数据库语言 SQL(idt ISO/IEC 9075)

GB/T 16647—1996 信息技术 信息资源词典系统(IRDS)框架(idt ISO/IEC 10027:1990)

GB/T 17962—2000 信息技术 信息资源词典系统(IRDS)服务接口(idt ISO/IEC 10728:1993)

GJB/T 1375—2004 信息技术 开放系统互连 远程数据库访问 (idt ISO/IEC 9579:2000)

附 录 B
（资料性附录）
数据管理参考模型的体系结构与现有的和正在制订的数据库标准的关系

B.1 目的

本附录说明了现有的和正在制订的标准是如何与本指导性技术文件中描述的参考模型有关的。它包括这些标准在模型内的定位和所提供的设施的摘要，以及数据管理参考模型隐含的限制。

B.2 数据库语言

B.2.1 数据库语言 SQL

数据库语言 SQL(GB/T 12991)，为定义并操纵一定类型数据的语句规定了语法和语义，也为支持 SQL，数据库使用的事务处理和访问控制语句规定了语法和语义。

数据库语言用于定义一个用户处理器内的服务请求，还可用于从支持 SQL 的数据库控制器那里调用这些服务。

SQL 术语是第 6 章使用的数据管理参考模型术语的特化。SQL 标准中使用的术语与本指导性技术文件中使用的术语关系如表 B.1：

表 B.1 术语关系：SQL/RMDM 第 6 章

SQL 术语	参考模型术语
SQL 代理	用户处理器
SQL 实现	数据库管理系统
SQL 环境	一个或更多个数据库环境
SQL 服务器	数据库控制器
SQL 客户	数据库控制器的客户(可以是一个用户处理器或分布控制器)
非 SQL 代理	用户处理器

SQL 标准细化了在它的 SQL 代理和 SQL 客户概念中的用户处理器概念。SQL 客户同时也可以是 SQL 代理。

SQL 标准中与本指导性技术文件第 5 章使用的参考模型术语有关的其他术语如表 B2：

表 B.2 术语关系：SQL/RMDM 第 5 章

SQL 术语	参考模型术语
目录	模式汇集
数据库	数据库
SQL 数据	数据库加模式

一个用户环境起初是单个数据库环境，但可通过与其他数据库环境连接进行扩展。

SQL 标准中不显式地使用术语“级对”。然而，该标准对“模式”和信息模式加以区别。每一目录恰有一个信息模式。与信息模式关联的数据库包含了关于目录中的所有模式包括信息模式本身的数据。

第 3 章的协定用在本指导性技术文件的第 6 章，但按 SQL 标准中所用的术语，图 8 中的类属模型有一种特化如图 B.1 所示。

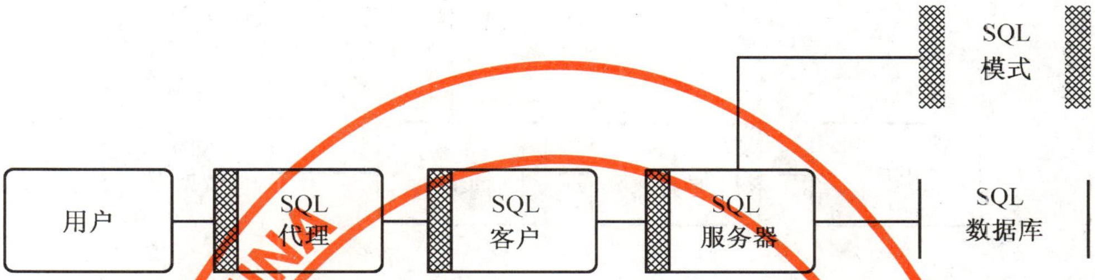

图 B.1　专用于 SQL 的数据管理类属模型

同样，图 11 中的分布式数据管理模型可表示成图 B.2。

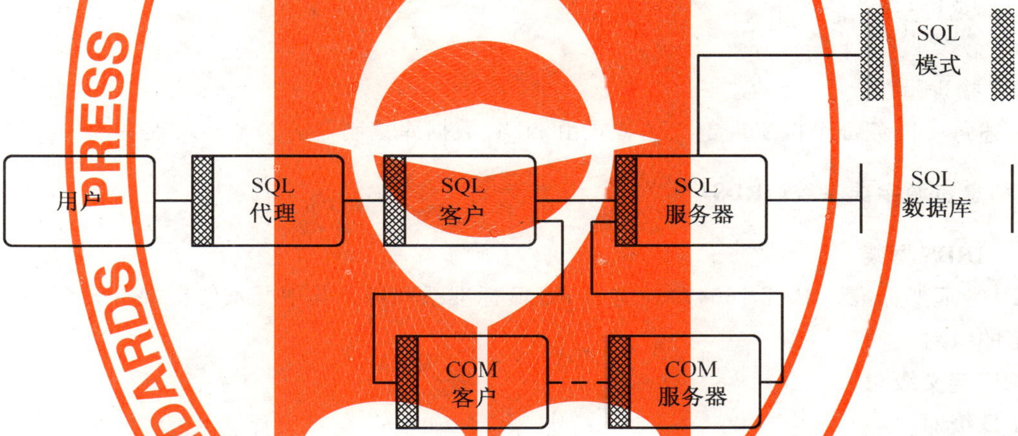

图 B.2　专用于 SQL 的分布式数据管理模型

图 11 与图 B.2 的不同之处在于，图 B.2 中的 SQL 客户必须知道要连接哪一个远程 SQL 环境，而在图 11 中，由分布控制器作出这一决定。在图 B.2 中，标记为“COM 服务器”的处理器与标记为“COM 客户”的处理器处于不同的 SQL 环境中。

SQL 数据库语言可用于在 6.3 中为类属数据库控制器列出的服务，而以下除外：

h)　备份；

i)　恢复；

j)　物理重组。

上述每一服务都可按实现定义的方式由 SQL 数据库控制器的一个实现提供。

数据库语言 SQL 也可用于访问控制数据的定义，如 6.8 所述。

B.2.2　NDL

NDL 数据库语言(GB/T 15534)，为定义并操纵某些数据类型的语句规定了语法和语义，以及为支持 NDL 数据库使用的事务处理语句规定了语法和语义。

数据库语言用于定义用户处理器内的服务请求，并可用于从支持 NDL 的数据库控制器那里调用这些服务。NDL 标准并没有数据库控制器这一术语,因此使用术语 NDL 数据库控制器。该 NDL 数据库控制器的位置如图 B.3 所示。

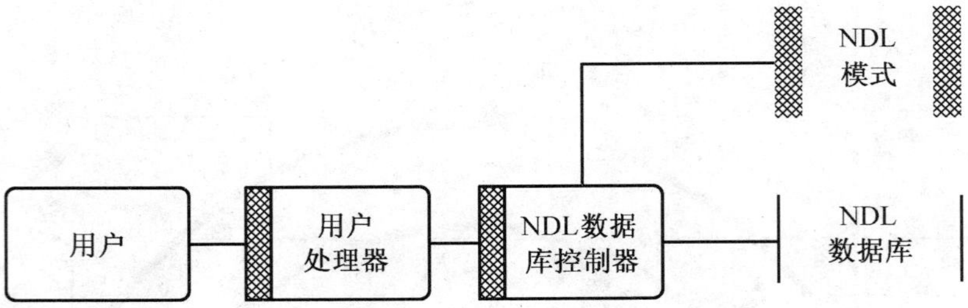

图 B.3 NDL 数据库控制器的位置

NDL 数据库语言可用于在 6.3 中为类属数据库控制器列出的服务,而以下除外:

b) 修改数据定义;

h) 备份;

i) 恢复;

j) 物理重组。

上述每一服务都可按实现定义的方式由 NDL 数据库控制器的一个实现提供。

B.3 信息资源字典系统(IRDS)

B.3.1 IRDS 框架

IRDS 框架标准(GB/T 16647)规定了 IRDS 标准系列可在其中开发的框架。该框架确认了以下三个特定的级对:

IRD 定义级对

IRD 级对

应用级对

IRDS 标准与前两个级对有关。这些级对是本指导性技术文件的第 5 章中级对概念的特化。

框架中标识的主处理器是 IRDS 服务接口处理器。IRDS 框架标准中使用的术语与本指导性技术文件中使用的术语关系如表 B.3:

表 B.3 术语关系:IRDS/RMDM

IRDS 框架术语	“参考模型”术语
应用程序或 IRDS 人机界面	用户处理器
(无等效术语)	数据库管理系统
(无等效术语)	数据库环境
数据库服务处理器	数据库控制器
IRDS 服务接口处理器	数据库控制器客户

IRDS 框架标准中与参考模型的第 5 章中所用的参考模型术语有关的其他术语如表 B.4 所示。

表 B.4 术语关系:IRDS/RMDM 第 5 章

IRD 框架术语	参考模型术语
IRD 定义模式	模式
IRD 模式	模式
IRD 定义	数据库
IRD	数据库

术语"级对"显式地用于 IRDS 框架及其标准系列。IRDS 框架要求使用与 IRD 定义级用来定义数据的"数据建模设施"相同的"数据建模设施"来定义 IRDS 级的数据。

IRDS 框架标准在自己的命令语言语法处理器、面板接口处理器、命令语言人员界面处理器以及其他 IRDS 人机界面处理器的概念中细化了用户处理器的概念。

第 3 章的协定用在本指导性技术文件的第 6 章,但用 IRDS 框架标准中所用的术语来表示,图 8 中的类属模型有一特化如图 B.4 所示。

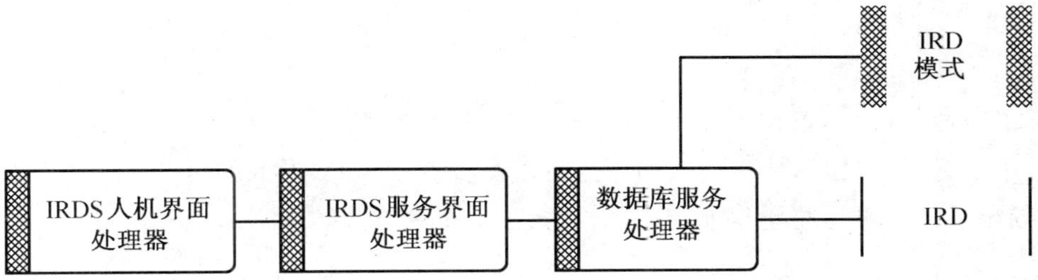

图 B.4 专用于 IRDS 的数据管理类属模型

在图 B.4 中,数据库服务处理器是数据库控制器的特化,IRDS 人机界面处理器是用户处理器的特化。图 8 和图 B.4 之间的显著不同是,IRDS 服务接口处理器是数据库服务处理器的客户,但它不是用户处理器。

B.3.2 IRDS 服务接口

IRDS 服务接口标准(GB/T 17962)为 IRD 定义模式规定了一组表格。由字典用户来增加这些 IRD 定义表格,以包含一个或多个 IRD 模式的描述。该标准中使用 GB/T 12991 模式描述语句来定义 IRD 定义表格。用于定义 IRD 模式的"数据建模设施"基于 GB/T 12991 SQL 标准中的"数据建模设施",即与用于定义 IRD 定义模式的"数据建模设施"相同。该标准还提供了用于版本控制的设施。

该标准还定义了一组服务,IRDS 服务接口处理器的用户可用该服务来操纵处于 IRD 定义级对和 IRD 级对上的数据。

B.4 远程数据库访问(RDA)

远程数据库访问类属模型服务与协议标准(GB/T 17533.1)规定如何使用 OSI 协议来支持某个计算机系统的用户访问另一计算机系统中数据库控制器的需求的方式。

RDA SQL 特化标准(GB/T 17533.2)规定 OSI 协议用于支持某个计算机系统中 SQL 客户的用户对另一计算机系统中 SQL 服务器的访问需求的方式。

使用 RDA SQL 特化标准，对图 11 中的分布式数据管理模型的表示如图 B.5 所示。

图 11 和图 B.5 之间的差别在于，在图 B.5 中，SQL 客户必须提供有规定连接哪一个远程 SQL 环境的信息；而在图 11 中，由分布控制器作出这一决定。

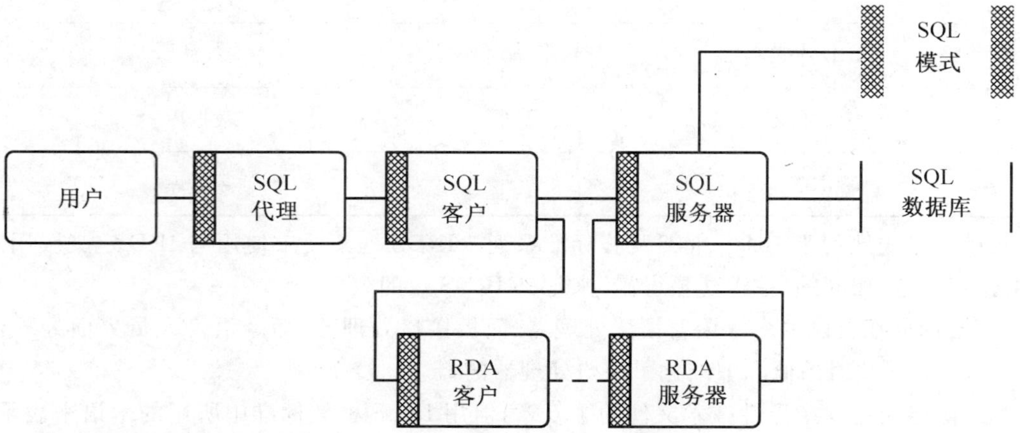

图 B.5　专用于 RDA SQL 的分布数据管理模型

B.5　导出导入

根据 6.7 中表达的模型，正在为导出导入处理器所提供的服务以及导出导入文件的格式制定标准。该标准最初是用于 SQL 数据库导出导入的。这可以图 12 中的导出导入的角度来定位，如图 B.6 所示。

IRDS 的导出导入标准也将予以制定。

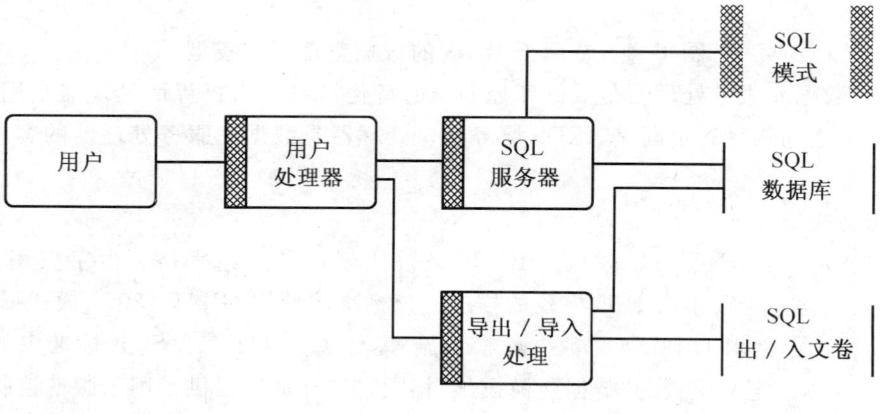

图 B.6　SQL 数据库的导出导入

B.6　标准化的候补内容

图 11 所示的分布式数据管理的体系结构模型中有标准化的候补内容。特别地，这些候补内容包括分布数据的标准模式和在分布控制器接口上提供的服务。这些服务的内容如下：

a）定义数据和关联进程所要存放的计算机系统；

b）为指定数据和关联进程的存储指派一个计算机系统；

c) 确定寻找请求数据和关联进程的计算机系统。这些数据和关联进程是用户处理器请求的。

在图 B.7 中，计算机系统之间的通信只发生在分布控制器之间。在许多数据库环境中管理分布式数据所要求的服务需要 RDA 特化，以便支持交互工作。图 B.7 是图 11 的分解形式，它确定了 RDA 服务的特殊角色。

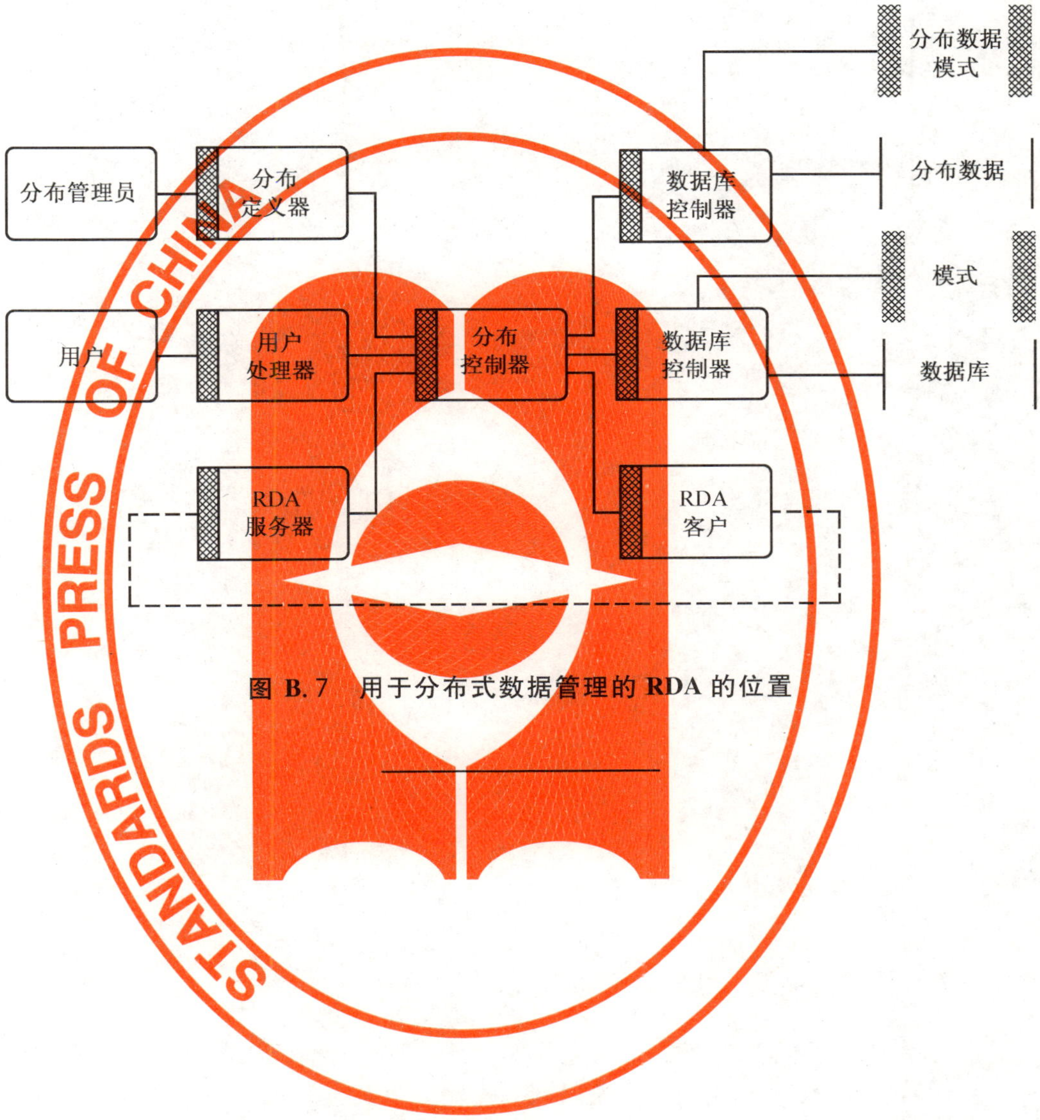

图 B.7 用于分布式数据管理的 RDA 的位置

ICS 03.220.40;53.020.20
R 46

中华人民共和国国家标准

GB/T 18224—2008
代替 GB 18224—2000

桥式抓斗卸船机安全规程

Safety code for the bridge type grab ship unloader

2008-05-27 发布　　　　2008-12-01 实施

中华人民共和国国家质量监督检验检疫总局
中国国家标准化管理委员会　发布

前　　言

本标准代替 GB 18224—2000《桥式抓斗卸船机安全规程》。

本标准与 GB 18224—2000 相比主要技术差异如下：

——在“范围”中删掉了“电厂、钢厂、原料码头用同类卸船机可参照使用”的内容；

——删掉了对卸船机设备档案的详细要求，增加了对卸船机整机稳定性的要求(见 3.5)；

——将“抓斗”和“电梯”分别单独列章(见第 5 章和第 7 章)；

——修改了钢丝绳出入滑轮的偏角(见 4.3.2)；

——删除了对大车轨道的要求，增加了小车轨道压板松动的问题(见 4.7)；

——修改了司机室的相关内容(见第 6 章)；

——增加了对主要液压元件的要求(见第 8 章)；

——取消了对卸船机润滑方式的要求；

——增加了“照明电源与动力电源应分开设置”的要求(见 11.2.4)；

——增加了在金属结构铰接处对电气系统的要求(见 11.5.4)；

——调整了对超载限制器的综合误差的要求；取消了对偏斜调整和显示装置的要求；

——增加了“风速报警器”的内容(见 12.7)。

本标准由中华人民共和国交通部提出。

本标准由交通部港机标准归口单位归口。

本标准起草单位：交通部水运科学研究院、上海港机重工有限公司。

本标准主要起草人：丁敏、刘晋川、戚再强、刘永红。

本标准所代替标准的历次版本发布情况为：

——GB 18224—2000。

桥式抓斗卸船机安全规程

1 范围

本标准规定了桥式抓斗卸船机(以下简称卸船机)在设计、制造、安装与试验、使用与保养、检验与维修等方面的安全技术要求。

本标准适用于煤炭、矿石、黄沙等大宗散货卸船作业用卸船机。

2 规范性引用文件

下列文件中的条款通过本标准的引用而成为本标准的条款。凡是注日期的引用文件,其随后所有的修改单(不包括勘误的内容)或修订版均不适用于本标准,然而,鼓励根据本标准达成协议的各方研究是否可使用这些文件的最新版本。凡是不注日期的引用文件,其最新版本适用于本标准。

GB/T 699 优质碳素结构钢

GB/T 985 气焊、手工电弧焊及气体保护焊焊缝坡口的基本形式与尺寸

GB/T 986 埋弧焊焊缝坡口的基本形式和尺寸

GB/T 1228 钢结构用高强度大六角头螺栓(GB/T 1228—2006,ISO 7412:1984,NEQ)

GB/T 1229 钢结构用高强度大六角螺母(GB/T 1229—2006,ISO 4775:1984,NEQ)

GB/T 1230 钢结构用高强度垫圈(GB/T 1230—2006,ISO 7416:1984,NEQ)

GB/T 1231 钢结构用高强度大六角头螺栓、大六角螺母、垫圈技术条件

GB/T 3323 金属熔化焊焊接接头射线照相(GB/T 3323—2005,EN 1435:1997,MOD)

GB/T 3811 起重机设计规范

GB 4053.1 固定式钢直梯安全技术条件

GB 4053.2 固定式钢斜梯安全技术条件

GB 4053.3 固定式工业防护栏杆安全技术条件

GB/T 5117 碳钢焊条(GB/T 5117—1995,eqv ANSI/AWSA5.1:1991)

GB/T 5118 低合金钢焊条(GB/T 5118—1995,eqv ANSI/AWSA5.5:1981)

GB 5226.2 机械安全 机械电气设备 第32部分:起重机械技术条件(GB 5226.2—2002,IEC 60204-32:1998,IDT)

GB/T 5905 起重机试验规范和程序(GB/T 5905—1986,idt ISO 4310:1981)

GB/T 5972 起重机用钢丝绳检验和报废实用规范(GB/T 5972—2006,ISO 4309:1990,IDT)

GB/T 6067 起重机械安全规程(GB/T 6067—1985,neq NF E52-122:1975)

GB/T 8110 气体保护电弧焊用碳钢、低合金钢焊丝(GB/T 8110—1995,neq ANSI/AWSA5.18:1979)

GB 8918 重要用途钢丝绳(GB 8918—2006,ISO 3154:1988,Stranded wire ropes for mine hoisting—Technical delivery requirements,MOD)

GB/T 11345 钢焊缝手工超声波探伤方法和探伤结果分级

GB 12602 起重机械超载保护装置 安全技术规范

GB/T 14957 熔化焊用钢丝

GB/T 15361 岸边集装箱起重机技术条件

GB/T 20303.5 起重机 司机室 第5部分:桥式和门式起重机(GB/T 20303.5—2006,ISO 8566-5:1992,IDT)

GB 50150　电气装置安装工程　电气设备交接试验

GB 50254　电气装置安装工程　低压电器施工及验收规范

GB J147　电气装置安装工程　高压电器施工及验收规范

JT/T 295　岸边集装箱起重机修理技术规范

JT/T 622　港口装卸机械电气安全规程

JTJ 244　港口设备安装工程质量检验标准

JTJ 280　港口设备安装工程技术规范

3　基本要求

3.1　卸船机设计、制造应符合 GB/T 3811、GB/T 6067 的要求。

3.2　卸船机应按规定程序批准的图样及有关技术文件施工。

3.3　卸船机的明显位置处应设置产品标牌，标牌应注明制造厂、制造日期、额定起重量和安全使用的主要参数等内容。

3.4　卸船机用户应建立设备档案。

3.5　卸船机的整机稳定性应符合 GB/T 3811 的规定。

4　主要零部件

4.1　钢丝绳

4.1.1　卸船机选用钢丝绳应符合 GB 8918 和设计要求的规定，并应有产品检验合格证。

4.1.2　钢丝绳的检验和报废应符合 GB/T 5972 的相关规定。

4.1.3　起升、闭合、小车牵引、俯仰等机构钢丝绳的安全系数应符合 GB/T 3811 的规定。

4.1.4　俯仰机构应设有钢丝绳受力均衡装置。

4.1.5　钢丝绳端部固定、连接应符合 GB/T 6067 的相关规定。

4.2　卷筒

4.2.1　卷筒出现裂纹或卷筒壁厚磨损达设计厚度的 20%时，应予更换。

4.2.2　卷筒上的钢丝绳在放出最大工作长度后，除固定钢丝绳的圈数外，应留有不少于三圈的钢丝绳安全圈数。

4.2.3　起升、闭合、小车牵引、俯仰等机构卷筒直径与钢丝绳直径的比值应符合 GB/T 6067 的相关规定。

4.2.4　对绕入或绕出卷筒易脱槽的钢丝绳应设有防止钢丝绳脱槽装置。

4.3　滑轮

4.3.1　滑轮应有防止钢丝绳跳出轮槽的装置。

4.3.2　钢丝绳出入滑轮槽的偏角不得大于 5°。

4.3.3　起升、闭合、小车牵引、俯仰等机构滑轮直径与钢丝绳直径的比值应符合 GB/T 6067 的相关规定。

4.3.4　金属制造的滑轮，出现下述情况之一时应报废：

a)　裂纹；

b)　轮槽不均匀磨损最大处达 3 mm；

c)　轮槽壁厚磨损达设计壁厚的 20%；

d)　因磨损使轮槽底部直径减少量达钢丝绳直径的 50%。

4.4　车轮

4.4.1　车轮的设计与制造应符合 GB/T 3811 的相关规定。

4.4.2　车轮的更换应符合 JT/T 295 的相关规定。

4.5 传动齿轮

出现下述情况之一时应报废：

a） 齿面裂纹长度超过1/4齿长或齿高；

b） 断齿或在齿长范围内破碎长度超过1/3；

c） 齿面点蚀或剥落面积达工作面积的30％；

d） 表面硬化处理齿轮或渗碳淬硬齿轮在节圆方向上的齿厚磨损量达设计有效硬化层厚的85％。

4.6 制动器及制动轮（盘）

4.6.1 各机构制动器的选择和使用应符合GB/T 3811与GB/T 6067的相关规定。

4.6.2 制动轮（盘）上不得有裂纹，成品制动轮（盘）的制动面上不得有影响使用性能的缺陷，也不得焊补。

4.6.3 在出现动力电源波动时（为额定电压的±10％）或电气保护元件动作时，制动器应能正常工作；一旦出现事故断电或起重传动装置故障状态，制动器应能安全地支持住荷载。

4.6.4 装配后的制动器各铰点应转动灵活。制动带（或制动瓦）与制动轮（盘）接触面积应不小于总接触面积的75％ 。

4.6.5 带式（制动器）中的制动衬垫材质不得含有石棉。

4.6.6 有下列情况之一时，制动器的零件应报废：

a） 裂纹；

b） 制动带或制动瓦摩擦片厚度磨损量达设计厚度的40％（铆接）或达设计厚度50％（铰接）；

c） 销轴或轴孔的磨损量达名义直径的1％或圆度达0.20 mm；

d） 弹簧出现塑性变形，弹簧曲线不符合设计要求；

e） 制动轮缘厚度磨损量大于设计厚度的30％时。

4.6.7 俯仰机构除在高速轴设置一套制动器外，在低速轴上应设置安全制动器，防止前大梁在出现意外情况时快速下落。

4.6.8 制动器应有补偿行程装置。

4.7 小车轨道

4.7.1 小车轨道压板与其螺栓出现裂纹时应报废。小车轨道的裂纹应予以修补并磨平。

4.7.2 小车轨道踏面和侧面磨损大于3 mm时应报废。

4.7.3 小车轨道压板松动时应紧固。

4.8 减速器

4.8.1 减速器各连接处与密封处无渗漏现象。

4.8.2 减速器过载能力、安全系数与热功率应符合所选用相关减速器的规范要求。

4.8.3 减速器在正常润滑条件下，以额定转速无负荷正反运转2 h后，轴承处温升不得超过45 K。

5 抓斗

5.1 抓斗的选用应符合卸船机的设计和使用要求。

5.2 抓斗选用钢丝绳应符合GB 8918和设计要求的规定，并应有产品检验合格证。

5.3 抓斗的主要承载构件应采用材质不低于Q235B钢。

5.4 抓斗各部件的铰轴应采用材质不低于GB/T 699中的45钢，并应进行调质处理。

5.5 空载抓斗呈闭合状态时颚板刃口的最大间隙在200 mm内不大于2 mm，颚板刃口错位不大于5 mm。

5.6 抓斗总装后各铰点、滑轮等部位应转动灵活，不得有卡阻和碰擦现象，启闭机构动作准确，启闭自如。

6 司机室

6.1 司机室应符合 GB/T 20303.5 和 GB/T 6067 的规定。

6.2 司机室的噪声不得大于 75 dB(A)。

6.3 司机室应设有门锁、灭火器或警报器等安全设施。

6.4 司机室应设置应急通道。

6.5 司机室的门、窗应有良好的密封性能。

6.6 司机室的构造与布置应便于操作和维修。

6.7 司机室应设置常规故障显示器及监视器等装置。

7 电梯

7.1 电梯内应设控制开关及电梯紧停开关、电话、报警器和灭火器。

7.2 电梯应设有手摇驱动装置。

7.3 电梯顶部应设有紧急出口。

7.4 电梯应设置出入口平台走道。

8 液压系统

8.1 主要液压元件(油缸、油泵、阀类等)应附有制造厂的合格证书。

8.2 软管、硬管和接头连接可靠,不得有渗漏现象。

8.3 管路和接头更换后应在系统压力试验时无渗漏现象。

8.4 对系统的液压油应使用符合规定品质的液压油,并定期进行检查、化验、更换。

8.5 液压系统应有防止过载和冲击的安全装置,溢流阀调整压力不得大于系统额定工作压力的110%,并且应具有防松和防止擅自调整措施。

9 润滑

9.1 卸船机出厂应附有润滑图。

9.2 卸船机应按设计要求定期润滑,并做相应记录。

10 金属结构

10.1 结构件的布置应便于检查、维修和排水。

10.2 焊条、焊丝和焊剂应符合 GB/T 5117、GB/T 5118、GB/T 8110、GB/T 14957 的规定,并应与被焊接件的材料相适应。

10.3 主要受力构件如主梁、门框、拉杆、台车架、漏斗支撑梁等,其焊缝型式应符合 GB/T 985 和 GB/T 986 的规定。

10.4 所有焊缝均不允许有漏焊、烧穿、裂纹、未焊透等影响性能和外观质量的缺陷。

10.5 重要焊缝在外观检查后应进行无损检测,焊缝质量射线探伤不低于 GB/T 3323 中Ⅱ级要求,超声波探伤不低于 GB/T 11345 中Ⅰ级质量要求。

10.6 高强度螺栓、螺母、垫圈应符合 GB/T 1228～1231 的规定,采用高强度螺栓连接的金属结构件安装时螺栓预紧力应符合 GB/T 3811 的相关规定。

10.7 卸船机走道、梯子、平台、扶手栏杆等应符合 GB/T 6067 及 GB 4053.1～4053.3 的相关规定。

10.8 卸船机漏斗与漏斗支撑梁连接应安全可靠。

11 电气系统

11.1 一般要求

11.1.1 卸船机的电气设备应保证传动和控制准确可靠,应符合 GB/T 3811、GB 5226.2 和其他等效及相关专业技术标准,在紧急状态下能切断操作电源安全停车。

11.1.2 卸船机在安装、维修、调整使用中不得任意改变电路。

11.1.3 卸船机电气设备安装、施工、验收应按 GB 50150、GB 50254、GB J147、JT/T 622 的相关规定执行。

11.1.4 联动控制台上的操作手柄应具有机械零位自锁。

11.1.5 接地线应与零线分开。

11.2 特殊要求

11.2.1 主变压器应为干式自冷环氧型(宜用铜芯浇铸)变压器,绝缘等级不低于 F 级,经耐压试验合格并设在有护围的隔离区内,并有明显的警示标志。

11.2.2 卸船机上采用的可编程序控制器(PLC)、工业控制计算机等控制设备及其他部件应安装牢固、可靠,能适应卸船机的高温、振动、潮湿的恶劣工作环境。

11.2.3 高、低压开关柜宜采用整体防护型,置于室内时,防护等级应不低于 IP23,置于室外时,防护等级不低于 IP55。柜内应设有防冷凝加热器、检修照明灯;通风口应有防尘措施;电缆进出口施工完毕应密封。所有操作、指示设备应放在正面,并设有功能指示标牌。

11.2.4 照明电源与动力电源应分开设置。

11.3 照明、信号

11.3.1 卸船机工作范围内的照明应良好,平均照度不低于 50 lx。

11.3.2 卸船机平台、走道和梯子照度不低于 20 lx。

11.3.3 卸船机照明装置应防震、防水、防腐蚀、防坠落,便于维修更换。

11.3.4 门腿上应设有声光报警器,当大车行走时,声光报警器自动发出声光信号。

11.3.5 在前伸臂端部和梯形架顶部应设有红色航空障碍灯,当交流电源切断后应能自动切换到备用电源。

11.4 电线、电缆

11.4.1 电线、电缆应采用铜芯多股线,其线芯最小截面应符合 GB/T 15361 的相关规定。

11.4.2 用于 PLC、传动等设备的通讯、控制电缆应单独敷设,并设置必要的金属屏蔽。照明线宜单独敷设。

11.4.3 移动部分的通信控制电缆、光缆应有足够的强度,保证正常条件下工作可靠。

11.4.4 电缆卷筒可根据布置需要装设有效、可靠的导缆器,并保证运行中不发生电缆被卡现象。

11.4.5 电缆在卷筒上的连接应牢固,并保证电缆接头不被拉拽。

11.5 接地、防雷

11.5.1 卸船机大车运行轨道接地电阻应不大于 4 Ω,整机应不大于 10 Ω。严禁用地线作载流零线。

11.5.2 卸船机金属结构及所有电气设备的金属外壳、管槽、电缆金属外皮等均应可靠接地。

11.5.3 前伸臂端部和梯形架顶部均应设有避雷针,针体要高出航空障碍灯 300 mm。

11.5.4 在金属结构铰接处增设跨接软线。

12 安全保护装置

12.1 超载限制器

12.1.1 超载限制器的性能参数应符合 GB 12602 的要求,综合误差不应超过设计值的 5%。

12.1.2 当载荷达到额定起重量的 90%时,应能发出提示性报警信号。

12.1.3 当载荷达到额定起重量的110%时，应自动切断起升电源，但允许下降减载。

12.2 防爬、锚定和防风拉索装置

防爬、锚定和防风拉索装置应严格按GB/T 3811及本地阵风和台风的实际情况设计，并保证装置可靠、有效。

12.3 缓冲器

卸船机大车、小车运行机构应设有缓冲器，并和轨道端部的止挡装置相匹配，保证卸船机或运行小车能平稳地停止。

12.4 运行极限位置限位器

12.4.1 大车、小车运行机构，起升机构，俯仰机构应设置运行极限位置限位器。

12.4.2 限位器应保证各工作机构在其运动的极限位置时，能自动地切断前进的动力源。

12.5 联锁保护装置

12.5.1 前伸臂起落与安全钩、司机室、小车运行应互相联锁。

12.5.2 锚定、夹轨器等装置和大车电缆卷筒收、放缆终端及方向与大车行走机构之间应互相联锁。

12.5.3 抓斗在料斗上方开启与防尘雾化装置、料斗内物料量应互相联锁。

12.5.4 料斗内物料量与给料器之间应互相联锁。

12.5.5 给料器与皮带机应互相联锁。

12.6 监视诊断装置

应设置有效的故障监视诊断装置。

12.7 风速报警器

卸船机应设风速报警器，并宜具有瞬时风速的显示能力。

13 安装与试验

13.1 卸船机的安装应符合JTJ 280、JTJ 244及相关文件的规定。

13.2 卸船机安装后投入正式使用前应按GB/T 5905的相关规定进行试验，试验合格并取得相关许可后方可正式使用。

14 使用与保养

14.1 卸船机的使用应符合GB/T 6067的相关规定。

14.2 卸船机保养时，应根据工作情况做好相应安全措施。

15 操纵系统

15.1 操纵系统的设计和布置应考虑人、机器和环境的综合因素，以保证卸船机能安全可靠地运行。

15.2 操作手柄应档位清晰，零位准确明显，操作灵敏。

16 检验与维修

16.1 检验

在使用中按设备管理有关规定进行检验，并符合GB/T 6067的相关规定。

16.2 维修

16.2.1 结构件焊补时，所用的材料、焊条应符合设计要求。

16.2.2 卸船机的维修应符合JT/T 295的有关规定。

ICS 35.200
L 65

中华人民共和国国家标准

GB/T 18233—2008/ISO/IEC 11801:2002
代替 GB/T 18233—2000

信息技术　用户建筑群的通用布缆

Information technology—Generic cabling for customer premises

(ISO/IEC 11801:2002,IDT)

2008-08-19 发布　　2009-01-01 实施

中华人民共和国国家质量监督检验检疫总局
中国国家标准化管理委员会　发布

前　言

本标准等同采用 ISO/IEC 11801:2002《信息技术　用户建筑群的通用布缆》,仅有编辑性修改。

本标准代替 GB/T 18233—2000《信息技术　用户建筑群的通用布缆》。

本标准与 GB/T 18233—2000 相比主要内容变化较大,详见附录 I。

本标准的附录 A、附录 B 和附录 C 是规范性附录,附录 D、附录 E、附录 F、附录 G、附录 H 和附录 I 是资料性附录。

本标准由全国信息技术标准化技术委员会提出并归口。

本标准起草单位:山东华迪智能技术有限公司、山东省计算中心、中国电子技术标准化研究所。

本标准主要起草人:董火民、徐全平、王英龙、徐云迟、王平、许志国、张建成。

本标准于 2000 年首次发布,本次为第一次修订。

引　言

在用户建筑群内部，布缆基础设施的重要性类似于其他基本的楼宇公用设施，如供热、照明和配电。像其他公用设施一样，中断服务可能会有严重的影响。由于缺乏设计的预见性，不适当部件的使用、不适当的安装、较差的管理或不充分的支持而形成的较差的服务质量，会危及组织机构的有效性。

历史上，建筑群内的布缆由特定应用和多目的的网络组成。本标准的较早版本能可控地移植到通用布缆和简化的特定应用布缆。

通用布缆后续的扩充计划根据本标准进行。

a）为信息和通信技术的发展和经济做出贡献；

b）支持高速率数据应用的发展是以本标准规定的布缆模型为基础的；

c）布缆的发展使其性能超过在 GB/T 18233—2000 中列出布缆种类的性能。

被修订过的 GB/T 18233 的这次再版已经反映出这些增加的需求和机会。

本标准包括：

a）向用户提供具有支持广泛应用能力的独立的布缆系统；

b）向用户提供灵活的布缆方案，使修改方便、经济；

c）指导建筑界的专业人士（如建筑师）适应布缆的特殊要求，无论是新建还是升级的最初设计；

d）为工业和使用标准机构提供一个布缆系统，以支持现有产品，并为今后的产品开发提供一个基准。

本标准规定了使用单个和多个来源的材料而实现的多厂商布缆系统，并且本标准还与下列各项相关：

a）IEC 的技术委员会在研制布缆组件的国际标准，例如：铜缆和连接器，以及光缆和连接器（见第 2 章和参考文献）；

b）信息技术布缆的安装和实施标准，以及已安装布缆的测试标准（见第 2 章和参考文献）；

c）IEC 的技术委员会、ISO/IEC JTC1 的分技术委员会和 ITU-T 的研究组在进行应用的研究，例如：LANs 和 ISDN；

d）规划和安装指南，它考虑到用户建筑群布缆系统的配置和使用的特定应用需求。

附录 F 中列出各应用的物理层要求，目的是为了确定它们与本标准中规定的各类布缆的兼容性。这些应用需求以及在 7.2 中描述的关于建筑群和模型的拓扑结构的统计表已经用来开发对类别 A 至 D 和光缆布缆系统的要求。已经开发的新的类别 E 和 F，考虑了未来网络技术。

因此，在本标准中定义的通用布缆：

a）规定了支持多种应用的布缆结构；

b）规定了满足标准化应用要求的类别 A、B、C、D 和 E 的信道和链路；

c）规定了基于高性能组件的类别 E 和 F 的信道和链路，以支持未来应用的开发和实现；

d）规定了满足标准化应用的要求和利用组件能力的类别 OF-300、OF-500 及 OF-2000 的光纤信道和链路，使未来的应用发展容易实现；

e）引用了组件的要求，并规定了布缆实现，确保了永久链路和信道的性能达到或超过了布缆类别的要求；

f）适用的对象是一般的办公环境，但不仅限于办公环境。

本标准规定的通用布缆系统使用寿命将超过 10 年。

信息技术 用户建筑群的通用布缆

1 范围

本标准规定了建筑群内使用的通用布缆,建筑群可能由园区内的一栋楼宇或多栋楼宇组成。它包括平衡布缆和光纤布缆。

本标准最适用于电信服务可分布的最大距离为 2 000 m 的建筑群。本标准的原理可用于更大规模的安装。

本标准定义的布缆支持范围广泛的服务,包括话音、数据、文本、图像和视频。

本标准直接或通过参考规定:

a) 通用布缆的结构和最小配置;

b) 电信插座(TO)接口;

c) 各段布缆链路和信道的性能要求;

d) 实现要求和选项;

e) 本标准规定最大距离的布缆组件的性能要求;

f) 一致性要求和验证规程。

安全(电气安全和防护、防火等)和电磁兼容性(EMC)的要求超出了本标准范围,并由其他标准和规章所覆盖。然而,本标准给出的信息可能有所帮助。

本标准考虑了附录 F 中列出的应用标准中规定的要求,它引用了适用组件及实验方法的现有国际标准。

2 规范性引用文件

下列文件中的条款通过本标准的引用而成为本标准的条款。凡是注日期的引用文件,其随后所有的修改单(不包括勘误的内容)或修订版均不适用于本标准,然而,鼓励根据本标准达成协议的各方研究是否可使用这些文件的最新版本。凡是不注日期的引用文件,其最新版本适用于本标准。

GB/T 2421 电工电子产品环境试验 第 1 部分:总则(GB/T 2421—1999,idt IEC 60068-1:1988)

GB/T 2423.22 电工电子产品环境试验 第 2 部分:试验方法 试验 N:温度变化(GB/T 2423.22—2002,IEC 60068-2-14:1984,IDT)

GB/T 2423.34 电工电子产品环境试验 第 2 部分:试验方法 试验 Z/AD:温度/湿度组合循环试验(GB/T 2423.34—2005,IEC 60068-2-38:1974,IDT)

GB/T 5095.2—1997 电子设备用机电元件 基本试验规程及测量方法 第 2 部分:一般检查、电连续性和接触电阻测试、绝缘试验和电压应力试验(idt IEC 60512-2:1994)

GB/T 7424.3 光缆 第 3 部分:分规范 室外光缆(GB/T 7424.3—2003,IEC 60794-3:2001,MOD)

GB/T 12357.1 通信用多模光纤 第 1 部分:A1 类多模光纤特性(GB/T 12357.1—2004,IEC 60793-2-10:2002,MOD)

GB/T 12507.1—2000 光纤光缆连接器 第 1 部分:总规范(eqv IEC 60874-1:1993)

GB/T 15157.7—2002 频率低于 3 MHz 的印制板连接器 第 7 部分:有质量评定的具有通用插合特性的 8 位固定和自由连接器详细规范(idt IEC 60603-7:1996)

GB/T 15972.40 光纤试验方法规范 第 40 部分:传输特性和光学特性的测量方法和试验程序 衰减(GB/T 15972.40—2008,IEC 60793-1-40:2001,MOD)

GB/T 15972.41 光纤试验方法规范 第41部分:传输特性和光学特性的测量方法和试验程序 带宽(GB/T 15972.41—2008,IEC 60793-1-41:2001,MOD)

GB/T 15972.44 光纤试验方法规范 第44部分:传输特性和光学特性的测量方法和试验程序 截止波长(GB/T 15972.44—2008,IEC 60793-1-44:2001,MOD)

GB/T 15972.49—2008 光纤试验方法规范 第49部分:传输特性和光学特性的测量方法和试验程序 微分模时延(IEC 60793-1-49:2003,MOD)

GB 16895.1 建筑物电气装置 第1部分:范围、目的和基本原则(GB 16895.1—1997,idt IEC 60364-1:1992)

GB/T 18015.1—2007 数字通信用对绞或星绞多芯对称电缆 第1部分:总规范(IEC 61156-1:2002,IDT)

GB/T 18015.2—2007 数字通信用对绞或星绞多芯对称电缆 第2部分:水平层布线电缆 分规范(IEC 61156-2:2003,IDT)

GB/T 18015.3—2007 数字通信用对绞或星绞多芯对称电缆 第3部分:工作区布线电缆 分规范(IEC 61156-3:2003,IDT)

GB/T 18015.4—2007 数字通信用对绞或星绞多芯对称电缆 第4部分:垂直布线电缆 分规范(IEC 61156-4:2003,IDT)

GB/T 18015.5—2007 数字通信用对绞或星绞多芯对称电缆 第5部分:具有600 MHz及以下传输特性的对绞或星绞对称电缆 水平层布线电缆 分规范(IEC 61156-5:2002,IDT)

GB/T 18015.6—2007 数字通信用对绞或星绞多芯对称电缆 第6部分:具有600 MHz及以下传输特性的对绞或星绞对称电缆 工作区布线电缆 分规范(IEC 61156-6:2002,IDT)

GB/T 18290.3 无焊连接 第3部分:可接触无焊绝缘位移连接 一般要求、试验方法和使用导则(GB/T 18290.3—2000,idt IEC 60352-3:1993)

GB/T 18290.4—2000 无焊连接 第4部分:不可接触无焊绝缘位移连接 一般要求、试验方法和使用导则(idt IEC 60352-4:1994)

GB/T 18310.2—2001 纤维光学互连器件和无源器件 基本试验和测量程序 第2-2部分:试验 配接耐久性(idt IEC 61300-2-2:1995)

GB/T 18311.6—2001 纤维光学互连器件和无源器件 基本试验和测量程序 第3-6部分:检查和测量 回波损耗(idt IEC 61300-3-6:1997)

GB/T 18311.34—2003 纤维光学互连器件和无源器件 基本试验和测量程序 第3-34部分:检查和测量 随机配接连接器的衰减(IEC 61300-3-34:2001,IDT)

IEC 60027(所有部分) 电工技术用字母符号

IEC 60352-6 无焊连接 第6部分:绝缘刺破连接 一般要求、试验方法和使用指南

IEC 60512-25-1 电子设备用连接器 试验和测量 第25-1部分:试验25a 串扰比

IEC 60512-25-2:2002 电子设备用连接器 试验和测量 第25-2部分:试验25b 衰减(插入损耗)

IEC 60512-25-4:2001 电子设备用连接器 试验和测量 第25-4部分:试验25d 传播延迟

IEC 60512-25-5 电子设备用连接器 试验和测量 第25-5部分:试验25e 回波损耗

IEC 60603-7-1:2002 电气设备用连接器 第7-1部分:有质量评定的具有通用插合特性的屏蔽的自由和固定连接器的8位连接器详细规范

IEC 60603-7-7:2002 电子设备用连接器 第7-7部分:有最大频率为600 MHz的数据传输用8路屏蔽的固定和自由连接器的详细规范

IEC 60793-2(所有部分) 光纤 第2部分:产品规范

IEC 60793-2-50 光纤 第2-50部分:产品规范 B级单模光纤分规范

IEC 60794-2:1998　光纤布缆　第 2 部分:产品规范

IEC 60825(所有部分)　激光产品的安全

IEC 60874-14(所有部分)　光纤光缆连接器　第 14 部分:SC 型光纤连接器部分规范

IEC 60874-19(所有部分)　光纤光缆连接器　第 19 部分:SCD 型光纤连接器部分规范

IEC 60874-19-1:1999　光纤光缆连接器　第 19-1 部分:A1a、A1b 类多模纤维端接 SC-PC 型(浮动双总)跳线光纤连接器详细规范

IEC 60874-19-2:1999　光纤光缆连接器　第 19-2 部分:SC 型单模光纤连接器用光纤转接器(双总)详细规范

IEC 60874-19-3:1999　光纤光缆连接器　第 19-3 部分:SC 型多模光纤连接器用光纤转接器(双总)详细规范

IEC 61073-1　光纤光缆机械式接头和熔接式接头保护盒　第 1 部分:总规范

IEC 61073-3-104:2002　电器设备连接器　产品要求　第 3-104 部分:频率为 600 MHz 以下的数据传输用固定式无屏蔽 8 路连接器的详细规范

IEC 61156(所有部分)　数字通信用对绞或星绞多芯对称电缆

IEC 61753-1-1:2000　纤维光学互连器件和无源元件性能标准　第 1 部分:性能标准的总则和指南

IEC 61935-1:2000　通用布缆系统　按照 ISO/IEC 11801 的平衡通信布缆测试规范　第 1 部分:已安装布缆

IEC 61935-2　按照 ISO/IEC 11801 的平衡通信布缆测试　第 2 部分:快接跳线和工作区跳线

ISO/IEC TR 14763-1　信息技术　用户建筑群布缆的实现和操作　第 1 部分:管理

ISO/IEC TR 14763-2　信息技术　用户建筑群布缆的实现和操作　第 2 部分:布铜缆的设计和安装

ISO/IEC TR 14763-3　信息技术　用户建筑群布缆的实现和操作　第 3 部分:布光缆的测试

ISO/IEC 18010:2002　信息技术　用户建筑群布缆的路径和间隔

ITU-T Rec. G. 652:1993　单模光缆特性

3　术语、定义、缩略语和符号

3.1　术语和定义

下列术语和定义适用于本标准。

注：方程式中的"lg"表示"$\log_{10}$"。

3.1.1

管理　administration

定义布缆系统及其容量、功能元素和记录移动、添加及改变等过程的标记的文档要求的方法。

3.1.2

应用　application

利用电信布缆支持其相关传输方法的一种系统。

3.1.3

衰减　attenuation

点间传输中信号功率幅值的减少。

注：衰减表示线缆上的总损耗,用功率输出与功率输入之比表示。

3.1.4

平衡线缆　balanced cable

由一个或多个金属对称线缆元素(双绞线对或四线组)组成的线缆。

3.1.5

楼宇主干线缆　building backbone cable

连接楼宇配线架到楼层配线架的线缆。

注：楼宇主干线缆也可连接同一楼宇中的楼层配线架。

3.1.6

楼宇配线架　building distributor

终接楼宇主干线缆并且可与园区主干线缆连接的配线架。

3.1.7

楼宇入口设施　building entrance facility

为电信线缆进入楼宇而提供所需机械和电气服务并符合所有相关法规的设施。

3.1.8

线缆　cable

在一个总护套内，相同类型和类别的一个或多个线缆单元的装配。

注：装配可以包括总屏蔽层。

3.1.9

线缆元素　cable element

线缆中的最小构成单元(例如：线对、四线组或单根光纤)。

注：线缆元素可以有屏蔽层。

3.1.10

线缆单元　cable unit

同一类型或类别的一个或多个线缆元素的单个装配。

注1：线缆单元可以有屏蔽层。

注2：线扎组是线缆单元的例子。

3.1.11

布缆　cabling

可以支持信息技术设备连接的电信线缆、跳线和连接硬件的一种系统。

3.1.12

园区　campus

包括一个或多个楼宇的建筑群。

3.1.13

园区主干线缆　campus backbone cable

连接园区配线架到楼宇配线架的线缆。

注：园区主干线缆也可直接连接楼宇配线架。

3.1.14

园区配线架　campus distributor

园区主干布缆放射外出的配线架。

3.1.15

信道　channel

连接任何两个特定应用设备的端到端的传输通路。

注：设备和工作区跳线包括在信道内，但不包括进入特定应用设备的连接硬件。

3.1.16

集中式光纤布缆　centralised optical fibre cabling

集中式光纤布缆技术建立主干/水平组合的信道，可以采用直通线缆或接合的方式，提供从工作区到集中交叉连接或互连的信道。

3.1.17

连接硬件　connection hardware

由用来连接线缆或线缆元素的器件或器件组合构成。

3.1.18

连接　connection

已配合器件或器件组合,包括用来将线缆或线缆元素连接到其他线缆、线缆元素或特定应用设备的终接。

3.1.19

汇集点　consolidation point;CP

楼层配线架和电信插座之间水平布缆子系统中的连接点。

3.1.20

跳线　cord

至少有一个终接的线缆、线缆单元或线缆元素。

3.1.21

耦合衰减　coupling attenuation

耦合衰减是通过导体传输的功率与被激励共模电流感应并产生的最大辐射峰值功率之间的关系。

3.1.22

CP 线缆　CP cable

连接汇集点到电信插座的线缆。

3.1.23

CP 链路　CP link

楼层配线架和汇集点之间的永久链路的一部分,包括每一端的连接硬件。

3.1.24

交叉连接　cross-connect

主要通过快接跳线和压接跳线使线缆元素及其交叉连接能终接的装置。

注:外入和外出的线缆在固定点终接。

3.1.25

配线架　distributor

为连接线缆的部件集合(如转接板、快接跳线)所用的术语。

3.1.26

设备跳线　equipment cord

连接设备到配线架的跳线。

3.1.27

设备间　equipment room

专门用来安置配线架和特定应用设备的房间。

3.1.28

外部网络接口　external network interface

公用和专用网络之间的分界点。

注:许多情况下,外部网络接口是网络提供商设施与用户建筑群布缆之间的连接点。

3.1.29

固定水平线缆　fixed horizontal cable

将楼层配线架连接到汇集点(有 CP 时),或 TO(无 CP 时)的线缆。

3.1.30

楼层配线架　floor distributor

用来在水平线缆和其他布缆子系统或设备之间进行连接的配线架。

注：见电信间。

3.1.31

通用布缆　generic cabling

能支持应用范围广泛的结构化电信布缆系统。

注：安装通用布缆系统不必事先了解所需应用。特定应用硬件不是通用布缆的一部分。

3.1.32

水平线缆　horizontal cable

连接楼层配线架到电信插座的线缆。

3.1.33

混合线缆　hybrid cable

整体护套内的两种或多种不同类型或类别的线缆单元和/或线缆的装配。

注：装配可包括总体屏蔽层。

3.1.34

单个工作区　individual work area

专门留给某一员工的最小建筑空间。

3.1.35

插入损耗　insertion loss

将接插件插入到传输系统所产生的损耗。

注：插入接插件前传送到该接插件后的那一系统部分的功率与插入接插件后传送到后一部分的功率之比，插入损耗用分贝表示。

3.1.36

插入损耗偏差　insertion loss deviation

测得的级联部件的插入损耗与部件损耗之和所确定的插入损耗之间的差。

3.1.37

互连　interconnect

在不使用快接跳线或压接跳线的情况下，使设备跳线(或布缆子系统)终接并与布缆子系统连接的技术。

注：入和出线缆在固定点终接。

3.1.38

接口　interface

用来连接到通用布缆的点。

3.1.39

压接跳线　jumper

用来在交叉连接上进行连接的无连接器的线缆、线缆单元或线缆元素。

3.1.40

锁键　keying

连接器系统的机械特性，可保证连接的正确方向或防止连接到不兼容插座或光纤适配器。

3.1.41

链路　link

CP 链路或永久链路，见 3.1.23 和 3.1.52。

3.1.42

纵向转换损耗 longitudinal conversion loss

平衡线对的近端共模注入信号与近端合成的差分信号的对数比，以分贝表示。

3.1.43

纵向转换传送损耗 longitudinal conversion transfer loss

平衡线对的近端共模注入信号与远端合成的差分信号的对数比，以分贝表示。

3.1.44

多用户电信插座装配 multi-user telecommunications outlet assembly

将几个电信插座组合成一个位置。

3.1.45

光纤线缆(或光缆) optical fiber cable(or optical cable)

由一个或多个光纤线缆元素组成的线缆。

3.1.46

光纤双工适配器 optical fiber duplex adapter

为对准和连接两个双工连接器设计的一种机械装置。

3.1.47

光纤双工连接器 optical fiber duplex connector

为在两对光纤之间传送光功率而设计的机械终接装置。

3.1.48

满注入 overfilled launch

一种受控的发射，测试光纤相对于模拟 LED 发射的角度和位置是满的。

3.1.49

线对 pair

平衡传输线的两个导体，通常指双绞线对或一个单侧电路。

3.1.50

快接跳线 patch cord

转接板上建立连接所用的带有连接器的线缆、线缆单元或线缆元素。

3.1.51

转接面板 patch panel

为适应使用快接跳线而设计的多连接器装配。

注：转接面板便于管理移动及改变。

3.1.52

永久链路 permanent link

电信插座与楼层配线架之间的传输通路。

注：永久链路不包括工作区跳线、设备跳线、快接跳线和压接跳线，但包括每端的连接。它可包括 CP 链路。

3.1.53

四线组 quad

由四个相互绝缘导体扭绞在一起组成的线缆元素。

注：两个径向面对的导线形成传输线对。

3.1.54

屏蔽平衡线缆 screened balanced cable

带整体屏蔽和/或单个元素屏蔽的平衡线缆。

3.1.55

单侧电路　side circuit

形成线对的四线组中的两个径向面对导线。

3.1.56

小形因子连接器　small form factor connector

为了适应两个或多个光纤而设计的光纤连接器，当使用多个光纤时，其安装密度至少与平衡布缆所用的连接器相同。

3.1.57

接合　splice

导线之间或光纤之间的联结，通常具有分开的护套。

3.1.58

电信　telecommunications

涉及传输、发射和接收符号、信号、书写、图像和声音，也就是说，由电报、无线电、光学或其他电磁系统的任何性质信息的一种技术分支。

注：术语电信在本标准中使用时没有法律意义。

3.1.59

电信间　telecommunications room

安放电信设备、线缆终接、互连和交叉连接的封闭空间。

3.1.60

电信插座　telecommunications outlet

水平布缆终接处的固定连接装置。

注：电信插座提供与工作区布缆的接口。

3.1.61

横向转换损耗　transverse conversion loss

共模信号功率与注入的差模信号功率之比。

3.1.62

双绞线　twisted pair

由两个以确定的方式扭绞在一起形成平衡传输线路的绝缘导线构成的线缆元素。

3.1.63

非屏蔽平衡线缆　unscreened balanced cable

没有任何屏蔽的平衡线缆。

3.1.64

工作区　work area

员工与电信终端设备进行交互操作的建筑空间。

3.1.65

工作区跳线　work area cord

连接电信插座到终端设备的跳线。

3.2　缩略语

a. c.	交流电
ACR	衰减与串扰比
APC	成角物理接触

ATM	异步传送模式
BCT	广播和通讯技术，有时称为 HEM
BD	楼宇配线架
B-ISDN	宽带-ISDN
CD	园区配线架
CP	汇集点
CSMA/CD	带碰撞检测的载波侦听多址访问
d. c.	直流电
DCE	数据电路终接设备
DTE	数据终端设备
DRL	分布式回波损耗
ELFEXT	等电平远端串扰衰减(损耗)
EMC	电磁兼容性
EQP	设备
ER	设备间
FD	楼层配线架
FDDI	光纤分布数据接口
FEXT	远端串扰衰减(损耗)
f. f. s.	待研究
FORIL	光纤中继器间链路
HEM	家庭娱乐和多媒体，见 BCT
IC	集成电路
ICT	信息和通信技术
IDC	绝缘位移连接
IEC	国际电工技术委员会
IL	插入损耗
ILD	插入损耗偏差
IPC	绝缘刺穿连接
ISDN	综合业务数字网
ISLAN	综合业务局域网
ISO	国际标准化组织
IT	信息技术

JTC	联合技术委员会
LAN	局域网
LCL	纵向差分转换损耗
LCTL	纵向差分转换传送损耗
Min.	最小
MUTO	多用户电信插座
N/A	不适用
NEXT	近端串扰衰减(损耗)
OF	光纤
OFL	满注入
PBX	专用分支交换机
PC	物理触点
PMD	物理层相关媒体
PS NEXT	“功率和”NEXT 衰减(损耗)
PS ACR	“功率和”ACR
PS ELFEXT	“功率和”ELFEXT 衰减(损耗)
PS FEXT	“功率和”FEXT 衰减(损耗)
PVC	聚氯乙烯
RL	回波损耗
SC	用户连接器(光纤连接器)
SC-D	双工 SC 连接器
SFF	小形因子连接器
TCL	横向转换损耗
TCTL	横向转换传送损耗
TE	终接设备
TO	电信插座
TP-PMD	双绞线物理层相关媒体

3.3 符号

3.3.1 变量

A　　传输矩阵系数

B　　主干线缆长度或传输矩阵系数

C　　CP 线缆长度、连接器名称或传输矩阵系数

D　　传输矩阵系数

F	快接跳线/压接跳线、设备和工作区跳线的组合长度
H	固定水平线缆的最大长度
K	线缆衰减增加系数
L	线缆长度
X	工作区线缆衰减与固定水平线缆衰减之比
Y	CP 线缆衰减与固定水平线缆衰减之比
Z	复阻抗
DRL_0	分布式回波损耗常量
NVP	相对光速速度($=v/c$)
Z_0	特性阻抗
Z_{fit}	拟合曲线或平均阻抗
c	真空中的光速
e	自然对数的基数
f	频率
i	干扰线对的电流数
j	虚操作符
k	被干扰线对的电流数
n	线对总数($i \leqslant k \leqslant n$)
t	时间
v	传播速度
k_1	线缆衰减第一系数的常量
k_2	线缆衰减第二系数的常量
k_3	线缆衰减第三系数的常量
k_c	连接器插入损耗系数的常量
v	温度(℃)
v_coeff	线缆衰减的温度系数(%/℃)
Φ	相位角(度)
α	衰减
β	被传播信号的相位角(rad/m 或弧度)
γ	复传播常量($\gamma=\alpha+\mathrm{j}\beta$)
π	常量

3.3.2 索引

C2	命名从楼层配线架连接器(第二个连接器)测得的特性的索引
CH	表示信道的索引
CP	表示汇集点的索引
PL	命名永久链路特性的索引
TO	命名从 TO 测得的特性的索引
cable	命名线缆特性的索引
channel	命名信道特性的索引
connector	命名连接器特性的索引
cord cable	指明用作跳线的线缆特性的索引
in	指明输入条件的索引
local	命名本地测得的特性的索引

remote　　命名远程测得的特性的索引
term　　指明终接条件的索引
υ　　命名温度相关特性的索引

4 符合性

为保证布缆安装符合本标准，下述内容适用：

a) 配置和结构应符合第5章概述的要求。

b) 平衡信道的性能应满足第6章规定的要求。它应通过下列条件之一达到：

1) 保证满足指定信道性能的信道设计和实现。

2) 满足第6章和附录A的指定性能类别的适当组件连接到永久链路或CP链路的设计。增加一个以上跳线到满足第6章和附录A的链路的任一端来创建信道时应保证信道性能。

3) 使用第7章的参考实现和符合第9章、第10章和第13章要求的兼容布缆组件，以性能建模的统计方法为基础。

c) 光纤布缆信道的实现和性能应满足第8章中规定的要求。

d) 在TO处与布缆的接口应符合第10章关于啮合接口和性能的要求。

e) 在布缆结构中其他地方的连接硬件应满足第10章规定的要求。

f) 如果有，应该按第11章的规定处理屏蔽。

g) 系统管理应满足第12章的要求。

h) 应该满足在安装位置上适用的安全和EMC规章。

没有信道时，应该使用链路的符合性来验证是否符合本标准。

在下述情况下宜使用第6章规定的符合性测试：

a) 长度超过7.2中规定，或者超过第7章规定的组件数的链路或信道设计；

b) 使用传输性能低于第9章和第10章规定的部件时的链路或信道设计；

c) 对安装的布缆进行评价，以确定其支持某些应用组的能力；

d) 对按照第7章、第9章和第10章设计的已安装系统根据需要进行性能验证。

不能满足本章要求，或在有关测量精度内的测量结果的分析处理应在按ISO/IEC TR 14763-2描述的质量计划内清楚地归档。

标记为"f. f. s."的规范是预备性规范。对于与本标准的符合性，不要求使用这些预备性规范。

5 通用布缆系统的结构

5.1 概述

本章标识通用布缆的功能元素，描述它们如何连接在一起而形成子系统，并标识出把特定应用组件连接到通用布缆的接口。

通过将设备连接到电信插座和配线架，可支持多种应用。

5.2 功能元素

通用布缆的功能元素如下：

a) 园区配线架(CD)；

b) 园区主干线缆；

c) 楼宇配线架(BD)；

d) 楼宇主干线缆；

e) 楼层配线架(FD)；

f) 水平线缆；

g) 汇集点(CP)；

h) 汇集点线缆(CP 线缆);

i) 多用户电信插座(MUTO);

j) 电信插座(TO)。

将多组这种功能元素连接在一起便可形成布缆子系统。

5.3 布缆子系统

5.3.1 概述

通用布缆包括多达 3 个布缆子系统:园区主干、楼宇主干和水平布缆。子系统的合成在 5.3.2、5.3.3 和 5.3.4 中描述。多个布缆子系统连接在一起可创建结构如图 1 所示的通用布缆系统。配线架提供一种配置布缆的手段以支持不同的拓扑结构,如总线型、星形及环形。

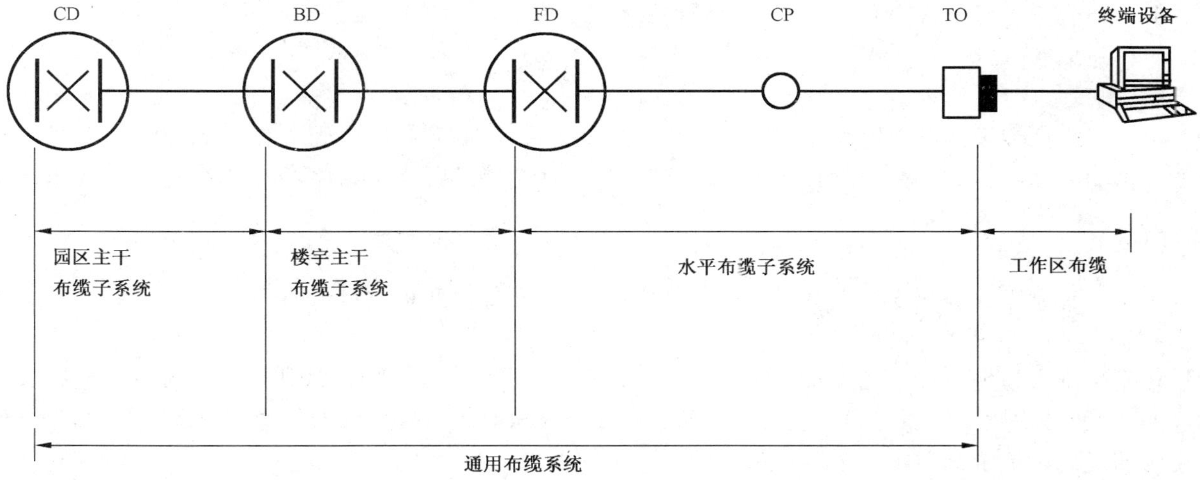

图 1 通用布缆结构

布缆子系统之间的连接可以是有源的——要求特定应用设备,或无源的。连接特定应用设备采用互连或交叉连接方法(见图 5 和图 6)。布缆子系统之间的无源连接通常通过快接跳线或压接跳线用交叉连接实现。

在集中式布缆的情况下,配线架中的无源连接通过用交叉连接或互连来实现。另外,对于集中式光纤布缆,可能在配线架用接合产生连接,尽管这样会减少布缆支持重新配置的能力。

5.3.2 园区主干布缆子系统

园区主干布缆子系统从园区配线架延伸到通常位于位置分开楼宇的楼宇配线架。当它存在时,子系统包括:

a) 园区主干线缆;

b) 楼宇入口设施内的任何布缆部件;

c) 园区配线架中的压接跳线和快接跳线;

d) 园区主干线缆终接(园区和楼宇配线架处)的连接硬件。

尽管设备跳线用来将传输设备连接到布缆子系统,但未将它们当作布缆子系统的一部分,因为它们是特定应用。当没有楼宇配线架时,园区主干布缆子系统从园区配线架延伸到楼层配线架。园区主干布缆可提供楼宇配线架之间直接连接。当提供这种布缆时,除上述布缆之外,对于基本的分层拓扑也应要求有这种布缆。

5.3.3 楼宇主干布缆子系统

楼宇主干布缆子系统从楼宇配线架延伸到楼层配线架。当它存在时,子系统包括:

a) 楼宇主干线缆;

b) 楼宇配线架中的压接跳线和快接跳线；

c) 楼宇主干线缆终接(楼宇配线架和楼层配线架处)的连接硬件。

尽管设备跳线用来将传输设备连接到布缆子系统，还是没有将它们当作布缆子系统的部分，因为它们是特定应用。楼宇主干布缆可提供楼层配线架之间直接连接。当提供这种布缆时，除上述布缆之外，对于基本的分层拓扑也应要求有这种布缆。

5.3.4 水平布缆子系统

水平布缆子系统从楼层配线架延伸到电信插座。该子系统包括：

a) 水平线缆；

b) 楼层配线架中的压接跳线和快接跳线；

c) 电信插座处水平线缆的机械终接；

d) 包含例如互连或交叉连接等连接硬件的楼层配线架处水平线缆的机械终接；

e) 汇集点(可选)；

f) 电信插座。

尽管工作区和设备跳线用来分别将终端和传输设备连接到布缆子系统，但未将它们当作布缆子系统的一部分，因为它们是特定应用。水平线缆应该连续地从楼层配线架延伸到电信插座，除非安装了汇集点(见5.7.6)。

5.3.5 设计目标

水平布缆宜设计成能支持现有和新出现最广泛的应用，并因此提供最长的工作寿命，将使工作区破坏和重新布缆的费用减到最少。

楼宇主干布缆宜设计成能支持通用布缆系统的整个生存周期。然而，特别是在具有良好的物理访问通路时，通常采用支持当前和可预见应用要求的短期方法。特别是访问通路受到更多限制时，选择园区主干布缆可以要求比楼宇主干所采用的期限更长的方法。

5.4 子系统互连

5.4.1 概述

通用布缆中，布缆子系统的功能元素互连构成如图2和图3所示的分层结构。

在配线架功能组合处(见5.7.1)，不需要中间布缆子系统。

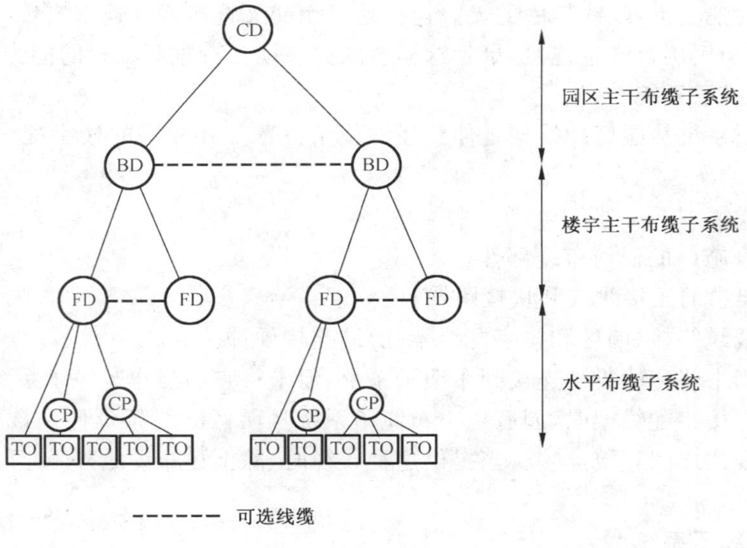

图2 通用布缆的分层结构

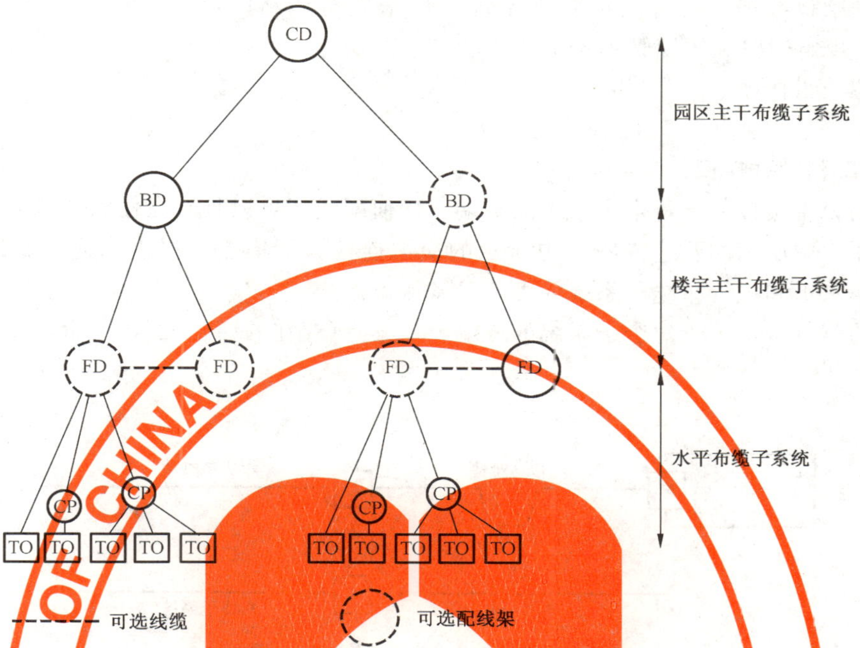

图 3　集中式通用布缆的结构

5.4.2　集中式布缆结构

如图 4 所示的集中式布缆结构产生组合的主干/水平信道。信道由配线架中的无源连接提供，连接使用交叉连接或互连实现。另外，对于集中式光纤布缆，可能在配线架处采用接合产生连接，尽管这样会减少布缆支持重新配置的能力。

5.5　功能元素的安配

图 4 显示楼宇内功能元素如何安配的示例。

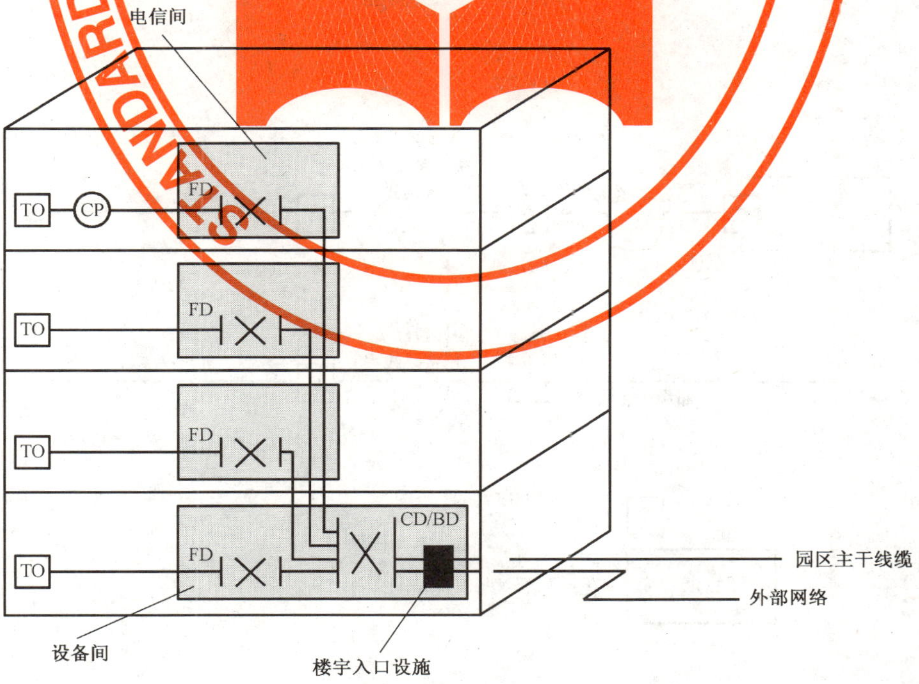

图 4　功能元素的适配

配线架放置在设备间或电信间。ISO/IEC TR 14763-2 给出了配线架安配的指南。

按照通路图敷设线缆。各种线缆管理系统能用来支持通路(包括管道、暗沟和托架)内的线缆。ISO/IEC 18010 规定通路和线缆管理系统的要求。

电信插座位于工作区。

5.6 接口

5.6.1 设备接口和测试接口

通用布缆的设备接口位于每个子系统的末端。任何配线架可以具有在任意端口处与外部服务的设备接口及可用图 5 中所示的互连或图 6 中所示的交叉连接。汇集点不提供到通用布缆系统的设备接口。图 7 所示与水平和主干布缆子系统的可能设备接口。

通用布缆的测试接口位于每个子系统的末端及汇集点(存在的话)。图 7 所示与水平布缆子系统的可能试验接口。

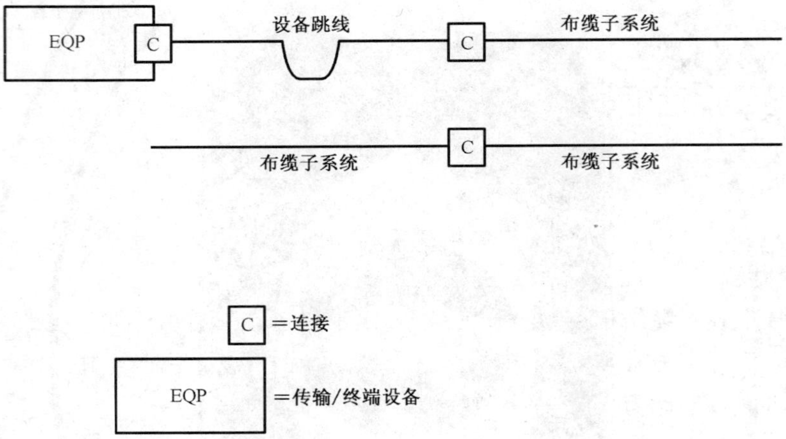

图 5 互连模型

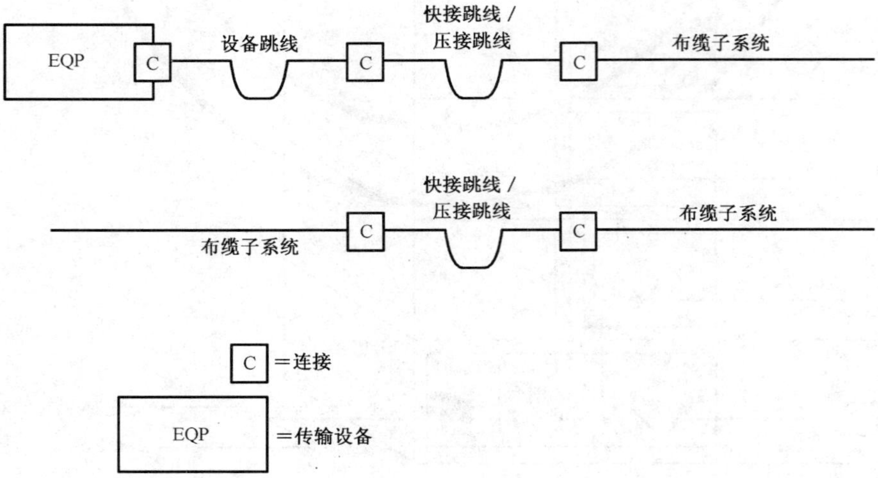

图 6 交叉连接模型

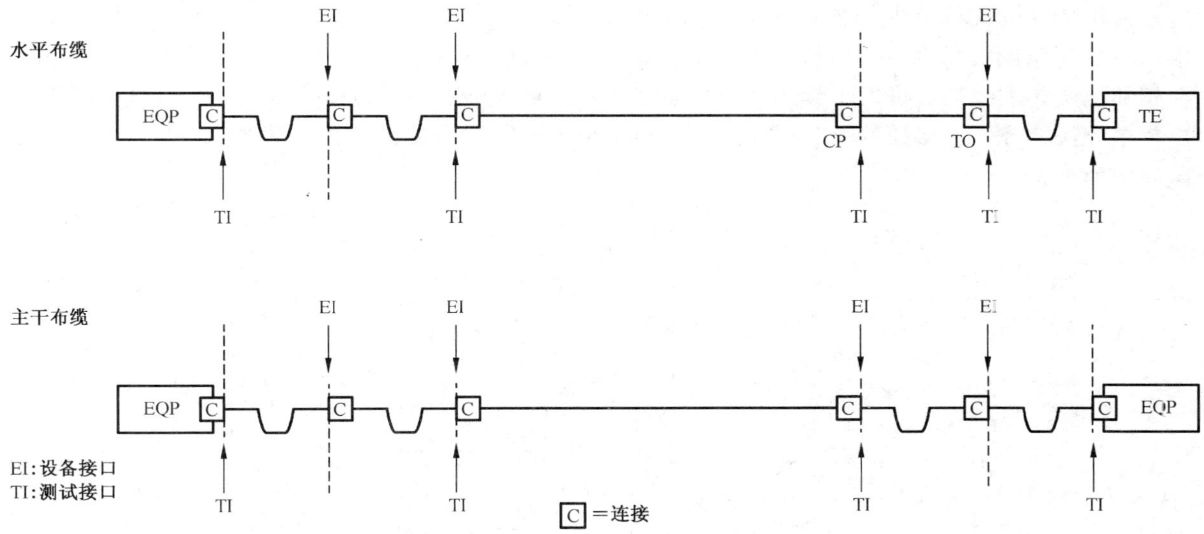

图 7 设备和测试接口

5.6.2 信道和永久链路

特定接口之间的通用布缆传输性能按照信道和永久链路在第 6 章和第 8 章中详述。

信道是 LAN 交换机/集线器(图 7 中的 EQP)等设备和终端设备之间的传输路径。典型的信道可以由水平子系统及其工作区和设备跳线构成。对于更长的延伸服务,信道可以由两个以上子系统(包括工作区和设备跳线)来构成。信道的性能不包括特定应用设备的连接。

永久链路是指包括已安装线缆端点处的连接硬件的已安装布缆子系统传输路径。在水平布缆子系统中,永久链路由电信插座、水平线缆、可选 CP 和楼层配线架处的水平线缆终接构成。永久链路包括已安装布缆端点处的连接。

5.6.3 外部网络接口

外部网络接口处为提供公用电信服务而与公用网络进行连接。

5.7 尺寸和配置

5.7.1 配线架

通用布缆实现中包括的子系统数目和类型取决于园区或楼宇的布局和规模及用户的策略。通常,每个园区中有一个园区配线架,每个楼宇有一个楼宇配线架,每个楼层有一个楼层配线架。如果建筑群仅由一栋小到只要一个楼宇配线架就足够用的楼宇构成,就不需要园区主干布缆子系统。同样,更大规模的楼宇可使用通过园区配线架互连的多个楼宇配线架。

楼层配线架设计应保证快接跳线/压接跳线和设备跳线的长度最小以及管理应保证工作期间保持设计长度。

配线架应以所得的线缆长度与第 6 章和第 8 章的信道性能要求一致的方式放置。

在第 7 章描述的参考实现情况下,配线架的定位应保证不超过表 1 中的信道长度。然而,在使用单个电缆类型的情况下,在表 1 所示的最大长度上不支持所有应用。表 21、表 22 和表 23 表明在已安装信道上对特定应用的支持可以要求布缆媒体和性能规范加以结合。

表 1 最大信道长度

信道	长度/m
水平	100
水平+楼宇主干+园区主干	2 000
注:在第 7 章中水平布缆子系统的某些实现中,FD 可以不支持 TO 到所示的最大距离。	

宜为每个楼层提供至少一个楼层配线架。对于超过 1 000 m^2 的楼层空间，宜为作办公室用的每 1 000 m^2 楼层空间提供至少一个楼层配线架。如果楼层空间人员稀少(例如，大堂)，允许本楼层使用放置在相邻楼层的配线架。可以组合多个配线架的功能。图 8 所示是通用布缆的例子。前面内容的楼宇给出每个配线架分开放置的例子。后面内容的楼宇给出楼层配线架和楼宇配线架的功能已经组合成单个配线架的例子。

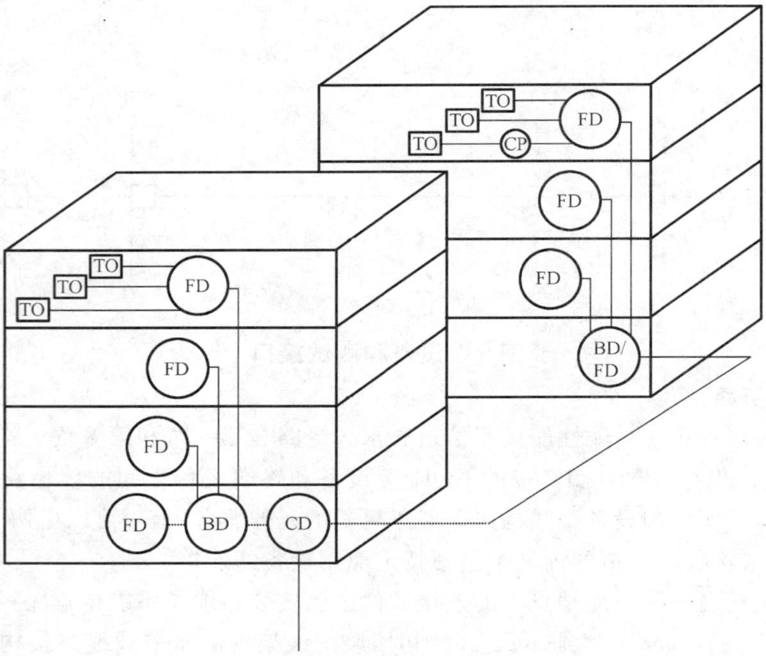

图 8　带组合 BD 和 FD 的通用布缆系统例子

在某些情况下，例如，由于安全和可靠性的原因，冗余度可以置入布缆设计中。图 9 给出了在结构化框架内许多可能的功能元素连接的例子，旨在防止布缆基础设施的一个或多个部件失效。这可能形成设计楼宇通用布缆的基础，同时提供火灾或公用网络供电缆线失效的危害的某些防护。

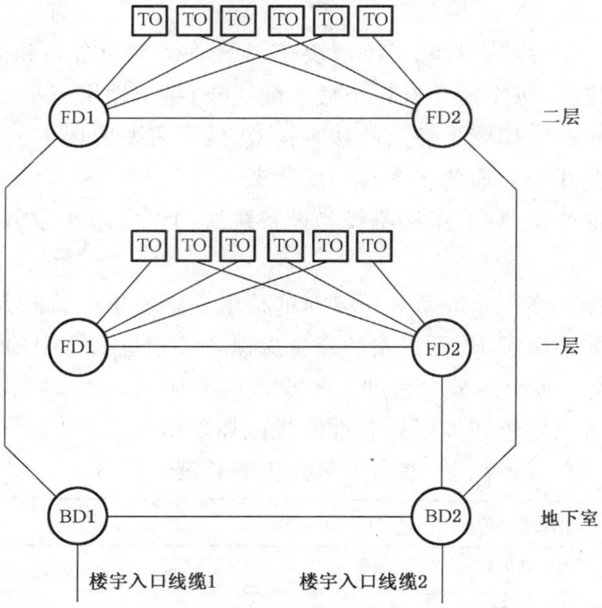

图 9　带冗余安装的功能元素的相互关系

5.7.2 **缆线**

推荐使用的缆线类型详细情况见第 9 章。连接缆线的硬件应仅为每个导体提供直接向前连接并且应不提供一个以上的入或出导体之间的触点(例如,应不使用桥接分接头)。

5.7.3 **工作区跳线和设备跳线**

工作区跳线将电信插座连接到终端设备上。设备跳线将设备连接到配线架处的通用布缆上。两者都是非永久的,并可以是特定应用的。假设已经考虑这些跳线的长度和传输性能,当相关时,标识出这里假设。在信道设计中应考虑到这些跳线的性能作用。第 7 章提供通用布缆参考实现的跳线长度指南。

5.7.4 **快接跳线和压接跳线**

快接跳线和压接跳线用于配线架处交叉连接实现内。在信道设计中应考虑到这些跳线的性能作用。第 7 章提供通用布缆参考实现的快接跳线/压接跳线长度指南。

5.7.5 **电信插座(TO)**

5.7.5.1 **一般要求**

设计通用布缆宜保证在整个可用的楼层空间安装电信插座。高密度的电信插座可以提高布缆适应变化的能力。电信插座可单独或成组地存在。

a) 每个单独的工作区应至少有两个 TO,有关工作区规模的指南见 ISO/IEC TR 14763-2。

b) 第一个插座应是按照 10.2.1 终接的 4 对平衡线缆。

c) 第二个插座可以用于:

  1) 光纤;

  2) 按照 10.2.1 所终接的 4 对平衡线缆。

d) 每个电信插座应该有用户可见的永久标识手段。

e) 不平衡变压器和阻抗匹配适配器等装置,如果使用的话,应该在电信插座的外部。

对于平衡线缆,可用每个 TO 两线对替代 4 线对。然而,这可能要求线对重新分配并且将不支持某些应用(见附录 F)。应该注意,记录初始的线对分配以及所有后续变化(详细的管理要求见 ISO/IEC TR 14763-1)。允许用插入的手段重新排列线对。

5.7.5.2 **单用户 TO 组件**

在通用布缆的一般实现中,一个 TO 组件用于一个工作区。工作区跳线的长度应该尽量短。应该从 7.2.2.2(对平衡布缆)和 8.4(对光纤布缆)中描述的选项中选择实现拓扑。TO 组件应认为是单用户 TO 组件。

另外,在使用单用户 TO 组件的场合:

a) 单用户 TO 组件应该位于用户易于接近的位置;

b) 应考虑工作区跳线、快接跳线和设备跳线的性能作用以保证满足第 6 章(对平衡布缆)和第 8 章(对光纤布缆)的信道要求。

5.7.5.3 **多用户 TO 组件(MUTO)**

在开放的办公室环境中,单个 TO 组件可供多于一个工作区使用。应该从 7.2.2.2(对平衡布缆)和 8.4(对光纤布缆)中描述的选项中选择实现拓扑。TO 组件应被认为是多用户 TO 组件。

另外,在使用多用户 TO 组件的场合:

a) 多用户 TO 组件应该位于开放的工作区以便每个工作区组使用至少一个多用户 TO 组件;

b) 多用户 TO 组件宜被限制最多供 12 个工作区使用;

c) 多用户 TO 组件宜位于楼宇柱体和永久墙等用户易接近、永久位置;

d) 多用户 TO 组件不应安装在障碍区域;

e) 应考虑工作区跳线、快接跳线和设备跳线的性能作用以保证满足第 6 章(对平衡布缆)和第 8 章(对光纤布缆)的信道要求;

f) 宜限制工作区跳线长度以保证工作区的线缆管理。

5.7.6 汇集点

在工作区需要灵活重新放置 TO 的开放办公室环境中，在楼层配线架和电信插座之间的水平布缆中安装汇集点可以是很有用的。FD 和任一 TO 之间允许有一个汇集点。汇集点应该只包含无源硬件并且不应用作交叉连接。

另外，在使用汇集点的地方：

a) 放置汇集点以便至少一个汇集点供每个工作区组使用；

b) 应该限制汇集点最多供 12 个工作区使用；

c) 汇集点应位于易接近的位置；

d) 对于平衡布缆，应放置汇集点使从该处到楼层配线架至少有 15 m；

e) 汇集点应该是管理系统的一部分。

5.7.7 电信间和设备间

设备间应该为放置其中的无源部件、有源装置和外部网络接口提供所有基础设施(空间、电源、环境控制等)。每个电信间应该直接访问主干布缆子系统。

设备间是放置设备的楼宇内的一个区域。由于设备(例如，PBX 或范围广泛的计算机设备)的特性和复杂性，设备间与电信间区别对待。设备间中可放置一个以上的配线架。如果电信间供多个楼宇配线架使用，认为它是设备间。

5.7.8 楼宇入口设施

每当园区主干、公用和专用网络线缆(包括来自天线的)进入楼宇，以及转接到内部线缆时，便需要楼宇入口设施。楼宇入口包括处于楼宇外部的入口点和通向园区配线架或楼宇配线架的通路。在终接外部线缆的地方，当地法规可以要求有特定设施。在该终接点，可以发生外部到内部线缆的变化。

5.7.9 外部服务布缆

外部服务到配线架的距离会很重要。这些点之间的线缆性能宜考虑作为初始设计和实现客户应用的一部分。

6 平衡布缆的性能

6.1 概述

本章规定通用平衡布缆的最低性能。对信道、永久链路和 CP 链路规定了平衡布缆的性能(见图 10)。

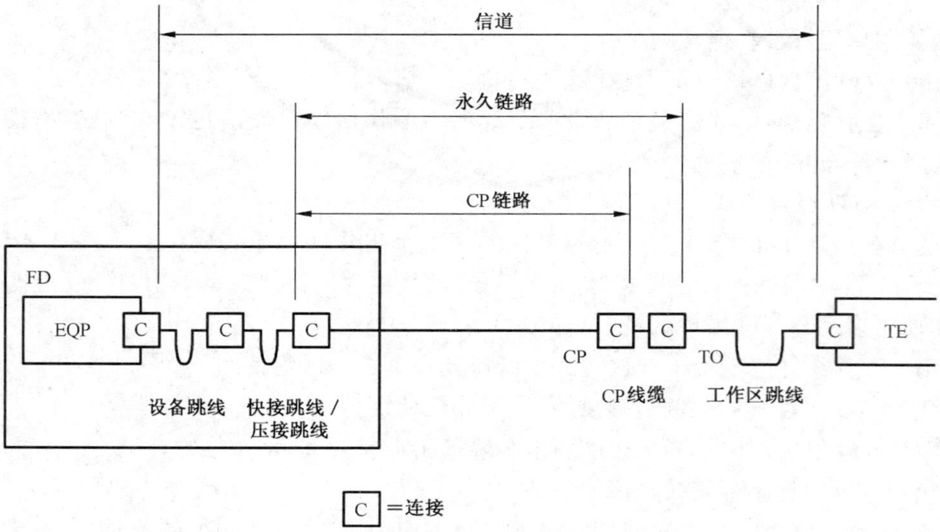

图 10 平衡线缆的信道、永久链路和 CP 链路

在线缆共享情况下，对平衡布缆宜考虑附加要求。平衡线缆的这些附加串扰要求在9.3中规定。

对于平衡布缆，性能规范分成6个类别(A～F)。根据列出应用和要求最小类别的附录F，这允许在信道上应用有效传输。

本章中描述的信道性能要求可用于设计和验证本标准的任何实现。在要求测试的场合，本章定义或引用的测试方法适用。另外，这些要求可用于应用开发和查找故障。

附录A中描述的永久链路和CP链路性能要求可用于对遵守本标准的任何实现进行验收测试。在要求测试的场合，附录A定义或引用的测试方法适用。

本章中的规范允许在7.2所述之外的距离上，和/或在此距离上使用不同于第9章、第10章和第13章所规定性能的媒体和部件时对定义的应用类别进行传输。

对于布缆预期工作的所有温度，应该满足有关类别的信道、永久链路和CP链路性能规范。

由于布缆组件的温度相关性，按照相关标准和供应商的说明书，应考虑留有足够的余量，特别是以给于考虑在最坏温度下测量性能，或根据在其他温度下所得出的测量结果，计算最坏情况下的性能。

同一信道或永久链路中所用的线缆之间的兼容性在整个布缆系统中应保持不变。例如，具有不同标称阻抗的线缆之间不应进行连接。

6.2 布局

信道性能在有源设备的连接处和在有源设备连接之间予以规定。信道仅包括线缆的无源部分、连接硬件、工作区跳线、设备跳线和快接跳线。在有源设备硬件接口处的连接不予考虑。

应用支持仅取决于信道性能，进而取决于线缆长度、连接数量、连接器终接实践及工艺质量和性能。有可能通过使用较少的连接或使用更高性能的组件(也见附录G)在较大的长度上达到等价的信道性能。

6.4中给出了平衡布缆信道的性能极限值。这些极限值从第9章和第10章的组件性能极限值衍生而来。假设了该信道由90 m的实心线缆、10 m跳线和四个连接构成前提下(见图10)。

大多数F类信道只用两个连接来实现。附录H给出了有关这种实现的附加信息。

图11所示工作区中一个终端设备的例子，该设备用级联的两种不同媒体信道连接到传输设备。事实上，光纤信道(见第8章)通过FD中的有源组件连接到平衡布缆信道。信道接口有四个；平衡信道每端一个，光纤信道每端一个。

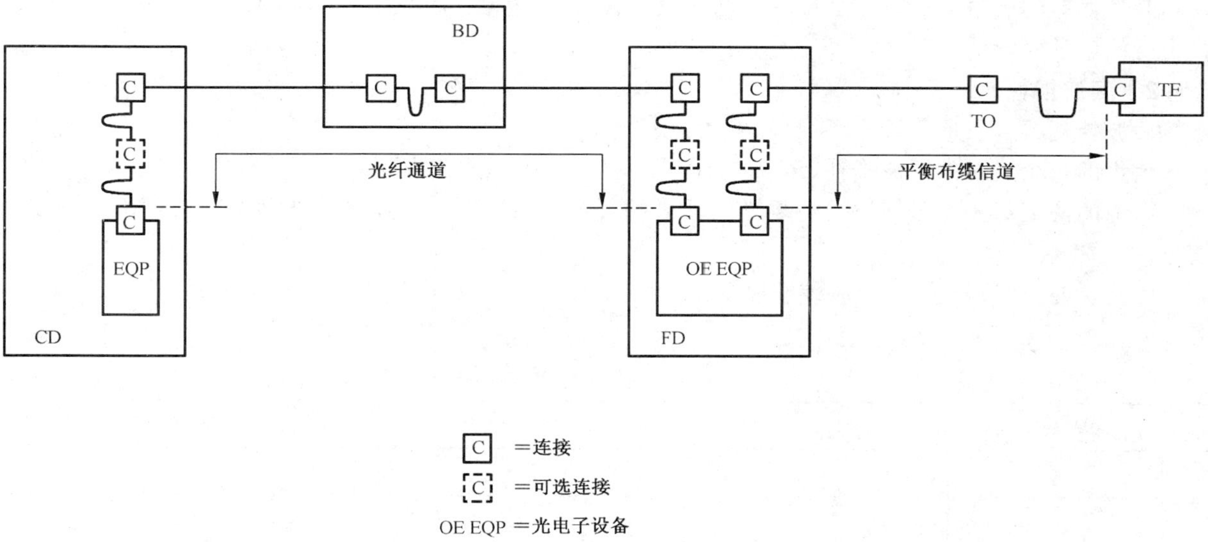

图11 显示线缆接口位置和相关信道延伸系统的例子

对于水平布缆，永久链路的性能在TO及水平线缆另一端的第一个转接板处和在TO与该转接板之间予以规定，它可包含CP。对于为水平布缆、CP链路的性能在CP及水平线缆另一端的第一个转接面板处和在CP和该转接面板之间予以规定。对于主干布缆，永久链路的性能在主干线缆每一端的转接面板处和该转接面板之间予以规定。永久链路和CP链路仅由无源线缆各节和连接硬件构成。

附录A给出了平衡布缆永久链路和CP链路的性能极限值。

附录A还给出了带有最大实现的平衡布缆永久链路的性能极限值。这些极限值从第9章和第10章的组件性能极限值衍生而来，假设永久链路由90m实心线缆和三个连接构成(见图10)。

大多数F类永久链路只能用两个连接来实现。附录H中给出了有关这一实现的附加信息。

6.3 平衡布缆分类

本标准为平衡布缆规定下列类别。

A类：高达100 kHz。

B类：高达1 MHz。

C类：高达16 MHz。

D类：高达100 MHz。

E类：高达250 MHz。

F类：高达600 MHz。

规定A类信道旨在提供支持A类应用的最低的传输性能。同样，B、C、D、E和F类信道提供传输性能分别支持B、C、D、E和F类应用。给定类别的链路和信道将支持较低类别的所有应用。A类是最低类别。

水平布缆中的信道、永久链路和CP链路的安装应至少要提供D类性能。

附录F按类别列出已知的应用。

6.4 平衡布缆的性能

6.4.1 概述

除非另有明确规定，否则，本条规定的参数适用于屏蔽或非屏蔽线缆元素，可有或可无总屏蔽。

信道的标称阻抗是100 Ω。这可通过合适的设计和适当选择布缆组件(与它们的标称阻抗无关)获得。

使用定义的频率范围的方程式，通过计算到十进制小数1位的极限值，给出了本条的要求。传播时延和时延偏差的极限值计算到三位十进制小数。各附加表仅作为信息，并且具有以关键频率从相关公式中所派生的极限值。

6.4.2 回波损耗

回波损耗要求仅适用于C、D、E和F类。

信道的每个线对的回波损耗(RL)应满足表2中方程式派生的要求。

布缆的两端都要满足回波损耗要求。插入损耗(IL)小于3 dB频率处的回波损耗(RL)值仅作为信息。

当要求时，回波损耗(RL)应该按照IEC 61935-1测量。100 Ω的终接应在信道远端连接到被测的布缆元素上。

表2 信道回波损耗

类别	频率/MHz	最小回波损耗/dB
C	$1 \leqslant f \leqslant 16$	15.0
D	$1 \leqslant f < 20$	17.0
	$20 \leqslant f \leqslant 100$	$30-10\lg(f)$

表 2（续）

类别	频率/MHz	最小回波损耗/dB
E	1≤f<10	19.0
	10≤f<40	24−5lg(f)
	40≤f≤250	32−10lg(f)
F	1≤f<10	19.0
	10≤f<40	24−5lg(f)
	40≤f<251.2	32−10lg(f)
	251.2≤f≤600	8.0

表 3　关键频率处信道信息回波损耗值

频率/MHz	最小回波损耗/dB			
	C 类	D 类	E 类	F 类
1	15.0	17.0	19.0	19.0
16	15.0	17.0	18.0	18.0
100	N/A	10.0	12.0	12.0
250	N/A	N/A	8.0	8.0
600	N/A	N/A	N/A	8.0

6.4.3　插入损耗/衰减

本标准以前版本使用术语"衰减"，该术语仍然广泛用于线缆行业。然而，由于布缆系统中的阻抗失配，特别是在较高频率时，这一特性更好的描述为"插入损耗"。本版本中，全部采用术语"插入损耗"来描述信道长度、链路和组件上的信号衰减。与衰减不同，插入损耗不随长度线性改变比例。

下列参数保留术语"衰减"：

a)　衰减串扰比(ACR)，见 6.4.5；

b)　不平衡衰减，见 6.4.14；

c)　耦合衰减，见 6.4.15。

为了计算 ACR、$PS\ ACR$、$ELFEXT$ 和 $PS\ ELFEXT$，应该使用插入损耗(IL)的对应值。

信道每个线对的插入损耗(IL)应满足表 4 中方程式派生的要求。

当要求时，插入损耗应该按照 IEC 61935-1 测量。

表 4　信道的插入损耗

类别	频率/MHz	最大插入损耗[a]/dB
A	f=0.1	16.0
B	f=0.1	5.5
	f=1	5.8
C	1≤f≤16	$1.05\times(3.23\sqrt{f})+4\times0.2$
D	1≤f≤100	$1.05\times(1.9108\sqrt{f}+0.0222\times f+0.2/\sqrt{f})+4\times0.04\times\sqrt{f}$
E	1≤f≤250	$1.05\times(1.82\sqrt{f}+0.0169\times f+0.25/\sqrt{f})+4\times0.02\times\sqrt{f}$
F	1≤f≤600	$1.05\times(1.8\sqrt{f}+0.01\times f+0.2/\sqrt{f})+4\times0.02\times\sqrt{f}$
[a] 对应小于 4.0 dB 计算值频率处的插入损耗(IL)应该转换成最大要求 4.0 dB。		

表 5　关键频率处信道信息插入损耗值

频率/MHz	最大插入损耗/dB					
	A类	B类	C类	D类	E类	F类
0.1	16.0	5.5	N/A	N/A	N/A	N/A
1	N/A	5.8	4.2	4.0	4.0	4.0
16	N/A	N/A	14.4	9.1	8.3	8.1
100	N/A	N/A	N/A	24.0	21.7	20.8
250	N/A	N/A	N/A	N/A	35.9	33.8
600	N/A	N/A	N/A	N/A	N/A	54.8

6.4.4　*NEXT*

6.4.4.1　线对到线对的 *NEXT*

信道的每个线对组合之间的 *NEXT* 应该满足表 6 中方程式派生的要求。

布缆两端都应满足 *NEXT* 要求。插入损耗(*IL*)小于 4 dB 频率处的 *NEXT* 值仅作为信息。

当要求时,*NEXT* 应该按照 IEC 61935-1 测量。

表 6　信道的 *NEXT*

类别	频率/MHz	最小 *NEXT*/dB
A	$f=0.1$	27.0
B	$0.1\leqslant f\leqslant 1$	$25-15\lg(f)$
C	$1\leqslant f\leqslant 16$	$39.1-16.4\lg(f)$
D	$1\leqslant f\leqslant 100$	$-20\lg\left(10^{\frac{65.3-15\lg(f)}{-20}}+2\times 10^{\frac{83-20\lg(f)}{-20}}\right)$ [a]
E	$1\leqslant f\leqslant 250$	$-20\lg\left(10^{\frac{74.3-15\lg(f)}{-20}}+2\times 10^{\frac{94-20\lg(f)}{-20}}\right)$ [b]
F	$1\leqslant f\leqslant 600$	$-20\lg\left(10^{\frac{120.4-15\lg(f)}{-20}}+2\times 10^{\frac{120.4-15\lg(f)}{-20}}\right)$ [b]

[a] 对应大于 60.0 dB 计算值频率处的 *NEXT* 应该转换成最小要求 60.0 dB。

[b] 对应大于 65.0 dB 计算值频率处的 *NEXT* 应该转换成最小要求 65.0 dB。

表 7　关键频率处信道信息 *NEXT* 值

频率/MHz	最小信道 *NEXT*/dB					
	A类	B类	C类	D类	E类	F类
0.1	27.0	40.0	N/A	N/A	N/A	N/A
1	N/A	25.0	39.1	60.0	65.0	65.0
16	N/A	N/A	19.4	43.6	53.2	65.0
100	N/A	N/A	N/A	30.1	33.9	62.9
250	N/A	N/A	N/A	N/A	33.1	56.9
600	N/A	N/A	N/A	N/A	N/A	51.2

6.4.4.2　"功率和"*NEXT*(*PS NEXT*)

PS NEXT 要求仅适用于 D、E 和 F 类。

信道的每个线对的 *PS NEXT* 应满足由表 8 中方程式印出来的要求。

布缆两端都应满足 *PS NEXT* 要求。插入损耗(*IL*)小于 4 dB 频率处的 *PS NEXT* 值仅作为信息。

线对 k 的 $PS\ NEXT_k$ 计算如下：

$$PS\ NEXT_k = -10\lg\sum_{i=1,i\neq k}^{n}10^{\frac{-NEXT_{ik}}{10}} \quad \cdots\cdots(1)$$

式中：

i——干扰线对的数量；

k——被干扰线对的数量；

n——线对总数。

$NEXT_{ik}$——从线对 i 耦合到线对 k 的近端串扰损耗。

表 8 信道的 *PS NEXT*

类别	频率/MHz	最小 *PS NEXT*/dB
D	$1\leqslant f\leqslant 100$	$-20\lg\left(10^{\frac{62.3-15\lg(f)}{-20}}+2\times 10^{\frac{80-20\lg(f)}{-20}}\right)$ [a]
E	$1\leqslant f\leqslant 250$	$-20\lg\left(10^{\frac{72.3-15\lg(f)}{-20}}+2\times 10^{\frac{90-20\lg(f)}{-20}}\right)$ [b]
F	$1\leqslant f\leqslant 600$	$-20\lg\left(10^{\frac{99.4-15\lg(f)}{-20}}+2\times 10^{\frac{99.4-15\lg(f)}{-20}}\right)$ [b]
[a] 对应大于 57.0 dB 计算值频率处的 *PS NEXT* 应该转换成最小要求 57.0 dB。		
[b] 对应大于 62.0 dB 计算值频率处的 *PS NEXT* 应该转换成最小要求 62.0 dB。		

表 9 关键频率处信道信息 *PS NEXT* 值

频率/MHz	最小 *PS NEXT*/dB		
	D 类	E 类	F 类
1	57.0	62.0	62.0
16	40.6	50.6	62.0
100	27.1	37.1	59.9
250	N/A	30.2	53.9
600	N/A	N/A	48.2

6.4.5 衰减串扰比(*ACR*)

ACR 要求仅适用于 D、E 和 F 类。

6.4.5.1 线对到线对的 *ACR*

线对到线对的 *ACR* 是布缆的线对到线对的 *NEXT* 与布缆的插入损耗(*IL*)的差值，以 dB 为单位。

信道每个线对组合的 *ACR* 应满足表 6 的 *NEXT* 要求和对应类别的表 4 列出的插入损耗(*IL*)要求的差值。

布缆的两端都应满足 *ACR* 要求。

线对 i 和 k 的 ACR_{ik} 计算如下：

$$ACR_{ik} = NEXT_{ik} - IL_k \quad \cdots\cdots(2)$$

式中：

i——干扰线对数量；

k——被干扰线对数量；

$NEXT_{ik}$——线对 i 耦合到线对 k 的近端串扰损耗；

IL_k——线对 k 的插入损耗。有要求时，它应该按照 IEC 61935-1 测量。

表 10 关键频率处信道信息 *ACR* 值

频率/MHz	最小 *ACR*/dB		
	D 类	E 类	F 类
1	56.0	61.0	61.0
16	34.5	44.9	56.9
100	6.1	18.2	42.1
250	N/A	−2.8	23.1
600	N/A	N/A	−3.4

6.4.5.2 "功率和"*ACR*(*PS ACR*)

信道每个线对的 *PS ACR* 应满足表 8 列出的 *PS NEXT* 要求和对应类别的表 4 列出的插入损耗(*IL*)要求的差。

布缆的两端都应满足 *PS ACR* 要求。

线对 k 的 $PS\ ACR_k$ 计算如下：

$$PS\ ACR_k = PS\ NEXT_k - IL_k \qquad (3)$$

式中：

k——被干扰线对编号；

$PS\ NEXT_k$——线对 k 的"功率和"近端串扰损耗；

IL_k——线对 k 的插入损耗。有要求时，它应该按照 IEC 61935-1 测量。

表 11 关键频率处信道信息 *PS ACR* 值

频率/MHz	最小 *PS ACR*/dB		
	D 类	E 类	F 类
1	53.0	58.0	58.0
16	31.5	42.3	53.9
100	3.1	15.4	39.1
250	N/A	−5.8	20.1
600	N/A	N/A	−6.4

6.4.6 *ELFEXT*

ELFEXT 要求仅适用于 D、E 和 F 类。

6.4.6.1 线对到线对的 *ELFEXT*

信道的每个线对组合的 *ELFEXT* 应满足表 12 中的方程式派生的要求。

线对 i 和 k 的 $ELFEXT_{ik}$ 计算如下：

$$ELFEXT_{ik} = FEXT_{ik} - IL_k \qquad (4)$$

式中：

i——被干扰线对的编号；

k——干扰线对的编号；

$FEXT_{ik}$——线对 i 到线对 k 耦合的远端串扰损耗；当要求时，它应该按照 IEC 61935-1 测量；

IL_k——线对 k 的插入损耗。当要求时，它应该按照 IEC 61935-1 测量。

注：被干扰线对的插入损耗(*IL*)与输入到输出 *FEXT* 之比与信噪比要求相关。按照上面正式定义计算的结果包括线对插入损耗的所有可能组合和对应的输入到输出 *FEXT*。

表 12 信道的 *ELFEXT*

类别	频率/MHz	最小 *ELFEXT*[a]/dB
D	$1\leqslant f\leqslant 100$	$-20\lg\left(10^{\frac{63.8-20\lg(f)}{-20}}+4\times 10^{\frac{75.1-20\lg(f)}{-20}}\right)$ [b]
E	$1\leqslant f\leqslant 250$	$-20\lg\left(10^{\frac{67.8-20\lg(f)}{-20}}+4\times 10^{\frac{83.1-20\lg(f)}{-20}}\right)$ [c]
F	$1\leqslant f\leqslant 600$	$-20\lg\left(10^{\frac{94-15\lg(f)}{-20}}+4\times 10^{\frac{90-15\lg(f)}{-20}}\right)$ [c]
a 在 *FEXT* 的测量值大于 70.0 dB 的频率上的 *ELFEXT* 仅作为信息。 b 在计算值大于 60.0 dB 的频率上的 *ELFEXT* 应该转换成最小要求 60.0 dB。 c 在计算值大于 65.0 dB 的频率上的 *ELFEXT* 应该转换成最小要求 65.0 dB。		

表 13 关键频率处信道信息 *ELFEXT* 值

频率/MHz	最小 *ELFEXT*/dB		
	D 类	E 类	F 类
1	57.4	63.3	65.0
16	33.3	39.2	57.5
100	17.4	23.3	44.4
250	N/A	15.3	37.8
600	N/A	N/A	31.3

6.4.6.2 “功率和”*ELFEXT*（*PS ELFEXT*）

信道每个线对的 *PS ELFEXT* 应满足表 14 中的方程式派生的要求。

线对 k 的 $PS\ ELFEXT_k$ 按下式计算：

$$PS\ ELFEXT_k=-10\lg\sum_{i=1,i\neq k}^{n}10^{\frac{-ELFEXT_{ik}}{10}} \qquad (5)$$

式中：

i——干扰线对编号；

k——被干扰线对编号；

N——线对总数；

$ELFEXT_{ik}$——线对 i 耦合到线对 k 的等电平远端串扰损耗。

表 14 信道的 *PS ELFEXT*

类别	频率/MHz	最小 *PS ELFEXT*[a]/dB
D	$1\leqslant f\leqslant 100$	$-20\lg\left(10^{\frac{60.8-20\lg(f)}{-20}}+4\times 10^{\frac{72.1-20\lg(f)}{-20}}\right)$ [b]
E	$1\leqslant f\leqslant 250$	$-20\lg\left(10^{\frac{64.8-20\lg(f)}{-20}}+4\times 10^{\frac{80.1-20\lg(f)}{-20}}\right)$ [c]
F	$1\leqslant f\leqslant 600$	$-20\lg\left(10^{\frac{91-20\lg(f)}{-20}}+4\times 10^{\frac{87-15\lg(f)}{-20}}\right)$ [c]
a 在 *FEXT* 的测量值大于 70.0 dB 的频率上的 *PS ELFEXT* 仅作为信息。 b 在计算值大于 57.0 dB 的频率处的 *PS ELFEXT* 应该转换成最小要求 57.0 dB。 c 在计算值大于 62.0 dB 的频率处的 *PS ELFEXT* 应该转换成最小要求 62.0 dB。		

表 15 关键频率处信道信息 *PS ELFEXT* 值

频率/MHz	最小 *PS ELFEXT*/dB		
	D类	E类	F类
1	54.4	60.3	62.0
16	30.3	36.2	54.5
100	14.4	20.3	41.4
250	N/A	12.3	34.8
600	N/A	N/A	28.3

6.4.7 **直流(d.c.)回路电阻**

信道每个线对的 d.c. 回路电阻应满足表 16 的要求。

当要求时,d.c. 回路电阻应该按照 IEC 61935-1 测量。

表 16 d.c. 回路电阻

最小 d.c. 回路电阻/Ω					
A类	B类	C类	D类	E类	F类
560	170	40	25	25	25

6.4.8 **直流(d.c.)电阻不平衡度**

信道每个线对中的两个导体之间的 d.c. 回路电阻不平衡度对所有类别不应超过 3%。它应通过设计来获得。

6.4.9 **载流量**

在使用布缆的所有温度下,D、E 和 F 类信道的最小载流量每个导体应为 0.175 A(d.c.)。它应通过适当的设计来获得。

6.4.10 **工作电压**

D、E 和 F 类信道在布缆预期使用的所有温度下,应支持任意导体之间 72 V(d.c.)的工作电压。

6.4.11 **功率容量**

D、E 和 F 类信道在布缆预期使用的所有温度下,每个线对应支持递交 10 W 的功率。

6.4.12 **传播时延**

信道每个线对的传播时延应满足表 17 方程式派生的要求。

当要求时,传播时延应该按照 IEC 61935-1 测量。

表 17 信道的传播时延

类别	频率/MHz	最大传播时延/μs
A	$f=0.1$	20.000
B	$0.1\leqslant f\leqslant 1$	5.000
C	$1\leqslant f\leqslant 16$	$0.534+0.036/\sqrt{f}+4\times 0.0025$
D	$1\leqslant f\leqslant 100$	$0.534+0.036/\sqrt{f}+4\times 0.0025$
E	$1\leqslant f\leqslant 250$	$0.534+0.036/\sqrt{f}+4\times 0.0025$
F	$1\leqslant f\leqslant 600$	$0.534+0.036/\sqrt{f}+4\times 0.0025$

表 18 关键频率处信道信息传播时延值

频率/MHz	最大传播时延/μs					
	A类	B类	C类	D类	E类	F类
0.1	20.000	5.000	N/A	N/A	N/A	N/A
1	N/A	5.000	0.580	0.580	0.580	0.580
16	N/A	N/A	0.553	0.553	0.553	0.553
100	N/A	N/A	N/A	0.548	0.548	0.548
250	N/A	N/A	N/A	N/A	0.546	0.546
600	N/A	N/A	N/A	N/A	N/A	0.545

6.4.13 时延偏差

信道所有线对之间的时延偏差应满足表 19 中的要求。

有要求时,时延偏差应该按照 IEC 61935-1 测量。

表 19 信道的时延偏差

类别	频率/MHz	最大传播时延/μs
A	$f=0.1$	N/A
B	$0.1\leqslant f\leqslant 1$	N/A
C	$1\leqslant f\leqslant 16$	0.050[a]
D	$1\leqslant f\leqslant 100$	0.050[a]
E	$1\leqslant f\leqslant 250$	0.050[a]
F	$1\leqslant f\leqslant 600$	0.030[b]

[a] 计算 $0.045+4\times0.001\,25$ 的结果。

[b] 计算 $0.025+4\times0.001\,25$ 的结果。

6.4.14 不平衡衰减

信道的近端不平衡衰减(纵向差分转换损耗(LCL)或横向转换损耗(TCL))应满足表 20 中方程式派生的要求。

布缆两端都应满足不平衡衰减要求。

不平衡衰减性能应通过合适的选择线缆和连接硬件来获得。

表 20 信道的不平衡衰减

类别	频率/MHz	最大不平衡衰减/dB
A	$f=0.1$	30
B	$f=0.1$ 和 1	0.1 MHz 处 45;1 MHz 处 20
C	$1\leqslant f\leqslant 16$	$30-5\lg(f)$ f. f. s.
D	$1\leqslant f\leqslant 100$	$40-10\lg(f)$ f. f. s.
E	$1\leqslant f\leqslant 250$	$40-10\lg(f)$ f. f. s.
F	$1\leqslant f\leqslant 600$	$40-10\lg(f)$ f. f. s.

6.4.15 耦合衰减

已安装布缆的耦合衰减测量正在研究中。采样安装的耦合衰减使用上述组件和连接器终接惯例，通过实验室所装配信道的代表性采样的测量结果进行评估。

7 平衡布缆的参考实现

7.1 概述

本章描述利用第 9 章、第 10 章和第 13 章参考的组件和组合件的通用平衡布缆的实现。这些参考实现满足第 5 章的要求和当按照 ISO/IEC TR 14763-2 安装时，符合第 6 章的信道性能要求。

7.2 平衡布缆

7.2.1 概述

第 9 章和第 10 章中所参考的平衡组件按阻抗和种类来定义。在本章的参考实现中，每个布缆信道中使用的组件应有相同的标称阻抗，即：D 类到 F 类 100 Ω 和 A 类到 C 类 100 Ω 或 120 Ω。

实现以 20 ℃时的组件性能为基础。应通过如表 21 和表 22 所示减少长度来适应温度对线缆性能的影响。

不同种类的线缆和连接硬件可以在信道内混合。但是，合成的布缆性能将由最低性能组件种类来确定。

7.2.2 水平布缆

7.2.2.1 组件选择

选择平衡布缆组件将由所支持的应用类别来确定。关于指南引用附录 F。

采用 7.2.2.2 的配置：

a) 5 类组件提供 D 类平衡布缆性能；

b) 6 类组件提供 E 类平衡布缆性能；

c) 7 类组件提供 F 类平衡布缆性能。

注：本标准以前的版本中类别和种类的关系及要求见附录 I。

7.2.2.2 尺寸

图 12 所示是用来使本章规定的水平布缆尺寸与第 6 章的信道规范相关联的模型。

图 12a)所示只包含互连和 TO 的信道。图 12b)包含作为交叉连接的附加连接。在两种情况下固定水平线缆将 FD 连接到 TO 或 MUTO。信道包括由快接跳线/压接跳线、设备和工作区跳线组成的跳线。

图 12c)所示包含互连、CP 和电信插座的信道。图 12d)包含作为交叉连接的附加连接。在两种情况下，固定水平线缆将 FD 连接到 CP。信道包括由快接跳线/压接跳线、设备和工作区跳线组成的跳线。

除跳线外，图 12c)和图 12d)所示信道还包含 CP 线缆。CP 线缆的插入损耗规范可以与固定水平线缆和跳线两者的都不同。为了包括用于工作区跳线、CP 线缆、快接跳线、压接跳线和有不同插入损耗的设备跳线的线缆，信道内所用线缆的长度应由表 21 所示的方程式来确定。

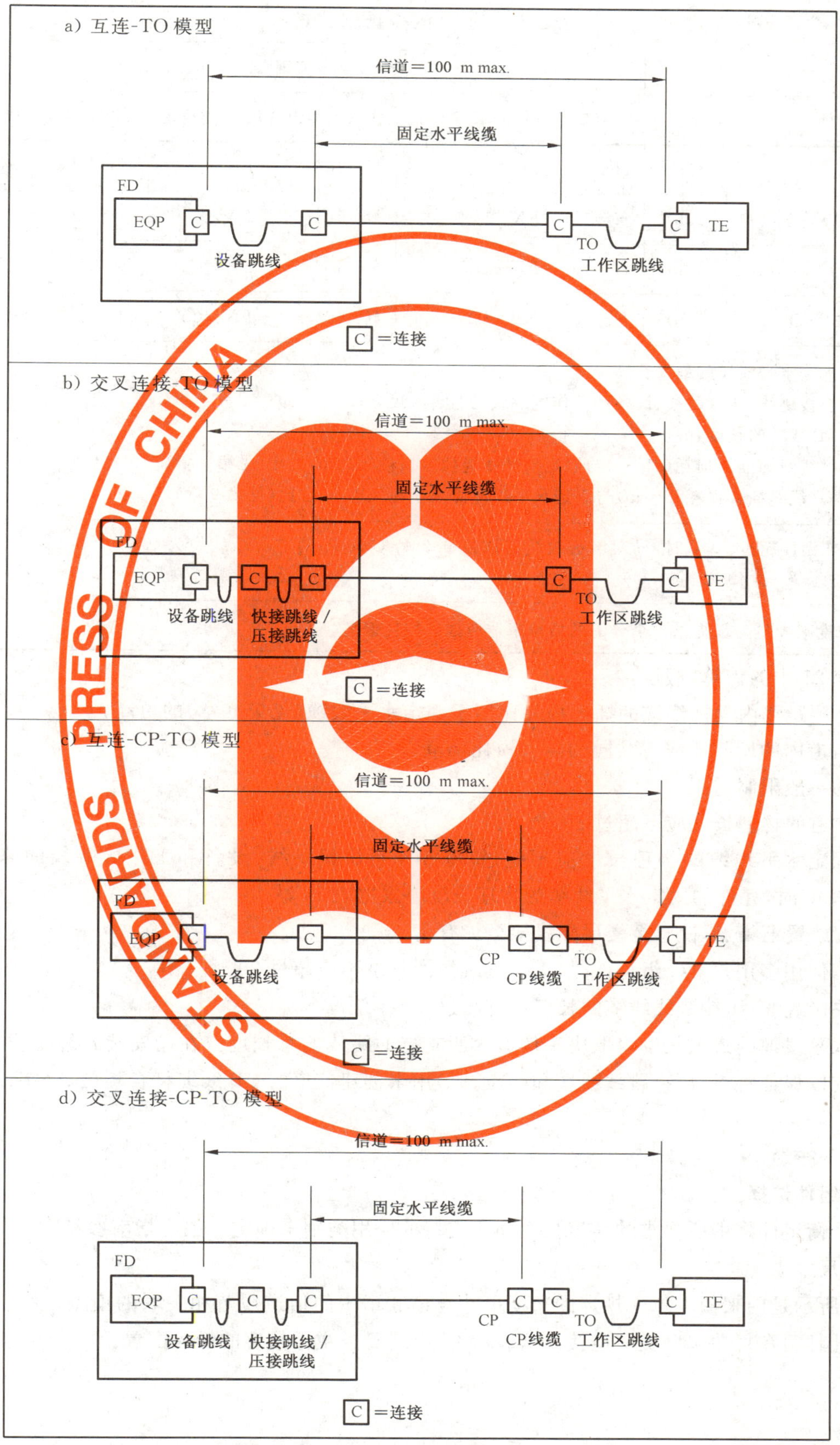
a) 互连-TO 模型
信道=100 m max.
固定水平线缆
FD
EQP
C
设备跳线
TO
工作区跳线
TE
C =连接
b) 交叉连接-TO 模型
信道=100 m max.
固定水平线缆
FD
EQP
设备跳线
快接跳线/
压接跳线
TO
工作区跳线
TE
C =连接
c) 互连-CP-TO 模型
信道=100 m max.
固定水平线缆
FD
EQP
设备跳线
CP
CP 线缆
TO
工作区跳线
TE
C =连接
d) 交叉连接-CP-TO 模型
信道=100 m max.
固定水平线缆
FD
EQP
设备跳线
快接跳线/
压接跳线
CP
CP 线缆
TO
工作区跳线
TE
C =连接

图 12　水平布缆模型

表 21 水平链路长度公式

模型	图	实现公式		
		采用 5 类组件的 D 类信道	采用 6 类组件的 E 类信道	采用 7 类组件的 F 类信道
互连-TO	12a)	$H=109-FX$	$H=107-3^{a}-FX$	$H=107-3^{a}-FX$
交叉连接-TO	12b)	$H=107-FX$	$H=106-3^{a}-FX$	$H=106-3^{a}-FX$
互连-CP-TO	12c)	$H=107-FX-CY$	$H=106-3^{a}-FX-CY$	$H=106-3^{a}-FX-CY$
交叉连接-CP-TO	12d)	$H=105-FX-CY$	$H=105-3^{a}-FX-CY$	$H=105-3^{a}-FX-CY$

H——固定水平线缆的最大长度，m；
F——快接跳线/压接跳线、设备和工作区跳线的组合长度，m；
C——CP 线缆的长度，m；
X——跳线线缆插入损耗(dB/m)与固定水平线缆插入损耗(dB/m)之比(见第 9 章)；
Y——CP 线缆插入损耗(dB/m)与固定水平线缆插入损耗(dB/m)之比(见第 9 章)。

注：工作温度超过 20 ℃时，H 对屏蔽线缆应该按 0.2%/℃减少；对非屏蔽线缆为 0.4%/℃(20 ℃～40 ℃)和 0.6%/℃(>40 ℃～60 ℃)。

[a] 该长度减少是为了提供一个分配的裕量来适应插入损耗偏离。

为了表 21 中的计算，假设：

a) 这些跳线内柔性线缆的插入损耗比用于固定水平线缆(见第 9 章)的更高；

b) 信道内的所有跳线有共同的插入损耗规范。

下面的一般限制适用：

a) 信道的物理长度应不超过 100 m。

b) 固定水平线缆的物理长度应不超过 90 m。当快接跳线、设备和工作区跳线的总长度超过 10 m 时，允许的固定水平线缆的物理长度应根据表 21 减少。

c) 应放置汇集点，使它至楼层配线架至少有 15 m。

d) 当使用多用户 TO 组合件时，工作区跳线的长度不应超过 20 m。

e) 快接跳线/压接跳线线缆的长度不宜超过 5 m。

固定水平线缆的最大长度将取决于信道内所支持的跳线的总长度。在已安装布缆工作期间，宜实现管理系统以保证跳线、压接跳线线缆和(合适时)用来创建信道的 CP 线缆符合楼层、楼宇或安装的设计规则。

7.2.3 主干布缆

7.2.3.1 组件选择

选择平衡组件将由所要求的信道长度和所支持的应用类别来确定。关于指南参见附录 F。

7.2.3.2 尺寸

图 13 所示是用来使本章中规定的布缆尺寸与第 6 章中的信道规范相关联的模型。所示的主干信道(楼宇或园区)在每端包含交叉连接。这表示 D、E 或 F 类主干信道的最大配置。

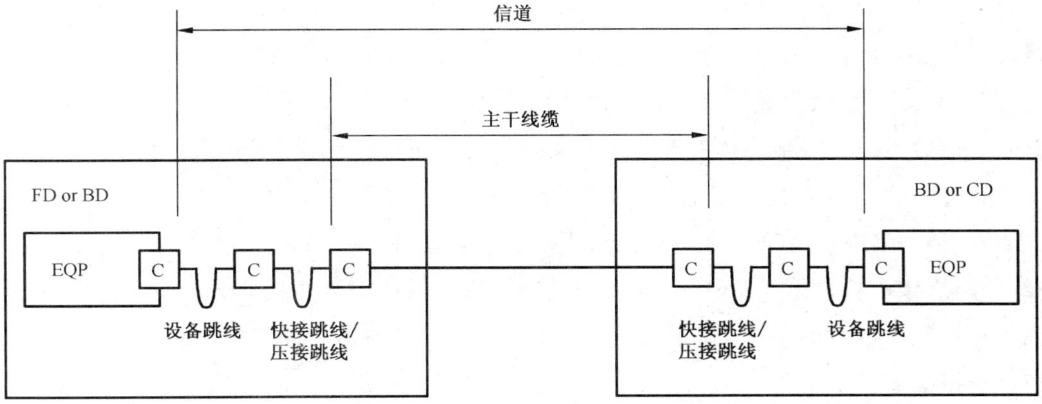

EQP＝设备；　　　C＝连接（成对）。

图 13　主干布缆模型

信道包括由快接跳线/压接跳线和设备跳线组成的附加跳线。

在表 22 中假设：

a)　在这些跳线内柔性线缆的插入损耗比用于主干布缆（见第 9 章）的更高；

b)　信道内的所有跳线有共同的插入损耗规范。

为了适应用作快接跳线、压接跳线和设备跳线的线缆的更高插入损耗，给出类别信道内所用线缆的长度应由表 22 所示的方程式来确定。

对于 D、E 和 F 类，下面的一般限制适用：

a)　信道的物理长度应不超过 100 m；

b)　当信道内使用 4 条连接时，主干线缆的物理长度至少宜为 15 m。

主干线缆的最大长度将取决于信道内所支持的跳线的总长度。在设计阶段期间，应设置跳线的最大长度和所要求的管理系统，以保证布缆系统工作期间不超过这些长度。

表 22　主干链路长度公式

	类别					
部件种类	A 类[a]	B 类[a]	C 类[a]	D 类[a]	E 类	F 类[a]
5	2 000	$B=250-FX$	$B=170-FX$	$B=105-FX$	—	—
6	2 000	$B=260-FX$	$B=185-FX$	$B=111-FX$	$B=105-3^{b}-FX$	—
7	2 000	$B=260-FX$	$B=190-FX$	$B=115-FX$	$B=107-3^{b}-FX$	$B=105-3^{b}-FX$

B——主干线缆的最大长度，m；

F——快接跳线/压接跳线和设备跳线的组合长度，m；

X——跳线线缆插入损耗(dB/m)与主干线缆插入损耗(dB/m)之比（见第 9 章）。

注 1：当信道包含的连接数量与图 13 所示模型中的不同时，固定线缆长度应该对 5 类线缆以每个连接 2 m、对 6 类和 7 类线缆以每个连接 1 m，减少（有更多的连接时）或可以增加（连接较少时）。另外，应该验证 *NEXT*、回波损耗(*RL*)和 *ELFEXT* 的性能。

注 2：工作温度超过 20 ℃时，B 对屏蔽线缆宜按 0.2%/℃减少；对非屏蔽线缆为 0.4%/℃（20 ℃～40 ℃）和 0.6%/℃（>40 ℃～60 ℃）。

[a] 如果信道长度超过 100 m，可以不支持传播时延或延迟偏差所限制的应用。

[b] 该长度减少是为了提供一个分配的裕量来适应插入损耗偏离。

8 光纤布缆的性能

8.1 概述

宜参照附录F进行选择通用布缆系统内使用的光纤信道设计。本标准为光纤布缆规定下列类别：

OF-300类的信道支持第9章参考的光纤类型上的应用达到至少300 m；

OF-500类的信道支持第9章参考的光纤类型上的应用达到至少500 m；

OF-2000类的信道支持第9章参考的光纤类型上的应用达到至少2 000 m。

光纤信道应该由符合第9章和第10章的组件构成。这些章规定物理构造(光芯/包层直径和数值孔径)和传输性能。本章的参考实现内，每个布缆信道内所用的光纤应有相同的规范。

8.2 组件选择

要求的信道长度、所支持的应用和布缆的预期寿命将确定光纤组件的选择。光纤信道的性能要求基于使用的每个规定传输窗口中的单个光波长。

在应用标准中将找到波长复用和解复用组件要求。对有关波长复用的通用布缆没有专门的要求。

8.3 信道衰减

信道衰减不应超过表23中所示的值。这些值基于对连接硬件1.5 dB的总分配。如果应用的功率预算允许，可以使用附加的连接器和接合。信道衰减应按照ISO/IEC TR 14763-3测量。在规定波长处信道和永久链路的衰减不应超过该波长处为各组件规定的衰减值之和(其中，光缆长度的衰减从其衰减系数乘以其长度中计算出来)。

表23 信道衰减

信道衰减/dB				
信道	多模		单模	
	850 nm	1 300 nm	1 310 nm	1 550 nm
OF-300	2.55	1.95	1.80	1.80
OF-500	3.25	2.25	2.00	2.00
OF-2000	8.50	4.50	3.50	3.50

8.4 信道拓扑

图13和图14的模型分别适用于水平和主干光纤布缆。应该注意，用来终接光纤布缆的连接系统可包括插合的连接硬件和接合(永久或可重复使用)并且那个交叉连接可由可重复使用的接合组成。

把光纤交付到TO通常不要求在FD处有传输设备(除非主干布缆子系统中的光纤设计与水平布缆子系统中的设计不同)。这允许创建如图14的组合主干/水平信道。三个框图所示快接的信道、接合的信道和直接信道(不要求使用FD)。快接和接合信道设计也适用于组合园区/楼宇主干信道并且有可能考虑组合园区/楼宇信道。

采用永久接合和直接信道可用作减少信道衰减和集中应用分布的手段。然而，集中分布也可以导致减弱通用布缆的整体灵活性。

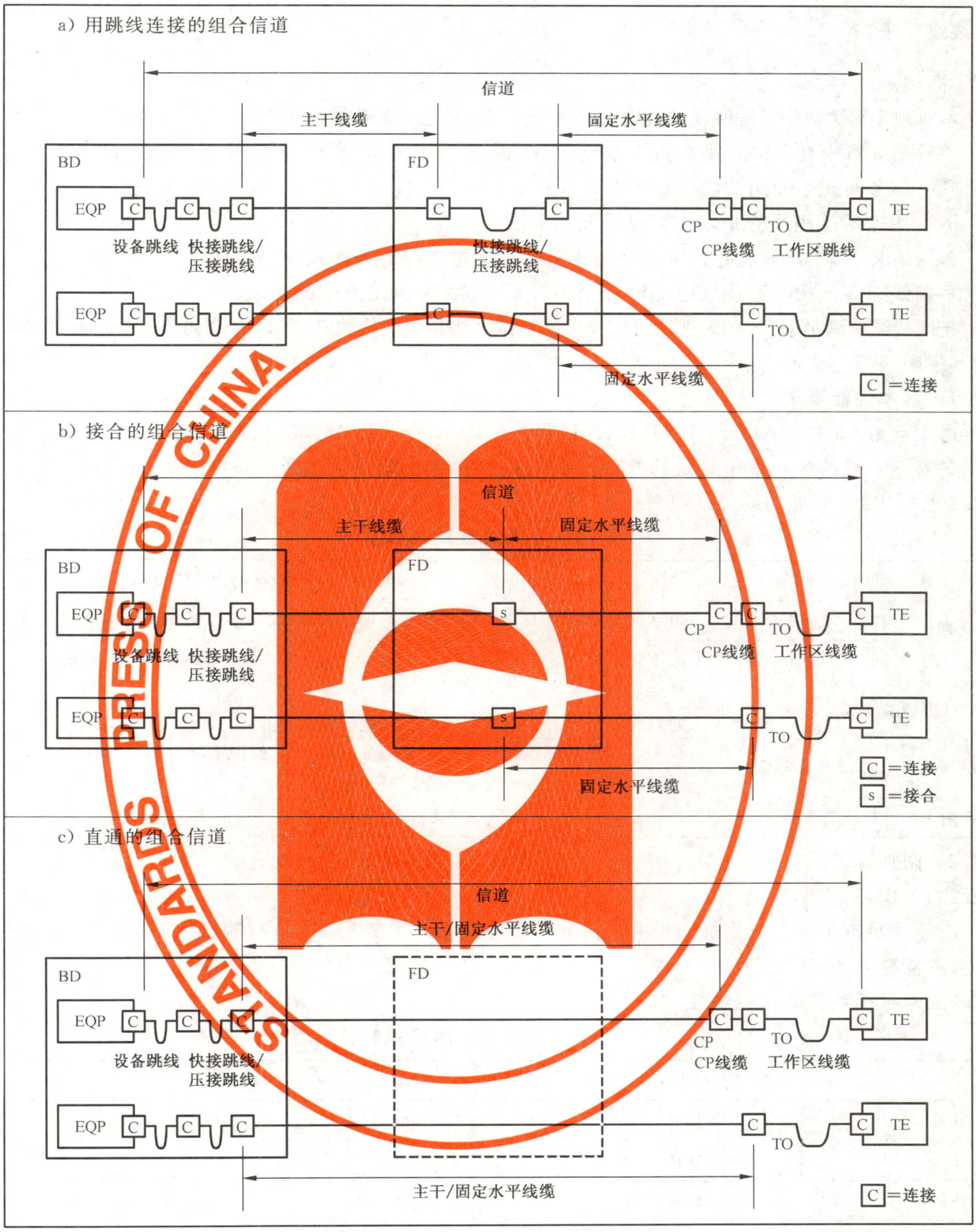

图 14 组合主干/水平信道

为了适应给出的类别信道中使用的递增插合连接和接合的数量,信道的总长度可能不得不减少以适应附加衰减。

8.5 传播时延

对于某些应用,了解光纤信道的延迟很重要。这保证符合由多级联信道组成的复杂网络的端到端延迟要求。为此,知道光纤信道的长度很重要。根据线缆性能有可能计算传播时延(见第 9 章)。

9 线缆要求

9.1 概述

本章规定第7章中参考实现的最小线缆性能要求。当前章的要求适用于20 ℃的参考温度。它们包括：

a) 第5章中规定的水平和主干布缆子系统中安装的线缆和第7章平衡布缆及第8章光纤布缆的参考实现中使用的线缆；

b) 用作压接跳线的平衡线缆或线缆元素；

c) 组装为第13章规定的跳线和用于第7章参考实现的平衡线缆。

平衡线缆应该按照通用规范GB/T 18015.1测试并应满足9.2的要求。

光纤线缆应满足IEC 60794-2中规定相关的测试方法和线缆特性以及9.4中参考的那些部分的要求。

9.2 平衡线缆

9.2.1 基本性能要求

通用规范GB/T 18015.1和相关的地区规范中给出了机械和电气两者的要求，它们都包括满足采用7.2参考实现的第6章中规定的性能类别的最少要求。线缆应满足表24的要求。另外，如果满足9.2.2的要求，本标准的5类线缆对应表24中参考标准的5e类线缆。

表24 平衡线缆的基本要求

GB/T 18015.2—2007	数字通信用对绞或星绞多芯对称电缆　第2部分：水平层布线电缆　分规范
GB/T 18015.3—2007	数字通信用对绞或星绞多芯对称电缆　第3部分：工作区布线电缆　分规范
GB/T 18015.4—2007	数字通信用对绞或星绞多芯对称电缆　第4部分：垂直布线电缆　分规范
GB/T 18015.5—2007	数字通信用对绞或星绞多芯对称电缆　第5部分：具有600 MHz及以下传输特性的对绞或星绞对称电缆　水平层布线电缆　分规范
GB/T 18015.6—2007	数字通信用对绞或星绞多芯对称电缆　第6部分：具有600 MHz及以下传输特性的对绞或星绞对称电缆　工作区布线电缆　分规范
注：6类的线对到线对 *NEXT* 比满足采用第7章参考实现的第6章需要的更严格1 dB。	

9.2.2 附加要求

9.2.2.1 概述

应该满足本条给出的附加机械和电气要求。应按GB/T 18015.1进行测试。如果和引用的标准相冲突，本标准中的极限值适用。

9.2.2.2 平衡线缆的机械特性

表25 平衡线缆的机械特性

线缆特性		单位	要求
1.1	导体直径[a]	mm	0.4～0.8
1.2	绝缘导体直径[b]	mm	≤1.6
1.3	主干线缆外径[c]	mm	≤90
1.4	无机械或电气降级的温度范围	℃	安装：0～+50 工作：−20～+60
1.5	最小弯曲半径(安装后)[d]	直径小于或等于6 mm的4对线缆为25 mm 直径大于6 mm的4对线缆为50 mm	

[a] 导体直径小于0.5 mm和超过0.65 mm可能与所有连接硬件不兼容。

[b] 如果满足所有其他的性能要求，可使用绝缘导体直径高达1.7 mm。

[c] 应该降到最小来充分利用管道和交叉连接能力(见第9章)。

[d] 安装期间的最小弯曲半径要求参考制造商的建议。

9.2.2.3 平均机械阻抗

参考 GB/T 18015.5—2007 的 3.3.6.2,按照 GB/T 18015.1—2007 的 3.3.6.2.3 方法 A,对标准长度为 100 m 进行测量。该标称阻抗应该是 100 Ω。

也可使用已经表示出和这些要求有关的可替换测试方法。

9.2.2.4 衰减

对于 5 类线缆的衰减,应该使用 GB/T 18015.5—2007 的 3.3.2.2 中规定的常数。它们导致的衰减比 GB/T 18015.5—2007 的 3.3.2.1 表 4 中给出的小,例如,100 MHz 时,21.3 dB/100 m。

导致低于 4 dB 衰减的计算应该转换成 4 dB 的要求。

9.2.2.5 *ELFEXT* 和 *PS ELFEXT*

参考 GB/T 18015.5—2007 的 3.3.5 的附加要求,从 1 MHz 到最高的规定频率,应该满足 *ELFEXT* 和 *PS ELFEXT*。

如果 *FEXT* 大于 70 dB,不必测量 *ELFEXT* 和 *PS ELFEXT*。

9.2.2.6 载流量

每个导体的最小 d.c. 载流量应为 175 mA。

在 60 ℃的最高环境温度时应该支持它;应通过设计来获得符合性。IEC 的测试参考正在研究。

9.2.2.7 耦合衰减

关于应满足屏蔽线缆Ⅱ的要求,可参考 GB/T 18015.5—2007 的 3.3.9 的附加要求。

9.2.2.8 传输阻抗

屏蔽线缆应该满足 GB/T 18015.5—2007 表 2 中的 2 级要求。

9.2.3 柔性线缆的附加性能要求

本条包括与平衡线缆一起使用、用作快接跳线、工作区和设备跳线的线缆的附加要求。这些线缆的电气性能应满足在 9.2.2 中规定的相应种类的平衡线缆的通用要求,但在本条中规定的衰减、d.c. 回路电阻和回波损耗(*RL*)除外。

dB/100 m 衰减和 d.c. 回路电阻不应超过 9.2.2 中规定的 50%。对附加长度限制,考虑 7.2。

注:回波损耗(*RL*)应该在 100 m 的测试长度上测量。也可使用已经表示和这些要求有关的可替换测试方法。

9.3 平衡线缆中共享线缆的附加串扰考虑

9.3.1 概述

本条包括在同一线缆上可引起存在多种信号的布缆系统实现。

要求支持多种信号的主干线缆应满足 9.3.2 的要求。

在水平布缆子系统中,当单个线缆供多个电信插座使用时,延伸到任意两个或两个以上插座的线缆元素的近端串扰应满足 9.3.3 的要求。9.3.3 的要求也适用于水平或主干子系统的混合单元和多单元线缆之间。

9.3.2 主干线缆的"功率和"

本条包括的线缆类型的例子包括用作主干子系统的线缆单元内有两个或多个元素的线缆。按照本条要求,线缆应满足 9.2 的相应要求。这些线缆应另外满足对束式线缆内串扰的 *PS NEXT* 要求,即:GB/T 18015.5—2007 的 3.3.10 束式线缆。

注 1:GB/T 18015.5—2007 的规范要求比原来的 ISO/IEC 要求多 2 dB。

注 2:*PS NEXT* 考虑总的串扰功率。因此,更高数量的相邻线对要求更高的线对-线对 *NEXT* 以达到相同的 *PS NEXT*。

9.3.3 混合、多单元和线缆被连接到一个以上的 TO

本条包括的线缆类型的例子包括混合线缆和多单元线缆和任何线缆被连接到一个 TO。这里单元可以是相同类型或不同类型、相同种类或不同种类。为满足本章所要求的线缆也应满足 9.2 中给出的对应线缆类型的要求。

对于为满足本章所要求的线缆，任何平衡线缆单元或元素之间的 *PS NEXT* 应满足 GB/T 18015.5—2007 的 3.3.10.1 中规定的要求。

注 1：上述要求预期用来将分担不兼容性的护套电位减到最小。满足 *NEXT*“功率和”要求的线缆不支持具有不同信令模式的服务。不确保在共同护套内通过布金属线缆所支持的、最大功率预算超过 3 dB 的不同应用的使用。

注 2：6 类的 *PS NEXT* 比满足用第 7 章参考实现的第 6 章需要的更严格 1 dB。

9.4 光纤线缆

9.4.1 光纤类型

规定光纤的四种类型来支持各种应用类别、3 种多模光纤类型(OM1、OM2 和 OM3)和一种单模光纤类型(OS1)。

9.4.2 通用性能要求

9.4.2.1 光纤线缆衰减

表 26 光纤线缆衰减

最大光缆衰减/dB				
	OM1、OM2 和 OM3 多模		OS1 单模	
波长	850 nm	1 300 nm	1 310 nm	1 550 nm
衰减	3.5	1.5	1.0	1.0

9.4.2.2 传播时延

可以使用 5.00 ns/m(0.667c)的单元传播时延的保守转换值。该值能用来计算信道延迟，而无需验证(见第 8 章)。

9.4.3 多模光纤线缆

多模光纤线缆要求的三个部分是光纤要求、光缆传输性能要求和物理光缆要求。

a) 光纤要求

光纤应该是多模的梯度指数光纤波导，其标称值 50/125 μm 或 62.5/125 μm 纤芯/包层直径和数值孔径符合 GB/T 12357.1 中定义的 A1a 或 A1b。

b) 光缆传输性能要求

光缆中的每根光纤应该满足表 26 和表 27 的性能要求。衰减和模式带宽应分别按照 GB/T 15972.40 和 GB/T 15972.41 测量。

c) 物理光缆要求

室内和室外光纤线缆应分别满足 IEC 60794-2 和 GB/T 7424.3 的机械和环境要求。

表 27 多模光纤的模式带宽

		最小模式带宽/MHz×km		
		满注入带宽		有效激光注入带宽
波长		850 nm	1 300 nm	850 nm
光纤类型	纤芯直径/μm			
OM1	50 或 62.5	200	500	没有规定
OM2	50 或 62.5	500	500	没有规定
OM3	50	1 500	500	2 000
注：按照 GB/T 15972.49 的规定利用差模延迟(DMD)来保证有效激光发射带宽。仅满足满注入模式带宽的光纤可以不支持在附录 F 中规范的某些应用。				

9.4.4 单模光纤线缆

单模光纤线缆要求的三个部分是光纤要求、光缆传输性能要求和物理光缆要求。

a) 光纤要求

光纤应该符合 IEC 60793-2-50 类型 B1 和 ITU-T G.652。

b) 光缆传输性能要求

1) 衰减

光缆中的每根单模光纤应该具有符合表 26 的衰减。衰减应按照 GB/T 15972.40 测量。

2) 截止波长

当按照 GB/T 15972.44 测量时，已布光缆单模光纤的截止波长应小于 1 260 nm。

c) 物理光缆要求

室内和室外光纤线缆应分别满足 IEC 60794-2 和 GB/T 7424.3 的机械和环境要求。

10 连接硬件要求

10.1 通用要求

10.1.1 适用性

本章规定通用布缆中使用的连接硬件的指南和要求。为了本章，连接器是通常连接到线缆或安装到一个装置上(不包括适配器)来联结布缆系统的可分离的各零件的组件。除非另有规定，本标准规定作为链路或信道部分的已配合连接器的最小性能。本章采用的要求适用于已配合连接器。也应满足本章参考的插头和插座的详细规范要求。

这些要求适用于包括电信插座、转接面板、汇集点连接器、接合和交叉连接的各个连接器。这些组件所有要求的适用温度范围是－10 ℃～＋60 ℃。性能要求不包括交叉连接压接跳线或快接跳线的影响。第 13 章提供了平衡跳线的要求。

注：本章不考虑无源或有源电子电路装置的要求，包括主要目的用于特定应用或提供符合其他规则和规章的那些要求。例子包括媒体适配器、阻抗匹配转换器、终接电阻器、LAN 设备、滤波器和保护装置。认为这些装置不包括通用布缆范围内并可以对网络性能有重大有害影响。因此，在使用前考虑它们与布缆系统和设备的兼容性很重要。

10.1.2 位置

连接硬件安装在：

a) 允许连接到楼宇主干和园区主干布缆和设备(如果提供的话)的园区配线架中；

b) 允许连接到主干布缆和设备(如果提供的话)的楼宇配线架中；

c) 为主干和水平布缆提供交叉连接和允许连接到设备(如果提供的话)的楼层配线架中；

d) 水平布缆汇集点(如果提供的话)处；

e) 电信插座处；

f) 楼宇入口设施中。

10.1.3 设计

除了其基本用途，连接硬件宜设计成能提供：

a) 用于如第 12 章中描述的安装和管理的标识布缆的手段；

b) 允许有序线缆管理的手段；

c) 接近监视器和测试布缆和设备的手段；

d) 防护物理损害和污染物进入；

e) 空间效率的终接密度，但也提供便于线缆管理和布缆系统日常管理的终接密度；

f) 适用时，适应屏蔽和接合要求的手段。

10.1.4 工作环境

连接硬件的性能应该在－10 ℃～＋60 ℃的温度范围内保持。应防止连接硬件受物理损害和直接暴露在潮湿和其他腐蚀元素中。这种防护可通过室内或符合 IEC 标准的环境圈内安装来实现。

10.1.5 安装

连接硬件宜设计成能提供直接或借助于适配器板或机箱进行安装的灵活性(例如,连接硬件应该有放置在墙上、墙里、机架里或其他类型配线架和安装夹具上的安装措施。)。

10.1.6 安装实践

实现布缆的方法和谨慎是性能和便于管理已安装布缆系统的重要因素。安装和线缆管理预防措施应包括消除拉紧、锐弯和紧紧地束捆线缆引起的线缆应力。

应安装连接硬件以允许:

a) 通过正确的线缆准备、终接实践(按照制造商指南)和很好组织的线缆管理达到最小的信号损害和最大的屏蔽效果(使用屏蔽布缆时)。

b) 安装与布缆系统相关的电信设备的房间。机架宜有足够的间隙作为接近和线缆布置空间。

应该按照 ISO/IEC TR 14763-1 的要求标识连接硬件。宜按照 ISO/IEC TR 14763-2 进行计划和安装连接硬件。

注 1:关于用户建筑群布缆通路和空间的信息见 ISO/IEC 18010。

注 2:某些连接用来执行两个元素之间的交叉功能以便正确地配置发送和接收连接的布缆链路。

注 3:任何平衡线缆元素的不正确终接或屏蔽可以降低传输性能,增加辐射和减少抗扰度。

10.1.7 标记和颜色编码

为了保持一致性和正确的点到点连接,应采取措施保证正确地放置连接器位置及其对应线缆元素的终接。这些措施包括使用颜色、字母数字标识符或设计成能保证线缆在整个系统中以一致的方式连接的其他手段。

当在同一子系统中使用两个物理相似的布缆类型时,它们应该以允许清楚地标识每个布缆类型的方式标记。例如,不同的性能种类、不同的标称阻抗和不同的光纤纤芯直径应该携带唯一的标记或颜色以便于视觉识别。

10.2 平衡线缆的连接硬件

10.2.1 一般要求

下列要求适用于所有用于为符合第 9 章要求的平衡线缆提供电气连接的连接硬件。最想要的是用于直接终接平衡线缆元素的硬件是绝缘位移连接(IDC)类型。除这些要求外,与屏蔽布缆一起使用的连接硬件应该完全符合第 11 章。

10.2.2 性能标记

宜标记预期供平衡布缆使用的连接硬件,以指明随制造商自行处理的传输性能。标记,如果有的话,应该在安装期间可见且不代替 10.1.7 或第 12 章中规定的其他标记,或本地法规或规章要求的那些标记。

10.2.3 机械特性

表 28 供平衡布缆使用的连接硬件的机械特性

机械特性			要求	组件或测试标准
a)	物理尺寸(只在电信插座处)	5 类非屏蔽	配合尺寸和规格	IEC 60603-7-2
		5 类屏蔽	配合尺寸和规格	IEC 60603-7-3
		6 类非屏蔽	配合尺寸和规格	IEC 60603-7-4
		6 类屏蔽	配合尺寸和规格	IEC 60603-7-5
		7 类	配合尺寸和规格	IEC 60603-7-7[i]

表 28（续）

机械特性			要求	组件或测试标准
b)	线缆终接兼容性			
	标称导体直径/mm		0.5 至 0.65[a]	—
	线缆类型	快接跳线[d]	多芯导体	—
		压接跳线	多芯或实心导体	—
		其他	实心导体	—
	绝缘导体的标称直径/mm	5 类和 6 类	0.7～1.4[b,c]	—
		7 类	0.7～1.6	
	导体数量	电信插座	8	目检
		其他	≥2×n(n=1,2,3,…)	
	线缆外径/mm	插座	≤20	—
		插头	≤9[e]	
	连接屏蔽的手段[f]		机械和环境性能	附录 C 和第 11 章
c)	机械操作(耐久性)			
	线缆终接(循环)	非重复使用 IDC	1	GB/T 18290.3 或 GB/T 18290.4
		重复使用 IDC	≥20	GB/T 18290.3 或 GB/T 18290.4
		非重复使用 IPC	1	IEC 60352-6
	压接跳线终接(循环)		≥200[g]	GB/T 18290.3 或 GB/T 18290.4
	TO-类型接口(循环)		≥750[h]	GB/T 15157.7 (非屏蔽) 或 IEC 60603-7-1 屏蔽
	其他连接		≥200[h]	附录 C

[a] 不要求连接硬件与本范围之外的线缆相兼容。然而，当使用导体直径低到 0.4 mm 或高到 0.8 mm 的线缆时，应特别小心以保证与它们所连接的连接硬件兼容。

[b] 采用系列标准 GB/T 15157.7 中规定的模块插头连接器典型地局限于绝缘导体直径在 0.8 mm～1.0 mm 范围内的线缆。

[c] 不要求连接硬件与本范围之外的线缆相兼容。然而，当采用绝缘导体直径高到 1.6 mm 的线缆时，应特别小心以保证与它们所连接的连接硬件兼容。

[d] 工作区跳线和设备跳线中使用的连接器也应与绞股导体相兼容。

[e] 仅适用于单个线缆单元。

[f] 如果它准备用于屏蔽布缆，应该小心设计导体来终接屏蔽。设计用来终接仅有整体屏蔽的平衡线缆的连接器之间可能有差异，正好和各自屏蔽元素和整体屏蔽(见附录 E)两者都有的线缆相反。

[g] 本耐久性要求仅适用于设计用来管理布缆系统变化(即：在配线架处)的连接。

[h] 在负载下的匹配和不匹配有待研究(f.f.s.)。

[i] 在其他因素，如：HEM(见 ISO/IEC 15018)应用，比 IEC 60603-7-7 提出的向后兼容占优先的安装中，也可采用 IEC/PAS 61076-3-104/Ed.1 中规定的接口。

预期供平衡布缆使用的连接硬件应该满足表 28 中规定的要求。

10.2.4 电气特性

10.2.4.1 概述

预期供平衡布缆使用的连接硬件应该满足下列性能要求。连接硬件应该用终接负载和测试引线进行测试,而终结负载和测试引线是与它们预期支持的线缆类型的标称特性阻抗(即:100 Ω 或 120 Ω)匹配的。

在下列表中,为频率范围提供了要求。离散频率的性能值只作为参考提供。

10.2.4.2 电信插座

给出种类的电信插座应满足表 29 中提供的对应性能要求。另外,具有和电信插座相同接口类型的所有其他位置上的连接器也应符合表 29 中规定的一个或多个标准,和在插座(O)中规定的线对分组。所有 TO 应该满足 10.2.4.3 的要求。

表 29 预期供平衡布缆使用的电信插座的电气特性

电信插座的电气特性[a]		要　求	组件或测试标准
接口类型	频率范围/MHz		
5 类非屏蔽	d. c. , 1～100	ALL	IEC 60603-7-2
5 类屏蔽	d. c. ,1～100	ALL	IEC 60603-7-3
6 类非屏蔽	d. c. , 1～250	ALL	IEC 60603-7-4
6 类屏蔽	d. c. , 1～250	ALL	IEC 60603-7-5
7 类	d. c. , 1～600	ALL	IEC 60603-7-7[b]

[a] 在负载下的匹配和不匹配有待研究(f. f. s.)。

[b] 在其他因素,如:HEM(见 ISO/IEC 15018)应用,比 IEC 60603-7-7 提出的向后兼容优先的安装中,也可采用 IEC/PAS 61076-3-104/Ed. 1 中规定的接口。

10.2.4.3 用于配线架和汇集点的连接硬件

用于给出种类的配线架和汇集点的连接硬件,无论采用匹配接口与否应满足表 31～表 44 中规定的对应性能要求。10.2.4.2 中没有覆盖的所有两件套连接应满足 GB/T 15157.7 为非屏蔽连接器或 IEC 60603-7-1 为屏蔽连接器规定的机械和环境性能要求。按 GB/T 15157.7 或 IEC 60603-7-1 规定的机械和环境性能试验前或后,应满足所有的电气要求。

对提供没有快接跳线或压接跳线的交叉连接的连接装置,电气性能不应比与 2 个连接器和 5 m 同一种类压接跳线的等价值还差。适用的参数包括插入损耗、输入到输出的电阻、输入到输出的电阻不平衡、传播时延、时延偏差和传输阻抗。另外,这些装置的串扰、回波损耗和不平衡衰减(近端,*TCL*)应不比下列表规定的最小值差 6 dB 以上。代替压接跳线或快接跳线的"内部"切换的交叉连接是这种装置的例子。

表 30 回波损耗

电气特性	频率/MHz	要求			测试标准
		连接器种类			
		5	6	7	
最小回损[a]/dB	1～100	60－20lg(f)	—	—	IEC 60512-25-5
	1～250	—	60－20lg(f)	—	
	1～600	—	—	60－20lg(f)	
关键频率处最小回损/dB	1	30.0	30.0	30.0	
	100	20.0	24.0	28.0	
	250	N/A	16.0	20.0	
	600	N/A	N/A	12.4	

[a] 对应计算值大于 30.0 dB 的频率处的回波损耗应该转换成 30.0 dB 的最小要求。

表 31 插入损耗

电气特性	频率/MHz	要求			测试标准
		连接器种类			
		5	6	7	
最大插入损耗[a]/dB	1～100	$0.04\sqrt{f}$	—	—	IEC 60512-25-2
	1～250	—	$0.02\sqrt{f}$	—	
	1～600	—	—	$0.02\sqrt{f}$	
关键频率处最大插入损耗/dB	1	0.10	0.10	0.10	
	100	0.40	0.20	0.20	
	250	N/A	0.32	0.32	
	600	N/A	N/A	0.49	

[a] 对应计算值大于 0.1 dB 的频率处的插入损耗应该转换成 0.1 dB 的最大要求。

表 32 近端串扰(*NEXT*)

电气特性	频率/MHz	要求			测试标准
		连接器种类			
		5	6	7	
最小近端串扰(*NEXT*)[a]/dB	1～100	$83-20\lg(f)$	—	—	IEC 60512-25-1
	1～250	—	$94-20\lg(f)$	—	
	1～600	—	—	$120.4-15\lg(f)$	
关键频率处最小 *NEXT*/dB	1	80.0	80.0	80.0	
	100	43.0	54.0	72.4	
	250	N/A	46.0	66.4	
	600	N/A	N/A	60.7	

[a] 对应计算值大于 80.0 dB 的频率处的 *NEXT* 应该转换成 80.0 dB 的最小要求。

表 33 "功率和"近端串扰(*PS NEXT*)(仅作为信息)

电气特性	频率/MHz	要求[b]			测试标准
		连接器种类			
		5	6	7	
最小"功率和"近端串扰(*PS NEXT*)[a]/dB	1～100	$80-20\lg(f)$	—	—	IEC 60512-25-1
	1～250	—	$90-20\lg(f)$	—	
	1～600	—	—	$99.4-15\lg(f)$	
关键频率处最小 *PS NEXT*/dB	1	77.0	77.0	77.0	
	100	40.0	50.0	69.4	
	250	N/A	42.0	63.4	
	600	N/A	N/A	57.7	

[a] 对应计算值大于 77.0 dB 的频率处的 *PS NEXT* 应该转换成 77.0 dB 的最小要求。

[b] "功率和"*NEXT* 的公式和值仅作为信息提供。

表 34 远端串扰(*FEXT*)

电气特性	频率/MHz	要求 连接器种类 5	6	7	测试标准
最小远端串扰(*FEXT*)[a,b]/dB	1～100	75.1－20lg(*f*)	—	—	IEC 60512-25-1
	1～250	—	83.1－20lg(*f*)	—	
	1～600	—	—	90－15lg(*f*)	
关键频率处最小*FEXT*/dB	1	65.0	65.0	65.0	
	100	35.1	43.1	60.0	
	250	N/A	35.1	54.0	
	600	N/A	N/A	48.3	

[a] 对应计算值大于 65.0 dB 的频率处的 *FEXT* 应该转换成 65.0 dB 的最小要求。

[b] 对于连接器,*FEXT* 和 *ELFEXT* 之间的差值最小。因此,连接器 *FEXT* 要求用来建立链路和信道 *ELFEXT* 性能模型。

表 35 "功率和"远端串扰(*PS FEXT*)(仅作为信息)

电气特性	频率/MHz	要求[c] 连接器种类 5	6	7	测试标准
最小"功率和"远端串扰(*PS FEXT*)[a,b]/dB	1～100	72.1－20lg(*f*)	—	—	IEC 60512-25-1
	1～250	—	80.1－20lg(*f*)	—	
	1～600	—	—	87－15lg(*f*)	
关键频率处最小*PS FEXT*/dB	1	62.0	62.0	62.0	
	100	32.1	40.1	57.0	
	250	N/A	32.1	51.0	
	600	N/A	N/A	45.3	

[a] 对应计算值大于 65.0 dB 的频率处的 *FEXT* 应该转换成 65.0 dB 的最小要求。

[b] 对于连接器,*FEXT* 和 *ELFEXT* 之间的差值最小。因此,连接器 *FEXT* 要求用来建立链路和信道 *ELFEXT* 性能模型。

[c] "功率和"*FEXT* 的公式和值仅作为信息提供。

表 36 输入到输出的电阻

电气特性	频率	要求 连接器种类 5	6	7	测试标准
输入到输出的最大电阻[a]/MΩ	d.c.	200	200	200	GB/T 5095.2 测试 2a

[a] 输入到输出电阻是指在 IEC 60603-7 系列标准中要求的若干接触电阻测量结果中的一种独立测量结果。输入到输出电阻从线缆终接到线缆终接处测量的,以确定连接器发送直流电流和低频信号的能力。接触电阻测量结果用来确定单个电气连接器的机械和环境性能。这些要求适用于每个导体和屏蔽体(当存在时)。

表 37 输入到输出的电阻不平衡

电气特性	频率	要求			测试标准
		连接器种类			
		5	6	7	
输入到输出最大电阻不平衡[a]/MΩ	d. c.	50	50	50	GB/T 5095.2 测试 2a
[a] 输入到输出的电阻测量结果是从线缆终接到线缆终接处所产生的。					

表 38 电流运载能力

电气特性	频率	要求			测试标准
		连接器种类			
		5	6	7	
最小载流量[a,b,c]/A	d. c.	0.75	0.75	0.75	IEC 60512-3 测试 5b
[a] 适用于 60 ℃的环境温度。 [b] 采样准备应该按照 GB/T 15157.7（非屏蔽）或 IEC 60603-7-1（屏蔽）的规定。 [c] 适用于包含屏蔽（如果存在）的每个导体。					

表 39 传播时延

电气特性	频率/MHz	要求			测试标准
		连接器种类			
		5	6	7	
最大传播时延/ns	1～100	2.5	—	—	IEC 60512-25-4
	1～250	—	2.5	—	
	1～600	—	—	2.5	

表 40 时延偏差

电气特性	频率/MHz	要求			测试标准
		连接器种类			
		5	6	7	
最大时延偏差/ns	1～100	1.25	—	—	IEC 60512-25-4
	1～250	—	1.25	—	
	1～600	—	—	1.25	

表 41 横向转换损耗（*TCL*）f. f. s.

电气特性	频率/MHz	要求			测试标准
		连接器种类			
		5	6	7	
最小横向转换损耗（*TCL*）[a]/dB	1～100	66－20lg(f)	—	—	IEC 60603-7-7，附录 K
	1～250	—	66－20lg(f)	—	
	1～600	—	—	66－20lg(f)[b]	
关键频率处最小 *TCL*/dB	1	60.0	60.0	60.0	
	100	26.0	26.0	26.0	
	250	N/A	18.0	18.0	
	600	N/A	N/A	f. f. s.	
[a] 对应计算值大于 60.0 dB 的频率处的 *TCL* 应该转换成 60.0 dB 的最小要求。 [b] 超过 250 MHz 的频率的本公式和测试标准的适用性有待研究。					

表 42 转移阻抗(仅对非屏蔽连接器)

电气特性	频率/MHz	要求			测试标准
		连接器种类			
		5	6	7	
最大转移阻抗/Ω	1～10	$0.1f^{0/3}$	$0.1f^{0.3}$	$0.05f^{0.3}$	IEC 60512-25-5
	10～80	$0.2f$	$0.2f$	$0.1f$	
关键频率处最大转移阻抗/Ω	1	0.10	0.10	0.05	
	10.0	0.20	0.20	0.10	
	80.0	1.60	1.60	0.80	

表 43 绝缘电阻

电气特性	频率	要求			测试标准
		连接器种类			
		5	6	7	
最小绝缘阻抗/MΩ	d.c.	100	100	100	GB/T 5095.2 测试 3a 方法 C —500 V d.c.

表 44 耐电压

电气特性	频率	要求			测试标准
		连接器种类			
		5	6	7	
最小耐电压/V	d.c.				
导体到导体		1 000	1 000	1 000	GB/T 5095.2 测试 4a
导体到测试面板		1 500	1 500	1 500	

10.2.5 电信插座要求

对于 A～F 类布缆，每个水平平衡线缆应在满足 10.2.3 和 10.2.4 的非连锁插座的电信插座处终接。插针和线对组分配应如图 15 所示。

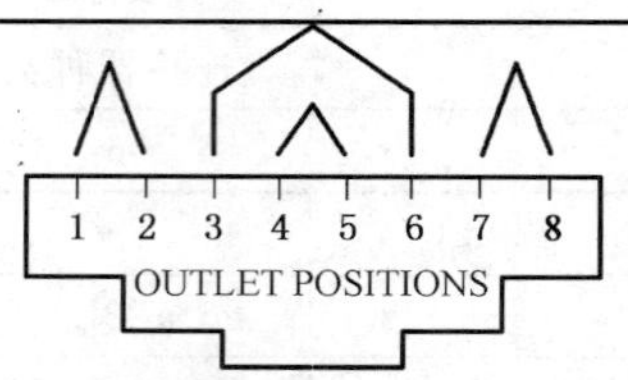

注：对于F类布缆，3、6和4、5指针不需要配置成图示形式。

图 15 八位置插座插针和线对分组排列(从连接器正面观察)

如果在同一链路或信道的配线架、CP 或 TO 处使用不同的接口，应该用一致的插针/线对排列配置布缆连接以保证端到端连通性。电信插座处的线对重新排列宜不包括修改水平线缆终接。如果在电信插座处采用线对重新排列，应该清楚地标识插座终接的配置。

可以配合的插头和插座应该与不同性能种类的那些插头和插座后向兼容。后向兼容意味着与不同种类的插头和插座匹配的连接应该满足较低种类组件的全部要求。关于表示向后兼容连通性的配对模块连接器性能矩阵见表45。

表45 向后兼容匹配模块连接器性能矩阵

		模块连接器(TO)性能类别		
		5类	6类	7类
模块插头和跳线性能	5类	5类	6类	7类
	6类	5类	6类	7类
	7类	5类	6类	7类

注1：当在同一安装中使用两个物理相似布缆链路时，需要有特殊的预防措施来保证在电信插座处正确地标识它们。必须有这种标识的例子可以包括不同标称阻抗的不同性能类别或线缆。见第12章。

注2：为了正确连通，需要小心来保证线对在电信插座和楼层配线架处一致地终接。如果线对在链路两端不同的位置终接，尽管能保持DC的连续性，整个连通性将丢失。关于布缆系统管理见第12章。

10.2.6 安装设计考虑

连接硬件宜按在线缆元素中它与连接硬件终接导致的解开扭绞长度尽可能短的方法来设计。

连接硬件宜允许线缆护套端和终接点之间暴露线对的最小长度。另外，只有对终接和修整而要求的线缆护套长度宜后向被去掉或剥离。提供这些建议是为使终接对传输性能的影响减到最小并且不预期限制线缆的扭绞长度或压接跳线构造。

第11章规定了接地要求和屏蔽连续性考虑。

10.3 光纤连接硬件

10.3.1 一般要求

10.3.2～10.3.5的要求适用于除下列外的、用来提供第9章描述的光纤线缆之间连接的所有连接硬件，但下列内容除外，10.3.4和表46中a)项的要求只适用于电信插座。

注：当光纤适配器和连接器在未匹配状态时，它们应该防护灰尘和其他污染物。还建议连接前清洁光纤端面。

10.3.2 标记和颜色编码

宜使用正确的连接器和适配器编码，例如利用颜色编码，以保证不会出现匹配不同光纤类型。另外，可采用锁键和标识光纤位置来保证维持双工链路的正确极性。

连接器和适配器应该涂色来区分单模和多模光纤。可在多模光纤类型之间要求其他的颜色或标签以示区分。

注1：这些标记是第12章规定的其他标记或当地法规或规章要求的那些的补充而非替代。

注2：下面颜色代码适用于IEC 60874-19-1 SC双工和IEC 60874-14 SC单工连接器，但对其他连接器类型也可使用：

多模50 μm和62.5 μm：浅褐色或黑色

单模PC：蓝色

单模APC：绿色

10.3.3 机械和光学特性

光纤连接硬件应满足表46的要求。10.3.4没有覆盖的所有连接应至少符合IEC 60874-19-1中规定的、等价的光学、机械和环境性能要求。

表 46　光纤连接硬件的机械和光学特性

<table>
<tr><th colspan="3">机械和光学特性</th><th>要求</th><th>组件或测试标准</th></tr>
<tr><td>a)</td><td colspan="2">物理尺寸
(仅在电信插座处)[a,d]</td><td>匹配尺寸和测定</td><td>IEC 60874-19-3(多模)或 IEC 60784-19-2(单模)</td></tr>
<tr><td rowspan="4">b)</td><td colspan="4">线缆终接兼容性</td></tr>
<tr><td colspan="2">标称包层直径/μm</td><td>125</td><td>IEC 60793-2 第 5 章(A1a,A1b)和 32.2(B1)</td></tr>
<tr><td colspan="2">标称缓冲区直径/mm</td><td>—</td><td>IEC 60794-2,6.1</td></tr>
<tr><td colspan="2">线缆外径/mm</td><td>—</td><td>IEC 60794-2,6.1</td></tr>
<tr><td>c)</td><td colspan="2">机械持耐性(耐久性)
循环数</td><td>≥500</td><td>GB/T 18310.2</td></tr>
<tr><td rowspan="5">d)</td><td colspan="4">匹配线对传输性能</td></tr>
<tr><td rowspan="2">最小插入损耗[b,c]/dB</td><td>其他</td><td>0.75</td><td>GB/T 18311.34</td></tr>
<tr><td>接合</td><td>0.3</td><td>IEC 61073-1</td></tr>
<tr><td rowspan="2">最小回波损耗/dB</td><td>多模</td><td>20</td><td rowspan="2">GB/T 18311.6</td></tr>
<tr><td>单模</td><td>35</td></tr>
</table>

a 见 10.3.4。

b 按 IEC 61753-1-1M1 类要求的。

c 在光源产生满注入条件(例如,LED 光源)时,用参考测试方法应该满足连接器和接合的插入损耗值。用产生未满注入条件的光源(例如,激光光源)总是产生较低的插入损耗值。

d 和规定的 SC 双工适配器一起使用的连接器应该满足 IEC 60874-14(单工)或 IEC 60874-14(双工)系列的详细规范。

10.3.4　电信插座要求

工作区光纤线缆应该被连接到带有符合 IEC 60874-19-1 的双工 SC-连接器(SC-D)的电信插座处的水平布缆。

TO 处使用的光纤连接器应满足 10.3.3 的要求。

10.3.5　光纤布缆的连接方案

10.3.5.1　概述

通过物理锁键、管理(即:贴标签)或这两者等手段在整个布缆系统中应保持双工光纤连接的一致极性。提供下列的指南来保证正确安装的连接器和适配器提供起作用的并可维护的光纤布缆系统。与设备制造商和系统集成商磋商确定这些指南对于特定组网应用的适用性。另外,所有的光端口宜符合 IEC 60825。

为了保证 TO 和配线架面板布缆一侧的最大灵活性,建议用单工连接器来终接图 16 中示出的水平和主干光纤线缆。

在工作区或 TO 和配线架面板的转接一侧,双工表现保持两种光纤传输系统中发送和接收光纤的正确极性,同时仍然允许传输系统使用其他光纤数量。在配线架处,这种表现优先是保持按 IEC 60874-19-1 或其他适用 IEC 接口标准定义的正确间距和对齐的双工适配器。

在 TO 处通过对作为位置 A 和 B 的适配器的锁键或贴标证来定义极性。为了使这一极性延伸到整个布缆系统,一致地使用同一锁键方向、颜色编码、标记和光纤配置是很重要的。一旦系统安装了并验证了正确的极性,光纤布缆系统将保持发送和接收光纤的正确极性。

10.3.5.2　在 TO 处的连通性选项

连接器和适配器应具有如图 16 所示的键控取向。

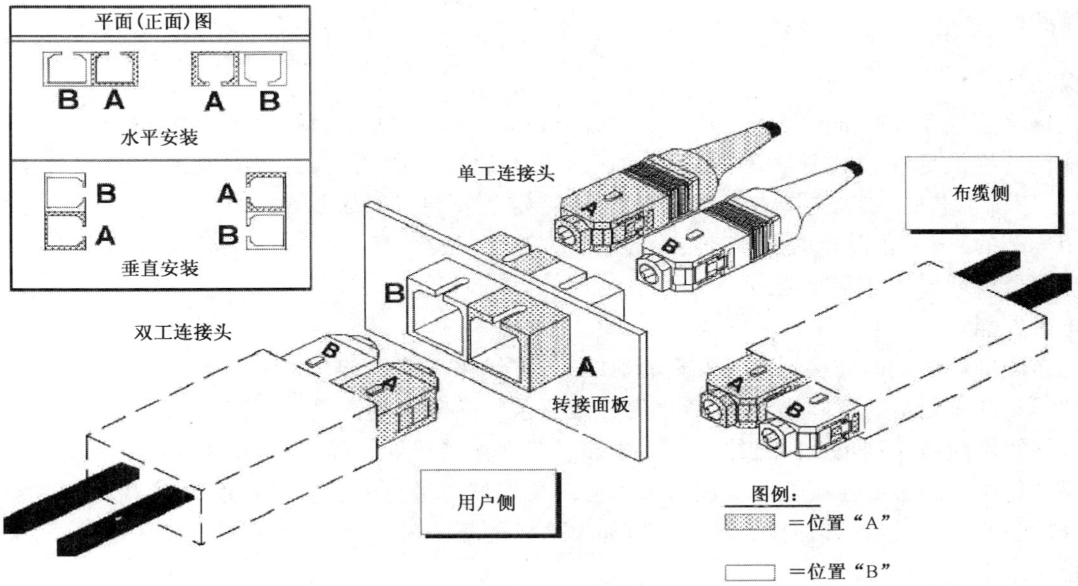

注：阴影部分是为描述清楚而描述的。

图 16 双工 SC 连接性配置

10.3.5.3 在其他位置的连通性选项

非 TO 的其他位置的极性可通过严格控制配线架和 CP 的连通形变化，或通过采用 10.3.5.2 详述的配置来保持。尽管它们可能有其他匹配接口，非 TO 的其他位置的连接器应该满足 IEC 60874-19-1 中规定的光学、机械和环境要求。

10.3.5.4 其他双工连接器

可替换的连接器设计(例如，SFF)应该采用与双工 SC 相似的贴标记和标识方案。可替换双工连接器上的位置 A 和 B 设计应该与图 16 中 60874-19-1(SC 双工)的位置相同。对于利用闭锁的可替换连接器设计，该闭锁以相同的方式将其定位定义为键控和键控槽定义位置为其键或键沟。

当为楼宇入口设施、园区配线架、楼层配线架或汇集点着重考虑高密度时，那么推荐小形因子(SFF)连接器设计。当采用时，SFF 连接器应该包括在批准的 IEC 接口标准中并且应该满足 10.3.3 的性能要求。

10.3.5.5 快接跳线终接配置

建议通过双工连接器组件的手段将快接跳线和设备跳线连接到双工适配器。

光纤快接跳线，不管它们用于交叉或互连到设备上，应该是交叉取向的以便在光纤对的一根光纤上位置 A 到位置 B，和另一根光纤上位置 B 到位置 A(图 17)。如果能把该连接器分成其单工组件，则应该标识出光纤快接跳线的每端，以便指示位置 A 和位置 B。对于利用闭锁的可替换连接器设计，该闭锁以相同的方式将其定位定义为其各键。

对于单工连接器，插入接收器的连接器应该被认为是位置 A，而插入发送器的连接器应该被认为是位置 B。

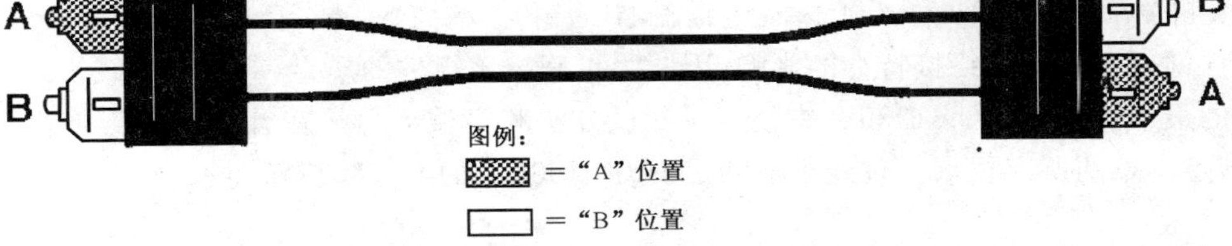

图 17 光纤快接跳线

11 屏蔽实践

11.1 概述

当使用屏蔽线缆或有屏蔽元素或单元的线缆时，本章适用。本章只提供基本指南。为电气安全和电磁性能两者提供足够接地所必需的规程受国家和本地规章的制约，并且总是受符合 ISO/IEC TR 14763-2 的正确工艺的制约，还有在某些情况下，受特定的安装工程的制约。有些布缆采用对附加串扰性能利用屏蔽的组件，并因此也受屏蔽实践的制约。注意，按照 ISO/IEC TR 14763-2 和供应商的说明正确处理屏蔽将增加性能和安全。

11.2 电磁性能

宜把布缆屏蔽体正确连接到电气安全的地线上，并优化 EM 性能。构成屏蔽信道部分的所有布缆组件宜被屏蔽并满足第 9 章和第 10 章给出的屏蔽要求。屏蔽布缆链路应该满足 6.4 中给出的布缆屏蔽要求。线缆屏蔽体应利用低阻抗终接的方法被终接到连接器屏蔽体，而该低阻抗终接是足以保持满足布缆要求所必需的屏蔽连续性的。应该向供应商要求如何进行低阻抗终接的说明书，并遵守。工作区、设备跳线和设备连接件应加以屏蔽，而且，如果这样屏蔽的话，应该提供屏蔽连续性。

11.3 接大地

应该按照适用的电气法规或 GB 16895.1 进行接大地和连接。每个配线架上应该连接线缆的所有屏蔽体。通常，这些屏蔽体被依次连接到楼宇大地的设备机架上。

注：高的工作频率和/或寄生电流或寄生场的高频率要求用低阻抗接大地，它可以使用网状系统来完成。

应该设计连接来保证：

a) 接地路径应该是永久、连续和低阻抗的。建议每个设备机架单独接地，以保证接地路径的连续性；

b) 线缆屏蔽体为通过它互连的布缆系统的各部分提供连续的接地路径。

这种连接保证布缆中感应的电压(通过来自电力线的或任何其他干扰器的任何干扰)指向楼宇大地，因此不会导致干扰发送的信号。楼宇中不同系统的所有接地电极应连接在一起以减少大地电位差的影响。在网络里任何两个接地之间，楼宇接地系统宜不超过 1 V r.m.s 的大地电位差极限值。

12 管理

管理是通用布缆的基本方面。仅当正确地管理布缆及其使用才能全面利用通用布缆的灵活性。管理包括准确标识和记录保持构成布缆系统的所有组件以及通路、配线架和安装它的其他空间。当布缆进行变更时，宜记录它们的所有变化。对于大型的安装，极力推荐计算机管理记录。

电信布缆管理应符合 ISO/IEC TR 14763-1。

13 平衡跳线

13.1 介绍

本章包括 IEC 60603-7 系列标准中规定的两插头结构的平衡跳线和 IEC 61156 文件系列标准中规定的平衡线缆。用于这些跳线的组件满足第 9 章和第 10 章的要求。其目的是为了与连接硬件进行连接，而该连接硬件所利用的插座也是在 IEC 60603-7 系列标准中定义的。

注：假设使用带有非 IEC 60603-7 系列接口的连接器跳线也满足本章的要求。

连接硬件性能受该插头终接特性的影响，因此为了确定该组件的质量，对这些跳线进行测试。本章规定了跳线的最小要求。IEC 61935-2 中规定了测试方法和机械应力。在首次将被测装置暴露于机械应力后，应满足本章的所有要求。跳线应该满足 IEC 61935-2 的电气和机械要求。

13.2 插入损耗

跳线的插入损耗(*IL*)应不超过为给出长度规定的值。通过设计获得插入损耗性能。

13.3 回波损耗

跳线应该满足表 47 中规定的回波损耗(RL)要求。跳线应该满足 IEC 61935-2 的电气和机械特性。

表 47 平衡跳线的最小回波损耗

频率/MHz	回波损耗/dB
	所有种类
$1 \leqslant f < 25$	$19.8+3\lg(f)$
$25 \leqslant f \leqslant 100/250/600$	$38.0-10\lg(f)$

表 48 5、6、7 类跳线关键频率处的回波损耗信息值

频率/MHz	回波损耗/dB		
	5 类跳线	6 类跳线	7 类跳线
1	19.8	19.8	19.8
16	23.4	23.4	23.4
100	18.0	18.0	18.0
250	N/A	14.0	14.0
600	N/A	N/A	10.2

13.4 *NEXT*

当按 IEC 61935-2 测量时,5、6、7 类跳线应该满足按照式(6)~式(10)计算的要求。

$$NEXT_{cord}=-10\lg\left[10^{\frac{-NEXT_{connectors}}{10}}+10^{\frac{-NEXT_{cable}+2IL_{connector}}{10}}\right]+RSXT \quad\cdots\cdots(6)$$

式中:

$NEXT_{cord}$——整个跳线的 $NEXT$,dB;

$NEXT_{connectors}$——连接器的 $NEXT$,dB;

$NEXT_{cable}$——线缆本身的 $NEXT$,dB;

$IL_{connector}$——一个连接器的插入损耗,dB;

$RSXT$——被反射的信号串扰。

注:"跳线"、"连接器"和"线缆"的该值用 dB 表示。

还有,

$RSXT=0$ dB 对于 5 类跳线

$RSXT=0.5$ dB 对于 6 类和 7 类跳线

和

$$NEXT_{connectors}=-20\lg\left[10^{\frac{-NEXT_{local}}{20}}+10^{\frac{-NEXT_{remote}+2(IL_{cable}+IL_{connector}}{20}}\right] \quad\cdots\cdots(7)$$

如果 100 MHz 时的固定值已知,通过下式给出 $NEXT$ 的频率依赖性:

$$NEXT_{local}=NEXT_{remote}=NEXT_{connector}(100)-20\lg\left(\frac{f}{100}\right) \quad\cdots\cdots(8)$$

$$IL_{cable}=\alpha_{cable,100\text{ m}}\times\frac{L}{100} \quad\cdots\cdots(9)$$

式中:

$NEXT_{local}$——跳线本地端连接器的 $NEXT$,dB;

$NEXT_{remote}$——跳线远端连接器的 $NEXT$,dB;

IL_{cable}——线缆的插入损耗,dB;

$IL_{connector}$——连接器的插入损耗,dB;

$NEXT_{connector}(100)$——100 MHz 时连接器的 $NEXT$,dB;

$\alpha_{cable,100\ m}$——用作跳线的线缆 100 m 的插入损耗;

L——跳线中线缆的长度。

长度改正的跳线线缆近端串扰由下式给出:

$$NEXT_{cable,L} = NEXT_{cable,100\ m} - 10 \times \lg \frac{1 - 10^{\frac{L}{100}\frac{\alpha_{cable,100\ m}}{5}}}{1 - 10^{\frac{\alpha_{cable,100\ m}}{5}}} \qquad \cdots\cdots(10)$$

产生超过 65 dB $NEXT$ 极限值的计算应转换成 65 dB 极限值。表 49 列出不同跳线长度在关键频率处的 $NEXT$ 信息值。

表 49　5、6、7 类跳线关键频率处的 *NEXT* 信息值

频率/MHz	NEXT/dB								
	5 类跳线			6 类跳线			7 类跳线		
	长度			长度			长度		
	2 m	5 m	10 m	2 m	5 m	10 m	2 m	5 m	10 m
1	65.0	65.0	65.0	65.0	65.0	65.0	65.0	65.0	65.0
16	50.3	49.5	48.7	61.6	60.0	58.5	65.0	65.0	65.0
100	35.0	34.7	34.5	46.2	45.0	44.2	65.0	65.0	65.0
250	N/A			38.6	37.9	37.6	60.7	61.2	61.9
600				N/A			55.4	56.2	57.0

对于共同可用 5 类测试头,100 MHz 处的固定值是:

$$NEXT_{connector}(100) = 41.0 \qquad \cdots\cdots(11)$$

附　录　A
（规范性附录）
平衡永久链路和 CP 链路性能

A.1　概述

本附录包括图 A.1 中所示的平衡永久链路和 CP 链路的性能要求方程式。

在配置 A、B 和 C 中的被测布缆称为永久链路。配置 A 和 B 只由固定布缆组成。配置 C 由固定布缆和 CP 与 TO 之间的 CP 线缆组成。如果 CP 线缆改变，应该重新测量这一配置。配置 D 中的被测布缆只包括固定布缆并称为 CP 链路。

在所有的配置中，永久链路或 CP 链路的试验配置参考平面在试验跳线内。与试验中的永久链路或 CP 链路的终接点匹配的试验跳线连接是试验的链路部分。

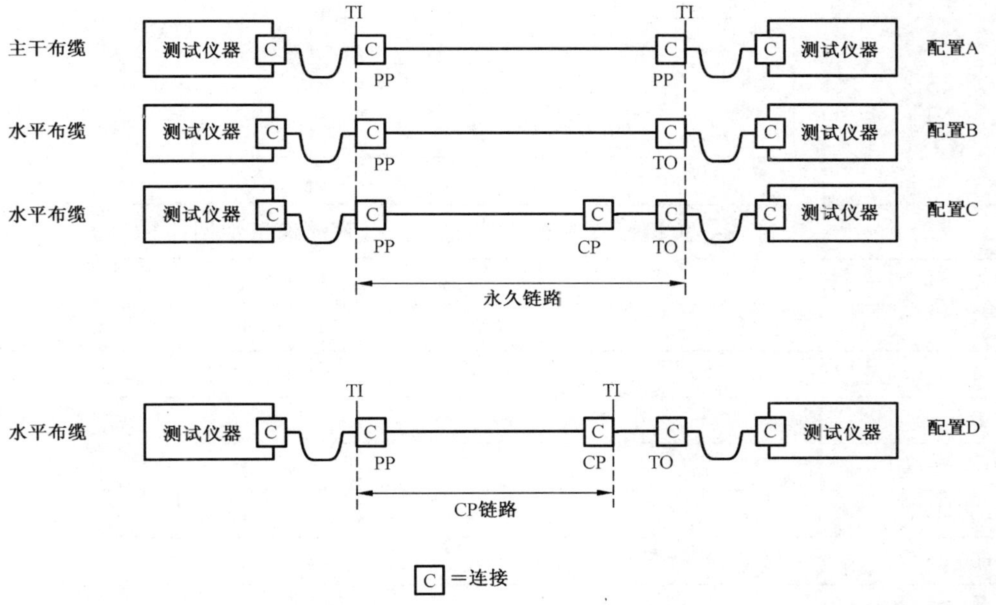

PP＝转接面板；　　C＝连接(配对线对)；　　CP＝汇集点；
TO＝电信插座；　　TI＝测试接口

图 A.1　链路选项

A.2　性能

A.2.1　概述

除非另有明确的规定，本附录中规定的参数适用于带有屏蔽或非屏蔽线缆元素，有或无整体屏蔽的平衡永久链路和 CP 链路。

平衡永久链路和 CP 链路的标称阻抗是 100 Ω。该阻抗通过合适的设计和适当的选择布缆组件（不考虑它们的标称阻抗）来获得。

本附录中的要求通过使用已定义的频率范围方程式计算出的极限值（精确到一位十进制小数）给出。传播时延和时延偏差计算到三位十进制小数。

A.2.2　回波损耗

永久链路或 CP 链路的每个线对的回波损耗（*RL*）应满足表 A.1 中方程式衍生的要求。

表 A.2 中给出关键频率处最大实现的永久链路的每个线对的回波损耗(*RL*)。

布缆的两端都应满足回波损耗(*RL*)要求。插入损耗小于 3.0 dB 频率处的回波损耗(*RL*)仅作为信息。

当要求时,应该按照 IEC 61935-1 测量回波损耗。100 Ω 的终接负载应该被连接到信道远端处的被测布缆元素。

表 A.1 永久链路或 CP 链路的回波损耗

类别	频率/MHz	最小回波损耗/dB
C	$1 \leqslant f \leqslant 16$	15.0
D	$1 \leqslant f \leqslant 20$	19.0
	$20 \leqslant f \leqslant 100$	$30-10\lg(f)$
E	$1 \leqslant f \leqslant 10$	21.0
	$10 \leqslant f \leqslant 40$	$26-5\lg(f)$
	$40 \leqslant f \leqslant 250$	$34-10\lg(f)$
F	$1 \leqslant f \leqslant 10$	21.0
	$10 \leqslant f \leqslant 40$	$26-5\lg(f)$
	$40 \leqslant f \leqslant 251.2$	$34-10\lg(f)$
	$251.2 \leqslant f \leqslant 600$	10.0

表 A.2 关键频率处最大实现永久链路的信息性回波损耗值

频率/MHz	最小回波损耗/dB			
	C 类	D 类	E 类	F 类
1	15.0	19.0	12.0	21.0
16	15.0	19.0	20.0	20.0
100	N/A	12.0	14.0	14.0
250	N/A	N/A	10.0	10.0
600	N/A	N/A	N/A	10.0

A.2.3 插入损耗/衰减

永久链路或 CP 链路的每个线对的插入损耗应满足表 A.3 中方程式衍生的要求。

建立符合链路性能的实际方法是为了证明测得的值和表 4 的信道极限值之间的裕量足以容纳用来创建信道的任何附加布缆组件。

表 A.4 中给出最大实现永久链路的每个线对的插入损耗。

插入损耗应该与所用的布缆组件一致。

当要求时,应该按照 IEC 61935-1 测量插入损耗。

表 A.3 永久链路或 CP 链路的插入损耗

类别	频率/MHz	最大插入损耗[a]/dB
A	$f=0.1$	16.0
B	$f=0.1$	5.5
	$f=1$	5.8
C	$1 \leqslant f \leqslant 16$	$0.9\times(3.23\sqrt{f})+3\times0.2$

表 A.3(续)

类别	频率/MHz	最大插入损耗[a]/dB
D	$1 \leqslant f \leqslant 100$	$(L/100) \times (1.9108\sqrt{f}+0.0222 \times f+0.2/\sqrt{f})+n \times 0.04 \times \sqrt{f}$
E	$1 \leqslant f \leqslant 250$	$(L/100) \times (1.82\sqrt{f}+0.0169 \times f+0.25/\sqrt{f})+n \times 0.02 \times \sqrt{f}$
F	$1 \leqslant f \leqslant 600$	$(L/100) \times (1.8\sqrt{f}+0.01 \times f+0.2/\sqrt{f})+n \times 0.02 \times \sqrt{f}$

$L=L_{FC}+L_{CP} \times Y$;

L_{FC}=固定线缆的长度,m;

L_{CP}=CP 跳线的长度(存在时),m;

Y=CP 线缆衰减(dB/m)与固定水平线缆衰减(dB/m)之比(见第 13 章);

$n=2$ 表示配置 A、B 和 D;

$n=3$ 表示配置 C。

[a] 对应小于 4.0 dB 计算值的频率处的插入损耗(*IL*)应该转换成最大要求 4.0 dB。

表 A.4 关键频率处最大实现的永久链路的信息性插入损耗值

频率/MHz	最小回波损耗/dB					
	A 类	B 类	C 类	D 类	E 类	F 类
0.1	16.0	5.5	N/A	N/A	N/A	N/A
1	N/A	5.8	4.2	4.0	4.0	4.0
16	N/A	N/A	14.4	9.1	8.3	8.1
100	N/A	N/A	N/A	24.0	21.7	20.8
250	N/A	N/A	N/A	N/A	35.9	33.8
600	N/A	N/A	N/A	N/A	N/A	54.8

A.2.4 *NEXT*

A.2.4.1 线对到线对的 *NEXT*

永久链路或 CP 链路的每个线对组合之间的 *NEXT* 应该满足表 A.5 中方程式衍生的要求。

表 A.6 中给出最大实现永久链路的每个线对组合之间的 *NEXT*。

布缆的两端都应满足 *NEXT* 要求。插入损耗(*IL*)小于 4.0 dB 频率处的 *NEXT* 值仅作为信息。

NEXT 应该与所用的布缆组件一致。

当要求时,应该按照 IEC 61935-1 测量 *NEXT*。

表 A.5 永久链路或 CP 链路的 *NEXT*

类别	频率/MHz	最小 *NEXT*/dB
A	$f=0.1$	27.0
B	$0.1 \leqslant f \leqslant 1$	$25-15\lg(f)$
C	$1 \leqslant f \leqslant 16$	$40.1-15.8\lg(f)$
D	$1 \leqslant f \leqslant 100$	$-20\lg\left(10^{\frac{65.3-15\lg(f)}{-20}}+10^{\frac{83-20\lg(f)}{-20}}\right)$ [a]
E	$1 \leqslant f \leqslant 250$	$-20\lg\left(10^{\frac{74.3-15\lg(f)}{-20}}+10^{\frac{94-20\lg(f)}{-20}}\right)$ [b]
F	$1 \leqslant f \leqslant 600$	$-20\lg\left(10^{\frac{120.4-15\lg(f)}{-20}}+10^{\frac{120.4-15\lg(f)}{-20}}\right)$ [b]

[a] 对应大于 60.0 dB 计算值频率处的 *NEXT* 应该转换成最小要求 60.0 dB。

[b] 对应大于 65.0 dB 计算值频率处的 *NEXT* 应该转换成最小要求 65.0 dB。

表 A.6　关键频率处最大实现永久链路的信息性 *NEXT* 值

频率/MHz	最小 *NEXT*/dB					
	A类	B类	C类	D类	E类	F类
0.1	27.0	40.0	N/A	N/A	N/A	N/A
1	N/A	25.0	40.1	60.0	65.0	65.0
16	N/A	N/A	21.1	45.2	54.6	65.0
100	N/A	N/A	N/A	32.3	41.8	65.0
250	N/A	N/A	N/A	N/A	35.3	60.4
600	N/A	N/A	N/A	N/A	N/A	54.7

A.2.4.2　"功率和"*NEXT*（*PS NEXT*）

PS NEXT 要求仅适用于 D、E 和 F 类。

永久链路或 CP 链路的每个线对的 *PS NEXT* 应该满足表 A.7 中方程式衍生的要求。

表 A.8 中给出最大实现永久链路的每个线对的 *PS NEXT*。

布缆的两端都应满足 *PS NEXT* 要求。插入损耗(*IL*)小于 4.0 dB 频率处的 *PS NEXT* 值仅作为信息。

PS NEXT 应该与所用的布缆组件一致。

线对 k 的 $PS\ NEXT_k$ 按下式计算：

$$PS\ NEXT_k = -10\lg\sum_{i=1,i\neq k}^{n}10^{\frac{-NEXT_{ik}}{10}} \qquad \cdots\cdots(A.1)$$

式中：

i——干扰线对数量；

k——被干扰线对数量；

n——线对总数；

$NEXT_{ik}$——线对 i 到线对 k 耦合的近端串扰损耗。

表 A.7　永久链路或 CP 链路的 *PS NEXT*

类别	频率/MHz	最小 *PS NEXT*/dB
D	$1\leqslant f\leqslant 100$	$-20\lg\left(10^{\frac{62.3-15\lg(f)}{-20}}+10^{\frac{80-20\lg(f)}{-20}}\right)$ [a]
E	$1\leqslant f\leqslant 250$	$-20\lg\left(10^{\frac{72.3-15\lg(f)}{-20}}+10^{\frac{90-20\lg(f)}{-20}}\right)$ [b]
F	$1\leqslant f\leqslant 600$	$-20\lg\left(10^{\frac{99.4-15\lg(f)}{-20}}+10^{\frac{99.4-15\lg(f)}{-20}}\right)$ [b]
[a] 对应大于 57.0 dB 计算值频率处的 *PS NEXT* 应该转换成最小要求 57.0 dB。		
[b] 对应大于 62.0 dB 计算值频率处的 *PS NEXT* 应该转换成最小要求 62.0 dB。		

表 A.8　关键频率处最大实现永久链路的信息性 *PS NEXT* 值

频率/MHz	最小 *PS NEXT*/dB		
	D类	E类	F类
1	57.0	62.0	62.0
16	42.2	52.2	62.0
100	29.3	39.3	62.0
250	N/A	32.7	57.4
600	N/A	N/A	51.7

A.2.5 衰减串扰比(*ACR*)

ACR 要求仅适用于 D、E 和 F 类。

A.2.5.1 线对到线对的 *ACR*

线对到线对的 *ACR* 是线对到线对的 *NEXT* 和布缆的插入损耗之间的差值,以 dB 表示。

永久链路或 CP 链路的每个线对组合的 *ACR* 应该满足表 A.5 中的 *NEXT* 要求以及相应类别表 A.3 的插入损耗要求。

表 A.9 中给出最大实现永久链路的每个线对的 *ACR*。

布缆的两端都应满足 *ACR* 要求。插入损耗(*IL*)小于 4.0 dB 频率处的 *ACR* 值仅作为信息。

线对 *i* 和 *k* 的 ACR_{ik} 按下式计算:

$$ACR_{ik} = NEXT_{ik} - IL_k \qquad \cdots\cdots(A.2)$$

式中:

i——干扰线对数量;

k——被干扰线对数量;

$NEXT_{ik}$——线对 i 到线对 k 耦合的近端串扰损耗;

IL_k——线对 k 的插入损耗。当有要求时,它应该按照 IEC 61935-1 测量。

表 A.9 关键频率处最大实现永久链路的 *ACR* 值

频率/MHz	最小 *ACR*/dB		
	D 类	E 类	F 类
1	56.0	61.0	61.0
16	37.5	47.5	58.1
100	11.9	23.3	47.3
250	N/A	4.7	31.6
600	N/A	N/A	8.1

A.2.5.2 "功率和"*ACR* (*PS ACR*)

永久链路或 CP 链路的每个线对的 *PS ACR* 应该满足表 A.7 的 *PS NEXT* 要求和相应类别表 A.3 插入损耗要求的差。

表 A.10 中给出最大实现永久链路的每个线对的 *PS ACR*。

布缆的两端都应满足 *PS ACR* 要求。插入损耗(*IL*)小于 4.0 dB 频率处的 *PS ACR* 值仅作为信息。

线对 *k* 的 $PS\ ACR_k$ 按下式计算:

$$PS\ ACR_k = PS\ NEXT_k - IL_k \qquad \cdots\cdots(A.3)$$

式中:

k——被干扰线对数量;

$PS\ NEXT_k$——线对 k 的"功率和"近端串扰损耗;

IL_k——线对 k 的插入损耗。当有要求时,它应该按照 IEC 61935-1 测量。

表 A.10 关键频率处最大实现永久链路的 *PS ACR* 值

频率/MHz	最小 *PS ACR*/dB		
	D 类	E 类	F 类
1	53.0	58.0	58.0
16	34.5	45.1	55.1

表 A.10(续)

频率/MHz	最小 *PS ACR*/dB		
	D类	E类	F类
100	8.9	20.8	44.3
250	N/A	2.0	28.6
600	N/A	N/A	−6.4

A.2.6 *ELFEXT*

ELFEXT 要求仅适用于 D、E 和 F 类。

A.2.6.1 线对到线对的 *ELFEXT*

永久链路或 CP 链路的每个线对组合的 *ELFEXT* 应该满足表 A.11 中方程式衍生的要求。

表 A.12 中给出最大实现永久链路的每个线对组合的 *ELFEXT*。

ELFEXT 应该与所用的布缆组件一致。

线对 i 和 k 的 $ELFEXT_{ik}$ 按下式计算：

$$ELFEXT_{ik} = FEXT_{ik} - IL_k \qquad \text{(A.4)}$$

式中：

i——干扰线对数量；

k——被干扰线对数量；

$FEXT_{ik}$——线对 i 到线对 k 耦合的远端串扰损耗。当有要求时，它应该按照 IEC 61935-1 测量；

IL_k——线对 k 的插入损耗。当有要求时，它应该按照 IEC 61935-1 测量。

注：考虑信噪比，被干扰线对的插入损耗与输入到输出 *FEXT* 的比是相关的。根据上面正式定义计算的结果包括导线对插入损耗与对应输入到输出 *FEXT* 的所有可能组合。

表 A.11 永久链路或 CP 链路的 *ELFEXT*

类别	频率/MHz	最小 *ELFEXT*[a]/dB
D	$1 \leqslant f \leqslant 100$	$-20\lg\left(10^{\frac{63.8-20\lg(f)}{-20}} + n \times 10^{\frac{75.1-20\lg(f)}{-20}}\right)$ [b]
E	$1 \leqslant f \leqslant 250$	$-20\lg\left(10^{\frac{67.8-20\lg(f)}{-20}} + n \times 10^{\frac{83.1-20\lg(f)}{-20}}\right)$ [c]
F	$1 \leqslant f \leqslant 600$	$-20\lg\left(10^{\frac{94-15\lg(f)}{-20}} + n \times 10^{\frac{90-15\lg(f)}{-20}}\right)$ [c]
注：$n=2$ 表示配置 A、B 和 D。 $n=3$ 表示配置 C。		
[a] 对应测得 *FEXT* 值大于 70.0 dB 频率处的 *ELFEXT* 仅作为信息。 [b] 对应大于 60.0 dB 计算值频率处的 *ELFEXT* 应该转换成最小要求 60.0 dB。 [c] 对应大于 65.0 dB 计算值频率处的 *ELFEXT* 应该转换成最小要求 65.0 dB。		

表 A.12 关键频率处最大实现永久链路的 *ELFEXT* 值

频率/MHz	最小 *ELFEXT*/dB		
	D类	E类	F类
1	58.6	64.2	65.0
16	34.5	40.1	59.3
100	18.6	24.2	46.0
250	N/A	16.2	39.2
600	N/A	N/A	32.6

A.2.6.2 “功率和”*ELFEXT*（*PS ELFEXT*）

永久链路或 CP 链路的每个线对的 *PS ELFEXT* 应该满足表 A.13 中方程式衍生的要求。

表 A.14 中给出最大实现永久链路的每个线对的 *PS ELFEXT*。

PS ELFEXT 应该与所用的布缆组件一致。

线对 k 的 $PS\ ELFEXT_k$ 按下式计算：

$$PS\ ELFEXT_k = -10\lg \sum_{i=1,i\neq k}^{n} 10^{\frac{-ELFEXT_{ik}}{10}} \qquad \text{(A.5)}$$

式中：

i——干扰线对的数量；

k——被干扰线对数量；

n——线对总数；

$ELFEXT_{ik}$——线对 i 到线对 k 耦合的等电平远端串扰损耗。

表 A.13 永久链路或 CP 链路的 *PS ELFEXT*

类别	频率/MHz	最小 *PS ELFEXT*[a]/dB
D	$1\leqslant f\leqslant 100$	$-20\lg\left(10^{\frac{60.8-20\lg(f)}{-20}}+n\times 10^{\frac{72.1-20\lg(f)}{-20}}\right)$ [b]
E	$1\leqslant f\leqslant 250$	$-20\lg\left(10^{\frac{64.8-20\lg(f)}{-20}}+n\times 10^{\frac{80.1-20\lg(f)}{-20}}\right)$ [c]
F	$1\leqslant f\leqslant 600$	$-20\lg\left(10^{\frac{91-20\lg(f)}{-20}}+n\times 10^{\frac{87-15\lg(f)}{-20}}\right)$ [c]
注：$n=2$ 表示配置 A、B 和 D。 $n=3$ 表示配置 C。		
[a] 对应测得 *FEXT* 值大于 70.0 dB 频率处的 *PS ELFEXT* 仅作为信息。 [b] 对应大于 57.0 dB 计算值频率处的 *PS ELFEXT* 应该转换成最小要求 57.0 dB。 [c] 对应大于 62.0 dB 计算值频率处的 *PS ELFEXT* 应该转换成最小要求 62.0 dB。		

表 A.14 关键频率处最大实现永久链路的 *PS ELFEXT* 值

频率/MHz	最小 *PS ELFEXT*/dB		
	D 类	E 类	F 类
1	55.6	61.2	62.0
16	31.5	37.1	56.3
100	15.6	21.2	43.0
250	N/A	13.2	36.2
600	N/A	N/A	29.6

A.2.7 直流（d.c.）回路电阻

永久链路或 CP 链路的每个线对的 d.c. 回路电阻应该满足表 A.15 中方程式衍生的要求。

建立符合链路性能的实际方法是为了证明测得的值和表 16 的信道极限值之间的裕量足以容纳用来创建信道的任何附加布缆组件。如果满足了永久链路或 CP 链路的插入损耗要求和时延偏差要求就满足了以上要求。.

表 A.16 中给出最大实现永久链路的每个线对的 d.c. 回路电阻。

d.c. 回路电阻应该与所用的布缆组件一致。

当要求时，d.c. 回路电阻应该按照 IEC 61935-1 测量。

表 A.15　永久链路或 CP 链路直流(d.c.)回路电阻

类别	最大 d.c. 回路电阻/Ω
A	530
B	140
C	34
D	$(L/100)\times22+n\times0.4$
E	$(L/100)\times22+n\times0.4$
F	$(L/100)\times22+n\times0.4$

$L=L_{FC}+L_{CP}\times Y$；

L_{FC}＝固定线缆的长度，m；

L_{CP}＝CP 跳线的长度(存在时)，m；

Y＝CP 线缆衰减(dB/m)与固定水平线缆衰减(dB/m)之比(见第 13 章)；

$n=2$ 表示配置 A、B 和 D；

$n=3$ 表示配置 C。

表 A.16　最大实现永久链路的 d.c. 回路电阻值

最大 d.c. 回路电阻/Ω					
A 类	B 类	C 类	D 类	E 类	F 类
530	140	34	21	21	21

A.2.8　直流(d.c.)回路电阻不平衡度

对于所有的类别，永久链路或 CP 链路的全部线对内的两个导体之间的 d.c. 回路电阻不平衡度不应该超过 3%。

A.2.9　传播时延

永久链路或 CP 链路的每个线对的传播时延应该满足表 A.17 中方程式衍生的要求。

建立符合链路性能的实际方法是为了证明测得的值和表 17 的信道极限值之间的裕量足以容纳用来创建信道的任何附加布缆组件。如果满足了永久链路或 CP 链路的插入损耗要求和时延偏差要求就满足了以上要求。

表 A.18 中给出最大实现永久链路的每个线对的传播时延。

传播时延应该与所用的布缆组件一致。

当要求时，传播时延应该按照 IEC 61935-1 测量。

表 A.17　永久链路或 CP 链路的传播时延

类别	频率/MHz	最大传播时延/μs
A	$f=0.1$	19.400
B	$0.1\leqslant f\leqslant1$	4.400
C	$1\leqslant f\leqslant16$	$(L/100)\times(0.534+0.036/\sqrt{f})+n\times0.0025$
D	$1\leqslant f\leqslant100$	$(L/100)\times(0.534+0.036/\sqrt{f})+n\times0.0025$
E	$1\leqslant f\leqslant250$	$(L/100)\times(0.534+0.036/\sqrt{f})+n\times0.0025$
F	$1\leqslant f\leqslant600$	$(L/100)\times(0.534+0.036/\sqrt{f})+n\times0.0025$

$L=L_{FC}+L_{CP}\times Y$；

L_{FC}＝固定线缆的长度，m；

L_{CP}＝CP 跳线的长度(存在时)，m；

$n=2$ 表示配置 A、B 和 D；

$n=3$ 表示配置 C。

表 A.18 关键频率处最大实现永久链路的传播时延值

频率/MHz	最大传播时延/μs					
	A类	B类	C类	D类	E类	F类
0.1	19.400	4.400	N/A	N/A	N/A	N/A
1	N/A	4.400	0.521	0.521	0.521	0.521
16	N/A	N/A	0.496	0.496	0.496	0.496
100	N/A	N/A	N/A	0.491	0.491	0.491
250	N/A	N/A	N/A	N/A	0.490	0.490
600	N/A	N/A	N/A	N/A	N/A	0.489

A.2.10 时延偏差

永久链路或CP链路的所有线对的时延偏差应该满足表A.19中方程式衍生的要求。

建立符合链路性能的实际方法是为了证明测得的值和表19的信道极限值之间的裕量足以容纳用来创建信道的任何附加布缆组件。如果满足了永久链路或CP链路的插入损耗要求和时延偏差要求就满足了以上要求。

表A.20中给出最大实现永久链路的所有线对的时延偏差。

时延偏差应该与所用的布缆组件一致。

当要求时，时延偏差应该按照IEC 61935-1测量。

表 A.19 永久链路或CP链路的时延偏差

类别	频率/MHz	最大传播时延/μs
A	f=0.1	N/A
B	0.1≤f≤1	N/A
C	1≤f≤16	$(L/100)\times0.045+n\times0.00125$
D	1≤f≤100	$(L/100)\times0.045+n\times0.00125$
E	1≤f≤250	$(L/100)\times0.045+n\times0.00125$
F	1≤f≤600	$(L/100)\times0.025+n\times0.00125$

$L=L_{FC}+L_{CP}\times Y$；

L_{FC}=固定线缆的长度，m；

L_{CP}=CP跳线的长度(存在时)，m；

n=2 表示配置A、B和D；

n=3 表示配置C。

表 A.20 最大实现永久链路的资料性时延偏差

类别	频率/MHz	最大传播时延/μs
A	f=0.1	N/A
B	0.1≤f≤1	N/A
C	1≤f≤16	0.044[a]
D	1≤f≤100	0.044[a]
E	1≤f≤250	0.044[a]
F	1≤f≤600	0.026[b]

a 0.9×0.045+3×0.001 25 计算的结果。

b 0.9×0.025+3×0.001 25 计算的结果。

附　录　B
（规范性附录）
测　试　规　程

B.1　概述

本测试规程附录分为4个部分：B.1给出通用信息；B.2给出已安装布缆和实验室环境中布缆的测试规程的参考；B.3给出预制跳线的测试规程的参考；B.4给出各个组件的测试规程参考。

B.2　信道和链路性能测试

B.2.1　测试平衡布缆信道、永久链路和CP链路

IEC 61935-1中规定平衡布缆安装的测试规程。

B.2.2　测试光纤布缆信道

ISO/IEC TR 14763-3中规定光纤布缆安装的测试规程。

注：如果参考的标准中缺少有些参数的测试方法，它们可能在光缆标准IEC 60794-1或IEC 60793-1-XX中找到。

B.2.3　信道和链路测试安排

通常，测试信道和链路与安装后规定的要求相符。对于这些测试的符合性，“现场”测试仪器可用。也可在实验室环境中测试信道和永久链路。这是为了证明由特定组件构成的系统的符合性。这些测试可以使用实验室设备或现场测试设备。按照国际标准进行、使用实验室测试仪器的测试可以是能用来评估现场测试设备精度的参考测试。

注：如果现场测试仪不能用于测试某些类别的布缆，可以使用实验室设备。对于测试参数来说，这些参数要求访问已安装布缆两端的，并访问实验室设备是不实用的。因此，建议以只要求验收测试（见下面的定义）的方法来安装这种布缆。

不同种类的测试按下面分类：

a)　验收测试

作为确认已安装布缆的手段，已知布缆符合本标准的实现要求并且该布缆由符合相关种类的组件性能要求的元素构成。

b)　符合性测试

作为确认已安装布缆的手段，布缆由已知或未知的组件构成。

c)　参考测试

作为测试实验室环境布缆模型的手段和比较实验室与现场测试仪器进行测量的结果的手段。布缆模型的实验室的参考测试也用于验证不能在现场测试的特性符合性。

在表B.1中，用“I”（资料性）或“N”（规范性）所指示的是对每个信道或永久链路进行的测试类型。用“C”所指示的参数，它们是从测得的参数中计算出来的。用“N”所指示的测试应该作为验收、参考或符合性测试的一部分来进行。

表B.1　铜或光纤布缆验收、符合性或参考测试的布缆特性

铜布缆特性	测试类型		
	验收	符合性	参考
回损	I	N	N
插入损耗	I	N	N
NEXT	I	N	N

表 B.1（续）

铜布缆特性	测试类型		
	验收	符合性	参考
PS NEXT	C	C	C
ACR	I	N	N
PS ACR	I	C	C
ELFEXT	I	N	N
PS ELFEXT		C	C
d.c.回路电流	I	N	N
传播时延	I	N	N
时延偏差	I	N	N
不平衡衰减、近端(*TCL*)			N
耦合衰减			f.f.s.
长度[a]	I	I	N
线路图	N	N	N
导体、屏蔽(适用的话)连续性、短路和开路	N	N	N
[a] 长度不作为通过/不通过判据。			

光纤布缆特性	测试类型		
	验收	符合性	参考
光衰减	N	N	N
多模模式带宽			N
传播时延	I	N	N
长度	C	C	C
连续性和极性维护	N	N	N

对验收、符合性和参考而测试的布缆特性应该满足或超过 6.4 对平衡布缆和第 8 章对光纤布缆列出的要求。

B.3　平衡布缆的跳线传输测试

平衡布缆跳线的测试应该按照 IEC 61935-2 进行。

B.4　布缆的组件传输测试

B.4.1　平衡布缆的铜线缆传输测试

平衡布缆的线缆测试应该按 GB/T 18015.1 进行。

B.4.2　平衡布缆的连接硬件传输测试

平衡布缆的连接硬件测试应该按 GB/T 15157.7 的有关部分进行。如果使用了 IEC 60603-7 系列标准没有包括的连接硬件，应该按照相关的规范测试。

B.4.3　光纤布缆的线缆传输测试

应该按照 IEC 60794-2 系列标准(对室内线缆)和 GB/T 7424.3 系列标准(对室外线缆)进行光纤布缆的光缆测试。

B.4.4　光纤布缆的连接器传输测试

应该按照 GB/T 18311.34 进行光纤布缆连接器测试。

附　录　C
（规范性附录）
平衡布缆用连接硬件的机械和环境性能测试

C.1　引言

连接硬件的机械和环境性能对布缆系统至关重要。由于操作和环境应力引起的接触电阻的变化可能会给布缆系统的传输特性带来负面影响。通过使用该产品经受许多机械和环境条件以及通过测量在规定的时间间隔内并在每个调节序列完成后的任何电阻偏差来完成产品寿命测试。此外，在环境调节期间或测试之后的任何时间，就机械终接、安全或其他功能属性的容易程度而言，该产品不会显示出性能下降的证据。

为确保平衡布缆系统的所有连接硬件在现场安装条件下将可靠地运行，在表C.2～表C.5所示的整个序列环境调节和测试中，它应该能保持可靠的连接。被测的产品应该按照制造商的指南进行安装和连接。除非另有规定，测试应按照GB/T 2421—1999的5.3.1的标准大气条件下进行。

注1：本附录为未被特定IEC连接器标准包括的连接提供了机械连接性能要求。预期通过参考国际标准（当它们存在时）来替代本附录的规范。

注2：本附录不包括符合GB/T 15157.7（非屏蔽）或IEC 60603-7-1（屏蔽）机械和环境性能要求的连接接口。IEC 60603-7系列标准之外的国际标准包括连接接口应该至少符合本附录规定的等价机械和环境性能要求。

C.2　测试要求

C.2.1　概述

本测试的时间计划表示出了应该进行的所有测试及其次序，以及要满足的要求。

除非另有规定，否则连接硬件应该在已配合或终接的状态下进行测试。应该小心，在完整的测试顺序期间连接硬件的特定组合应保持在一起。也就是说，对某一测试不需要进行配合，但对于后续的测试，应该把同一连接硬件配合起来一起测试。

下文中，已配合/终接的连接硬件称作“样品”。

对每一个组，最小应该使用10个产品采样来汇集支持满足合格判据结论的数据。

C.2.2　初始测试测量

所有样品应该经过表C.1给出测量及其顺序。

C.2.3　环境和机械性能

应该将样品分成四组：A组、B组、C组和D组。每个组的连接硬件应该经历相关组中规定的测试（见表C.2～表C.5）。

表C.1　P组

测试阶段	测试			进行的测量		
	标题	IEC 60512测试编号	测试严酷性或条件	标题	IEC 60512测试编号	要求
P1	一般检查	1		目检	1a	不应该有危害正常工作的缺陷
				尺寸和质量检查	1b	尺寸应该和详细规范中规定的相符

表 C.1(续)

测试阶段	测试			进行的测量		
	标题	IEC 60512 测试编号	测试严酷性或条件	标题	IEC 60512 测试编号	要求
P2	极性(如果适用的话)					
P3	接触电阻		各信号触点和屏蔽体/样品(已减去体电阻)	毫伏级方法	2a	接触电阻 = 20 mΩ 最大
P4			测试电压(d. c.) 100 V±15 V 方法 A 啮合或终接的连接器	绝缘电阻	3a	最小 500 MΩ
P5			接触/接触 方法 A 啮合或终接的连接器	耐电压	4a	1 000 V d. c. 或 a. c. 峰值
			所有与屏蔽的触点:方法 A 啮合或终接的连接器			1 500 V d. c. 或 a. c. 峰值

表 C.2 A 组

测试阶段	测试			进行的测量		
	标题	IEC 60512 测试编号	测试严酷性或条件	标题	IEC 60512 测试编号	要求
AP1	插拔力(两块连接器)	13b	按下连接器锁紧装置(如果适用的话)			按制造商的规范
AP2	连接器耦合装置的效率(如果适用的话)	15f	负载应用速率 44.5 N/s(10 lbf/s)最大			按制造商的规范
AP3	温度快速变化	GB/T 2423.22	−40 ℃~70 ℃已配合或终接连接器 25 次循环 t=30 min 恢复时间 2 h			
AP4			测试电压(d. c.) 100 V±15 V 方法 A 啮合或终接的连接器	绝缘电阻	3a	最小 500 MΩ
AP5			所有的信号触点和屏蔽体/样品(已减去体电阻)	接触电阻	2a	与初始的变化最大 20 mΩ
AP6			接触/接触 方法 A 啮合或终接的连接器	耐电压	4a	1 000 V d. c. 或 a. c. 峰值
			所有与屏蔽的接触:方法 A 啮合或终接的连接器			1 500 V d. c. 或 a. c. 峰值

表 C.2（续）

测试阶段	测试			进行的测量		
	标题	IEC 60512 测试编号	测试严酷性或条件	标题	IEC 60512 测试编号	要求
AP7			未啮合或未终接的连接器	目检	1a	不应该有危害正常工作的缺陷
AP8	循环潮湿加热	GB/T 2423.34	21 次循环 低温 25 ℃ 高温 65 ℃ 冷子循环－10 ℃ 湿度 93％ 半数样品在已配合或终接状态 半数样品在未配合或未终接状态			
AP9			所有的信号接触和屏蔽体/样品（减去体电阻）	接触电阻	2a	初始的变化最大 20 mΩ
AP10	插拔力（两块连接器）	13b	按下连接器锁紧装置（如果适用的话）			按制造商的规范
AP11	连接器耦合装置的效率（如果适用的话）	15f	负载应用速率 44.5 N/s(10 lbf/s)最大			按制造商的规范
AP12			未啮合或未终接的连接器	目检	1a	不应该有危害正常工作的缺陷

表 C.3　B 组

测试阶段	测试			进行的测量		
	标题	IEC 60512 测试编号	测试严酷性或条件	标题	IEC 60512 测试编号	要求
BP1	锁定装置机械操作（适用的话）		机械操作			按照每个制造商的规范，但是相当于 $N=200$ 的插入和拔出
BP2	机械操作	9a	$N/2$ 操作速度 10 mm/s，停留 5 s（两块连接器）锁定装置不工作			$N=200$
BP3	流动混合气体腐蚀	11-7	4 天 半数样品在已配合或终接状态 半数样品在未配合或未终接状态			混合气体： $\varphi_{SO_2}=(0.5\pm0.1)\times10^{-6}$ (vol/vol) $\varphi_{H_2S}=(0.1\pm0.02)\times10^{-6}$ (vol/vol) 温度：(25±2)℃ 相对湿度：(75±3)％
BP4			所有的信号触点和屏蔽体/样品（减去体电阻）	接触电阻	2a	初始的变化最大 20 mΩ

表 C.3（续）

测试阶段	测试			进行的测量		
	标题	IEC 60512 测试编号	测试严酷性或条件	标题	IEC 60512 测试编号	要求
BP5	机械操作	9a	$N/2$ 操作速度 10 mm/s，停留 5 s（两块连接器）锁定装置不工作			
BP6			所有的信号触点和屏蔽体/样品（减去体电阻）	接触电阻	2a	初始的变化最大 20 mΩ
BP7			测试电压（d. c.） 100 V±15 V 方法 A 啮合或终接的连接器	绝缘电阻	3a	最小 500 MΩ
BP8			接触/接触 方法 A 啮合或终接的连接器	耐电压	4a	1 000 V d. c. 或 a. c. 峰值
			所有与屏蔽体的接触：方法 A 啮合或终接的连接器			1 500 V d. c. 或 a. c. 峰值
BP9				目检	1a	不应该有危害正常工作的缺陷

表 C.4　C 组

测试阶段	测试			进行的测量		
	标题	IEC 60512 测试编号	测试严酷性或条件	标题	IEC 60512 测试编号	要求
CP1	振动	11c	按制造商的规范确定测量点	接触干扰	2e	最大 10 μs
CP2			测试电压（d. c.） 100 V±15 V 方法 A 啮合或终接的连接器	绝缘电阻	3a	最小 500 MΩ
CP3			所有的信号触点和屏蔽体/样品（减去体电阻）	接触电阻	2a	初始的变化最大 20 mΩ
CP4			未啮合或未终接的连接器	目检	1a	不应该有危害正常工作的缺陷

表 C.5　D 组

测试阶段	测试			进行的测量		
	标题	IEC 60512 测试编号	测试严酷性或条件	标题	IEC 60512 测试编号	要求
DP1	电气负载与温度	9b	5 个连接器 500 h，70 ℃，恢复周期 2 h			0.5 A，5 个连接器 没有电流，5 个连接器

表 C.5（续）

测试阶段	测试			进行的测量		
	标题	IEC 60512 测试编号	测试严酷性或条件	标题	IEC 60512 测试编号	要求
DP2			测试电压(d. c.) 100 V±15 V 方法 A 啮合或终接的连接器	绝缘电阻	3a	最小 500 MΩ
DP3			接触/接触 方法 A 啮合或终接的连接器	耐电压	4a	1 000 V d. c. 或 a. c. 峰值
			所有与屏蔽体的接触：方法 A 啮合或终接的连接器			1 500 V d. c. 或 a. c. 峰值
DP4			未啮合或未终接的连接器	目检	1a	不应该有危害正常工作的缺陷
DP5			所有的信号触点和屏蔽体/样品(减去体电阻)	接触电阻	2a	初始的变化最大 20 mΩ

附 录 D
（资料性附录）
电 磁 特 性

布缆由若干无源组件构成，因此，当它被连接到特定应用设备上时，只能针对与电磁依从性（GB 9254 和 GB/T 17618）的符合性，对它进行验证。然而，网络安装的电磁特性受诸如布缆的平衡和/或屏蔽特性等参数的影响。

平衡以不平衡衰减为特征，即，不希望的共模信号功率和注入差模信号功率之间的比率。布缆系统的缺陷（诸如不对称性），而出现的共模信号引起电磁发射并影响抗噪声干扰度。不平衡衰减表示包括线缆和连接器等组件的特征。对于布缆还给出不平衡衰减极限值，为高达 100 MHz 的频率很好地建立了组件的不平衡衰减试验方法。

屏蔽效果表示包括线缆、连接器和快接跳线等组件的特征。频率高达大约 30 MHz，组件屏蔽的效果以转移阻抗为特征。转移阻抗是屏蔽次级侧产生的纵向电压与屏蔽流过的电流的比率。该不希望的电流引起辐射并影响抗扰度。频率更高时，屏蔽效果以为屏蔽衰减为特征，即，屏蔽包围的导体中的共模信号与屏蔽外辐射的信号的比率。

平衡和屏蔽效果特性可以组合为一个参数，耦合衰减，它是希望的信号功率和从线缆辐射的不希望功率的比率。通常，从 30 MHz～1 000 MHz 测量耦合衰减。

耦合衰减能应用于屏蔽和非屏蔽线缆、连接硬件和布缆。

已经开发出组件的试验方法和要求。布缆耦合衰减的特性是有待研究的课题。

使用带有良好的电磁特性的组件、整个系统中使用屏蔽或非屏蔽的组件和按照制造商的说明书安装将有助于达到线缆的良好电磁特性。

当针对与 GB 9254 和 GB/T 17618 的依从性来建造和测试特定应用电子设备时，在本标准所参考的组件的电磁特性可以用作指南。CISPR 要求和这些特性之间的关系是有待研究的课题。

附 录 E
（资料性附录）
平衡线缆的首字母缩略语

各种各样的线缆构造和许多系统用简短形式描述。已经用这些缩略语来描述构造的差异以及阻抗的差异。由于这种首字母缩略语用于许多商业文档并且迄今还没有标准清楚地规定过，同一个术语可能意指不同环境中的不同种类结构。

本附录的目的是要阐明这种情形，并给出了关于如何使用缩略语表示用作通信线缆的主要构造的指南。本文档使用单词平衡线缆、非屏蔽/屏蔽线缆和非屏蔽/屏蔽线缆元素表示在本附录中所描述的线缆构造。

为了减少混淆，图 E.1 规定了更系统的命名。当然，基于本模式的线缆名称仅描述构造的类型而不描述诸如阻抗等任何传输特性。所有的屏蔽线缆，不管是单独或整体、涂箔、织物或都有，都要求匹配的连接硬件能处理包括的所有屏蔽体。

图 E.2 给出基于这种模式的线缆构造及其名称的例子。

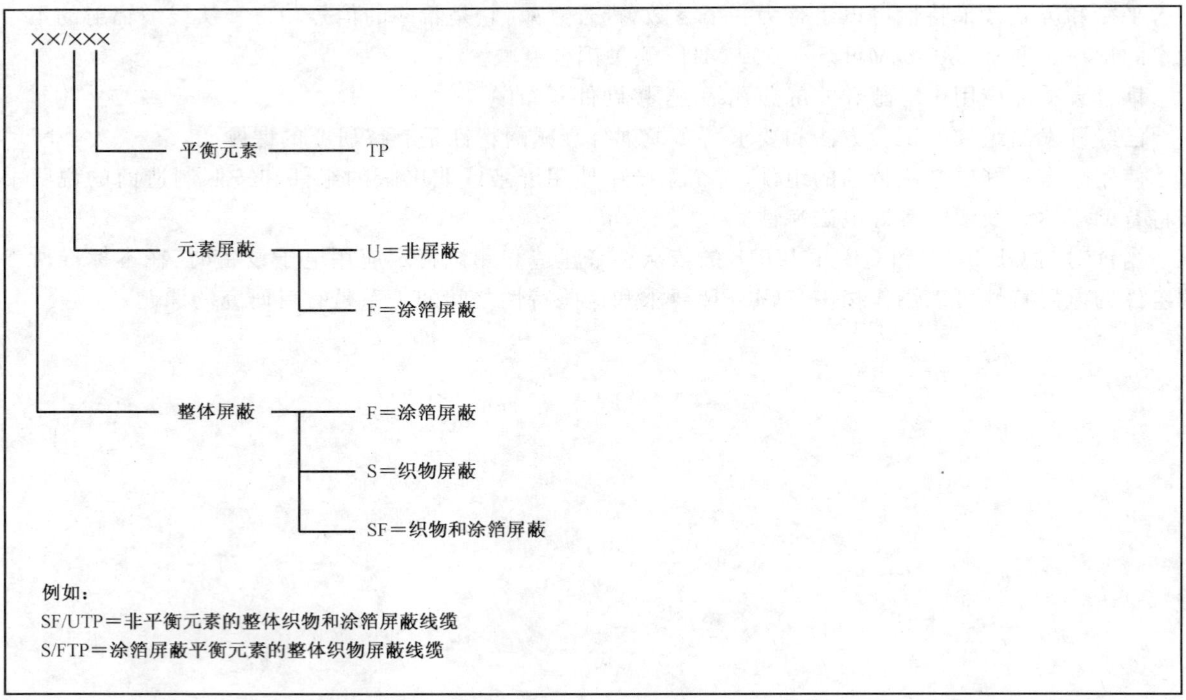

图 E.1 线缆命名模式

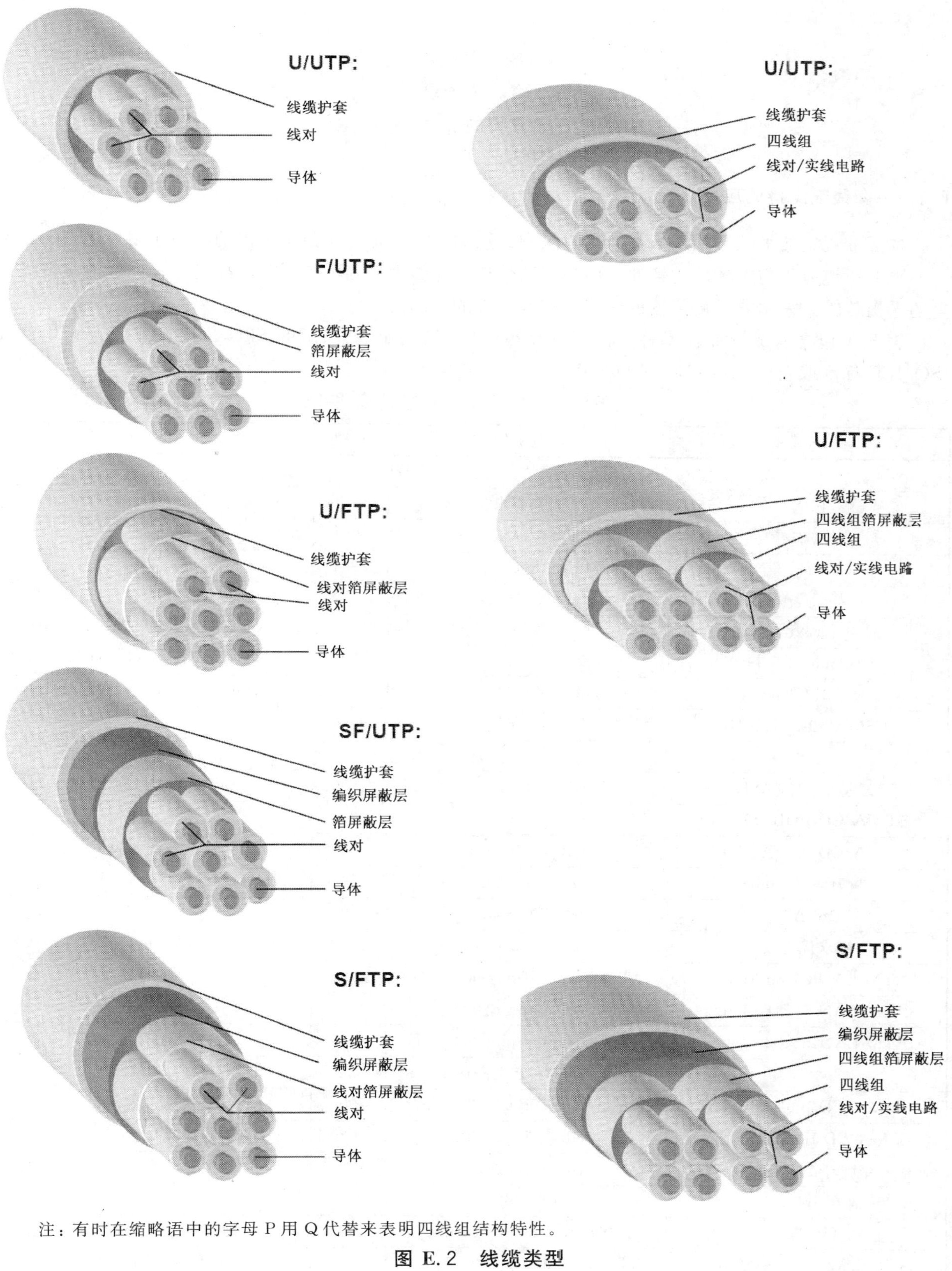

注：有时在缩略语中的字母 P 用 Q 代替来表明四线组结构特性。

图 E.2 线缆类型

附　录　F
（资料性附录）
支持的应用

F.1　平衡线缆支持的应用

本标准规定的平衡布缆用来支持本附录中详述的应用。也可支持未列出的其他应用。

平衡布缆应用与本标准的第6章中规定的信道性能类别相匹配。通用布缆已经设计成能支持光和电的平衡传输。采用非平衡传输的应用不在本标准的范围内。

表F.1包含有成熟或技术稳定的国际规范的应用(例如,已出版的ITU建议,ATM论坛规范或ISO/IEC标准或至少ISO/IEC的DIS状态)。

表F.1　使用平衡布缆的应用

应用	规范引用	日期	辅助名称
A类(定义高达100 kHz)			
PBX	国家要求		
X.21	ITU-T Rec. X.21	1994	
V.11	ITU-T Rec. X.21	1994	
B类(定义高达1 MHz)			
S0-Bus (extended)	ITU-T Rec. I.430	1993	ISDN Basic Access (Physical Layer)
S0 Point-to-Point	ITU-T Rec. I.430	1993	ISDN Basic Access (Physical Layer)
S1/S2	ITU-T Rec. I.431	1993	ISDN Primary Access (Physical Layer)
CSMA/CD 1BASE5	GB/T 15629.3	2000	Starlan
C类(定义高达16 MHz)			
CSMA/CD 10BASE-T	GB/T 15629.3	2000	
CSMA/CD 100BASE-T4	GB/T 15629.3	2000	快速以太网
CSMA/CD 100BASE-T2	GB/T 15629.3	2000	快速以太网
令牌环网4 Mbit/s	GB/T 15629.5	1998	
ISLAN	ISO/IEC 8802-9	1996	集成服务LAN
需求优先级	ISO/IEC 8802-12	1998	VGAnyLAN ™
ATM LAN 25,60 Mbit/s	ATM Forum af-phy-0040.000	1995	ATM-25/3类
ATM LAN 51,84 Mbit/s	ATM Forum af-phy-0018.000	1994	ATM-52/3类
ATM LAN155,52 Mbit/s	ATM Forum af-phy-0047.000	1995	ATM-155/3类
D类(定义高达100 MHz)			
CSMA/CD 100BASE-TX	GB/T 15629.3	2000	快速以太网
CSMA/CD 1000BASE-TX	GB/T 15629.3	2000	千兆以太网
令牌环16 Mbit/s	GB/T 15629.5	1998	
令牌环100 Mbit/s	GB/T 15629.5	2001	
TP-PMD	ISO/IEC FCD 9314-10	2000	独立双绞对物理介质
ATM LAN 155.52 Mbit/s	ATM Forum af-phy-0015.000	1994	ATM-155/5类
E类(定义高达250 MHz)			
ATM LAN 1.2 Gbit/s	ATM Forum af-phy-0162.000	2001	ATM-1200/6类

表 F.1 列出的通用平衡布缆支持的应用使用表 F.2 记录的插针排列。这种映射使每个应用标准规定的模块连接器插针与第 6 章中规定的信道性能类别相关。

表 F.2 应用的模块连接器插针分配

应用	插针 1&2	插针 3&6	插针 4&5	插针 7&8
PBX	A 类[a]	A 类[a]	A 类	A 类[a]
X.21		A 类	A 类	
V.11		A 类	A 类	
S0-Bus(已扩展)	[b]	B 类	B 类	[b]
S0 点到点	[b]	B 类	B 类	[b]
S1/S2	B 类	[c]	B 类	[b]
CSMA/CD 1BASE5	B 类	B 类		
CSMA/CD 1BASE-T	C 类	C 类		
令牌环 4 Mbit/s		C 类	C 类	
ISLAN	C 类	C 类		[b]
需求优先	C 类	C 类	C 类	C 类
ATM-25 3 类	C 类			C 类
ATM-51 3 类	C 类			C 类
ATM-155 3 类	C 类			C 类
令牌环 16 Mbit/s		D 类	D 类	
TP-PMD	D 类			
ATM-155 5 类	D 类			
CSMA/CD 1BASE-T4	C 类	C 类	C 类	C 类
CSMA/CD 1BASE-T2	C 类	C 类		
CSMA/CD 1BASE-TX	D 类	D 类		
令牌环 100 Mbit/s		D 类	D 类	
CSMA/CD 1000BASE-T	D 类	D 类	D 类	D 类
ATM-1200 6 类	E 类	E 类	E 类	E 类

[a] 选项依赖于供应商。

[b] 可选择的电源。

[c] 为了线缆屏蔽连续性的选项。

F.2 光纤布缆支持的应用

本标准中规定的光纤布缆用来支持本附录中详述的应用。也可支持未列出的其他应用。

光纤布缆应用与第 8 章中规定的信道性能类别相关。表 F.3 包含有成熟或技术稳定的国际规范的应用(例如,已出版的 ITU 建议,ATM 论坛规范或 ISO/IEC 标准或至少 ISO/IEC 的 DIS 状态)。表 F.3 也包含有为将来国际标准准备的出现的应用。

为第 9 章包括的每个光纤类型提供了对应用支持的细节,而且表 F.4 和表 F.5 提供了有关最大信道长度的附加信息。光纤类型 OM1、OM2、OM3 和 OS1 在第 9 章中描述。

最大信道长度假设信道内 1.5 dB 的总连接硬件衰减。

表 F.3 使用光纤布缆支持的应用

网络应用	最大信道插入损耗/dB			GB/T 18233 支持							
	多模[a]		单模	OM1 光纤		OM2 光纤		OM3 光纤		OS1 光纤	
	850 nm	1 300 nm	1 310 nm	850 nm	1 300 nm	850 nm	1 300 nm	850 nm	1 300 nm	1 310 nm	1 550 nm
GB/T 15629.3:10BASE-FL,FP[b]&FB[f]	12,5 (6,8)	—	—	OF-2000		OF-2000		OF-2000			
ISO/IEC TR 11802-4:4&16 Mbit/s 令牌环[f]	13,0 (8,0)	—	—	OF-2000		OF-2000		OF-2000			
ATM@52 Mbit/s[g]	NA	10,0 (5,3)	10,0		OF-2000		OF-2000		OF-2000	OF-2000	
ATM@155 Mbit/s[g]	7,2	10,0 (5,3)	7,0	OF-500	OF-2000	OF-500	OF-2000	OF-500	OF-2000	OF-2000	
ATM@622 Mbit/s[e,f,g]	4,0	6,0 (2,0)	7,0	OF-300	OF-500	OF-300	OF-500	OF-300	OF-500	OF-2000	
ISO/IEC 14165-111:光纤信道(FC-PH)@ 133 Mbit/s[c,f]	NA	6,0			OF-2000		OF-2000		OF-2000		
ISO/IEC 14165-111:光纤信道(FC-PH)@ 266 Mbit/s[c,g]	12,0	6,0 (5,5)	6,0	OF-2000	OF-2000	OF-2000	OF-2000	OF-2000	OF-2000	OF-2000	
ISO/IEC 14165-111:光纤信道(FC-PH)@ 531 Mbit/s[c,g]	8,0	—	14,0	OF-500		OF-500		OF-500		OF-2000	
ISO/IEC 14165-111:光纤信道(FC-PH)@ 1 062 Mbit/s[e,g]	4,0	—	6,0	OF-300		OF-500		OF-500		OF-2000	
GB/T 15629.3:1000BASE-SX[e]	2,6 (3,56)	—	—	h		OF-500		OF-500			
GB/T 15629.3:1000BASE-LX[e,g]	—	2,35	4,56		OF-500		OF-500		OF-500	OF-2000	
ISO/IEC 9314-9:FDDI LCF-PMD[b,f]	—	7,0 (2,0)	—		OF-500		OF-500		OF-500		
GB/T 16678.3:FDDI PMD[f]	—	11,0 (6,0)	—		OF-2000		OF-2000		OF-2000		
ISO/IEC 9314-4:FDDI SMF-PMD[g]	—	—	10,0							OF-2000	
GB/T 15629.3:100BASE-FX[f]		11,0 (6,0)	—		OF-2000		OF-2000		OF-2000		
IEEE 802.3:10GBASE-LX4[d]		2,00	6,20		OF-300		OF-300		OF-300	OF-2000	
IEEE 802.3:10GBASE-ER/EW[d]											OF-2000
IEEE 802.3:10GBASE-SR/SW[d]	1,60 (62,5) 1,80 (OM-250) 2,60 (OM-3)	—	—					OF-300			
IEEE 802.3:10GBASE-LR/LW[d,g]	—	—	6,20							OF-2000	

a 所示的这些值用于 62.5/125 和 50/125 的多模光纤，与 50/125 不同的值在括号内。

b 一种应用，仅供参考，工业上不再支持。

c 一种应用，仅供参考，原来的制造集团已经不再支持。

d 一种待开发的应用。

e 一种信道长度下宽带受限的应用。能推荐使用低衰减的组件来产生超过所标示值的信道不能推荐。

f 当使用 50 μm 光纤时信道长度会受到限制。关于细节参见相关应用标准。

g 使用单模光纤时，信道长度可以更长，但已经超出本标准的范围。关于细节参见相关应用标准。

h 查看表 F.4。

表 F.4 光纤应用支持的多模光纤最大信道长度

网络应用	标称传输波长/nm	最大信道长度	
		50 μm 光纤	62.5 μm 光纤
GB/T 15629.3:FOIRL	850	514	1 000
GB/T 15629.3:10BASE-FL&FB	850	1 514	2 000
ISO/IEC TR 11802-4:4&16 Mbit/s 令牌环	850	1 857	2 000
ATM 52 Mbit/s	850	1 000[a]	1 000[b]
ATM 622 Mbit/s	850	300[a]	300[b]
ISO/IEC 14165-111:光纤信道(FC-PH) 266 Mbit/s	850	2 000	700
ISO/IEC 14165-111:光纤信道(FC-PH) 531 Mbit/s	850	1 000	350
ISO/IEC 14165-111:光纤信道(FC-PH) 1 062 Mbit/s[c]	850	500[a]	300[b]
IEEE 802.3:1000BASE-SX	850	550[a]	275[b]
ISO/IEC 9314-9:FDDI LCF-PMD	1 300	500	500
GB/T 16678.3:FDDI PMD	1 300	2 000	2 000
GB/T 15629.3:100BASE-FX	1 300	2 000	2 000
IEEE 802.5t:100 Mbit/s 令牌环	1 300	2 000	2 000
ATM 52 Mbit/s	1 300	2 000	2 000
ATM 155 Mbit/s	1 300	2 000	2 000
ATM 622 Mbit/s	1 300	330	500
ISO/IEC 14165-111:光纤信道(FC-PH) 133 Mbit/s	1 300	不支持	1 500
ISO/IEC 14165-111:光纤信道(FC-PH) 266 Mbit/s	1 300	2 000	1 500
IEEE 802.3:1000BASE-LX[c]	1 300	550[a]	550[b]

[a] 最大衰减每千米(850 nm/1 300 nm):3.5/1.5 dB/km;
最小模态带宽(850 nm/1 300 nm):最小 500 MHzkm/500 MHz。

[b] 最大衰减每千米(850 nm/1 300 nm):3.5/1.5 dB/km;
最小模态带宽(850 nm/1 300 nm):最小 200 MHzkm/500 MHz。

[c] 这些应用在所示的信道长度处受带宽限制。不能推荐使用更低衰减组件来产生超过所示值的信道。

表 F.5 光纤应用支持的单模光纤最大信道长度

网络应用	标称传输波长/nm	最大信道长度/m
ISO/IEC 9314-4:FDDI SMF-PMD	1 310	2 000
ATM 52 Mbit/s	1 310	2 000
ATM 155 Mbit/s	1 310	2 000
ATM 622 Mbit/s	1 310	2 000
ISO/IEC 14165-111:光纤信道(FC-PH) 266 Mbit/s	1 310	2 000
ISO/IEC 14165-111:光纤信道(FC-PH) 531 Mbit/s	1 310	2 000
ISO/IEC 14165-111:光纤信道(FC-PH) 1 062 Mbit/s	1 310	2 000
IEEE 802.3:1000BASE-LX	1 310	2 000

附 录 G
（资料性附录）
关于平衡布缆的信道和永久链路的模型

G.1 概述

定义的信道和永久链路布缆配置的通过/不通过极限值取决于所使用的布缆组件的性能。5.6 中描述了信道配置。表示布缆固定部分的永久链路配置有两种可能的拓扑：

a) 连接加上一段线缆再加上连接(两连接器拓扑)。

b) 连接加上一段线缆再加连接加上另一段线缆加上另一连接(三连接器拓扑)。

本附录包括模型和假设,它们支持本标准中信道和永久链路测试配置的通过/不通过极限值。这些模型和假设基于 IEC 标准中规定的线缆和连接硬件的性能要求。

在所有情况下永久链路的测试极限值设计得要比信道极限值更严格。这样做为通过将符合的快接跳线添加到先前认证的永久链路而创建的信道会满足适用性能极限值提供了合理保障。

注：特别是本附录不提出通过在每端添加快接跳线而成的信道的永久链路配置各部分的可能布缆固定测试配置。在本附录中所示出的若干方法可以用来开发关于这些子部分的相应通过/不通过极限值。

G.2 插入损耗

G.2.1 信道配置的插入损耗

对所有类别类型,信道配置的插入损耗(IL)的通过/不通过极限值等于：

a) 4 个连接器、90 m 水平线缆和 10 m 跳线线缆的总计插入损耗(IL)；

b) 插入损耗偏差(见表 G.1)的容差：

$$IL_{CH}=IL_{cable,90\ m}+IL_{cord,10\ m}+4IL_{connector}+IL_{dev} \quad \cdots\cdots(G.1)$$

$$IL_{cable,90\ m}=0.9\alpha_{cable,100\ m,v} \quad \cdots\cdots(G.2)$$

$$IL_{cord,10\ m}=0.1IL_{cord,100\ m,v}=0.15\alpha_{cable,100\ m,v} \quad \cdots\cdots(G.3)$$

式中：

IL_{CH}——以 dB 表示的信道插入损耗的通过/不通过极限值。

$IL_{cable,90\ m}$——以 dB 表示的 90 m 水平线缆的插入损耗通过/不通过极限值。这等于温度为 v℃时，100 m 实心线缆通过/不通过极限值的 0.9 倍。

$IL_{cord,10\ m}$——以 dB 表示的 10 m 绞合导体线缆的通过/不通过极限值。具有每单位长度的插入损耗比实心导体线缆高 50%。

$IL_{connector}$——以 dB 表示的单个连接器的插入损耗通过/不通过极限值。

IL_{dev}——以 dB 表示的插入损耗偏差。

注：插入损耗偏差是链路配置内的反射产生的。链路的实际插入损耗是链路中布缆组件的插入损耗加插入损耗偏差的总和。

表 G.1 插入损耗偏差(*ILD*)

	关于信道配置的 ILD 重要性	估计值
C类	不重要	0 dB (1 MHz～16 MHz)
D类	不重要	0 dB (1 MHz～100 MHz)
E类	重要,随着线缆总长度的减少及使用改进的组件予以适应	1.0 dB @ 250 MHz
F类	重要,随着线缆总长度的减少及使用改进的组件予以适应	2.0 dB @ 600 MHz

可以组合所有线缆的作用,产生下列公式:

$$IL_{CH} = 1.05\alpha_{cable,100\ m,v} + 4IL_{connector} + IL_{dev} \quad \cdots\cdots (G.4)$$

G.2.2 永久链路配置的插入损耗

对所有类别类型,所有永久链路测试配置的插入损耗(IL)通过/不通过极限值等于线缆组件(假设水平布缆和跳线布缆的最大长度和三个连接器)性能要求的插入损耗加上插入损耗偏差的容差的总和。

下列公式适用:

$$IL_{PL} = 0.9\alpha_{cable,100\ m,v} + 3IL_{connector} + IL_{dev} \quad \cdots\cdots (G.5)$$

G.2.3 插入损耗的假设

G.2.3.1 线缆插入损耗的温度依赖性

双绞线对线缆的插入损耗(IL)温度敏感。线缆的性能要求是 20 ℃时规定的。在 v℃时,每 100 m 的插入损耗是:

$$\alpha_{cable,100\ m,v} = \alpha_{cable,100\ m}\left(1 + (v - 20)\frac{v\_coeff}{100}\right) \quad \cdots\cdots (G.6)$$

式中:

$\alpha_{cable,100\ m,v}$——温度 v℃时 100 m 线缆的插入损耗,dB;

$\alpha_{cable,100\ m}$——20 ℃时 100 m 线缆的插入损耗,dB;

v_coeff——温度系数,%/℃。

该公式可用来计算不是 20 ℃的温度工作时信道和永久链路的测试极限值。温度系数值的信息,参考表 21 和表 22。

G.2.3.2 永久链路插入损耗的假设

对于插入损耗,下列假设适用于信道和永久链路模型。

当测试只有两个连接器的永久链路时,在永久链路中三个连接器的假设是不严格的。通过将符合性快接跳线添加到每端而获得的信道将总是产生符合性的信道。然而,如果添加了包括导致 3 个连接器永久链路的汇集点的布缆,则宜重新测试这种新的永久链路配置。永久链路的 ILD 比信道的 ILD 少。

G.3 *NEXT*

G.3.1 信道配置的 *NEXT*

对所有的类别类型,信道配置的 $NEXT$ 通过/不通过极限值通过如下公式所示,线缆电玉和的 $NEXT$ 加上连接硬件的两倍 $NEXT$ 计算出来:

$$NEXT_{CH} = -20\lg\left(10^{\frac{-NEXT_{cable,100\ m}}{20}} + 2 \times 10^{\frac{-NEXT_{connector}}{20}}\right)(dB) \quad \cdots\cdots (G.7)$$

式中:

$NEXT_{CH}$——信道的 $NEXT$ 通过/不通过极限值,dB;

$NEXT_{cable,100\ m}$——为 100 m 线缆而规定的 $NEXT$,dB;

$NEXT_{connector}$——为单个连接器而规定的 $NEXT$,dB。

近端四个可能的连接器中只有两个明显地影响信道 $NEXT$ 性能。

G.3.2 永久链路配置的 *NEXT*

对所有的类别类型,所有永久链路配置的 $NEXT$ 通过/不通过极限值等于如下公式所示,线缆电压和总的 $NEXT$ 和连接硬件的一倍 $NEXT$:

$$NEXT_{PL} = -20\lg\left(10^{\frac{-NEXT_{cable,100\ m}}{20}} + 10^{\frac{-NEXT_{connector}}{20}}\right)(dB) \quad \cdots\cdots (G.8)$$

式中:

$NEXT_{PL}$——永久链路的 $NEXT$ 通过/不通过极限值,dB。

尽管永久链路可能包括额外的连接器(CP),通过/不通过极限值计算不反映附加的连接器。通过采用如 G.3.3.1 中描述的更准确的模型来适应 CP 的影响。

G.3.3 *NEXT* 假设

G.3.3.1 *NEXT* 更准确的模型

当采用线缆和连接硬件的 *NEXT* 规范时,计算信道和永久链路通过/不通过极限值的方法不是非常精确地表示可以期望的 *NEXT*。尽管从布缆组件性能估算信道和永久链路 *NEXT* 的更详细的方法将导致更精确的结果,但是如 G.3.3.2 进一步指出该模型也包括精确极限值。

这种更详细的方法的原则如下:

a) 对于信道或永久链路中的每个组件,确定 *NEXT* 的影响要反向涉及到输入。这意味着不是直接在观察点的某个组件将通过本身和观察点之间所有组件的往返插入损耗来改善其 *NEXT*。

b) 由于适当的选择距离和测试频率,以电压和(最坏的情况下)的方式累加连接器的所有影响,*NEXT* 的相位能以相位累加。

c) 由于 *NEXT* 影响的相位没有联系,以"功率和"的方式累加线缆各段的所有影响。

d) 由于两者之间没有联系,以"功率和"的方式累加全部连接器的 *NEXT* 和线缆的 *NEXT*。

本方法的所有例子以三连接器永久链路配置、从工作区位置测量(用非常接近的 CP 和 TO)为基础。见图 G.1。

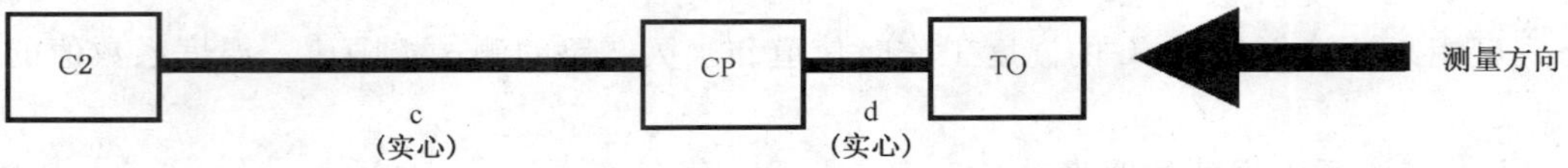

图 G.1 计算高精确 *NEXT* 的例子

第 1 步:TO 的影响:

$$NEXT_{\text{connector,TO}} = NEXT_{\text{connector}} \qquad \cdots\cdots(\text{G.9})$$

式中:

$NEXT_{\text{connector,TO}}$——从末端看到的 TO 的 *NEXT* 影响。

TO 是直接与观察点连接的组件。

第 2 步:线缆段 d 的影响:

短于 100 m 的线缆段的 *NEXT* 约等于下式(见 GB/T 18015.1,该公式用于所有的长度):

$$NEXT_{\text{cable},L} = NEXT_{\text{cable,100 m}} - 10\lg\left(\frac{1-10^{\frac{-IL_{\text{cable},L}}{5}}}{1-10^{\frac{-\alpha_{\text{cable,100 m}}}{5}}}\right) \qquad \cdots\cdots(\text{G.10})$$

式中:

$NEXT_{\text{cable},L}$——长为 L(m)的线缆段的 *NEXT*;

$\alpha_{\text{cable,100 m}}$——100 m 长线缆段的插入损耗;

和

$$IL_{\text{cable},L} = K\frac{L}{100}\alpha_{\text{cable,100 m}}$$

对实心导体线缆 $K=1$ 和绞合导体线缆 $K=1.5$。

因此,长度 L_d 的线缆段 d(通过 TO 的两倍插入损耗改进;$K=1$)的 *NEXT* 影响是:

$$NEXT_{\text{cable,d}} = NEXT_{\text{cable,100 m}} - 10\lg\left(\frac{1-10^{\frac{-\frac{L_d}{100}\alpha_{\text{cable,100 m}}}{5}}}{1-10^{\frac{-\alpha_{\text{cable,100 m}}}{5}}}\right) + 2IL_{\text{connector}} \quad (\text{dB}) \cdots\cdots(\text{G.11})$$

第 3 步:汇集点连接器的影响:

$$NEXT_{\text{cable,CP}} = NEXT_{\text{connector}} + 2\left(IL_{\text{connector}} + \frac{L_d}{100}\alpha_{\text{cable,100 m}}\right) \quad (\text{dB}) \qquad \cdots\cdots(\text{G.12})$$

式中：

$NEXT_{cable,CP}$——从末端看到的 CP 的 $NEXT$ 影响。

第 4 步：线缆段 C 的影响：

$$NEXT_{cable,c} = NEXT_{cable,100\ m} + 10\lg\left(\frac{1-10^{\frac{-\frac{L_c}{100}\alpha_{cable,100\ m}}{5}}}{1-10^{\frac{-\alpha_{cable,100\ m}}{5}}}\right) + 2\left(2IL_{connector} + \frac{L_d}{100}\alpha_{cable,100\ m}\right) \quad \cdots\cdots (G.13)$$

第 5 步：配线架连接器 C2 的影响：

$$NEXT_{connector,C2} = NEXT_{connector} + 2\left(2IL_{connector} + \frac{(L_d + L_c)}{100}\alpha_{cable,100\ m}\right) \quad (dB) \quad \cdots (G.14)$$

式中：

$NEXT_{connector,C2}$——从末端看到的 C2 的 $NEXT$ 影响。

第 6 步：以电压和的方式累加连接器的所有 $NEXT$ 影响：

$$NEXT_{connectors,all} = -20\lg\left(10^{\frac{-NEXT_{connector,TO}}{20}} + 10^{\frac{-NEXT_{connector,CP}}{20}} + 10^{\frac{-NEXT_{connector,C2}}{20}}\right) \quad \cdots\cdots (G.15)$$

第 7 步：以“功率和”的方式累加线缆段的所有 $NEXT$ 影响：

$$NEXT_{cable,all} = -10\lg\left(10^{\frac{-NEXT_{cable,d}}{10}} + 10^{\frac{-NEXT_{cable,c}}{10}}\right) \quad \cdots\cdots (G.16)$$

第 8 步：以“功率和”的方式累加所有线缆段和所有连接器的 $NEXT$ 影响：

$$NEXT_{PL,TO} = -10\lg\left(10^{\frac{-NEXT_{cable,all}}{10}} + 10^{\frac{-NEXT_{connectors,all}}{10}}\right) \quad \cdots\cdots (G.17)$$

式中：

$NEXT_{PL,TO}$——从 TO 端看，永久链路的 $NEXT$。

同一方法可用于信道配置和所有永久链路配置和来自任一端。

当这一详细模型的结果与每个 G.3.2 的预计比较时，发现对 D 类和 E 类信道和永久链路来说简单模型要差 2 dB～3 dB。事实上，这个裕量与长度无关(对于较短链路线缆的 $NEXT$ 意义不大，但是远端连接器的 $NEXT$ 有更大的影响；对于较长链路，这些情况相反。在第一位近似值，这些影响互相抵消了)。对于 F 类链路，对于短信道和永久链路来说，详细的预计是最不利的。因此，当总的插入损耗比本标准规定的门限值低时，F 类链路的通过/不通过极限值可能不适用。

在计算的极限值中裕量的另一个结果是，布缆的组件可以不通过它们的各个要求，而使用这样的组件安装的链路可以仍然通过适当的链路要求。

G.3.3.2 *NEXT* 的附加假设

对于 $NEXT$，下列假设适用于信道和永久链路模型。

a) “功率和”相加构成统计独立的 $NEXT$ 源的假设。可能有些担心这一假设的要求不完全合理。

b) 忽略不平衡信号和差模至共模与共模至差模耦合而导致的过量 $NEXT$ 影响。这些在高频和布缆平衡特性不好时可能很重要。

c) 忽略沿链路中各种信号路由的回波损耗影响。对于 F 类布缆这可能更应认真考虑。有使测得的性能降级的现象(来自与回波损耗影响组合的 $FEXT$ 的过量 $NEXT$)和使测得的性能改善的其他现象(反向反射到线缆的 $NEXT$)。

d) 在具有单独屏蔽导线线对的布缆中，$NEXT$ 机制截然不同。串扰机制涉及在包围每个寻线线对的单独屏蔽中产生共模电流，那个屏蔽的转移阻抗和共模至差模转换进入相邻导线线对内。共模终接特别影响由此引起的串扰。

G.4 *ELFEXT*

G.4.1 信道配置的 *ELFEXT*

对所有类别，信道配置的 *ELFEXT* 的通过/不通过极限值通过如下的公式所示，100 m 线缆电压和的 *ELFEXT* 和连接硬件的 4 倍 *FEXT* 相加计算出来：

$$ELFEXT_{CH} = -20\lg\left(10^{\frac{-ELFEXT_{cable,100\ m}}{20}} + 4 \times 10^{\frac{-FEXT_{connector}}{20}}\right) \qquad \cdots\cdots\cdots\cdots(G.18)$$

式中：

$ELFEXT_{CH}$——信道的 *ELFEXT* 通过/不通过极限值，dB；

$ELFEXT_{cable,100\ m}$——为 100 m 线缆而规定 *ELFEXT*，dB；

$FEXT_{connector}$——为单个连接器而规定的 *FEXT* 和的通过/不通过极限值，dB。

G.4.2 永久链路配置的 *ELFEXT*

对所有类别，永久链路配置的 *ELFEXT* 的通过/不通过极限值如下面的方程式所示，等于 100 m 线缆总电压和的 *ELFEXT* 与连接硬件 3 倍 *FEXT*（在永久链路中，*FEXT* 和插入损耗测量结果受到所有连接器的非常重要影响）：

$$ELFEXT_{PL} = -20\lg\left(10^{\frac{-ELFEXT_{cable,100\ m}}{20}} + 3 \times 10^{\frac{-FEXT_{connector}}{20}}\right) \qquad \cdots\cdots\cdots\cdots(G.19)$$

式中：

$ELFEXT_{PL}$——永久链路的 *ELFEXT* 通过/不通过极限值，dB。

G.4.3 *ELFEXT* 假设

对于 *ELFEXT*，下列假设适用于信道和永久链路模型：

a) 线缆段的 *ELFEXT* 依赖于其长度 *L*：

$10\lg\left(\frac{L}{100}\right)$（*ELFEXT* 随线缆段的长度减少而改善）。

b) 这为永久链路提供了微小的测量裕量：

$10\lg\left(\frac{90}{100}\right)=0.46$ dB。

c) 当所有耦合信号的 *FEXT* 传播大约相同的距离时，计算信道和永久链路性能的方法十分精确。在高频处，时延偏差引起相位差并因此响应无效。

d) 在信道中不存在 *ELFEXT* 裕量。因此，线缆的 *ELFEXT* 通常实际比规定的要求要好。

e) 忽略可能由于不平衡信号和由此引起的交叉模态串扰耦合而造成的过量 *FEXT* 影响。

f) 忽略反射串扰和三元的串扰。

g) 串扰机制涉及交叉模态串扰现象。因此，共模终接显著地影响串扰耦合。

G.5 回波损耗

G.5.1 信道和永久链路的回波损耗

电路分析方法必须用于最准确地预测根据线缆和连接硬件规范的信道和永久链路配置的回波损耗（*RL*）。信道和永久链路配置的回波损耗（*RL*）通过各自信道或永久链路中所有组件的传输链矩阵的矩阵乘法来获得。

$$\begin{bmatrix} \cosh(\gamma L) & Z\sinh(\gamma L) \\ \frac{\sinh(\gamma L)}{Z} & \cosh(\gamma L) \end{bmatrix} \qquad \cdots\cdots\cdots\cdots(G.20)$$

式中：

$\gamma=\alpha+j\beta$——复合传播常数；

Z——复合特性阻抗。

$$\alpha = \frac{IL}{20\lg(e)}$$

式中：

IL——组件的插入损耗，dB。

而 e≅2.718 28(自然对数的底数)。

$$\beta = \frac{2\pi f 10^6}{NVPc}(\text{rad/m})$$

式中：

f——频率，MHz；

NVP——相对于光速的传播标称速度；

c——真空中的光速，3×10^8 m/s；

L——组成部分的长度，m。

回波损耗(RL)从整个传输矩阵$\begin{bmatrix}A & B\\ C & D\end{bmatrix}$通过下式计算出来：

$$Z_{in} = \frac{AZ_{term}+B}{CZ_{term}+D}, \text{和 } RL = -20\lg\left(\left|\frac{Z_{in}-Z_{term}}{Z_{in}+Z_{term}}\right|\right) \quad \cdots\cdots\cdots(G.21)$$

其标称阻抗 $Z_{term}=100\ \Omega$。

G.5.2 回波损耗电路分析方法假设

G.5.2.1 线缆传输矩阵假设

对于线缆，除以 100 m 测试长度的规定的插入损耗通过下式给出：

$$IL = \frac{k_1\sqrt{f}+k_2 f+\frac{k_3}{\sqrt{f}}}{100} \quad (\text{dB}) \quad \cdots\cdots\cdots(G.22)$$

式中，k_1、k_2、k_3 是线缆插入损耗方程式中的常数。

特性阻抗 Z 的特性包括装配(平均)的特性阻抗 Z_{fit}，它假设为沿线缆长度的常数，并且围绕装配的特性阻抗而随机变化。装配的特性阻抗用下式表示：

$$Z_{fit} = Z_0\left(1+0.055\frac{1-j}{\sqrt{f}}\right) \quad \cdots\cdots\cdots(G.23)$$

式中，Z_0 是装配的特性阻抗的渐近值。对于该数量，应该使用如第 9 章中规定的平均特性阻抗的值。

Z_0 的允许值可通过假设低频时忽略来自结构变化的线缆回波损耗的影响来确定。调节 Z_0 值以便在最低的可能频率时，使用传输矩阵方法计算的回波损耗与线缆的回波损耗规范相匹配(测试长度是 100 m)。

线对结构变化可通过将线缆分成随机改变阻抗的许多间隔段来表示，并进行线缆回损的蒙特-卡洛分析。调节这些变化的幅值以便接近整体回波损耗。这是相当大的计算强度和需要许多反复。

更简单的方法是假设结构变化引起的回损是无法用线缆段开始和结尾处反射结果的接口回波损耗来纠正的。分布式回波损耗(DRL，结构回波损耗近似值)通过减去本标准中规定回波损耗的接口回波损耗的"功率和"来获得。

$$DRL = -10\lg\left(10^{\frac{-RL_{cable}}{10}} - 10^{\frac{-RL_{interface}}{10}}\right) \quad \cdots\cdots\cdots(G.24)$$

频率> 50 MHz 时，DRL 可近似为：

$$DRL_{100\,m} = DRL_0 - 10\lg(f) \quad \cdots\cdots\cdots(G.25)$$

式中，DRL_0 是常数。

对5类和6类线缆，DRL_0 的近似 DRL 值是43.5 dB，对于7类线缆是48.3 dB。

该近似值可用来表示大部分布缆长度的布缆中回损的所有分布源的影响。短线缆上的 DRL 影响可用和用于根据GB/T 18015.1缩放 $NEXT$ 的相同公式近似得出。所有线缆段的 DRL 以"功率和"方式加在一起以获得整个链路的 DRL。由于所有线缆段的 DRL 影响不可纠正，前面线缆相加的相同 DRL 也能通过假设长度依赖方程式中的总长度和只计算纠正一次来直接获得。当布缆总长度超过30 m时，长度依赖方程式引起的变化最小，因此，对所有实际布缆长度可使用 DRL 近似值。

G.5.2.2　连接器传输的矩阵假设

对于连接器，采用传播时延常数和长度 L 的乘积：

$$\gamma L = \alpha L + \mathrm{j}\beta L \quad \text{(G.26)}$$

对于连接器，传播常数根据式(G.26)计算。传播常数的幅值从连接器的插入损耗获得，而相位常数从在某一频率时的传播时延计算出来，并假设与频率成比例。见式(G.29)。

电气长度 $L_{\mathrm{connector}}$ 从下式获得：

$$L_{\mathrm{connector}} = NVPc\,\frac{\varphi_{\mathrm{x}}}{360 f_{\mathrm{x}}} \quad \text{(G.27)}$$

式中，φ_{x} 是频率 f_{x} 处(例如，100 MHz)连接器输出和输入之间测得的相位角，以度(°)表示。

连接器现在作为电气长度 $L_{\mathrm{connector}}$ 的短传输线模型。连接器回波损耗的频率响应在感兴趣的频率范围内表现为20 dB/十倍频程的斜率。调整连接器的特性阻抗 $Z_{\mathrm{connector}}$ 值以便与某一频率处的规定回波损耗相匹配。$L_{\mathrm{connector}}$ 的实际值在50 mm～100 mm之间。对于回波损耗为20 dB@100 MHz的连接器，$Z_{\mathrm{connector}}$ 的值在130 Ω～150 Ω之间。

插入损耗常数由下式给出：

$$\alpha L = k_{\mathrm{c}}\sqrt{f} \quad \text{(G.28)}$$

式中，k_{c} 是连接器插入损耗公式中的常数。

相位常数由下式给出：

$$\beta L = \frac{\pi}{180}\varphi_{\mathrm{x}}\,\frac{f}{f_{\mathrm{x}}} \quad \text{(G.29)}$$

G.5.2.3　典型结果

线缆接口处的反射可以是由于线缆段之间特性阻抗不匹配或连接器和线缆段之间的不匹配而导致的。信道中不同组件之间回波损耗的相位相关性和同相相加的电位非常依赖于这些接口彼此之间的物理分离。在最糟情况下的同相相加最可能在15 MHz～30 MHz之间的频率范围内出现，在象征着快接跳线的物理距离与1/4波长相匹配的场合。通过仔细选择连接器的固定低值(例如，2 m)的倍数之间的距离，有可能表示已计算出的回波损耗超过信道或永久链路的通过/不通过极限值。这是不可能的情况，并且仅当布缆组件几乎执行了其各个性能极限值以及在下列条件下工作时，这才会表现自身，下列条件是：

a)　在使用交叉连接的信道中；
b)　在使用汇集点的信道和永久链路中。

附 录 H
(资料性附录)
具有两条连接的 F 类线缆的信道和永久链路

大部分 F 类信道和永久链路只用两个连接来实现。

本附录给出的平衡布缆信道的性能极限值从第 9、10 章的组件性能极限值衍生而来，假设信道由 90 m 实心导体线缆、10 m 跳线和两个连接(见图 H.1)组成。

本附录给出的平衡布缆永久链路的性能极限值从第 9、10 章的组件性能极限值衍生而来，假设永久链路由 90 m 实心导体线缆和两个连接器(见图 H.1)组成。

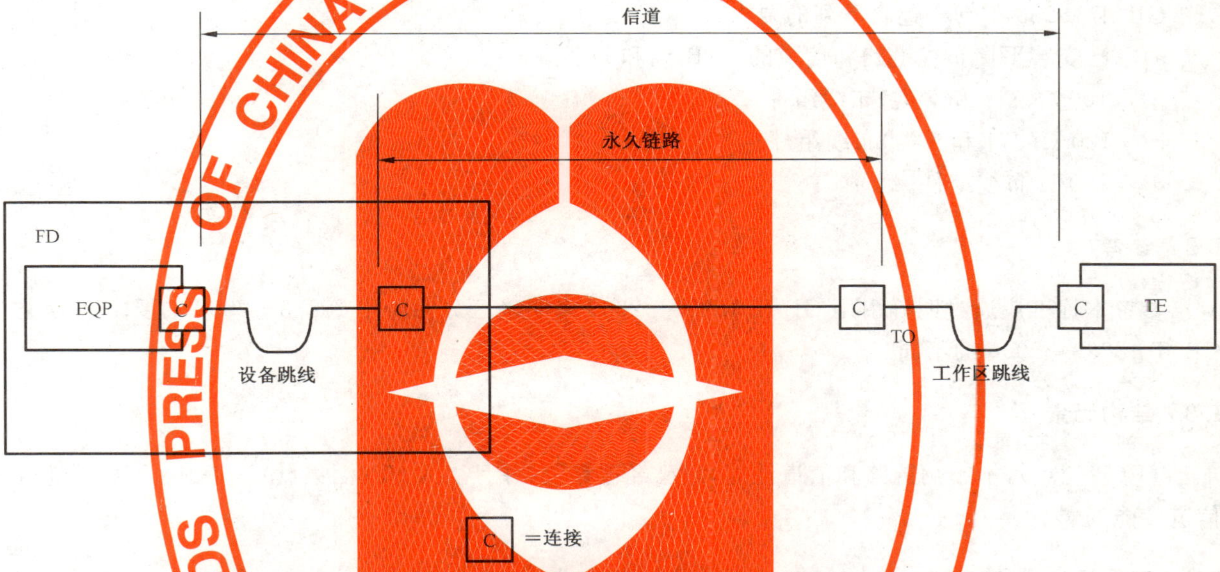

图 H.1 两个连接的信道和永久链路

信道和永久链路的每个线对组合的 *ACR* 在表 H.1 中给出。

信道和永久链路的每个线对的 *PS ACR* 也在表 H.1 中给出。

表 H.1 在关键频率处具有两个连接的 F 类信道和永久链路的 *ACR* 和 *PS ACR* 值

频率/MHz	信道		永久链路	
	最小 *ACR*/dB	最小 *PS ACR*/dB	最小 *ACR*/dB	最小 *PS ACR*/dB
1	61.0	58.0	61.0	58.0
16	57.1	54.1	58.2	55.2
100	44.6	41.6	47.5	44.5
250	27.3	24.3	31.9	28.9
600	1.1	−1.9	8.6	5.6

附 录 I
（资料性附录）
关于本标准与早期版本的平衡线缆要求重要的变化

I.1 概述

本标准包含了对组件和已安装布缆两者的性能要求。这些要求不同于 GB/T 18233—2000 的那些要求。

本资料性附录包含这些显著技术变化的历史记录并提供本标准早期版本和补篇的要求的参考。

GB/T 18233—2000 包含下列的要求：

a) 已安装平衡布缆链路和信道的 A、B、C 和 D 类。

b) 100 Ω(3、4 和 5 类)布缆组件；

c) 120 Ω(3、4 和 5 类)布缆组件；

d) 150 Ω 布缆组件。

I.2 参考

参考本标准应通过明确引用 GB/T 18233—2008 来明确区分 GB/T 18233—2008 的要求和分类与 GB/T 18233—2000 的不同。

I.3 结构元素

TP(转变点)，不影响链路和信道性能，它已经被移去，并且引入 CP(汇集点)。考虑了 CP 对链路和信道性能的影响。

I.4 产品标准号

为了组件标记和系统标识的目的，适当直接引用本标准的出版年份，或使用提供与之联系的特定标准号。

I.5 组件要求

本标准包括了就其最小性能作为已安装链路和信道的若干部分而言所规定的布缆组件的修订。特别是，已经移去 3 类(100 Ω 和 120 Ω)，4 类(100 Ω 和 120 Ω)和 150 Ω 布缆组件并且已包括了 6 类和 7 类要求。

从本标准中移去的所有线缆的规范被包括在 GB/T 18015.2 中。

3 类连接硬件规范和非屏蔽及屏蔽组件分别包括在 GB/T 15157.7 和 IEC 60603-7-1 中。希望 4 类连接硬件规范和非屏蔽及屏蔽组件分别包括在 IEC 60603-7-2 和 IEC 60603-7-3 中。

150 Ω 连接硬件的机械性能要求包括在 IEC 60603-8 中，表 I.1 中包括了主要的传输性能要求。

表 I.1　150 Ω 连接硬件的主要传输性能要求

参数	单位	频率/MHz	要求	测试方法
最大衰减	dB	1.0	0.05	GB/T 18233—2000 附录 A，A.2.3.1[a]
		4.0	0.05	
		10.0	0.10	
		16.0	0.15	
		20.0	0.15	
		31.25	0.15	
		62.5	0.20	
		100	0.25	
最大 *NEXT*	dB	1.0	>65	GB/T 18233—2000 附录 A，A.2.3.2[a]
		4.0	>65	
		10.0	>65	
		16.0	62.4	
		20.0	60.5	
		31.25	56.6	
		62.5	50.6	
		100	46.5	
最大回波损耗	dB	$1\leqslant f\leqslant 100$	$36-20\lg(f/16)$，26 dB max	GB/T 18233—2000 附录 A，A.2.3.2[a]

[a] 详见 I.1。

注："*NEXT* 损耗"是以前版本的用法，现在单独用"*NEXT*"。

I.6　安装布缆要求

本标准包括已安装布缆标准号及性能要求的修改。

图 I.1 和图 I.2 示出了用于 GB/T 18233—2000 的水平和主干布缆的已安装布缆参考点。在这两个图中表示为"链路(1995)"的链路定义为信道，但不包括设备跳线内的线缆。

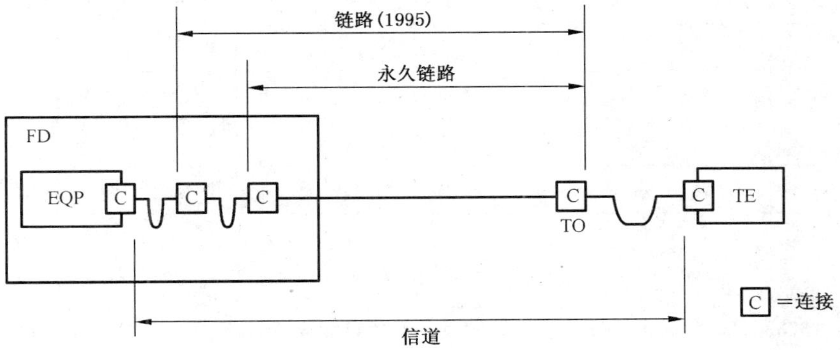

注：本标准的早期版本和修正案不支持汇集点的概念。

图 I.1　水平布缆模型

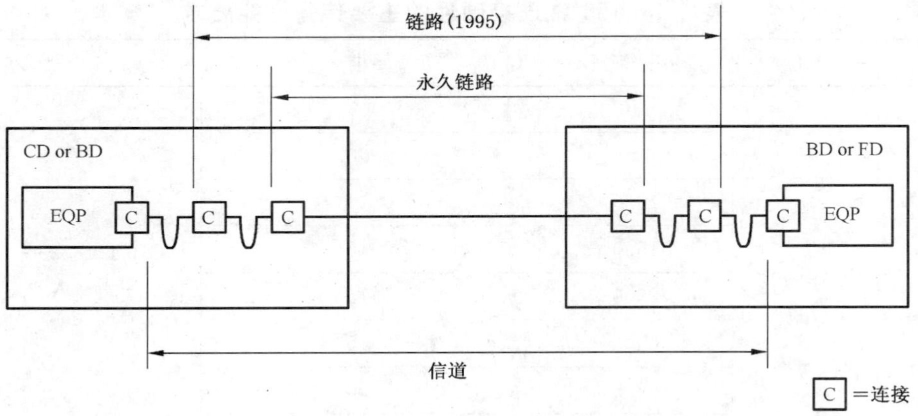

图 I.2 主干布缆模型

在本附录的所有表中,缩略语 L、PL 和 C 分别指"链路"、"永久链路"和"信道"类别的性能极限值。

表 I.2～表 I.8 示出 GB/T 18233—2000 中包括的参数要求。

表 I.2 不同布缆类别链路、永久链路和信道的最小回波损耗极限值

	最小回波损耗/dB					
	C类			D类		
频率/MHz	L	PL	C	L	PL	C
1≤f<10	18.0(f.f.s.)	15.0	15.0	18.0(f.f.s.)	17.0	17.0
10≤f<16	15.0(f.f.s.)	15.0	15.0	15.0(f.f.s.)	17.0	17.0
16≤f<20	N/A	N/A	N/A	15.0(f.f.s.)	17.0	17.0
20≤f≤100	N/A	N/A	N/A	10.0(f.f.s.)	17−7lg(f/20)	17−10lg(f/20)

表 I.3 不同布缆类别链路、永久链路和信道的最大衰减极限值

频率/MHz	最大衰减/dB											
	A类			B类			C类			D类		
	L	PL	C	L	PL	C	L	PL	C	L	PL	C
0.1	16.0	16.0	16.0	5.5	5.5	5.5	N/A	N/A	N/A	N/A	N/A	N/A
1.0	N/A	N/A	N/A	5.8	5.8	5.8	3.7	3.1	4.2	2.5	2.1	2.5
4.0	N/A	N/A	N/A	N/A	N/A	N/A	6.6	5.8	7.3	4.8	4.1	4.5
10.0	N/A	N/A	N/A	N/A	N/A	N/A	10.7	9.6	11.5	7.5	6.1	7.0
16.0	N/A	N/A	N/A	N/A	N/A	N/A	14.0	12.6	14.9	9.4	7.8	9.2
20.0	N/A	N/A	N/A	N/A	N/A	N/A	N/A	N/A	N/A	10.5	8.7	10.3
31.25	N/A	N/A	N/A	N/A	N/A	N/A	N/A	N/A	N/A	13.1	11.0	12.8
62.5	N/A	N/A	N/A	N/A	N/A	N/A	N/A	N/A	N/A	18.4	16.0	18.5
100.0	N/A	N/A	N/A	N/A	N/A	N/A	N/A	N/A	N/A	23.2	20.6	24.0

注:在 GB/T 18233—2000 中规定的 D 类线缆的最大衰减只能通过为 *NEXT* 和 *ACR* 而规定的最小值所给出的极限值范围内加以利用。

表 I.4　不同布缆类别链路、永久链路和信道的最小 *NEXT* 极限值

频率/MHz	最小 *NEXT*/dB											
	A 类			B 类			C 类			D 类		
	L	PL	C	L	PL	C	L	PL	C	L	PL	C
0.1	27.0	27.0	27.0	40.0	40.0	40.0	N/A	N/A	N/A	N/A	N/A	N/A
1.0	N/A	N/A	N/A	25.0	25.0	25.0	39.0	40.1	39.1	54.0	61.2	60.3
4.0	N/A	N/A	N/A	N/A	N/A	N/A	29.0	30.7	29.3	45.0	51.8	50.6
10.0	N/A	N/A	N/A	N/A	N/A	N/A	23.0	24.3	22.7	39.0	45.5	44.0
16.0	N/A	N/A	N/A	N/A	N/A	N/A	19.0	21.0	19.3	36.0	42.3	40.6
20.0	N/A	N/A	N/A	N/A	N/A	N/A	N/A	N/A	N/A	35.0	40.7	39.0
31.25	N/A	N/A	N/A	N/A	N/A	N/A	N/A	N/A	N/A	32.0	37.6	35.7
62.5	N/A	N/A	N/A	N/A	N/A	N/A	N/A	N/A	N/A	27.0	32.7	30.6
100.0	N/A	N/A	N/A	N/A	N/A	N/A	N/A	N/A	N/A	24.0	29.3	27.1

注：在 GB/T 18233—2000 中规定的 D 类线缆的最小 *NEXT* 只能在通过为衰减和 *ACR* 而规定的最大值所给出的极限值范围内加以利用。

表 I.5　不同布缆类别链路、永久链路和信道的最小 *ACR* 极限值

频率/MHz	最小 *ACR*/dB											
	A 类			B 类			C 类			D 类		
	L	PL	C	L	PL	C	L	PL	C	L	PL	C
0.1	11.0	11.0	11.0	34.5	34.5	34.5	—	—	—	—	—	—
1.0	N/A	N/A	N/A	19.2	19.2	19.2	35.3	37.0	34.9	—	59.1	57.8
4.0	N/A	N/A	N/A	N/A	N/A	N/A	22.4	24.9	22.0	40.0	47.7	46.1
10.0	N/A	N/A	N/A	N/A	N/A	N/A	12.3	14.7	11.2	35.0	39.4	37.0
16.0	N/A	N/A	N/A	N/A	N/A	N/A	5.0	8.4	4.4	30.0	34.5	31.4
20.0	N/A	N/A	N/A	N/A	N/A	N/A	N/A	N/A	N/A	28.0	32.0	28.7
31.25	N/A	N/A	N/A	N/A	N/A	N/A	N/A	N/A	N/A	23.0	26.6	22.9
62.5	N/A	N/A	N/A	N/A	N/A	N/A	N/A	N/A	N/A	13.0	16.7	12.1
100.0	N/A	N/A	N/A	N/A	N/A	N/A	N/A	N/A	N/A	4.0	8.7	3.1

注 1：GB/T 18233—2000 的回波损耗要求需要用等于设计的线缆阻抗(100 Ω、120 Ω 或者 150 Ω，如适用)的阻抗所终接的被测链路、永久链路、信道。在本标准中所引用的测试方法要求只能用 100 Ω 的阻抗来终接该布缆。

注 2：GB/T 18233—2000 中规定的 D 类的 *ACR* 值，为在 *NEXT* 和衰减之间的折中选择提供了某种峰值储备。

表 I.6　不同布缆类别链路、永久链路和信道的最大传播时延极限值

类	L		PL		C	
	频率/MHz	最大延迟/μs	频率/MHz	最大延迟/μs	频率/MHz	最大延迟/μs
A	0.01	20.0[a]	0.1	0.9	0.1	20.0[a]
B	1.0	5.0[a]	1.0	0.9	1.0	5.0[a]
C	10.0	1.0	$1 \leqslant f \leqslant 16$	$0.486+0.036/\sqrt{f}$	$1 \leqslant f \leqslant 16$	$0.544+0.036/\sqrt{f}$
D	0.0	1.0	$1 \leqslant f \leqslant 100$	$0.486+0.036/\sqrt{f}$	$1 \leqslant f \leqslant 100$	$0.544+0.036/\sqrt{f}$

[a] 水平通用链路和信道的最大延迟等于 1.0 μs。

表 I.7 不同布缆类别链路、永久链路和信道的最大 d.c. 回路电阻极限值

最大 d.c. 回路电阻/Ω											
A 类			B 类			C 类			D 类		
L	PL	C	L	PL	C	L	PL	C	L	PL	C
560	560	560	170	170	170	40	40	40	40	40	40

术语“不平衡衰减”不用于 GB/T 18233—2000。而是规定“用按照 ITU-T 建议 G.117 测得的 *LCL* 和 *LCTL* 代替纵向差分转换损耗(平衡)”并且其要求在表 I.8 中给出。

表 I.8 不同布缆类别链路、永久链路和信道的最小不平衡衰减(*LCL*/*LCTL*)极限值

频率/MHz	最小 *LCL*/*LCTL*/dB											
	A 类			B 类			C 类			D 类		
	L	PL	C	L	PL	C	L	PL	C	L	PL	C
0.1	30	30	30	45	45	45	35	45	45	40	45	45
1.0	N/A	N/A	N/A	20	20	20	30	30	30	40	40	40
4.0	N/A	N/A	N/A	N/A	N/A	N/A	f. f. s.	f. f. s.	f. f. s.	f. f. s.	f. f. s.	f. f. s.
10.0	N/A	N/A	N/A	N/A	N/A	N/A	25	25	25	30	30	30
16.0	N/A	N/A	N/A	N/A	N/A	N/A	f. f. s.	f. f. s.	f. f. s.	f. f. s.	f. f. s.	f. f. s.
20.0	N/A	N/A	N/A	N/A	N/A	N/A	f. f. s.	f. f. s.	f. f. s.	f. f. s.	f. f. s.	f. f. s.
100.0	N/A	N/A	N/A	N/A	N/A	N/A	N/A	N/A	N/A	f. f. s.	f. f. s.	f. f. s.

参 考 文 献

[1] GB 9254 信息技术设备的无线电骚扰限值和测量方法(GB 9254—1998,idt CISPR 22:1997)

[2] GB/T 17618 信息技术设备抗扰度限值和测量方法(GB/T 17618—1998,idt CISPR 24:1997)

[3] GB/T 2423.2 电工电子产品环境试验 第2部分:试验方法 试验B:高温(GB/T 2423.2—2001,IEC 60068-2-2:1974,IDT)

[4] GB/T 2423.10 电工电子产品环境试验 第二部分:试验方法 试验Fc:振动(正弦)(GB/T 2423.10—2008,IEC 60068-2-6:1995,IDT)

[5] GB/T 2423.51 电工电子产品环境试验 第2部分:试验方法 试验Ke:流动混合气体腐蚀试验(GB/T 2423.51—2000,idt IEC 60068-2-60:1995)

[6] GB/T 12269 射频电缆总规范(GB/T 12269—1990,idt IEC 60096-1:1986)

[7] GB/T 11327.1 聚氯乙烯绝缘聚氯乙烯护套低频通信电缆电线 第1部分:一般试验和测量方法(GB/T 11327.1—1999,idt IEC 60189-1:1986)

[8] GB 5023.2—1997 额定电压450/750 V及以下聚氯乙烯绝缘电缆 第2部分:试验方法(GB 5023.2—1997,idt IEC 60227-2:1979)

[9] GB/T 18380.3 电缆在火焰条件下的燃烧试验 第3部分:成束电线或电缆的燃烧试验方法(GB/T 18380.3—2001,IEC 60332-3:1992,IDT)

[10] IEC 60152-1 电子设备连接器 测试和测量 第1部分:一般要求

[11] GB/T 5095.3—1997 电子设备用机电元件 基本试验规程及测量方法 第3部分:载流容量试验(idt IEC 60512-3:1976)

[12] IEC 60512-25-3 电子设备用连接器 试验和测量 第25-3部分:试验25c上升时间特性变坏

[13] IEC 60708-1 聚烯烃绝缘和带聚烯烃防潮层护套的低频电缆 第1部分:一般设计细节与要求

[14] IEC 60793-1(所有部分) 光纤 第1部分:总则

[15] IEC 60793-1-4X 光纤 第1-4X部分:测量方法和测试流程

[16] IEC 60794-1(所有部分) 光缆 第1部分:总则

[17] GB/T 7424.1 光缆总规范 第1部分:总则(GB/T 7424.1—2003,IEC 60794-1-1:2001 Optical fibre cables—Part 1-1: Generic specification—General,MOD)

[18] GB/T 7424.2 光缆总规范 第2部分:光缆基本试验方法(GB/T 7424.2—2002,IEC 60794-1-2:1999 Optical fibre cables—Part 1-2: Generic specification—Basic optical cable test procedures,MOD)

[19] GB/T 17562.8 频率低于3 MHz的矩形连接器 第8部分:具有4个信号接触件和电缆屏蔽用接地接触件的连接器详细规范(GB/T 17562.8—2002,IEC 60807-8:1992,IDT)

[20] GB/T 2951.1 电缆绝缘和护套材料通用试验方法 第1部分:通用试验方法 第1节:厚度和外形尺寸测量 机械性能试验(GB/T 2951.1—1997,idt IEC 60811-1-1:1993)

[21] GB 7247.1 激光产品的安全 第1部分:设备分类、要求和用户指南(GB 7247.1—2001,IEC 60825-1:1993,IDT)

[22] IEC 60874-10 光纤光缆连接器 第10部分:BFOC/2.5型光纤连接器详细规范

[23] IEC 60874-19-4 光纤光缆连接器 第19-4部分:SC-PC型多模光纤A1a,A1b用光纤连

接器(双工)详细规范

[24] IEC 60874-19-5 光纤光缆连接器 第19-5部分：SC-PC型多模光纤A1a，A1b用光纤连接器(硬双工)详细规范

[25] IEC 60950(所有部分) 信息技术设备 安全

[26] GB/T 18039.3 电磁兼容 环境 公用低压供电系统低频传导骚扰及信号传输的兼容水平(GB/T 18039.3—2003,IEC 61000-2-2:1990,IDT)

[27] IEC/TR3 61000-5-2:1997 电磁兼容性(EMC) 第5部分:安装和调试指南 第2节:接地和电缆敷设

[28] IEC 61000-5-2 电磁兼容性(EMC) 第5-2部分:安装和调试指南 接地和电缆敷设(考虑中)

[29] GB/T 16316 电气安装用导管配件的技术要求 第1部分:通用要求(GB/T 16316—1996,idt IEC 61035-1:1990)

[30] IEC 61076-3-104 电器设备连接器 第3-104部分:频率为600 MHz以下的数据传输用固定式无屏蔽8路连接器的详细规范(考虑中)

[31] IEC 61280(所有部分) 纤维光学通信子系统基本试验程序

[32] IEC 61280-4-1 纤维光学通信子系统试验程序 第4-1部分:光缆设备及链接 多模光缆设备的衰减测量

[33] IEC 61280-4-2:1998 纤维光学通信子系统基本试验程序 第4-2部分:光缆设施 单模光缆系统设施衰减测量

[34] IEC 61280-4-3 纤维光学通信子系统基本试验程序 第4部分:光缆设施 第3节:单模光缆系统设施回波损耗测量

[35] IEC 61300(所有部分) 纤维光学互联器件和无源器件 基本试验和测量程序

[36] GB/T 18310.1 纤维光学互连器件和无源器件 基本试验和测量程序 第2-1部分:试验 振动(正弦)(GB/T 18310.1—2002,IEC 61300-2-1:1995,IDT)

[37] GB/T 18310.4 纤维光学互连器件和无源器件 基本试验和测量程序 第2-4部分:试验 光纤/光缆保持力(GB/T 18310.4—2001,IEC 61300-2-4:1995,IDT)

[38] GB/T 18310.5 纤维光学互连器件和无源器件 基本试验和测量程序 第2-5部分:试验 扭转/扭绞(GB/T 18310.5—2002,IEC 61300-2-5:1995,IDT)

[39] GB/T 18310.6 纤维光学互连器件和无源器件 基本试验和测量程序 第2-6部分:试验 锁紧机构抗拉强度(GB/T 18310.6—2001,IEC 61300-2-6:1995,IDT)

[40] GB/T 18310.12 纤维光学互连器件和无源器件 基本试验和测量程序 第2-12部分:试验 撞击(GB/T 18310.12—2002,IEC 61300-2-12:1995,IDT)

[41] GB/T 18310.17 纤维光学互连器件和无源器件 基本试验和测量程序 第2-17部分:试验 低温(GB/T 18310.17—2003,IEC 61300-2-17:1995,IDT)

[42] GB/T 18310.18 纤维光学互连器件和无源器件 基本试验和测量程序 第2-18部分:试验 干热 高温耐久性(GB/T 18310.18—2001,IEC 61300-2-18:1995,IDT)

[43] GB/T 18310.19 纤维光学互连器件和无源器件 基本试验和测量程序 第2-19部分:试验 恒定湿热(GB/T 18310.19—2002,IEC 61300-2-19:1995,IDT)

[44] GB/T 18310.22 纤维光学互连器件和无源器件 基本试验和测量程序 第2-22部分:试验 温度变化(GB/T 18310.22—2003,IEC 61300-2-22:1995,IDT)

[45] GB/T 18310.42 纤维光学互连器件和无源器件 基本试验和测量程序 第2-42部分:试验 连接器的静态端部负荷(GB/T 18310.42—2003,IEC 61300-2-42:1998,IDT)

[46] GB/T 15629.3 信息处理系统 局域网 第3部分:带碰撞检测的载波侦听多址访问(CS-

MA/CD)的访问方法和物理层规范(GB/T 15629.3—1995,idt ISO/IEC 8802-3:1990)

[47] ISO/IEC 8802-4 信息处理系统 局域网 第 4 部分:记号传送总线存取法和物理层规范

[48] GB/T 15629.5 信息技术 局域网和城域网 第 5 部分:令牌环访问方法和物理层规范(GB/T 15629.5—1996,idt ISO/IEC 8802-5:1992)

[49] ISO/IEC 8802-9 信息技术 系统间通信和信息交换 局域网和城域网 特定要求 第 9 部分:媒体访问控制(MAC)和物理层(PHY)LAN 接口综合服务(IS)

[50] ISO/IEC 8802-12 信息技术 系统间远程通信和信息交换 局域网和城域网 特定要求 第 12 部分:优先要求访问方法、物理层和中继器规范

[51] GB/T 17535 信息技术 系统间远程通信和信息交换 在 S 和 T 参考点上定位的 ISDN 基本接入接口用的接口连接器和接触件分配(GB/T 17535—1998,idt ISO/IEC 8877:1992)

[52] GB/T 16678.3 信息处理系统 光纤分布式数据接口(FDDI) 第 3 部分:令牌环物理层媒体相关部分(PMD)(GB/T 16678.3—1996,idt ISO/IEC 9314-3:1990)

[53] ISO/IEC 9314-4 信息处理系统 光纤分布式数据接口(FDDI) 第 4 部分:单模光纤物理层相关媒体(SMF-PMD)

[54] ISO/IEC 9314-9 信息处理系统 光纤分布式数据接口(FDDI) 第 9 部分:低价光纤物理层相关媒体(LCF-PMD)

[55] ISO/IEC 9314-10 信息技术光纤分布式数据接口(FDDI) 第 10 部分:双绞线物理层相关媒体(TP-PMD)

[56] GB/T 18235.1 信息技术 高性能并行接口 第 1 部分:机械、电气及信号协议规范(HIPPI-PH)(GB/T 18235.1—2000,idt ISO/IEC 11518-1:1995)

[57] ISO/IEC/TR2 11802-4:1994 信息技术 系统间远程通信和信息交换 局域网和城域网 技术报告和指南 第 4 部分:令牌环访问方法和物理层规范 光纤连接

[58] ISO/IEC/TR 12075 信息技术 用户建筑群 支持 ISO/IEC 8802-5 令牌环站的规划和安装指南

[59] ISO/IEC 14165-111 信息技术 光纤信道 第 111 部分:物理和信令接口(考虑中)

[60] ISO/IEC 14165-114 信息技术 光纤信道 第 111 部分:100 M/s 平衡铜物理接口(考虑中)

[61] ISO/IEC 14709(所有部分) 信息技术 作为应用的用户建筑群(CPC)布缆的配置

[62] ISO/IEC 14709-1 信息技术 作为应用的用户建筑群(CPC)布缆的配置 第 1 部分:综合业务数字网(ISDN)基本访问

[63] ISO/IEC 14709-2 信息技术 作为应用的用户建筑群(CPC)布缆的配置 第 2 部分:综合业务数字网(ISDN)主要访问

[64] ISO/IEC 15018 信息技术 家用通用布缆(考虑中)

[65] ITU-T Rec. G.117 对地不平衡的传输问题

[66] ITU-T Rec. I.430 基本用户 网络接口 第 1 层规范

[67] ITU-T Rec. I.431 一次群速率用户 网络接口 第 1 层规范

[68] ITU-T Rec. I.432 B-ISDN 用户网络接口 物理层规范

[69] ITU-T Rec. G.650 传输媒体特性 单模光纤的相关参数的定义和测试方法

[70] ITU-T Rec. G.651 多模渐变折射率光纤光缆的特征

[71] ITU-T Rec O.9 评价对地不平衡度的测量装置

[72] ITU-T Rec. V.11 在现场数据通信中一般使用的综合电路设备的平衡双流接口电路的电特性

[73] ITU-T Rec. X.21 公用数据网同步操作的数据终端设备和数据电路终接设备之间的接口

ICS 91.120.30
Q 17

中华人民共和国国家标准

GB 18242—2008
代替 GB 18242—2000

弹性体改性沥青防水卷材

Styrene butadiene styrene(SBS) modified bituminous sheet materials

2008-09-18 发布

2009-09-01 实施

中华人民共和国国家质量监督检验检疫总局
中国国家标准化管理委员会 发布

前　言

本标准 5.3、8.1 为强制性的，其余为推荐性的。

本标准与 EN 13707—2004《柔性防水卷材——屋面防水用增强沥青卷材——定义和要求》一致性程度为非等效。

本标准代替 GB 18242—2000《弹性体改性沥青防水卷材》。

本标准与 GB 18242—2000 相比，主要变化如下：

——胎基中增列了玻纤增强聚酯毡（2000 版的 3.1.1；本版的 3.1.1）；

——增列了 5 mm 厚度的产品，删除了 2 mm 厚度的产品（2000 版的 3.2.2；本版的 3.2）；

——修改了产品的用途提示（2000 版的 3.4；本版的 3.4）；

——用单位面积质量代替卷重（2000 版的 4.1，本版的 4.1）；

——增列了原材料要求（本版的第 4 章）；

——材料性能增加了次高峰拉力、第二峰时延伸率、浸水后质量增加、热老化、渗油性、接缝剥离强度、钉杆撕裂强度、矿物粒料粘附性、卷材下表面沥青涂盖层厚度（2000 版的表 3，本版的表 2）；

——调整了拉力，删除了撕裂强度（2000 版的表 3，本版的表 2）；

——对试验方法进行了修订，按 GB/T 328—2007 进行试验（2000 版的第 5 章，本版的第 6 章）；

——出厂检验项目进行了修订，型式检验周期进行了修改（2000 版的 6.1，本版的 7.1）。

本标准由中国建筑材料联合会提出。

本标准由全国轻质与装饰装修建筑材料标准化技术委员会（SAC/TC 195）归口。

本标准负责起草单位：中国建筑防水材料工业协会、建筑材料工业技术监督研究中心、中国化学建筑材料公司苏州防水材料研究设计所。

本标准参加起草单位：北京东方雨虹防水技术股份有限公司、徐州卧牛山新型防水材料有限公司、盘锦禹王防水建材集团有限公司、颐中（青岛）化学建材有限公司、威达（江苏）建筑材料有限公司、索普瑞玛（上海）建材贸易有限公司、保定市北方防水工程公司、温州长城防水材料厂、东营大明防水有限责任公司、大连细扬防水工程集团有限公司、杰斯曼（上海）无纺布有限公司、吴江市月星防水材料有限公司、常熟市三恒建材有限责任公司、上海台安工程实业有限公司、扬州志高建筑防水材料有限公司、广东科顺化工实业有限公司、上海建筑防水材料（集团）公司、潍坊市宏源防水材料有限公司、潍坊市宇虹防水材料集团有限公司、潍坊市晨鸣新型防水材料有限公司、盘锦大禹防水建材有限公司、苏州力星防水材料有限公司、湖北永阳防水材料股份有限公司、唐山德生防水材料有限公司、科德宝宝利得（上海）贸易有限公司、陕西昌炎置业有限公司、宁波市鄞州劲松防水材料厂、新乡日月防水技术有限公司。

本标准主要起草人：朱志远、杨斌、朱冬青、段文峰、詹福民、李国干、陈孟斌、朱晓华、李伶、刘焕弟、樊细杨、郑家玉。

本标准委托中国化学建筑材料公司苏州防水材料研究设计所负责解释。

本标准 2000 年首次发布。

弹性体改性沥青防水卷材

1 范围

本标准规定了弹性体改性沥青防水卷材(简称SBS防水卷材)的分类和标记、原材料、要求、试验方法、检验规则、标志、包装、贮存与运输。

本标准适用于以聚酯毡、玻纤毡、玻纤增强聚酯毡为胎基,以苯乙烯-丁二烯-苯乙烯(SBS)热塑性弹性体作石油沥青改性剂,两面覆以隔离材料所制成的防水卷材。

2 规范性引用文件

下列文件中的条款通过本标准的引用而成为本标准的条款。凡是注日期的引用文件,其随后所有的修改单(不包括勘误的内容)或修订版均不适用于本标准,然而,鼓励根据本标准达成协议的各方研究是否可使用这些文件的最新版本。凡是不注日期的引用文件,其最新版本适用于本标准。

GB/T 328.2 建筑防水卷材试验方法 第2部分:沥青防水卷材 外观

GB/T 328.4 建筑防水卷材试验方法 第4部分:沥青防水卷材 厚度、单位面积质量

GB/T 328.6 建筑防水卷材试验方法 第6部分:沥青防水卷材 长度、宽度、平直度

GB/T 328.8 建筑防水卷材试验方法 第8部分:沥青防水卷材 拉伸性能

GB/T 328.10—2007 建筑防水卷材试验方法 第10部分:沥青和高分子防水卷材 不透水性

GB/T 328.11—2007 建筑防水卷材试验方法 第11部分:沥青防水卷材 耐热性

GB/T 328.14 建筑防水卷材试验方法 第14部分:沥青防水卷材 低温柔性

GB/T 328.17—2007 建筑防水卷材试验方法 第17部分:沥青防水卷材 矿物料粘附性

GB/T 328.18 建筑防水卷材试验方法 第18部分:沥青防水卷材 撕裂性能(钉杆法)

GB/T 328.20 建筑防水卷材试验方法 第20部分:沥青防水卷材 接缝剥离强度

GB/T 328.26 建筑防水卷材试验方法 第26部分:沥青防水卷材 可溶物含量(浸涂材料含量)

GB/T 18244 建筑防水材料老化试验方法

GB/T 18840 沥青防水卷材用胎基

JC/T 905 弹性体改性沥青

3 分类和标记

3.1 类型

3.1.1 按胎基分为聚酯毡(PY)、玻纤毡(G)、玻纤增强聚酯毡(PYG)。

3.1.2 按上表面隔离材料分为聚乙烯膜(PE)、细砂(S)、矿物粒料(M)。下表面隔离材料为细砂(S)、聚乙烯膜(PE)。

注:细砂为粒径不超过0.60 mm的矿物颗粒。

3.1.3 按材料性能分为Ⅰ型和Ⅱ型。

3.2 规格

卷材公称宽度为1 000 mm。

聚酯毡卷材公称厚度为3 mm、4 mm、5 mm。

玻纤毡卷材公称厚度为3 mm、4 mm。

玻纤增强聚酯毡卷材公称厚度为5 mm。

每卷卷材公称面积为7.5 m^2、10 m^2、15 m^2。

3.3 标记

产品按名称、型号、胎基、上表面材料、下表面材料、厚度、面积和本标准编号顺序标记。

示例：10 m^2 面积、3 mm 厚上表面为矿物粒料、下表面为聚乙烯膜聚酯毡 I 型弹性体改性沥青防水卷材标记为：

SBS I PY M PE 3 10 GB 18242—2008

3.4 用途

3.4.1 弹性体改性沥青防水卷材主要适用于工业与民用建筑的屋面和地下防水工程。

3.4.2 玻纤增强聚酯毡卷材可用于机械固定单层防水，但需通过抗风荷载试验。

3.4.3 玻纤毡卷材适用于多层防水中的底层防水。

3.4.4 外露使用采用上表面隔离材料为不透明的矿物粒料的防水卷材。

3.4.5 地下工程防水采用表面隔离材料为细砂的防水卷材。

4 原材料

4.1 改性沥青

改性沥青宜符合 JC/T 905 的规定。

4.2 胎基

4.2.1 胎基仅采用聚酯毡、玻纤毡、玻纤增强聚酯毡。

4.2.2 采用聚酯毡与玻纤毡作胎基应符合 GB/T 18840 的规定。玻纤增强聚酯毡的规格与性能应满足按本标准生产防水卷材的要求。

4.3 表面隔离材料

表面隔离材料不得采用聚酯膜(PET)和耐高温聚乙烯膜。

5 要求

5.1 单位面积质量、面积及厚度

单位面积质量、面积及厚度应符合表 1 的规定。

表 1 单位面积质量、面积及厚度

规格(公称厚度)/mm		3			4			5		
上表面材料		PE	S	M	PE	S	M	PE	S	M
下表面材料		PE	PE、S		PE	PE、S		PE	PE、S	
面积/(m^2/卷)	公称面积	10、15			10、7.5			7.5		
	偏差	±0.10			±0.10			±0.10		
单位面积质量/(kg/m^2) ≥		3.3	3.5	4.0	4.3	4.5	5.0	5.3	5.5	6.0
厚度/mm	平均值 ≥	3.0			4.0			5.0		
	最小单值	2.7			3.7			4.7		

5.2 外观

5.2.1 成卷卷材应卷紧卷齐，端面里进外出不得超过 10 mm。

5.2.2 成卷卷材在(4～50)℃任一产品温度下展开，在距卷芯 1 000 mm 长度外不应有 10 mm 以上的裂纹或粘结。

5.2.3 胎基应浸透，不应有未被浸渍处。

5.2.4 卷材表面应平整，不允许有孔洞、缺边和裂口、疙瘩，矿物粒料粒度应均匀一致并紧密地粘附于卷材表面。

5.2.5 每卷卷材接头处不应超过一个，较短的一段长度不应少于 1 000 mm，接头应剪切整齐，并加长

150 mm。

5.3 材料性能

材料性能应符合表 2 要求。

表 2 材料性能

序号	项目		指标				
			I		II		
			PY	G	PY	G	PYG
1	可溶物含量/(g/m²) ≥	3 mm	2 100				—
		4 mm	2 900				—
		5 mm	3 500				
		试验现象	—	胎基不燃	—	胎基不燃	—
2	耐热性	℃	90		105		
		≤mm	2				
		试验现象	无流淌、滴落				
3	低温柔性/℃		−20		−25		
			无裂缝				
4	不透水性 30 min		0.3 MPa	0.2 MPa	0.3 MPa		
5	拉力	最大峰拉力/(N/50 mm) ≥	500	350	800	500	900
		次高峰拉力/(N/50 mm) ≥	—	—	—	—	800
		试验现象	拉伸过程中，试件中部无沥青涂盖层开裂或与胎基分离现象				
6	延伸率	最大峰时延伸率/% ≥	30	—	40	—	—
		第二峰时延伸率/% ≥	—		—		15
7	浸水后质量增加/% ≤	PE、S	1.0				
		M	2.0				
8	热老化	拉力保持率/% ≥	90				
		延伸率保持率/% ≥	80				
		低温柔性/℃	−15		−20		
			无裂缝				
		尺寸变化率/% ≤	0.7	—	0.7	—	0.3
		质量损失/% ≤	1.0				
9	渗油性	张数 ≤	2				
10	接缝剥离强度/(N/mm) ≥		1.5				
11	钉杆撕裂强度[a]/N ≥		—				300
12	矿物粒料粘附性[b]/g ≤		2.0				
13	卷材下表面沥青涂盖层厚度[c]/mm ≥		1.0				
14	人工气候加速老化	外观	无滑动、流淌、滴落				
		拉力保持率/% ≥	80				
		低温柔性/℃	−15		−20		
			无裂缝				

a 仅适用于单层机械固定施工方式卷材。

b 仅适用于矿物粒料表面的卷材。

c 仅适用于热熔施工的卷材。

6 试验方法

6.1 标准试验条件

标准试验条件(23±2)℃。

6.2 面积

按 GB/T 328.6 测量长度和宽度,以其平均值相乘得到卷材的面积。

6.3 厚度

按 GB/T 328.4 进行,对于细砂面防水卷材,去除测量处表面的砂粒再测量卷材厚度;对矿物粒料防水卷材,在卷材留边处,距边缘 60 mm 处,去除砂粒后在长度1 m范围内测量卷材的厚度。

6.4 单位面积质量

称量每卷卷材卷重,根据 6.2 得到的面积,计算单位面积质量(kg/m^2)。

6.5 外观

按 GB/T 328.2 进行。

6.6 试件制备

将取样卷材切除距外层卷头 2 500 mm 后,取 1 m 长的卷材按 GB/T 328.4 取样方法均匀分布裁取试件,卷材性能试件的形状和数量按表 3 裁取。

表 3 试件形状和数量

<table>
<tr><th>序号</th><th colspan="2">试验项目</th><th>试件形状(纵向×横向)/mm</th><th>数量/个</th></tr>
<tr><td>1</td><td colspan="2">可溶物含量</td><td>100×100</td><td>3</td></tr>
<tr><td>2</td><td colspan="2">耐热性</td><td>125×100</td><td>纵向 3</td></tr>
<tr><td>3</td><td colspan="2">低温柔性</td><td>150×25</td><td>纵向 10</td></tr>
<tr><td>4</td><td colspan="2">不透水性</td><td>150×150</td><td>3</td></tr>
<tr><td>5</td><td colspan="2">拉力及延伸率</td><td>(250~320)×50</td><td>纵横向各 5</td></tr>
<tr><td>6</td><td colspan="2">浸水后质量增加</td><td>(250~320)×50</td><td>纵向 5</td></tr>
<tr><td rowspan="3">7</td><td rowspan="3">热老化</td><td>拉力及延伸率保持率</td><td>(250~320)×50</td><td>纵横向各 5</td></tr>
<tr><td>低温柔性</td><td>150×25</td><td>纵向 10</td></tr>
<tr><td>尺寸变化率及质量损失</td><td>(250~320)×50</td><td>纵向 5</td></tr>
<tr><td>8</td><td colspan="2">渗油性</td><td>50×50</td><td>3</td></tr>
<tr><td>9</td><td colspan="2">接缝剥离强度</td><td>400×200(搭接边处)</td><td>纵向 2</td></tr>
<tr><td>10</td><td colspan="2">钉杆撕裂强度</td><td>200×100</td><td>纵向 5</td></tr>
<tr><td>11</td><td colspan="2">矿物粒料粘附性</td><td>265×50</td><td>纵向 3</td></tr>
<tr><td>12</td><td colspan="2">卷材下表面沥青涂盖层厚度</td><td>200×50</td><td>横向 3</td></tr>
<tr><td rowspan="2">13</td><td rowspan="2">人工气候加速老化</td><td>拉力保持率</td><td>120×25</td><td>纵横向各 5</td></tr>
<tr><td>低温柔性</td><td>120×25</td><td>纵向 10</td></tr>
</table>

6.7 可溶物含量

按 GB/T 328.26 进行。

对于标称玻纤毡卷材的产品,可溶物含量试验结束后,取出胎基用火点燃,观察现象。

6.8 耐热性

按 GB/T 328.11—2007 中 A 法进行,无流淌、滴落。

6.9 低温柔性

按 GB/T 328.14 进行,3 mm 厚度卷材弯曲直径 30 mm,4 mm、5 mm 厚度卷材弯曲直径 50 mm。

6.10 不透水性

按 GB/T 328.10—2007 中方法 B 进行,采用 7 孔盘,上表面迎水。上表面为细砂、矿物粒料时,下表面迎水,下表面也为细砂时,试验前,将下表面的细砂沿密封圈一圈除去,然后涂一圈 60 号～100 号热沥青,涂平待冷却 1 h 后检测不透水性。

6.11 拉力及延伸率

按 GB/T 328.8 进行,夹具间距 200 mm。分别取纵向、横向各五个试件的平均值。试验过程中观察在试件中部是否出现沥青涂盖层与胎基分离或沥青涂盖层开裂现象。

对于 PYG 胎基的卷材需要记录两个峰值的拉力和对应延伸率。

6.12 浸水后质量增加

6.12.1 仪器设备

6.12.1.1 有盖子水槽。

6.12.1.2 天平:精度 0.1 g。

6.12.1.3 毛刷。

6.12.1.4 鼓风烘箱:控温精度±2 ℃。

6.12.1.5 悬挂试件的装置。

6.12.2 试件处理

对于测量质量增加的试件,用毛刷清除表面所有粘结不牢的砂粒,试件在(50±2)℃的烘箱中干燥 24 h±30 min,然后在标准试验条件下放置 1 h 后称量试件质量(m_1),在干燥和放置过程中试件相互间不应接触。然后浸入(23±2)℃的水中 7 d±1 h,试件应完全浸入水中。为了防止掉砂,每组试件最好分别放置。

6.12.3 试验步骤

在浸水 7 d±1 h 后,取出试件及掉落的砂粒,在(23±2)℃,相对湿度(50±5)%的条件下放置 5 h±5 min。试件干燥过程中垂直悬挂,相互间距至少 20 mm,然后称量试件及脱落的砂粒质量(m_2)。

6.12.4 结果计算

质量增加按式(1)计算:

$$w = \frac{m_2 - m_1}{m_1} \times 100 \qquad \cdots\cdots(1)$$

式中:

w——试件处理后质量增加,%;

m_1——试件处理前质量,单位为克(g);

m_2——试件处理后质量,单位为克(g)。

试验结果取五个试件的算术平均值。

6.13 热老化

6.13.1 仪器设备

6.13.1.1 天平:精度 0.1 g。

6.13.1.2 烘箱:控温精度±2 ℃。

6.13.1.3 游标卡尺:精度±0.02 mm。

6.13.2 试件处理

纵向拉力保持率及最大拉力时延伸率可以用尺寸变化率及质量损失测定后的试件试验,有争议时用新试件试验。

对于测量拉力保持率、延伸率保持率、尺寸变化率和低温柔性的试件,平放在撒有滑石粉的玻璃板上，然后将试件水平放入已调节到(80±2)℃的烘箱中，在此温度下处理 10 d±1 h。

进行质量损失测定的试件按 6.6 裁取后，用毛刷清除表面所有粘结不牢的砂粒。试件在(50±2)℃的烘箱中干燥 24 h±30 min，然后在标准试验条件下放置 1 h 后称量试件质量(m_1)。

测定尺寸变化率的试件用游标卡尺测量试件的长度(L_1)。

试件在干燥和放置过程中相互间不应接触。质量损失试件放置在隔离纸上，其他试件平放在撒有滑石粉的玻璃板上，然后将试件水平放入已调节到(80±2)℃的烘箱中，在此温度下处理 10 d±1 h。

6.13.3 试验步骤

在加热处理 10 d±1 h 后，取出试件在标准试验条件下放置 2 h±5 min。

对于拉力保持率试件，立即按 6.11 进行拉伸试验。

对于低温柔性试件，立即按 6.9 进行试验。

对于尺寸变化率试件，立即在原来测量 L_1 的位置测量试件长度(L_2)。

对于质量损失试件，立即称量试件质量(m_2)。

6.13.4 结果计算

6.13.4.1 拉力保持率及延伸率保持率

拉力保持率按式(2)计算：

$$R_t = TS'/TS \times 100 \qquad \cdots\cdots(2)$$

式中：

R_t——试件处理后拉力保持率，%；

TS——试件处理前拉力平均值，单位为牛顿每 50 毫米(N/50 mm)；

TS'——试件处理后拉力平均值，单位为牛顿每 50 毫米(N/50 mm)。

拉力保持率用五个试件的平均值计算。

延伸率保持率参照式(2)计算。

对于 PYG 胎基产品，拉力保持率以最高峰值计算。

对于 PYG 胎基产品，延伸率保持率以第二峰时延伸率计算。

6.13.4.2 低温柔性

记录试件表面有无裂缝。

6.13.4.3 尺寸变化率

每个试件的尺寸变化率按式(3)计算：

$$D = \left|\frac{L_2 - L_1}{L_1}\right| \times 100 \qquad \cdots\cdots(3)$$

式中：

D——试件处理后尺寸变化率，%；

L_1——试件处理前长度，单位为毫米(mm)；

L_2——试件处理后长度，单位为毫米(mm)。

试验结果取五个试件的算术平均值。

6.13.4.4 质量损失

质量损失按式(4)计算：

$$w = \frac{m_1 - m_2}{m_1} \times 100 \qquad \cdots\cdots(4)$$

式中：

w——试件处理后质量损失，%；

m_1——试件处理前质量，单位为克(g)；

m_2——试件处理后质量，单位为克(g)。

试验结果取五个试件的算术平均值。

6.14 渗油性

6.14.1 仪器设备

6.14.1.1 烘箱：控温精度±2 ℃。

6.14.1.2 滤纸：中速定性滤纸。

6.14.2 试件制备

将用于试验的试件下表面 PE 膜或细砂除去，去除方法参考 GB/T 328.11。

6.14.3 试验步骤

将处理好的试件分别放在 5 层直径大于试件的滤纸上，滤纸下垫釉面砖，试件上面压 1 kg 的重物，然后将试件放入已调节到耐热性规定温度的烘箱中，水平放置 5 h±15 min，然后在标准试验条件下放置 1 h，检查渗油张数。

6.14.4 结果计算

凡有污染痕迹的滤纸都算作渗出，以三个试件中最多的渗出张数作为试验结果。

6.15 接缝剥离强度

按 GB/T 328.20 进行，在卷材纵向搭接边处用热熔方法进行搭接，取五个试件平均剥离强度的平均值。

6.16 钉杆撕裂强度

按 GB/T 328.18 进行，取纵向五个试件的平均值。

6.17 矿物粒料粘附性

按 GB/T 328.17—2007 中 B 法进行，取三个试件的平均值。

6.18 卷材下表面沥青涂盖层厚度

按 6.6 裁取试件，按 GB/T 328.4 测量试件的厚度，每块试件测量两点，在距中间各 50 mm 处测量，取两点的平均值。然后用热刮刀铲去卷材下表面的涂盖层直至胎基，待其冷却到标准试验条件，再测量每个试件原来两点的厚度，取两点的平均值。每块试件前后两次厚度平均值的差值，即为该块试件的下表面沥青涂盖层厚度，取三个试件的平均值作为卷材下表面沥青涂盖层厚度。

6.19 人工气候加速老化

按 GB/T 18244 进行，采用氙弧灯法，累计辐照能量 1 500 MJ/m^2(光照时间约 720 h)。

老化后，检查试件外观；拉力保持率按 6.11 进行试验，夹具间距 70 mm，按 6.13.4.1 计算；低温柔性按 6.9 进行试验。

7 检验规则

7.1 检验分类

按检验类型分为出厂检验、周期检验和型式检验。

7.2 出厂检验

出厂检验项目包括：单位面积质量、面积、厚度、外观、可溶物含量、不透水性、耐热性、低温柔性、拉力、延伸率、渗油性、卷材下表面沥青涂盖层厚度。

7.3 周期检验

周期检验项目为热老化，每三月至少一次。

7.4 型式检验

型式检验项目包括第 5 章要求中所有规定，在下列情况下进行型式检验：

a) 新产品投产或产品定型鉴定时；

b) 正常生产时，每年进行一次；

c) 原材料、工艺等发生较大变化,可能影响产品质量时;

d) 出厂检验结果与上次型式检验结果有较大差异时;

e) 产品停产三个月以上恢复生产时;

f) 国家质量监督检验机构提出型式检验要求时。

7.5 组批

以同一类型、同一规格 10 000 m^2 为一批,不足 10 000 m^2 亦可作为一批。

7.6 抽样

在每批产品中随机抽取五卷进行单位面积质量、面积、厚度及外观检查。

7.7 判定规则

7.7.1 单项判定

7.7.1.1 单位面积质量、面积、厚度及外观

抽取的五卷样品均符合 5.1、5.2 规定时,判为单位面积质量、面积、厚度及外观合格。若其中有一项不符合规定,允许从该批产品中再随机抽取五卷样品,对不合格项进行复查。如全部达到标准规定时则判为合格;否则,判该批产品不合格。

7.7.1.2 材料性能

从单位面积质量、面积、厚度及外观合格的卷材中任取一卷进行材料性能试验。

7.7.1.2.1 可溶物含量、拉力、延伸率、吸水率、耐热性、接缝剥离强度、钉杆撕裂强度、矿物粒料粘附性、卷材下表面沥青涂盖层厚度以其算术平均值达到标准规定的指标判为该项合格。

7.7.1.2.2 不透水性以三个试件分别达到标准规定判为该项合格。

7.7.1.2.3 低温柔性两面分别达到标准规定时判为该项合格。

7.7.1.2.4 渗油性以最大值符合标准规定判为该项合格。

7.7.1.2.5 热老化、人工气候加速老化各项结果达到表 2 规定时判为该项合格。

7.7.1.2.6 各项试验结果均符合表 2 规定,则判该批产品材料性能合格。若有一项指标不符合规定,允许在该批产品中再随机抽取五卷,从中任取一卷对不合格项进行单项复验。达到标准规定时,则判该批产品材料性能合格。

7.7.2 总判定

试验结果符合第 5 章规定的全部要求时,判该批产品合格。

8 标志、包装、贮存及运输

8.1 标志

卷材外包装上应包括:

——生产厂名、地址;

——商标;

——产品标记;

——能否热熔施工;

——生产日期或批号;

——检验合格标识;

——生产许可证号及其标志。

8.2 包装

卷材可用纸包装、塑胶带包装、盒包装或塑料袋包装。纸包装时应以全柱面包装,柱面两端未包装长度总计不超过 100 mm。产品应在包装或产品说明书中注明贮存与运输注意事项。

8.3 **贮存与运输**

8.3.1 **贮存**

贮存与运输时，不同类型、规格的产品应分别存放，不应混杂。避免日晒雨淋，注意通风。贮存温度不应高于 50 ℃，立放贮存只能单层，运输过程中立放不超过两层。

8.3.2 **运输**

运输时防止倾斜或横压，必要时加盖苫布。

8.3.3 **贮存期**

在正常贮存、运输条件下，贮存期自生产日起为一年。

ICS 91.120.30
Q 17

中华人民共和国国家标准

GB 18243—2008
代替 GB 18243—2000

塑性体改性沥青防水卷材

Atactic polypropylene(APP) modified bituminous sheet materials

2008-09-18 发布　　2009-09-01 实施

中华人民共和国国家质量监督检验检疫总局
中国国家标准化管理委员会　发布

前　言

本标准 5.3、8.1 为强制性的，其余为推荐性的。

本标准与 EN 13707—2004《柔性防水卷材——屋面防水用增强沥青卷材——定义和要求》一致性程度为非等效。

本标准代替 GB 18243—2000《塑性体改性沥青防水卷材》。

本标准与 GB 18243—2000 相比，主要变化如下：

——胎基中增列了玻纤增强聚酯毡(2000 版的 3.1.1 本版的 3.1.1)；

——增列了 5 mm 厚度的产品，删除了 2 mm 厚度的产品(2000 版的 3.2.2；本版的 3.2)；

——修改了产品的用途提示(2000 版的 3.4；本版的 3.4)；

——用单位面积质量代替卷重(2000 版的 4.1，本版的 4.1)；

——增列了原材料要求(本版的第 4 章)；

——材料性能增列了次高峰拉力、第二峰时延伸率、浸水后质量增加、热老化、接缝剥离强度、钉杆撕裂强度、矿物粒料粘附性、卷材下表面沥青涂盖层厚度(2000 版的表 3，本版的表 2)；

——调整了拉力，删除了撕裂强度(2000 版的表 3，本版的表 2)；

——对试验方法进行了修订，按 GB/T 328—2007 进行试验(2000 版的第 5 章，本版的第 6 章)；

——出厂检验项目进行了修订，型式检验周期进行了修改(2000 版的 6.1，本版的 7.1)。

本标准由中国建筑材料联合会提出。

本标准由全国轻质与装饰装修建筑材料标准化技术委员会(SAC/TC 195)归口。

本标准负责起草单位：中国建筑防水材料工业协会、建筑材料工业技术监督研究中心、中国化学建筑材料公司苏州防水材料研究设计所。

本标准参加起草单位：盘锦禹王防水建材集团有限公司、上海建筑防水材料(集团)公司、颐中(青岛)化学建材有限公司、北京东方雨虹防水技术股份有限公司、徐州卧牛山新型防水材料有限公司、广东科顺化工实业有限公司、保定市北方防水工程公司、温州长城防水材料厂、东营大明防水有限责任公司、大连细扬防水工程集团有限公司、陕西昌炎置业有限公司、吴江市月星防水材料有限公司、常熟市三恒建材有限责任公司、上海台安工程实业有限公司、扬州志高建筑防水材料有限公司、湖北永阳防水材料股份有限公司、科德宝宝利得(上海)贸易有限公司、苏州力星防水材料有限公司、宁波市鄞州劲松防水材料厂、盘锦大禹防水建材有限公司。

本标准主要起草人：朱志远、杨斌、朱冬青、詹福民、段文峰、宋新华、朱晓华、吴建明、陈斌、陈文洁、陈伟忠、瞿建民。

本标准委托中国化学建筑材料公司苏州防水材料研究设计所负责解释。

本标准 2000 年首次发布。

塑性体改性沥青防水卷材

1 范围

本标准规定了塑性体改性沥青防水卷材(简称APP防水卷材)的分类和标记、原材料、要求、试验方法、检验规则、标志、包装、贮存与运输。

本标准适用于以聚酯毡、玻纤毡、玻纤增强聚酯毡为胎基,以无规聚丙烯(APP)或聚烯烃类聚合物(APAO、APO等)作石油沥青改性剂,两面覆以隔离材料所制成的防水卷材。

2 规范性引用文件

下列文件中的条款通过本标准的引用而成为本标准的条款。凡是注日期的引用文件,其随后所有的修改单(不包括勘误的内容)或修订版均不适用于本标准,然而,鼓励根据本标准达成协议的各方研究是否可使用这些文件的最新版本。凡是不注日期的引用文件,其最新版本适用于本标准。

GB/T 328.2 建筑防水卷材试验方法 第2部分:沥青防水卷材 外观

GB/T 328.4 建筑防水卷材试验方法 第4部分:沥青防水卷材 厚度、单位面积质量

GB/T 328.6 建筑防水卷材试验方法 第6部分:沥青防水卷材 长度、宽度、平直度

GB/T 328.8 建筑防水卷材试验方法 第8部分:沥青防水卷材 拉伸性能

GB/T 328.10—2007 建筑防水卷材试验方法 第10部分:沥青和高分子防水卷材 不透水性

GB/T 328.11—2007 建筑防水卷材试验方法 第11部分:沥青防水卷材 耐热性

GB/T 328.14 建筑防水卷材试验方法 第14部分:沥青防水卷材 低温柔性

GB/T 328.17—2007 建筑防水卷材试验方法 第17部分:沥青防水卷材 矿物料粘附性

GB/T 328.18 建筑防水卷材试验方法 第18部分:沥青防水卷材 撕裂性能(钉杆法)

GB/T 328.20 建筑防水卷材试验方法 第20部分:沥青防水卷材 接缝剥离强度

GB/T 328.26 建筑防水卷材试验方法 第26部分:沥青防水卷材 可溶物含量(浸涂材料含量)

GB/T 18244 建筑防水材料老化试验方法

GB/T 18840 沥青防水卷材用胎基

JC/T 904 塑性体改性沥青

3 分类和标记

3.1 类型

3.1.1 按胎基分为聚酯毡(PY)、玻纤毡(G)、玻纤增强聚酯毡(PYG)。

3.1.2 按上表面隔离材料分为聚乙烯膜(PE)、细砂(S)、矿物粒料(M)。下表面隔离材料为细砂(S)、聚乙烯膜(PE)。

注:细砂为粒径不超过0.60 mm的矿物颗粒。

3.1.3 按材料性能分为Ⅰ型和Ⅱ型。

3.2 规格

卷材公称宽度为1 000 mm。

聚酯毡卷材公称厚度为3 mm、4 mm、5 mm。

玻纤毡卷材公称厚度为3 mm、4 mm。

玻纤增强聚酯毡卷材公称厚度为5 mm。

每卷卷材公称面积为7.5 m^2、10 m^2、15 m^2。

3.3 标记

产品按名称、型号、胎基、上表面材料、下表面材料、厚度、面积和本标准编号顺序标记。

示例：10 m^2 面积、3 mm厚上表面为矿物粒料、下表面为聚乙烯膜聚酯毡Ⅰ型塑性体改性沥青防水卷材标记为：

APP Ⅰ PY M PE 3 10 GB 18243—2008

3.4 用途

3.4.1 塑性体改性沥青防水卷材适用于工业与民用建筑的屋面和地下防水工程。

3.4.2 玻纤增强聚酯毡卷材可用于机械固定单层防水，但需通过抗风荷载试验。

3.4.3 玻纤毡卷材适用于多层防水中的底层防水。

3.4.4 外露使用应采用上表面隔离材料为不透明的矿物粒料的防水卷材。

3.4.5 地下工程防水应采用表面隔离材料为细砂的防水卷材。

4 原材料

4.1 改性沥青

改性沥青应符合JC/T 904的规定。

4.2 胎基

4.2.1 胎基仅采用聚酯毡、玻纤毡、玻纤增强聚酯毡。

4.2.2 采用聚酯毡与玻纤毡作胎基应符合GB/T 18840的规定。玻纤增强聚酯毡的规格与性能应满足按本标准生产防水卷材的要求。

4.3 表面隔离材料

表面隔离材料不得采用聚酯膜(PET)和耐高温聚乙烯膜。

5 要求

5.1 单位面积质量、面积及厚度

单位面积质量、面积及厚度应符合表1的规定。

表1 单位面积质量、面积及厚度

规格(公称厚度)/mm		3			4			5		
上表面材料		PE	S	M	PE	S	M	PE	S	M
下表面材料		PE	PE、S		PE	PE、S		PE	PE、S	
面积/(m^2/卷)	公称面积	10、15			10、7.5			7.5		
	偏差	±0.10			±0.10			±0.10		
单位面积质量/(kg/m^2)≥		3.3	3.5	4.0	4.3	4.5	5.0	5.3	5.5	6.0
厚度/mm	平均值≥	3.0			4.0			5.0		
	最小单值	2.7			3.7			4.7		

5.2 外观

5.2.1 成卷卷材应卷紧卷齐，端面里进外出不得超过10 mm。

5.2.2 成卷卷材在(4～60)℃任一产品温度下展开，在距卷芯1 000 mm长度外不应有10 mm以上的裂纹或粘结。

5.2.3 胎基应浸透，不应有未被浸渍处。

5.2.4 卷材表面应平整，不允许有孔洞、缺边和裂口、疙瘩，矿物粒料粒度应均匀一致并紧密地粘附于卷材表面。

5.2.5 每卷卷材接头处不应超过一个，较短的一段长度不应少于1 000 mm，接头应剪切整齐，并加长150 mm。

5.3 **材料性能**

材料性能应符合表 2 要求。

表 2 材料性能

序号	项目		指标 I PY	指标 I G	指标 II PY	指标 II G	指标 II PYG
1	可溶物含量/(g/m²) ≥	3 mm	2 100				—
		4 mm	2 900				—
		5 mm	3 500				
		试验现象	—	胎基不燃	—	胎基不燃	—
2	耐热性	℃	110		130		
		≤mm	2				
		试验现象	无流淌、滴落				
3	低温柔性/℃		−7		−15		
			无裂缝				
4	不透水性 30 min		0.3 MPa	0.2 MPa	0.3 MPa		
5	拉力	最大峰拉力/(N/50 mm) ≥	500	350	800	500	900
		次高峰拉力/(N/50 mm) ≥	—	—	—	—	800
		试验现象	拉伸过程中,试件中部无沥青涂盖层开裂或与胎基分离现象				
6	延伸率	最大峰时延伸率/% ≥	25	—	40	—	—
		第二峰时延伸率/% ≥	—		—		15
7	浸水后质量增加/% ≤	PE、S	1.0				
		M	2.0				
8	热老化	拉力保持率/% ≥	90				
		延伸率保持率/% ≥	80				
		低温柔性/℃	−2		−10		
			无裂缝				
		尺寸变化率/% ≤	0.7	—	0.7	—	0.3
		质量损失/% ≤	1.0				
9	接缝剥离强度/(N/mm) ≥		1.0				
10	钉杆撕裂强度[a]/N ≥		—				300
11	矿物粒料粘附性[b]/g ≤		2.0				
12	卷材下表面沥青涂盖层厚度[c]/mm ≥		1.0				
13	人工气候加速老化	外观	无滑动、流淌、滴落				
		拉力保持率% ≥	80				
		低温柔性℃	−2		−10		
			无裂缝				

[a] 仅适用于单层机械固定施工方式卷材。

[b] 仅适用于矿物粒料表面的卷材。

[c] 仅适用于热熔施工的卷材。

6 试验方法

6.1 标准试验条件

标准试验条件(23±2)℃。

6.2 面积

按 GB/T 328.6 测量长度和宽度,以其平均值乘得到卷材的面积。

6.3 厚度

按 GB/T 328.4 进行,对于细砂面防水卷材,去除测量处表面的砂粒再测量卷材厚度;对矿物粒料防水卷材,在卷材留边处,距边缘 60 mm 处,去除砂粒后在长度 1 m 范围内测量卷材的厚度。

6.4 单位面积质量

称量每卷卷材卷重,根据 6.2 得到的面积,计算单位面积质量(kg/m^2)。

6.5 外观

按 GB/T 328.2 进行。

6.6 试件制备

将取样卷材切除距外层卷头 2 500 mm 后,取 1 m 长的卷材按 GB/T 328.4 取样方法均匀分布裁取试件,卷材性能试件的形状和数量按表 3 裁取。

表 3 试件形状和数量

<table>
<tr><th>序号</th><th colspan="2">试 验 项 目</th><th>试件形状(纵向×横向)/mm</th><th>数量/个</th></tr>
<tr><td>1</td><td colspan="2">可溶物含量</td><td>100×100</td><td>3</td></tr>
<tr><td>2</td><td colspan="2">耐热性</td><td>125×100</td><td>纵向 3</td></tr>
<tr><td>3</td><td colspan="2">低温柔性</td><td>150×25</td><td>纵向 10</td></tr>
<tr><td>4</td><td colspan="2">不透水性</td><td>150×150</td><td>3</td></tr>
<tr><td>5</td><td colspan="2">拉力及延伸率</td><td>(250～320)×50</td><td>纵横向各 5</td></tr>
<tr><td>6</td><td colspan="2">浸水后质量增加</td><td>(250～320)×50</td><td>纵向 5</td></tr>
<tr><td rowspan="3">7</td><td rowspan="3">热老化</td><td>拉力及延伸率保持率</td><td>(250～320)×50</td><td>纵横向各 5</td></tr>
<tr><td>低温柔性</td><td>150×25</td><td>纵向 10</td></tr>
<tr><td>尺寸变化率及质量损失</td><td>(250～320)×50</td><td>纵向 5</td></tr>
<tr><td>8</td><td colspan="2">接缝剥离强度</td><td>400×200(搭接边处)</td><td>纵向 2</td></tr>
<tr><td>9</td><td colspan="2">钉杆撕裂强度</td><td>200×100</td><td>纵向 5</td></tr>
<tr><td>10</td><td colspan="2">矿物粒料粘附性</td><td>265×50</td><td>纵向 3</td></tr>
<tr><td>11</td><td colspan="2">卷材下表面沥青涂盖层厚度</td><td>200×50</td><td>横向 3</td></tr>
<tr><td rowspan="2">12</td><td rowspan="2">人工气候加速老化</td><td>拉力保持率</td><td>120×25</td><td>纵横向各 5</td></tr>
<tr><td>低温柔性</td><td>120×25</td><td>纵向 10</td></tr>
</table>

6.7 可溶物含量

按 GB/T 328.26 进行。

对于标称玻纤毡卷材的产品,可溶物含量试验结束后,取出胎基用火点燃,观察现象。

6.8 耐热性

按 GB/T 328.11—2007 中 A 法进行,无流淌、滴落。

6.9 低温柔性

按 GB/T 328.14 进行,3 mm 厚度卷材弯曲直径 30 mm,4 mm、5 mm 厚度卷材弯曲直径 50 mm。

6.10　不透水性

按 GB/T 328.10—2007 中方法 B 进行，采用 7 孔盘，上表面迎水。上表面为细砂、矿物粒料时，下表面迎水，下表面也为细砂时，试验前，将下表面的细砂沿密封圈一圈除去，然后涂一圈 60 号～100 号热沥青，涂平待冷却 1 h 后检测不透水性。

6.11　拉力及延伸率

按 GB/T 328.8 进行，夹具间距 200 mm。分别取纵向、横向各五个试件的平均值。试验过程中观察在试件中部是否出现沥青涂盖层与胎基分离或沥青涂盖层开裂现象。

对于 PYG 胎基的卷材需要记录两个峰值的拉力和对应延伸率。

6.12　浸水后质量增加

6.12.1　仪器设备

6.12.1.1　有盖子水槽。

6.12.1.2　天平：精度 0.1 g。

6.12.1.3　毛刷。

6.12.1.4　鼓风烘箱：控温精度±2 ℃。

6.12.1.5　悬挂试件的装置。

6.12.2　试件处理

对于测量质量增加的试件，用毛刷清除表面所有粘结不牢的砂粒，试件在(50±2)℃的烘箱中干燥 24 h±30 min，然后在标准试验条件下放置 1 h 后称量试件质量(m_1)，在干燥和放置过程中试件相互间不应接触。然后浸入(23±2)℃的水中 7 d±1 h，试件应完全浸入水中。为了防止掉砂，每组试件最好分别放置。

6.12.3　试验步骤

在浸水 7 d±1 h 后，取出试件及掉落的砂粒，在(23±2)℃，相对湿度(50±5)%的条件下放置 5 h±5 min。试件干燥过程中垂直悬挂，相互间距至少 20 mm，然后称量试件及脱落的砂粒质量(m_2)。

6.12.4　结果计算

质量增加按式(1)计算：

$$w = \frac{m_2 - m_1}{m_1} \times 100 \qquad \cdots\cdots (1)$$

式中：

w——试件处理后质量增加，%；

m_1——试件处理前质量，单位为克(g)；

m_2——试件处理后质量，单位为克(g)。

试验结果取五个试件的算术平均值。

6.13　热老化

6.13.1　仪器设备

6.13.1.1　天平：精度 0.1 g。

6.13.1.2　烘箱：控温精度±2 ℃。

6.13.1.3　游标卡尺：精度±0.02 mm。

6.13.2　试件处理

纵向拉力保持率及最大拉力时延伸率可以用尺寸变化率及质量损失测定后的试件试验，有争议时用新试件试验。

对于测量拉力保持率、延伸率保持率、尺寸变化率和低温柔性的试件，平放在撒有滑石粉的玻璃板上，然后将试件水平放入已调节到(80±2)℃的烘箱中，在此温度下处理 10 d±1 h。

进行质量损失测定的试件按 6.6 裁取后，用毛刷清除表面所有粘结不牢的砂粒。试件在(50±2)℃

的烘箱中干燥 24 h±30 min，然后在标准试验条件下放置 1 h 后称量试件质量（m_1）。

测定尺寸变化率的试件用游标卡尺测量试件的长度（L_1）。

试件在干燥和放置过程中相互间不应接触。质量损失试件放置在隔离纸上，其他试件平放在撒有滑石粉的玻璃板上，然后将试件水平放入已调节到（80±2）℃的烘箱中，在此温度下处理 10 d±1 h。

6.13.3 试验步骤

在加热处理 10 d±1 h 后，取出试件在标准试验条件下放置 2 h±5 min。

对于拉力保持率试件，立即按 6.11 进行拉伸试验。

对于低温柔性试件，立即按 6.9 进行试验。

对于尺寸变化率试件，立即在原来测量 L_1 的位置测量试件长度（L_2）。

对于质量损失试件，立即称量试件质量（m_2）。

6.13.4 结果计算

6.13.4.1 拉力保持率及延伸率保持率

拉力保持率按式（2）计算：

$$R_t = TS'/TS \times 100 \quad \cdots\cdots(2)$$

式中：

R_t——试件处理后拉力保持率，%；

TS——试件处理前拉力平均值，单位为牛顿每 50 毫米（N/50 mm）；

TS'——试件处理后拉力平均值，单位为牛顿每 50 毫米（N/50 mm）。

拉力保持率用五个试件的平均值计算。

延伸率保持率参照式（2）计算。

对于 PYG 胎基产品，拉力保持率以最高峰值计算。

对于 PYG 胎基产品，延伸率保持率以第二峰时延伸率计算。

6.13.4.2 低温柔性

记录试件表面有无裂缝。

6.13.4.3 尺寸变化率

每个试件的尺寸变化率按式（3）计算：

$$D = \left| \frac{L_2 - L_1}{L_1} \right| \times 100 \quad \cdots\cdots(3)$$

式中：

D——试件处理后尺寸变化率，%；

L_1——试件处理前长度，单位为毫米（mm）；

L_2——试件处理后长度，单位为毫米（mm）。

试验结果取五个试件的算术平均值。

6.13.4.4 质量损失

质量损失按式（4）计算：

$$w = \frac{m_1 - m_2}{m_1} \times 100 \quad \cdots\cdots(4)$$

式中：

w——试件处理后质量损失，%；

m_1——试件处理前质量，单位为克（g）；

m_2——试件处理后质量，单位为克（g）。

试验结果取五个试件的算术平均值。

6.14 接缝剥离强度

按 GB/T 328.20 进行，在卷材纵向搭接边处用热熔方法进行搭接，取五个试件平均剥离强度的平均值。

6.15 钉杆撕裂强度

按 GB/T 328.18 进行，取纵向五个试件的平均值。

6.16 矿物粒料粘附性

按 GB/T 328.17—2007 中 B 法进行，取三个试件的平均值。

6.17 卷材下表面沥青涂盖层厚度

按 6.6 裁取试件，按 GB/T 328.4 测量试件的厚度，每块试件测量两点，在距中间各 50 mm 处测量，取两点的平均值。然后用热刮刀铲去卷材下表面的涂盖层直至胎基，待其冷却到标准试验条件，再测量每个试件原来两点的厚度，取两点的平均值。每块试件前后两次厚度平均值的差值，即为该块试件的下表面沥青涂盖层厚度，取三个试件的平均值作为卷材下表面沥青涂盖层厚度。

6.18 人工气候加速老化

按 GB/T 18244 进行，采用氙弧灯法，累计辐照能量 1 500 MJ/m²（光照时间约 720 h）。

老化后，检查试件外观；拉力保持率按 6.11 进行试验，夹具间距 70 mm，按 6.13.4.1 计算；低温柔性按 6.9 进行试验。

7 检验规则

7.1 检验分类

按检验类型分为出厂检验、周期检验和型式检验。

7.2 出厂检验

出厂检验项目包括：单位面积质量、面积、厚度、外观、可溶物含量、不透水性、耐热性、低温柔性、拉力、延伸率、卷材下表面沥青涂盖层厚度。

7.3 周期检验

周期检验项目为热老化，每三月至少一次。

7.4 型式检验

型式检验项目包括第 5 章要求中所有规定，在下列情况下进行型式检验：

a) 新产品投产或产品定型鉴定时；

b) 正常生产时，每年进行一次；

c) 原材料、工艺等发生较大变化，可能影响产品质量时；

d) 出厂检验结果与上次型式检验结果有较大差异时；

e) 产品停产 3 个月以上恢复生产时；

f) 国家质量监督检验机构提出型式检验要求时。

7.5 组批

以同一类型、同一规格 10 000 m² 为一批，不足 10 000 m² 亦可作为一批。

7.6 抽样

在每批产品中随机抽取五卷进行卷重、面积、厚度及外观检查。

7.7 判定规则

7.7.1 单项判定

7.7.1.1 单位面积质量、面积、厚度及外观

抽取的五卷样品均符合 5.1、5.2 规定时，判为单位面积质量、面积、厚度及外观合格。若其中有一项不符合规定，允许从该批产品中再随机抽取五卷样品，对不合格项进行复查。如全部达到标准规定时则判为合格，否则，判该批产品不合格。

7.7.1.2 **材料性能**

从单位面积质量、面积、厚度及外观合格的卷材中任取一卷进行材料性能试验。

7.7.1.2.1 可溶物含量、拉力、延伸率、吸水率、耐热性、接缝剥离强度、钉杆撕裂强度、矿物粒料粘附性、卷材下表面沥青涂盖层厚度以其算术平均值达到标准规定的指标判为该项合格。

7.7.1.2.2 不透水性以三个试件分别达到标准规定判为该项合格。

7.7.1.2.3 低温柔性两面分别达到标准规定时判为该项合格。

7.7.1.2.4 热老化、人工气候加速老化各项结果达到表 2 规定时判为该项合格。

7.7.1.2.5 各项试验结果均符合表 2 规定，则判该批产品材料性能合格。若有一项指标不符合规定，允许在该批产品中再随机抽取五卷，从中任取一卷对不合格项进行单项复验。达到标准规定时，则判该批产品材料性能合格。

7.7.2 **总判定**

试验结果符合第 5 章规定的全部要求时，判该批产品合格。

8 标志、包装、贮存及运输

8.1 标志

卷材外包装上应包括：

——生产厂名、地址；

——商标；

——产品标记；

——能否热熔施工；

——生产日期或批号；

——检验合格标识；

——生产许可证号及其标志。

8.2 包装

卷材可用纸包装、塑胶带包装、盒包装或塑料袋包装。纸包装时应以全柱面包装，柱面两端未包装长度总计不超过 100 mm。产品应在包装或产品说明书中注明贮存与运输注意事项。

8.3 贮存与运输

8.3.1 **贮存**

贮存与运输时，不同类型、规格的产品应分别存放，不应混杂。避免日晒雨淋，注意通风。贮存温度不应高于 50 ℃，立放贮存只能单层，运输过程中立放不超过两层。

8.3.2 **运输**

运输时防止倾斜或横压，必要时加盖苫布。

8.3.3 **贮存期**

在正常贮存、运输条件下，贮存期自生产之日起为 1 年。

ICS 77.140.75
H 48

GB

中华人民共和国国家标准

GB 18248—2008
代替 GB 18248—2000

气瓶用无缝钢管

Seamless steel tubes for gas cylinder

2008-12-23 发布　　　　2009-12-01 实施

中华人民共和国国家质量监督检验检疫总局
中国国家标准化管理委员会　发布

前　言

本标准的 5.1、5.2、5.4、5.6、6.4、6.8.2、附录 A、附录 B 为推荐性的，其余为强制性的。

本标准代替 GB 18248—2000《气瓶用无缝钢管》。本标准与 GB 18248—2000 相比，对下列主要技术内容进行了修改：

——修改了标准范围；

——修改了钢管的尺寸允许偏差；

——调整了钢的 P、S 含量要求，并增加了 34CrMo4 和 30CrMnSiA 两个牌号；

——修改了钢的冶炼方法；

——增加了热扩制管方法，修改了钢管的交货状态；

——删除了低倍检验；

——对于轧制(锻)管坯制成的钢管，非金属夹杂物检验由管坯上改为在钢管上进行，同时根据 GB/T 10561 修改了钢管的非金属夹杂物检验要求；

——增加了钢管的内外表面直道的质量要求；

——修改了钢管热处理毛坯制成的试样测出的纵向力学性能数据，并由要求值改为参考值列于附录 B。

本标准的附录 A 和附录 B 为资料性附录。

本标准由中国钢铁工业协会提出。

本标准由全国钢标准化技术委员会归口。

本标准起草单位：宝山钢铁股份有限公司、冶金工业信息标准研究院、攀钢集团成都钢铁有限责任公司、天津钢管集团股份有限公司、湖南衡阳钢管(集团)有限公司、江苏振达钢管集团。

本标准主要起草人：许晴、武冬兴、于成峰、张曙华、黄颖、晏如、安健波、赵斌、李金领、李奇。

本标准所代替标准的历次版本发布情况为：

——GB 18248—2000。

气瓶用无缝钢管

1 范围

本标准规定了气瓶和蓄能器壳体用无缝钢管的尺寸、外形、重量、技术要求、试验方法、检验规则、包装、标志和质量证明书。

本标准适用于制造气瓶和蓄能器壳体用无缝钢管。

2 规范性引用文件

下列文件中的条款通过本标准的引用而成为本标准的条款。凡是注日期的引用文件，其随后所有的修改单(不包括勘误的内容)或修订版均不适用于本标准，然而，鼓励根据本标准达成协议的各方研究是否可使用这些文件的最新版本。凡是不注日期的引用文件，其最新版本适用于本标准。

GB/T 222 钢的成品化学成分允许偏差

GB/T 223.5 钢铁及合金 酸溶硅和全硅含量的测定 还原型硅钼酸盐分光光度法

GB/T 223.11 钢铁及合金 铬含量的测定 可视滴定或电位滴定法

GB/T 223.12 钢铁及合金化学分析方法 碳酸钠分离-二苯碳酰二肼光度法测定铬量

GB/T 223.14 钢铁及合金化学分析方法 钽试剂萃取光度法测定钒含量

GB/T 223.17 钢铁及合金化学分析方法 二安替比林甲烷光度法测定钛量

GB/T 223.19 钢铁及合金化学分析方法 新亚铜灵-三氯甲烷萃取光度法测定铜量

GB/T 223.24 钢铁及合金化学分析方法 萃取分离-丁二酮肟分光光度法测定镍量

GB/T 223.26 钢铁及合金 钼含量的测定 硫氰酸盐分光光度法

GB/T 223.30 钢铁及合金化学分析方法 对-溴苦杏仁酸沉淀分离-偶氮胂Ⅲ分光光度法测定锆量

GB/T 223.40 钢铁及合金 铌含量的测定 氯磺酚S分光光度法

GB/T 223.53 钢铁及合金化学分析方法 火焰原子吸收分光光度法测定铜量

GB/T 223.54 钢铁及合金化学分析方法 火焰原子吸收分光光度法测定镍量

GB/T 223.59 钢铁及合金 磷含量的测定 铋磷钼蓝分光光度法和锑磷钼蓝分光光度法

GB/T 223.60 钢铁及合金化学分析方法 高氯酸脱水重量法测定硅含量

GB/T 223.62 钢铁及合金化学分析方法 乙酸丁酯萃取光度法测定磷量

GB/T 223.63 钢铁及合金化学分析方法 高碘酸钠(钾)光度法测定锰量

GB/T 223.64 钢铁及合金 锰含量的测定 火焰原子吸收光谱法

GB/T 223.68 钢铁及合金化学分析方法 管式炉内燃烧后碘酸钾滴定法测定硫含量

GB/T 223.69 钢铁及合金 碳含量的测定 管式炉内燃烧后气体容量法

GB/T 223.76 钢铁及合金化学分析方法 火焰原子吸收光谱法测定钒量

GB/T 223.78 钢铁及合金化学分析方法 姜黄素直接光度法测定硼含量

GB/T 228—2002 金属材料室温拉伸试验方法(eqv ISO 6892:1998)

GB/T 229—1994 金属夏比缺口冲击试验方法(eqv ISO 148:1983&ISO 83:1976)

GB/T 241—2007 金属管 液压试验方法

GB/T 2102—2006 钢管的验收、包装、标志和质量证明书

GB/T 2975—1998 钢及钢产品 力学性能试验取样位置及试样制备(eqv ISO 377:1997)

GB/T 4336—2002 碳素钢和中低合金钢火花源原子发射光谱分析方法(常规法)

GB/T 5777—1996 无缝钢管超声波探伤检验方法(eqv ISO 9303:1989)

GB/T 7735—2004 钢管涡流探伤检验方法(ISO 9304:1989,MOD)

GB/T 10561—2005 钢中非金属夹杂物含量的测定 标准评级图显微检验法(ISO 4967:1998,IDT)

GB/T 12606—1999 钢管漏磁探伤方法(eqv ISO 9402:1989、ISO 9598:1989)

GB/T 17395 无缝钢管尺寸、外形、重量及允许偏差(GB/T 17395—2008,ISO 1127:1992、ISO 4200:1991、ISO 5252:1991,NEQ)

GB/T 20066 钢和铁 化学成分测定用试样的取样和制样方法(GB/T 20066—20066,ISO 14284:1996,IDT)

GB/T 20123 钢铁 总碳硫含量的测定 高频感应炉燃烧后红外吸收法(常规方法)(GB/T 20123—2006,ISO 15350:2000,IDT)

GB/T 20125 低合金钢 多元素含量的测定 电感耦合等离子体原子发射光谱法

GB/T 20126 非合金钢 低碳含量的测定 第2部分:感应炉(经预加热)内燃烧后红外吸收法(GB/T 20126—2006,ISO 15349-2:1999,IDT)

3 代号

下列代号适用于本标准:

——D:公称外径;

——S_{min}:最小壁厚;

——S:公称壁厚。

4 订货所需信息

按本标准订购钢管的合同或订单应包括但不限于下列内容:

a) 本标准编号;

b) 产品名称;

c) 钢的牌号;

d) 钢管的制造方法和交货状态;

e) 订购数量(总重量或总长度);

f) 尺寸规格;

g) 特殊要求。

5 尺寸、外形、重量及允许偏差

5.1 外径和壁厚

5.1.1 除非合同中另有规定,钢管按公称外径(D)和公称壁厚(S)交货。根据需方要求,经供需双方协商,钢管可按公称外径和最小壁厚(S_{min})交货。

5.1.2 钢管的外径和壁厚应符合 GB/T 17395 的规定。根据需方要求,经供需双方协商,可供应 GB/T 17395 以外规格的钢管。

5.1.3 钢管公称外径和公称壁厚的允许偏差应符合表1的规定。当采用公称外径和最小壁厚时,其允许偏差应符合表2的规定。

5.1.4 除非合同中另有规定,钢管壁厚允许偏差按普通级精度交货。根据需方要求,经供需双方协商,钢管壁厚允许偏差可按高级精度交货。

表 1

钢管制造方式	尺寸范围	外径允许偏差/%	壁厚允许偏差/%	
			普通级	高级
热轧(扩)	D<339.7 mm	±1	+12.5 −10	±10
	D≥339.7 mm		+15 −12.5	+12.5 −10
冷轧(拔)	全部	±0.75	±10	±7.5

表 2

钢管制造方式	尺寸范围	外径允许偏差/%	最小壁厚的允许偏差/%	
			普通级	高级
热轧(扩)	D<339.7 mm	±1	+25 0	+22.5 0
	D≥339.7 mm		+30 0	+25 0
冷轧(拔)	全部	±0.75	+22.5 0	+15 0

5.1.5 根据需方要求，经供需双方协商，并在合同中注明，可供应表 1 和表 2 规定以外尺寸允许偏差的钢管。

5.2 长度

5.2.1 通常长度

钢管的通常长度为 4 000 mm～12 000 mm。

经供需双方协商，并在合同中注明，可交付长度大于 12 000 mm 或短于 4 000 mm 但不短于 3 000 mm 的钢管，但长度短于 4 000 mm 的钢管数量应不超过该批钢管交货总数量的 5%。

5.2.2 定尺和倍尺长度

根据需方要求，经供需双方协商，并在合同中注明，钢管可按定尺长度或倍尺长度交货。

钢管的定尺长度应在通常长度范围内，其长度允许偏差应符合如下规定：

a) 长度≤6 000 mm 时，$^{+10}_{0}$ mm；

b) 长度>6 000 mm 时，$^{+20}_{0}$ mm。

每个倍尺长度应按下列规定留出切口余量：

a) 外径≤159 mm 时，5 mm～10 mm；

b) 外径>159 mm 时，10 mm～15 mm。

5.3 弯曲度

5.3.1 钢管的每米弯曲度应符合如下规定：

a) 壁厚≤15 mm 时，弯曲度不大于 1.5 mm/m；

b) 15 mm<壁厚≤30 mm 时，弯曲度不大于 2.0 mm/m；

c) 壁厚>30 mm 时，弯曲度不大于 3.0 mm/m。

5.3.2 钢管的全长弯曲度应不大于钢管长度的 0.15%。

5.4 不圆度和壁厚不均

根据需方要求，经供需双方协商，并在合同中注明，钢管的不圆度和壁厚均应分别不超过外径公差和壁厚公差的 80%。

注：钢管的不圆度按 GB/T 17395 的定义。钢管壁厚不均的计算公式为 $(t_{max}-t_{min})/[(t_{max}+t_{min})/2]\times100\%$，式中 t_{max} 和 t_{min} 分别为钢管同一横截面实测壁厚的最大值和最小值。

5.5　端头外形

钢管两端端面应与钢管轴线垂直，切口毛刺应予清除。

5.6　重量

5.6.1　交货重量

钢管应按实际重量交货。根据需方要求，经供需双方协商，并在合同中注明，亦可按理论重量交货。

5.6.2　理论重量的计算

钢管理论重量的计算按 GB/T 17395 的规定（钢的密度按 7.85 kg/dm^3）。按公称外径和最小壁厚（即下偏差为 0）交货的钢管，应采用平均壁厚计算理论重量，其平均壁厚是按壁厚及其允许偏差计算出来的壁厚最大值与最小值的平均值。

5.6.3　重量允许偏差

根据需方要求，经供需双方协商，并在合同中注明，交货钢管实际重量与理论重量的偏差应符合如下规定：

a)　单根钢管：±10%；

b)　每批最少为 10 t 的钢管：±7.5%。

6　技术要求

6.1　钢的牌号和化学成分

6.1.1　钢的牌号和化学成分（熔炼分析）应符合表 3 的规定。附录 A 列出了本标准钢牌号与其他相近钢牌号的对照。

表 3

序号	牌号	化学成分（质量分数）/%										
		C	Si	Mn	P	S[b]	P+S[b]	Cr	Mo	V	Ni	Cu
1	37Mn[a]	0.34～0.40	0.10～0.30	1.35～1.75	≤0.020	≤0.020	≤0.030	≤0.30	—	—	≤0.30	≤0.20
2	34Mn2V	0.30～0.37	0.17～0.37	1.40～1.75	≤0.020	≤0.020	≤0.030	≤0.30	—	0.07～0.12	≤0.30	≤0.20
3	30CrMo[a]	0.26～0.34	0.17～0.37	0.40～0.70	≤0.020	≤0.020	≤0.030	0.80～1.10	0.15～0.25	—	≤0.30	≤0.20
4	35CrMo[a]	0.32～0.40	0.17～0.37	0.40～0.70	≤0.020	≤0.020	≤0.030	0.80～1.10	0.15～0.25	—	≤0.30	≤0.20
5	34CrMo4[a,c]	0.30～0.37	≤0.40	0.60～0.90	≤0.020	≤0.020	≤0.030	0.90～1.20	0.15～0.30	—	≤0.30	≤0.20
6	30CrMnSiA	0.28～0.34	0.90～1.20	0.80～1.10	≤0.020	≤0.020	≤0.030	0.80～1.10	≤0.10	—	≤0.30	≤0.20

[a] 应满足 $w(V+Nb+Ti+B+Zr) \leqslant 0.15\%$。

[b] 根据需方要求，经供需双方协商，并在合同中注明，可满足 $w(S) \leqslant 0.010\%$，$w(P+S) \leqslant 0.025\%$。

[c] 此牌号是根据 EN 10297-1:2003 中 34CrMo4 的化学成分，调整了 P、S、Ni、Cu 的成分。

6.1.2 成品钢管的化学成分允许偏差应符合 GB/T 222 的规定。

6.2 制造方法

6.2.1 钢的冶炼方法

钢应为电炉或氧气转炉冶炼的镇静钢。

6.2.2 钢管的制造方法

钢管应采用热轧(扩)或冷轧(拔)方法制造。若需方无特别指定,则制造方法由供方确定。

6.3 交货状态

热轧(扩)钢管应以热轧(扩)状态交货,冷轧(拔)钢管应以冷轧(拔)、正火或退火状态交货。

6.4 力学性能

6.4.1 供方应提供钢管热处理毛坯制成试样的力学性能实测值,但不作为交货条件。钢管热处理毛坯制成的试样测出的力学性能数据参考值列于附录 B(资料性附录)。

6.4.2 冲击试验

经供需双方协商,并在合同中注明,也可提供表 B.1 以外试验温度下的冲击功数据。

表 B.1 中的冲击功为全尺寸试样夏比 V 型缺口冲击功参考值。不能制备全尺寸试样时,可采用宽度为 7.5 mm、5 mm 或 3 mm 的小尺寸试样。经供需双方协商,并在合同中注明,也可采用其他小尺寸试样。冲击试样应优先选择尽可能的较大尺寸。用小尺寸试样测得的冲击功 $A_{KV.P}$ 按式(1)换算成标准试样冲击功 A_{KV}:

$$A_{KV} = 10 \times A_{KV.P}/W \qquad \cdots\cdots(1)$$

式中:

W——试样的宽度,单位为毫米(mm);

$A_{KV.P}$——用小试样测得的冲击功,单位为焦耳(J)。

6.5 密实性

钢管应进行密实性检验。密实性检验可采用液压试验或无损检验,检验方法由生产厂选择。液压试验或无损检验应符合以下规定:

a) 液压试验时,钢管在 5 MPa 试验压力下不允许出现渗漏现象,试验压力保持时间应不少于 5 s;

b) 无损检验采用涡流探伤或漏磁探伤,涡流探伤应按 GB/T 7735—2006 的验收等级 A;漏磁探伤应按 GB/T 12606—1999 的验收等级 L4。

6.6 非金属夹杂物检验

钢管应进行非金属夹杂物检验。钢管的非金属夹杂物按 GB/T 10561—2005 的 A 法评级。A 类、B 类、C 类、D 类夹杂物细系级别和粗系级别应分别不大于 2.5 级。DS 类夹杂物检验结果应填写在质量证明书中。

6.7 表面质量

钢管的内外表面不允许有目视可见的裂纹、折叠、轧折、离层和结疤。这些缺陷应完全清除,清除深度应不超过壁厚的 10%,且清理处的实际壁厚应不小于壁厚允许的最小值,清除部位应圆滑过渡。

钢管内外表面上直道允许深度应为:对于热轧管,不超过壁厚的 5%,且最大不超过 0.4 mm;对于热扩管,不超过 0.5 mm;对于冷轧(拔)管,不超过壁厚的 4%,且最大不超过 0.2 mm。

深度不超过壁厚负偏差的其他局部缺欠允许存在。

6.8 无损检验

6.8.1 采用无损探伤方法检验密实性的钢管,应逐根进行超声波探伤检验。经过液压试验的钢管,应逐根进行超声波探伤检验或漏磁探伤检验。

6.8.2 超声波探伤检验应按 GB/T 5777—1996 验收等级 C5;供需双方协商,并合同中注明,超声波探伤检验可采用其他验收等级。漏磁探伤检验应按 GB/T 12606—1999 的验收等级 L2。

6.8.3 当钢管壁厚与外径之比大于 0.2 时，除非合同中另有规定，钢管内壁人工缺陷深度按 GB/T 5777—1996中附录 A 的 A.1 规定执行。

6.8.4 当钢管按最小壁厚交货时，对比样管刻槽深度按钢管平均壁厚计算。

7 检验和试验方法

7.1 钢管的尺寸和外形应采用符合精度要求的量具逐根测量。

7.2 钢管的内外表面应在充分照明条件下逐根目视检查。

7.3 钢管的其他检验应符合表 4 的规定。

8 检验规则

8.1 检查和验收

钢管的检查和验收由供方技术质量监督部门进行。

8.2 组批规则

若钢管在切成单根后不再进行热处理，则从一根管坯轧制的钢管截取的所有管段都应视为一根。

钢管应按批进行检查和验收。每批钢管应由同一牌号、同一炉号、同一规格、同一热处理制度（适用时）、同一交货状态的钢管组成，每批钢管的数量应不大于 200 根。

8.3 取样数量

每批钢管各项检验的取样数量应符合表 4 的规定。

表 4

序号	检验项目	取样方法	取样数量	试验方法
1	化学成分	GB/T 20066	每炉取 1 个试样	GB/T 223 GB/T 4336—2002 GB/T 20123 GB/T 20125 GB/T 20126
2	拉伸试验	GB/T 2975	每批在两根钢管上各取 1 个试样	GB/T 228—2002
3	冲击试验	GB/T 2975	每批在两根钢管上各取一组 3 个试样	GB/T 229—1994
4	液压试验	—	逐根	GB/T 241—2007
5	涡流探伤	—	逐根	GB/T 7735—2004
6	漏磁探伤	—	逐根	GB/T 12606—1999
7	非金属夹杂物检验	GB/T 10561	每批在两根钢管上各取 1 个试样	GB/T 10561—2005
8	超声波探伤	—	逐根	GB/T 5777—1996

8.4 复验和判定规则

钢管的复验和判定规则应符合 GB/T 2102—2006 的规定。

9 包装、标志及质量证明书

钢管的包装、标志和质量证明书应符合 GB/T 2102—2006 的规定。

附　录　A
(资料性附录)
国内外牌号近似对照

本标准钢牌号与国外标准钢牌号的近似对照见表 A.1。

表 A.1

本标准	JIS G 3429:2006《高压气瓶用无缝钢管》	ISO 11120:1999《气瓶——水容积 150 L～3 000 L 可重复充装无缝钢瓶——设计、制造和试验》	EN 10297-1:2003《机械和一般工程用无缝钢管供货技术条件——第 1 部分:非合金和合金钢管》	ASTM A372/A372M-03《薄壁压力容器用碳钢和合金钢锻件规范》	DOT 49CFR § 178.37:2006《3AA/3AAX 无缝钢瓶规范》
37Mn	STH11 STH12	—	38Mn6	Grade C	Inter-mediate manganese
34Mn2V	STH11 STH12	—	—	—	—
30CrMo	STH21	Group Ⅱ	30CrMo4	Grade E	4130X
35CrMo	STH22	Group Ⅱ	34CrMo4	—	—
34CrMo4	STH22	Group Ⅱ	34CrMo4	—	—
30CrMnSiA	—	—	—	—	—

附　录　B
（资料性附录）
力学性能数据参考值

钢管热处理毛坯制成的试样测出的力学性能数据的参考值列于表B.1。

表 B.1

序号	牌号	推荐的热处理制度				纵向力学性能[a]				
		淬火（正火）		回火		抗拉强度 R_m/MPa	屈服强度 R_{eL}[b]/MPa	断后伸长率 A/%	冲击功	
		温度/℃	冷却剂	温度/℃	冷却剂	不小于			试验温度/℃	A_{KV}/J 不小于
1	37Mn	820～860	水	550～650	空	750	630	16	−50	27
2	34Mn2V	850～890	空	—	—	745	530	16	−20	27
3	30CrMo	860～900	水、油	490～590	水、油	930	785	12	−50	27
4	35CrMo	830～870	油	500～600	水、油	980	835	12	−50	27
5	34CrMo4	830～870	油	530～630	水、油	980	835	12	−50	27
6	30CrMnSiA	860～900	油	470～570	水、油	1 080	885	10	室温	27

[a] 除冲击功外，试验温度均为室温。

[b] 当屈服现象不明显时，取 $R_{p0.2}$。

参 考 文 献

[1] EN 10297-1:2003 机械和一般工程用无缝钢管供货技术条件——第1部分:非合金和合金钢管

ICS 83.140.30
G 33

中华人民共和国国家标准

GB/T 18252—2008/ISO 9080:2003
代替 GB/T 18252—2000

塑料管道系统　用外推法确定热塑性塑料材料以管材形式的长期静液压强度

Plastics piping and ducting systems—Determination of the long-term hydrostatic strength of thermoplastics materials in pipe form by extrapolation

(ISO 9080:2003,IDT)

2008-08-19 发布　　2009-05-01 实施

中华人民共和国国家质量监督检验检疫总局
中国国家标准化管理委员会　发布

前　言

本标准等同采用 ISO 9080:2003《塑料管道系统　用外推法确定热塑性塑料材料以管材形式的长期静液压强度》。

本标准代替 GB/T 18252—2000《塑料管道系统　用外推法对热塑性塑料管材长期静液压强度的测定》。

本标准与 GB/T 18252—2000 相比主要变化如下：

——标准名称由《塑料管道系统　用外推法对热塑性塑料管材长期静液压强度的测定》改为《塑料管道系统　用外推法确定热塑性塑料材料以管材形式的长期静液压强度》；

——本标准对破坏模式分为 A 型和 B 型，用拐点自动检验法确定破坏模式。GB/T 18252—2000 对破坏模式分为韧性破坏和脆性破坏，首先用肉眼观察法来确定破坏模式，肉眼观察难于确定破坏模式时用拐点自动检验法来确定；

——本标准中 $\mathbf{x}$ 定义为行向量，在式(A.12)的矩阵乘积项中出现为$[\mathbf{x}(\mathbf{X}^T\mathbf{X})^{-1}\mathbf{x}^T]$，该量在 GB/T 18252—2000 中定义为列向量；

——计算 σ_{LTHS} 的两个公式：本标准取消了 GB/T 18252—2000 中计算 σ_{LTHS} 的式(A.13)和式(A.14)；

——求 σ_{LPL} 时筛选有效解的方法：本标准式(A.13)中根式前只取减号。GB/T 18252—2000 相应公式(A.15)中根式前为(±)号。$\alpha>0$ 时，根号前取负号，$\alpha<0$ 时，根号前取正号；

——本标准第 A.4 章给出了拟合检验方法，GB/T 18252—2000 没有给出拟合检验方法。

本标准的附录 A、附录 B 为规范性附录，附录 C、附录 D 为资料性附录。

本标准由中国轻工业联合会提出。

本标准由全国塑料制品标准化技术委员会塑料管材、管件及阀门分技术委员会(TC 48/SC 3)归口。

本标准起草单位：四川大学、北京工商大学轻工业塑料加工应用研究所、中国石油化工股份有限公司齐鲁分公司研究院、上海乔治费歇尔管路系统有限公司。

本标准主要起草人：董孝理、赵启辉、谢建玲、李鹏。

本标准所代替标准的历次版本发布情况为：

——GB/T 18252—2000。

引　言

塑料材料的力学破坏与温度、载荷大小和受载时间有关。塑料压力管的正确使用考虑到了温度(T)和管内内压介质在管壁内产生的静液压应力(σ)与管材破坏时间(t)的关系。一般说来,T 升高或 σ 升高,都导致 t 减少。

塑料压力管通常需要有几十年甚至100年的长期使用寿命。本标准用高温下管材在较短时间(仍需1年)的静液压应力破坏试验结果来外推几十年甚至100年使用时间下管材材料耐受静液压应力的能力。

管材的静液压应力破坏试验结果表现出明显的数据离散性。这使 T、σ、t 间的关系带有统计性质。可以选择合适的统计分布和概率来表述这一特点。本标准选用的统计分布是在同一 T、σ 下,$\log_{10}t$ 呈正态分布。在此基础上,按以下顺序计算:

a) 多元线性回归;

b) 对 $\log_{10}t$ 作新观察值预测,同时引入学生氏(t_{st})分布及预测概率(ε);

c) 用 $\log_{10}t$ 新观察值预测公式作反方向运算求得与一定 T、t 和 ε 相应的应力,即静液压强度。

这一套计算方法称为标准外推法(standard extrapolation method, SEM)。SEM 建立了 T、σ、t、ε 四个变量之间的关系。最常见的应用是解决以下两个问题:

——在一定 T、σ、ε 下预测 $\log_{10}t$ 的预测下限(lower prediction limit, LPL);

——与一定 T、t 和 ε 相应的应力,即静液压强度。这实际上是在 T、t 下,保证 $\log_{10}t$ 是预测概率不低于 ε 的预测下限时所应控制的应力上限。通常取 $\varepsilon=0.975$,相应的应力为 σ_{LPL}。σ_{LPL} 是管材制品许用应力、许用压力、压力等级和壁厚的设计基础。先前的某些ISO标准中,曾使用符号 σ_{LCL} 来表示同一物理量。

由于国际贸易的需要,本标准中静液压强度 σ_{LTHS} 和 σ_{LPL} 的定义按其在ISO 9080:2003中的定义直译给出。

塑料管道系统　用外推法确定热塑性塑料材料以管材形式的长期静液压强度

1　范围

本标准描述了一种用统计外推法估计热塑性塑料材料的长期静液压强度的方法。

本标准适用于在其适用温度下的各种热塑性塑料管材材料。本方法建立在管材的试验数据基础上。试验所用管材的尺寸可在有关制品或系统标准中规定并记入试验报告中。

2　规范性引用文件

下列文件中的条款通过本标准的引用而成为本标准的条款。凡是注日期的引用文件，其随后所有的修改单(不包括勘误的内容)或修订版均不适用于本标准，然而，鼓励根据本标准达成协议的各方研究是否可使用这些文件的最新版本。凡是不注日期的引用文件，其最新版本适用于本标准。

GB/T 6111　流体输送用热塑性塑料管材　耐内压试验方法(GB/T 6111—2003,ISO 1167:1996,IDT)

GB/T 8802—2001　热塑性塑料管材、管件　维卡软化温度的测定(eqv ISO 2507:1995)

GB/T 8806　塑料管材尺寸测量方法(GB/T 8806—2008,ISO 3126:2005,IDT)

GB/T 19466.3—2004　塑料　差示扫描量热法(DSC)　第3部分:熔融和结晶温度及热焓的测定(ISO 11357-3:1999,IDT)

3　术语和定义

下列术语和定义适用于本标准。

3.1

内压　internal pressure

p

管内介质施加在单位面积上的力，单位为兆帕(MPa)。

3.2

应力　stress

σ

内压在管壁内产生的指向环向(周向)的单位面积上的力，单位为兆帕(MPa)。

用下列简化公式由内压计算应力 σ:

$$\sigma = \frac{p(d_{em} - e_{y,min})}{2e_{y,min}} \quad \cdots\cdots(1)$$

式中:

p——内压，单位为兆帕(MPa);

d_{em}——管材的平均外径，单位为毫米(mm);

$e_{y,min}$——测定的管材的最小壁厚，单位为毫米(mm)。

3.3

试验温度　test temperature

T_t

测定应力破坏数据时所采用的温度，单位为摄氏度(℃)。

3.4

最高试验温度　maximum test temperature

$T_{t,max}$

测定应力破坏数据时所采用的最高温度,单位为摄氏度(℃)。

3.5

使用温度　service temperature

T_S

预计的管材使用温度,单位为摄氏度(℃)。

3.6

破坏时间　failure time

t

管材发生泄漏的时间,单位为时(h)。

3.7

长期静液压强度　long-term hydrostatic strength

σ_{LTHS}

一个与应力有相同量纲的量,它表示在温度 T 和时间 t 预测的平均强度,单位为兆帕(MPa)。

3.8

静液压强度预测值的置信下限　lower confidence limit of the predicted hydrostatic strength

σ_{LPL}

一个与应力有相同量纲的量,它表示在温度 T 和时间 t 预测的静液压强度的 97.5%置信下限,单位为兆帕(MPa)。

注:σ_{LPL} 按下式给出:

$$\sigma_{LPL} = \sigma(T,t,0.975) \qquad \cdots\cdots(2)$$

3.9

拐点　knee

两种破坏模式的转折点。在静液压应力破坏数据的 $\log_{10}\sigma$ 对 $\log_{10}t$ 图上于拐点处斜率变化。

3.10

分支　branch

$\log_{10}\sigma$ 对 $\log_{10}t$ 图上斜率不变的线段。同一分支代表破坏模式相同。

3.11

外推时间因子　extrapolation time factor

k_e

计算外推时间极限时用的因子。

4　试验数据的获得

4.1　试验条件

管材的应力破坏数据应按 GB/T 6111—2003 测定。耐压性能的测定应使用直管。

每只管材试样都应按 GB/T 8806 测定其平均外径和最小壁厚。

如有争议,应选用 25 mm～63 mm 范围内某一直径的管材进行试验。

所测试样应来自同一批材料的同一批挤出管材。

4.2　内压水平和时间范围的分布

4.2.1　对每个选定的温度,都应得到至少 30 个观察值。它们应当规则地分布在至少 5 个内压水平上。出于统计分析的需要,要求在每个内压水平上都有重复观察值。选择内压水平时,应做到至少有 4 个观察值在 7 000 h 以上，至少有 1 个观察值在 9 000 h 以上(见 5.1.4)。当拐点存在时，对两个分支都应收集到可供统计分析的足够数量的观察值，以保证结果的精度。

4.2.2 任何温度下，破坏时间在 10 h 以内的观察值都应舍弃。

4.2.3 温度不大于 40 ℃时，若破坏时间在 1 000 h 以上的观察值的数量已能符合 4.2.1 的要求，可以舍弃破坏时间小于 1 000 h 的观察值。这时，应舍弃所有符合舍弃条件(温度和破坏时间)的观察值。

4.2.4 在最低内压水平未破坏的试样的应力与试验时间可以在多元线性回归计算和拐点判断时取为观察值，或者也可以予以舍弃。

5 步骤

5.1 数据的收集和分析

注：本方法基于线性回归分析，计算细节见附录 A。本方法要求在一个温度或多个温度试验，试验时间 1 年或 1 年以上。不论有无拐点，本方法都适用。

5.1.1 试验数据要求

在至少两个温度 T_1、T_2、…、T_n 下测试，所得数据应符合第 4 章和下列条件要求：

a) 每两个相临的温度应至少相差 10 ℃；

b) 对无定形聚合物或主要是无定形状态的聚合物，最高试验温度 $T_{t,max}$ 不能高于维卡软化温度 $VST_{B,50}$ 以下 15 ℃。维卡软化温度按 GB/T 8802—2001 测定。对结晶或部分结晶聚合物，$T_{t,max}$ 不能超过熔点以下 15 ℃。熔点按 GB/T 19466.3—2004 测定；

c) 每个温度下的观察值数量和内压水平分布应符合 4.2；

d) 为了得到 σ_{LPL} 的最佳估计值，试验温度范围应包括使用温度或使用温度范围；

e) 如果材料状态在最低试验温度及其以下 20 ℃没有变化，最低试验温度下所得数据可用至该温度以下 20 ℃。

任何由污染所致的破坏结果应予舍弃。

5.1.2 拐点检验以及数据和模型的适用性

按附录 B 的步骤检验拐点是否存在。

对每个特定的温度，拐点检验完成后把数据分成 2 组，一组属于第一分支，另一组属于第二分支。

将各温度下属于第一或第二分支的所有观察值，分别按附录 A 作多元线性回归。

只有一个温度时，问题简化为简单线性回归分析。但这时外推因子 k_e(见 5.1.4)不再适用。

注：检验拐点时，应注意所考察数据中是否有降解破坏点。降解破坏的特征是降解破坏时间几乎与应力无关，通常可以肉眼识别。在作蠕变破坏计算时，应舍弃降解破坏数据。

5.1.3 直观检验

在 $\log_{10}\sigma/\log_{10}t$ 坐标内绘出所得破坏数据的散点图，作出 σ_{LTHS} 线性回归线和 σ_{LPL} 曲线。

5.1.4 外推时间极限和外推时间因子 k_e

根据以下步骤确定外推时间极限。

外推计算允许的时间极限 t_e 与温度有关。外推时间因子 k_e 是 ΔT 的函数。ΔT 按式(3)计算：

$$\Delta T = T_t - T \qquad (3)$$

式中：

T_t——准备对其使用外推时间因子 k_e 的试验温度，$T_t \leqslant T_{t,max}$，单位为摄氏度(℃)；

$T_{t,max}$——最高试验温度，单位为摄氏度(℃)；

T——对其算出外推时间极限的温度，$T_S \leqslant T$，单位为摄氏度(℃)；

T_S——使用温度，单位为摄氏度(℃)。

用式(4)计算外推时间 t_e，单位为时(h)：

$$t_e = k_e t_{max} \quad \cdots\cdots (4)$$

当 t_{max} 等于 8 760 h(1 a)时，k_e 值等于以年(a)为单位的最大外推时间 t_e 值。外推只能是高温向低温外推。最大试验时间 t_{max}(h)，是由同一温度的 5 个最长破坏时间的对数值取平均后得到；这 5 个时间不一定是同一应力水平下的破坏时间，但应是同一温度下的数据。在计算 t_{max} 时，还没有破坏的试样可以视为“已破坏”，被视为“已破坏”的试验散点都应当包括在所有计算程序所采用的样本中。

外推时间极限的应用实例见图 1 至图 3。图 2 中只在最高试验温度检验出拐点。图 3 中在较高的多个温度检验出了拐点。外推因子 k_e 的取值见 5.2 和 5.3。

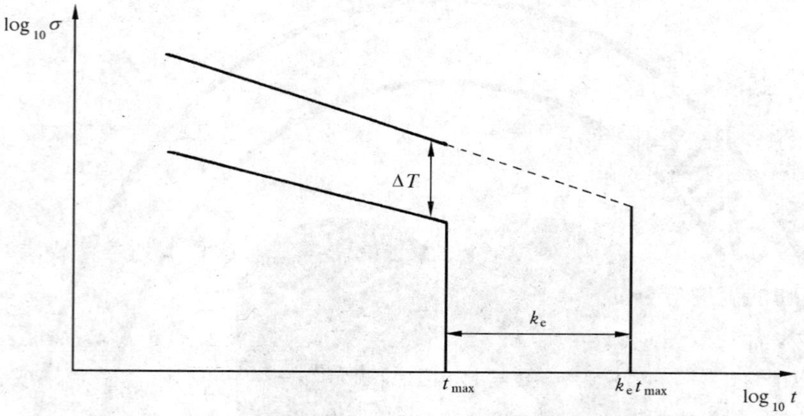

图 1　最高试验温度无拐点时作外推的外推时间极限

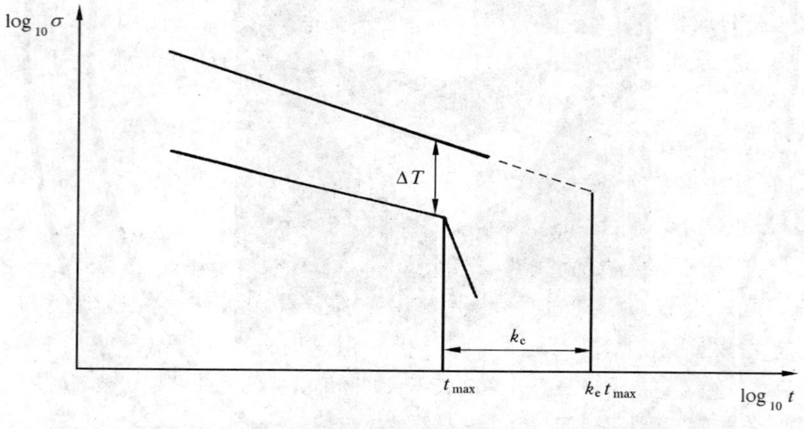

图 2　仅在最高试验温度有拐点时作外推的外推时间极限

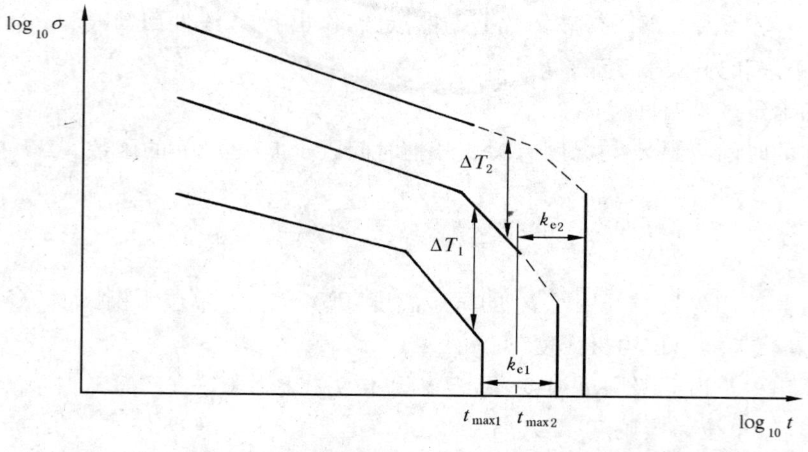

图 3　在不同试验温度有拐点时作外推的外推时间极限

5.2 聚烯烃(结晶或部分结晶聚合物)的外推因子

在聚烯烃蠕变破坏数据的外推计算中,外推时间极限是基于其最高试验温度下所测寿命和描述温度依赖关系的 Arrhenius 方程来确定的,计算时活化能取 110 kJ/mol。该活化能是不发生降解破坏时聚烯烃在第二分支的活化能的保守估计值。所得外推因子 k_e 如表 1。

表 1 聚烯烃的 $\Delta T(=T_t-T)$ 和 k_e 的关系

ΔT/℃	k_e
$10\leqslant\Delta T<15$	2.5
$15\leqslant\Delta T<20$	4
$20\leqslant\Delta T<25$	6
$25\leqslant\Delta T<30$	12
$30\leqslant\Delta T<35$	18
$35\leqslant\Delta T<40$	30
$40\leqslant\Delta T<50$	50
$50\leqslant\Delta T$	100

5.3 以氯乙烯为基础的玻璃态无定形聚合物的外推因子

对氯乙烯基聚合物蠕变破坏数据进行外推计算时,外推时间极限是基于其最高试验温度下所测寿命和描述温度依赖关系的 Arrhenius 方程来确定的。最高试验温度取维卡软化点以下 15 ℃。活化能取 178 kJ/mol。该活化能是氯乙烯基聚合物在第二分支的活化能估计值。所得外推因子 k_e 如表 2。

表 2 以氯乙烯为基础的聚合物的 $\Delta T(=T_t-T)$ 和 k_e 的关系

ΔT/℃	k_e
$5\leqslant\Delta T<10$	2.5
$10\leqslant\Delta T<15$	5
$15\leqslant\Delta T<20$	10
$20\leqslant\Delta T<25$	25
$25\leqslant\Delta T<30$	50
$30\leqslant\Delta T$	100

对改性 PVC 材料,若其连续相为氯乙烯基聚合物,应使用表 2 的外推因子。

5.4 未包括在 5.2 和 5.3 中的聚合物的外推因子

可以认为,对 5.2 中提及的聚合物和本标准未提及的聚合物,表 1 的外推因子是最小值。如果有试验证据表明,对某一特定聚合物可以使用较大的外推因子,这些因子将纳入本标准。允许使用这些外推因子代替表 1 中给出的因子。

6 一种部分结晶聚合物的计算示例和软件的验证

附录 C 中给出了一个按第 5 章所述步骤计算回归曲线(20 ℃、40 ℃和 60 ℃)和检验拐点的计算示例。

第 C.1 章中给出的数据组可用于验证软件的适用性。如果使用不同于附录 D 提到的程序,则用上述数据进行验证计算应给出与附录 C 相同的结果,准确至小数点后第 3 位。

7 试验报告

试验报告应包括以下资料：

a) 本标准号；

b) 样品的全部信息，包括制造商、材料种类、代号、来源及其他相关内容；

c) 用作试验的管材尺寸；

d) 试验用的管外环境和管内压力介质；

e) 观察值表，对每个观察值包括：试验温度(℃)、试验压力(MPa)、环应力(MPa)、破坏时间(h)、对破坏类型的肉眼判断(韧性、脆性或未知)、试验日期以及其他相关内容；

f) 因破坏时间小于 1 000 h 而舍弃的数据散点数目，相应温度，破坏时间和破坏类型；

g) 用于估计 σ_{LTHS} 和 σ_{LPL} 的模型；

h) 对每一分支分别列出参数 c_i 的估计值及其标准差 s_i；

i) 观察到的破坏数据的散点图，σ_{LTHS} 线性回归线图和 σ_{LPL} 曲线图；

j) 用于计算的软件包的信息；

k) 可能影响结果的任何细节，如意外情况或本标准中未规定的操作细节。

附　录　A
（规范性附录）
数据的收集和分析方法

A.1　一般模型

本标准使用的一般模型为下列四参数模型：

$$\log_{10}t = c_1 + c_2\frac{1}{T} + c_3\log_{10}\sigma + c_4\frac{\log_{10}\sigma}{T} + e \qquad \text{(A.1)}$$

式中：

t——破坏时间，单位为时(h)；

T——温度，单位为开(K)(℃+273.15)；

σ——环应力，单位为兆帕(MPa)；

$c_1 \sim c_4$——模型中所用的参数；

e——误差变量，服从正态分布，平均值为0，方差恒定。假设误差独立。

如果 c_3 的概率水平大于0.05，四参数模型应简化为三参数模型。这时有 $c_3=0$，即：

$$\log_{10}t = c_1 + c_2\frac{1}{T} + c_4\frac{\log_{10}\sigma}{T} + e \qquad \text{(A.2)}$$

如果所有数据都在同一温度下获得，则简化为2参数模型：

$$\log_{10}t = c_1 + c_3\log_{10}\sigma + e \qquad \text{(A.3)}$$

四参数模型的计算过程如下所述。从模型中除去相应的项可以得到三参数模型或二参数模型的计算过程。由于求逆矩阵时可能发生矩阵病态问题，需要使用计算机双精度运算(14位有效数字)。求逆矩阵的运算按经典的Gauss-Jordan法进行(见参考文献[1])。

使用下列矩阵记号：

$$\boldsymbol{X} = \begin{bmatrix} 1 & \frac{1}{T_1} & \log_{10}\sigma_1 & \frac{\log_{10}\sigma_1}{T_1} \\ \vdots & \vdots & \vdots & \vdots \\ 1 & \frac{1}{T_N} & \log_{10}\sigma_N & \frac{\log_{10}\sigma_N}{T_N} \end{bmatrix} \qquad \text{(A.4)}$$

$$\boldsymbol{y} = \begin{bmatrix} \log_{10}t_1 \\ \vdots \\ \log_{10}t_N \end{bmatrix} \qquad \text{(A.5)}$$

$$\boldsymbol{e} = \begin{bmatrix} e_1 \\ \vdots \\ e_N \end{bmatrix} \qquad \text{(A.6)}$$

式中：

N——观察值总数。

$$c = (c_1, c_2, c_3, c_4)^{\mathrm{T}} \quad \cdots\cdots (\mathrm{A}.7)$$

式中：

T——转置运算符，模型(A.1)成为：

$$\boldsymbol{y} = \boldsymbol{X}\boldsymbol{c} + \boldsymbol{e} \quad \cdots\cdots (\mathrm{A}.8)$$

参数的最小二乘法估计值为：

$$\hat{\boldsymbol{c}} = (\boldsymbol{X}^{\mathrm{T}}\boldsymbol{X})^{-1}\boldsymbol{X}^{\mathrm{T}}\boldsymbol{y} \quad \cdots\cdots (\mathrm{A}.9)$$

残余方差估计值为：

$$s^2 = (\boldsymbol{y} - \boldsymbol{X}\hat{c})^{\mathrm{T}}(\boldsymbol{y} - \boldsymbol{X}\hat{c})/(N-q) \quad \cdots\cdots (\mathrm{A}.10)$$

式中：

q——模型中参数的个数。

在温度 T，与破坏时间 t 相应的预测的应力值为：

$$\log_{10}\sigma = \left(\log_{10}t - \hat{c}_1 - \frac{\hat{c}_2}{T}\right)\Big/\left(\hat{c}_3 + \frac{\hat{c}_4}{T}\right) \quad \cdots\cdots (\mathrm{A}.11)$$

注：上式计算所得应力，即为 σ_{LTHS}。

为了计算在温度 T，与破坏时间 t 相应的 σ_{LPL}，由下式作反方向运算：

$$\log_{10}t = \hat{c}_1 + \hat{c}_2\frac{1}{T} + \hat{c}_3\log_{10}\sigma + \hat{c}_4\frac{\log_{10}\sigma}{T} - t_{\mathrm{st}}s[1 + \boldsymbol{x}(\boldsymbol{X}^{\mathrm{T}}\boldsymbol{X})^{-1}\boldsymbol{x}^{\mathrm{T}}]^{\frac{1}{2}} \quad \cdots\cdots (\mathrm{A}.12)$$

式中：

t_{st}——自由度为 $N-4$ 的学生氏 t 分布与 0.975 概率水平相应的分位数；

记号 $\boldsymbol{x}$ 表示向量$\left(1, \frac{1}{T}, \log_{10}\sigma, \frac{\log_{10}\sigma}{T}\right)$。

结果是：

$$\log_{10}\sigma_{\mathrm{LPL}} = \frac{-\beta - \sqrt{\beta^2 - 4\alpha\gamma}}{2\alpha} \quad \cdots\cdots (\mathrm{A}.13)$$

式中：

$$\alpha = \left(\hat{c}_3 + \hat{c}_4\frac{1}{T}\right)^2 - t_{\mathrm{st}}^2 s^2\left(K_{33} + 2K_{43}\frac{1}{T} + K_{44}\frac{1}{T^2}\right) \quad \cdots\cdots (\mathrm{A}.14)$$

$$\beta = 2\left(\hat{c}_1 + \hat{c}_2\frac{1}{T} - \log_{10}t\right)\left(\hat{c}_3 + \hat{c}_4\frac{1}{T}\right) - 2t_{\mathrm{st}}^2 s^2\left[K_{31} + (K_{41} + K_{32})\frac{1}{T} + K_{42}\frac{1}{T^2}\right] \quad \cdots (\mathrm{A}.15)$$

$$\gamma = \left(\hat{c}_1 + \hat{c}_2\frac{1}{T} - \log_{10}t\right)^2 - t_{\mathrm{st}}^2 s^2\left(K_{11} + 2K_{21}\frac{1}{T} + K_{22}\frac{1}{T^2} + 1\right) \quad \cdots\cdots (\mathrm{A}.16)$$

K_{ij}——矩阵$(\boldsymbol{X}^{\mathrm{T}}\boldsymbol{X})^{-1}$中角标为 i、j 的元素。

σ_{LPL}的值由下式计算：

$$\sigma_{\mathrm{LPL}} = 10^{\log_{10}\sigma_{\mathrm{LPL}}} \quad \cdots\cdots (\mathrm{A}.17)$$

A.2 简化的模型

对三参数模型($c_3=0$)，有：

$$\log_{10}\sigma = \left(\log_{10}t - \hat{c}_1 - \hat{c}_2\,\frac{1}{T}\right)T/\hat{c}_4 \qquad \cdots\cdots(\text{A.}18)$$

以及

$$\alpha = \left(\hat{c}_4\,\frac{1}{T}\right)^2 - t_{st}^2 s^2 K_{44}\,\frac{1}{T^2} \qquad \cdots\cdots(\text{A.}19)$$

$$\beta = 2\left(\hat{c}_1 + \hat{c}_2\,\frac{1}{T} - \log_{10}t\right)\hat{c}_4\,\frac{1}{T} - 2t_{st}^2 s^2\left(K_{41}\,\frac{1}{T} + K_{42}\,\frac{1}{T^2}\right) \qquad \cdots\cdots(\text{A.}20)$$

$$\gamma = \left(\hat{c}_1 + \hat{c}_2\,\frac{1}{T} - \log_{10}t\right)^2 - t_{st}^2 s^2\left(K_{11} + 2K_{21}\,\frac{1}{T} + K_{22}\,\frac{1}{T^2} + 1\right) \qquad \cdots\cdots(\text{A.}21)$$

t_{st}的自由度为 $N-3$。

对二参数模型($c_2=0$,$c_4=0$),有:

$$\log_{10}\sigma = (\log_{10}t - \hat{c}_1)/\hat{c}_3 \qquad \cdots\cdots(\text{A.}22)$$

以及

$$\alpha = \hat{c}_3^2 - t_{st}^2 s^2 K_{33} \qquad \cdots\cdots(\text{A.}23)$$

$$\beta = 2(\hat{c}_1 - \log_{10}t)\hat{c}_3 - 2t_{st}^2 s^2 K_{31} \qquad \cdots\cdots(\text{A.}24)$$

$$\gamma = (\hat{c}_1 - \log_{10}t)^2 - t_{st}^2 s^2 (K_{11} + 1) \qquad \cdots\cdots(\text{A.}25)$$

t_{st}的自由度为 $N-2$。

A.3 拐点存在时计算 σ_{LTHS} 和 σ_{LPL}

如附录 B 所述,假设两种破坏机理都存在,每种破坏机理发生在各自的温度范围和破坏时间范围。应对这两组与不同破坏模式相应的数据分别进行拟合。为此,应将可用的试验数据分为两组,每组数据与一种破坏模式对应。

对每组数据,如果数据的数量足够,且其在温度范围内的分布是合适的(见 4.2 和 5.1.1),就能够用上述一般步骤分别计算出 σ_{LTHS} 和 σ_{LPL}。

按附录 B 所述,对每一个温度分别进行拐点的自动检验。按拐点的自动检验结果将数据分成两组。按本附录所述一般步骤对这两组数据分别进行拟合。

A.4 拟合检验

为检验数据对模型的拟合效果,使用下述统计量:

$$F = \frac{(SS_H - SS_e)/(\nu_H - \nu_e)}{SS_e/\nu_e} \qquad \cdots\cdots(\text{A.}26)$$

式中:

SS_e——每一观察值与其平均值的差的平方和。该平均值是在同一试验条件下重复试验所得各观察值的平均值。其计算与使用何种模型无关;

SS_H——每一观察值与其预测值的差的平方和。该预测值是在相应观察值的试验条件下用拟合 模型得出的预测值。

ν_e——SS_e 的自由度。ν_e 等于观察值的数目减去不同的试验条件的数目。

ν_H——SS_H 的自由度。ν_H 等于观察值的数目减去所用模型中参数的数目。

假若用该模型对数据的拟合是正确的,则上述统计量服从分子自由度为 $\nu_H-\nu_e$,分母自由度为 ν_e 的 F 分布。

由 F 分布的数据表或计算机程序,可得到数值超过按上式计算所得 F 值的区间的概率。将该概率与 0.05 显著性水平比较。如果该概率大于该水平，则接受“模型是正确的”这一假设。否则，否定“模型是正确的”这一假设。

注：本检验只能被视为模型对观察值拟合效果的一种指示。

下例给出用表 C.1 中 20 ℃的观察值，用二参数模型作的拟合检验。

$$SS_{e} = 2.37778 \tag{A.27}$$

$$\nu_{e} = 31 - 15 = 16 \tag{A.28}$$

$$SS_{H} = 5.98424 \tag{A.29}$$

$$\nu_{H} = 31 - 2 = 29 \tag{A.30}$$

$F(13;16)$值为 1.866 75。

在给定的自由度，F 分布超过该值的概率为：

$$Pr[F(13;16) > 1.86675] = 0.1183 \tag{A.31}$$

显著性水平置于 0.05。由于上述概率已超过该限，该模型被接受。

附 录 B
（规范性附录）
拐点的自动检验

B.1 原理

本步骤用计算的方法分别在每个温度检验拐点是否存在。

本计算方法假设，对给定的温度和破坏类型，在管材试样的 $\log_{10}\sigma$ 和 $\log_{10}t$ 之间存在线性关系。σ 是管材试样受到的静液压应力，t 是管材试样的破坏时间。还假设破坏时间的测定误差服从随机误差分布。

按本方法，破坏类型与静液压应力有关。在拐点值以下的应力时，为 B 型破坏，在拐点值以上的应力时，为 A 型破坏。

B.2 步骤

表达上述假设，并考虑到破坏类型的模型如下：

$$\log_{10}t = c_1 + c_3\log_{10}\sigma + c_{1i} + c_{3i}\log_{10}\sigma + e \qquad \text{(B.1)}$$

为避免奇异点，其中

$$c_{11} + c_{12} = c_{31} + c_{32} = 0 \qquad \text{(B.2)}$$

式中：

E——误差变量。

注：假设误差独立，呈正态分布，平均值为 0，方差恒定。

上式中，参数 c_{1i} 和 c_{3i} 表示定性参数——“破坏类型”的影响。$i=1$ 是 A 型破坏，$i=2$ 是 B 型破坏。

拐点把两种破坏类型相应的应力范围分开，但拐点处破坏时间不应与破坏类型有关，为此补充下列限制条件。

$$c_{1i} + c_{3i}\log_{10}\sigma_k = 0 \qquad \text{(B.3)}$$

式中：

σ_k——与拐点相应的应力。

这样，可消去参数 c_{1i}，模型成为：

$$\log_{10}t = c_1 + c_3\log_{10}\sigma + c_{3i}(\log_{10}\sigma - \log_{10}\sigma_k) + e \qquad \text{(B.4)}$$

并且有

$$c_{31} + c_{32} = 0 \qquad \text{(B.5)}$$

计算步骤是：在应力值的试验范围内扫描 σ_k，按模型拟合试验数据，对每次拟合计算残余方差。其中残余方差最小者记为 $s_k{}^2$，表示扫描 σ_k 时所得最佳拟合，相应于最佳 σ_k 值。

用 F 检验对有拐点模型的残余方差 $s_k{}^2$ 和无拐点模型的残余方差 s^2 作比较。Fisher 统计量 F 计算如下：

$$F_{N-2,N-4} = s^2/s_k{}^2 \qquad \text{(B.6)}$$

该统计量在无拐点假设成立时，近似服从 Fisher 分布，分子自由度为 $N-2$，分母自由度为 $N-4$，N 是试验数据个数。

如果与 F 计算值相关的概率大于 0.05，则在概率水平 5% 接受无拐点假设。否则排除无拐点假设，承认拐点存在。

附 录 C
（资料性附录）
应用SEM分析应力破坏数据的示例

C.1 观察值表

一种部分结晶聚合物在20 ℃、40 ℃和60 ℃的应力破坏数据列于表C.1、表C.2和表C.3。

表C.1 20 ℃时的应力破坏数据

温度/℃	应力/MPa	时间/h	温度/℃	应力/MPa	时间/h
20	16.0	11	20	13.7	536
20	15.0	58	20	13.6	680
20	15.0	44	20	13.5	411
20	14.9	21	20	13.5	412
20	14.5	25	20	13.5	3 368
20	14.5	24	20	13.5	865
20	14.3	46	20	13.5	946
20	14.1	11	20	13.5	4 524
20	14.0	201	20	13.4	122
20	14.0	260	20	13.4	5 137
20	14.0	201	20	13.3	1 112
20	13.9	13	20	13.3	2 108
20	13.7	392	20	13.2	1 651
20	13.7	440	20	13.2	1 760
20	13.7	512	20	12.8	837
20	13.7	464			

表C.2 40 ℃时的应力破坏数据

温度/℃	应力/MPa	时间/h	温度/℃	应力/MPa	时间/h
40	11.1	10	40	10.0	2 076
40	11.2	11	40	10.0	1 698
40	11.5	20	40	9.5	1 238
40	11.5	32	40	9.5	1 790
40	11.5	35	40	9.5	2 165
40	11.5	83	40	9.5	7 823
40	11.2	240	40	9.0	4 128
40	11.2	282	40	9.0	4 448
40	11.0	1 912	40	8.5	7 357
40	11.0	1 856	40	8.5	5 448
40	11.0	1 688	40	8.0	7 233
40	11.0	1 114	40	8.0	5 959

表 C.2（续）

温度/℃	应力/MPa	时间/h	温度/℃	应力/MPa	时间/h
40	10.8	54	40	8.0	12 081
40	10.5	5 686	40	7.5	16 920
40	10.5	921	40	7.5	12 888
40	10.5	1 145	40	7.5	10 578
40	10.5	2 445	40	6.5	12 912
40	10.0	5 448	40	6.0	11 606
40	10.0	3 488			
40	10.0	1 488			

表 C.3 60 ℃时的应力破坏数据

温度/℃	应力/MPa	时间/h	温度/℃	应力/MPa	时间/h
60	9.6	10	60	7.5	351
60	9.5	13	60	7.0	734
60	9.5	32	60	7.0	901
60	9.5	34	60	7.0	1 071
60	9.5	114	60	7.0	1 513
60	9.5	195	60	6.5	1 042
60	9.2	151	60	6.5	538
60	9.0	242	60	6.0	4 090
60	9.0	476	60	6.0	839
60	9.0	205	60	6.0	800
60	9.0	153	60	5.5	339
60	9.0	288	60	5.5	2 146
60	8.9	191	60	5.5	2 048
60	8.5	331	60	5.5	2 856
60	8.5	296	60	5.0	1 997
60	8.5	249	60	5.0	1 647
60	8.5	321	60	5.0	1 527
60	8.5	344	60	5.0	2 305
60	8.5	423	60	5.0	2 866
60	8.5	686	60	4.0	6 345
60	8.5	513	60	3.5	15 911
60	8.5	585	60	3.4	6 841
60	8.5	719	60	3.4	8 232
60	7.5	423	60	2.9	15 090
60	7.5	590			
60	7.5	439			
60	7.5	519			

C.2 自动检验拐点的示例

本例使用表C.2中40 ℃的观察值。

首先假设拐点不存在，用一条直线拟合全部数据散点。所得残余方差为0.409 1，自由度36。

然后假设存在拐点，用扫描 σ_k 的方法确定拐点位置。扫描方法是：在 $\log_{10}\sigma$ 的试验范围内，规则地分隔出50个应力值，依次将它们作为 σ_k，按二分支直线模型作拟合。拟合所得结果中残余方差最小者为0.227，自由度为34。与之相应的应力为10.6 MPa，时间为1 927 h。

用于检验拐点是否存在的Fisher统计量等于0.409 1/0.227=1.802。在分子自由度36、分母自由度34的Fisher统计分布上，与大于1.802的区间相应的概率为0.0438。由于0.0438<0.05，故可确定拐点存在。

破坏类型分类结果如表C.4：

表 C.4 破坏类型的分类

温度/℃	应力/MPa	时间/h	破坏类型	温度/℃	应力/MPa	时间/h	破坏类型
40	11.1	10	A	40	10.5	2 445	B
40	11.2	11	A	40	10.0	5 448	B
40	11.5	20	A	40	10.0	3 488	B
40	11.5	32	A	40	10.0	2 076	B
40	11.5	35	A	40	9.5	1 790	B
40	10.8	54	A	40	9.5	2 165	B
40	11.5	83	A	40	9.5	7 823	B
40	11.2	240	A	40	9.0	4 128	B
40	11.2	282	A	40	9.0	4 448	B
40	11.0	1 688	A	40	8.5	7 357	B
40	11.0	1 114	A	40	8.5	5 448	B
40	11.0	1 912	A	40	8.0	7 233	B
40	11.0	1 856	A	40	8.0	5 959	B
40	10.5	921	B	40	8.0	12 081	B
40	10.0	1 488	B	40	7.5	16 920	B
40	10.0	1 698	B	40	7.5	12 888	B
40	9.5	1 238	B	40	7.5	10 578	B
40	10.5	1 145	B	40	6.5	12 912	B
40	10.5	5 686	B	40	6.0	11 606	B

注：该示例说明了拐点自动检验的具体算法。计算机程序中用其他方式表示上述结果。

C.3 应力破坏数据的回归计算示例

C.3.1 参数估计(见图C.1)

C.3.1.1 所用模型

$$\log_{10}t = c_1 + c_2\frac{1}{T} + c_4\frac{\log_{10}\sigma}{T} + e \quad \cdots\cdots(C.1)$$

C.3.1.2 破坏类型A

残余方差：0.306 061

试验散点个数：50

参数个数：3

自由度：47

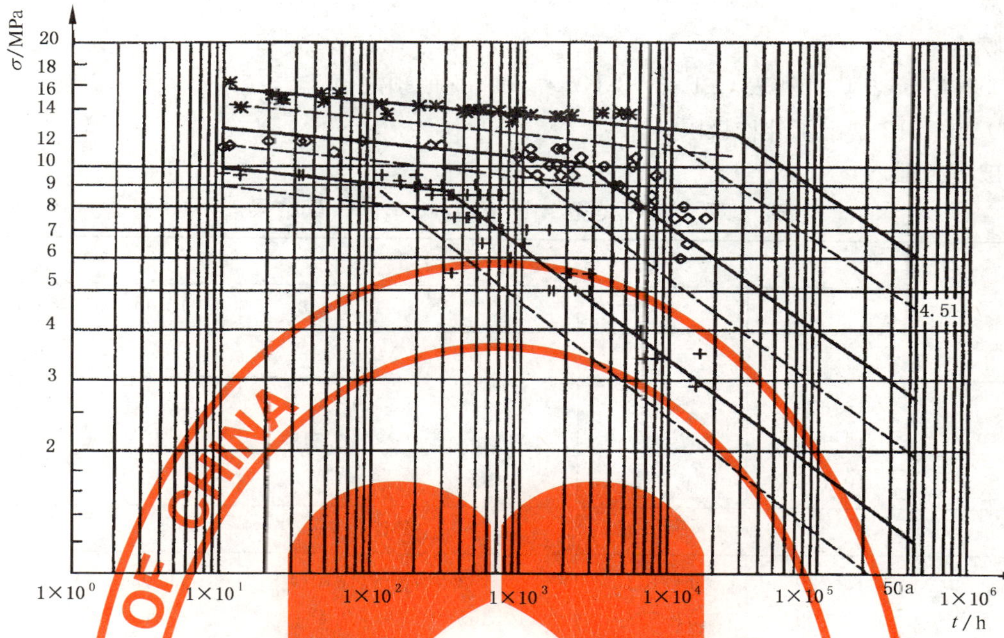

注 1：实线表示 σ_{LTHS} 的线性回归线。

注 2：虚线表示 σ_{LPL} 的曲线。

注 3："＊"表示试验温度为 20 ℃。

注 4："◇"表示试验温度为 40 ℃。

注 5："＋"表示试验温度为 60 ℃。

图 C.1　部分结晶聚合物的 SEM 分析结果的图形表示

A 型破坏的参数与统计量的详细结果见表 C.5(有关统计学的更多细节见文献[2])。

表 C.5　破坏类型 A 的参数估计

参数	估计值	标准差	t 值	$Pr(>\|t\|)$
c_1	－42.014	6.048	－6.947	0.000
c_2	23 184.326	3 290.992	7.045	0.000
c_4	－8 892.575	1 361.190	－6.533	0.000

模型适度检验：$Pr[F(19;28)>2.981]=0.004$。

C.3.1.3　破坏类型 B

残余方差：0.048 413

试验散点个数：70

参数个数：3

自由度：67

B 型破坏的参数与统计量的详细结果见表 C.6。

表 C.6　破坏类型 B 的参数估计

参数	估计值	标准差	t 值	$Pr(>\|t\|)$
c_1	－15.775	1.010	－15.619	0.000
c_2	7 228.155	366.250	19.736	0.000
c_4	－1 213.615	76.868	－15.788	0.000

模型适度检验：$Pr[F(20;47)>0.751]=0.753$。

C.3.2 预测

C.3.2.1 概述

表 C.7,表 C.8,表 C.9 和表 C.10 给出了 σ_{LTHS} 和 σ_{LPL} 的预测值。

表 C.11 和 C.12 给出了外推极限。

C.3.2.2 破坏类型 A

表 C.7 破坏类型 A 的 σ_{LTHS} 和 σ_{LPL} 计算结果

温度/℃	时间/h					
	1	10	100	1 000	10 000	100 000
	σ_{LTHS}/MPa					
20	16.678	15.458	14.328	13.281	12.310	B
40	13.416	12.372	11.408	10.519	B	B
60	10.793	9.901	9.083	B	B	B
温度/℃	σ_{LPL}/MPa					
20	15.229	14.183	13.132	12.074	11.024	B
40	12.209	11.288	10.365	9.444	B	B
60	9.748	8.942	8.140	B	B	B

表 C.8 破坏类型 A 的 σ_{LTHS} 和 σ_{LPL} 计算结果

温度/℃	时间/a			
	0.5	1	10	50
	σ_{LTHS}/MPa			
20	12.650	12.364	B	B
40	B	B	B	B
60	B	B	B	B
温度/℃	σ_{LPL}/MPa			
20	11.398	11.084	B	B
40	B	B	B	B
60	B	B	B	B

C.3.2.3 破坏类型 B

表 C.9 破坏类型 B 的 σ_{LTHS} 和 σ_{LPL} 计算结果

温度/℃	时间/h					
	1	10	100	1 000	10 000	100 000
	σ_{LTHS}/MPa					
20	A	A	A	A	A	8.661
40	A	A	A	A	7.132	3.937
60	A	A	A	6.336	3.368	1.790
温度/℃	σ_{LPL}/MPa					
20	A	A	A	A	A	6.550
40	A	A	A	A	5.427	2.914
60	A	A	A	4.772	2.478	1.261

表 C.10　破坏类型 B 的 σ_{LTHS} 和 σ_{LPL} 计算结果

温度/℃	时间/a			
	0.5	1	10	50
	σ_{LTHS}/MPa			
20	A	A	8.942	6.062
40	8.825	7.380	4.074	2.689
60	4.224	3.492	1.856	1.193
温度/℃	σ_{LPL}/MPa			
20	A	A	6.770	4.510
40	6.748	5.621	3.022	1.937
60	3.142	2.575	1.312	0.811

C.3.2.4　外推极限

表 C.11　T_t=40 ℃，t_{max}=13 160.5 h 时的外推极限

T/℃	ΔT/℃	k_e	t_e/h	t_e/a
20	20	6	78 963	9.01

表 C.12　T_t=60 ℃，t_{max}=9 698.1 h 时的外推极限

T/℃	ΔT/℃	k_e	t_e/h	t_e/a
20	40	50	484 907	55.35
40	20	6	58 189	6.64

C.3.3　拐点位置

表 C.13 给出了拐点位置。

表 C.13　拐点位置

温度/℃	应力/MPa	时间/h
20	11.92	26 664
40	10.18	2 515
60	8.70	315

附 录 D
（资料性附录）
SEM 软件信息

从下列供应者可得到用于 SEM 计算的软件包。该软件包与本标准的规定是一致的，并已通过 ISO/TC 138/SC5 Ad Hoc SEM 工作组的测试和批准。

BECETEL vzw

Gontrode Heirweg 130

B-9090 Melle

Belgium

Tel：+32(0)9 272 50 70

Fax：+32(0)9 272 50 72

e-mail：info@becetel. be

参 考 文 献

[1] RALSTON, A.. and WILF, H. S.: Mathematical Methods for Digital Computers. Volume 1, John Wiley & Sons. 1967.

[2] HENRY SCHEFFE: The Analysis of Variance. John Wiley & Sons, New York, 1959.

[3] 董孝理.塑料压力管的力学破坏和对策.北京:化学工业出版社,2006.

ICS 13.260;25.140
F 20

中华人民共和国国家标准

GB/T 18269—2008
代替 GB 18269—2000

交流 1 kV、直流 1.5 kV 及以下电压等级带电作业用绝缘手工工具

Live working—Hand tools for use up to 1 kV a.c. and 1.5 kV d.c.

(IEC 60900:2004,MOD)

2008-09-24 发布　　2009-08-01 实施

中华人民共和国国家质量监督检验检疫总局
中国国家标准化管理委员会　发布

前　　言

本标准修改采用国际标准 IEC 60900:2004《交流 1 kV、直流 1.5 kV 及以下电压等级带电作业用手工工具》。

本标准与 IEC 60903:2002 相比，本标准有以下几方面修改：

——未采用 IEC 60903 中关于通用性接头类工具的相关内容；

——未采用 IEC 60903 部分附录；

——对部分条款进行了简化、整合；

——对部分试验方法及要求进行了修改。

本标准代替 GB 18269—2000《交流 1 kV、直流 1.5 kV 及以下电压带电作业用绝缘手工工具》。

本标准与 GB 18269—2000 相比，主要修改内容如下：

——标准名称修改为《交流 1 kV、直流 1.5 kV 及以下电压等级带电作业用绝缘手工工具》；

——在“技术要求”部分增加了扭矩调节螺丝、操作方向开关等绝缘层的要求；

——在“试验”部分，对 5.5、5.10 进行了修改。

本标准的附录 A 为规范性附录。

本标准由中国电力企业联合会提出。

本标准由全国带电作业标准化技术委员会归口并负责解释。

本标准主要起草单位：国网武汉高压研究院、广东珠海电力局。

本标准主要起草人：胡毅、易辉、张丽华、王力农、孙庭玺、张运周、徐莹。

本标准所代替标准的历次版本发布情况为：

——GB 18269—2000。

交流 1 kV、直流 1.5 kV 及以下电压等级带电作业用绝缘手工工具

1 范围

本标准规定了交流 1 kV、直流 1.5 kV 及以下电压等级带电作业用绝缘手工工具的定义、技术要求、试验方法、检验规则、标志、包装、运输与贮存等。本标准适用于交流 1 kV、直流 1.5 kV 及以下电压等级进行带电作业所使用的绝缘手工工具和包覆绝缘手工工具。

本标准不包括：

——有外供电源的工具和装置；

——间接作业时使用的绝缘杆。

2 规范性引用文件

下列文件中的条款通过本标准的引用而成为本标准的条款。凡是注日期的引用文件，其随后所有的修改单(不包括勘误的内容)或修订版均不适用于本标准，然而，鼓励根据本标准达成协议的各方研究是否可使用这些文件的最新版本。凡是不注日期的引用文件，其最新版本适用于本标准。

GB/T 14286 带电作业工具设备术语(GB/T 14286—2008，IEC 60743:2001，MOD)

3 术语和定义

GB/T 14286 确定的以及下列术语和定义适用于本标准。

3.1

包覆绝缘手工工具 insulated hand tool

由金属材料制成、全部或部分包覆有绝缘材料的手工工具。

3.2

绝缘手工工具 insulating hand tool

除了用于加固的金属插入件以外，全部或主要由绝缘材料制成，且无暴露的导体部分的手工工具。

4 技术要求

4.1 一般技术要求

4.1.1 在规定的正常使用条件下，包覆绝缘手工工具和绝缘手工工具应保证操作人员和设备的安全。

4.1.2 包覆绝缘手工工具在包覆绝缘层后应不影响工具的机械性能。

4.1.3 带电作业用绝缘手工工具常用来支撑、移动带电体或切断导线，必须有足够的机械强度以防止变形或断裂而造成事故。

4.1.4 如果工具的导体部件(例如：扭矩调节螺丝、操作方向开关等)外包裹有绝缘材料，这些包裹的绝缘层应牢固可靠，正常使用的过程中不会出现脱落、裂缝等现象。

4.1.5 绝缘材料应根据使用中可能经受的电压、电流、机械和热应力进行选择，绝缘材料应有足够的电气绝缘强度、足够的抗老化能力和良好的阻燃性能。

4.1.6 绝缘层可由一层或多层绝缘材料构成，如果采用两层或多层，可以使用不同的颜色，绝缘外表面应具有防滑性能。

4.1.7 在环境温度为－20 ℃～＋70 ℃范围内，工具的使用性能应满足工作要求，制作工具的绝缘材

料应牢固地粘附在导电部件上，在低温环境中(－40 ℃)使用的工具应标上C类标记，并按低温环境进行设计。

4.1.8 可装配的工具应有锁紧装置以避免因偶然原因脱离，锁紧力应当根据5.9测试。

4.1.9 双端头带电作业工具应制成绝缘工具而不应制成包覆绝缘工具。

4.1.10 金属工具的金属裸露部分应进行必要的防锈处理。

4.2 具体要求

4.2.1 螺丝刀和扳手

螺丝刀的工作端允许的非绝缘长度(见图1)如下：

——螺丝刀：最大长度为18 mm；

——操作扳手：非绝缘部分为端头的工作面；

——套筒扳手、十字扳手：非绝缘部分为端头的工作面和接触面。

螺丝刀刃口的绝缘应与柄的绝缘连在一起，刃口部分的绝缘的宽度在距刃口端30 mm的长度内增加不应超过2 mm[见图1 c)]，这一绝缘部分可以是柱形的或锥形的。

单位为毫米

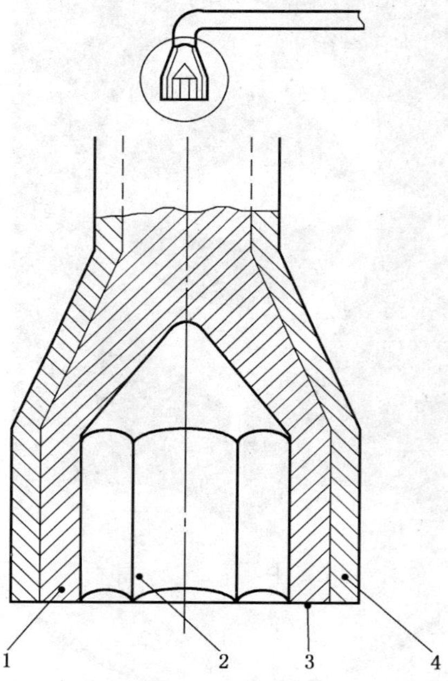

a)

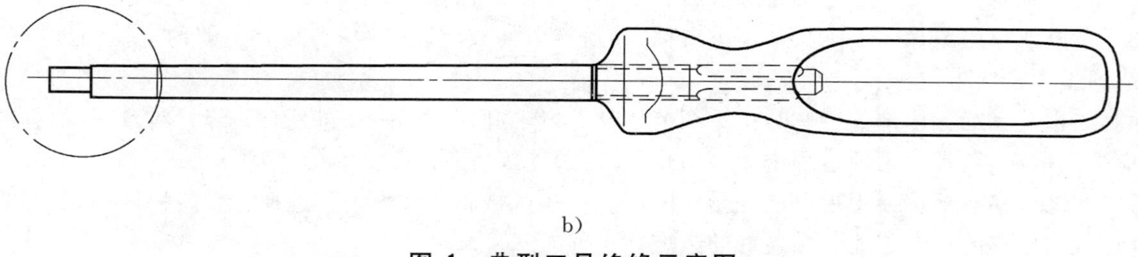

b)

图1 典型工具绝缘示意图

单位为毫米

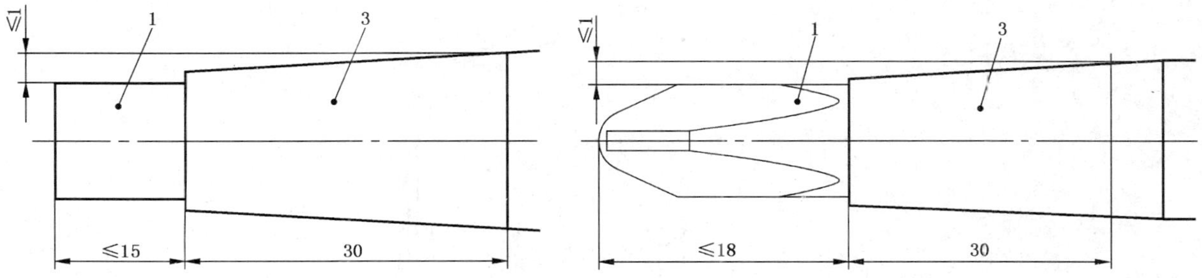

c)

1——导体部分；

2——工作部分；

3——绝缘层；

4——接触面。

图 1（续）

4.2.2 手钳、剥皮钳、电缆剪、电缆切割工具

绝缘手柄应有护手以防止手滑向端头未包覆绝缘材料的金属部分[图 2 a)]，护手应有足够的高度以防止工作中手指滑向导电部分。

手钳的护手的最小尺寸为[参考图 2 a)]：

——手钳握手左右，护手高出扁平面：10 mm；

——手钳握手上下，护手高出扁平面：5 mm。

护手内侧边缘到没有绝缘层的金属裸露面之间的最小距离为 12 mm，护手的绝缘部分应尽可能向前延伸实现对金属裸露面的包覆。

对于活动部件的接合处，在手柄的内侧部分要留有 5 mm 宽的活动间隙。

对于手柄长度超过 400 mm 的工具可以不需要护手。

单位为毫米

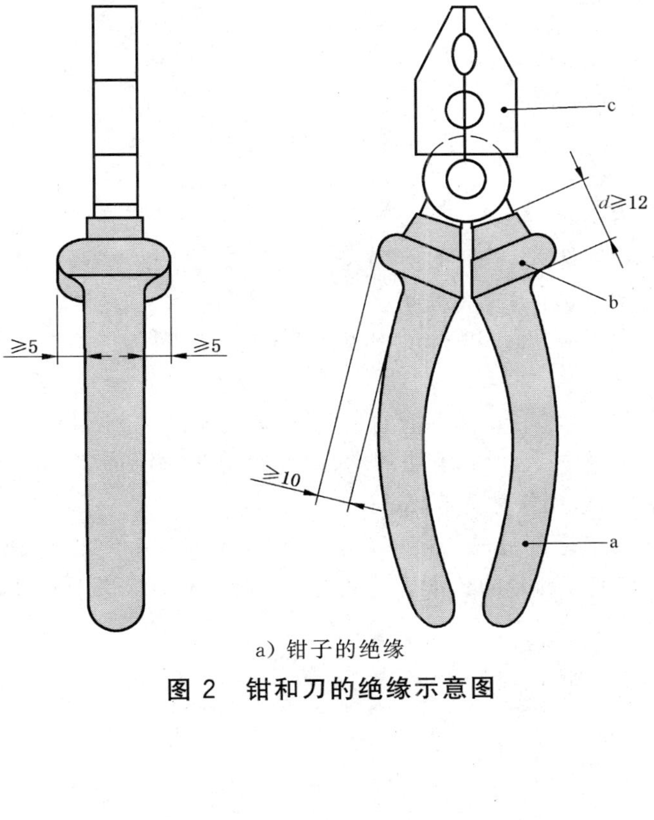

a）钳子的绝缘

图 2 钳和刀的绝缘示意图

单位为毫米

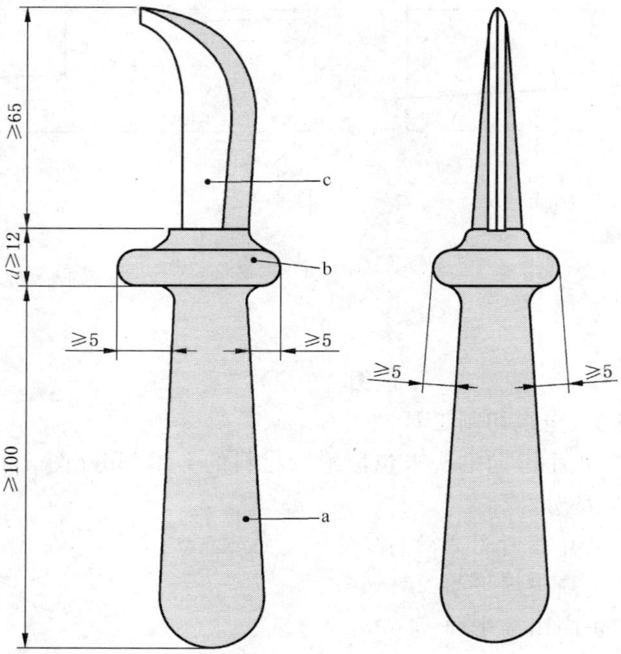

b) 刀具的绝缘

a——绝缘手柄；

b——护手；

c——工作端头(非绝缘)；

d——护手内侧与非绝缘部分的距离。

图 2(续)

4.2.3 刀具

绝缘手柄的最小长度为 100 mm。

为防止工作时手滑向导体部分，手柄的前端应有护手，护手的最小高度为 5 mm，护手内侧边缘到非绝缘部分的最小距离为 12 mm[参见图 2 b)]。

刀口非绝缘部分的长度不应超过 65 mm[参见图 2 b)]。

4.2.4 镊子

镊子的总长 *I* 为 130 mm～200 mm，手柄的长度 *g* 应不小于 80 mm(参见图 3)。

镊子的两手柄都应有一个护手，护手不能滑动，护手的高度(*h*)和宽度(*b*)应足以防止工作时手滑向端头未包覆绝缘的金属部分，最小尺寸为 5 mm。

手柄到工作端头之间的绝缘部分的长度(*e*)应在 12 mm～35 mm 之间，镊子的金属件的硬度应不小于 35 HRC。工作端头非绝缘部分的长度应不超过 20 mm，全绝缘镊子应没有裸露导体部分。

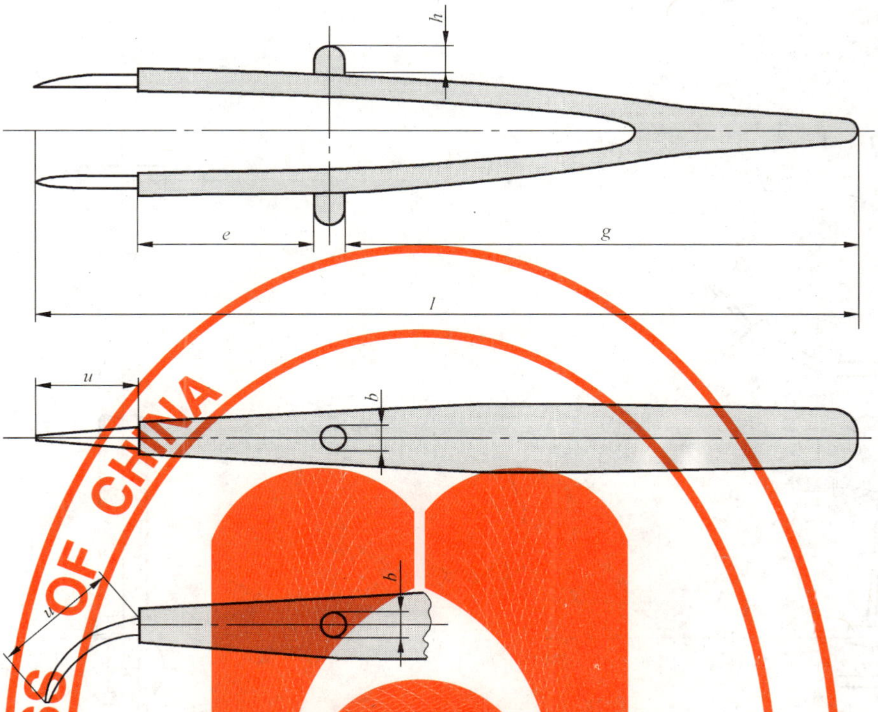

l——镊子总长度(130 mm～200 mm)；
g——手柄长度(不小于 80 mm)；
b——护手宽度；
h——护手高度；
e——手柄护手到工作端头之间的绝缘部分；
u——工作端头的非绝缘部分。

图 3　镊子手柄的绝缘示例

5　试验

5.1　试验环境条件

试品应在温度为 23 ℃±5 ℃、相对湿度 45%～75%的试验环境条件下至少放置 16 h 后再进行试验。

各项试验结果值允许有 5%的误差。

5.2　外观和尺寸检查

5.2.1　外观检查

工具(特别是绝缘工具)应进行外观检查并确认没有外部缺陷，且标志应清晰完整。

5.2.2　尺寸检查

按照标准中的尺寸要求检查尺寸。

5.3　机械冲击试验

试验应按图 4 a)和图 4 b)的两种方式之一进行，试锤的硬度应为 20 HRC～46 HRC。

绝缘材料或绝缘层上至少应选取分布在不同位置的 3 个试验点，测试点应在实际工况中可能会出现冲击损坏的部位选取。

如果绝缘材料没有破碎、脱落和贯穿绝缘层的开裂，绝缘手工工具的无松动等现象发生，则试验通过。

单位为毫米

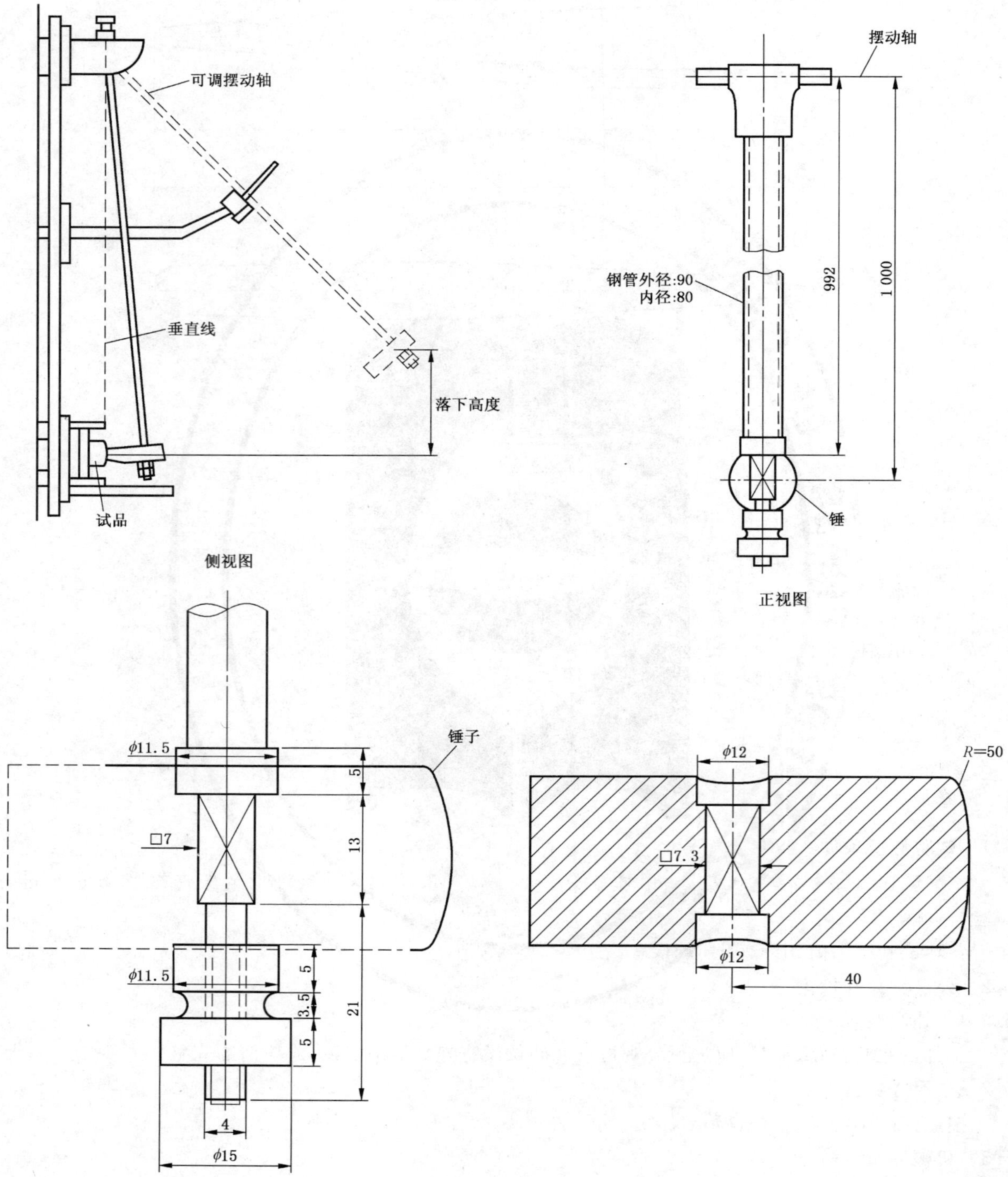

a）冲击试验布置——方法 A

图 4　冲击试验布置

单位为毫米

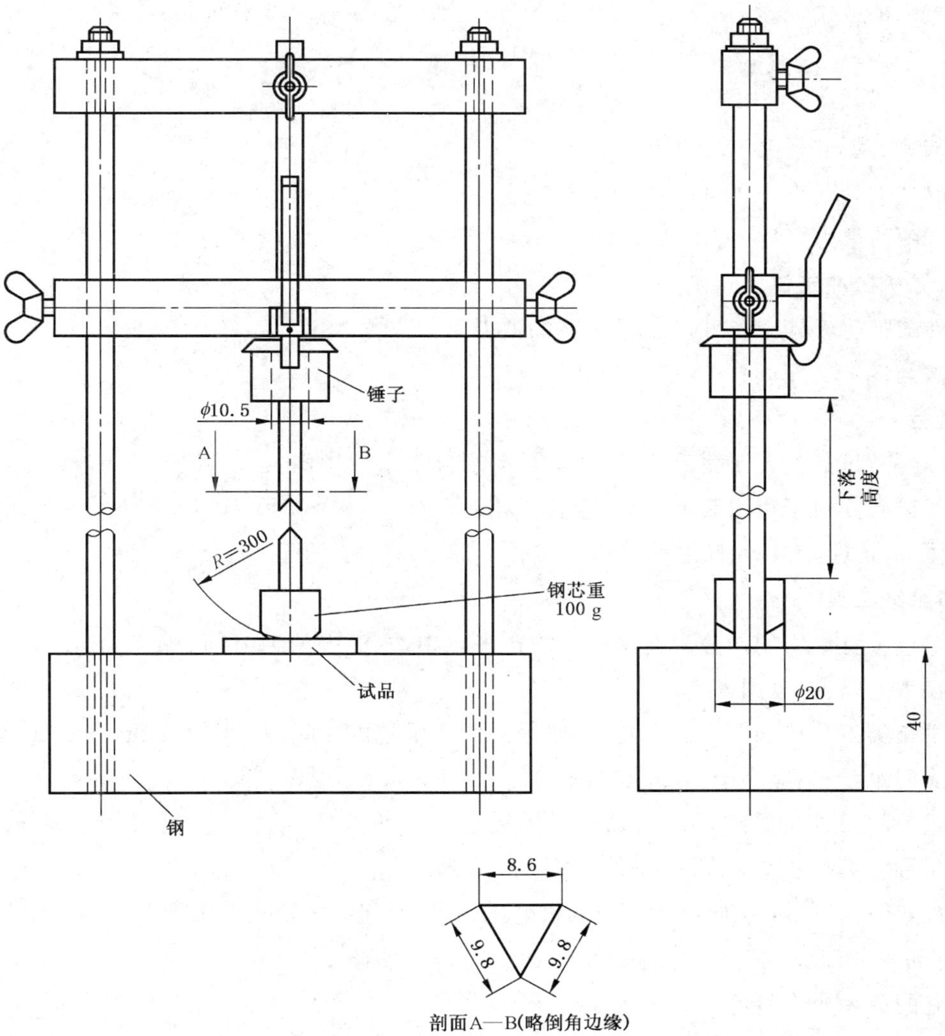

b) 冲击试验布置——方法 B

图 4（续）

5.3.1 室温下的机械冲击试验

室温下的冲击试验在实验室温度为 23 ℃±5 ℃时进行。

被试工具上获得的冲击能量 W 等于该工具从 2 m 高度落在一个硬平面上的能量。试锤落下的高度由下式求得：

$$H=W/P=2F/P$$

式中：

H——试锤落下的高度，单位为米(m)；

F——被试工具的重力，单位为牛(N)；

P——试锤的重力，单位为牛(N)。

5.3.2 低温下的机械冲击试验

试验前工具(不包括C类的工具)应在−25 ℃±3 ℃的低温室中放置2 h。

冲击试验应在工具从低温室中移出2 min后进行，室温应为23 ℃±5 ℃。

被试工具上的冲击能量W等于该工具从0.6 m高度落在一个硬平面上的能量。

$$H=W/P=0.6F/P$$

式中：

H——试锤落下的高度，单位为米(m)；

F——被试工具的重力，单位为牛(N)；

P——试锤的重力，单位为牛(N)。

5.3.3 超低温机械冲击试验

C类工具试验前工具应在−40 ℃±3 ℃的低温室中放置2 h。

试验方法与5.3.2相同。

5.4 电气试验

5.4.1 试验之前，试品应置于室温23 ℃±5 ℃下的自来水槽中浸泡24 h±0.5 h，然后取出拭干表面水分进行电气试验。对于可组装的工具，应置于相对湿度91%～95%、温度23 ℃±5 ℃的容器中存放48 h，以取代浸水处理，工具在此之前不应组装。

5.4.2 包覆绝缘工具

将试品上包覆有绝缘的部分浸在水槽内的自来水中，水面上的绝缘部分高度为24 mm±2 mm，导电部分应露在水面以上(见图5)。

被试的手钳类工具按如下方法布置：其绝缘的两个手把内侧间距d应为2 mm～3 mm，或采用该工具的最小可能间距，但不应小于2 mm(见图5)。

对于可组装的工具和那些设计不允许采用浸水试验的工具，试验时槽中不装自来水而装直径为3 mm(采用普通的工业公差标准测量)的镍质不锈钢珠。

试验布置如图5所示，施加10 kV的工频电压，加压时间为3 min，测量泄漏电流，对绝缘包覆层为20 cm长的包覆绝缘工具，其泄漏电流应小于1 mA。

泄漏电流的最大允许值可按下式计算：

$$I=5L$$

式中：

I——泄漏电流的最大允许值(取整值)，单位为毫安(mA)；

L——绝缘包覆层的展开长度，单位为米(m)。

可装配的工具应针对各种不同情况进行试验。如果可能，对于具有锁定装置的工具应当在2种末端位置分别进行测试。

如果试验时没有发生击穿，放电和闪络，且泄漏电流也没超出允许值，则试验通过。

单位为毫米

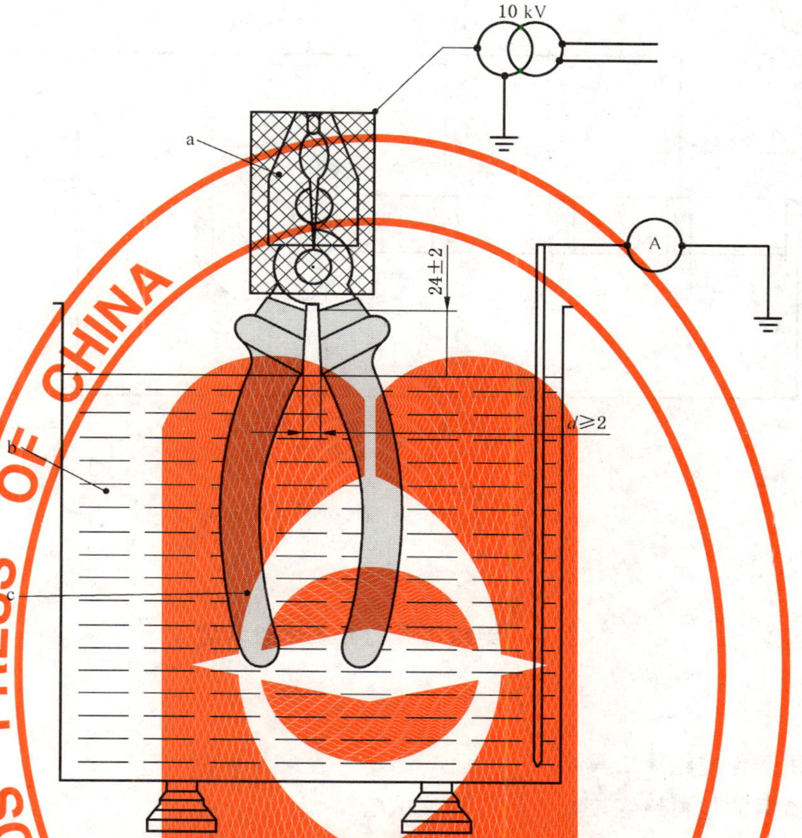

a——导电工作头；

b——分流水槽；

c——工具绝缘部分；

d——手柄内侧距离。

图 5　包裹绝缘工具电气试验装置

5.4.3　绝缘工具

有金属端头的工具按 5.4.2 进行试验。

全绝缘的工具按以下要求进行试验：

在工具的手柄表面上包覆 5 mm 宽的导电带，间距为 24 mm±2 mm(见图 6)，每相邻两电极间施加 10 kV 的工频电压，加压时间为 3 min。

试验时如果没有发生击穿、放电或闪络，且泄漏电流小于 0.5 mA 乘以电极间的间隙数，则试验通过。

单位为毫米

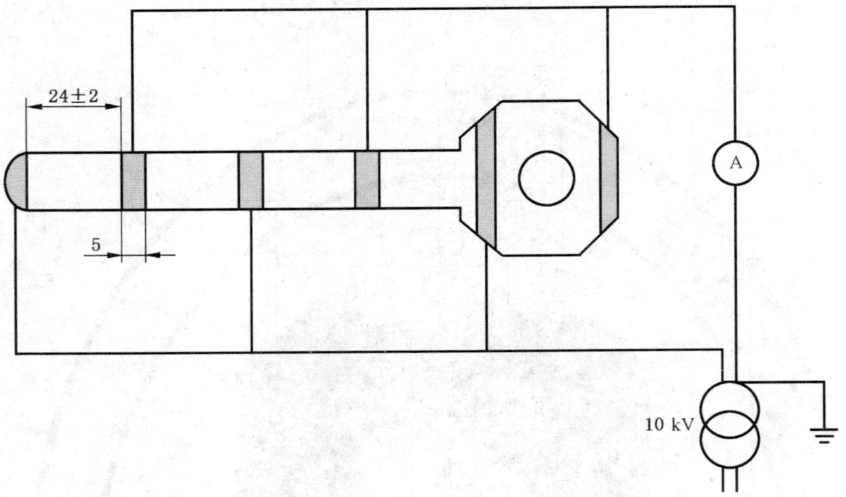

图 6　绝缘工具的介质试验装置

5.5　压痕试验(用于包覆绝缘工具)

通过电气试验后的包覆绝缘工具应进行压痕试验。

工具上的所有绝缘包覆层都应进行本试验。对于绝缘刃口的螺丝刀,试验应在最易受到损伤的部位进行;对于其他工具应施加在手柄或腿的中部外侧。

如果压痕试验点处的曲率半径 $r \geqslant 10$ mm,则试验在图 7 a)所示的试验装置上进行,与试件接触的部件是一个凸出的直径为 5 mm 的不锈钢半球,施加的压力是 20 N。

如果压痕试验点的半径 $r<10$ mm,与试件接触的部件则是一根直径为 4 mm,长度至少为 30 mm 的棒,布置成与工具轴线成直角,施加的力为 20 N[见图 7 b)]。

工具应当被夹住,使得在测试点的绝缘材料外套处于水平位置。在调整好试验装置后,将工具放置在温度为 70 ℃、相对湿度<20%的通风加热室中 2 h,将试品从加热室中取出在室外放置 5 min。

然后在室温为 23 ℃±5 ℃、湿度为 45%～75%的环境条件下,在绝缘包覆层和金属部件之间施加工频试验电压 5 kV,耐压时间为 3 min,试验时如不发生击穿、放电或闪络,则试验通过。

单位为毫米

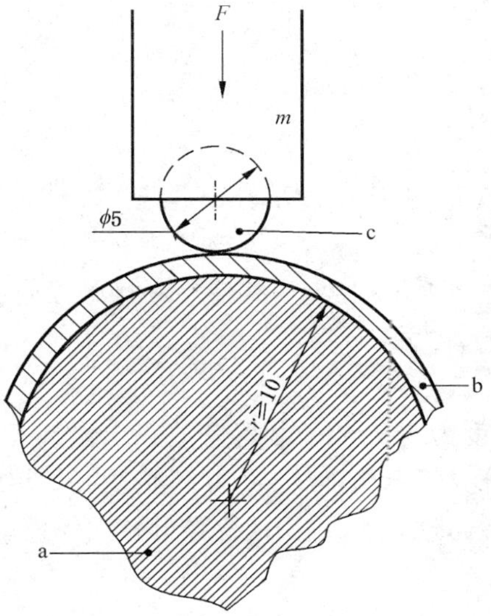

a——导体部分；
b——绝缘(试验点)；
c——半球状试验头；
r——工具试验点的半径。

a) 大于等于 10 mm 的工具试验点的半径

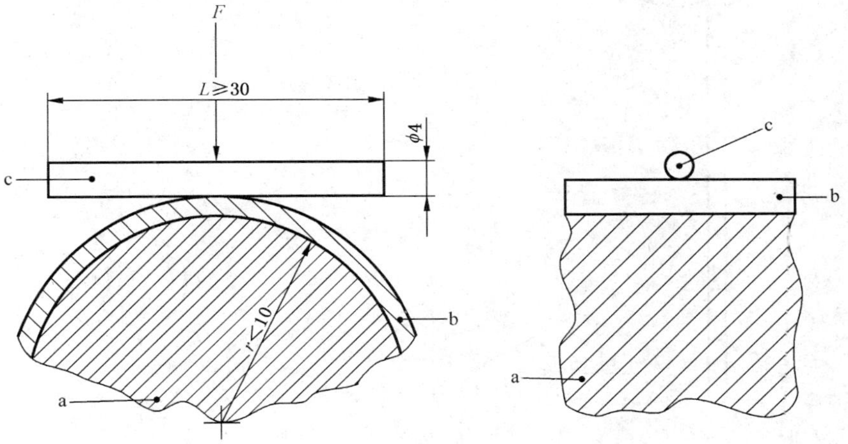

a——导体部分；
b——绝缘(试验点)；
c——半球状试验头；
r——工具试验点的半径。

b) 小于 10 mm 的工具试验点的半径

图 7 压痕试验

5.6 粘附性试验(用于包覆绝缘工具)

5.6.1 试验条件

试验前，试品应在自然通风的加热室中加热至 70 ℃±3 ℃，持续 168 h，从加热室中取出自然冷却 3 min后，在温度为 23 ℃±5 ℃、湿度在 45%～75%的环境中进行试验。

5.6.2 工作端头试验

需进行试验的有下列工具：

——活动扳手；

——开口式固定扳手；

——可装配的工具。

试验可分别按图 8 a)的方法 A 或图 8 b)的方法 B 进行。

方式 A[见图 8 a)]：

将刃口宽度为 5 mm 的挂钩挂在工作端头上，并使它不接触导电部分，在绝缘包覆层和导电部分的分界线上施加 F=50 N 的力，并持续 3 min。

方法 B[见图 8 b)]：

将具有两个刃口（每个刃口宽度为 5 mm）的装置安放在工作端头上，并使它不接触导电部分。

在绝缘包覆层和导电部分的分界线上施加 F=100 N 的力，并持续 3 min，在上述两种试验中，如果绝缘包覆层在导电部件上的位移不超过 3 mm，并且绝缘材料无任何破坏发生，则试验通过。

单位为毫米

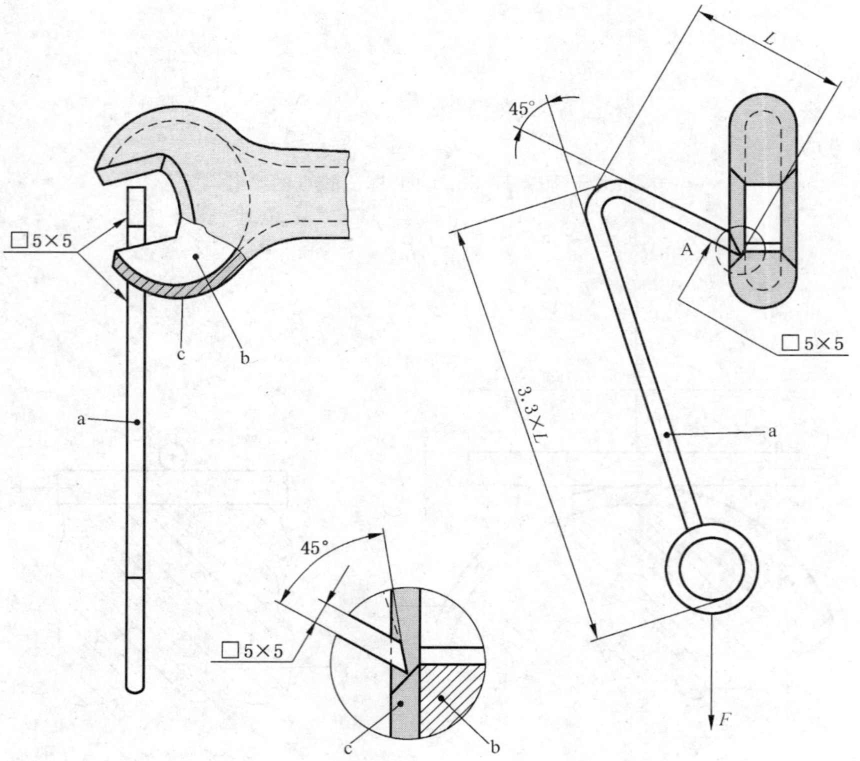

a——吊钩；

b——导体部分；

c——绝缘套；

L——吊钩钩部长度。

a) 方法 A：工作端头试验

图 8 工具金属部分绝缘层粘附性试验原理

单位为毫米

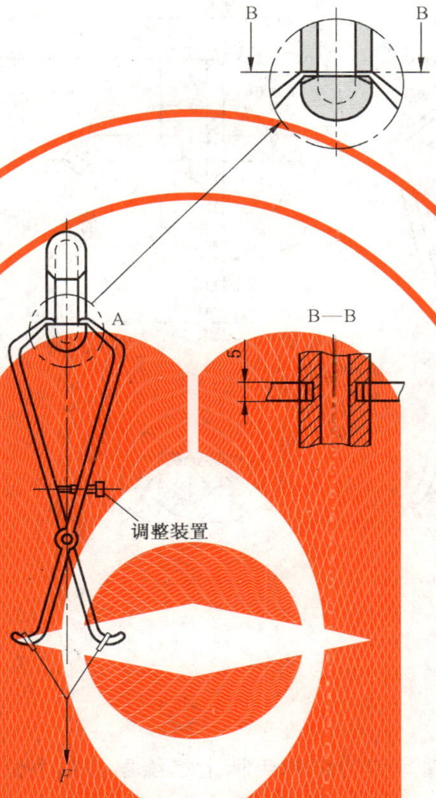

b) 方法 B:工作端头试验

图 8(续)

5.6.3 **螺丝刀杆绝缘层的试验**

螺丝刀杆的试验布置见图 9。

试验设备的刃口对绝缘包覆层的咬压深度不得超过绝缘包覆层厚度的 50%,咬压点的位置离手柄下端 10 mm～15 mm。如果咬压点在绝缘层上滑动,允许在螺丝刀杆的绝缘层上切割一个深度为 50% 厚度的沟槽以阻止其滑动。

沿螺丝刀杆的轴向施加一个压力 F,并持续 1 min,F(单位为 N)的大小应为螺丝刀杆直径 d(单位为 mm)的 35 倍,即 $F=35d$。

如果绝缘包覆层在导电部件上距初始位置的位移不大于 3 mm,且绝缘材料没有破坏,则试验通过。

单位为毫米

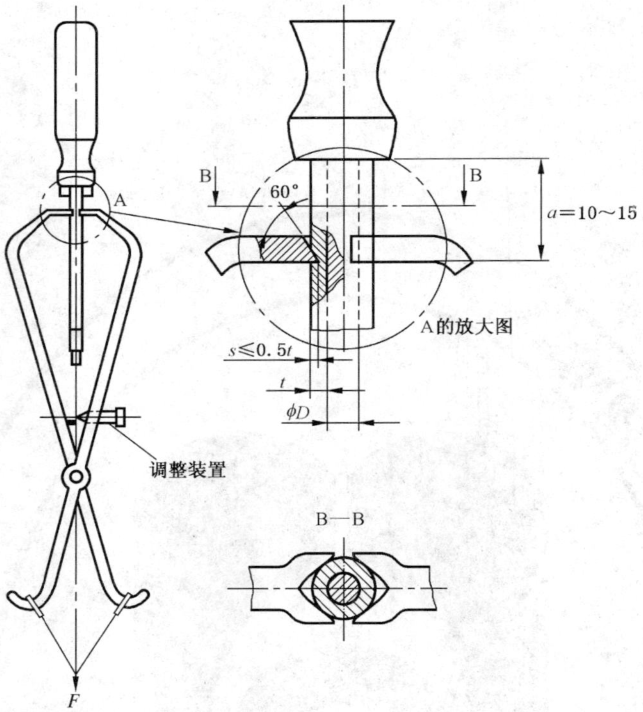

s——贯穿深度（$s \leqslant 0.5\ t$）；

t——绝缘层厚度；

F——试验力；

a——试验夹点与手柄间的距离。

图 9　螺丝刀刀杆和手柄上绝缘层粘附力试验装置

5.6.4　整件工具绝缘层粘附性试验

需进行本项试验的工具有手钳，剥皮器、电缆切割工具，电缆剪刀和小刀，试验布置见图 10。

施加的力 *F* 为 500 N，持续时间为 3 min，如果绝缘手柄仍牢固地粘合在导电部件上，护手与手柄也连接牢固，则试验通过。

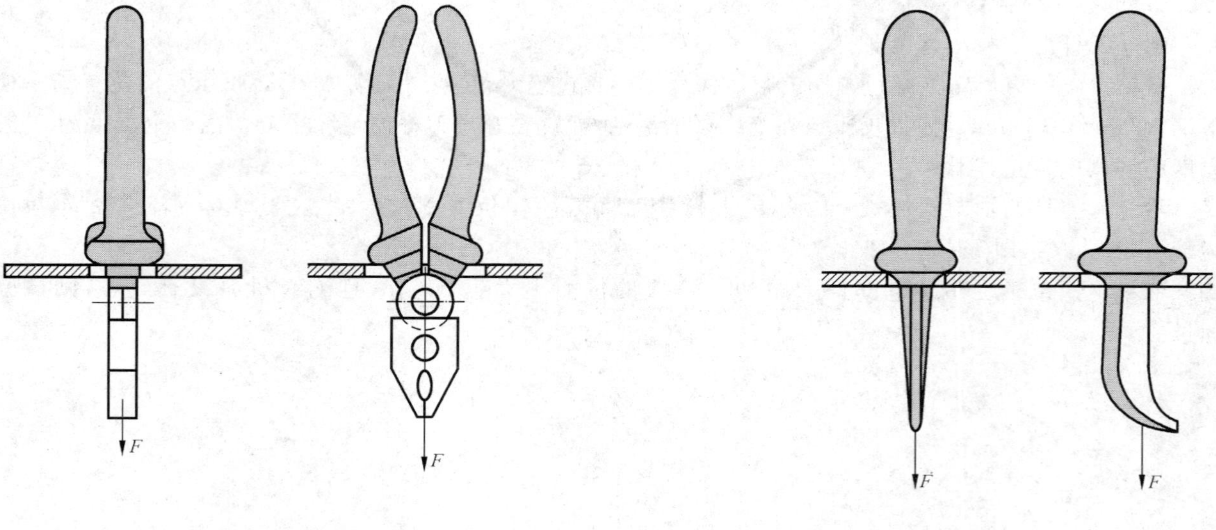

a)　　　　b)

图 10　整体工具绝缘粘附力试验

5.7 阻燃试验

试验应在没有气流的室内进行，试件应当被水平的夹住，使燃烧喷嘴的轴线与工具手柄轴线成直角并形成一个垂直平面。

燃烧喷嘴由工业甲烷供气，并配以合适的调节器和气压表以产生一个均匀的气流。喷嘴的直径为9.5 mm±0.5 mm，以产生20 mm±2 mm高的蓝色火苗。

首先，点火并在垂直位置调出20 mm±2 mm高的蓝色火苗，然后将喷嘴置于试验位置，使火苗轴线与工具轴线成直角，如图11所示。图中水平参考线4是测量火苗高度的基准线。

如果在相同的工具中使用不同类型的绝缘材料，则试验应在各类材料上进行，火苗在试件上保持10 s后移开，试验时必须保证没有空气流的干扰影响。

移去火苗后，观察试件上继续燃烧的火焰20 s，如果试件上的火焰高度在20 s内不超过120 mm，则试验通过。

单位为毫米

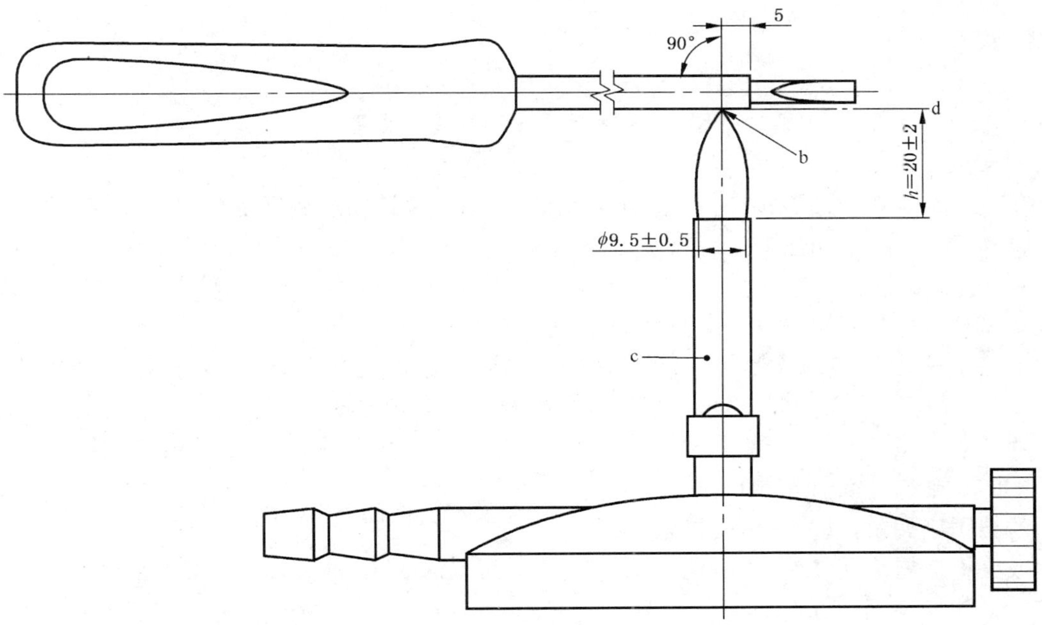

a——试件；
b——火焰头；
c——喷嘴；
d——水平参照线；
h——最大火焰高度。

图11 耐燃试验布置

5.8 机械试验

各种型号的包覆绝缘工具和绝缘工具均应满足规定的机械性能及要求。

5.8.1 手钳和夹钳

这类工具应进行如下试验：

a） 弯曲试验

如图12所示，在手把上施加力F(N)，并维持3 min。

如果工具全长$L<100$ mm，则$F=0.5L$(L单位为mm，F单位为N)，

如果工具全长$L\geqslant 100$ mm，则$F=50$ N。

如果工具任一部位均无损坏，无可见的永久性变形，且把手末端相互无触碰，则试验通过。

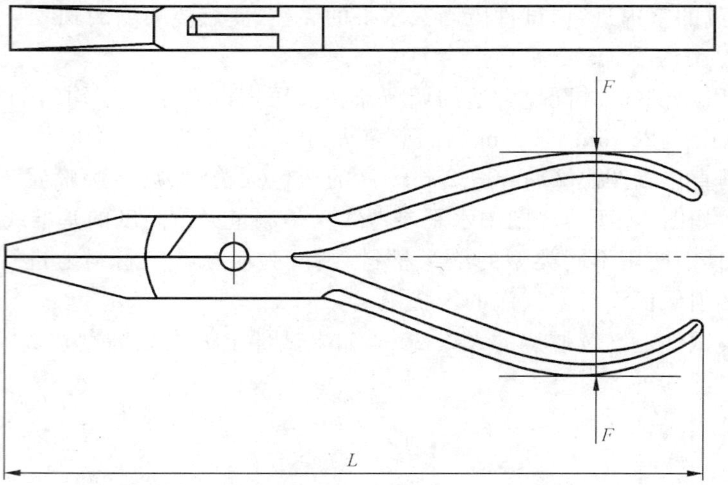

F(N)=0.5L(mm)最大值为 50 N

图 12　绝缘手钳钳柄弯曲试验

b)　扭转试验

如图 13 所示，手钳通过连接件接到扭距测量装置上；平头钳的连接件是宽 12 mm、厚 3 mm 的钢制件，连接件插入钳口内 6 mm±1 mm；圆头钳的连接件上有两个中心轴平行孔或沟槽，其直径可允许钳鼻插入 6 mm±1 mm 的深度。

孔或沟槽的边缘是圆角，连接件的硬度至少为 50 HRC。

手钳的把手 A、B 两点被夹紧，离钳子支点的距离为 b，施加的力等于弯曲试验规定的力 F。

$$F(\text{N})=0.5L \quad (\text{最大值为 } 50\ \text{N})$$

式中：

L——工具全长，单位为毫米(mm)。

手钳的把手应夹紧，以使其承受扭力。

手钳或夹钳应能承受 5 N·m 的扭矩而卸载后无可见的永久性变形。

单位为毫米

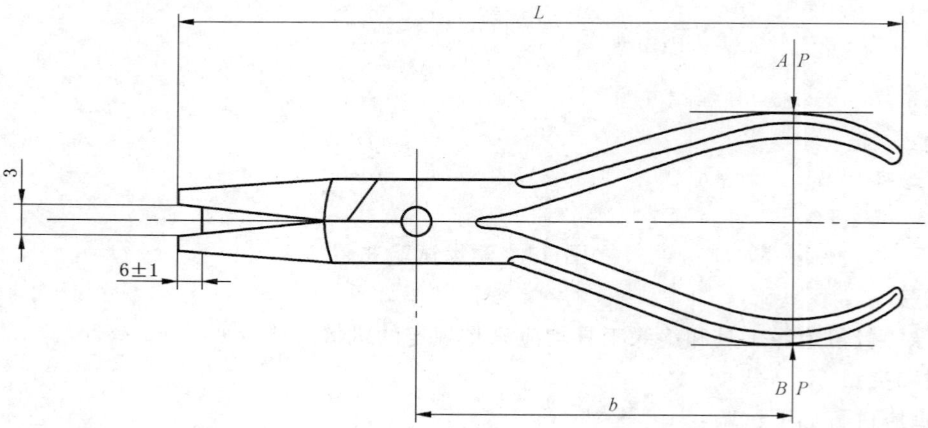

a)

图 13　绝缘手钳扭矩试验

单位为毫米

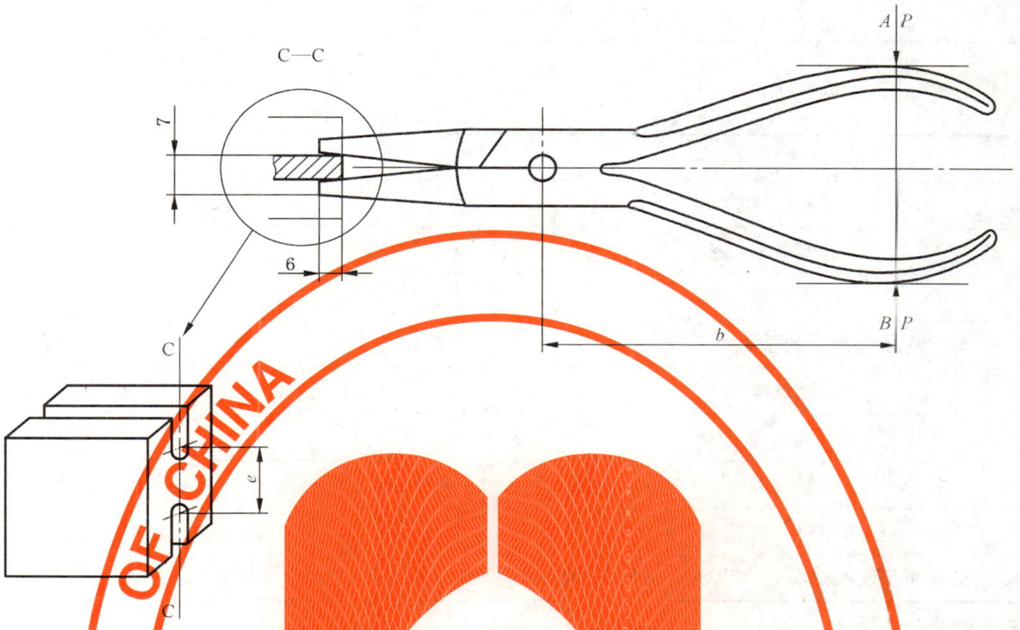

b)

图 13（续）

5.8.2 镊子

所作试验同 5.8.1 a)，施加力 $F=10$ N，试验后应无永久性变形。

5.9 锁紧试验

由两个以上零部件组成的工具，应按制造厂家的说明进行装配。

5.9.1 有弹簧钢珠的工具

有弹簧钢珠的可组装工具，应按下列数值进行试验：

6.3 mm 方形传动装置　4 N；

10 mm 方形传动装置　11 N；

12.5 mm 的方形传动装置　30 N；

大于 12.5 mm 的方形传动装置　80 N。

5.9.2 螺钉固紧的工具

在螺丝固紧的情况下，采用的试验负载为 500 N。

5.9.3 试验方法

将工具放置于使可拆卸部件的拆卸方向垂直向下的位置，沿拆卸方向逐步增加负载，在 2 s 内达到 5.9.1 和 5.9.2 规定的值，并保持 1 min，如果组装的工具没分离，则试验通过。

5.10 标记的持久性试验

用肥皂水浸泡过的软麻布或无绒布擦 15 s，然后再用酒精浸泡过的软麻布或无绒布擦 15 s，试验结束时标志仍清晰可见的，则试验通过。

6 检验规则

6.1 型式试验

型式试验程序及试验项目见表 1。型式试验的试品数量为每项 3 个，若 3 个试品中有一个不合格，则另取至少 6 个试品再进行试验，若其中仍有一个不合格，则试验不通过。在型式试验的所有项目中，若有一个项目不合格，则型式试验不通过。

表 1　试验类型及项目

编号	试验项目	条款	试验类型		
			型式试验	抽样试验	出厂试验
1	外观及尺寸检查	5.2	√	√	√
2	机械冲击试验	5.3	√	√	—
3	电气试验	5.4	√	√	√
4	压痕试验	5.5	√	√	—
5	绝缘包覆层的粘附性试验	5.6	√	√	—
6	阻燃试验	5.7	√	√	—
7	机械试验	5.8	√	√	—
8	锁紧试验	5.9	√	√	—
9	标志的持久性实验	5.10	√	√	—
注：“√”表示进行该项试验，“—”表示不进行该项试验。					

6.2　抽样试验

抽样试验项目见表 1，产品的抽样及判别规则见表 2。

表 2　抽样试验的抽样方案及判别规则

产品数量	抽样数量	试验通过的不合格样品允许数量	试验不通过的不合格品数量
＜15	2	0	1
16～50	3	0	1
51～150	5	0	1
151～500	8	0	1
501～3 200	13	1	2
3 201～3 500	20	1	2

6.3　出厂试验

出厂例行试验项目见表 1，每件产品均应进行出厂试验。

6.4　验收试验

验收试验项目由用户与制造厂商议确定。

7　标记、包装、运输与贮存

7.1　标记

每件工具或工具构件应按下述要求标明醒目且耐久的标记：

7.1.1　在绝缘层或金属部分上标明产地（厂家名称或商标）。

7.1.2　在绝缘层上标明型号、参数、制造日期（至少有年份的后两位数）。

7.1.3　在绝缘层上应有标志符号，标志符号为双三角形（见图 14）。图 14 中“1 000 V”，表示带电作业交流电压上限值，字母和数字的高度不得小于 2 mm。

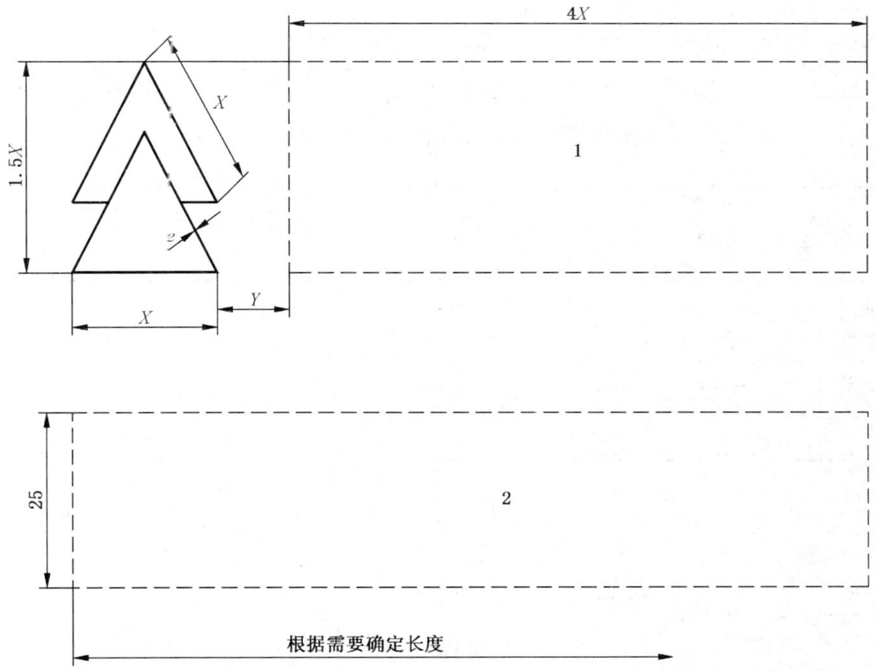

注 1：制造厂名、商标、型号及制造日期等信息在“1”中标明；

注 2：检验周期和检测日期在“2”中标明；

注 3：X—可以是 16、25 或 40，$Y=X/2$，单位为 mm；

注 4：e—线条的宽度，为 2 mm。

图 14 标记符号

7.1.4 设计用于超低温度（−40 ℃）的工具，应标上字母“C”。

7.1.5 消费者指定的其他标识（例如所有者标志）。

7.2 包装

手工具包装箱上应注明厂名、厂址、商标、产品名称、规格、型号等，包装箱内应附有产品说明书，说明书中包括：类型说明、检查说明、维护、保管、运输、组装和使用说明。对于需要装配和调节的工具，正确的装配和调节方法应当在使用说明书中予以说明。

7.3 运输

运输应采用木质包装箱或硬纸壳箱，并注明“切勿淋雨”、“切勿受潮”、“避免重压”等标志。

7.4 贮存

绝缘手工工具和包覆绝缘层的手工工具应当与其他工具分开贮存以避免机械损伤和混淆，应妥善贮存在干燥、通风，避免阳光直晒，无腐蚀有害物质的位置，并应与热源保持一定的距离。

8 质量保证体系

制造厂家应使用与 ISO 9000 系列相符的质量保证体系，此质量保证体系应能确保产品符合标准的要求，若无上述的质量保证体系，则需进行本标准中所要求的抽样试验。

附 录 A

（规范性附录）

绝缘覆盖长度和允许泄漏电流的计算

图　　示	绝缘层的展开长度 L	可接受的泄漏电流限值 $I_M=5L$
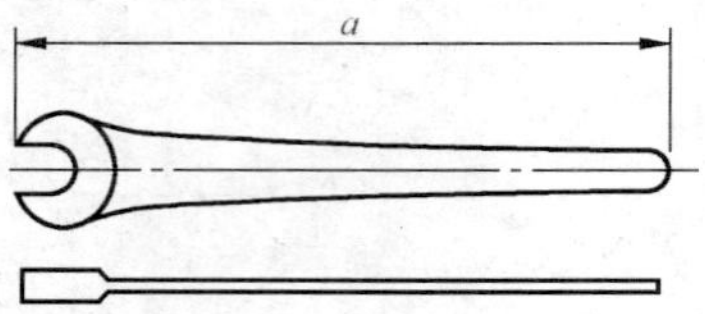 固定扳手单头	$L=a$ 例：22 mm 的扳手 $L=a=0.20$ m	$5L=1$ $I_M=1$ mA
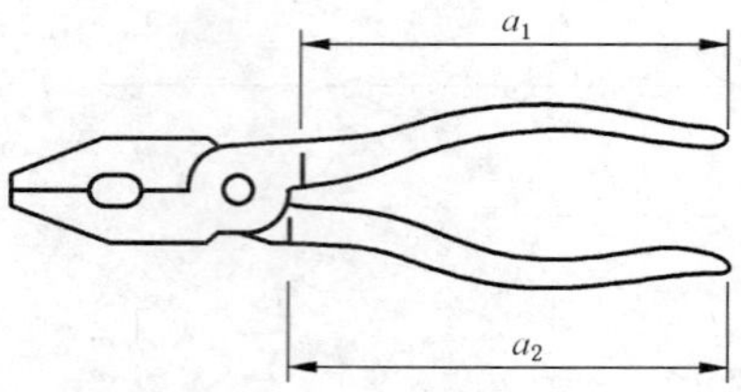 多用手钳	$L=a_1+a_2=2a_1$ 例： $a_1=a_2=0.14$ m $L=0.28$ m	$5L=1.4$ 约为 $I_M=2$ mA
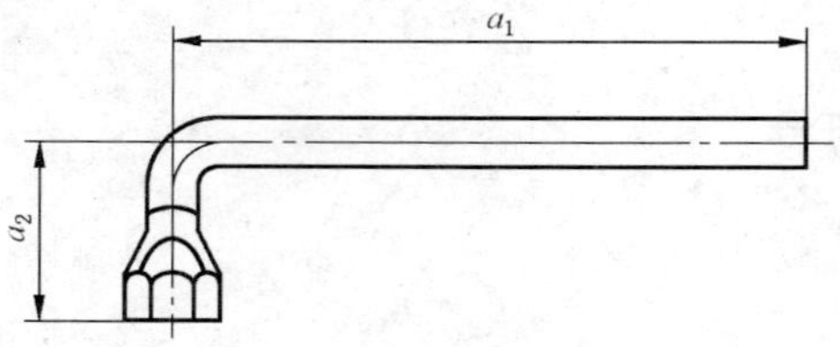 套筒扳手单头	$L=a_1+a_2$ 例： $a_1=0.30$ m $a_2=0.10$ m $L=0.40$ m	$5L=2$ $I_M=2$ mA
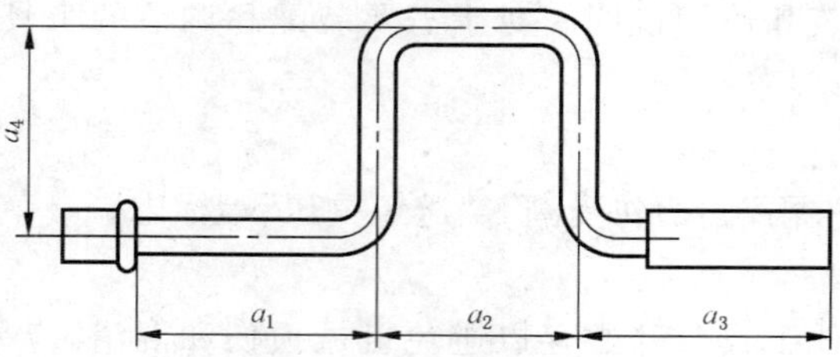 加速曲柄	$L=a_1+a_2+a_3+a_4$ 例： $a_1=0.30$ m $a_2=0.15$ m $a_3=0.15$ m $a_4=0.25$ m $L=1.10$ m	$5L=5.50$ 约为 $I_M=6$ mA

ICS 35.040
A 24

中华人民共和国国家标准

GB/T 18283—2008
代替 GB/T 18283—2000

商品条码 店内条码

Bar code for commodity—Bar code in-store

2008-07-16 发布 2009-01-01 实施

中华人民共和国国家质量监督检验检疫总局
中国国家标准化管理委员会 发布

前 言

本标准参照国际物品编码协会(GS1)制定的《GS1 通用规范》(第八版),并结合我国的实际情况,对GB/T 18283—2000《店内条码》进行了修订。

本标准代替 GB/T 18283—2000。

本标准与 GB/T 18283—2000 相比,主要变化如下:

——标准名称改为《商品条码　店内条码》。

——将原标准的范围由“本标准规定了店内条码的编码、符号表示及技术要求。本标准适用于商店闭环系统中对商品变量消费单元的条码标识。”改为“本标准规定了店内条码的编码、条码表示、符号质量评价和条码符号的放置。本标准适用于商店自行加工店内销售的商品和变量零售商品的条码标识。”

——只给出了本标准引用的标准的编号及名称,并将原引用标准 GB/T 16830—1997《储运单元条码》改为 GB/T 14257《商品条码符号位置》。

——将原标准店内条码的定义由“商店闭环系统中标识商品变量消费单元的条码”改为“前缀码为20～24 的商品条码,用于标识商店自行加工店内销售的商品和变量零售商品”。

——增加了对变量零售商品的定义。

——在店内条码的代码结构方面,增加了不包含价格等信息的 13 位代码及 8 位代码;对原变量消费单元的代码结构进行了调整,改名为“包含价格等信息的 13 位代码”,删除了“商品项目代码”这个概念,将“价格(度量值)代码”改为“价格或度量值代码”,将“价格(度量值)检验码”改为“价格或度量值的校验码”。

——增加了店内条码符号质量的评价。

——增加了店内条码符号的放置。

——保留了附录 A 价格(度量值)校验码的计算方法,改名为“价格或度量值的校验码计算方法”,并相应地将附录中“价格(度量值)校验码”改为“价格或度量值的校验码”。

本标准的附录 A 为规范性附录。

本标准由全国物流信息管理标准化技术委员会提出并归口。

本标准起草单位:中国物品编码中心。

本标准主要起草人:罗秋科、卿英迪、张春媛、李宁、杜景荣。

本标准于 2000 年首次发布,本次为第一次修订。

商品条码 店内条码

1 范围

本标准规定了店内条码的编码、条码表示、符号质量评价和条码符号的放置。

本标准适用于商店自行加工店内销售的商品和变量零售商品的条码标识。

2 规范性引用文件

下列文件中的条款通过本标准的引用而成为本标准的条款。凡是注日期的引用文件，其随后所有的修改单(不包括勘误的内容)或修订版均不适用于本标准，然而，鼓励根据本标准达成协议的各方研究是否可使用这些文件的最新版本。凡是不注日期的引用文件，其最新版本适用于本标准。

GB 12904 商品条码(GB 12904—2003，ISO/IEC 15420：2000，NEQ)

GB/T 12905 条码术语

GB/T 14257 商品条码符号位置

3 术语和定义

GB/T 12905 中确立的以及下列术语和定义适用于本标准。

3.1

店内条码 bar code in-store

前缀码为 20～24 的商品条码，用于标识商店自行加工店内销售的商品和变量零售商品。

注：8 位店内条码的前缀码为 2。

3.2

变量零售商品 variable measure retail commodity

在零售贸易过程中，无法预先确定销售单元，按基本计量单位进行定价、销售的商品。

4 编码

4.1 不包含价格等信息的 13 位代码

4.1.1 结构

不包含价格等信息的 13 位代码由前缀码、商品项目代码和校验码组成，其结构见表 1。

表 1 不包含价格等信息的 13 位代码结构

前缀码	商品项目代码	校验码
$X_{13}X_{12}$	$X_{11}X_{10}X_9X_8X_7X_6X_5X_4X_3X_2$	X_1

4.1.2 前缀码

$X_{13}X_{12}$ 为前缀码，其值为 20～24。

4.1.3 商品项目代码

X_{11}～X_2 为商品项目代码，由 10 位数字组成，由商店自行编制。

4.1.4 校验码

X_1 为校验码，为 1 位数字，根据前 12 位计算而成，用于检验整个代码的正误。计算方法见 GB 12904。

4.2 包含价格等信息的13位代码

4.2.1 结构

包含价格等信息的13位代码由前缀码、商品种类代码、价格或度量值的校验码、价格或度量值代码和检验码等5部分组成。其中,价格或度量值的校验码可以缺省。包含价格等信息的13位代码共分4种结构,其结构见表2。

表2 包含价格等信息的13位代码结构

结构种类	前缀码	商品种类代码	价格或度量值的校验码	价格或度量值代码	校验码
结构一	$X_{13}X_{12}$	$X_{11}X_{10}X_9X_8X_7X_6$	无	$X_5X_4X_3X_2$	X_1
结构二	$X_{13}X_{12}$	$X_{11}X_{10}X_9X_8X_7$	无	$X_6X_5X_4X_3X_2$	X_1
结构三	$X_{13}X_{12}$	$X_{11}X_{10}X_9X_8X_7$	X_6	$X_5X_4X_3X_2$	X_1
结构四	$X_{13}X_{12}$	$X_{11}X_{10}X_9X_8$	X_7	$X_6X_5X_4X_3X_2$	X_1

4.2.2 前缀码

$X_{13}X_{12}$是前缀码,其值为20～24。

4.2.3 商品种类代码

由4～6位数字组成,用于标识不同种类的零售商品,由商店自行编制。

4.2.4 价格或度量值代码

由4～5位数字组成,用于表示某一具体零售商品的价格或度量值信息。

4.2.5 价格或度量值的校验码

结构三和结构四包含价格或度量值的校验码,为1位数字,根据价格或度量值代码的各位数字计算而成,用于检验整个价格或度量值代码的正误。计算方法见附录A。

4.2.6 校验码

X_1 为校验码,为1位数字,根据前12位计算而成,用于检验整个代码的正误。计算方法见GB 12904。

4.3 8位代码

4.3.1 结构

8位代码由前缀码、商品项目代码和校验码组成,其结构见表3。

表3 店内条码的8位代码结构

前缀码	商品项目代码	校验码
2	$X_7X_6X_5X_4X_3X_2$	X_1

4.3.2 前缀码

由1位数字组成,其值为2。

4.3.3 商品项目代码

X_7～X_2 是商品项目代码,由6位数字组成,由商店自行编制。

4.3.4 校验码

X_1 为校验码,为1位数字,根据前7位计算而成,用于检验整个代码的正误。计算方法见GB 12904。

5 条码表示及符号质量评价

店内条码的条码表示及符号质量评价见GB 12904。

6 店内条码符号的放置

店内条码符号的放置见GB/T 14257。

附　录　A
（规范性附录）
价格或度量值的校验码计算方法

A.1　加权积

在价格或度量值的校验码计算过程中，要对价格或度量值代码中每个代码位置分配一个特定的运算规则，即加权因子，包括 2—、3、5＋、5—等 4 种。根据相应的加权因子，对价格或度量值代码中的数值进行数学运算得出的结果称为加权积。

表 A.1、表 A.2、表 A.3、表 A.4 分别给出了数值 0～9 依照加权因子 2—、3、5＋、5—运算得出的加权积。

表 A.1　加权因子 2—对应的加权积

代码数值	0	1	2	3	4	5	6	7	8	9
加权积	0	2	4	6	8	9	1	3	5	7

表 A.2　加权因子 3 对应的加权积

代码数值	0	1	2	3	4	5	6	7	8	9
加权积	0	3	6	9	2	5	8	1	4	7

表 A.3　加权因子 5＋对应的加权积

代码数值	0	1	2	3	4	5	6	7	8	9
加权积	0	5	1	6	2	7	3	8	4	9

表 A.4　加权因子 5—对应的加权积

代码数值	0	1	2	3	4	5	6	7	8	9
加权积	0	5	9	4	8	3	7	2	6	1

A.2　4 位数字的价格或度量值代码的校验码计算

A.2.1　计算方法

（价格或度量值代码位置序号从左至右顺序排列）

第一步：表 A.5 给出了每个代码位置应采用的加权因子。对照表 A.1、表 A.2 和表 A.4 得出各代码位置的数值所对应的加权积。

表 A.5　4 位数字的价格或度量值代码的加权因子分配规则

代码位置序号	1	2	3	4
	X_5	X_4	X_3	X_2
加权因子	2—	2—	3	5—

第二步：将第一步的结果相加求和。

第三步：将第二步的结果乘以 3，所得结果的个位数字即为校验码的值。

A.2.2　应用举例

价格代码 2875（即 28.75 元）校验码的计算示例：

代码位置序号	1	2	3	4
加权因子	2—	2—	3	5—
价格代码	2	8	7	5

1. 根据表 A.1、表 A.2 和表 A.4 得加权积	4 5 1 3
2. 求和	4 + 5 + 1 + 3 = 13
3. 用 3 乘以第二步的结果	= 39

取乘积的个位数字 9 为所求价格校验码

A.3 5 位数字的价格或度量值代码的校验码计算

A.3.1 计算方法

（价格或度量值代码位置序号从左至右顺序排列）

第一步：表 A.6 给出了每个代码位置应采用的加权因子。对照表 A.1、表 A.3 和表 A.4 得出各代码位置的数值所对应的加权积。

表 A.6 5 位数字价格或度量值代码加权因子的分配规则

代码位置序号	1	2	3	4	5
	X_6	X_5	X_4	X_3	X_2
加权因子	5+	2—	5—	5+	2—

第二步：将第一步的结果，即各加权积，相加求和。

第三步：用大于或等于第二步所得结果且为 10 的最小整数倍的数，减去第二步所得结果。

第四步：在表 A.4 中查找与第三步所得结果数值相同的加权积，该加权积所对应的代码数值即为校验码的值。

A.3.2 应用举例

价格代码 14685（即 146.85 元）校验码的计算

代码位置序号	1	2	3	4	5
加权因子	5+	2—	5—	5+	2—
价格代码	1	4	6	8	5

1. 根据表 A.1、表 A.3 和表 A.4 得加权积	5 8 7 4 9
2. 求和	5 + 8 + 7 + 4 + 9 = 33
3. 用大于或等于第二步所得结果且为 10 的最小整数倍的数减去第二步所得结果	40 — 33 = 7
4. 查表 A.4 得加权积 7 所对应的代码数值为 6，即 6 为所求校验码	

ICS 39.060
D 58

中华人民共和国国家标准

GB/T 18303—2008
代替 GB/T 18303—2001

钻石色级目视评价方法

Color grading of polished diamond by visual matching

2008-05-26 发布 2008-11-01 实施

中华人民共和国国家质量监督检验检疫总局
中国国家标准化管理委员会 发布

前　言

本标准是对 GB/T 18303—2001《钻石色级比色目视评价方法》的修订。

本标准与 GB/T 18303—2001 的主要区别有：

——标准的名称由《钻石色级比色目视评价方法》改为《钻石色级目视评价方法》；

——钻石检验灯的色温要求改为“5 500 K～7 200 K”；

——“比色操作规程”改为“目视评价操作规程”，增加了“直接目视评价”，并把原来的操作规程调整为“使用比色石的目视评价”；

——增加了上限比色石和下限比色石术语和定义；

——增加了第 6 章“仲裁”。

本标准由全国颜色标准化技术委员会提出并归口。

本标准负责起草单位：北大兴华宝石鉴定中心、国家首饰质量监督检验中心、北京迈克尔首饰制作有限公司。

本标准主要起草人：段体玉、杨富绪、刘燕生、王春生、于方。

本标准所替代标准的历次版本发布情况为：

——GB/T 18303—2001。

钻石色级目视评价方法

1 范围

本标准规定了采用目视评价方法对钻石(已切磨)颜色(Cape 系列)进行评价的基本条件、操作规程和仲裁。

本标准适用于已经加工切磨后的钻石色级的目视评价。已镶嵌的钻石可参照本标准执行。

2 规范性引用文件

下列文件中的条款通过本标准的引用而成为本标准的条款。凡是注日期的引用文件,其随后所有的修改单(不包括勘误的内容)或修订版均不适用于本标准,然而,鼓励根据本标准达成协议的各方研究是否可使用这些文件的最新版本。凡是不注日期的引用文件,其最新版本适用于本标准。

GB/T 15483.1 利用实验室间比对的能力验证 第1部分:能力验证计划的建立和运作

GB/T 16554—2003 钻石分级

3 术语和定义

下列术语和定义适用于本标准。

3.1

比色石 master stones

一套经过严格的色级标定,用于实验室或商业中对待评价钻石色级比对的标准颜色样品。

3.2

上限比色石 upper - limit master stones

颜色位于其所代表的色级上限的比色石。

3.3

下限比色石 lower - limit master stones

颜色位于其所代表的色级下限的比色石。

3.4

比色板 plate for colour matching

置放比色石并进行钻石色级评价的槽板。

3.5

钻石检验灯 diamond light

用于钻石评价的,对相关照度、色温和显色指数等有一定要求的照明灯具。

3.6

评价环境 environment for colour matching

钻石评价时的周围环境,包括室内墙面、地面、窗帘、桌椅、灯具、评价人员的服饰等的颜色,以及室内的光线等。

4 目视评价基本条件

4.1 比色石

4.1.1 比色石只能带有黄色色调。

4.1.2 比色石的净度等级应符合 GB/T 16554—2003 中规定的 SI1 及以上级别。

4.1.3 比色石的琢型应当是比率级别为好或很好的标准圆钻型。

4.1.4 每粒比色石的质量以大于 0.30 ct 为宜。同一套比色石之间的质量差异不应当大于 0.10 ct。

注：ct——克拉，1 ct=200 mg。

4.1.5 比色石应当无荧光或有弱荧光。

4.1.6 比色石应当进行色级标定。

4.1.7 所有比色石的颜色都应当位于其所代表的色级的上限或下限，依次代表由高到低的连续色级。

4.2 钻石检验灯

4.2.1 检测位置照度：1 200 lx～2 000 lx。

4.2.2 相关色温：5 500 K～7 200 K。

4.2.3 显色指数：一般显色指数在 75 以上。

4.3 比色板

由无光泽、无荧光、白度(CIE 白度公式)大于 95 的白色纸基或塑料制成有一定角度的 V 形槽板。

4.4 评价环境

4.4.1 进行颜色评价的实验室内墙面、地面、窗帘、桌椅、灯具以及评价人员的服饰等应当是中性色，它们的反射比以 0.43 为宜。

4.4.2 应当注意避免杂散光的照射和干扰。

4.5 评价人员(分级师)

4.5.1 颜色视觉正常。

4.5.2 经过专门培训、具有钻石色级目视评价能力。

4.5.3 年龄在 20 岁～50 岁之间为宜。

4.6 评价结果

4.6.1 评价结果按 GB/T 16554—2003 中的表 1 规定表示。

4.6.2 评价结果不得高于公议色级一个级别以上。

5 目视评价操作规程

5.1 直接目视评价

将待评价的钻石清洗干净，台面靠在 V 形槽的一边，放到钻石检验灯下，平行钻石腰棱观察底尖和腰部两旁的颜色，然后根据经验直接评价钻石的色级。

5.2 使用比色石的目视评价

5.2.1 清洗待评价的钻石，并确定待评价钻石为天然钻石。

5.2.2 评价之前要进行观察和记录，描述待评价钻石的内含物及其净度特征，称量待评价钻石的质量。

5.2.3 明确比色石是上限比色石，还是下限比色石。将比色石按色级从高到低的顺序，从左到右，台面靠在 V 形槽的一边，依次排列。比色石之间间距为 1 cm～2 cm。

5.2.4 把排列好的比色石放置于钻石检验灯下，与比色灯管垂直距离为 10 cm～20 cm。视线平行比色石的腰棱(或者垂直比色石的亭部)观察比色石，确定由浅至深的渐变。

5.2.5 把待评价的钻石放在两颗比色石之间，观察钻石底尖和腰部两旁颜色集中的部位，并与左右两边的比色石进行比较。如果待评价钻石的颜色不仅较左边的比色石深，而且也较右边的比色石深，说明待评价钻石颜色较深，应放入更深色级间比较，直到待评价钻石的颜色较左边的比色石深，又较右边的比色石浅为止。此时可评价出待评价钻石的色级。如果使用的是上限比色石，那么待评价钻石的色级同于左边的比色石。如果使用的是下限比色石，那么待评价钻石的色级同于右边的比色石。

5.2.6 当待评价钻石置于比色石左边时较比色石颜色深，置于比色石右边时较比色石颜色浅，则待评价钻石的色级同于该比色石。当待评价钻石置于比色石左边时深于比色石颜色，置于比色石右边时与比色石颜色一致，则待评价钻石的色级低于该比色石。当待评价钻石置于比色石左边时与比色石颜色一致，置于比色石右边时浅于比色石，则待评价钻石的色级高于比色石。

5.2.7 当钻石刻面反射出的光影响对颜色的观察与比较时，可以前后移动放有钻石和比色石的比色板，或者改变比色板的倾斜度，以消除反射光的影响，然后进行观察与比较。

5.2.8 检查钻石，确定待评价钻石与比色石没有混淆。

5.2.9 当2名以上评价人员评价时，取统一意见作为评价结果。

5.3 评价工作时间

评价人员的连续工作时间以不超过2 h为宜。

6 仲裁

6.1 当对钻石色级的目视评价结果出现分歧时，按GB/T 15483.1规定，委托双方认可的第三方组织专家(组)进行仲裁，采用专家公议或参加者公议的方式确定钻石的公议色级。

6.2 专家条件

6.2.1 具有国家注册珠宝玉石质量检验师资格，或具有行业认可的钻石分级师证书。

6.2.2 与仲裁样品及分歧双方没有利益关系。

6.2.3 在中国合格评定国家认可委员会(CNAS)认可的实验室从事钻石分级工作连续5年以上。

6.3 评议方法

6.3.1 选定专家或专家组。

6.3.2 选用比色石及相关的仪器设备。

6.3.3 确定评价色级的地点和环境。

6.3.4 专家公议：由专家直接确定钻石的色级。

6.3.5 参加者公议：专家组对钻石色级评价的一致性达到60%以上(含60%)为满意。

ICS 07.040
A 75

中华人民共和国国家标准

GB/T 18316—2008
代替 GB/T 18316—2001

数字测绘成果质量检查与验收

Specifications for inspection and acceptance of quality of digital surveying and mapping achievements

2008-07-02 发布　　2008-12-01 实施

中华人民共和国国家质量监督检验检疫总局
中国国家标准化管理委员会　发布

前　言

本标准代替GB/T 18316—2001《数字测绘产品检查验收规定和质量评定》。本标准与GB/T 18316—2001相比较，技术内容的变化主要包括：

——删除缺陷的提法和缺陷扣分制；

——提出质量元素、质量子元素、检查项三级质量模型，以检查项为核心评定成果质量；

——针对验收提出新的抽样方案；

——倡导以程序检查为首选方式。

本标准的附录A为规范性附录。

本标准由国家测绘局提出并归口。

本标准起草单位：国家测绘局测绘标准化研究所、国家测绘产品质量监督检验测试中心、陕西省测绘产品质量监督检验站。

本标准主要起草人：邓国庆、马晓萍、马聪丽、谭明建、焦惊眉、曾衍伟、阎丰隆。

本标准所代替标准的历次版本发布情况为：

——GB/T 18316—2001。

引　言

本标准根据ISO 19113《地理信息　质量原则》、ISO 19114《地理信息　质量评价过程》、ISO 19138《地理信息　数据质量度量》中的相关规定，结合我国数字测绘成果目前的生产技术水平、质量控制水平、检查与验收的现实状况，对GB/T 18316—2001《数字测绘产品检查验收规定和质量评定》进行修订。本标准着重考虑基础测绘数字测绘成果的需求。

数字测绘成果质量检查与验收

1 范围

本标准规定了数字测绘成果检查验收与质量评定的要求、内容和方法。

本标准适用于基础地理信息数字测绘成果的过程检查、最终检查及验收。其他的数字测绘成果可参照使用。

2 术语和定义

下列术语和定义适用于本标准。

2.1

单位成果 item

为实施检查、验收而划分的基本单位。

注：宜以“幅”为单位。当有需求时，在生产委托方、测绘单位认可的情况下可以以区域、要素类集合、要素类等划分单位成果。

2.2

批成果 lot

同一技术设计要求下生产的同一测区的单位成果集合。

2.3

批量 lot size

批成果中单位成果的数量。

2.4

质量元素 quality element

说明质量的定量、定性组成部分。即成果满足规定要求和使用目的的基本特性。

注：质量元素的适用性取决于成果的内容及其成果规范，并非所有的质量元素适用于所有的成果。

[ISO 19113:2002，术语 4.5]

2.5

质量子元素 quality subelement

质量元素的组成部分，描述质量元素的一个特定方面。

[ISO 19113:2002，术语 4.11]

2.6

检查项 inspected entry

质量子元素的检查内容。说明质量的最小单位，质量检查和评定的最小实施对象。

2.7

详查 all entry inspection

对单位成果质量要求的所有检查项的检查。

2.8

概查 specific entry inspection

对单位成果质量要求的特定检查项的检查。

注：特定检查项一般指重要的、特别关注的质量要求或指标，或出现系统性的偏差、错误的检查项。

2.9

样本　sample

从批成果中抽取的用于评定批成果质量的单位成果集合。

2.10

样本量　sample size

样本中单位成果的数量。

2.11

全数检查　full inspection

对批成果中全部单位成果逐一进行的详查。

2.12

抽样检查　sampling inspection

从批成果中按抽样方案抽取样本进行的检查。

3　基本要求

3.1　二级检查一级验收

3.1.1　数字测绘成果应依次通过测绘单位作业部门的过程检查、测绘单位质量管理部门的最终检查和生产委托方的验收。各级检查工作应独立进行，不应省略或代替。图1为采用统一建模语言(UML，ISO/IEC 19501—2005)描述的质量管理类图。

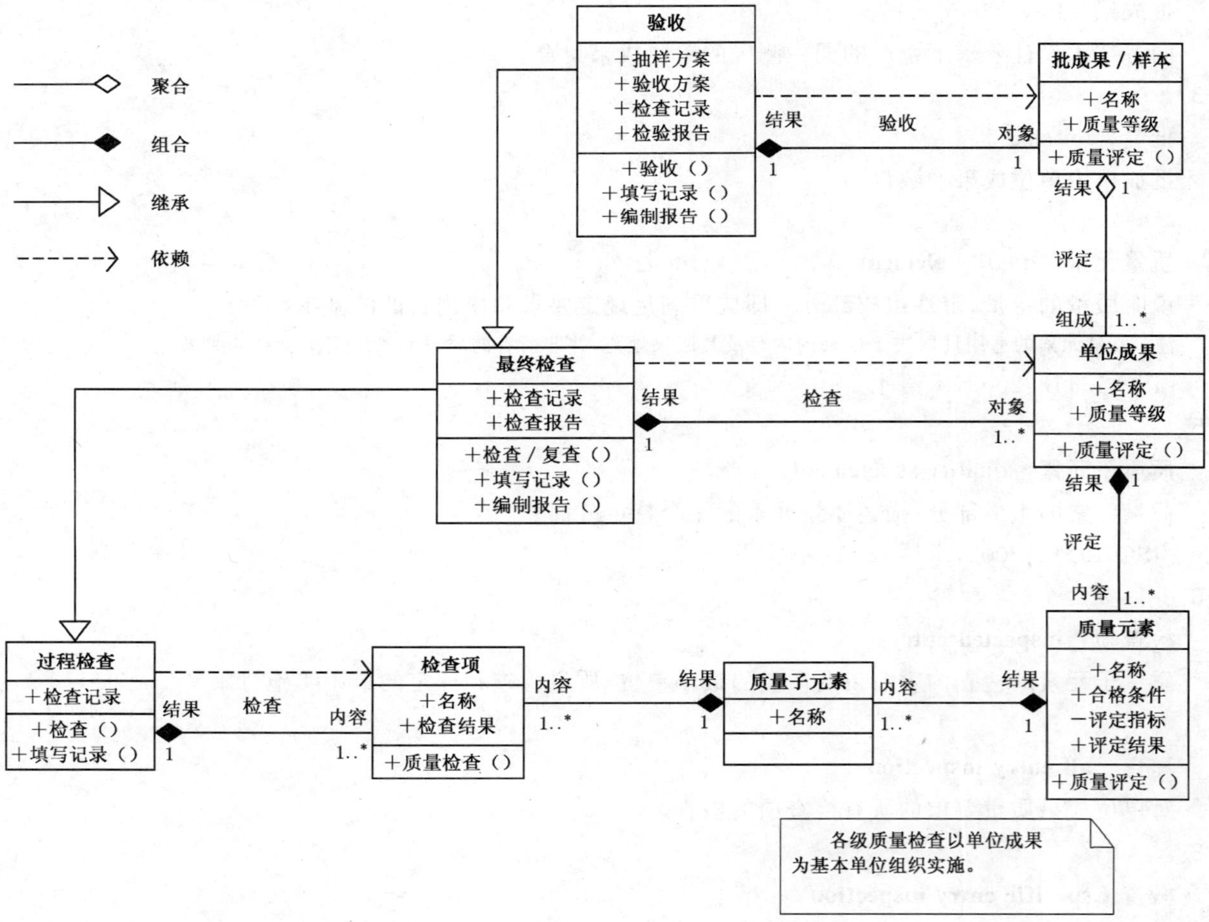

图1　质量管理类图

3.1.2 过程检查对批成果中的单位成果进行全数检查,不作单位成果质量评定。

3.1.3 最终检查对批成果中的单位成果进行全数检查并逐幅评定单位成果质量等级。

3.1.4 验收对批成果中的单位成果进行抽样检查并评定质量等级,同时以批成果合格判定条件判定批成果质量等级。

3.2 过程检查

3.2.1 通过自查、互查的单位成果,才能进行过程检查。

3.2.2 过程检查应逐单位成果详查。

3.2.3 检查出的问题、错误,复查的结果应在检查记录中记录。

3.2.4 对于检查出的错误修改后应复查,直至检查无误为止,方可提交最终检查。

3.3 最终检查

3.3.1 通过过程检查的单位成果,才能进行最终检查。

3.3.2 最终检查应逐单位成果详查。对野外实地检查项,可抽样检查,样本量不应低于表1的规定。

3.3.3 检查出的问题、错误,复查的结果应在检查记录中记录。

3.3.4 最终检查应审核过程检查记录。

3.3.5 最终检查不合格的单位成果退回处理,处理后再进行最终检查,直至检查合格为止。

3.3.6 最终检查合格的单位成果,对于检查出的错误修改后经复查无误,方可提交验收。

3.3.7 最终检查完成后,应编写检查报告,随成果一并提交验收。

3.3.8 最终检查完成后,应书面申请验收。

3.4 验收

3.4.1 单位成果最终检查全部合格后,才能进行验收。

3.4.2 样本内的单位成果应逐一详查,样本外的单位成果根据需要进行概查。

3.4.3 检查出的问题、错误,复查的结果应在检查记录中记录。

3.4.4 验收应审核最终检查记录。

3.4.5 验收不合格的批成果退回处理,并重新提交验收。重新验收时,应重新抽样。

3.4.6 验收合格的批成果,应对检查出的错误进行修改,并通过复查核实。

3.4.7 验收工作完成后,应编写检验报告,基础测绘成果质量检验报告格式按附录A执行。

3.4.8 验收的工作程序如下:

a) 组成批成果

批成果应由同一技术设计书指导下生产的同等级、同规格单位成果汇集而成。生产量较大时,可根据生产时间的不同、作业方法不同或作业单位不同等条件分别组成批成果,实施分批检验。

b) 确定样本量

按表1的规定确定样本量。

表1 样本量确定表

批 量	样 本 量
≤20[a]	3
21~40	5
41~60	7
61~80	9
81~100	10
101~120	11

表 1（续）

批　量	样 本 量
121～140	12
141～160	13
161～180	14
181～200	15
≥201	分批次提交，批次数应最小，各批次的批量应均匀
[a] 当批量小于或等于 3 时，样本量等于批量，为全数检查。	

c) 抽取样本

采用分层按比例随机抽样的方法从批成果中抽取样本，即将批成果按不同班组、不同设备、不同环境、不同困难类别、不同地形类别等因素分成不同的层。根据样本量，在各层内分别按各层在批成果中所占比例确定各层中应抽取的单位成果数量，并使用简单随机抽样法抽取样本。

提取批成果的有关资料，如技术设计书、技术总结、检查报告、接合表、图幅清单等。

d) 检查

详查应根据单位成果的质量元素及相应的检查项（见第 4 章），按项目技术要求逐一检查样本内的单位成果，并统计存在的各类错漏数量、错误率、中误差等。

根据需要，对样本外单位成果的重要检查项或重要要素以及详查中发现的普遍性、倾向性问题进行检查，并统计存在的各类错漏数量、错误率、中误差等。

e) 单位成果质量评定

根据详查和概查的结果，按 5.2 的规定评定单位成果质量。

f) 批成果质量判定

根据单位成果质量评定结果，按 5.3 的规定判定批成果质量。

g) 编制检验报告

4 质量评价体系

4.1 质量元素

数字测绘成果质量元素见表 2。根据技术设计、成果类型或用途等具体情况，可以扩充或调整。扩充或调整质量元素应经过生产委托方批准，并适用于批成果内的所有单位成果。

表 2 质量元素

质量元素	代　码	描　述
空间参考系	01	空间参考系使用的正确性
位置精度	02	要素位置的准确程度
属性精度	03	要素属性值的准确程度、正确性
完整性	04	要素的多余和遗漏
逻辑一致性	05	对数据结构、属性及关系的逻辑规则的遵循程度
时间精度	06	要素时间属性和时间关系的准确程度
影像/栅格质量	07	影像、栅格数据与要求的符合程度
表征质量	08	对几何形态、地理形态、图式及设计的符合程度
附件质量	09	各类附件的完整性、准确程度

4.2 质量子元素

数字测绘成果质量子元素见表3。根据技术设计、成果类型或用途等具体情况,可以扩充或调整。扩充或调整质量子元素应经过生产委托方批准,并适用于批成果内的所有单位成果。

表3 质量子元素

质量元素	质量子元素	描 述
空间参考系	大地基准	采用的大地基准是否符合要求
	高程基准	采用的高程基准是否符合要求
	地图投影	采用的地图投影参数是否符合要求
位置精度	平面精度	平面坐标值与真值的接近程度
	高程精度	高程值或高程属性与真值的接近程度
属性精度	分类正确性	要素分类的正确程度
	属性正确性	要素属性的正确程度
完整性	多余	含有多余要素的程度
	遗漏	缺少应包含要素的程度
逻辑一致性	概念一致性	对概念模式规则的遵循程度
	格式一致性	物理存储结构、格式的符合程度
	拓扑一致性	对拓扑关系反映的准确程度
时间精度	现势性	数据及资料的现势性
影像/栅格质量	分辨率	各种分辨率是否符合要求
	格网参数	格网参数的正确性
	影像特性	影像特性与要求的符合程度
表征质量	几何表达	对几何形态反映的准确程度
	地理表达	对要素地理形态反映的准确程度
	符号	符号使用的正确性
	注记	注记使用的正确性
	整饰	图面整饰的正确性
附件质量	元数据	元数据的完整性和正确性
	图历簿	图历簿的完整性和准确性
	附属文档	各类附属文档的完整性

4.3 检查项

质量子元素的检查项见表4。各质量子元素的检查项不限于表4所示。在实际应用中,应根据技术设计、成果类型、用途等具体情况,进行扩充和调整。扩充和调整的检查项,应经过生产委托方的批准,并适用于批成果内的所有单位成果。

表4 检查项

质量元素	质量子元素	检查项	检查内容	适用成果
空间参考系	大地基准	坐标系统	检查坐标系统是否符合要求	全部成果
	高程基准	高程基准	检查高程基准是否符合要求	全部成果
	地图投影	投影参数	检查地图投影各参数是否符合要求	全部成果

表 4（续）

质量元素	质量子元素	检查项	检查内容	适用成果
空间参考系	地图投影	图幅分幅	检查图廓角点坐标、内图廓线坐标、公里网线坐标是否符合要求	矢量成果
位置精度	平面精度	平面位置中误差	检查平面位置中误差	全部成果
		控制点坐标	检查控制点平面坐标处理不符合要求的个数	矢量成果
		几何位移	检查要素几何位置偏移超限的个数	矢量成果
		矢量接边	检查要素几何位置接边错误的个数。属性接边纳入属性精度检查	矢量成果
		影像接边	检查影像的同名地物点位置中误差	数字正射影像图
		纠正配准	检查图廓角点、公里网线交点、图廓与公里网线交点等处像素的坐标与理论位置偏移超限的个数	数字栅格地图
	高程精度	等高距	检查等高距是否符合要求	矢量成果
		高程注记点高程中误差	检查高程注记点高程中误差	矢量成果
		等高线高程中误差	检查等高线高程中误差	矢量成果
		控制点高程	检查控制点高程值处理不符合要求的个数	矢量成果
		高程中误差	检查高程中误差	数字高程模型
		套合差	检查反生成等高线与其他检核数据的套合误差超限的个数	数字高程模型
		同名格网高程值	检查同名格网高程值(接边)不符合要求的个数	数字高程模型
属性精度	分类正确性	分类代码值	检查要素分类代码值错漏的个数。包括分类代码值不接边的错误	矢量成果
		影像解译分类	检查影像解译分类错漏的个数	矢量成果
	属性正确性	属性值	检查属性值错漏的个数。包括属性值不接边的错误	矢量成果
完整性	多余	要素多余	检查要素多余的个数。包括非本层要素，即要素放错层	矢量成果
	遗漏	要素遗漏	检查要素遗漏的个数	矢量成果
逻辑一致性	概念一致性	属性项	检查属性项定义是否符合要求(如名称、类型、长度、顺序数等)	矢量成果
		数据集	检查数据集(层)定义是否符合要求	矢量成果
	格式一致性	数据归档	检查数据文件存储组织是否符合要求	全部成果
		数据格式	检查数据文件格式是否符合要求	全部成果
		数据文件	检查数据文件是否缺失、多余、数据无法读出	全部成果
		文件命名	检查数据文件名称是否符合要求	全部成果
	拓扑一致性	拓扑关系	检查拓扑关系定义是否符合要求	矢量成果

表 4（续）

质量元素	质量子元素	检查项	检查内容	适用成果
逻辑一致性	拓扑一致性	重合	检查不重合的错误个数	矢量成果
		重复	检查重复要素的个数	矢量成果
		相接	检查要素未相接的错误个数（如错误的悬挂点现象等）	矢量成果
		连续	检查要素不连续的错误个数（如错误的伪节点现象等）	矢量成果
		闭合	检查未闭合要素的错误个数	矢量成果
		打断	检查要素未打断的错误个数（如相交应打断而未打断等现象）	矢量成果
时间精度	现势性	原始资料	检查原始资料的现势性	全部成果
		成果数据	检查成果数据的现势性	全部成果
影像/栅格质量	分辨率	地面分辨率	检查影像地面分辨率是否符合要求	数字正射影像图
		扫描分辨率	检查航片或原图扫描分辨率是否符合要求	数字正射影像图 数字栅格地图
	格网参数	格网尺寸	检查格网或像素实地尺寸是否符合要求	数字高程模型
		格网/图幅范围	检查格网或像素起始坐标、结束坐标以及图幅范围是否符合要求	数字正射影像图 数字高程模型
	影像特性	色彩模式	检查影像色彩模式是否符合要求	数字正射影像图 数字栅格地图
		色彩特征	检查影像色调不均匀、明显失真、反差不明显的区域	数字正射影像图
		影像噪音	检查影像噪声、污点、划痕等的影响程度	数字正射影像图
		信息丢失	检查由于数据处理造成的纹理不清、噪声、清晰度差、影像模糊、裂缝、漏洞等无法判读影像信息的区域或像素缺损、丢失的程度	数字正射影像图 数字栅格地图
		RGB值	检查数字栅格地图 RGB 色值正确程度	数字栅格地图
		杂色面积	检查数字栅格地图杂色程度	数字栅格地图
表征质量	几何表达	几何类型	检查要素几何类型点、线、面表达错误的个数	矢量成果
		几何异常	检查要素几何图形异常的个数。如极小的不合理面或极短的不合理线，折刺、回头线、粘连、自相交、抖动等	矢量成果
	地理表达	要素取舍	检查要素取舍错误的个数	矢量成果
		图形概括	检查图形概括错误的个数。如地物地貌局部特征细节丢失、变形	矢量成果
		要素关系	检查要素关系错误的处数	矢量成果
		方向特征	检查要素方向特征错误的个数	矢量成果

表 4（续）

质量元素	质量子元素	检查项	检查内容	适用成果
表征质量	符号	符号规格	检查符号规格(图形、颜色、尺寸、定位等)错误的个数	矢量成果
		符号配置	检查符号配置不合理的个数	矢量成果
	注记	注记规格	检查注记规格(字体、字大、字色等)错误的个数	矢量成果
		注记内容	检查注记内容错漏的个数	矢量成果
		注记配置	检查注记配置不合理的个数	矢量成果
	整饰	内图廓外整饰	检查内图廓外的注记及整饰是否符合要求	矢量成果
		内图廓线	检查内图廓线表示是否符合要求	矢量成果
		公里网线	检查公里网线表示是否符合要求	矢量成果
		经纬网线	检查经纬网线表示是否符合要求	矢量成果
附件质量	元数据	项错漏	检查元数据项错漏个数	全部成果
		内容错漏	检查元数据各项内容错漏个数	全部成果
	图历簿	内容错漏	检查图历簿各项内容错漏个数	全部成果
	附属文档	完整性	检查单位成果附属资料的完整性	全部成果
		正确性	检查单位成果附属资料的正确性	全部成果
		权威性	检查单位成果附属资料的权威性	全部成果

4.4 质量评定指标

质量元素质量评定指标见表 5。在实际使用时应注意以下要求：

a) 当质量元素的检查项出现检查结果不满足合格条件时，不计分，质量元素为不合格；

b) 统计全图要素总数时，以数据中所有要素的数学个数进行统计，点、线、面、注记要素个数分别按数据中点、线、面、注记的数学个数统计；

c) 表 5 中“技术要求”栏中的 r_0 值可以根据项目具体情况进行调整，调整后的 r_0 值应经过生产委托方的批准，并适用于批成果内的所有单位成果；

d) 新扩充的检查项应明确检查内容、检查结果、技术要求、合格条件、合格后记分方法，并经过生产委托方的批准；

e) 出现整体或普遍问题，以及明显大于技术要求的错误率限值时，不用统计错漏个数，不用计算错误率和分值，质量元素为不合格；

f) 每一处差错漏一般计为一个错误。

表 5 质量评定指标

质量元素	代码	质量子元素	检查项	检查结果	技术要求	合格条件	合格后计分方法	质量元素分值 s_i	备注
空间参考系	01	大地基准	坐标系统	符合/不符合	按技术设计执行	符合	$s=100$	100	
		高程基准	高程基准	符合/不符合	按技术设计执行	符合	$s=100$		
		地图投影	投影参数	符合/不符合	按技术设计执行	符合	$s=100$		
			图幅分幅	符合/不符合	按技术设计执行	符合	$s=100$		
位置精度	02	平面精度	平面位置中误差	m（检测中误差）	m_0（中误差限值）按技术设计执行	$m\leqslant m_0$	$s=\begin{cases}60+\frac{40}{0.7\times m_0}(m_0-m) & :m>0.3m_0\\ 100 & :m\leqslant 0.3m_0\end{cases}$	取 s 的最小值	检查点分布均匀，位置易于辨认，不少于 50 个。以单位成果进行统计，困难时可以扩大统计范围
			控制点坐标	$r=n/N\times 100\%$	$r_0=0\%$	$r\leqslant r_0$	$s=100$		r 为错误率，n 为错误总个数，N 为全图要素总数，r_0 为错误率限值。以下非特别说明均为此含义
			几何位移	$r=n/N\times 100\%$	极重要要素：$r_0=0\%$；重要要素：$r_0=0.05\%$；一般要素：$r_0=0.3\%$	$r\leqslant r_0$	$s=60+40/r_0\times(r_0-r)$		极重要要素、重要要素、一般要素分别计算分值，取最小值
			矢量接边						
			影像接边	m（检测中误差）	m_0（中误差限值）按技术设计执行	$m\leqslant m_0$	$s=\begin{cases}60+\frac{40}{0.7\times m_0}(m_0-m) & :m>0.3m_0\\ 100 & :m\leqslant 0.3m_0\end{cases}$		检查点分布均匀，位置易于辨认，不少于 20 个
			纠正配准	$r=n/N\times 100\%$	$r_0=1\%$	$r\leqslant r_0$	$s=60+40/r_0\times(r_0-r)$		n 为出现偏移的处数，N 为检查的总处数
		高程精度	等高距	符合/不符合	按技术设计执行	符合	$s=100$		
			高程注记点高程中误差	m（检测中误差）	m_0（中误差限值）按技术设计执行	$m\leqslant m_0$	$s=\begin{cases}60+\frac{40}{0.7\times m_0}(m_0-m) & :m>0.3m_0\\ 100 & :m\leqslant 0.3m_0\end{cases}$		检查点分布均匀，位置易于辨认，不少于 50 个。以单位成果进行统计，困难时可以扩大统计范围
			等高线高程中误差	m（检测中误差）	m_0（中误差限值）按技术设计执行	$m\leqslant m_0$	$s=\begin{cases}60+\frac{40}{0.7\times m_0}(m_0-m) & :m>0.3m_0\\ 100 & :m\leqslant 0.3m_0\end{cases}$		检查点分布均匀，位置易于辨认，不少于 50 个。以单位成果进行统计，困难时可以扩大统计范围
			控制点高程	$r=n/N\times 100\%$	$r_0=0\%$	$r\leqslant r_0$	$s=100$		

表 5（续）

质量元素	代码	质量子元素	检查项	检查结果	技术要求	合格条件	合格后计分方法	质量元素分值 s_i	备注
位置精度	02	高程精度	高程中误差	m(检测中误差)	m_0(中误差限值)按技术设计执行	$m \leqslant m_0$	$s=\begin{cases}60+\frac{40}{0.7\times m_0}(m_0-m) & :m>0.3m_0 \\ 100 & :m\leqslant 0.3m_0\end{cases}$	取 s 的最小值	检查点分布均匀，位置易于辨认，不少于 50 个
			套合差	$r=n/N\times100\%$	$r_0=0\%$，套合差限值按技术设计执行	$r\leqslant r_0$	$s=100$		n 为超限的处数，N 为全图有效面积
			同名格网高程	$r=n/N\times100\%$	$r_0=0\%$，同名格网高程差限值按技术设计执行	$r\leqslant r_0$	$s=100$		n 为超限的处数，N 为全图有效面积
属性精度	03	分类正确性	分类代码值	$r=n/N\times100\%$	极重要要素：$r_0=0\%$；重要要素：$r_0=0.05\%$；一般要素：$r_0=0.3\%$	$r\leqslant r_0$	$s=60+40/r_0\times(r_0-r)$	s	极重要要素、重要要素、一般要素分别计算分值，取最小值
			影像解译分类值						
		属性正确性	属性值						
完整性	04	多余	要素多余	$r=n/N\times100\%$	极重要要素：$r_0=0\%$；重要要素：$r_0=0.05\%$；一般要素：$r_0=0.3\%$	$r\leqslant r_0$	$s=60+40/r_0\times(r_0-r)$	s	极重要要素、重要要素、一般要素错误率分别计算分值，取最小值。一组等高线、要素层多余或遗漏质量元素为不合格
		遗漏	要素遗漏						
逻辑一致性	05	概念一致性	属性项	符合/不符合	按技术设计执行	符合	$s=100$	取 s 的最小值	
			数据集	符合/不符合	按技术设计执行	符合	$s=100$		
		格式一致性	数据归档	符合/不符合	按技术设计执行	符合	$s=100$		
			数据格式	符合/不符合	按技术设计执行	符合	$s=100$		
			数据文件	符合/不符合	按技术设计执行	符合	$s=100$		
			文件命名	符合/不符合	按技术设计执行	符合	$s=100$		
		拓扑一致性	拓扑关系	符合/不符合	按技术设计执行	符合	$s=100$		

表 5（续）

质量元素	代码	质量子元素	检查项	检查结果	技术要求	合格条件	合格后计分方法	质量元素分值 s_i	备注
逻辑一致性	05	拓扑一致性	重合	$r=n/N\times100\%$	重要要素：$r_0=0.07\%$；一般要素：$r_0=0.4\%$（极重要要素统计在重要要素中）	$r\leqslant r_0$	$s=60+40/r_0\times(r_0-r)$	取 s 的最小值	重要要素、一般要素分别计算分值，取最小值
			重复						
			相接						
			连续						
			闭合						
			打断						
时间精度	06	现势性	原始资料	符合/不符合	按技术设计执行	符合	$s=100$	100	
			成果数据	符合/不符合	按技术设计执行	符合	$s=100$		
影像/栅格质量	07	分辨率	地面分辨率	符合/不符合	按技术设计执行	符合	$s=100$	取 s 的最小值	
			扫描分辨率	符合/不符合	按技术设计执行	符合	$s=100$		
		格网参数	格网尺寸	符合/不符合	按技术设计执行	符合	$s=100$		
			格网/图幅范围	符合/不符合	按技术设计执行	符合	$s=100$		
		影像特性	色彩模式	符合/不符合	按技术设计执行	符合	$s=100$		
			色彩特征	$r=n/N\times100\%$ n 为统计或估计出的不良区域的面积；N 为单位成果的有效面积	$r_0=1\%$（数字正射影像图） $r_0=3\%$（数字栅格地图）	$r\leqslant r_0$	$s=60+40/r_0\times(r_0-r)$		
			影像噪音						出现普遍性或整体性现象而又不影响成果使用时，不估算面积，根据具体情况打分，分值不能高于 90 分
			信息丢失						数据处理导致影像裂缝、漏洞，质量元素为不合格
			RGB 值						
			杂色面积						

表 5（续）

质量元素	代码	质量子元素	检查项	检查结果	技术要求	合格条件	合格后计分方法	质量元素分值 s_i	备注
表征质量	08	几何表达	几何类型	$r= n/N\times100\%$	极重要要素：$r_0=0\%$；重要要素：$r_0=0.07\%$；一般要素：$r_0=0.4\%$	$r\leqslant r_0$	$s=60+40/r_0\times(r_0-r)$	取 s 的最小值	
			几何异常						
		地理表达	要素取舍						
			图形概括						地物地貌特征严重失真，不能反映真实现状，质量元素为不合格
			要素关系						
			方向特征						
		符号	符号规格	$r= n/N\times100\%$	极重要要素：$r_0=0\%$；其他要素：$r_0=3\%$	$r\leqslant r_0$	$s=60+40/r_0\times(r_0-r)$		
			符号配置						
		注记	注记规格						
			注记内容						
			注记配置						
		整饰	内图廓外整饰	符合/不符合	按技术设计执行	符合	$s=100$		
			内图廓线	符合/不符合	按技术设计执行	符合	$s=100$		
			公里网线	符合/不符合	按技术设计执行	符合	$s=100$		
			经纬网线	符合/不符合	按技术设计执行	符合	$s=100$		
附件质量	09	元数据	项错漏	符合/不符合	按技术设计执行	符合	$s=100$	取 s 的最小值	
			内容错漏	$r= n/N\times100\%$	$r_0=5\%$	$r\leqslant r_0$	$s=60+40/r_0\times(r_0-r)$		N 为元数据项数。图号错，质量元素为不合格
		图历簿	错漏	$r= n/N\times100\%$	$r_0=5\%$	$r\leqslant r_0$	$s=60+40/r_0\times(r_0-r)$		N 为图历簿项数
		附属资料	完整性	符合/不符合	按技术设计执行	符合	$s=100$		
			正确性	符合/不符合	按技术设计执行	符合	$s=100$		
			权威性	符合/不符合	按技术设计执行	符合	$s=100$		

表 5（续）

质量元素	代码	质量子元素	检查项	检查结果	技术要求	合格条件	合格后计分方法	质量元素分值 s_i	备注

注 1：当检查结果为百分比数值时，取小数点后一位，不四舍五入。

注 2：分值（S_i）指该质量元素的得分值，取小数点后一位，不四舍五入，取值范围为 60～100，i 为代码的数值。

注 3：极重要要素指国界、国界界桩、界碑，以及其注记。

注 4：重要要素包括境界、界桩、界碑，县级及县级以上地名、居民地，县级及县级以上公路及其桥梁，测量控制点，干线铁路及其桥梁，高速公路及其桥梁，六级以上河流及相通的湖泊、水库，重要管线，一、二级山脉名称。在人烟稀少的边远地区、荒漠地区，村级和乡镇级地名、居民地、道路及其桥梁，铁路及其桥梁，具有方位意义、重要意义的独立地物点等应作为重要要素对待。重要要素的注记为重要要素。重要要素可以由技术设计具体明确。

5 检查与评定

5.1 质量检查

5.1.1 检查项的选定

检查项的选定原则为：

——应依据项目设计书、专业技术设计书等技术文件中规定的技术要求、质量要求，选取或扩充本标准规定的质量元素及其质量子元素、检查项。检查项应在检查报告、检验报告中完整描述；

——详查应根据成果的类型和特征，全面覆盖技术文件中规定的技术要求、质量要求，质量元素及其质量子元素、检查项不应有遗漏和错位使用现象；

——概查应根据成果的类型和特征，选取重要的、有针对性的或可能出现系统性错误的检查项。

5.1.2 质量检查的方法

质量检查的主要检查方法如下：

a) 参考数据比对

与高精度数据、专题数据、生产中使用的原始数据、可收集到的国家各级部门公布、发布、出版的资料数据等各类参考数据对比，确定被检数据是否错漏或者获取被检数据与参考数据的差值。在对比中应考虑参考数据与被检数据由于生产（或发布）时间的差异造成的偏差、综合取舍的差异造成的偏差。

该方法主要适用于室内方式检查矢量数据，如检查各类错漏、计算各类中误差等，也可用于实测方式检查影像数据、栅格数据，如计算各类中误差等。

b) 野外实测

与野外测量、调绘的成果对比，确定被检数据是否错漏或者获取被检数据与野外实测数据的差值。在比对中应考虑野外数据与被检数据的时间差异。

该方法主要适用于实测方式检查矢量数据，如检查各类错漏、计算各类中误差等，也可用于实测方式检查影像数据、栅格数据，如计算各类中误差等。

c) 内部检查

检查被检数据的内在特性。

该方法可用于室内方式检查矢量数据、影像数据、栅格数据。如逻辑一致性中的绝大多数检查项，接边检查，栅格数据的数据范围，影像数据的色调均匀，内业加密保密点检查中误差等。

5.1.3 质量检查的方式

质量检查使用以下方式：

——计算机自动检查，通过软件自动分析和判断结果。如可计算值（属性）的检查、逻辑一致性的检查、值域的检查、各类统计计算等。

——计算机辅助检查，通过人机交互检查、筛选并人工分析和判断结果。如检查有向点的方向等。

——人工检查，不能通过软件检查，只能人工检查。如矢量要素的遗漏等。

在质量检查工作中，应优先使用软件自动检查、人机交互检查。

5.1.4 质量检查的结果

对检查项的质量问题及其处理记录应在检查记录中填写详细信息。质量检查的结果指对各个质量元素检查的结果，如“符合”，“不符合”，错误率等。检查记录不能随意更改、增删，内容填写应完整、及时、规范、清晰，应有检查人员和复查人员的签名。

5.1.5 质量问题的处理

质量检查中发现的各类质量问题，均应修改或返工，遗漏、差错等质量问题修改至正确为止，对于各类中误差超限等质量问题修改或返工至符合质量要求为止。已修改的质量问题均应复查并在检查记录作出相关标记。

5.2 单位成果质量评定

单位成果质量评定通过单位成果质量分值评定质量等级，质量等级划分为优级品、良级品、合格品、不合格品四级。概查只评定合格品、不合格品两级。详查评定四级质量等级。其工作内容如下：

a) 根据质量检查的结果计算质量元素分值(当质量元素检查结果不满足规定的合格条件时，不计算分值，该质量元素为不合格)，方法见表5；

b) 根据质量元素分值，评定单位成果质量分值，见公式(1)，附件质量可不参与公式(1)的计算；根据公式(1)的结果，评定单位成果质量等级，见表6。

$$S = \min(S_i) \quad (i = 1,2,\cdots,n) \qquad \cdots\cdots(1)$$

式中：

S——单位成果质量得分值；

S_i——第 i 个质量元素的得分值，见表5；

min——最小值；

n——质量元素的总数。

表6 单位成果质量评定等级

质 量 得 分	质 量 等 级
90分≤S≤100分	优级品
75分≤S<90分	良级品
60分≤S<75分	合格品
质量元素检查结果不满足规定的合格条件	不合格品
位置精度检查中粗差比例大于5%	
质量元素出现不合格	

5.3 批成果质量判定

批成果质量判定通过合格判定条件(见表7)确定批成果的质量等级，质量等级划分为合格批、不合格批两级。

表7 批成果质量评定

质量等级	判定条件	后续处理
批合格	样本中未发现不合格的单位成果，且概查时未发现不合格的单位成果	测绘单位对验收中发现的各类质量问题均应修改
批不合格	样本中发现不合格单位成果，或概查中发现不合格单位成果，或不能提交批成果的技术性文档(如设计书、技术总结、检查报告等)和资料性文档(如接合表、图幅清单等)	测绘单位对批成果逐一查改合格后，重新提交验收

附　录　A
（规范性附录）
检验报告格式

A.1　基本规定

A.1.1　检验报告编排次序为：封面、封二、正文、附件。

A.1.2　报告中的计量单位均应采用法定计量单位。

A.1.3　检验报告采用 A4 纸张。页边距设置：上边距 2 cm、下边距 2 cm、左边距 2.8 cm、右边距 2.5 cm。

A.1.4　行距设置：一般为单倍行距，段前段后 0，也可视内容情况适当调整。

A.1.5　除封面外，其他页面（包括附件）均应设置页眉、页脚，并统一编制连续页码。页眉边距 1.5 cm，页脚边距 1.75 cm。

A.1.6　中文字体规定见表 A.1，西文字体为 Times New Roman。

A.2　封面

A.2.1　检验报告封面格式见图 A.1。

A.2.2　检验报告编号为“*测质检（XXXX）第（XXX）号”，其中的“*”代表检验单位所在省、市和自治区的简称，如：陕、黑、川、琼等；“XXXX”为年号，“XXX”为流水号。

A.2.3　委托单位、成果名称、生产单位和检验单位应填写全称，检验单位有“国家测绘局 XXX 测绘产品质量监督检验站”名称的应填写该名称。

A.2.4　规定加盖单位公章处，应加盖检验单位公章，并用检验单位公章加盖骑缝章。

A.3　封二

封二格式见图 A.2。“联系方式”中地址栏应填写详细地址。

A.4　正文首页

A.4.1　正文首页格式见图 A.3。

A.4.2　样品状态栏应明确样品是否“完好”或“正常”，或者对存在的缺陷进行描述；抽样者应有 2 个或 2 个人员以上；抽样地点应填写实际抽样的地点；检验依据应列出该检验依据的标准、规范、设计书、文件等，版本号在前，名称在后，当检验依据数量很多时，可摘要填写；检验参数应按所检验内容（检查项）列出成果的质量元素，当检验参数数量很多时，可只写较为重要的检验参数；检验结论中，应包括对单位成果质量等级或样本质量等级的评定及批成果质量的判定结果。

A.4.3　编制、审核和批准栏中，应由相应人员本人手工签署，不得打印；检验结论中的签发日期应由手工签署。

A.5　正文其他页

A.5.1　正文其他页格式及内容见图 A.4。

A.5.2　终结线为居中的粗实线，长度为版面的四分之一。终结线应排在检验报告的最后一个内容之后，不能另起一面编排。

表 A.1 检验报告中的字号和字体

序号	页别	位置	文字行	文字内容	字号和字体、字符间距
1	封面	空2行2号宋，第3行文字	第一行(居中)	测绘成果质量	2号加粗宋体、加宽3磅
2	封面	空1行2号宋，第5行文字	第二行(居中)	检验报告	初号加粗黑体、加宽6磅
3	封面	第6行文字	第三行(居中)	质检编号	4号加粗宋体、标准
4	封面	空12行小4号宋，第19行起缩进15个字符，每行文字行间空1行	第四行～第七行	委托单位～检验类别	小4号加粗宋体、标准
5	封面	空5行小4号宋，第31行文字	第八行、第九行(居中)	检验单位、年月日	小3号加粗宋体、标准
6	页眉		页眉(居中)	质检编号、检验报告、页码	小5号宋体、标准
7	页脚		页脚(居中)	检验单位	小5号宋体、加宽1.8磅
8	封二	空3行2号宋，第4行文字	第一行(居中)	注意事项	2号宋体、加宽5磅
9	封二	空1行2号宋，第6行文字，缩进5个4号字符	第二行～第八行	注意事项内容	4号宋体、标准
10	封二	空3行4号宋，第16行文字	第九行(居中)	联系方式	2号宋体、加宽5磅
11	封二	第11行起，缩进10个4号字符	第十行起	联系方式内容	4号宋体、标准
12	正文首页	空1行5号宋，插表格	表格	表格内容	5号宋体、标准
13	正文第二页	空1行4号宋，第2行缩进4个字字符	正文第二页起，文字缩进2个汉字	标题——4号加粗宋体、标准 内容——4号宋体、标准	

测绘成果质量

检验报告

*测质检（XXXX）第（XXX）号

[骑缝章]

委托单位：________________

成果名称：________________

生产单位：________________

检验类别：________________

XXXXXXXXXX[检测单位名称，并加盖公章]

年 月 日

注：虚方框为A4幅面，方括号内为内容说明。

图 A.1 封面格式

*测质检（XXXX）第（XXX）号　　检验报告　　第 1 页　共 3 页

注 意 事 项

1、本报告无“检验单位公章”及“骑缝章”无效。

2、本报告复印件未加盖“检验单位公章”无效。

3、报告无编制人、审核人、批准人签字无效。

4、报告涂改无效。

5、若对检验报告内容有异议，应于收到报告起十五日内向检验单位提出，逾期不予受理。

6、送样委托检验，检验报告仅对来样负责。

联 系 方 式

地　　址：

邮政编码：

电　　话：

传　　真：

电子信箱：

[检验单位名称]

注：虚方框为 A4 幅面，方括号内为内容说明。

图 A.2　封二格式

*测质检（XXXX）第（XXX）号　　　　检验报告　　　　第 2 页　共 3 页

<table>
<tr><td>成果名称</td><td></td><td>生产日期</td><td>[年 月 — 年 月]</td></tr>
<tr><td>生产单位</td><td></td><td>地　址</td><td>[详细地址]</td></tr>
<tr><td>委托单位</td><td></td><td>地　址</td><td>[详细地址]</td></tr>
<tr><td>批　量</td><td></td><td>样 本 量</td><td></td></tr>
<tr><td>样本状态</td><td>[正常、完好或缺陷描述]</td><td>抽 样 者</td><td>[至少两人]</td></tr>
<tr><td>抽样日期</td><td>[年 月 日]</td><td>抽样地点</td><td>[详细地址]</td></tr>
<tr><td>检验依据</td><td colspan="3">[列出有关检验的标准、规范、设计书、文件等，版本号在前，名称在后。注：数量很多时可摘要填写。]</td></tr>
<tr><td>检验参数</td><td colspan="3">[按实际检验内容列出检验参数，包括质量元素、质量子元素、检查项等。]</td></tr>
<tr><td>检验结论</td><td colspan="3">[单位成果质量等级评定和批成果质量判定。]
[加盖检验单位公章]
年　月　日</td></tr>
<tr><td>备　注</td><td colspan="3"></td></tr>
<tr><td colspan="2">编 制：</td><td colspan="2">审 核：</td></tr>
<tr><td>批 准：</td><td>批准日期：　年　月　日</td><td colspan="2">批准人职务：</td></tr>
</table>

［检验单位名称］

注：虚方框为 A4 幅面。方括号内为内容说明。

图 A.3　正文首页格式

*测质检（XXXX）第（XXX）号　　　　检验报告　　　　第 3 页　共 3 页

1、检验工作概况

[检验的基本情况，包括检验时间、检验地点、检验方式、检验人员、检验的软硬件设备等。]

2、受检成果概况

[简述成果生产基本情况，包括来源、测区位置、生产单位、单位资质等级、生产日期、生产方式、成果形式、批量等。]

3、检验依据

[列出全部检验依据。]

4、抽样情况

[包括抽样依据、抽样方法、样本数量等。若为计数抽样，应列出抽样方案]

5、检验内容及方法

[阐述成果的各个检验参数及检验方法。]

6、主要质量问题及处理

[按检验参数，分别叙述成果中存在的主要质量问题，并举例（图幅号、点号等）说明；质量问题处理结果。]

7、质量统计及质量综述

[　a）按检验参数分别对成果质量进行综合叙述（注：不含检验结论）；]

[　b）样本质量统计：检查项及差错数量和错误率、样本得分、样本质量评定；]

[　c) 其他意见或建议。若无意见或建议，可不列本条。]

8、附件(附图、附表)

[若无附件，可不列本条。]

［检验单位名称］

注：虚方框为 A4 幅面。方括号内为内容说明。

图 A.4　正文其他页格式

ICS 65.060
T 54

中华人民共和国国家标准

GB 18320—2008
代替 GB 18320—2001

三轮汽车和低速货车 安全技术要求

Tri-wheel vehicles and low-speed goods vehicles—Safety requirements

2008-12-31 发布　　　　2009-10-01 实施

中华人民共和国国家质量监督检验检疫总局
中国国家标准化管理委员会　发布

前　言

本标准的全部技术内容为强制性。

本标准是对 GB 18320—2001 的修订，与 GB 18320—2001 相比主要修改内容如下：

——标准名称由“农用运输车　安全技术要求”改为“三轮汽车和低速货车　安全技术要求”；

——将“三轮农用运输车”更名为“三轮汽车”，将“四轮农用运输车”更名为“低速货车”；

——取消了定义内容；

——调整了座椅的最大深度；

——调整了转向盘的最大自由转动量指标；

——明确了外部照明和信号装置的安装位置要求；

——修改了侧面防护和后下部防护要求；

——明确低速货车空载和满载状态下应急制动性能的测定要求；

——增加了三轮汽车和低速货车车速要求；

——明确了柴油机排气污染物排放限值的测定要求；

——明确了使用说明书的编写内容。

本标准自实施之日起代替 GB 18320—2001。

本标准由中国机械工业联合会提出。

本标准由全国农用运输车标准化技术委员会归口。

本标准起草单位：机械工业农用运输车发展研究中心、国家农机具质量监督检验中心、山东时风（集团）有限责任公司、山东五征集团有限公司。

本标准主要起草人：张咸胜、唐光萍、靳锁芳、林连华、王侠民。

本标准所替代标准的历次版本发布情况为：

——GB 18320—2001。

三轮汽车和低速货车　安全技术要求

1　范围

本标准规定了防止三轮汽车和低速货车发生安全事故，保证驾驶员、准乘人员和维护保养人员人身安全的基本技术要求。

本标准适用于三轮汽车和低速货车。

2　规范性引用文件

下列文件中的条款通过本标准的引用而成为本标准的条款。凡是注日期的引用文件，其随后所有的修改单（不包括勘误的内容）或修订版均不适用于本标准，然而，鼓励根据本标准达成协议的各方研究是否可使用这些文件的最新版本。凡是不注日期的引用文件，其最新版本适用于本标准。

GB 7258　机动车运行安全技术条件

GB 8410　汽车内饰材料的燃烧特性

GB 9969.1　工业产品使用说明书　总则

GB 10395.1　农林拖拉机和机械　安全技术要求　第1部分：总则（GB 10395.1—2001，eqv ISO 4254-1：1989）

GB 10396　农林拖拉机和机械、草坪和园艺动力机械　安全标志和危险图形　总则（GB 10396—2006，ISO 11684：1995，MOD）

GB 11567.1　汽车和挂车侧面防护要求

GB 11567.2　汽车和挂车后下部防护要求

GB 18321　农用运输车　噪声限值

GB 18322　农用运输车自由加速烟度排放限值及测量方法

GB/T 19118　农用运输车　噪声测量方法

GB/T 19119　农用运输车　照明与信号装置的安装规定

GB/T 19120　农用运输车　制动系统　结构、性能和试验方法

GB/T 19122　农用运输车　操纵件、指示器及信号装置的符号

GB/T 19124　农用运输车　前照灯

GB/T 19127　农用运输车　车辆识别标识

GB/T 19129　农用运输车　电喇叭　性能要求及试验方法

GB/T 19131　农用运输车　号牌板（架）及其位置

GB/T 19133　农用运输车　最大侧倾稳定角　试验方法

GB/T 19134　农用运输车　后视镜　性能和安装要求

GB 19151　机动车用三角警告牌

GB 19756　三轮汽车和低速货车用柴油机排气污染物排放限值及测量方法（中国Ⅰ、Ⅱ阶段）

GB 19757　三轮汽车和低速货车加速行驶车外噪声限值及测量方法（中国Ⅰ、Ⅱ阶段）

JB/T 7235　四轮农用运输车　试验方法

JB/T 7237　三轮农用运输车　试验方法

JB/T 7736　四轮农用运输车可靠性考核

JB/T 10195　农用运输车　使用说明书编制规则

JB/T 50096　三轮农用运输车　可靠性考核评定办法

3 危险一览表

与三轮汽车和低速货车有关的危险见表1。

表1 危险一览表

序号	危　险	有关条款
1	机械危险	
1.1	挤压危险	4.2.1～4.2.4、4.4.6
1.2	剪切危险	4.2.1～4.2.4
1.3	缠绕危险	4.2.1、4.2.5、4.6.6
1.4	引入或卷入危险	4.6.4、4.6.6
1.5	冲击危险	4.4.3、4.4.6、4.6.1、4.6.3
1.6	刺伤或扎伤危险	4.2.1、4.2.6.2
1.7	高压流体喷射危险	4.7
1.8	机器不稳定/倾翻危险	4.3、4.4.2、4.4.3.5、4.4.4
1.9	与机械有关的滑倒、倾倒、跌倒危险	4.2.4、4.2.6.1
2	热危险	4.8
3	电气危险	4.9
4	噪声危险	4.12
5	使用的或排除的材料和物质产生的危险	
5.1	接触或吸入有害气体、烟雾导致的危险	4.9.1、4.13
5.2	着火的危险	4.2.7、4.7
5.3	蓄电池的危险	4.9.1
6	在设计时由于忽略人类工效学产生的危险(机械与人的特征和能力不匹配)	
6.1	不利于健康的姿态或操作费力产生的危险	4.2.2～4.2.4、4.4.2、4.4.3.2、4.4.5
6.2	不适当的考虑人的手臂或脚腿构造产生的危险	4.2.2～4.2.4
6.3	不适当的照明或照明不足产生的危险	4.5
6.4	工作位置可视性不足产生的危险	4.2.6.3、4.5、4.6.1、4.6.2
6.5	操纵机构/控制装置的位置不合适产生的危险	4.2.2～4.2.5、4.4.2、4.4.5.1
6.6	误操作产生的危险	4.2.4、4.4.1
7	与安全有关的措施/装置缺乏和/或位置不正确产生的危险	
7.1	各类防护装置	4.6
7.2	各类安全装置	4.6
7.3	起动和停机装置	4.4.1
7.4	各类信息或警示装置	4.5
7.5	安全标志和信号	4.5、6.3
7.6	动力切断装置	4.4.1、4.4.5
8	使用信息不当或不充分产生的危险	4.2.4、4.4.1、4.4.5.3、4.4.6、6
9	各种组合危险	
9.1	紧固件松动、脱落产生的危险	4.4.4
9.2	操纵控制系统的失效、失灵产生的危险	4.4、4.10
9.3	机械不能有效地减速、停机和固定产生的危险	4.4.3、4.11

4 安全要求和措施

4.1 一般要求

4.1.1 三轮汽车和低速货车的设计、制造应保证车辆安全运行。在按制造厂产品使用说明书正常操作和维护保养时不应存在不合理的危险。

4.1.2 三轮汽车和低速货车所采用的零部件应符合相应国家标准、行业标准的规定，并按经规定程序批准的产品图样和技术文件制造。

4.1.3 三轮汽车和低速货车应符合 GB 7258 规定的技术要求。

4.2 驾驶员工作位置

4.2.1 驾驶室内部空间

驾驶室内部不应有任何可能使人致伤的锐角、利棱或尖锐凸起物。

4.2.2 座椅

座位与后部相邻部件、座位靠背各面交界不得有剪切和挤压处。

座椅应具有足够的强度和刚度，固定可靠，乘坐舒适。可调式座椅水平(纵向)方向的最小调整量应为±50 mm。座椅(位)调整时，不应有挤压危险。

座椅最大宽度应不小于 400 mm，最大深度应不小于 400 mm。

4.2.3 转向盘(方向把)

转向盘(方向把)中心应位于座椅(位)纵向中心面上，任何情况下的偏置量均应不大于 50 mm。转向盘(方向把)与相邻部件之间的间隙应不小于 80 mm。

4.2.4 操纵机构

转向盘(方向把)、换挡杆、踏板、手柄和开关等操纵机构应合理布置和配置，使驾驶员在座位上能安全和方便地控制和操作。除作用非常明确的外，应在操纵机构上或其附近用耐久性标志明确标明其功能、操作方向等。标志用操作符号应与背景有明显的色差。使用说明书中应给出所有操纵机构的浅显易懂且详细的操作说明。

踏板、踏脚板应采取防滑措施。

操纵机构运行区域内不得有剪切和挤压处，操纵力大于等于 50 N 的操纵机构(不包括转向盘或方向把)周围应有不小于 50 mm 的间隙，操纵力小于 50 N 的操纵机构周围应有不小于 25 mm 的间隙，按钮/开关类操纵机构只要不存在误操作相邻操纵机构的危险，则无上述间隙要求。

4.2.5 进出驾驶室的通道

进出驾驶座位的通道应畅通，最小宽度为 250 mm，通道内不应有影响驾驶员通过的操纵机构。车门打开时，车门上部通道宽度对三轮汽车应不小于 450 mm、对低速货车应不小于 550 mm，下部通道宽度应不小于 250 mm。

4.2.6 车身、车门和车窗

4.2.6.1 三轮汽车和低速货车车身的技术状况应能保证驾驶员有正常的工作条件，车身和驾驶室在车架上的安装应牢固，不能因车的振动而引起松动。对于可翻转驾驶室，应有驾驶室锁止装置(如安全钩)，并且在翻转操纵机构附近易见部位应有提醒驾驶员如何正确使用该操纵机构的文字和安全标志。

4.2.6.2 三轮汽车和低速货车车门不得有自行开启现象。门窗应使用具有国家强制性认证标志的安全玻璃。

4.2.6.3 三轮汽车和低速货车驾驶室必须保证驾驶员的前方视野和侧方视野。所有车窗玻璃不允许张贴镜面反光遮阳膜。

4.2.7 内饰材料

驾驶室内饰材料的阻燃性应符合 GB 8410 的规定。

4.3 **车辆稳定性**

4.3.1 三轮汽车和低速货车后悬不得超过轴距的55%，封闭式车厢的低速货车后悬不得超过轴距的65%。

4.3.2 在空载和满载状态下，转向轴轴荷（或转向轮轮荷）与该车整备质量和最大允许总质量的比值对三轮汽车不得小于18%；对低速货车不得小于20%。

4.3.3 在空载、静态状态下，向左侧和右侧倾斜最大侧倾稳定角对三轮汽车不应小于25°；对低速货车不应小于35°。

4.4 **操纵控制系统**

4.4.1 **起动开关和油门控制机构**

起动开关各位置的功能、操作方向应清晰地标出，并与背景有明显的色差。三轮汽车和低速货车的起动开关不应依靠驾驶员施加持续力即可处于熄火位置。处于熄火位置时，只有经人工恢复到正常位置后方能再起动。

驾驶员在座位上应能起动装用多缸柴油机的低速货车。

柴油机停机装置必须灵活有效，驾驶员在座位上应能使三轮汽车和低速货车熄火。

发动机油门控制机构应保证发动机在全程调速范围内稳定运转。

4.4.2 **转向系**

4.4.2.1 三轮汽车的转向盘（方向把）不应设置于右侧，低速货车的转向盘必须设置于左侧。

4.4.2.2 转向盘的最大自由转动量三轮汽车不得大于45°；低速货车不得大于30°。

4.4.2.3 转向盘（方向把）应转动灵活，操纵方便，无阻滞现象。三轮汽车和低速货车应设置转向限位装置。转向系统在任何操作位置上，不允许与其他部件有干涉现象。

4.4.2.4 三轮汽车的转向轮向左或向右转角不得大于45°；低速货车的车轮定位应符合该车有关技术条件，车轮定位值应在产品使用说明中标明。对前轴采用非独立悬架的低速货车，其转向轮的横向侧滑量，用侧滑台检验时侧滑量值应在±5 m/km之间。

4.4.2.5 低速货车转向轮转向后应能自动回正。低速货车应有适度的不足转向特性。

4.4.2.6 三轮汽车和低速货车在平坦、硬实、干燥和清洁的水泥或沥青道路上行驶，以10 km/h的速度在5 s之内沿螺旋线从直线行驶过渡到半径为12 m的圆周行驶，施加于转向盘外缘的最大切向力不得大于245 N。

4.4.3 **制动系**

4.4.3.1 三轮汽车和低速货车应具有独立可靠的行车制动系和驻车制动系。低速货车应具有应急制动功能。

4.4.3.2 行车制动在产生最大制动作用时的踏板力应不大于700 N，驻车制动施加于操纵装置上的力：手操纵应不大于600 N；脚操纵应不大于700 N。踏板行程和驻车操纵装置的储备行程应符合相应产品标准的规定。

4.4.3.3 低速货车的所有车轮应装制动器，行车制动系应采用双管路或多管路，当部分管路失效时，剩余制动效能仍能保持原规定值的30%以上。制动器必须有磨损补偿装置。

4.4.3.4 在规定条件下的行车制动性能应能满足以下要求：

a) 在规定条件下路试检验的制动距离和制动稳定性应符合表2的规定。

表2 制动距离和制动稳定性要求

车辆类型	制动初速度 km/h	满载检验制动距离要求 m	空载检验制动距离要求 m	试验道路道宽度 m
三轮汽车	20	≤5.0		2.5
总质量不大于3 500 kg的低速货车	30	≤9.0	≤8.0	2.5
总质量大于3 500 kg的低速货车	30	≤10.0	≤9.0	3.0

b) 低速货车在空载和满载状态下，按表 3 所列初速度进行应急制动性能检验，应急制动性能应符合表 3 的要求。

表 3 低速货车应急制动性能要求

制动初速度 km/h	制动距离 m	充分发出的平均减速度 m/s^2	允许操纵力不应大于 N	
			手操纵	脚操纵
30	≤20.0	≥2.2	600	700

c) 三轮汽车和低速货车在规定条件下台试检验的制动力要求应符合表 4 的规定。

表 4 台试检验制动力要求

车辆类型	制动力总和与整车质量的百分比		轴制动力与轴荷的百分比	
	空载	满载	前轴	后轴
三轮汽车	≥45		—	≥60[a]
总质量不大于 3 500 kg 的低速货车	≥60	≥50	≥60[a]	≥20[a]
总质量大于 3 500 kg 的低速货车	≥60	≥50	≥60[a]	—
制动力平衡要求	在制动力增长全过程中同时测得的左右轮制动力差的最大值，与全过程中测得的该轴左右轮最大制动力中大者之比，对前轴不应大于 20%，对后轴在轴制动力不小于该轴轴荷的 60% 时不应大于 24%；当后轴制动力小于该轴轴荷的 60% 时，在制动力增长全过程中同时测得的左右轮制动力差的最大值不应大于该轴轴荷的 8%			

[a] 空载和满载状态下测试均应满足此要求。

4.4.3.5 三轮汽车和低速货车在规定条件下的驻车制动性能应能满足以下要求：

路试检验：在规定操纵力和空载状态下，驻车制动装置应能使三轮汽车和低速货车即使在没有驾驶员的情况下，通过机械装置把工作部件锁止，并保证三轮汽车和低速货车在坡度为 20%、轮胎与路面间的附着系数不小于 0.7 的坡道上正、反两个方向保持固定不动，其时间不少于 5 min。

台试检验：车辆空载，乘座一名驾驶员，使用驻车制动装置，驻车制动力总和应不小于该车在试验状态下整车质量的 20%。

4.4.3.6 经台试检验后对其行车制动性能有质疑时，可用路试检验进行复检，并以满载路试检验的结果为准。对其驻车制动性能有质疑时，可用路试检验进行复检，并以路试检验的结果为准。

4.4.4 行驶系

三轮汽车和低速货车同一轴上的轮胎规格和花纹应相同，轮胎规格应符合整车制造厂的出厂规定。轮胎负荷不应大于该轮胎的额定负荷，轮胎气压应符合该轮胎承受负荷时规定的压力。轮胎螺母和半轴螺母应完整齐全，并应按规定力矩紧固。

4.4.5 传动系

4.4.5.1 三轮汽车和低速货车的离合器踏板必须置于驾驶员左脚方便操纵的位置，离合器应接合平稳，分离彻底。离合器踏板操纵力应不大于 300 N，自由行程应符合相应产品标准的规定。

4.4.5.2 变速器换挡时齿轮应啮合灵便，互锁、自锁和倒挡锁装置应有效，不允许有乱挡和自行跳挡现象；运行中应无异响；换挡杆及其传动杆件不应与其他部件干涉。换挡杆操纵力应符合相应产品标准的规定。

4.4.5.3 在换挡杆上必须有驾驶员在驾驶座位上容易识别变速器挡位位置的标志。若换挡杆上难以布置，则应布置在换挡杆附近的易见部位。

4.4.6 自卸装置

自卸车应设置举升后维修状态机械式锁定装置，侧翻式自卸车还应设置运输状态锁定装置。锁定装置应能可靠锁定。使用说明书中应给出自卸操纵机构和锁定装置的使用方法。

4.5 照明、信号装置和其他电气设备

4.5.1 三轮汽车和低速货车的外部照明和信号装置的数量、位置、光色、最小几何可见度应符合GB/T 19119的规定。对称设置、功能相同的灯具的光色和亮度不应有明显差异。照明和信号装置的任一条线路出现故障,不允许干扰其他线路的正常工作。

4.5.2 三轮汽车和低速货车每只前照灯的远光光束发光强度应达到表5的要求。

表5 前照灯远光光束发光强度最小值要求 单位为坎德拉

车辆类型	新注册车			在用车		
	一灯制	两灯制	四灯制	一灯制	两灯制	四灯制
低速货车	—	10 000	8 000	—	8 000	6 000
三轮汽车	8 000	6 000	—	6 000	5 000	—
注:采用四灯制的三轮汽车和低速货车,其中两只对称的灯达到两灯制的要求时视为合格。						

4.5.3 三轮汽车和低速货车前照灯应有远、近光变换装置,并且当远光变为近光时,所有远光应能同时熄灭。同一辆三轮汽车和低速货车上的前照灯不允许左、右的远、近光灯交叉开亮。前照灯的远、近光灯上下并列设置时,近光灯应位于上侧,其他情况下近光灯应位于外侧。所有前照灯的近光都不得眩目。前照灯的其他要求应符合GB/T 19124的规定。

4.5.4 低速货车应具有危险警告信号装置,其操纵装置应不受灯光总开关的控制。危险警告信号和转向信号灯的闪光频率为1.5 Hz±0.5 Hz,起动时间应不大于1.5 s。除转向信号灯、危险警告信号外,其他外部灯具不允许闪烁。

4.5.5 三轮汽车和低速货车必须装置后反射器;车长大于6 m的低速货车应安装侧反射器和侧标志灯。反射器应与车辆牢固连接,且应能保证夜间在其正后方150 m处用汽车前照灯照射时,在照射位置就能确认其反射光。三轮汽车和低速货车应按GB 7258的规定在侧面及后部设置车身反光标识。

4.5.6 仪表板上应设置仪表灯,仪表灯点亮时,应能照清仪表板上所有的仪表并不得眩目。装用多缸柴油机的低速货车仪表板上应设置与行驶方向相适应的转向指示信号和蓝色远光指示信号。

4.5.7 三轮汽车和低速货车的前位灯、后位灯、牌照灯和仪表灯应能同时启闭,当前照灯关闭和发动机熄火时仍能点亮。

4.5.8 三轮汽车和低速货车的前、后转向信号灯、危险警告信号及制动灯白天在距其100 m处应能观察到其工作状况,后位灯夜间好天气时在距其300 m处应能观察到其工作状况;后牌照灯夜间好天气时在距其20 m处应能看清牌照号码。制动灯的发光强度应明显大于后位灯。

4.5.9 三轮汽车和低速货车应设置具有连续发声功能的喇叭,其工作应可靠。三轮汽车和低速货车喇叭声级在距车前2 m、离地高1.2 m处测量时,其值应为90 dB(A)~115 dB(A)。

4.5.10 三轮汽车、装用单缸柴油机的低速货车应装有机油压力表(或机油压力指示器)、水温表(蒸发式水冷却系统除外)、电流表或充电指示器;装用多缸柴油机的低速货车应装有水温表或水温报警灯、电流表(或电压表、充电指示灯)、燃料表、车速里程表和机油压力表(或油压报警灯)等各种仪表及开关,并应保持灵敏有效。采用气压制动系统的三轮汽车、低速货车,还应装有气压表。

4.6 安全防护装置

4.6.1 三轮汽车和低速货车应在左右至少各设置一面后视镜,后视镜的性能和安装要求应符合GB/T 19134的规定。三轮汽车和低速货车车外后视镜的安装位置和角度应保证看清车身左右外侧、车后50 m以内的交通情况。车长大于6 m的平头低速货车车前还应至少设置一面前下视镜,前下视镜应保证驾驶员能看清风窗玻璃前下方长1.5 m、宽3 m范围内的情况。车外后视镜和前下视镜应易于调节,并能有效保持其位置。安装在外侧距地面1.8 m以下的后视镜,当行人等接触该镜时,应具有能缓和冲击的功能。

4.6.2 三轮汽车和低速货车的前风窗玻璃应装备能正常工作的刮水器,其刮刷面积应确保驾驶员具有良好的前方视野。刮水器关闭时,刮片应能自动返回至初始位置。

4.6.3 三轮汽车和低速货车驾驶室内应设置防止阳光直射而使驾驶员产生眩目的装置,且该装置在车辆碰撞时,不应对驾驶员造成伤害。

4.6.4 总质量大于 3 500 kg 的低速货车,应提供防止人员卷入的侧面防护,其技术条件应符合 GB 11567.1的规定。总质量大于 3 500 kg 的低速货车,应提供符合 GB 11567.2 规定的后下部防护装置,该装置对追尾碰撞的机动车必须具有足够的阻挡能力,以防止发生钻入碰撞。

4.6.5 低速货车车厢前部应安装比驾驶室高 70 mm 以上的安全架(自卸的低速货车除外)。

4.6.6 三轮汽车和低速货车的传动皮带及皮带轮、飞轮、风扇、起动爪和其他运动部件,在正常起动或运行中,可能导致危险的,应置于安全位置或加防护罩或挡板或类似防护装置进行防护。防护装置及安全距离的要求应符合 GB 10395.1 的规定,防护装置应固定牢固,不使用工具无法拆卸。

4.6.7 三轮汽车和低速货车的所有车轮均应有挡泥板。低速货车应设置前保险杠和装备符合 GB 19151规定的三角警告牌,三角警告牌在车上应妥善放置。

4.7 液压、燃油和润滑系统安全要求

4.7.1 管路

管路,特别是挠性管路和管接头应远离高温表面、运动件、排气口和电气设备。

高压管路应固定牢靠,必要时加以防护,以保证在油管破裂时,不致喷溅到人体、高温部件和电气设备等能导致危险处。

4.7.2 油箱

油箱的布置应避免加注油料时泄露或溢出的油料进入排气管、排气口投影区及电气设备。

油箱应坚固并固定牢靠,油箱及其加油口及通气口应保证在三轮汽车和低速货车晃动时不漏油。油箱的加油口和通气口不允许对着排气管的开口方向,且应距排气管的出气口端 300 mm 以上,否则应设置有效的隔热装置。油箱的加油口和通气口应距裸露的电气接头及电气开关 200 mm 以上。

油箱的通气口和加油口不允许设置在有乘员的车厢内。

4.8 热防护

三轮汽车和低速货车按使用说明书正常起动和运行中可能触及的,且在环境温度为 23 ℃±3 ℃下测定温度大于 80 ℃的热表面应有防护装置或挡板。

发动机散热器水盖应拧紧牢固、可靠,在任何情况下都应避免冷却水流出导致人员烫伤。应有相应的安全标志,并在使用说明书中告诫驾驶操作人员不得在发动机热态下立即打开散热器水盖。

对装有蒸发式水冷却发动机的三轮汽车和低速货车,应有相应的安全标志告诫驾驶操作人员注意被冷却水烫伤。

4.9 电气要求

4.9.1 蓄电池

蓄电池应能保持常态电压。蓄电池应置于在地面上便于维修保养的位置处,应避免蓄电池的电解液及其酸雾对驾驶员产生危害。蓄电池的非接地端应进行防护。

通风蓄电池仓必须有开孔,以便通风和排放。蓄电池在工作位置时,电解液不能渗漏到部件上。

4.9.2 导线

电器导线应具有阻燃性能,所有电器导线在可能的地方应捆扎成束、布置整齐、固定卡紧、接头牢固并有绝缘套,其任何部位不能接近排气系统或与金属油管、运动部件和锐边接触。可能与导线接触的金属件的锐边应倒圆或加防护,导线穿越孔洞时需装设绝缘套管。

4.9.3 过载保护

除起动器电动机电路外,所有电路在接近蓄电池极柱或起动器导线的非接地线上应装过载保护装置。对于双线制电路,过载保护装置可以装在任一线路上。

4.10 车速和车速表

4.10.1 三轮汽车最高设计车速应不大于 50 km/h;低速货车最高设计车速应小于 70 km/h。

4.10.2 三轮汽车和低速货车应在设计及技术特性上确保其实际最大行驶速度在满载状态下不会超过其最高设计车速,在空载状态下不应超过其最高设计车速的 110%。

注:实际最大行驶速度是指车辆在平坦良好路面行驶时能达到的最大速度。

4.10.3 装用多缸柴油机的低速货车车速表指示车速 V_1[单位千米每小时(km/h)]与实际车速 V_2[单位千米每小时(km/h)]之间应符合下列关系式:

$$0 \leqslant V_1 - V_2 \leqslant (V_2/10) + 4$$

4.11 最大允许总质量和外廓尺寸

三轮汽车最大允许总质量的最大限值为 2 000 kg,车长的限值为 4.60 m,车宽的限值为 1.60 m,车高的限值为 2.00 m;但当三轮汽车采用方向盘转向、由传动轴传递动力、具有驾驶室且驾驶室座椅后设计有物品放置空间时,最大允许总质量的最大限值为 3 000 kg,车长的限值为 5.20 m,车宽的限值为 1.80 m,车高的限值为 2.20 m。低速货车最大允许总质量的最大限值为 4 500 kg,车长的限值为 6.00 m、车宽的限值为 2.00 m、车高的限值为 2.50 m。

4.12 噪声

三轮汽车和低速货车的噪声限值应符合 GB 18321、GB 19757 的规定。

4.13 排气管和排气污染物排放

三轮汽车和低速货车发动机的排气管的位置和方向应合理配置,不得指向车身右侧。

三轮汽车和低速货车自由加速排气烟度限值应符合 GB 18322 的规定。

三轮汽车和低速货车用柴油机排气污染物排放限值应符合 GB 19756 的规定。

5 安全要求和措施的判定

5.1 一般要求

三轮汽车按 JB/T 50096,低速货车按 JB/T 7736 进行可靠性考核,整个试验过程中按制造厂产品使用说明书正常操作和维护保养时未发生不合理危险,则判定该项目合格。

5.2 驾驶员工作位置

5.2.1 驾驶室内部空间

用目测检查是否合格。

5.2.2 座椅(位)

用目测和常规线性尺寸量具检查是否合格。

若座位后部相邻部件具有平滑的表面、座位靠背各面交界无棱边则判定无剪切或挤压处。

5.2.3 转向盘(方向把)

用目测和常规线性尺寸量具检查是否合格。

5.2.4 操纵机构

在驾驶座位上观察各操纵机构的布置和配置是否合理,操纵是否安全和方便,安全操作标志是否规范且清晰易见。踏板、踏脚板是否采取防滑措施。

用目测检查或常规器具检查操纵机构的其他要求是否合格。

5.2.5 进出驾驶室的通道

用目测和常规线性尺寸量具检查是否合格。

5.2.6 车身、车门和车窗

目测检查是否合格。

5.2.7 内饰材料

驾驶室内饰材料的阻燃性按 GB 8410 的要求进行测定。

5.3 车辆稳定性

5.3.1 用常规线性尺寸量具测定三轮汽车和低速货车后悬和轴距，计算并判定后悬与轴距的比值是否合格。

5.3.2 三轮汽车转向轮载质量与整备质量和最大允许总质量的比值按 JB/T 7237 的规定测量；低速货车转向轴载质量与整备质量和最大允许总质量的比值按 JB/T 7235 的规定测量。

5.3.3 在空载、静态状态下，三轮汽车和低速货车向左侧和右侧倾斜最大侧倾稳定角按 GB/T 19133 的规定测定。

5.4 操纵控制系统

5.4.1 起动开关和油门控制机构

操作起动开关、停机装置和油门控制机构，用目测检查是否合格。

5.4.2 转向系

5.4.2.1 对 4.4.2.1，用目测检查是否合格。

5.4.2.2 三轮汽车和低速货车转向盘的最大自由转动量按 JB/T 7237 的规定测量。

5.4.2.3 用目测检查三轮汽车和低速货车转向限位装置是否合格。

5.4.2.4 用角度测量器具测定三轮汽车的转向轮相对直线行驶方向的向左或向右的最大转角。

操作驾驶三轮汽车和低速货车，感觉并观察转向系统是否合格。低速货车的车轮定位按 JB/T 7235 的规定进行测量。低速货车转向轮的横向侧滑量检验方法如下：

——将车辆对正侧滑试验台(对于单板式侧滑仪，将车辆的一侧车轮对正侧滑板)，并使转向盘处于正中位置；

——使车辆沿台板上的指示线路以 3 km/h～5 km/h 车速平稳前行，在行进过程中，不得转动转向盘；

——转向轮通过台板时，测取横向侧滑量。

5.4.2.5 驾驶三轮汽车和低速货车，目测检查转向轮转向后能否自动回正。低速货车的不足转向特性试验方法如下：

——在试验场地上，用醒目颜色画出半径 R_0 为 15 m 的基圆；

——将带有喷水印迹装置的喷头固定在被试车前保险杠中点处的正下方并指向地面，它的控制开关置于驾驶员旁；

——被试车驾驶员系好安全带后起步挂入最高挡驶入试验场，以最低稳定车速沿所画基圆行驶，使前保险杠中点对准圆周后将转向盘握紧不动，随后缓慢均匀地加速被试车，直至被试车出现不稳定状态或受发动机功率限制而不能再加速为止。在加速被试车的同时，立即打开喷水装置开关，使在地面上清晰标出三轮汽车和低速货车加速过程中前保险杠中点的投影轨迹；

——将地面上留下的加速行驶轨迹(即喷水印迹)相对于基圆的位置描绘记录下来；

——试验分别在向左转和向右转的两个方向上进行；

——也可用陀螺仪按有关标准规定的方法进行试验；

——记录试验条件及试验结果，并根据下列判据同试验记录比较，以定性判断被试三轮汽车和低速货车是否具有适度的不足转向特性。

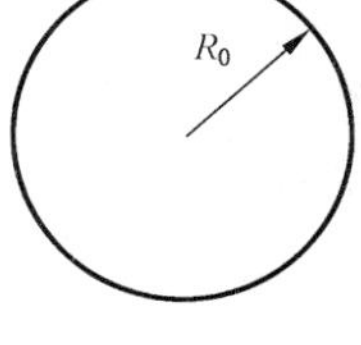

图 1

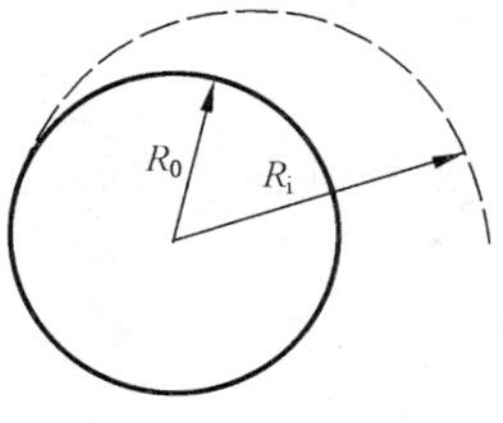

图 2

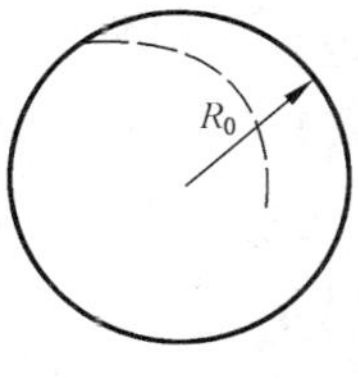

图 3

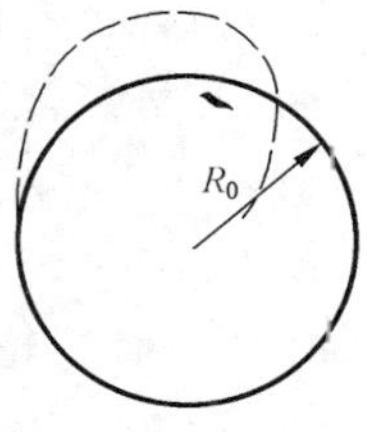

图 4

图 1：$R_i = R_0$ 中性转向；

图 2：$R_i > R_0$ 为不足转向；

图 3：$R_i < R_0$ 为过渡转向；

图 4：R_i 大小不定，开始大于 R_0，后又小于 R_0。

5.4.2.6 施加于三轮汽车和低速货车转向盘外缘的最大切向力按 JB/T 7235 的规定进行测定。

5.4.3 制动系

5.4.3.1 对 4.4.3.1，用目测检查是否合格。

5.4.3.2 对制动装置操纵力按 JB/T 7235 的规定进行测定。踏板行程和驻车操纵装置的储备行程按相应产品标准的规定进行测定。

5.4.3.3 部分回路失效效能试验方法如下：

目测检查低速货车制动器和制动系管路是否合格。

将被试车的前轮或后轮的制动回路断开，使其失效，在此状态下，对最高设计车速大于或等于 40 km/h 的三轮汽车和低速货车，以 30 km/h 的车速匀速行驶；对最高设计车速小于 40 km/h 的三轮汽车和低速货车，以 20 km/h 的车速匀速行驶，突然施以全行程制动，测记制动前的速度和制动距离。试验分别在断开前轮制动回路和断开后轮制动回路的两种状态下进行。

5.4.3.4 行车和驻车路试制动性能检验按 JB/T 7235 的规定进行。低速汽车在空载和满载状态下的应急制动性能按 GB/T 19120 的规定进行测定。

行车和驻车制动性能台试检验用滚筒式试验台，按如下方法进行：

将三轮汽车和低速货车驶上表面干燥、没有松散物质及油污的制动滚筒试验台，位置摆正，启动滚筒，使用制动，测取 4.4.3.4 和 4.4.3.5 所要求的参数值，并记录车轮是否抱死。

在测量制动时，为获得足够的附着力，以避免车轮抱死，允许在车辆上增加足够的附加质量或施加相当于附加质量的作用力（附加质量或作用力不计入轴荷）；也可采取防止车辆移动的措施（例如加三角垫块或采用牵引等方法）。

当采取上述方法之后，仍出现车轮抱死并在滚筒上打滑或整车随滚筒滚动向后移出的现象，而制动力仍未达到合格要求时，应采用路试检验方法进行测定和判定。

5.4.4 行驶系

目测轮胎规格和花纹是否符合规定。核定轮胎负荷和轮胎气压是否符合规定。用目测检查轮胎螺母和半轴螺母是否完整齐全。在螺母装配位置作一标记，用力矩搬手松动四分之一圈，然后再拧紧到原来位置，记录力矩搬手的显示值。

5.4.5 传动系

5.4.5.1 用目测检查并操纵离合器踏板，确定是否合格。按 JB/T 7235 的规定方法对离合器接合分离状况和操纵力进行测定。踏板行程按有关产品标准的规定进行测定。

5.4.5.2 驾驶三轮汽车和低速货车，依次操作换挡杆至各挡位，至少重复 3 次，确定换挡操纵机构的有效性和稳定性，并目测检查其他要求是否合格。按 JB/T 7235 的规定对换挡杆操纵力进行测定。

5.4.5.3 用目测检查是否合格。

5.4.6 自卸装置

用目测检查锁定装置和使用说明书是否合格。

5.5 照明、信号装置和其他电气设备

5.5.1 对 4.5.1，用目测和按 GB/T 19119 的规定检查照明和信号装置是否合格。

5.5.2 按 GB/T 19124 的规定对三轮汽车和低速货车每只前照灯的远光光束发光强度进行测定。

5.5.3 目测检查三轮汽车和低速货车前照灯的远近光装置、后反射器、仪表灯以及前位灯、后位灯、牌照灯是否符合 4.5.3，4.5.6，4.5.7，4.5.10 的规定。

5.5.4 对 4.5.4 用目测和秒表检查是否合格；对 4.5.5 、4.5.8 用目测和常规线性尺寸量具检查是否合格。

5.5.5 三轮汽车和低速货车喇叭工作可靠性和声级按 GB/T 19129 的规定进行测定。

5.6 安全防护装置

5.6.1 三轮汽车和低速货车后视镜的性能和安装要求，按 GB/T 19134 的规定进行检查。

5.6.2 启动刮水器，用目测检查是否合格。

5.6.3 用目测检查 4.6.3 的规定是否合格。

5.6.4 低速货车的侧面防护和后下部防护分别按 GB 11567.1、GB 11567.2 进行测定。

5.6.5 用目测和常规线性尺寸测量检查安全架是否合格。

5.6.6 用目测和常规线性尺寸测量检查防护罩和安全距离是否合格。

5.6.7 目测检查挡泥板保险杠和三角警告牌是否合格。

5.7 液压和燃油系统安全要求

5.7.1 管路

用目测检查是否合格。

5.7.2 油箱

用目测和常规线性尺寸量具检查是否合格。

5.8 热防护

三轮汽车和低速货车发动机以最高无负荷速度运行，直至温度稳定。用图 5 所示锥体触及排气和冷却系统中裸露热表面，锥体锥尖或锥面不应接触到温度大于 80 ℃的热表面。

单位为毫米

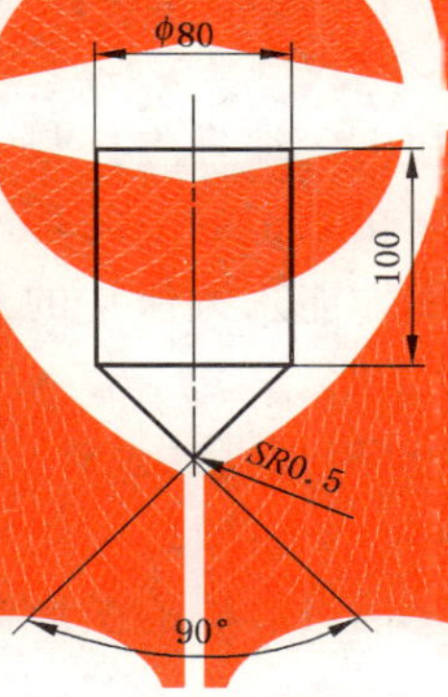

图 5 试验用锥体

测量的基准环境温度为 23 ℃±3 ℃，在确定温度时，应根据基准环境温度和试验环境温度（最低不小于 15 ℃，最高不大于 30 ℃）的差值对测量的温度进行校正。

散热器水盖若为防松脱自锁型，则判合格；其余用目测检查。

5.9 电气要求

用目测检查是否合格。

5.10 车速要求

5.10.1 按 JB/T 7235 的规定测定三轮汽车和低速货车的实际最大行驶速度。测定实际最大行驶速度时，应将三轮汽车和低速货车发动机的转速调整到可以达到的最高转速，并装备整车生产企业允许安装且能获得最大行驶速度的轮胎。试验过程中应挂最高车速挡。

5.10.2 路试检验车速表指示误差。按 JB/T 7235 的规定测定低速货车车速表的指示值（V_1）为 40 km/h 时车辆的实际行驶速度，若实际车速（V_2）在 32.8 km/h～40 km/h 范围内则为合格。

5.11 最大允许总质量和外廓尺寸

三轮汽车和低速货车的最大允许总质量和外廓尺寸按 JB/T 7235、JB/T 7237 进行测定。

5.12 噪声

三轮汽车和低速货车的噪声限值按 GB/T 19118、GB 19757 的规定进行测定。

5.13 排气

用目测检查三轮汽车和低速货车发动机的排气管的位置和方向是否合格。

三轮汽车和低速货车自由加速排气烟度限值按 GB 18322 的规定进行测定。

三轮汽车和低速货车用柴油机排气污染物排放限值应符合 GB 19756 的规定进行测定。

6 使用信息

6.1 三轮汽车和低速货车标志

6.1.1 三轮汽车和低速货车在车身前部外表面的易见部位上应至少装置一个能永久保持的商标或厂标。

6.1.2 三轮汽车和低速货车应至少装置一个能永久保持的产品标牌。产品标牌应固定在一个明显的、不受更换部件影响的位置，其具体位置应在产品使用说明书中指明。

产品标牌上标明品牌、整车型号、制造年月、生产厂名及制造国、车辆识别代号、发动机型号、发动机最大净功率或额定功率、总质量、整车整备质量。产品标牌上标明的内容应规范、清晰耐久且易于识别，项目名称均应有中文名称。

6.1.3 三轮汽车和低速货车应具有车辆识别代号，其内容和构成应符合 GB/T 19127 的规定；应至少有一个车辆识别代号打刻在车架上，打刻位置应尽量位于前部右侧，如受结构限制也可打刻在其他部位。打刻的车辆识别代号应易见且易于拓印，其字母和数字的字高不应小于 7.0 mm，深度不应小于 0.3 mm。

车辆识别代号打刻的具体位置应在产品使用说明书中指明，一经打刻不允许更改、变动。同一辆车上标识的所有车辆识别代号内容应相同。

6.1.4 三轮汽车和低速货车发动机型号和出厂编号应打刻(或铸出)在气缸体上且应能永久保持，在出厂编号的两端应打刻起止标记(没有打刻起止标记的空间可不打刻)；若打刻(或铸出)的发动机型号和出厂编号不易见，则应在发动机易见部位增加能永久保持的发动机型号和出厂编号的标识。发动机出厂编号的具体位置应在产品使用说明书中指明。

6.1.5 三轮汽车和低速货车应设置号牌板(架)。牌板(架)及其位置应符合 GB/T 19131 的规定。

6.2 图形标志

三轮汽车和低速货车操纵件、指示器及信号装置的图形标志应符合 GB/T 19122 的规定。

6.3 安全标志

对三轮汽车和低速货车的遗留风险，应按对应危险的严重程度，设置相应的安全标志，安全标志的型式、构成、颜色和尺寸应符合 GB 10396 的规定。

安全标志应尽可能接近针对的危险部位，且耐久、清晰、可视。

安全标志耐久性是否合格按下列方法考核：

首先用沾水湿布擦拭标志 15 s，随后再用浸过汽油的布擦拭 15 s。试验后，标志仍应清晰明了，不能被轻易揭去，也不应发生卷边现象。

6.4 使用说明书

使用说明书是交付产品的组成部分，应与三轮汽车和低速货车一起提供给用户。

使用说明书的编印要求和内容应符合 GB 9969.1 和 JB/T 10195 的规定。

使用说明书中应有提醒操作者的安全注意事项，至少包括下列内容：

——使用车辆前应仔细阅读使用说明书，缺乏使用知识会导致事故；

——仅允许经过全面培训和有相应驾驶执照的人员驾驶车辆，严禁无证驾驶车辆；

——严禁酒后或服用麻醉性药剂后驾驶车辆；

——不得私自改装车辆或改变车辆用途；

——任何时候都要让儿童远离车辆；

——在公路上行驶时，应考虑到公路上的其他车辆和人员；行驶速度不要超过国家针对三轮汽车、低速货车的法定速度限值；
——应确保照明和信号装置完好；在夜间遇到迎面驶来车辆时应将前照灯变近光，以避免迎面行驶过来车辆的驾驶员眩目；
——下坡时不能空挡滑行；
——为避免倾翻，在不平路面、斜坡以及转弯时应放慢速度安全行驶；
——车辆行驶中不要上下车辆；
——发动机不要在通风不当的封闭室内运转；
——严禁超载使用车辆，如果滥用或不正确使用车辆会有危险，对驾驶员和周围人员会造成伤害；
——在发动机运转时，不得清理、调整、保养车辆；
——冷却系统在膨胀水箱盖子控制的压力下工作；当系统发热时，卸下该盖是危险的，应注意要慢慢拧盖子，在盖子完全拧下之前应先停一下使压力释放；在膨胀水箱压力盖没有卸下前，不得卸下散热器顶部的盖子；
——车辆加油时不要吸烟，车辆要远离明火；
——保持车辆制动器和转向机构处于安全可靠状态，以保证人身安全和符合法规要求；
——喷油系统的油液具有较高压力，压力作用下溢出的燃油，透入皮肤会造成严重伤害；
——非专业人员不要拆卸或调整燃油喷油系统的油泵、喷油器、喷油嘴或其他任何部件，否则会造成严重伤害；
——应避免长时间接触发动机机油，皮肤接触机油后应尽快用肥皂和水清洗；
——在任何情况下都不允许往柴油中添加汽油、酒精或它们与柴油的混合物，这些混合物会增加火灾或爆炸的危险；在燃油箱中，这些混合物比纯汽油还容易爆炸，绝不要使用这些混合物；
——发动机运转或热机时，不得卸下燃油箱盖和加油；
——加油不要超过容量值，要留出燃油膨胀的空间；始终牢固地拧紧燃油箱盖，溢出的燃油应立即擦掉；
——行驶时车门锁应锁止，严禁车门未关闭时行驶；
——离合踏板踏下应迅速，放松时应缓慢，离合器接合后脚应离开踏板，脚不允许长期踏放在离合踏板上，或用离合器长时间控制车速；
——停车后应拉起驻车制动，防止车辆自行滑行造成事故；严禁在较大的坡道上停车；
——严禁短接蓄电池，以防止发生爆炸或火灾；
——涉水行驶或洗车后，车辆应低速行驶，并间歇踩踏制动踏板，使制动器干燥；在深泥地、沙地或积水路面等污脏条件下行驶后，应清理制动毂和制动衬片；
——维修电路前应切断电源总开关；
——自卸过程中，货箱后严禁站人；举升油缸顶起后，必须牢固支撑保险杆，方可在下方作业；严禁在坡度超过5%以上的横坡上举升货箱，防止翻车或滑移造成事故；举升作业时，发动机转速应保持均匀稳定，不得猛轰油门。

ICS 35.040
L 80

中华人民共和国国家标准

GB/T 18336.1—2008/ISO/IEC 15408-1:2005
代替 GB/T 18336.1—2001

信息技术　安全技术
信息技术安全性评估准则
第1部分:简介和一般模型

Information technology—Security techniques—
Evaluation criteria for IT security—
Part 1: Introduction and general model

(ISO/IEC 15408-1:2005,IDT)

2008-06-26 发布　　　　2008-11-01 实施

中华人民共和国国家质量监督检验检疫总局
中国国家标准化管理委员会　发布

前　言

GB/T 18336 在总标题《信息技术　安全技术　信息技术安全性评估准则》下，由以下几个部分组成：

——第1部分：简介和一般模型

——第2部分：安全功能要求

——第3部分：安全保证要求

本部分是 GB/T 18336—2008 的第1部分。

本部分等同采用国际标准 ISO/IEC 15408-1:2005《信息技术　安全技术　信息技术安全性评估准则　第1部分：简介和一般模型》，仅有编辑性修改。

本部分代替 GB/T 18336.1—2001《信息技术　安全技术　信息技术安全性评估准则　第1部分：简介和一般模型》。

本部分与 GB/T 18336.1—2001 的主要差异如下：

1）　删除了 GB/T 18336.1—2001 的"ISO/IEC 前言"；

2）　GB/T 18336.1—2008 增加了"引言"；

3）　删除了 GB/T 18336.1—2001 的附录 A"通用准则项目"；

4）　GB/T 18336.1—2001 的附录 D 编为本部分的"参考文献"。

本部分的附录 A 和附录 E 是规范性附录。

本部分由全国信息安全标准化技术委员会提出和归口。

本部分的主要起草单位：中国信息安全测评中心。

本部分主要起草人：吴世忠、陈晓桦、李守鹏、黄元飞、王贵驷、刘晖、刘春明、付敏、郭颖、刘楠。

引　言

GB/T 18336 将使各个独立的安全评估结果具有可比性。这通过在安全评估时，提供一套针对信息技术(IT)产品和系统安全功能及其保证措施的通用要求来实现。评估过程建立一个信任级别，表明该产品或系统的安全功能及其保证措施都满足这些要求。评估结果可以帮助客户确定该 IT 产品或系统对他们的预期应用是否足够安全以及使用该 IT 产品或系统带来的固有安全风险是否可容忍。

GB/T 18336 对开发具有 IT 安全功能的产品或系统以及采办具有此类功能的商用产品和系统都是一本有益的指南。在评估时，此类 IT 产品或系统称评估对象(TOE)。例如，常见的 TOE 有操作系统、计算机网络、分布式系统、应用软件等。

GB/T 18336 致力于保护信息免受未授权的泄漏、修改或无法使用，与此对应的保护类别通常分别称为保密性、完整性和可用性。此外，GB/T 18336 也适用于 IT 安全的其他方面。GB/T 18336 主要关注人为的安全威胁，无论其是否是恶意的，但也适用于非人为因素导致的威胁。另外，GB/T 18336 还可用于 IT 技术的其他方面，但就其安全领域外的能力本标准不作承诺。

GB/T 18336 适用于在硬件、固件或软件中实现的 IT 安全措施。另外，某些特殊的评估手段可能只适用于某些特定的实现方法，这将在相应的标准文本中指出。

信息技术　安全技术
信息技术安全性评估准则
第1部分:简介和一般模型

1　范围

GB/T 18336旨在作为评估信息技术产品和系统安全特性的基础准则。通过建立这样的通用准则库,信息技术安全性评估的结果才能被更多的人理解。

某些内容因涉及专业技术或仅仅是IT安全的外围技术,因此不在GB/T 18336范围之内。例如:

a) GB/T 18336不包括那些与IT安全措施没有直接关联的属于行政性管理安全措施的安全评估准则。但是,应该认识到TOE安全的某些重要组成部分通常可通过诸如组织的、人员的、物理的、程序的控制等行政性管理措施来实现。在TOE的运行环境中,当行政性管理安全措施影响到IT安全措施对抗已确定威胁的能力时,则将其作为安全使用假设;

b) GB/T 18336没有明确涵盖电磁辐射控制等IT安全中技术性物理方面的评估,虽然标准中的许多概念适用于该领域。换句话说,GB/T 18336只涉及到TOE物理保护的某些方面;

c) GB/T 18336并不专注于评估方法学,也不专注于评估管理机构使用本准则的管理和法律架构,但希望GB/T 18336能在具有这样的框架和方法论的环境中用于评估;

d) 评估结果用于产品或系统认可的程序不属于GB/T 18336的范围。产品或系统的认可是行政性的管理过程,据此准许IT产品或系统在其整个运行环境中投入使用。评估侧重于产品或系统的IT安全部分,以及直接影响到IT单元安全使用的那些运行环境。因此,评估结果是认可过程的重要输入。但是,由于其他技术更适合于评价非IT相关系统或产品的安全特性以及其与IT安全部分的关系,认可者应针对这些情况分别制定不同的条款;

e) GB/T 18336不包括评价密码算法固有质量相关的标准条款。如果需要对嵌入TOE的密码算法的数学特性进行独立评价,则必须在使用GB/T 18336的评估体制中为相关评价制定专门条款。

本标准定义了两种结构以表述IT安全功能和保证要求。其中,保护轮廓(PP)允许创建一些普遍可重复使用的安全要求集合。PP可被目标客户用于规范和识别满足其需求的产品及其IT安全特性。安全目标(ST)用于阐述安全要求和详细说明被评估产品或系统的安全功能,这些产品通常称为评估对象(TOE)。ST被评估者用来作为在GB/T 18336指导下进行评估活动的基础。

2　术语和定义

下列术语和定义适用于本标准。

注:本章只收录在GB/T 18336中有特殊用法的术语。在GB/T 18336中使用的大多数术语,或根据普遍接受的词典定义,或根据普遍接受的GB或ISO安全术语定义,或根据熟知的安全性术语定义。在GB/T 18336中使用的但本章没有收录的一些由通用术语组合成的复合词,将在使用它们的地方进行解释。在GB/T 18336.2和GB/T 18336.3的“范型”章条中也可以见到某些术语和概念的解释。

2.1

资产　assets

由TOE安全策略保护的信息或资源。

2.2

赋值 assignment

说明组件中已标识的参数。

2.3

保证 assurance

实体达到其安全性目的的信任基础。

2.4

攻击潜力 attack potential

成功实施一次攻击或将要发起一次攻击的潜在能力,用攻击者的专业水平、资源和动机来表示。

2.5

增强 augmentation

将 GB/T 18336.3 规定的一个或多个保证组件加入到评估保证级(EAL)或保证包中。

2.6

鉴别数据 authentication data

用于验证用户所声称身份的信息。

2.7

授权用户 authorised user

依据 TSP 可以执行某项操作的用户。

2.8

类 class

具有共同目的的族的集合。

2.9

组件 component

可包含在 PP、ST 或一个包中的最小可选元素集。

2.10

连通性 connectivity

允许与 TOE 之外的 IT 实体进行交互的 TOE 特性,包括在任何环境或配置下通过任意距离的有线或无线方式的数据交换。

2.11

依赖关系 dependency

要求之间的一种关系,一个要求要达到其目的必须依赖另一个要求的满足。

2.12

元素 element

一个不可再分的安全要求。

2.13

评估 evaluation

依据确定的准则,对 PP、ST 或 TOE 的评价。

2.14

评估保证级 evaluation assurance level;EAL

由 GB/T 18336.3 中保证组件构成的包,该包代表了 GB/T 18336 预先定义的保证尺度上的某个位置。

2.15

评估管理机构　evaluation authority

通过评估体制为特定团体贯彻实施 GB/T 18336 的机构，此机构负责制定标准和监控团体内各部门所执行评估的质量。

2.16

评估体制　evaluation scheme

一种行政管理和监督管理框架，在此框架下评估管理机构在特定团体中实施 GB/T 18336。

2.17

扩展　extension

把不包括在 GB/T 18336.2 中的功能要求或 GB/T 18336.3 中的保证要求增加到 ST 或 PP 中。

2.18

外部 IT 实体　external IT entity

在 TOE 之外与其交互的任何可信或不可信的 IT 产品或系统。

2.19

族　family

一组具有共同安全目的、但侧重点或严格程度可能不同的组件的集合。

2.20

形式化　formal

基于公认的数学概念，采用具有确定语义并有严格语法的语言表达。

2.21

指导性文档　guidance documentation

指导 TOE 用户、管理者和集成者如何交付、安装、配置、操作、管理和使用 TOE 的文档。有关指导性文档的范围、主要内容等方面的要求常在 PP 或 ST 中定义。

2.22

人员用户　human user

与 TOE 交互的任何人员。

2.23

身份　identity

能唯一标识一个授权用户的表示法（比如一个字符串），它可以是该用户的全名或缩写名，也可以是一个假名。

2.24

非形式化　informal

采用自然语言表达。

2.25

内部通信信道　internal communication channel

TOE 各分离部分间的通信信道。

2.26

TOE 内部传送　internal TOE transfer

在 TOE 各分离部分之间交换数据。

2.27

TSF 间传送　inter-TSF transfer

在 TOE 与其他可信 IT 产品的安全功能之间交换数据。

2.28

反复　iteration

一个组件在不同操作中多次使用。

2.29

客体　object

在 TSC 中包含有或接收信息的并由主体操作的一个实体。

2.30

组织安全策略　organisational security policies

一个组织为其运转而强制推行的一个或多个安全规则、程序、惯例和指南。

2.31

包　package

为满足一组确定的安全目的而组合在一起的,一组可重用的功能或保证组件(如,一个 EAL)。

2.32

产品　product

一个 IT 软件、固件或硬件包,提供相关功能且可用于或组合到多种系统中。

2.33

保护轮廓　protection profile;PP

满足特定用户需求的、一类 TOE 的、一组与实现无关的安全要求。

2.34

基准监视器　reference monitor

执行 TOE 访问控制策略的一种抽象机的概念。

2.35

基准确认机制　reference validation mechanism

具有以下特性的基准监视器概念的一种实现:防篡改、一直运行、简单到能对其进行彻底的分析和测试。

2.36

细化　refinement

为组件添加细节。

2.37

角色　role

一组预先确定的规则,规定在一个用户和 TOE 之间所允许的交互行为。

2.38

秘密　secret

为了执行一个特定的 SFP,必须仅由授权用户或 TSF 才可知晓的信息。

2.39

安全属性　security attribute

用于执行 TSP 的,主体、用户、客体、信息或资源的特征。

2.40

安全功能　security function;SF

为执行 TSP 中一组密切相关的规则子集而必须依赖的 TOE 的一个或多个部分。

2.41

安全功能策略　security function policy;SFP

由一个 SF 执行的安全策略。

2.42

安全目的　security objective

意在对抗特定的威胁或满足特定的组织安全策略和假设的一种陈述。

2.43

安全目标　security target;ST

作为一个既定 TOE 的评估基础使用的一组安全要求和规范。

2.44

选择　selection

从组件内列项表中指定一项或多项。

2.45

半形式化　semiformal

采用具有确定语义并有严格语法的语言表达。

2.46

功能强度　strength of function;SOF

TOE 安全功能的一种指标,表示通过直接攻击其基础安全机制,破坏其预期安全行为所需要的最小代价。

2.47

基本级功能强度　SOF-basic

一种 TOE 功能强度级别,分析表明本级别安全功能足够对抗拥有低攻击潜力的攻击者对 TOE 安全的偶发攻击。

2.48

中级功能强度　SOF-medium

一种 TOE 功能强度级别,分析表明本级别安全功能足够对抗拥有中等攻击潜力的攻击者对 TOE 安全的直接或故意攻击。

2.49

高级功能强度　SOF-high

一种 TOE 功能强度级别,分析表明本级别安全功能足够对抗拥有高等攻击潜力的攻击者对 TOE 安全的有计划、有组织攻击。

2.50

主体　subject

在 TSC 中实施操作的实体。

2.51

系统　system

具有特定用途和运行环境的专用 IT 装置。

2.52

评估对象　target of evaluation;TOE

作为评估主体的 IT 产品或系统以及相关的指导性文档。

2.53

TOE 资源　TOE resource

TOE 中任何可用或可消耗的东西。

2.54

TOE 安全功能　TOE security functions;TSF

正确执行 TSP 所必须依赖的所有 TOE 硬件、软件和固件的集合。

2.55

TOE 安全功能接口　TOE security functions interface;TSFI

一组交互式(人机接口)或编程(应用编程接口)接口,TSF 通过这些接口访问、调配 TOE 资源,或者通过它们从 TSF 中获取信息。

2.56

TOE 安全策略　TOE security policy;TSP

规定在一个 TOE 中如何管理、保护和分配资产的一组规则。

2.57

TOE 安全策略模型　TOE security policy model

TOE 所执行的安全策略的一种结构化表示。

2.58

TSF 控制外传送　transfers outside TSF control

与不受 TSF 控制的实体交换数据。

2.59

可信信道　trusted channel

一种手段,通过该手段 TSF 能同远程可信 IT 产品进行所需信任的通信,从而支持 TSP。

2.60

可信路径　trusted path

一种手段,通过该手段用户能同 TSF 进行所需信任的通信,从而支持 TSP。

2.61

TSF 数据　TSF data

由 TOE 产生的或为 TOE 产生的数据,这些数据可能会影响 TOE 的运行。

2.62

TSF 控制范围　TSF scope of control;TSC

服从 TSP 规则的,可与 TOE 交互或在 TOE 中发生的交互的集合。

2.63

用户　user

在 TOE 之外,与 TOE 交互的任何实体(人员用户或外部 IT 实体)。

2.64

用户数据　user data

由用户产生或为用户产生的数据,这些数据不影响 TSF 的运行。

2.65

规范性　normative

规范性文本"描述文档范围,并陈述规定"(ISO/IEC 导则第 2 部分)。除明确标明"资料性"外,GB/T 18336的所有文本都是规范性的。任何与"满足要求"有关的文本都是规范性的。

2.66

资料性　informative

资料性文本"提供额外的信息以帮助理解或使用文档"(ISO/IEC 导则第 2 部分)。资料性文本与"满足要求"无关。

2.67

应　shall

在规范性文本中,"应"指"为了遵守该文档,严格遵循某些要求,不允许有任何偏离"(ISO/IEC 导则第 2 部分)。

2.68

宜 should

在规范性文本中,"宜"指"在几个可能性中,某个可能性被认为是特别适当的,不提及也不排除其他可能性;或者某个动作是首选的但不是必需的"(ISO/IEC 导则第 2 部分)。GB/T18336 对"不是必需的"的解释是:对于其他可能的选择,需要给出为何不选择首选项的理由。

2.69

可 may

在规范性文本中,"可"指 "在文档限制范围内可允许的一连串行动"(ISO/IEC 导则第 2 部分)。

2.70

能 can

在规范性文本中,"能"指的是"可能性和能力的陈述,无论是材料的、物理的或逻辑的"(ISO/IEC 导则第 2 部分)。

3 缩略语

以下缩略语在 GB/T 18336 各部分中通用:

EAL	评估保证级	(Evaluation Assurance Level)
IT	信息技术	(Information Technology)
PP	保护轮廓	(Protection Profile)
SF	安全功能	(Security Function)
SFP	安全功能策略	(Security Function Policy)
SOF	功能强度	(Strength of Function)
ST	安全目标	(Security Target)
TOE	评估对象	(Target of Evaluation)
TSC	TSF 控制范围	(TSF Scope of Control)
TSF	TOE 安全功能	(TOE Security Functions)
TSFI	TSF 接口	(TSF Interface)
TSP	TOE 安全策略	(TOE Security Policy)

4 概述

4.1 引言

本章介绍 GB/T 18336 的一些主要概念,并给出了目标读者、评估相关要素以及文档的组织方式。

IT 产品或系统所拥有的信息是能使组织成功完成其使命的关键资源。此外,人们也期望存放在 IT 产品或系统中的私人信息保持私密性,在其需要时可用,且不被未授权修改。当对信息进行正确控制,以确保它不受诸如不必要的或无保证的传播、更改或丢失等方面危害时,IT 产品或系统需执行它们的功能。"IT 安全"这个术语就是用于概括这些危害和类似危害的预防和缓解。

许多 IT 客户缺乏相关的知识、经验和资源,用以判断其 IT 产品或系统的安全性是否恰当,并且他们并不希望仅仅依赖开发者的声明。因此,客户可选择定制一个对 IT 产品或系统安全性的分析(即一个安全评估)来增加他们对其安全措施的信心。

GB/T 18336 能用于选择恰当的 IT 安全措施,并且它含有评估安全要求的标准。

4.1.1 GB/T 18336 的目标读者

有三类最关心 IT 产品和系统安全性评估的人员:TOE 客户、TOE 开发者和 TOE 评估者。本标准在文本组织上已充分考虑了这三类人员的需求。认为他们都是 GB/T 18336 的主要用户。正如下条文所述,这三类人员都能从标准中受益。

4.1.1.1 客户

客户选择 IT 安全要求来表达其组织的需求时,GB/T 18336 起着重要的技术支持作用。制定 GB/T 18336,就是确保评估能满足客户的需求,因为满足客户的需求是评估的根本目的和缘由。

客户能使用评估结果来帮助决定一个已评估过的产品或系统是否满足他们的安全需求，这些安全需求通常是风险分析和策略导向的结果。客户也可以用这些评估结果来比较不同的产品或系统，保证要求的分级表述就是为了满足这一需求。

GB/T 18336 为客户，尤其是客户群和相关团体，提供一个独立于实现的结构，即保护轮廓(PP)，以陈述他们对 TOE 中 IT 安全措施的特殊要求。

4.1.1.2 开发者

GB/T 18336 可为开发者在准备和协助评估其产品或系统，以及识别他们的每种产品或系统需要满足的安全要求时提供支持。在评估结果的互认协定配合下，相关评估方法将进一步允许 GB/T 18336支持除 TOE 开发者之外的其他人准备和协助评估开发者的一个 TOE，也是完全可能的。

依据规定的安全功能和保证都已通过了评估，GB/T 18336 结构能用于声称 TOE 满足其既定的安全要求。每一个 TOE 的要求都包含在一个与实现相关的结构中，该结构称为安全目标(ST)。一个或多个 PP 可提供具有广泛客户基础的一些要求。

GB/T 18336 描述了一些安全功能，可供开发者纳入 TOE 中。GB/T 18336 能用于确定责任和行为，以支持 TOE 评估所必要的证据。它也定义了证据的内容和表现形式。

4.1.1.3 评估者

GB/T 18336 可被评估者用来判定 TOE 与其安全要求是否一致。GB/T 18336 描述了一组由评估者施行的普遍行为以及执行这些行为所基于的安全功能。值得注意的是 GB/T 18336 没有指定施行这些行为应遵守的程序。

4.1.1.4 其他读者

虽然，GB/T 18336 主要是为了规范和评估 TOE 的 IT 安全特性，但它也可以供对 IT 安全有兴趣或有责任的所有各方参考。其他能够从 GB/T 18336 所包含的信息中获益的群体有：

a) 系统管理员和系统安全员，负责确定和处理组织的 IT 安全策略和要求；
b) 内部和外部审计员，负责评定一个系统的安全性是否足够；
c) 安全架构师和设计师，负责规范 IT 系统和产品的安全内容；
d) 认可者，负责认可一个 IT 系统在特定环境中的使用；
e) 评估发起者，负责申请和支持一个评估；
f) 评估管理机构，负责管理和监督 IT 安全性评估程序。

4.2 评估相关要素

为了使评估结果具有更好的可比性，评估宜在一个权威的评估体制框架内执行，该体制框架负责设定标准、监控评估质量、掌管评估机构和评估者必须遵守的规章制度。

GB/T 18336 不对监管框架提出要求。但是，要达到评估结果相互认可的目标，不同评估管理机构的监管框架必须是一致性的。图 1 描述了构成评估相关要素的主要因素。

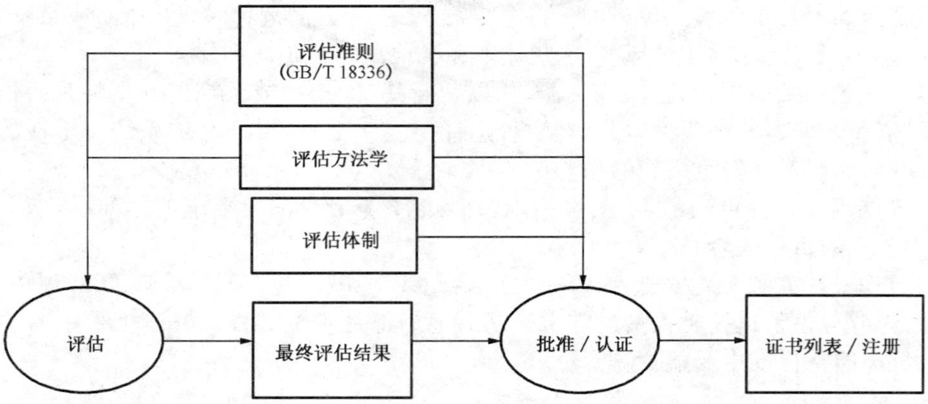

图 1　评估相关要素

使用通用的评估方法学主要是确保评估结果的可重复性和客观性，但仅靠方法学本身不够充分。许多评估准则需要使用专家判断和一定的背景知识，而这些更难达到一致。为了提高评估所见的一致性，最终的评估结果应提交给一个认证过程。该认证过程是对评估结果的独立审查，并产生最终的证书或正式批文。该证书通常是公开的。要说明的是，认证过程是使得 IT 安全准则应用得到更好一致性的一种手段。

评估体制、方法学和认证过程由运行评估体制的评估管理机构负责，不属 GB/T 18336 的范围。

4.3 本标准的组织

GB/T 18336 提出了下列独立且又相互关联的部分。这些部分描述中所用的术语在第 5 章解释。

a) **第 1 部分：简介和一般模型**，是 GB/T 18336 的介绍。它定义了 IT 安全性评估的一般概念和原理，并提出了评估的一般模型。第 1 部分也提出了若干结构，这些结构可用于表述 IT 安全目的，用于选择和定义 IT 安全要求，以及用于书写产品和系统的高层规范。另外，针对各种目标读者，描述了 GB/T 18336 每一部分的有效性；

b) **第 2 部分：安全功能要求**，规定了一系列功能组件，作为表述 TOE 功能要求的标准方法。第 2 部分列出了一系列功能组件、族和类；

c) **第 3 部分：安全保证要求**，规定了一系列保证组件，作为表述 TOE 保证要求的标准方法。第 3 部分列出了一系列保证组件、族和类。第 3 部分也定义了 PP 和 ST 的评估准则，并提出了一些评估保证级别，这些级别定义了划分 TOE 保证等级的预定义的 GB/T 18336 尺度，通常称为评估保证级(EAL)。

下表列出了三类主要目标读者如何关注 GB/T 18336 的各个部分。

表 1 GB/T 18336 使用指南

	用户	开发者	评估者
第 1 部分	用于了解背景信息和供参考。指导构建 PP	用于了解背景信息，供开发安全要求和编写 TOE 安全规范时参考	用于了解背景信息和供参考。指导构建 PP 和 ST
第 2 部分	在编制安全功能要求陈述时用作指导和供参考	在解释功能要求陈述和编制 TOE 功能规范时，供参考	在确定 TOE 是否有效地满足所声称的安全功能时，用作评估准则的强制性陈述
第 3 部分	在确定所需的保证级别时，用作指导	在解释保证要求陈述和确定 TOE 保证方法时，供参考	在确定 TOE 保证以及评估 PP 和 ST 时，用作评估准则的强制性陈述

5 一般模型

5.0 引言

本章提出了在整个 GB/T 18336 都适用的一些一般概念，其中也包括使用这些概念的环境，以及使用这些概念的 GB/T 18336 方法。GB/T 18336.2 和 GB/T 18336.3 进一步展开这些概念的使用，并采用本标准描述的方法。本章假定读者已具备 IT 安全的一些知识，并不打算作为该领域的辅导教材

GB/T 18336 用一组安全概念和术语来讨论安全性。对这些概念和术语的理解是有效使用 GB/T 18336的前提条件。然而，这些概念本身又是相当通用的，我们无意将其限于 GB/T 18336 适用的这类 IT 安全问题。

5.1 安全相关要素

5.1.1 一般安全相关要素

安全涉及保护资产不受威胁，这些威胁可依据滥用被保护资产的可能性进行分类。应该考虑所有的威胁类型，但在安全领域内，与恶意的或其他人类活动相关的威胁应给予更多的重视。图 2 说明了高层次概念及其关系。

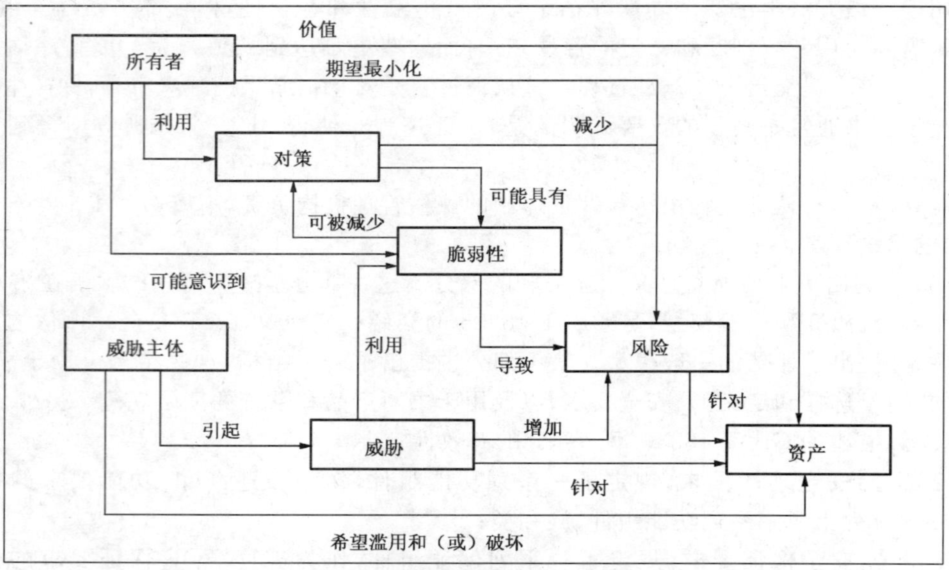

图 2　安全概念及其关系

保护关注的资产是那些对资产赋予价值的所有者的责任。实际的或假定的威胁者也可对资产赋予了一定的价值，并试图以危害资产所有者利益的方式滥用资产。所有者将会意识到这种威胁可能致使资产损坏，对所有者而言资产中的价值将会降低。安全特有的损坏一般包括但不限于：资产破坏性地泄漏给未授权的接收者（丧失保密性），资产由未授权地修改而损坏（丧失完整性），或资产的访问权被未授权地剥夺（丧失可用性）。

资产的所有者将分析其资产和环境中可能存在的威胁，确定相关的风险。这种分析能有助于选择对策，以抑制风险并将其降低到一个可接受的水平。

对策用以减少脆弱性并满足资产所有者的安全策略（直接或间接地为其他各方提供指导）。在对策使用后仍会有残留的脆弱性，这些脆弱性仍可被威胁者利用，从而造成了资产的残余风险。资产所有者将寻求通过其他的限制措施来最小化这些残余风险。

在资产所有者允许将其资产暴露给特定的威胁之前，所有者需要确信其对策足以应付资产面临的这些威胁。所有者自己可能没有能力对对策的所有方面加以判断，但可以寻求对对策进行评估。评估的输出是保证所达到程度的一个陈述，即相信对策能降低所保护资产的风险。该陈述还给这些对策赋予了一个保证级别，保证作为这些对策的特性，给出了信任这些对策正确操作的依据。此陈述还能被资产所有者用来决定是否接受将这些资产暴露给这些威胁所带来的风险。图 3 说明了这种关系。

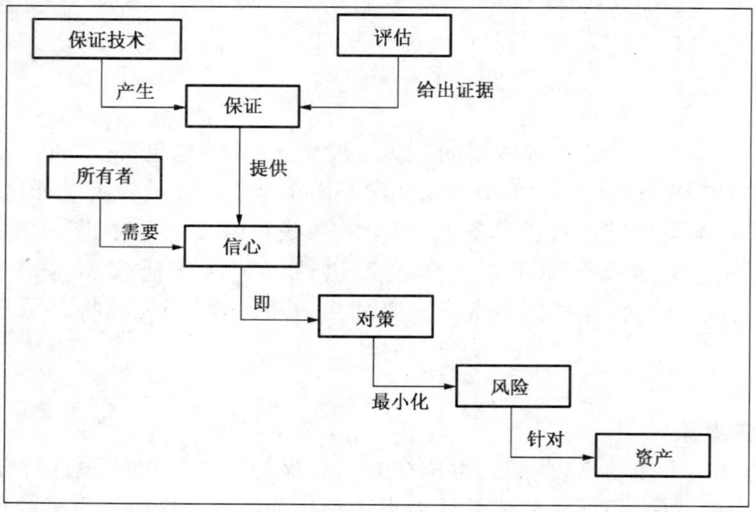

图 3　评估概念及其关系

通常，资产所有者应当对这些资产负责，并能够决定接受将这些资产暴露给这些威胁所带来的风险。这就要求评估所产生的陈述是可以可辩解的。因此，评估宜产生客观的、可重复的结论，该结论可作证据引用。

5.1.2 信息技术安全相关要素

许多资产以信息的形态被 IT 产品或系统储存、处理和传送，以满足信息所有者规定的要求。信息所有者可要求严格控制对此类信息表示法(即数据)的任何传播和修改。他们可要求 IT 产品或系统实现某些特殊的 IT 安全控制，作为消除数据安全威胁而采用的全部安全对策的一部分。

IT 系统的获取和建造都是为了满足特定的要求，出于经济上的原因，可尽量使用现存的商用 IT 产品，如操作系统、通用应用程序组件和硬件平台。一个系统可利用下层 IT 产品的功能来实现 IT 安全对策，并依赖于对 IT 产品安全功能的正确操作，所以 IT 产品评估也可以作为 IT 系统安全评估的一部分。

当一个 IT 产品被合并到或准备被合并到多个 IT 系统时，独立评估该产品安全性，并建立一个已评估产品目录，这样做更有代价优势。这种评估的结果宜以支持产品合并到多个 IT 系统的方式表述，避免为检查产品的安全性进行不必要的重复工作。

IT 系统的认可者具有与信息所有者相当的权力，确定 IT 和非 IT 安全对策的组合是否为数据提供了足够的保护，并可决定是否允许该系统运行。认可者可以要求对 IT 对策进行评估，以确定 IT 对策是否提供了足够的保护，以及指定的对策是否被 IT 系统正确实现。这类评估可以采取不同的形式，严格程度也可以不同，这取决于认可者所使用的规则。

5.2 GB/T 18336 方法

IT 安全信任能通过开发、评估和操作过程中所采取的各种行为获得。

5.2.1 开发

GB/T 18336 不强制要求任何特定的开发方法或生命周期模型。图 4 描述了安全要求和 TOE 之间关系的基本假设。该图提供讨论的基础，不应认为某一种方法(如瀑布法)比另一种方法(如原型法)更优越。

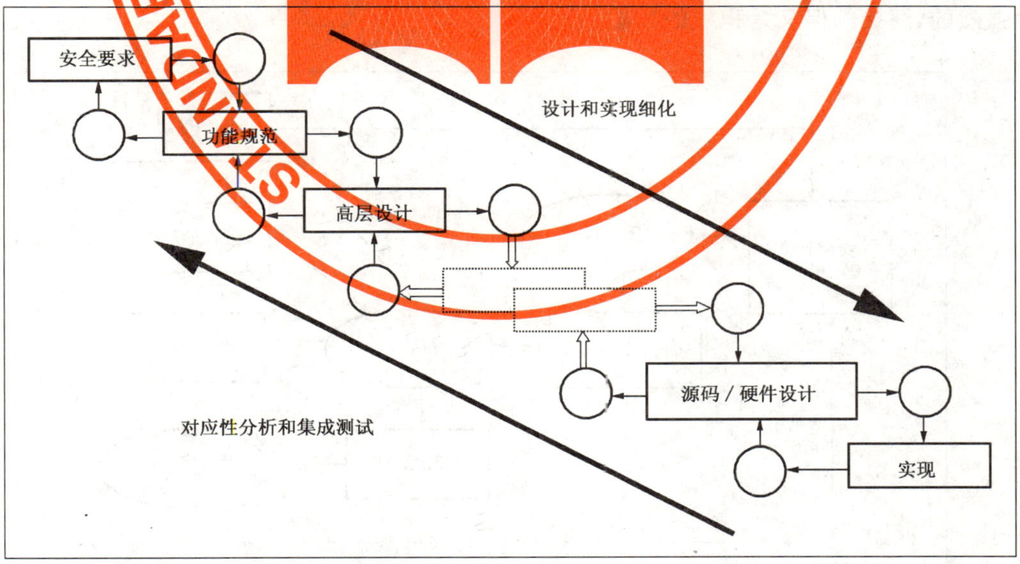

图 4 TOE 开发模型

重要的是，有效实施 IT 开发所需要遵守的安全要求，以满足客户的安全目的。除非在开发过程的开始阶段就确定合适的要求，否则再好的设计，结果最终产品也不能满足其目标客户的目的。

在安全目标中详细说明了将安全要求细化到一个 TOE 概要规范中的方法。每个低层次的细化代表具有更为详细的设计分解。最低的抽象表示是 TOE 实现本身。

GB/T 18336 并不强制规定一套专有的设计表示方法。GB/T 18336 的要求是应有合适的设计表示方法，并以合适的粒度水平呈现，以说明何处要求：

a) 每个层次的细化是更高层次的一个完备实例化(即，在更高层次抽象定义的所有 TOE 安全功能、特性和行为都必须在低层次上明确呈现)；

b) 每个层次的细化是更高层次的一个精确实例化(即，不存在在低层次抽象定义的 TOE 安全功能、特性和行为不是高层次定义所需要的)。

GB/T 18336 保证准则识别出了功能规范、高层设计、低层设计和实现的设计抽象层次。依据这些既定的保证级别，可要求开发者证明开发方法是如何满足 GB/T 18336 保证要求的。

5.2.2 TOE 评估

图 5 描述的 TOE 评估过程可能与开发过程同步进行，或随后进行。TOE 评估的主要输入有：

a) 一组 TOE 证据，包括作为 TOE 评估基础的一个 ST；

b) 需要评估的 TOE；

c) 评估准则、方法学和体制。

另外，资料性材料(例如 GB/T 18336 的应用注释)和评估者及评估团体的 IT 安全专业知识也常用来作为评估的输入。

评估过程的预期结果是对 TOE 满足其在 ST 中所规定安全要求的一个确认以及一个或多个报告，报告以书面形式记录评估者依据评估准则对 TOE 得出的检查结果。这些报告对 TOE 所代表的产品或系统的实际和潜在客户都是非常有用，对开发者也同样有用。

通过一个评估所获得的信任程度依赖于所要满足的保证要求(如评估保证级)。

评估能通过两种途径促成产生更好的 IT 安全产品。评估旨在发现 TOE 的错误或脆弱性，以便开发者纠正，从而减少在今后的运行中发生安全故障的可能性。另一方面，为了应对严格的评估，开发者在 TOE 设计和开发时会更加细心。因此，评估过程能对初始化要求、开发过程、最终产品以及运行环境等产生强烈的、间接的但又是积极的影响。

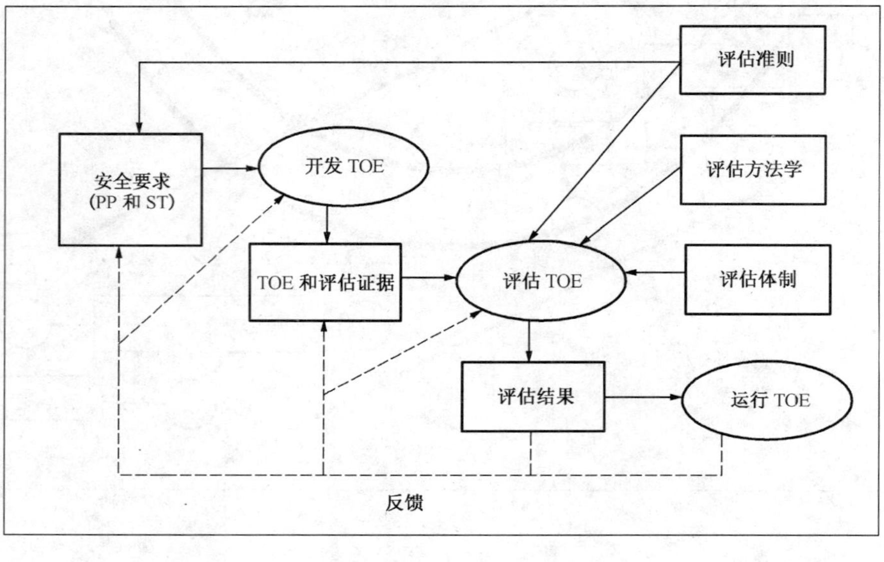

图 5 TOE 评估过程

5.2.3 运行

客户可选择在他们的环境中使用评估后的TOE。一旦一个TOE开始运行，就可能出现以前未知的错误或脆弱性，或者需要修订环境假设。作为运行的结果，可以给出反馈，要求开发者改正TOE或者重新定义它的安全要求或环境假设。这些变化可能要求重新评估TOE或加强其运行环境的安全性。在某种情况下，只需评估必需的更新部分，以便重新获得对TOE的信任。再评估的详细程序，包括评估结果的再度使用都超出了GB/T 18336的范围。

5.3 安全概念

在工程过程和管理框架都支持安全TOE开发和评估的情况下，评估准则是最有用的。本条仅提供例证和指导，并不试图强制规定分析过程、开发方法或可能使用GB/T 18336的评估体制。

当使用IT并且关心IT单元保护资产的能力时，GB/T 18336才适用。为了表明资产是安全的，从最高层抽象到运行环境中最终IT实现的所有表示层次都必须提出安全考虑。这些表示层次，如下章节所描述，允许表征和讨论安全问题和争论，但这些层次本身并不证明最终的IT实现真实地展现了所要求的安全行为，因此是可信的。

GB/T 18336要求某层表示包含该层TOE表示的一个基本原理，因此该层次必须包含一个合理的、令人信服的论据，以表明它与更高的层次是一致的，而且是自我完备的、正确的并且内在一致的。证实与邻近更高层次表示一致的基本原理陈述主要关注与TOE正确性相关的情况。直接证实符合安全目的的基本原理，支持与TOE有效对抗威胁和执行组织安全策略相关的情况。

如图6所示，GB/T 18336将表示分成不同的层次。这也说明了一种方法，依据该方法，在开发一种PP或ST时，就能导出安全要求和规范。所有TOE安全要求从根本上讲均来源于对TOE的用途和使用场合的担忧。该图并不试图强制规定PP和ST的开发方法，而在于说明某些分析方法的结果如何与PP和ST的内容相关联。

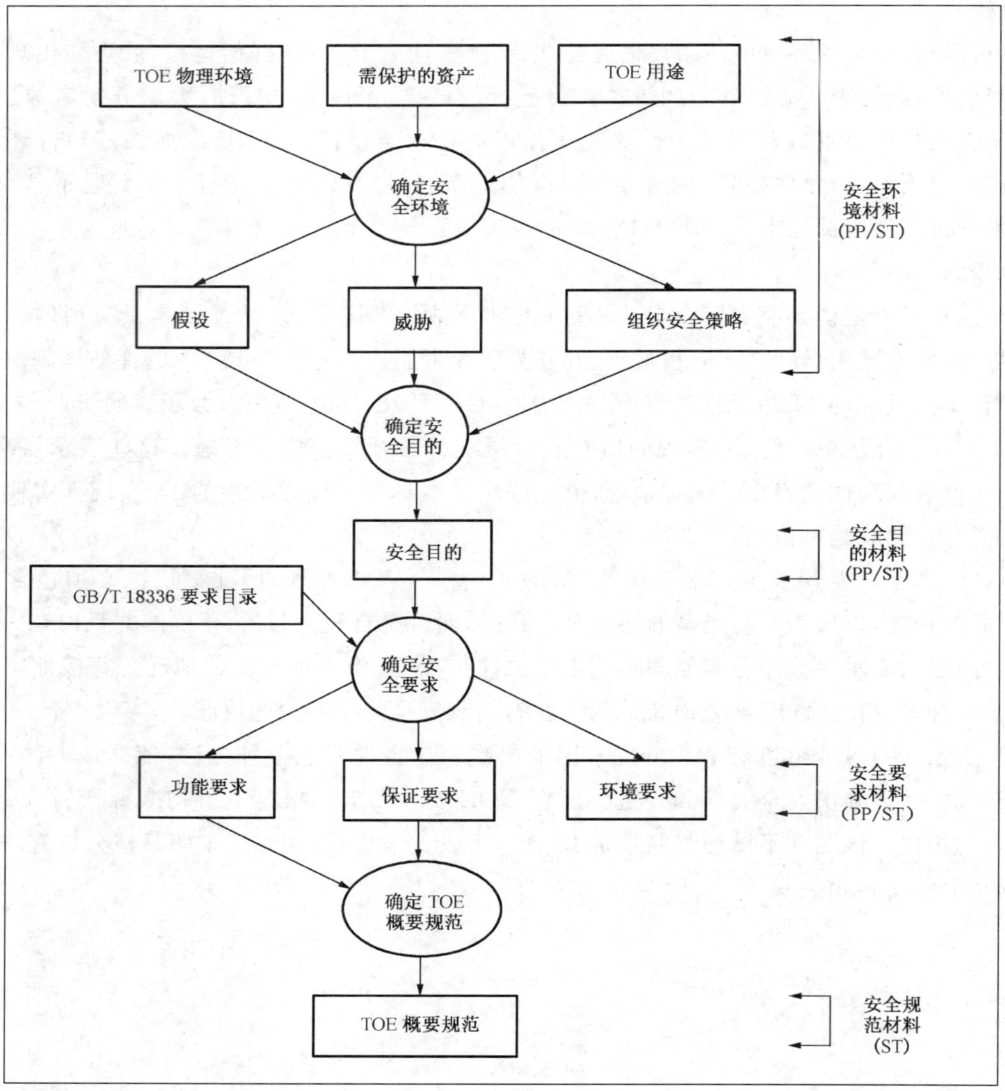

图 6 要求和规范的导出

5.3.1 安全环境

安全环境包括所有明确相关的法规、组织安全策略、习惯、专门技术和知识，因此它定义了 TOE 将使用的场合。安全环境也包括环境里固有的或外来的安全威胁。

为建立安全环境，PP 或 ST 的作者必须考虑以下几点：

a) TOE 物理环境，指与 TOE 安全性相关的 TOE 运行环境的所有方面，包括已知的物理和人员的安全装置；

b) 需要由 TOE 单元执行安全要求或策略来保护的资产。包括直接涉及安全要求的资产，如文件和数据库；也包括间接受安全要求保护的资产，如授权凭证和 IT 实现本身；

c) TOE 用途，说明产品类型和预期的 TOE 用法。

对安全策略、威胁和风险的审查允许先作出下列有关 TOE 的安全特别陈述：

a) 假设陈述，为了认为 TOE 是安全的，TOE 环境应满足该陈述。对 TOE 评估而言，该陈述可以作为公理而接受。

b) 资产的安全威胁陈述，将指明与 TOE 相关的安全分析中发现的所有威胁。GB/T 18336 使用下述术语表征一个威胁，即威胁主体、假定的攻击方法、作为攻击基础的任何脆弱性和被攻击的资产名称。安全风险的评价将通过对威胁发展成一个真实攻击的可能性、攻击成功实施的可能性和可能造成的任何破坏后果等方面评价来刻画每个威胁。

c) 适用的组织安全策略陈述，将指明相关的策略和规则。对于一个 IT 系统，可直接引用这些策略，然而对于通用的 IT 产品或产品类，则需要做出关于组织安全策略的相应工作假设。

5.3.2 安全目的

安全环境的分析结果可用来陈述安全目的，这些安全目的对抗既定的威胁并提出既定的组织安全策略和假设。安全目的宜与已说明的 TOE 运行目标或产品用途以及与其物理环境有关的任何知识相一致。

确定安全目的的意图是为了阐明所有的安全关注并指出哪些安全因素直接由 TOE 或其环境来处理。这种归类基于一个综合工程判断、安全策略、经济因素和风险接受决策的过程。

环境安全目的将在 IT 域内通过非技术的或程序的方式来实现。

IT 安全要求只提出 TOE 及其 IT 环境的安全目的。

5.3.3 IT 安全要求

IT 安全要求是将安全目的细化为一组 TOE 安全要求和环境安全要求，一旦这些要求得到满足，就可以保证 TOE 满足其安全目的。

GB/T 18336 根据功能要求和保证要求的不同种类提出安全要求。

功能要求来源于明确支持 IT 安全性的那些 TOE 功能，并定义期望的安全行为。GB/T 18336.2 定义了功能要求。常见的功能要求有标识、鉴别、安全审计以及原发抗抵赖等。

当 TOE 含有由概率或置换机制(例如口令或散列函数)实现的安全功能时，保证要求可规定一个与宣称的安全目的一致的最低强度级别。此时，规定的等级将是基本级功能强度、中级功能强度、高级功能强度中的其中一个。要求每个这样的功能达到最低强度级别或至少达到一个既定的明确尺度。

对于给定的一组功能要求，保证的程度是可以改变的，所以通常它以保证组件构建的严格程度递增的方式来表示。GB/T 18336.3 定义了由这些组件构建的保证要求和一组评估保证级(EAL)。保证要求来源于开发者行为、产生的证据以及评估者行为。常见的保证要求有对开发过程的严格性约束、对查找和分析潜在的安全脆弱性影响的要求。

安全目的可以被所选择的安全功能满足的这种保证来源于以下两个方面：

a) 对安全功能正确实现的信任，也就是评估它们是否被正确实现；

b) 对安全功能有效性的信任，也就是评估它们是否真正满足了所陈述的安全目的。

安全要求通常包括存在期望行为和避免不期望行为两方面要求。通过使用或测试，一般可以证明期望行为的存在，但并不总是能明确证明不存在不期望行为。测试、设计审查和实现审查非常有助于减少存在不期望行为的这类风险。基本原理陈述为不存在不期望行为的这类断言提供进一步支持。

5.3.4 TOE 概要规范

ST 中规定的 TOE 概要规范定义了 TOE 安全要求的实例化。它规定了一个声称满足功能要求的安全功能高层定义和一些满足保证要求的保证措施。

5.3.5 TOE 实现

TOE 实现是依据 ST 中安全功能要求和 TOE 概要规范的一种 TOE 现实化。TOE 实现是通过一个运用安全和 IT 工程技能和知识的过程来达到的。如果正确有效地实现了 ST 中包含的所有安全要求，TOE 将满足安全目的。

5.4 GB/T 18336 描述材料

GB/T 18336 提出了可在其中进行一个评估的这种架构。通过对证据和分析提出要求，可以得到一个更为客观、有用的评估结果。GB/T 18336 提出了一组通用结构和一种能表达、传递 IT 安全的语言，并使得那些负责 IT 安全的人员有可能从他人的先前经验和专门技术中获益。

5.4.1 安全要求的表达

GB/T 18336 定义了一组结构，将已知有效的安全要求合成很有意义的组合体，这些结构能用来为预期的产品和系统建立安全要求。表达安全要求的不同结构之间的关系将在图 7 描述。

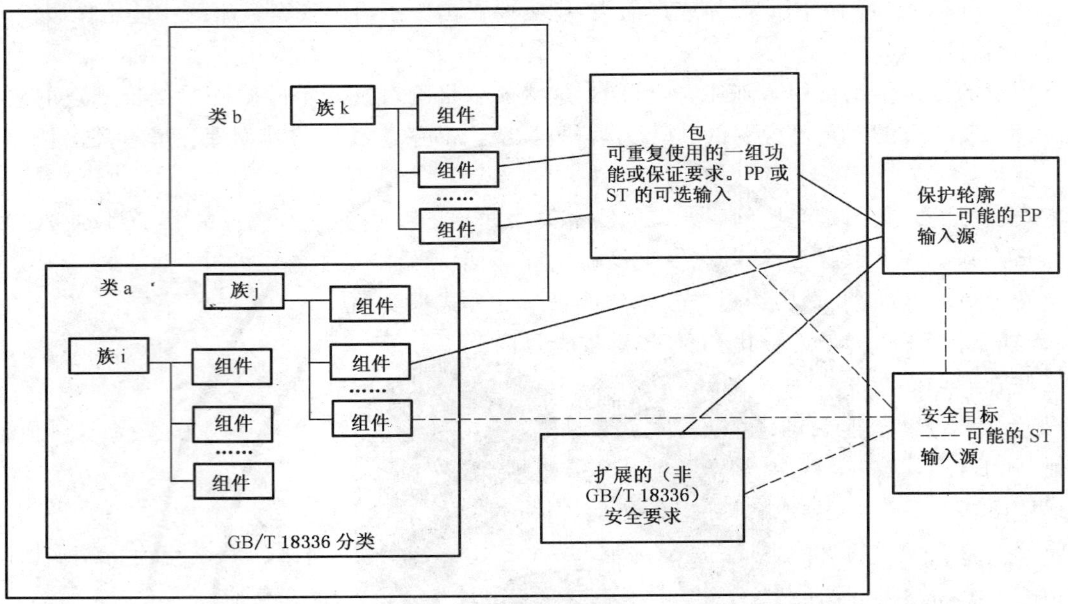

图 7 要求的组织和结构

GB/T 18336 安全要求以“类—族—组件”这种层次结构组织，以帮助客户查找特定的安全要求。

GB/T 18336 使用相同的风格描述功能和保证方面的要求，并使用相同的组织方式和术语。

5.4.1.1 类

术语“类”用于安全要求的最高层次归类。一个类中所有成员关注同一个安全焦点，但覆盖的安全目的范围不同。

类的成员被称为族。

5.4.1.2 族

族是若干组安全要求的组合，这些要求共享同样的安全目的，但在侧重点和严格性上有所区别。

族的成员被称为组件。

5.4.1.3 组件

一个组件描述一组特定的安全要求，它是 GB/T 18336 结构中安全要求的最小可选集合。一个族中的组件集合，可以按安全要求强度或能力递增的顺序进行描述，这些安全要求具有相同用途；在部分族也可以不区分层次的方式来描述。在某种情况下，一个族只有一个组件，因而不需要排序。

组件由一个个元素组成。元素是安全要求的最低层次表达，并且是能被评估验证的不可再分的安全要求。

5.4.1.3.1 组件间的依赖关系

组件间可能存在依赖关系。当一个组件无法独自充分表达安全要求而依赖于另一个组件的存在时，就产生依赖关系。依赖关系可以存在于功能组件之间，可以存在于保证组件之间，也可以存在于功能和保证组件之间。

组件间依赖关系的描述是 GB/T 18336 组件定义的一部分。当把组件引入到 PP 和 ST 中适当的地方时，为了确保 TOE 要求的完备性，应满足相应的依赖关系。

5.4.1.3.2 组件允许的操作

GB/T 18336 功能和保证组件可以严格按照 GB/T 18336 定义的那样使用，也可以通过使用允许的操作对其进行裁剪，以满足相应的安全目的。当组件中某个元素在进行“细化”时，PP/ST 作者应清晰标识出已执行完的细化。PP/ST 作者也应注意，依赖此要求的其他要求的依赖关系必须满足。对组件允许执行如下几种操作：

a) 反复：允许一个组件在不同操作时被使用超过一次以上；

b) 赋值：允许指定参数；

c) 选择：允许从一个列表中选定一项或多项；

d) 细化：允许增加细节。

5.4.1.3.2.1 反复

当必须涵盖同一个要求的不同方面时（如识别多个用户），重复使用相同的组件以涵盖允许的每一个方面。

当在要求组件层面采取“反复”操作时，不需要总是重复每个组件反复的所有文本，如果这样做将导致组件中的某些元素在没有任何改变的情况下被重复多次。在 PP 或 ST 中，只允许重复那些每次都改变的要求元素，无论是在细化，还是实现赋值或选择操作。（关于反复赋值要求的更多指导见 5.4.1.3.2.4）

5.4.1.3.2.2 赋值

某些组件有元素带有参数，这使 PP/ST 作者能够指定一组值到 PP 或 ST 中以满足安全目的。这些元素清晰地标识了每一个参数，并且限制了可赋给该参数的值。

一个元素的任何方面，如果其容许值能被明确无误的描述或列举，就能被一个参数代表。这些参数可以是将要求限制到一个特定值或取值范围的一个属性或一个规则。如，基于一个安全目的，组件中的一个元素可以声称一个给定的操作可以被执行多次。此时，赋值宜规定在参数中使用的数值或数值范围。

5.4.1.3.2.3 选择

选择操作就是从一个列表中挑选出一个或多个项，以限制组件中一个元素的范围。

5.4.1.3.2.4 细化

对于所有组件，PP/ST 作者都可以通过规定额外的细节来限制可接受的实现集合以满足安全目的。组件中一个元素的细化由这些添加的技术细节组成。

要认为组件的一个改变是一个正确的细化，该改变必须满足以下所有条件：

a) 一个 TOE 细化后的要求也将满足原始的要求，如 PP/ST 上下文关系所解释的那样；

b) 当一个细化要求被反复时，允许每个反复只针对该要求的部分范围，但是，反复的总和必须满足原始要求的全部范围；

c) 细化后的要求不会扩展原始要求的范围；

d) 细化后的要求不会改变原始要求的依赖关系名录。

正确的细化例子有：

a) 任何改变仅仅是编辑上的，如提高一个完整赋值的可读性这样的改变，或者仅涉及语法修正。

b) 由于 PP/ST 中的上下文关系，一个改变不会更改要求的范围。例如，对一个要求进行改变，将“TOE 用户”变为“TOE telnet 用户”就是一个正确的细化，因为只有 TOE 用户才是 telnet 用户。

c) 一个改变提供了关于实现的可选方法方面的信息，没有扩展要求的范围。例如，将一个要求从“提供验证能力”改变为“通过执行密码校验和以提供验证能力”就是一个正确的细化。此改变只是限制了用于实现一个现有要求的机制性质，没有扩展原始要求的范围。

GB/T 18336.2 附录部分给出了正确完成选择和赋值操作的指导意见。这些指导意见提供了如何完成操作的标准化规程，并且除非 PP/ST 作者能证明有误，否则必须满足这些规定。

a) 对于一个选择操作的完成，只有在已明确规定的情况下，“没有”才是有效的选项。

供选择操作完成的列表必须是非空的。如果选择了“没有”操作，就是没有额外的选择项可选择。如果在一个选择中没有给定“没有”作为选项，在一个选择中通过“和”和“或”合并所选择的项是允许的，除非在选择中明确规定“选取一个”；在需要时，选择操作可以同反复操作一起使用。此时，为每个反复操作挑选的选项的适用范围不能与其他重复选择的对象重叠，因为它们是排他的。

b) 对于一个赋值操作的完成，GB/T 18336.2 附录部分指出了何时“没有”是一个正确的完成。

某些需要的操作可以（整体或部分地）在 PP 内完成，也可留在 ST 内完成，不过所有操作必须在 ST 内完成。

5.4.1.4 安全要求的使用

GB/T 18336 定义了三种要求结构：包、PP 和 ST。GB/T 18336 还定义了能表达多数团体需求的一组 IT 安全准则，并在开发这些结构时提供主要的专业知识和经验。开发 GB/T 18336 的主要理念是尽可能使用 GB/T 18336 中所定义的安全要求组件，这些组件都代表众所周知、易于理解的领域。

图 8 表明了这些不同结构间的关系。

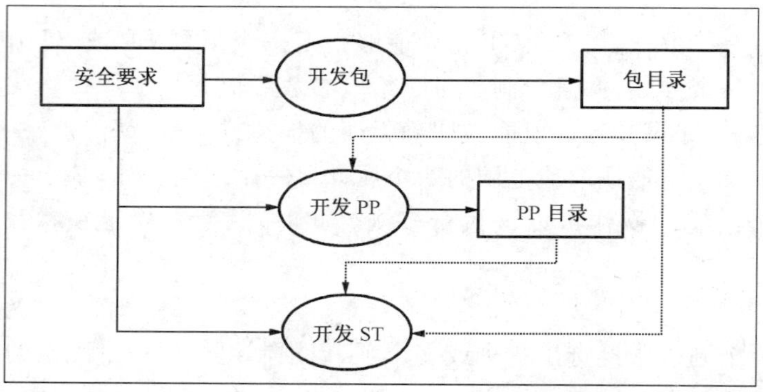

图 8 安全要求的应用

5.4.1.4.1 包

组件的一个中间组合称作包。包可以描述一组功能或保证要求，这些要求满足部分指定的安全目的。包可重复使用，可用来定义那些公认有用的且有效的满足既定安全目的的要求。一个包可用于构造更大的包、PP 和 ST。

评估保证级(EAL)就是 GB/T 18336.3 中预先定义的一些保证包。一个 EAL 是评估保证要求的一个基线集合。每个 EAL 定义了一套相容的保证要求。合起来，这些 EAL 构成一个有次序的集合，是 GB/T 18336 预定义的保证度量尺度。

5.4.1.4.2 保护轮廓

保护轮廓(PP)包含一套或来自 GB/T 18336 或明确阐述的安全要求，它应包括一个评估保证级(EAL)（可能通过添加额外的保证组件来增强）。PP 可以对一组 TOE 的安全要求做与实现无关的描述，这些要求是同安全目的完全一致的。PP 可反复使用，可用来定义那些公认有用的且有效的满足既定安全目的的 TOE 功能和保证要求。PP 还包括安全目的和安全要求的基本原理。

PP 可以由用户团体、IT 产品开发者或其他对定义这样一系列通用要求有兴趣的相关方负责开发。PP 为客户提供了一套方法以提出一组特定的安全需求，并且有助于将来依据这些需求进行评估。

5.4.1.4.3 安全目标

安全目标(ST)包含一组安全要求,这些要求可以引用自 PP,可以直接引用 GB/T 18336 的功能或保证组件,也可以是明确阐述的。ST 可以对一个特定 TOE 的安全要求进行描述,通过评估,可以证明这些要求是有用的且有效的满足了既定安全目的。

ST 包含 TOE 的概要规范,同时还包含安全要求和安全目的,以及它们的基本原理。ST 是所有的相关各方对 TOE 提供什么样的安全性达成一致的基础。

5.4.1.5 安全要求的来源

TOE 安全要求可以通过使用下列输入来构造:

a) 现有 PP

一个 ST 中的 TOE 安全要求可以由包含在现有 PP 中预先存在的安全要求陈述来充分地表达,或者期望与其一致。

现有 PP 可以作为一个新 PP 的基础。

b) 现有包

PP 或 ST 中部分 TOE 安全要求可能已在一个已使用过的包中表述过。

GB/T 18336.3 定义的 EAL 就是一组预定义的包。PP 或 ST 中的 TOE 保证要求宜包括从 GB/T 18336.3 选取的某个 EAL。

c) 现有功能或保证要求组件

PP 或 ST 中的 TOE 功能或保证要求可以直接用 GB/T 18336.2 或 GB/T 18336.3 中的组件来表达。

d) 扩展的要求

GB/T 18336.2 中没有的附加功能要求或 GB/T 18336.3 中没有的附加保证要求也可以在 PP 或 ST 中使用。

宜尽可能使用 GB/T 18336.2 和 GB/T 18336.3 已有的安全要求材料。使用一个现有 PP 将有助于确保 TOE 满足一组公认的有用的需求,进而可以得到更广泛的认可。

5.4.2 评估类型

5.4.2.1 PP 评估

PP 评估是依照 GB/T 18336.3 中的 PP 评估准则进行的。此类评估的目的是为了证明该 PP 是完备的、一致的、技术合理的且适合用来作为一个可评估 TOE 的要求陈述。

5.4.2.2 ST 评估

针对 TOE 的 ST 评估是依照 GB/T 18336.3 中的 ST 评估准则进行的。此类评估具有双重目的:首先是为了证明该 ST 是完备的、一致的、技术合理的,因而适合用来作为相应 TOE 评估的基础;其次,当某个 ST 宣称与一个 PP 一致时,证明该 ST 完全满足该 PP 的要求。

5.4.2.3 TOE 评估

TOE 评估是以一个充分完善的 ST 作为基础,依照 GB/T 18336.3 中的评估准则进行的。一个充分完善的 ST 是指所有的子条款都已被完善到评估体制接受的程度,且预知没有重大的评估障碍,该 ST 可降低在随后的评估过程中可能存在的风险。评估一个 TOE 的结果是证明该 TOE 满足包含在已评估的 ST 中的安全要求。

6 GB/T 18336 要求和评估结果

6.1 引言

本章给出 PP 和 TOE 评估的预期结果。PP 或者 TOE 评估将分别产生评估过的 PP 或 TOE 目录。ST 评估将产生在 TOE 评估框架中使用的中间结果。具体结果见图 9。

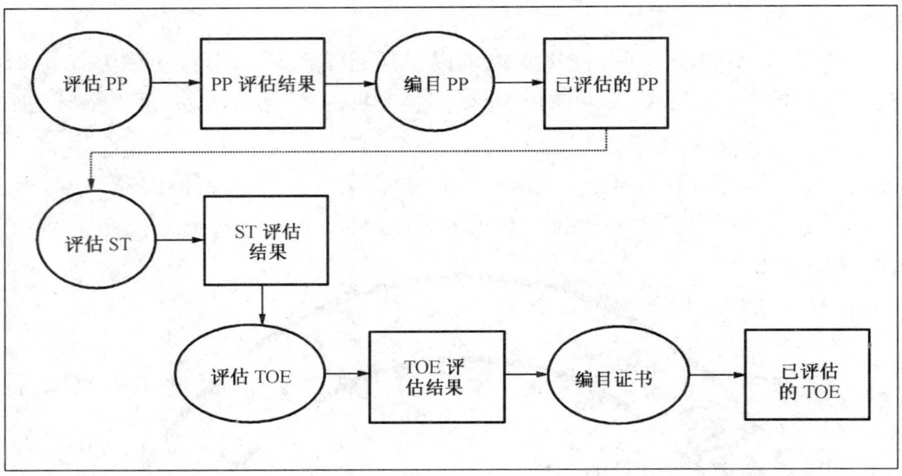

图 9 评估结果

评估应能产生出能引为证据的客观的和可重复的结果，即使没有绝对客观的尺度来度量 IT 安全性评估结果时也应如此。一组评估标准的存在是必需的前提条件，因为这样评估才可以得到有意义的结果，并且提供了评估机构之间互认评估结果的技术基础。但准则的应用包含了主观的和客观的元素，这也是为什么不能对 IT 安全性进行精确地和通用地划定等级的原因。

与 GB/T 18336 有关的等级划分代表了对 TOE 安全特性进行专门考察时的所见。这种等级并不保证适用于任何特殊的应用环境。允许一个 TOE 在特定应用环境下使用的决策应基于对多个安全因素的考虑，包括评估所见。

6.2 PP 和 ST 中的要求

GB/T 18336 定义了一套能满足多方需求的 IT 安全准则。GB/T 18336 是围绕这样一个中心观点开发的，即在 PP 和 ST 中描述 TOE 要求时，尽可能使用 GB/T 18336.2 中的安全功能组件和 GB/T 18336.3中的 EAL 和保证组件，因为它们代表了众所周知、易于理解的领域。

GB/T 18336 也意识到可能需要未列出的功能和保证要求，以表达全部的 IT 安全要求。以下内容要求适用于引入这些扩展的功能和保证要求：

a) 包含在 PP 和 ST 中的任何扩展的功能或保证要求应清晰地和明确无误地表达，这样评估和一致性证实才是切实可行的。GB/T 18336 现有的功能或安全组件描述的详细程度和方式可以当作模板使用；

b) 应告诫评估结果是通过使用扩展的功能或保证要求得到的；

c) 将扩展的功能或保证要求引入到一个 PP 或 ST 时应遵守 GB/T 18336.3 中 APE 类或 ASE 类的要求。

6.2.1 PP 评估结果

GB/T 18336 包含有这样的评估准则，以便评估者证明一个 PP 是否完备的、一致的、技术合理的且适合用来作为一个可评估 TOE 的要求陈述。

PP 的评估结果为“通过”或“不通过”。评估结果为“通过”的 PP 应当列入 PP 注册表中。

6.3 TOE 内的要求

GB/T 18336 包含有这样的评估准则，以便评估者判定 TOE 是否满足了 ST 中描述的安全要求。在 TOE 的评估中，通过使用 GB/T 18336，评估者能够说明：

a) 指定的 TOE 安全功能是否满足功能要求，进而有效地满足 TOE 的安全目的；

b) 指定的 TOE 安全功能是否正确地实现了。

GB/T 18336 的安全要求定义了 IT 安全性评估准则的公认适用范围。一个 TOE 可以按照 GB/T 18336进行评估，如果只使用了 GB/T 18336 中的功能和保证要求来表述安全要求。使用不包含一个 EAL 的保证包时应提供正当理由。

不过，也可能存在这样的需求，一个 TOE 满足的安全要求无法直接使用 GB/T 18336 来描述。GB/T 18336 意识到了评估这样一个 TOE 的必要性，但是，由于附加要求不属于 GB/T 18336 的公认适用范围，因此这种评估的结果必须作相应的警示。这种警示由相关评估管理机构放置在评估结果的风险普遍接受部分。

TOE 的评估结果应包含与 GB/T 18336 一致性的声明。运用 GB/T 18336 的术语描述一个 TOE 的安全性时通常允许比较 TOE 的安全特性。

6.3.1 TOE 评估结果

TOE 的评估结果应是一个声明，该声明描述信任 TOE 满足要求的程度。

TOE 的评估结果为"通过"或"不通过"。评估结果为"通过"的 TOE 应当列入一个注册表中。评估结果也应包含一个"一致性结果"。

6.4 一致性结果

一致性结果表示通过了评估的 TOE 或 PP 所满足的要求集合及其出处。一致性结果表明遵守 GB/T 18336.2(功能要求)、GB/T 18336.3(保证要求)和一组预定义的要求(如 EAL、PP)。

一致性结果由下列各项中的其中一个组成：

a) **GB/T 18336.2 一致**——如果功能要求只基于 GB/T 18336.2 中的功能组件，PP 或 TOE 是 GB/T 18336.2 一致的。

b) **GB/T 18336.2 扩展**——如果功能要求包含有 GB/T 18336.2 中没有的功能组件，PP 或 TOE 是 GB/T 18336.2 扩展的。

加上下列各项中的其中一个：

a) **GB/T 18336.3 一致**——如果保证要求只基于 GB/T 18336.3 中的保证组件，PP 或 TOE 是 GB/T 18336.3 一致的。

b) **GB/T 18336.3 扩展**——如果保证要求包含有 GB/T 18336.3 中没有的保证要求，PP 或 TOE 是 GB/T 18336.3 增强的。

另外，一致性结果可包含一份关于既定义要求集合的声明，此时一致性结果由下列各项中的其中一个组成：

a) **包选定一致**——如果功能或保证要求包含包中列出的被当作一致性结果一部分的全部组件，PP 或 TOE 与一个选定的预定义功能或保证包(如 EAL)是一致的。

b) **包选定增强**——如果功能或保证要求是包中列出的被当作一致性结果一部分的全部组件的完全超集，PP 或 TOE 是选定的预定义功能或保证包(如 EAL)的增强。

最后，一致性结果也可包含一份关于保护轮廓的声明，此时它包含下述表述：

a) **PP 一致**——TOE 满足特定的 PP，这些 PP 被当作一致性结果的一部分列出。

6.5 TOE 评估结果的应用

对评估结果的使用而言，IT 产品和系统是不同的。图 10 表明处理评估结果的选择方式。产品能被评估，并按集成度连续递增的方式排列编目，直至达到可操作的系统水平，此时就可以进行与系统认可相关的评估。

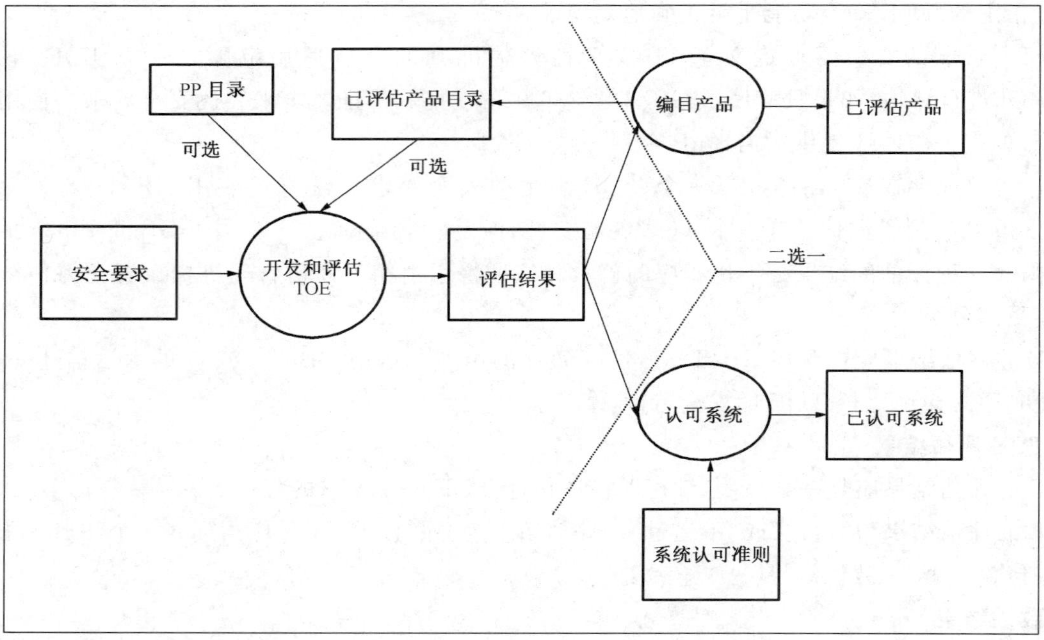

图 10 TOE 评估结果的应用

TOE 是针对要求开发的，也需要考虑所吸纳的所有已评估产品和所引用的所有 PP 的安全属性。随着 TOE 评估产生一组记录评估所见的评估结果。

对一个 IT 产品进行评估是为了更广泛的使用，可将评估所见的摘要列入已评估产品的目录，以便在广阔的市场中寻找安全的 IT 产品时使用。

在吸纳或将吸纳一个 TOE 到一个已通过评估且安装妥当的 IT 系统时，评估结果对系统认可者是非常有用的。当使用的组织专用认可准则要求进行 GB/T 18336 评估时，认可者可考虑 GB/T 18336 的评估结果。GB/T 18336 的评估结果是系统认可过程的输入之一，该过程决定是否接受系统运行风险。

附 录 A
（规范性附录）
保护轮廓规范

A.1 概述

一个PP为一类TOE定义了一组与实现无关的IT安全要求。这类TOE试图满足客户对IT安全性的通用需求，因此客户不必依赖特定的TOE就能构建或引用一个PP来表示他们的IT安全需求。

本附录包含了一些关于PP编写形式的要求。GB/T 18336.3第8章"保证类APE"包含了一些以保证组件形式提出的可用于PP评估的要求。

A.2 保护轮廓的内容

A.2.1 内容与形式

PP应满足本附录所规定的内容要求。PP宜描述成一个面向用户的文档，尽量少引用PP用户难以得到的其他材料。适当时，基本原理部分可以单独提供。图A.1中描述了PP的内容，应按其建立PP文档大纲。

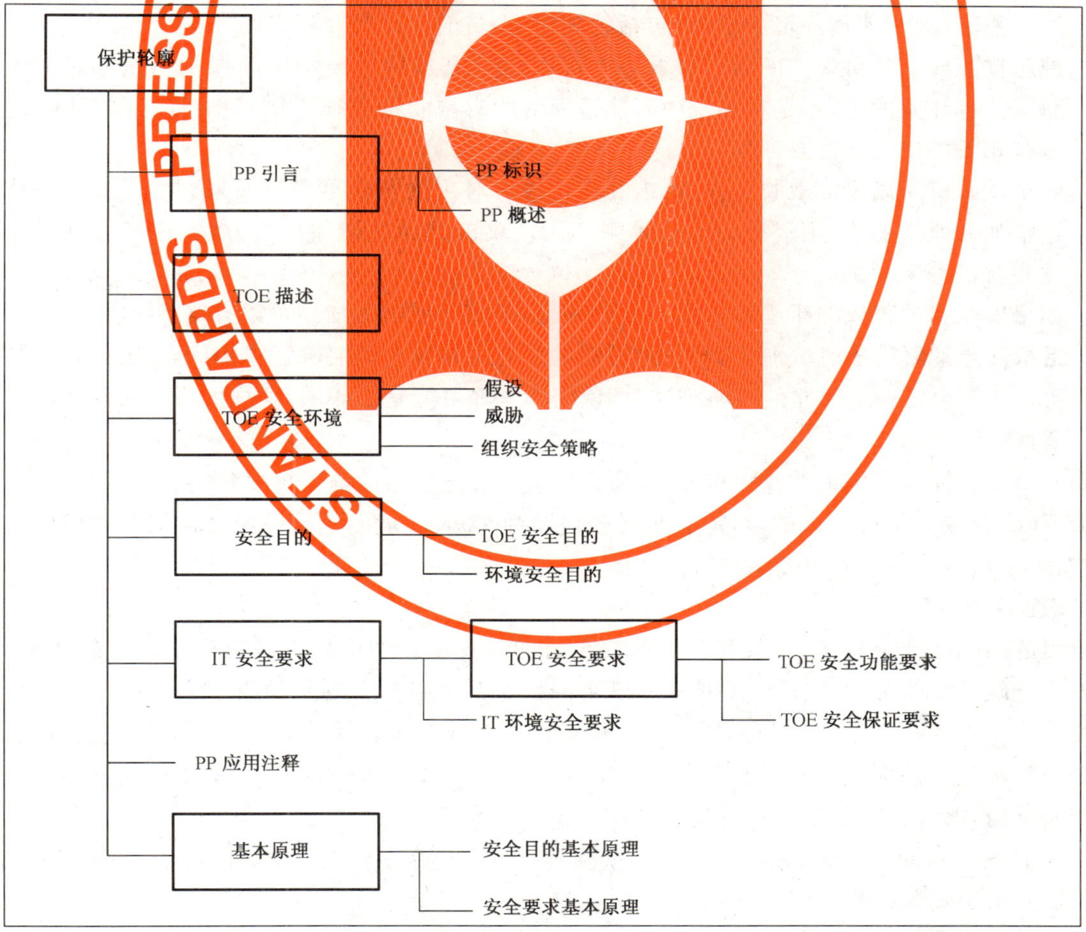

图A.1 保护轮廓内容

A.2.2　PP 引言

PP 引言应包括文档管理和进行 PP 注册所必要的概括性信息，如下所述：

a) **PP 标识**，应提供必要的标记和描述信息，以识别、编目、注册和交叉引用一个 PP。

b) **PP 概述**，应以叙述形式概括该 PP。概述宜足够详细，以便一个潜在 PP 用户据此确定该 PP 是否有价值。概述也可作为一个独立的摘要用于 PP 编目和注册。

A.2.3　TOE 描述

PP 的这个部分应描述 TOE，以帮助理解它的安全要求，同时还应说明 TOE 的产品类型和一般的 IT 特征。

TOE 描述提供了评估的背景信息。在 TOE 描述中给出的信息在评估过程中将用于识别前后不一致性之处。由于一个 PP 一般不针对特定的实现，因此所描述的 TOE 特征可能是假定的。如果 TOE 是一个以安全为主要功能的产品或系统，则 PP 的本部分可以用来描述该 TOE 适用的更广泛的应用环境。

A.2.4　TOE 安全环境

TOE 安全环境的陈述应描述 TOE 所处应用环境和预期部署方式中的安全状况。该陈述应包括如下几点：

a) **假设**描述应描述 TOE 将在或试图在其中使用的环境的安全状况。这包括下述几点：

——关于 TOE 预期使用的信息，包括：预期的应用、潜在的资产价值、可能的使用限制；

——关于 TOE 使用环境的信息，包括物理的、人员的和连通性等方面。

b) **威胁**描述应包括对资产的所有威胁，在 TOE 或其环境中需要特定的保护措施来对付这些威胁。值得注意的是，不是在环境中可能遭遇的所有威胁都必须列出，只有那些与 TOE 的安全运行相关的威胁才需要列出。

一个威胁应从确定的威胁主体、攻击和作为攻击对象的资产等三方面来刻画。威胁主体宜通过诸如专业技能、可用资源和动机等来刻画。攻击宜通过诸如攻击方法、任何可利用的脆弱性和时机等来刻画。

如果安全目的仅仅源于组织安全策略和假设，那么对威胁的描述可以省略。

c) **组织安全策略**描述应识别 TOE 必须遵守的所有组织安全策略陈述或规则，必要时还应加以说明。在提出任一个独立的策略陈述时，说明和解释可能是必需的，这样才可用来建立清晰的安全目的。

如果安全目的仅仅源于威胁和假设，那么对组织安全策略的描述可以省略。

如果 TOE 是物理上分布式的，可能有必要分别针对 TOE 环境的不同区域讨论安全环境（假设、威胁、组织安全策略）。

A.2.5　安全目的

安全目的的陈述应定义 TOE 及其环境的安全目的。安全目的应处理既定安全环境的所有方面。安全目的应反映一定的意图，应适于对抗所有既定的威胁并覆盖所有既定的组织安全策略和假设。一个威胁可以由一个或多个 TOE 安全目的来对抗，可由一个或多个环境安全目的来对抗，也可由它们的一个组合来对抗。应识别以下两类安全目的。注：当威胁或组织安全策略部分被 TOE 所覆盖，部分被它的环境所覆盖，那么相关的安全目的应分别在下述类中重复。

a) **TOE 安全目的**应被明确地陈述，并可追溯到由 TOE 所对抗的既定威胁，或可追溯到 TOE 满足的组织安全策略；

b) **环境安全目的**应被明确地陈述，并可追溯到由 TOE 无法完全对抗的既定威胁，或可追溯到 TOE 无法完全满足的组织安全策略或假设。

注意环境的安全目的可能是 TOE 安全环境假设部分陈述的全部或部分重述。

A.2.6 IT安全要求

PP的这部分内容定义TOE或其环境应满足的详细的IT安全要求。IT安全要求应按下列方式描述：

a) 当需要覆盖同一个要求的不同方面时（如多类用户的识别），反复使用（即使用"反复"操作）GB/T 18336.2的同一个组件覆盖每一个方面的情形是可能存在的。**TOE安全要求**的陈述应定义功能和保证安全要求，TOE和其评估支持证据需要满足这些要求，以便满足TOE的安全目的。TOE安全要求应按如下方式描述：

   1) TOE **安全功能要求**的陈述宜从GB/T 18336.2中提取适当的功能组件来定义TOE功能要求。

      当TOE安全保证要求（如EAL2和更高的）含有AVA_SOF.1组件时，TOE安全功能要求陈述应包含一个关于由概率或置换机制（如口令或散列函数）实现的TOE安全功能的最低强度级别，所有这样的功能应达到该最低级别要求。这样的强度级别可以是基本级功能强度（SOF-basic）、中级功能强度（SOF-medium）、高级功能强度（SOF-high）中的一个。强度级别的选择应与既定的TOE安全目的一致。为了满足TOE的某些安全目的，也可自主为选定的功能要求定义特殊的功能强度度量尺度。

      作为TOE安全功能强度评估（AVA_SOF.1）的一部分，不管强度声明是为单个TOE安全功能定的，还是整个最低强度级别都由TOE满足，都将被评估。

   2) **TOE安全保证要求**的陈述宜像一个EAL一样表述保证要求，也可使用GB/T 18336.3的保证组件随意扩展。PP也可通过添加明确陈述的额外的保证要求来扩展EAL，这些要求可以不取自GB/T 18336.3。

b) **IT环境安全要求**的陈述是可选的，该陈述应识别那些被TOE的IT环境满足的IT安全要求。PP的此部分中的要求可以从GB/T 18336.2和GB/T 18336.3选取，但是如果这样，宜改写相关的要求以清楚地指出IT环境而不是TOE必须满足该要求。这种改写是细化操作的一种特例，不受GB/T 18336组件修改相关的评估要求限制。如果TOE没有声称依赖IT环境，PP的这部分内容可以省略。

c) 下列**通用条件**应同等使用，在表述TOE及其IT环境的安全功能和保证要求时：

   1) 所有IT安全要求都应适当地从GB/T 18336.2或GB/T 18336.3选取安全要求组件来表达。如果对所有或部分安全要求而言，没有适用的GB/T 18336.2或GB/T 18336.3要求组件，PP可以明确说明这些安全要求没有引自GB/T 18336。

   2) 所有明确陈述的TOE安全功能和保证要求均应准确、无歧义地表达，这样才能进行一致性评估和论证。现有的GB/T 18336功能或保证要求描述的详细程度和方式可以当作模板使用。

   3) 当选取了需要指定操作（赋值或选择）的安全组件时，PP应使用这些操作对相关的要求进行补充说明，以达到能证实安全目的都已满足的详细程度。任何需要的但又不在PP内执行的操作同样应被标识出。

   4) 通过对要求组件进行操作，TOE安全要求陈述可在必要时自主指定或禁止使用特定的安全机制。

   5) IT安全要求之间的所有依赖关系都应被满足。依赖关系可以通过引入有关要求到TOE安全要求中或作为环境要求来满足。

A.2.7 应用注释

PP的这个可选部分可包括额外的支持信息，该信息对构建、评估或使用TOE是有关或有用的。

A.2.8 基本原理

PP的该部分给出了用于PP评估的证据。这些证据将支持：PP是一个完整的、紧密结合的要求集合，并且满足该PP的TOE将在安全环境内提供一组有效的IT安全对策。基本原理应包括以下几点：

a) **安全目的基本原理**应证明所提出的安全目的可追溯到在TOE安全环境里所识别的所有方面，并且正好覆盖所有的这些方面。

b) **安全要求基本原理**应证明该组(TOE及其环境)安全要求正好满足安全目的且可追溯到安全目的。应证明以下几点：

1) 关于TOE及其IT安全环境的单个功能和保证要求组件的组合满足所提出的安全目的。

2) 该组安全要求一起构成了一个互相支持且内在一致的整体。

3) 安全要求的选择是合理的。所有下列情况应当专门论证：

——选择没有包含在GB/T 18336.2或GB/T 18336.3中的要求；

——选择的保证要求没有包含一个EAL；

——不满足依赖关系。

4) 为PP选择的功能强度级别和任何明确的功能强度声明与TOE安全目的是一致的。

此材料可能过于冗长，不一定对所有PP用户都是适当的或有用的，因此可以单独分发。

附 录 B
(规范性附录)
安全目标规范

B.1 概述

一个 ST 包含一个既定 TOE 的 IT 安全要求,并规定了该 TOE 应提供的安全功能和保证措施以满足所提出的安全要求。

一个 TOE 的 ST 是开发者、评估者和适当的客户之间对 TOE 安全特性和评估范围达成一致的基础。ST 的读者不限于那些对 TOE 生产和评估负有责任的人员,那些负责管理、营销、采购、安装、配置、操作和使用 TOE 的人员也可是 ST 的读者。

ST 可合并一个或多个 PP 的要求或宣称符合一个或多个 PP。在最初定义 B.2 中所要求的 ST 内容时,没有考虑这种 PP 一致性声明的影响。B.2.8 指出了 PP 一致性声明对必需的 ST 内容的影响。

本附录包含了一些关于 ST 编写形式的要求。GB/T 18336.3 第 9 章"保证类 ASE"包含了一些以保证组件形式提出的可用于 ST 评估的要求。

B.2 安全目标的内容

B.2.1 内容与形式

ST 应满足本附录所规定的内容要求。ST 宜描述成一个面向用户文档,尽量少引用 ST 用户无意得到的其他材料。适当时,基本原理可以单独提供。

图 B.1 描述了 ST 的内容,应按其建立 ST 文档大纲。

B.2.2 ST 引言

ST 引言应包括以下的文档管理和概括信息:

a) **ST 标识**,应提供必要的标记和描述信息,以控制和标识 ST 以及相关的 TOE;

b) **ST 概述**,以叙述形式总结该 ST。概述宜有足够的细节提供给 TOE 的潜在客户,以便他们决定对该 TOE 是否有兴趣。概述也可作为一个单独的摘要,包含在已评估产品一览表中;

c) **GB/T 18336 一致性声明**,应说明该 TOE 与 GB/T 18336 一致性的任何可评估声明,就像在本标准 6.4 中指明的一样。

B.2.3 TOE 描述

ST 的这个部分应描述 TOE,以帮助理解它的安全要求,同时还应说明产品或系统的类型。TOE 的范围和边界应使用通用术语描述,不管是物理方式的(硬件或软件组件/模块),还是逻辑方式的(由 TOE 提供的 IT 和安全特征)。

TOE 描述提供了评估的背景信息。在 TOE 描述中给出的信息在评估过程中将用于识别前后不一致的地方。如果 TOE 是一个以安全为主要功能的产品或系统,则 ST 的本部分可以用来描述该 TOE 适用的更广泛的应用环境。

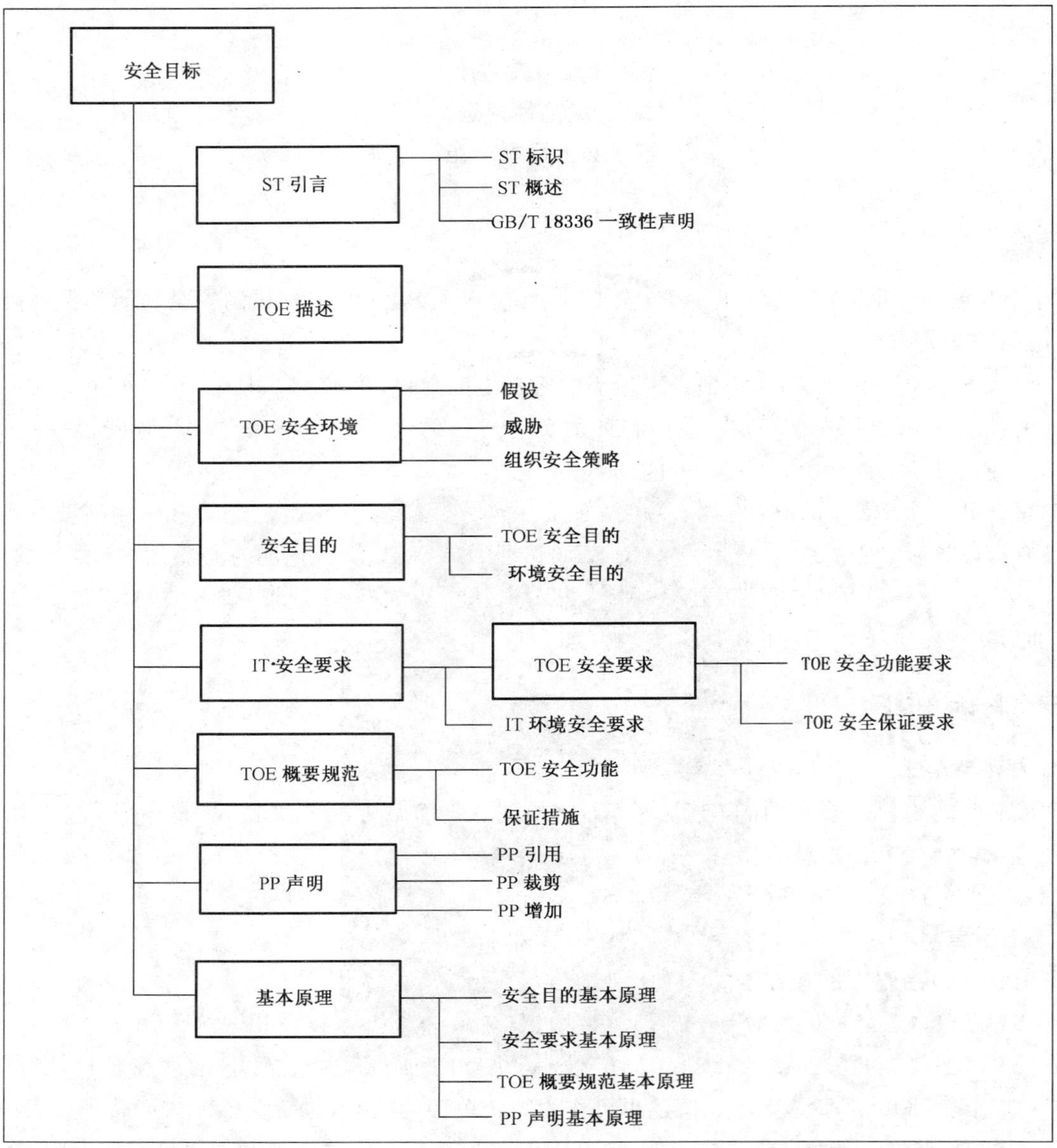

图 B.1　安全目标内容

B.2.4　TOE 安全环境

TOE 安全环境的陈述应描述 TOE 所处应用环境和预期部署方式中的安全状况。该陈述包括以下几点：

a）**假设**描述应描述 TOE 将在或试图在其中使用的环境的安全状况。这包括下述几点：
——关于 TOE 预期使用的信息，包括：预期的应用、潜在的资产价值、可能的使用限制；
——关于 TOE 使用环境的信息，包括物理的、人员的和连通性等方面。

b）**威胁**描述应包括对资产的所有威胁，在 TOE 或其环境中需要特定的保护措施来对付这些威胁。值得注意的是，不是在环境中可能遭遇的所有威胁都必须列出，只有那些与 TOE 的安全运行相关的威胁才需要列出。

一个威胁应从确定的威胁主体、攻击和作为攻击对象的资产等三方面来刻画。威胁主体宜通过诸如专业技能、可用资源和动机等来刻画。攻击宜通过诸如攻击方法、任何可利用的脆弱性和时机等来刻画。

如果安全目的仅仅源于组织安全策略和假设,那么对威胁的描述可以省略。

c) **组织安全策略**描述应识别 TOE 必须遵守的所有组织安全策略陈述或规则,必要时还应加以说明。在提出任一个独立的策略陈述时,说明和解释可能是必需的,这样才可用来建立清晰的安全目的。

如果安全目的仅仅源于威胁和假设,那么对组织安全策略的描述可以省略。

如果 TOE 是物理上分布式的,可能有必要分别针对 TOE 环境的不同区域讨论安全环境(假设、威胁、组织安全策略)。

B.2.5 安全目的

安全目的的陈述应定义 TOE 及其环境的安全目的。安全目的应处理既定安全环境的所有方面。安全目的应反映一定的意图,应适于对抗所有既定的威胁并覆盖所有既定的组织安全策略和假设。一个威胁可以由一个或多个 TOE 安全目的来对抗,可由一个或多个环境安全目的来对抗,也可由它们的一个组合来对抗。应识别以下两类安全目的。注:当威胁或组织安全策略部分被 TOE 所覆盖,部分被它的环境所覆盖,那么相关的安全目的应分别在下述类中重复。

a) **TOE 安全目的**应被明确地陈述,并可追溯到由 TOE 所对抗的既定威胁,或可追溯到 TOE 可满足的组织安全策略。

b) **环境安全目的**应被明确地陈述,并可追溯到由 TOE 无法完全对抗的既定威胁,或可追溯到 TOE 无法完全满足的组织安全策略或假设。

注意环境的安全目的可能是 TOE 安全环境假设部分陈述的全部或部分重述。

B.2.6 IT 安全要求

ST 的这部分内容定义 TOE 或其环境应满足的详细的 IT 安全要求。IT 安全要求应按下列方式描述:

a) 当需要覆盖同一个要求的不同方面时(如多类用户的识别),反复使用(即使用"反复"操作)GB/T 18336.2 的同一个组件覆盖每一个方面的情形是可能存在的。**TOE 安全要求**的陈述应定义功能和保证安全要求,TOE 和其评估支持证据需要满足这些要求,以便满足 TOE 的安全目的。TOE 安全要求应按如下方式描述:

   1) **TOE 安全功能要求**的陈述宜从 GB/T 18336.2 中提取适当的功能组件来定义 TOE 功能要求。

      当 TOE 安全保证要求(如 EAL2 和更高的)含有 AVA_SOF.1 组件时,TOE 安全功能要求陈述应包含一个关于由概率或置换机制(如口令或散列函数)实现的 TOE 安全功能的最低强度等级,所有这样的功能应达到该最低级别要求。这样的强度级别可以是基本级功能强度(SOF-basic)、中级功能强度(SOF-medium)、高级功能强度(SOF-high)中的一个。强度级别的选择应与既定的 TOE 安全目的一致。为了满足 TOE 的某些安全目的,也可随意为选定的功能要求定义特殊的功能强度度量尺度。

      作为 TOE 安全功能强度评估(AVA_SOF.1)的一部分,不管强度声明是为单个 TOE 安全功能定的,还是整个最低强度级别都由 TOE 满足,它都将被评估。

   2) **TOE 安全保证要求**的陈述宜像一个 EAL 一样表述保证要求,也可使用 GB/T 18336.3 的保证组件随意扩展。ST 也可通过添加明确陈述的额外的保证要求来扩展 EAL,这些要求可以不取自 GB/T 18336.3。

b) **IT 环境安全要求**的陈述是可选的,该陈述应识别那些被 TOE 的 IT 环境满足的 IT 安全要求。ST 的此部分中的要求可以从 GB/T 18336.2 和 GB/T 18336.3 选取,但是如果这样,宜改写相关的要求以清楚地指出 IT 环境而不是 TOE 必须满足该要求。这种改写是细化操作的一种特例,不受 GB/T 18336 组件修改相关的评估要求限制。如果 TOE 没有声称依赖 IT 环境,ST 的这部分内容可以省略。

c) 下列**通用条件**应同等使用，在表述 TOE 及其 IT 环境的安全功能和保证要求时：
   1) 所有 IT 安全要求都应适当地从 GB/T 18336.2 或 GB/T 18336.3 选取安全要求组件来表达。如果对所有或部分安全要求而言，没有适用的 GB/T 18336.2 或 GB/T 18336.3 要求组件，ST 可以明确说明这些安全要求没有引自 GB/T 18336。
   2) 所有明确说明的 TOE 安全功能和保证要求均应准确、无歧义地表达，这样才能进行一致性评估和论证。现有的 GB/T 18336 功能或保证要求描述的详细程度和表达方式可以当作模板使用。
   3) 应执行所有必需的操作把要求展开至足够详细的程度，以表明安全目的已达到。所有对要求组件的规定操作均应完成。
   4) IT 安全要求之间的所有依赖关系都应被满足。依赖关系可以通过引入有关要求到 TOE 安全要求中或对作为环境要求来满足。

B.2.7 TOE 概要规范

TOE 概要规范应定义 TOE 安全要求的实例化。此规范应描述满足 TOE 安全要求的 TOE 安全功能和保证措施。注意，在某些情况下，作为 TOE 概要规范组成部分的功能性信息可与为 TOE 规定的作为 ADV_FSP 要求组成部分的信息完全相同。

TOE 概要规范包括下列内容：

a) **TOE 安全功能陈述**应包含 IT 安全功能并应说明这些功能是如何满足 TOE 安全功能要求的。该陈述应包含一个在功能和要求间的双向映射，以清楚展现哪个功能满足哪个要求，以及所有的要求都已满足。每一个安全功能至少应满足一个 TOE 安全功能要求。
   1) IT 安全功能应以非形式化的方式定义，其详细程度应足以理解其意图。
   2) ST 中引用的所有安全机制应可追溯到相关的安全功能，这样就可看到每一个功能实现时使用的安全机制。
   3) 当 AVA_SOF.1 包括在 TOE 保证要求中时，应指明所有由概率或置换机制(例如口令或散列函数)实现的 IT 安全功能。故意或偶然攻击破坏这些功能机制的可能性是与 TOE 的安全性相关的。应为每一个这样的功能规定一个 TOE 安全功能强度声明。应确定每一个这种功能的强度并声明为基本级功能强度、中级功能强度、高级功能强度中的一个，或自主定义的特定度量尺度。

b) **保证措施陈述**详细说明 TOE 的保证措施，这些措施已声明是满足所陈述的保证要求的。保证措施应被追溯到保证要求，这样才能可以看出哪些措施满足哪些要求。
   如果合适的话，保证措施的定义可以引用相关的质量计划、生命周期计划和管理计划。

B.2.8 PP 声明

ST 可以自主地声明 TOE 与(一个或多个)PP 一致。如果作了任何 PP 一致性声明，ST 就应包含一个 **PP 声明**陈述，包括必要的解释、证明和其他支持材料以证实该声明。

关于 TOE 目的和要求的 ST 陈述的内容和形式会受 TOE 的 PP 声明影响。通过考察每一个所声明 PP 的以下情况，可以概括对 ST 的影响：

a) 如果没有声明遵从 PP，那么 TOE 目的和要求的完整表述应按本附录的规定来完成。不包含任何 PP 声明。

b) 如果 ST 声明仅遵从 PP 的要求，没有更进一步的限制，那么对 PP 的引用就足以定义和证明 TOE 目的和要求。不必重述 PP 的内容。

c) 如果 ST 声明遵从 PP 的要求，但 PP 需要进一步的限制，那么 ST 应证明限制后的 PP 要求已经满足。发生这种情况的典型是当 PP 含有未完成的操作时。此时，ST 可引用这些特定的要求，并在 ST 中完成相应的操作。在某些情况下，关于完成操作的要求是非常重要的，此时最好在 ST 中重述 PP 的内容，以便描述得更清楚。

d) 如果 ST 声明遵从 PP 的要求，但需要增添更多的目的和要求来扩展 PP，那么 ST 应定义这些增添的内容，尽管 PP 的引用可能已经充分定义了 PP 的目的和要求。在某些情况下，增添是非常重要的，此时最好在 ST 中重述 PP 的内容，以便描述得更清楚。

e) ST 声明部分遵从 PP 的情形是 GB/T 18336 评估不允许的。

在选择重述还是引用 PP 的目的和要求方面，GB/T 18336 不是说明性的。基本要求是 ST 的内容是完备的、清楚的和无歧义的，这样 ST 的评估才是可能的，ST 才是 TOE 评估的可接受的基础，对任何所声明的 PP 可追溯才是清楚的。

如果作出任何 PP 一致性声明，那么对于每一个 PP 声明，其陈述应包括以下内容：

a) **PP 引用**陈述应指出声称与其一致的那个 PP，加上与此相关的任何需要补充的内容。一个有效的声明意味着 TOE 满足该 PP 的所有要求。

b) **PP 裁剪**陈述应指出那些满足许可的 PP 操作或对 PP 要求进一步限制的 IT 安全要求陈述。

c) **PP 增加**陈述应指出那些额外增添了 PP 目的和要求的 TOE 目的和要求陈述。

B.2.9 应用注释

ST 的这个可选部分可包括额外的认为与 ST 相关的或有助于理解 ST 的信息。注意，如果 ST 声明遵从一个 PP 的要求，那么将在一个潜在的 PP 应用注释条款中所包含的某些信息纳入 ST 的另一个条款中是适当的。如，关于 TOE 构建方面的信息可在“TOE 概述”或“ST 基本原理”中提出，比在单独的“应用注释”条款中提出更适合。为了轻松通过 TOE 评估，假定在本附录描述的一个 ST 陈述结构不是标准化的，一个包含评估相关材料的应用注释宜作为 ST 条款的一部分，以便于为评估提供证据。

B.2.10 基本原理

ST 的这部分内容给出了用于 ST 评估的证据。这些证据将支持：ST 是一个完整的、紧密结合的要求集合，遵从该 ST 的 TOE 将在安全环境内提供一组有效的 IT 安全对策，并且 TOE 概要规范已经说明这些要求。基本原理也将证明任何 PP 一致性声明都是合理的。基本原理应包括以下几点：

a) **安全目的基本原理**应证明所提出的安全目的可追溯到在 TOE 安全环境里所识别的所有方面，并且正好覆盖所有的这些方面。

b) **安全要求基本原理**应证明该组（TOE 及其环境）安全要求正好满足安全目的且可追溯到安全目的。应证明以下几点：

1) 关于 TOE 及其 IT 安全环境的单个功能和保证要求组件的组合满足所提出的安全目的。

2) 该组安全要求一起构成了一个互相支持且内在一致的整体。

3) 安全要求的选择是合理的。所有下列情况都应当专门论证：

——选择没有包含在 GB/T 18336.2 或 GB/T 18336.3 中的要求；

——选择的保证要求没有包含一个 EAL；

——不满足依赖关系。

4) 为 ST 选择的功能强度级别和任何明确的功能强度声明与符合 TOE 安全目的是一致的。

c) **TOE 概述规范基本原理**应说明 TOE 安全功能和保证尺度都正好满足 TOE 安全要求。应对下列情况进行证实：

1) 所指定 TOE 的 IT 安全功能组合在一起正好满足 TOE 安全功能要求；

2) 所作的 TOE 功能强度声明是有效的，或者关于这种声明是不必要的断语是有效的；

3) 关于所提出的保证措施与保证要求相一致的声明是合理的。

基本原理陈述的详细程度应与安全功能定义的详细程度相匹配。

d) **PP 声明基本原理**的陈述应解释 ST 安全目的和要求与所有声明一致的 PP 之间的任何区别。如果没有 PP 一致性声明或者 ST 安全目的和要求与任何声明的 PP 的这些内容是等同的，这部分内容可以省略。

该潜在的长篇材料，不一定对所有 ST 用户都是适当的或有用的，因此可以单独分发。

参 考 文 献

[1] Bell D E,LaPadula L J. Secure Computer Systems: Unified Exposition and MULTICS Interpretation. Revision 1. US Air Force ESD-TR-75-306, MITRE Corporation MTR-2997, Bedford MA, March 1976.

[2] Biba K J. Integrity Considerations for Secure Computer Systems. ESD-TR-372, ESD/AFSC, Hanscom AFB, Bedford MA. , April 1977.

[3] Canadian Trusted Computer Product Evaluation Criteria. Version 3. 0. Canadian System Security Centre, Communications Security Establishment, Government of Canada, January 1993.

[4] Federal Criteria for Information Technology Security. Draft Version 1. 0, (Volumes I and II). Jointly published by the National Institute of Standards and Technology and the National Security Agency, US Government, January 1993.

[5] Goguen J A Meseguer J. Security Policies and Security Models. 1982 Symposium on Security and Privacy, pp. 11-20, IEEE, April 1982.

[6] Goguen J A Meseguer J. Unwinding and Inference Control. 1984 Symposium on Security and Privacy, pp. 75-85, IEEE, May 1984.

[7] Information Technology Security Evaluation Criteria. Version 1. 2. Office for Official Publications of the European Communities, June 1991.

[8] ISO/IEC 7498-2:1989 Information processing systems - Open Systems Interconnection - Basic Reference Model, Part 2: Security Architecture.

[9] ISO/IEC 15292:2001 Information technology - Security techniques - Protection Profile registration procedures.

[10] Trusted Computer Systems Evaluation Criteria. US DoD 5200. 28-STD, December 1985.

ICS 35.040
L 80

中华人民共和国国家标准

GB/T 18336.2—2008/ISO/IEC 15408-2:2005
代替 GB/T 18336.2—2001

信息技术　安全技术
信息技术安全性评估准则
第2部分:安全功能要求

Information technology—Security techniques—
Evaluation criteria for IT security—
Part 2:Security functional requirements

(ISO/IEC 15408-2:2005,IDT)

2008-06-26 发布　　2008-11-01 实施

中华人民共和国国家质量监督检验检疫总局
中国国家标准化管理委员会　发布

前　言

GB/T 18336 在总标题《信息技术　安全技术　信息技术安全性评估准则》下，由以下几个部分组成：

——第 1 部分：简介和一般模型

——第 2 部分：安全功能要求

——第 3 部分：安全保证要求

本部分是 GB/T 18336 的第 2 部分。

本部分等同采用国际标准 ISO/IEC 15408-2:2005《信息技术　安全技术　信息技术安全性评估准则　第 2 部分：安全功能要求》，仅有编辑性修改。

本部分代替 GB/T 18336.2—2001《信息技术　安全技术　信息技术安全性评估准则　第 2 部分：安全功能要求》。

本部分与 GB/T 18336.2—2001 的主要差异如下：

1）　删除了 GB/T 18336.2—2001 的"ISO/IEC 前言"；

2）　增加了"引言"；

3）　将 GB/T 18336.2—2001 的"范围"1.1 和 1.2 调整为本部分第 4 章，1.3 调整为第 5 章；

4）　增加了 FMT_SMF 族；

5）　对 GB/T 18336.2—2001 附录 A 中表 A.1 进行了调整。

本部分的附录均为规范性附录。

本部分由全国信息安全标准化技术委员会提出和归口。

本部分的主要起草单位：中国信息安全测评中心。

本部分主要起草人：吴世忠、李守鹏、黄元飞、陈晓桦、王贵驷、李斌、付敏、刘晖、刘春明、郭颖、刘楠、甘杰夫、宋小龙、徐长醒、简余良、郭涛、王书毅。

引　言

本部分定义的安全功能组件是在一个保护轮廓(PP)或安全目标(ST)中表述安全功能要求的基础。这些要求描述一个评估对象(TOE)期待的安全行为或TOE的IT环境,并旨在满足在PP或ST中所提出的安全目的。这些要求描述那些用户能直接通过IT交互(即输入、输出)或IT刺激响应过程探测到的安全特性。

安全功能组件表述安全要求,这些要求试图对抗在TOE假定的运行环境中的威胁或涵盖所有的既定组织安全策略和假设。

本部分的目标读者主要有安全的IT系统和产品的客户、开发者、评估者。GB/T 18336.1第4章提供了关于GB/T 18336目标读者和目标读者组如何使用GB/T 18336的附加信息。这些组可以如下方式使用GB/T 18336本部分:

a) 客户,在选取组件来表述功能要求满足一个PP或ST提出的安全目的时,使用本部分。GB/T 18336.1的5.4提供了关于安全目的和安全要求之间关系的更多详细信息;
b) 开发者,在构造TOE时响应实际的或预测的客户安全要求,可以在本部分中找到一种标准方法去理解这些要求。也可以以本部分的内容为基础,去进一步定义满足这些要求的TOE安全功能和机制;
c) 评估者,使用本部分所定义的功能要求检验在PP或ST中表述的TOE功能要求是否满足IT安全目的,以及所有的依赖关系是否都已解释清楚并得到满足。评估者也宜使用本部分去帮助确定一个指定的TOE是否满足规定的要求。

信息技术 安全技术
信息技术安全性评估准则
第2部分:安全功能要求

1 范围

GB/T 18336 的这一部分定义了安全功能组件的规定结构和内容,适用于安全性评估。本部分包含满足多个 IT 产品和系统通用安全功能要求的系列功能组件。

2 规范性引用文件

下列文件中的条款通过 GB/T 18336 的本部分的引用而成为本部分的条款。凡是注日期的引用文件,其随后所有的修改单(不包括勘误的内容)或修订版均不适用于本部分,然而,鼓励根据本部分达成协议的各方研究是否可使用这些文件的最新版本。凡是不注日期的引用文件,其最新版本适用于本部分。

GB/T 18336.1—2008 信息技术 安全技术 信息技术安全性评估准则 第1部分:简介和一般模型(ISO/IEC 15408-1:2005,IDT)

3 术语、定义和缩略语

GB/T 18336.1 中给出的术语、定义和缩略语适用于本部分。

4 概述

4.0 引言

GB/T 18336 和本部分在此描述的相关安全功能要求,并不打算成为所有 IT 安全问题的最终答案。相反地,GB/T 18336 只是提供一组广为认同的安全功能要求,用于创建反映市场需求的可信产品或系统。这些安全功能要求的给出,体现了当前要求规范和评估的技术发展水平。

本部分并不想包括所有可能的安全功能要求,而是尽量包含那些在本部分发布时作者已知的并认为有价值的那些要求。

由于认知和客户需求会变化,因此本部分中的功能要求需要维护。可预见的是,某些 PP/ST 作者可能还有一些安全要求未包含在本部分提出的功能要求组件中。此时,PP/ST 的作者可考虑使用不是从 GB/T 18336 中选取的功能要求(称之为可扩展性),参见 GB/T 18336.1 附录 A 和附录 B。

4.1 本部分的结构

第5章是本部分安全功能要求使用的范型。

第6章介绍本部分功能组件的分类,第7章到第17章描述这些功能类。

附录A为功能组件的潜在用户提供了解释性信息,其中包括功能组件间依赖关系的一个完整的交叉引用表。

附录B至附录M提供了功能类的解释性信息。在如何运用相关操作和选择恰当的审计或文档信息时,这些材料必须被看作是规范性指令。使用助动词"宜"表示该指令是首要推荐的,但是其他的只是可选的。这里只给出了不同的选项,具体的选择留给了 PP/ST 作者。

对于有关结构、规则和指南,编写 PP 或 ST 的人员宜参考 GB/T 18336.1 第2章和相关附录:

a) GB/T 18336.1 第2章定义了 GB/T 18336 中使用的术语。

b) GB/T 18336.1 附录A定义了 PP 的结构。

c) GB/T 18336.1 附录B定义了 ST 的结构。

d) GB/T 18336.1“参考文献”包含了相关参考性文档目录。

5 功能要求范型

本章描述在本部分中安全功能要求使用的范型。图1和图2分别示意了该范型的一些关键概念。本章为这些图和图中没有示意的其他关键概念提供文字性描述。所讨论到的关键概念都以黑斜体突出表示。本章并不打算替换或取代GB/T 18336.1第2章规定的任何术语。

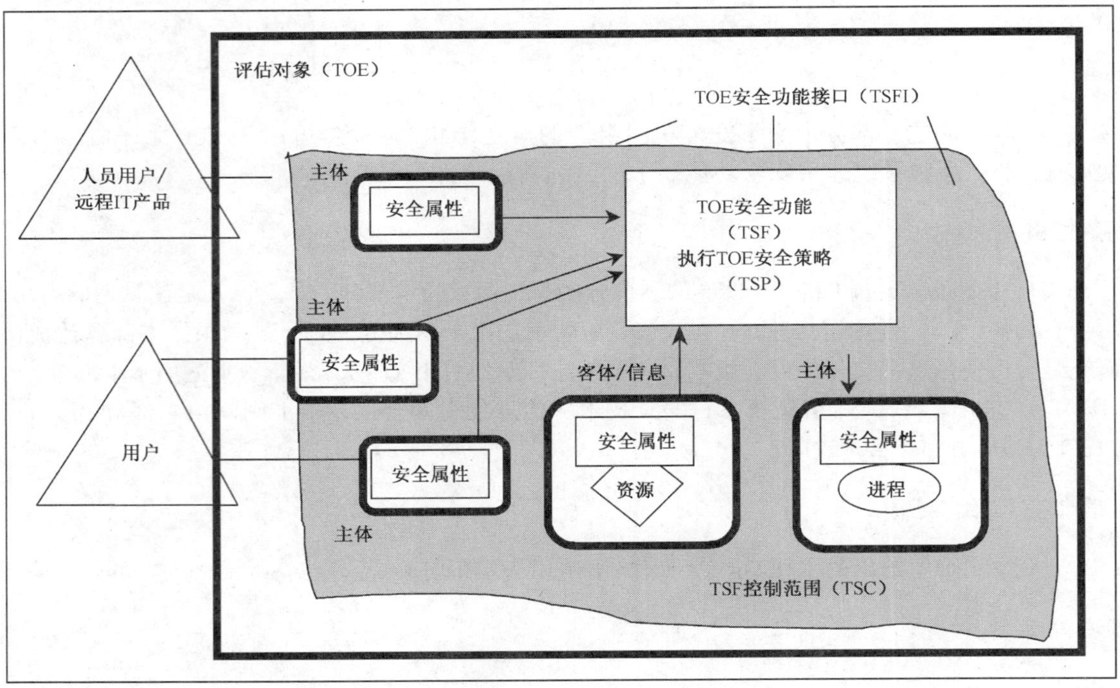

图1 安全功能要求范型(单个TOE)

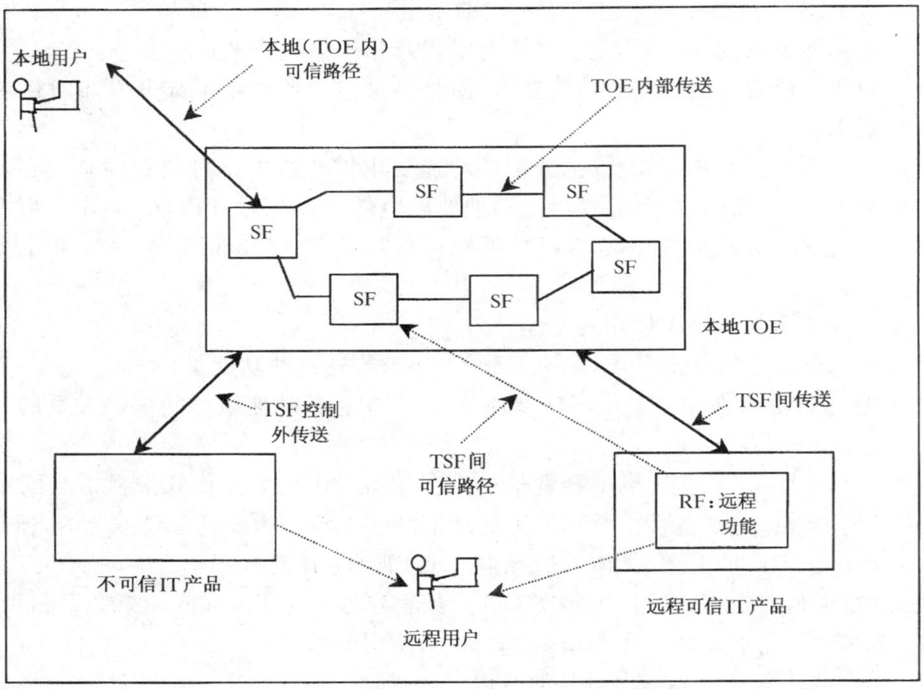

图2 分布式TOE内的安全功能图

本部分是能为***评估对象(TOE)***规定安全功能要求的一个目录。一个 TOE 是包含电子存储媒体(如磁盘)、外设(如打印机)和计算能力(如 CPU 时间)等资源的 IT 产品或系统(同时带有用户指南文档和管理员指南文档),可用于处理和存储信息,是评估的对象。

TOE 评估主要关心确保对 TOE 资源执行了规定的***TOE 安全策略(TSP)***。TSP 定义了一些规则,通过这些规则 TOE 管理对其资源的访问,这样 TOE 就控制了所有信息和服务。

反过来,TSP 又由多个***安全功能策略(SFP)***所构成。每一 SFP 有一个控制范围,定义该 SFF 控制下的主体、客体和操作。SFP 由***安全功能(SF)***实现,SF 的机制执行该策略并提供必要的能力。

为正确执行 TSP 而必须依赖的一个 TOE 中的那些部分,统称为***TOE 安全功能(TSF)***。TSF 由安全实施直接或间接依赖的一个 TOE 中的所有软件、硬件和固件组成。

基准监视器是执行 TOE 访问控制策略的一个抽象机。***基准确认机制***是基准监视器概念的实现,它具有以下特性:防篡改、总是被调用、简单到能对其进行彻底的分析和测试。***TSF*** 可由一个基准确认机制或 TOE 运行所需要的其他安全功能组成。

TOE 可能是一个包含硬件、固件和软件的单个产品。

TOE 也可能是一个分布式产品,内部由多个单独的部分组成,每一部分都为 TOE 提供一个特定的服务,并且通过一个***内部通信信道***与 TOE 其他部分相连接。该信道可能小得象一个处理器总线,也可能是包含 TOE 的一个内部网络。

当 TOE 由多个部分组成时,TOE 的每一部分可拥有自己的 TSF 部分,该部分通过内部通信信道与 TSF 的其他部分交换用户数据和 TSF 数据,这种交互称为***TOE 内部传送***。在这种情况下,这些 TSF 的单独部分理论上形成一个复合型 TSF,以执行 TSP。

TOE 接口可能局限于特定的 TOE,也可能允许通过***外部通信信道***与其他 IT 产品交互。这些与其他 IT 产品的外部交互可以采取两种形式:

a) “远程可信 IT 产品”的安全策略和本地 TOE 的 TSP 已进行了管理性协调和评估。这种情况下的信息交换称为***TSF 间传送***,如同它们是在不同可信产品的 TSF 之间传送。

b) 远程 IT 产品可能没有被评估,因此它的安全策略是未知的,如图 2 中所示的“不可信 IT 产品”。这种情况下的信息交换称为***TSF 控制外传送***,如同远程 IT 产品没有 TSF(或它的策略特性未知)。

可与 TOE 或在 TOE 中发生的并遵从 TSP 规则的交互集合称为***TSF 控制范围(TSC)***。TSC 包括一组根据 TOE 内的主体、客体和操作而定义的交互,但不必包括 TOE 的所有资源。

一组接口,不管是交互式的(人机接口),还是可编程的(应用编程接口),通过这些接口,TSF 调配对资源的访问,或者从 TSF 中获取信息,称为***TSF 接口(TSFI)***。TSFI 定义了为执行 TSP 而提供的 TOE 功能边界。

用户在 TOE 的外部,因此也在 TSC 的外部。但为请求 TOE 执行服务,用户要通过 TSFI 和 TOE 交互。有两种用户关心 GB/T 18336 本部分安全功能要求:***人员用户***和***外部 IT 实体***。人员用户进一步分为***本地人员用户***和***远程人员用户***,本地人员用户通过 TOE 设备(如工作站)直接与 TOE 交互,远程人员用户通过其他 IT 产品间接与 TOE 交互。

用户和 TSF 间的一段交互期称为用户***会话***。可以根据各种考虑因素来控制用户会话的建立,如:用户鉴别、时段、访问 TOE 的方法和每个用户允许的并发会话数。

本部分使用术语***“授权”***来表示用户拥有执行某种操作所必需的权力或特权。因此术语***“授权用户”***表示允许用户执行 TSP 定义的操作。

为表达需要管理员责任分离的要求,本部分相关的安全功能组件(选自 FMT_SMR 族)明确说明管理性***角色***是必需的。角色是预先定义的一组规则,规定在一个用户和 TOE 之间所允许的交互行为。一个 TOE 可以支持定义多个角色。例如,与 TOE 安全运行相关的角色可能包括“审计管理员”和“用户帐号管理员”。

TOE包含可用于处理和存储信息的资源。TSF的主要目标是完全并正确地对TOE所控制的资源和信息执行TSP。

TOE资源能以多种方式构造和利用。但是，本部分作出了一个特殊区分，以便于规范期望的安全特性。所有由资源产生的实体只能以下述两种方式中的一种来表征：实体可能是主动的，意指它们是行为在TOE内部发生的原因，并导致对信息执行操作；实体也可能是被动的，意指它们是产生信息的载体，或者是存储信息的载体。

主动的实体称为**主体**。TOE内可能存在以下几种类型的主体：

a) 代表一个授权用户并遵从TSP所有规则的那些实体(如，UNIX进程)；

b) 作为一个特殊功能进程，可以轮流代表多个用户的那些实体（如，在客户/服务器结构中可能找到的某些功能)；

c) 作为TOE自身一部分的那些实体(如，可信进程)。

本部分针对上述各种主体规范了TSP的执行。

被动的实体(即信息载体)在本部分中被称作**客体**。客体是可以由主体执行的那些操作的对象。在一个主体(主动实体)是某个操作的对象(例如进程间通信)的情况下，该主体也可以作为一个客体。

客体可以包含***信息***。在FDP类中规范信息流控制策略时，需要这个概念。

用户、主体、信息和客体都具有某种***属性***，包含能使TOE正确运转的信息。某些属性，如文件名，可能只是提示性的(即增加TOE的用户友好性)，而另一些属性，如访问控制信息，可能专为执行TSP而存在。后面这些属性通常称为***"安全属性"***。在本部分中，属性一词将用作"安全属性"的简称，除非另有说明。另一方面，无论属性信息的预期目的如何，如TSP指示的那样对属性加以控制都是必要的。

TOE中的数据分为用户数据和TSF数据，图3示意了它们之间的关系。***用户数据***是存储在TOE资源中的信息，用户可以根据TSP对其进行操作，而TSF对它们并不寄予任何特殊的含义。例如，电子邮件消息的内容是用户数据。***TSF数据***是TSF在进行TSP决策时所使用的信息。如果TSP允许的话，TSF数据可以受用户的影响。安全属性、鉴别数据以及访问控制表都是TSF数据的例子。

有几个用于数据保护的SFP，诸如***访问控制SFP***和***信息流控制SFP***。实现访问控制SFP的机制，依据控制范围内主体、客体和操作的属性来决定建立它们的策略。这些属性用在管理主体可以对客体执行操作的规则集中。

实现信息流控制SFP的机制，依据控制范围内的主体和信息的属性以及管理主体对信息操作的一组规则来决定它们的策略。信息的属性，可能与载体属性相关联(也可能没有关联，如多级数据库)，在信息移动时与其相随。

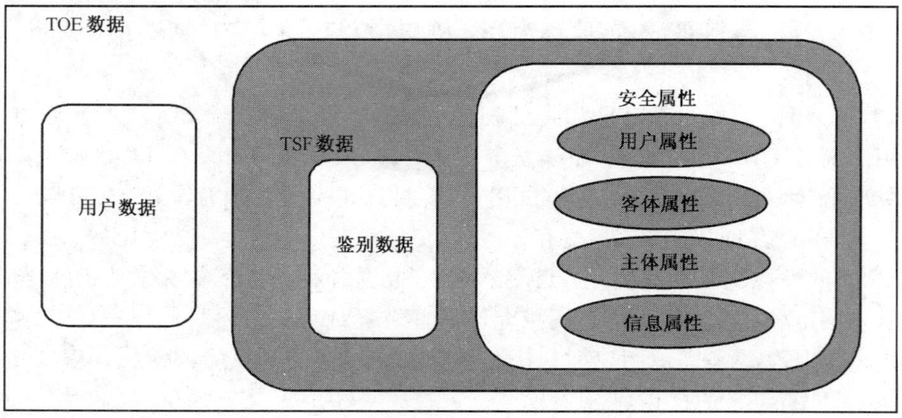

图3 用户数据和TSF数据的关系

本部分提出的两种特殊的TSF数据，***鉴别数据***和***秘密***，可以是但不必一定是相同的。

鉴别数据用于验证向TOE请求服务的用户所声明的身份。最通用的鉴别数据形式是口令。口令要成为有效的安全机制，依赖于对其进行保密。但是，不是所有形式的鉴别数据都需要保密，生物测定鉴别设备(例如,指纹阅读器、视网膜扫描仪)就不依赖于数据保密,因为这些数据只有一个用户拥有,其他人不能伪造。

GB/T 18336 本部分功能要求中用到的术语"秘密",适用于鉴别数据,对其他为执行一特定 SFP 而必须保密的数据也同样适用。例如,依靠密码技术保护在信道中传送信息的保密性的可信信道机制,能与使用密钥秘密防止未授权泄露的方法一样强大。

因此,不是所有的鉴别数据都需要保密,也不是所有的秘密都可用作鉴别数据。图 4 说明了秘密和鉴别数据间的关系。图中指出了常见的鉴别数据和秘密的数据类型。

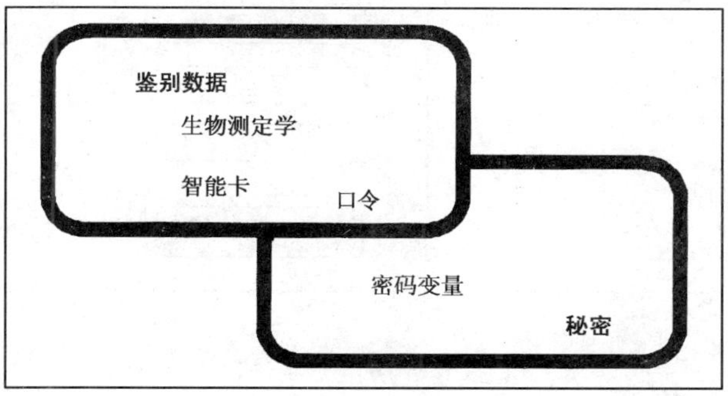

图 4 "鉴别数据"和"秘密"的关系

6 安全功能组件

6.1 概述

本章定义 GB/T 18336 功能要求的内容和形式,并为需要向一个 ST 中添加新组件的组织提供指南。功能要求用类、族和组件来表达。

6.1.1 类结构

图 5 以框图形式示意了功能类的结构。每个功能类包括一个类名、类介绍和一个或多个功能族。

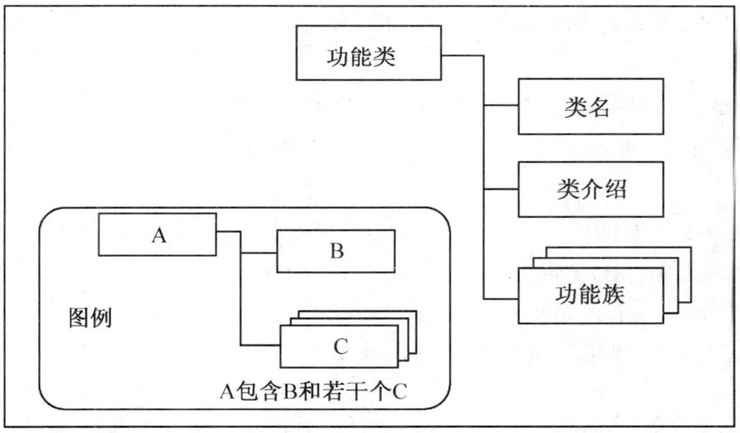

图 5 功能类结构

6.1.1.1 类名

类名提供标识和划分功能类所必需的信息。每个功能类都有一个唯一的名称,类的分类信息由三个字符的简名组成。类的简名也用于该类中族的简名规范中。

6.1.1.2 类介绍

类介绍描述这些族满足安全目标的通用意图或方法。功能类的定义不反映要求规范中的任何正式分类法。

类介绍用图来描述类中的族以及每个族中组件的层次结构,见 6.2 条的解释。

6.1.2 族结构

图 6 以框图形式示意了功能族的结构。

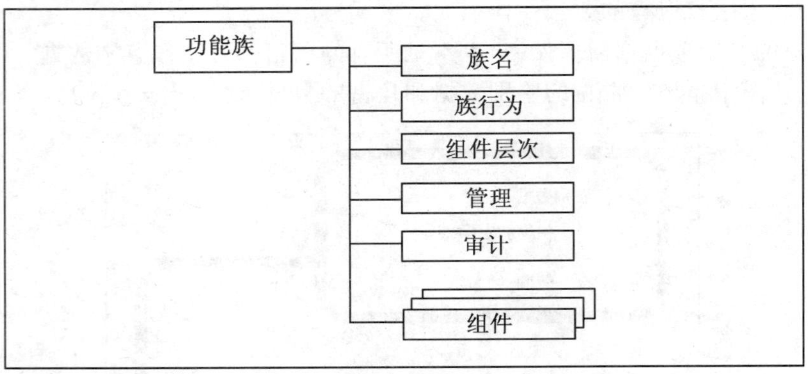

图 6 功能族结构

6.1.2.1 族名

族名部分提供了标识和划分功能族所必需的分类和描述信息。每个功能族有一个唯一的名称。族的分类信息由七个字符的简名组成,开头三个字符与类名相同,后跟一个下划线和族名,形如 XXX_YYY。唯一的简短族名为组件提供了主要的引用名称。

6.1.2.2 族行为

族行为是对功能族的叙述性描述,陈述其安全目的,并且是功能要求的概括描述。以下是更详细的描述:

a) 族的***安全目的***指出了该族的一个组件,在 TOE 的帮助下可以解决的安全问题;

b) ***功能要求***的描述概述了组件中包含的所有要求。该描述是面向 PP、ST 和功能包的作者的,他们希望评价该族是否与他们的特定要求相关。

6.1.2.3 组件层次

功能族包含一个或多个组件,任何一个组件都可被选出来包含到 PP、ST 和功能包中。本条的目的是,一旦族被确定为是用户安全要求的一个必要的或有用的部分,在选取合适的功能组件时,为用户提供信息。

功能族描述部分描述可使用的组件以及它们的基本原理。组件的更多细节包含在每个组件中。

功能族内组件间的关系可能是也可能不是分级的。如果一个组件相对另一个组件提供更多的安全性,那么该组件对另一个组件来说是更高级的。

如 6.2 条所述,族的描述提供了族中组件间层次结构的一个图示。

6.1.2.4 管理

管理要求包含 PP/ST 作者认为是给定组件管理活动的一些信息。管理要求在管理类(FMT)的组件里详述。

PP/ST 作者可以选择已明示的管理要求,也可以将其他没有列出的管理要求纳入 PP 或 ST 中。因而这些信息是提示性的。

6.1.2.5 审计

审计要求包含可供 PP/ST 作者选择的可审计事件,如果 PP/ST 中包含来自 FAU 类“安全审计”中的要求。这些要求包括按 FAU_GEN“安全审计数据产生”族的组件支持的各种不同详细级别描述的安全相关事件。例如,一个审计记录可能包括下述动作:最小级——安全机制的成功使用;基本

级——安全机制的所有使用以及涉及安全属性的相关信息;详细级——对机制进行的所有配置改变,包括改变前后的实际配置值。

显然可审计事件的分类是分级的。例如,当期望"基本级审计产生"时,所有已标识为最小级和基本级的可审计事件都宜通过适当的赋值操作包括在 PP/ST 内,除非高级事件仅仅比低级事件提供更多的细节。当期望"详细级审计产生"时,所有标识为最小级、基本级和详细级的可审计事件都宜包括在 PP/ST 内。

在 FAU 类"安全审计"中,更详尽地解释了一些控制审计的规则。

6.1.3 组件结构

图 7 示意了功能组件的结构。

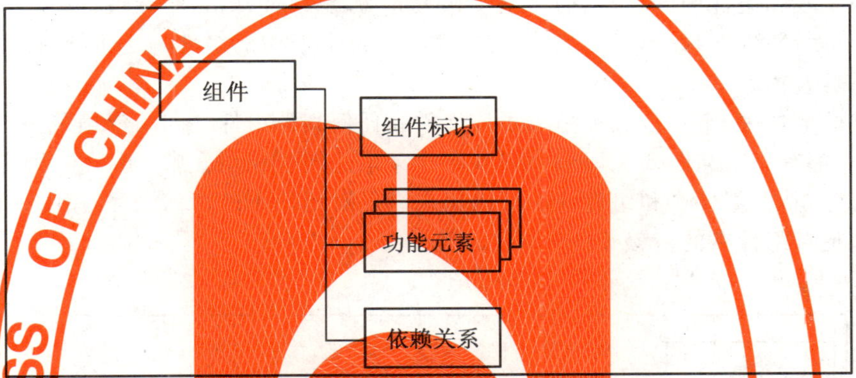

图 7 功能组件结构

6.1.3.1 组件标识

组件标识提供识别、分类、注册和交叉引用组件所必需的描述性信息。下列各项作为每个功能组件的部分:

——一个*唯一的名字*,该名字反映了组件的目的。

——一个*简名*,即功能组件名的唯一简写形式。简名作为分类、注册和交叉引用组件的主要引用名。简名反映出组件所属的类和族以及在族中组件的编号。

——一个*从属于列表*。这个组件所从属于的其他组件列表,以及该组件能用于满足与所列组件间的依赖关系。

6.1.3.2 功能元素

为每一组件提供了一组元素。每个元素都分别定义并且是自包含的。

功能元素是一个安全功能要求,该要求如果再进一步划分将不会产生有意义的评估结果。它是 GB/T 18336 中标识和认可的最小安全功能要求。

当构建包、PP 或 ST 时,不允许从一个组件中只选择一个或几个元素,必须选择组件的整套元素。

每个功能元素名都有一个唯一的简化形式。例如,要求名 FDP_IFF.4.2 意义如下:F——功能要求,DP——"用户数据保护"类,_IFF——"信息流控制功能"族,.4——第四个组件,名为"部分消除非法信息流",.2——该组件的第 2 个元素。

6.1.3.3 依赖关系

当一个组件不是自我充分的而需要依赖于其他组件的功能,或与其他组件交互才能正确发挥其功能时,就产生了功能组件间的依赖关系。

每个功能组件都提供了一个对其他功能和保证组件依赖关系的完整列表。有些组件可能列出"无依赖关系"。所依赖的组件又可能依赖其他组件。组件中提供的列表是直接的依赖关系。这只是为该功能要求能正确完成其功能提供参考。间接依赖关系,也就是由所依赖组件产生的依赖关系,见本部分附录 A。值得注意的是，在某些情况下，依赖关系所提供的多个功能要求是可自由选择的，这些功能要求中的任一个都足以满足依赖关系(例如 FDP_UIT.1“数据交换完整性”)。

依赖关系列表标识出了为满足一个既定组件相关的安全要求，所必需的最少功能或保证组件。从属于既定组件的那些组件也可用来满足依赖关系。

本部分指明的依赖关系是规范性的，在 PP/ST 中它们必须得到满足。在特定的情况下，这种依赖关系可能不适用。只要在基本原理中说清不适用的理由，PP/ST 作者就可以在包、PP 或 ST 中舍弃该依赖组件。

6.2 组件分类

本部分中组件的分组不代表任何正式的分类法。

本部分包含了族和组件的分类，它们是基于相关的功能和目的的粗略分组，按字母顺序给出。每个类的开头是一个提示性框图，指出该类的分类法、类中的族和族中的组件。这个图对指示可能存在于组件间的层次关系是有用的。

在功能组件的描述中，有一段文字指出了该组件和任何其他组件之间的依赖关系。

在每个类中，都有一个与图 8 类似的描述族层次关系的图。在图 8 中，第 1 个族(族 1)包括了三个有从属关系的组件，其中组件 2 和组件 3 都可以用来满足对组件 1 的依赖关系。组件 3 从属于组件 2，并且可以用来满足对组件 2 的依赖关系。

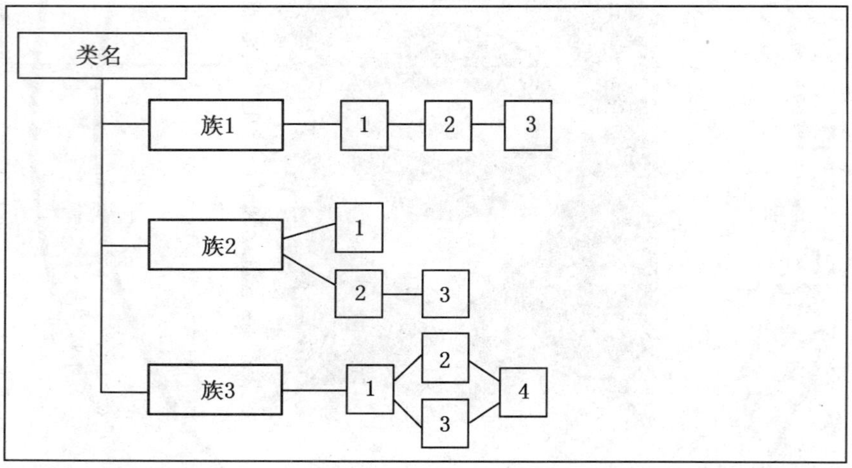

图 8 示范类分解图

在族 2 中有三个组件，这三个组件不全都有从属关系。组件 1 和组件 2 不从属于其他组件。组件 3 从属于组件 2，可以用来满足对组件 2 的依赖关系，但不能满足对组件 1 的依赖关系。

在族 3 中，组件 2、3、4 都从属于组件 1。组件 2 和 3 也都从属于组件 1，但无可比性。组件 4 从属于组件 2 和组件 3。

这些图的目的是补充族中的文字说明，使关系的识别更容易。它们并不取代每个组件中的“从属于:”注释，这些注释是对每个组件从属关系的强制性声明。

6.2.1 突出表示组件变化

族中组件的关系约定以**黑体字**突出表示。在此约定所有新的要求用黑体表示。对于有从属关系的组件，当要求被增强或修改而超出前一组件的要求时，要用黑体字表示。另外，超出前一组件的任何新的或增强的允许操作，也使用粗体字突出表示。

7 FAU 类:安全审计

安全审计包括识别、记录、存储和分析那些与安全相关活动(即由 TSP 控制的活动)有关的信息。

检查审计记录结果能判断出发生了哪些安全相关活动以及哪个用户要对这些活动负责。FAU 安全审计类分解见图 9。

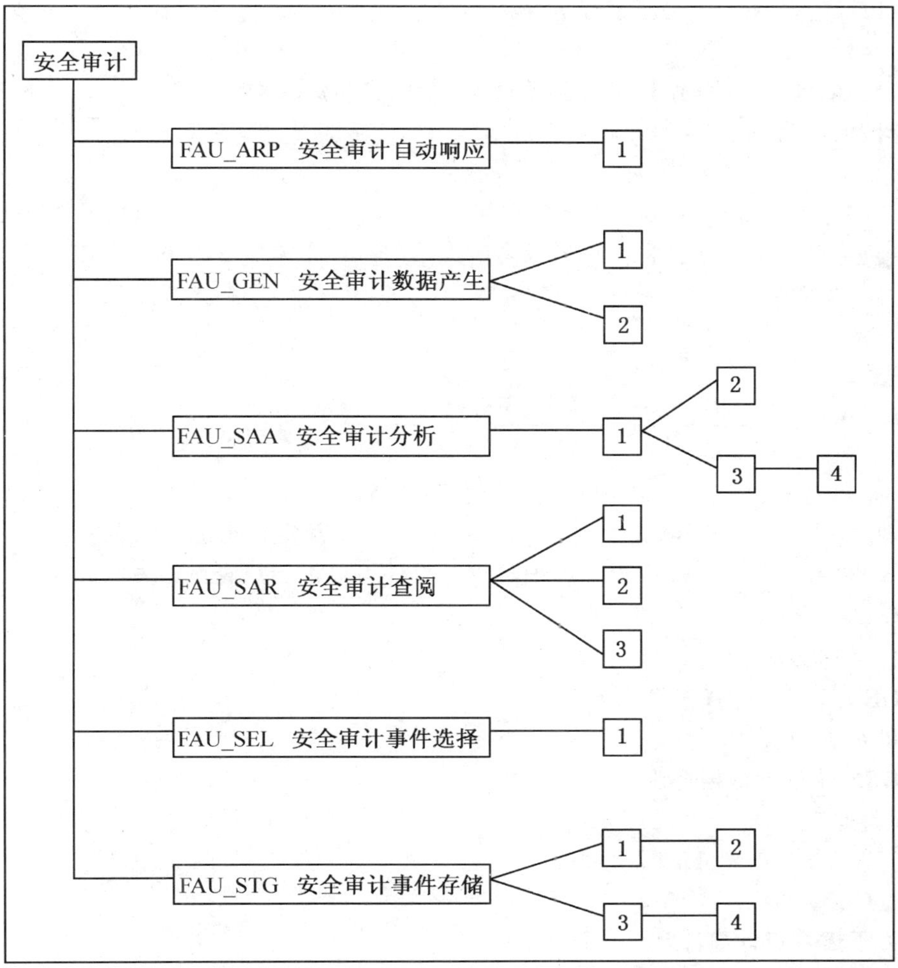

图 9 FAU 安全审计类分解

7.1 安全审计自动响应(FAU_ARP)

7.1.1 族行为

本族定义在检测到预示潜在安全侵害的事件时,作出的响应。

7.1.2 组件层次(见图 10)

图 10 FAU_ARP 组件层次

FAU_ARP.1"安全告警",当检测到潜在的安全侵害时 TSF 应采取动作。

7.1.3 FAU_ARP.1 管理

FMT 中的管理功能可考虑下列行为:

a) 对行为的管理(添加、移去或修改)。

7.1.4 FAU_ARP.1 审计

如果 PP/ST 中包含 FAU_GEN"安全审计数据产生",下列行为宜是可审计的:

a) 最小级:即将发生安全侵害时采取的动作。

7.1.5 FAU_ARP.1 安全告警

从属于:无其他组件。

依赖关系:FAU_SAA.1 潜在侵害分析。

7.1.5.1 FAU_ARP.1.1

当检测到潜在的安全侵害时,TSF 应进行[赋值:*最低破坏性的动作列表*]。

7.2 安全审计数据产生(FAU_GEN)

7.2.1 族行为

本族定义一些记录在 TSF 控制下安全相关事件发生情况的要求。本族识别审计的级别,列举 TSF 可审计的事件类型,以及识别在各种审计记录内应提供的审计相关信息的最小集合。

7.2.2 组件层次(见图 11)

图 11 FAU_GEN 组件层次

FAU_GEN.1"审计数据产生"定义可审计事件的级别,并规定在每个记录中应记录的数据列表。

FAU_GEN.2"用户身份关联",TSF 应把可审计事件与单个用户身份相关联。

7.2.3 FAU_GEN.1、FAU_GEN.2 管理

尚无预见的管理活动。

7.2.4 FAU_GEN.1、FAU_GEN.2 审计

尚无预见的可审计事件。

7.2.5 FAU_GEN.1 审计数据产生

从属于:无其他组件。

依赖关系:FPT_STM.1 可信时间戳。

7.2.5.1 FAU_GEN.1.1

TSF 应能为下述可审计事件产生审计记录:

a) 审计功能的开启和关闭;

b) 有关[选择,选取一个:*最小级、基本级、详细级、未规定*]审计级别的所有可审计事件;

c) [赋值:*其他专门定义的可审计事件*]。

7.2.5.2 FAU_GEN.1.2

TSF 应在每个审计记录中至少记录下列信息:

a) 事件的日期和时间、事件类型、主体身份、事件的结果(成功或失效);

b) 对每种审计事件类型,基于 PP/ST 中功能组件的可审计事件定义,[赋值:*其他审计相关信息*]。

7.2.6 FAU_GEN.2 用户身份关联

从属于:无其他组件。

依赖关系:FAU_GEN.1 审计数据产生;

FIA_UID.1 标识的时机。

7.2.6.1 FAU_GEN.2.1

TSF 应能将每个可审计事件与引起该事件的用户身份相关联。

7.3 安全审计分析(FAU_SAA)

7.3.1 族行为

本族定义一些采用自动化手段分析系统活动和审计数据以寻找可能的或真正的安全侵害的要求。

这种分析可在入侵检测的支持进行,或对即将来临的安全侵害作出自动应答。

基于检测而采取的动作,可用 FAU_ARP“安全审计自动响应”族来规范。

7.3.2 **组件层次**(见图 12)

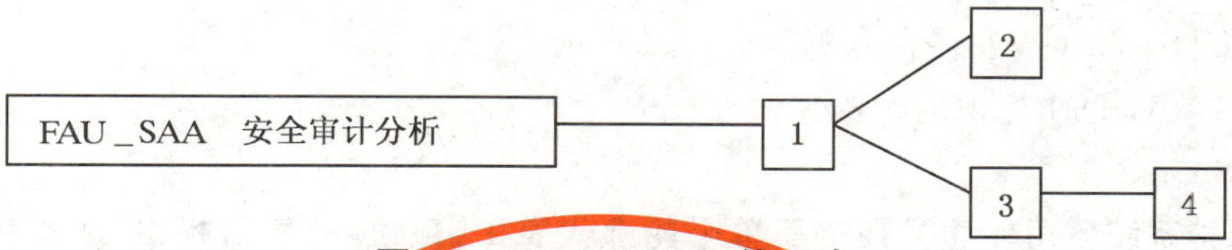

图 12 FAU_SAA 组件层次

在 FAU_SAA.1“潜在侵害分析”中,要求以一个固定规则集为基础进行基本的门限检测。

在 FAU_SAA.2“基于轮廓的异常检测”中,TSF 维护系统使用的单个轮廓。这里的“轮廓”表示由轮廓目标组成员完成的使用的一些历史模式。轮廓目标组是指与 TSF 交互的一个或多个个体(如单个用户、共享一个身份或帐号的用户、扮演指定角色的用户、整个系统或网络节点的用户)。轮廓目标组的每个成员都被分配了一个单独的置疑等级,表明成员当前的行为与轮廓中已建立的使用模式的一致程度如何。此分析可实时进行,也可在信息采集后的批量分析阶段进行。

FAU_SAA.3“简单攻击探测”,TSF 应能检测到那些表明对 TSP 实施将产生重大威胁的特征事件的发生。对特征事件的搜索可以实时进行,也可以在信息采集后的批量分析阶段进行。

FAU_SAA.4“复杂攻击探测”,TSF 应能表示并检测到多步骤入侵情景。TSF 应能对照表示完整入侵情景的已知事件序列比较系统事件(可能是由多个用户执行的)。TSF 应能指出何时发现特征事件或事件序列预示着一个对 TSP 的潜在违犯。

7.3.3 **FAU_SAA.1 管理**

FMT 中的管理功能可考虑下列行为:

a) 通过(添加、修改、删除)规则集中的规则来维护规则。

7.3.4 **FAU_SAA.2 管理**

FMT 中的管理功能可考虑下列行为:

a) 对轮廓目标组中的用户组进行维护(删除、修改、添加)。

7.3.5 **FAU_SAA.3 管理**

FMT 中的管理功能可考虑下列行为:

a) 对系统事件的子集进行维护(删除、修改、添加)。

7.3.6 **FAU_SAA.4 管理**

FMT 中的管理功能可考虑下列行为:

a) 对系统事件的子集进行维护(删除、修改、添加);

b) 对系统事件的序列集进行维护(删除、修改、添加)。

7.3.7 **FAU_SAA.1、FAU_SAA.2、FAU_SAA.3、FAU_SAA.4 审计**

如果 PP/ST 中包含 FAU_GEN“安全审计数据产生”,下列行为宜是可审计的:

a) 最小级:开启和关闭任何分析机制;

b) 最小级:通过工具软件实现自动响应。

7.3.8 **FAU_SAA.1 潜在侵害分析**

从属于:无其他组件。

依赖关系:FAU_GEN.1 审计数据产生。

7.3.8.1 **FAU_SAA.1.1**

TSF 应能使用一组规则去监测审计事件,并根据这些规则指示出一个对 TSP 的潜在违犯。

7.3.8.2 **FAU_SAA.1.2**

TSF 应执行下列规则监测审计事件:

a) 已知的用来指示潜在安全侵害的[赋值:*已定义的可审计事件的子集*]的积累或组合;

b) [赋值:*任何其他规则*]。

7.3.9 **FAU_SAA.2 基于轮廓的异常检测**

从属于:FAU_SAA.1 潜在侵害分析。

依赖关系:FIA_UID.1 标识的时机。

7.3.9.1 **FAU_SAA.2.1**

TSF 应能维护系统使用轮廓。在这里单个轮廓代表由[赋值:轮廓目标组]成员完成的历史使用模式。

7.3.9.2 **FAU_SAA.2.2**

TSF 应维护一个与每个用户相对应的置疑等级,这些用户的活动已记录在轮廓中。在这里,置疑等级代表用户当前活动与轮廓中已建立的使用模式不一致的程度。

7.3.9.3 **FAU_SAA.2.3**

当用户的置疑等级超过门限条件[赋值:*TSF 报告异常活动的条件*]时,TSF 应能指出对 TSP 的违犯即将发生。

7.3.10 **FAU_SAA.3 简单攻击探测**

从属于:FAU_SAA.1 潜在侵害分析。

依赖关系:无依赖关系。

7.3.10.1 **FAU_SAA.3.1**

TSF 应能维护可预示一个对 TSP 违犯的下列特征事件[赋值:*系统事件的一个子集*]的内部表示。

7.3.10.2 **FAU_SAA.3.2**

TSF 应能对照系统活动记录比较特征事件,这里系统活动可以通过对[赋值:*用来确定系统活动的信息*]的检查而辨明。

7.3.10.3 **FAU_SAA.3.3**

当发现一个系统事件与一个预示对 TSP 潜在违犯的特征事件匹配时,TSF 应能指出对 TSP 的违犯即将发生。

7.3.11 **FAU_SAA.4 复杂攻击探测**

从属于:FAU_SAA.3 简单攻击探测。

依赖关系:无依赖关系。

7.3.11.1 **FAU_SAA.4.1**

TSF 应能维护一个下列已知入侵情景的事件序列[赋值:*已知攻击出现的系统事件序列列表*]的内部表示和可预示一个对 TSP 潜在违犯的下列特征事件[赋值:*系统事件的一个子集*]的内部表示。

7.3.11.2 **FAU_SAA.4.2**

TSF 应能对照系统活动记录比较特征事件**和事件序列**,这里的系统活动可以通过对[赋值:*用来确定系统活动的信息*]的检查来辩明。

7.3.11.3 **FAU_SAA.4.3**

当发现一个系统活动与一个预示对 TSP 潜在违犯的特征事件**或事件序列**匹配时,TSF 应能指示出对 TSP 的违犯即将发生。

7.4 安全审计查阅(FAU_SAR)

7.4.1 族行为

本族定义了一些有关审计工具的要求,授权用户可使用这些审计工具查阅审计数据。

7.4.2 组件层次(见图13)

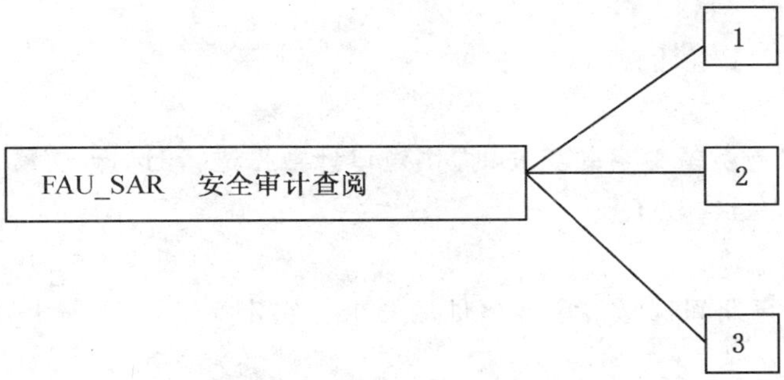

图13 FAU_SAR组件层次

FAU_SAR.1“审计查阅”,提供从审计记录中读取信息的能力。

FAU_SAR.2“限制审计查阅”,要求除在FAU_SAR.1“审计查阅”中确定的用户外,其他用户不能读取信息。

FAU_SAR.3“可选审计查阅”,要求审计查阅工具根据标准来选择要查阅的审计数据。

7.4.3 **FAU_SAR.1管理**

FMT中的管理功能可考虑下列行为:

a) 维护(删除、修改、添加)对审计记录有读访问权的用户组。

7.4.4 **FAU_SAR.2、FAU_SAR.3管理**

尚无预见的管理活动。

7.4.5 **FAU_SAR.1审计**

如果PP/ST中包含FAU_GEN“安全审计数据产生”,下列行为宜是可审计的:

a) 基本级:从审计记录中读取信息。

7.4.6 **FAU_SAR.2审计**

如果PP/ST中包含FAU_GEN“安全审计数据产生”,下列行为宜是可审计的:

a) 基本级:从审计记录中读取信息的未成功尝试。

7.4.7 **FAU_SAR.3审计**

如果PP/ST中包含FAU_GEN“安全审计数据产生”,下列行为宜是可审计的:

a) 详细级:用于查阅的那些参数。

7.4.8 **FAU_SAR.1审计查阅**

从属于:无其他组件。

依赖关系:FAU_GEN.1审计数据产生。

本组件将为授权用户提供获得和解释信息的能力。用户是人员用户时,信息必须以人类可理解的方式表示;用户是外部IT实体时,信息必须以电子方式无歧义地表示。

7.4.8.1 **FAU_SAR.1.1**

TSF应为[赋值:*授权用户*]提供从审计记录中读取[赋值:*审计信息列表*]的能力。

7.4.8.2 **FAU_SAR.1.2**

TSF应以便于用户理解的方式提供审计记录。

7.4.9 **FAU_SAR.2限制审计查阅**

从属于:无其他组件。

依赖关系:FAU_SAR.1审计查阅。

7.4.9.1 **FAU_SAR.2.1**

除明确准许读访问的用户外,TSF应禁止所有用户对审计记录的读访问。

7.4.10 **FAU_SAR.3 可选审计查阅**

从属于:无其他组件。

依赖关系:FAU_SAR.1 审计查阅。

7.4.10.1 **FAU_SAR.3.1**

TSF 应根据[赋值:*具有逻辑关系的标准*]提供对审计数据进行[选择:*搜索*、*分类*、*排序*]的能力。

7.5 安全审计事件选择(FAU_SEL)

7.5.1 族行为

本族定义在 TOE 运行期间选择被审计事件的要求。它定义了向可审计事件集中加入或从中排除事件的要求。

7.5.2 组件层次(见图 14)

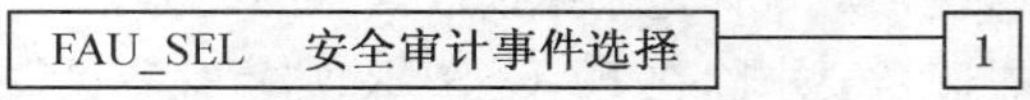

图 14 FAU_SEL 组件层次

FAU_SEL.1"选择性审计",要求具有根据由 PP/ST 作者规定的属性包括或排除来自审计事件集中事件的能力。

7.5.3 FAU_SEL.1 管理

FMT 中的管理功能可考虑下列行为:

a) 维护查阅/修改审计事件的权限。

7.5.4 FAU_SEL.1 审计

如果 PP/ST 中包含 FAU_GEN"安全审计数据产生",下列行为宜是可审计的:

a) 最小级:审计收集功能运行时,发生的对审计配置的所有修改。

7.5.5 FAU_SEL.1 选择性审计

从属于:无其他组件。

依赖关系:FAU_GEN.1 审计数据产生。

FMT_MTD.1 TSF 数据管理。

7.5.5.1 **FAU_SEL.1.1**

TSF 应能根据以下属性从审计事件集中包括或排除可审计事件:

a) [选择:*客体身份*、*用户身份*、*主体身份*、*主机身份*、*事件类型*]

b) [赋值:*审计选择所依据的附加属性表*]

7.6 安全审计事件存储(FAU_STG)

7.6.1 族行为

本族定义一些 TSF 能够创建并维护一个安全审计迹的要求。

7.6.2 组件层次(见图 15)

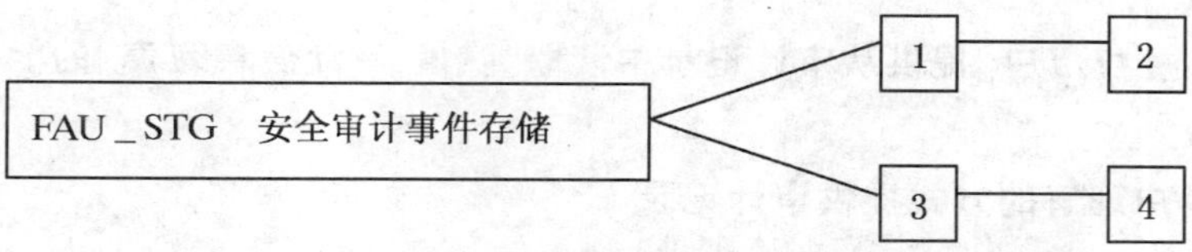

图 15 FAU_STG 组件层次

FAU_STG.1"受保护的审计迹存储",要求保护审计迹避免未授权的删除或修改。

FAU_STG.2"审计数据可用性保证",规定保证假定意外情况出现时 TSF 还能维护审计数据。

FAU_STG.3"审计数据可能丢失时的行为",规定当审计迹超出门限值时所采取的动作。

FAU_STG.4"防止审计数据丢失",规定当审计迹溢满时所采取的动作。

7.6.3 FAU_STG.1 管理

尚无预见的管理活动。

7.6.4 FAU_STG.2 管理

FMT 中的管理功能可考虑下列行为:

a) 维护控制审计存储能力的参数。

7.6.5 FAU_STG.3 管理

FMT 中的管理功能可考虑下列行为:

a) 维护门限值;

b) 维护(删除、修改、添加)审计存储即将失效时所采取的行为。.

7.6.6 FAU_STG.4 管理

FMT 中的管理功能可考虑下列行为:

a) 维护(删除、修改、添加)审计存储失效时所采取的行为。

7.6.7 FAU_STG.1、FAU_STG.2 审计

尚无预见的可审计事件。

7.6.8 FAU_STG.3 审计

如果 PP/ST 中包含 FAU_GEN"安全审计数据产生",下列行为宜是可审计的:

a) 基本级:因超过门限而采取的动作。

7.6.9 FAU_STG.4 审计

如果 PP/ST 中包含 FAU_GEN"安全审计数据产生",下列行为宜是可审计的:

a) 基本级:因审计存储失效而采取的动作。

7.6.10 FAU_STG.1 受保护的审计迹存储

从属于:无其他组件。

依赖关系:FAU_GEN.1 审计数据产生。

7.6.10.1 FAU_STG.1.1

TSF 应保护所存储的审计记录,以避免未授权的删除。

7.6.10.2 FAU_STG.1.2

TSF 应能[选择,选取一个:*防止、检测*]对审计迹中所存审计记录的未授权修改。

7.6.11 FAU_STG.2 审计数据可用性保证

从属于:FAU_STG.1 受保护的审计迹存储。

依赖关系:FAU_GEN.1 审计数据产生。

7.6.11.1 FAU_STG.2.1

TSF 应保护所存储的审计记录,以避免未授权的删除。

7.6.11.2 FAU_STG.2.2

TSF 应能[选择,选取一个:*防止、检测*]对审计迹中所存审计记录的未授权修改。

7.6.11.3 FAU_STG.2.3

当下列情况发生时:[选择:*审计存储耗尽、失效、受攻击*],TSF 应确保[赋值:*保存审计记录的度量*]审计记录将维持有效。

7.6.12 FAU_STG.3 审计数据可能丢失时的行为

从属于:无其他组件。

依赖关系:FAU_STG.1 受保护的审计迹存储。

7.6.12.1 FAU_STG.3.1

如果审计迹超过[赋值:*预定的限度*],TSF 应采取[赋值:*审计存储可能失效时所采取的行为*]。

7.6.13 FAU_STG.4 防止审计数据丢失

从属于:FAU_STG.3 审计数据可能丢失时的行为。

依赖关系:FAU_STG.1 受保护的审计迹存储。

7.6.13.1 FAU_STG.4.1

如果审计迹已满,TSF 应[选择,选取一个:*“忽略可审计事件”*、*“阻止可审计事件,除非具有特权的授权用户产生的”*,*“涵盖所存储的最早的审计记录”*]和[赋值:*审计存储失效时所采取的其他动作*]。

8 FCO 类:通信

本类提供了两个族,特别关心如何确信在数据交换中参与方的身份。这些族与确信信息传送的原发者身份(原发证明)和确信信息传送的接收者身份(接收证明)相关。这些族确保原发者不能否认发送过信息,接收者也不能否认收到过信息。

本类的组件构成分解如图 16 所示:

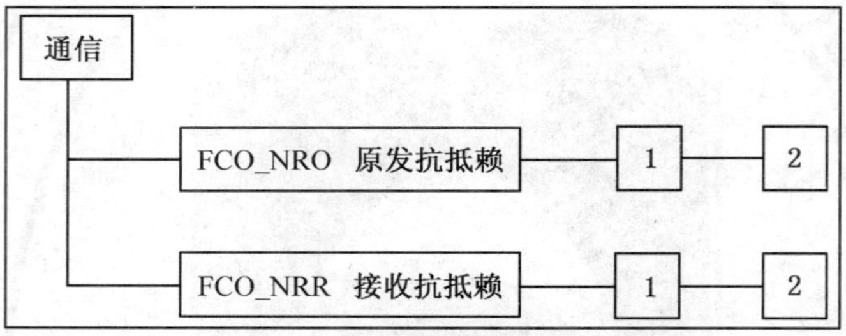

图 16 FCO 通信类分解

8.1 原发抗抵赖(FCO_NRO)

8.1.1 族行为

原发抗抵赖确保信息的发起者不能成功地否认曾经发送过信息。本族要求 TSF 提供一种方法来确保接收信息的主体在数据交换期间获得了证明信息原发的证据,此证据可由该主体或其他主体验证。

8.1.2 组件层次(见图 17)

图 17 FCO_NRO 组件层次

FCO_NRO.1“选择性原发证明”,要求 TSF 为主体提供请求信息原发证据的能力。

FCO_NRO.2“强制性原发证明”,要求 TSF 总是为所传送的信息产生原发证据。

8.1.3 FCO_NRO.1、FCO_NRO.2 管理

FMT 中的管理功能可考虑下列行为:

a) 对改变信息类型、域、原发者属性和证据接收者的管理。

8.1.4 FCO_NRO.1 审计

如果 PP/ST 中包含 FAU_GEN“安全审计数据产生”,下列行为宜是可审计的:

a) 最小级:请求产生原发证据的用户的身份;

b) 最小级:抗抵赖服务的祈求;

c) 基本级:信息、目的地和所提供证据拷贝的标识;

d) 详细级:请求验证证据的用户的身份。

8.1.5 FCO_NRO.2 审计

如果 PP/ST 中包含 FAU_GEN“安全审计数据产生”,下列行为宜是可审计的:

a) 最小级:抗抵赖服务的祈求;

b) 基本级:信息、目的地和所提供证据拷贝的标识;

c) 详细级:请求验证证据的用户的身份。

8.1.6 **FCO_NRO.1 选择性原发证明**

从属于:无其他组件。

依赖关系:FIA_UID.1 标识的时机。

8.1.6.1 **FCO_NRO.1.1**

在[选择:原发者、接收者或[赋值:*第三方列表*]]请求时,TSF 应能对所传送的[赋值:*信息类型列表*]产生原发证据。

8.1.6.2 **FCO_NRO.1.2**

TSF 应能将信息原发者的[赋值:*属性列表*]和信息的[赋值:*信息域列表*]与证据相关联。

8.1.6.3 **FCO_NRO.1.3**

给定[赋值:*原发证据的限制条件*],TSF 应能为[选择:*原发者*、*接收者*或[*赋值*:*第三方列表*]]提供验证信息原发证据的能力。

8.1.7 **FCO_NRO.2 强制性原发证明**

从属于:FCO_NRO.1 选择性原发证明。

依赖关系:FIA_UID.1 标识的时机。

8.1.7.1 **FCO_NRO.2.1**

TSF 在**任何时候**都应对所传送的[赋值:*信息类型列表*]**强制产生**原发证据。

8.1.7.2 **FCO_NRO.2.2**

TSF 应能将信息原发者的[赋值:*属性列表*]和信息的[赋值:*信息域列表*]与证据相关联。

8.1.7.3 **FCO_NRO.2.3**

给定[赋值:原发证据的限制条件],TSF 应能为[选择:*原发者*、*接收者*,[赋值:*第三方列表*]]提供验证信息原发证据的能力。

8.2 **接收抗抵赖(FCO_NRR)**

8.2.1 **族行为**

接收抗抵赖确保信息的接收者不能成功地否认对信息的接收。本族要求 TSF 提供一种方法来确保发送信息的主体在数据交换期间获得了证明信息接收的证据,此证据可由该主体或其他主体验证。

8.2.2 **组件层次**(见图 18)

图 18 FCO_NRR 组件层次

FCO_NRR.1"选择性接收证明",要求 TSF 为主体提供请求信息接收证据的能力。

FCO_NRR.2"强制性接收证明",要求 TSF 总是为接收到的信息产生接收证据。

8.2.3 **FCO_NRR.1、FCO_NRR.2 管理**

FMT 中的管理功能可考虑下列行为:

a) 对改变信息类型、域、原发者属性和证据的第三方接收者的管理。

8.2.4 **FCO_NRR.1 审计**

如果 PP/ST 中包含 FAU_GEN"安全审计数据产生",下列行为宜是可审计的:

a) 最小级:请求产生提供接收证据的用户的身份;

b) 最小级:抗抵赖服务的祈求;

c) 基本级:信息、目的地和所提供证据拷贝的标识;

d) 详细级:请求验证证据的用户的身份。

8.2.5 **FCO_NRR.2 审计**

如果 PP/ST 中包含 FAU_GEN"安全审计数据产生",下列行为宜是可审计的:

a) 最小级:抗抵赖服务的祈求;

b) 基本级:信息、目的地和所提供证据拷贝的标识;

c) 详细级:请求验证证据的用户的身份。

8.2.6 FCO_NRR.1 选择性接收证明

从属于:无其他组件。

依赖关系:FIA_UID.1 标识的时机。

8.2.6.1 FCO_NRR.1.1

在[选择:*原发者、接收者*或[赋值:*第三方列表*]]请求时,TSF 应能对接收到的[赋值:*信息类型表*]产生接收证据。

8.2.6.2 FCO_NRR.1.2

TSF 应能将信息接收者的[赋值:*属性列表*]和信息的[赋值:*信息域列表*]与证据相关联。

8.2.6.3 FCO_NRR.1.3

给定[赋值:*接收证据的限制条件*],TSF 应能为[选择:*原发者、接收者或*[*赋值:第三方列表*]]提供验证信息接收证据的能力。

8.2.7 FCO_NRR.2 强制性接收证明

从属于:FCO_NRR.1 选择性接收证明。

依赖关系:FIA_UID.1 标识的时机。

8.2.7.1 FCO_NRR.2.1

TSF 应对接收到的[赋值:*信息类型表*]**强制产生**接收证据。

8.2.7.2 FCO_NRR.2.2

TSF 应能将信息接收者的[赋值:*属性列表*]和信息的[赋值:*信息域列表*]与证据相关联。

8.2.7.3 FCO_NRR.2.3

给定[赋值:*接收证据的限制条件*],TSF 应能为[选择:*原发者、接收者或*[赋值:*第三方列表*]]提供验证信息接收证据的能力。

9 FCS 类:密码支持

TSF 可以利用密码功能来满足几个高级别安全目的。这些安全目的包括(但不限于):标识和鉴别、抗抵赖、可信路径、可信信道和数据分离。在 TOE 实现密码功能时使用本类,这种实现可以是硬件、固件或软件形式的。

FCS"密码支持类"由两个族组成:FCS_CKM"密钥管理"和 FCS_COP"密码运算"。密钥管理(FCS_CKM)族解决密钥管理方面的问题,而密码运算(FCS_COP)族关注这些密钥的运算使用情况见图 19。

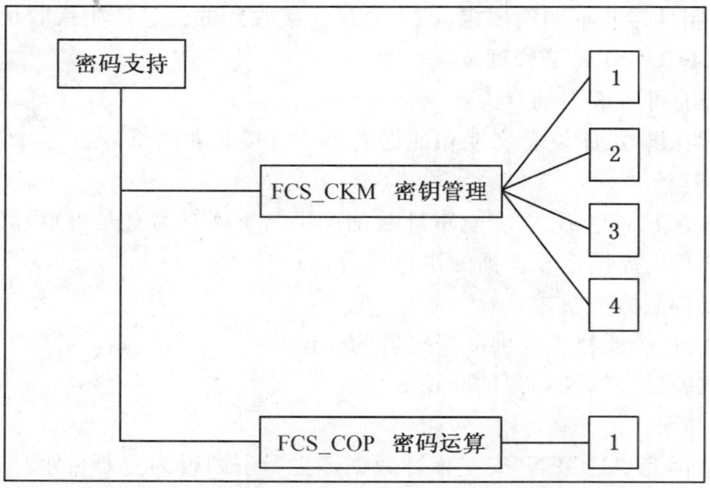

图 19 FCS 密码支持类分解

9.1 密钥管理(FCS_CKM)

9.1.1 族行为

密钥在其整个生命期内都必须进行管理。本族试图支持此生命期,并为此定义了对以下几种操作的要求:密钥生成、密钥分发、密钥存取和密钥销毁。只要存在密钥管理的功能要求,都必须包含本族。

9.1.2 组件层次(见图 20)

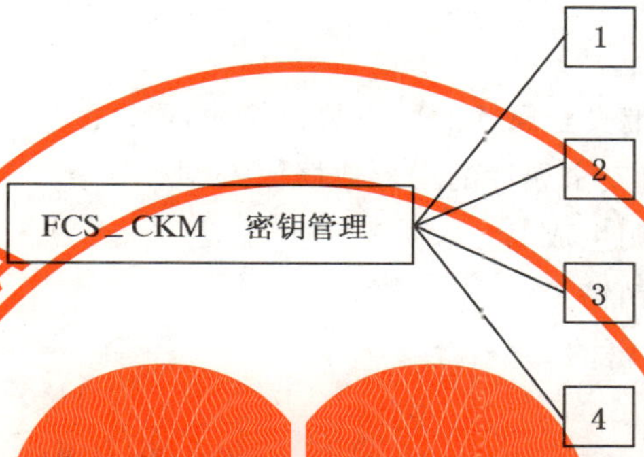

图 20 FCS_CKM 组件层次

FCS_CKM.1"密钥生成",要求根据某个指定标准规定的算法和密钥长度来生成密钥。

FCS_CKM.2"密钥分发",要求根据某个指定标准规定的分发方法来分发密钥。

FCS_CKM.3"密钥存取",要求根据某个指定标准规定的存取方法来存取密钥。

FCS_CKM.4"密钥销毁",要求根据某个指定标准规定的销毁方法来销毁密钥。

9.1.3 FCS_CKM.1、FCS_CKM.2、FCS_CKM.3、FCS_CKM.4 管理

FMT 中的管理功能可考虑下列行为:

a) 对密钥属性更改的管理。密钥属性的例子包括用户、密钥类型(如公开密钥、私有密钥、秘密密钥)、有效期和使用(如数字签名、密钥加密、密钥协商、数据加密)。

9.1.4 FCS_CKM.1、FCS_CKM.2、FCS_CKM.3、FCS_CKM.4 审计

如果 PP/ST 中包含 FAU_GEN"安全审计数据产生",下列行为宜是可审计的:

a) 最小级:操作的成功和失败;

b) 基本级:除任何敏感信息(如秘密密钥或私有密钥)以外的客体属性和客体值。

9.1.5 FCS_CKM.1 密钥生成

从属于:无其他组件。

依赖关系:[FCS_CKM.2 密钥分发,或

FCS_COP.1 密码运算];

FCS_CKM.4 密钥销毁;

FMT_MSA.2 保密的安全属性。

9.1.5.1 FCS_CKM.1.1

TSF 应根据符合下列标准[赋值:*标准列表*]的一个特定的密钥生成算法[赋值:*密钥生成算法*]和规定的密钥长度[赋值:*密钥长度*]来生成密钥。

9.1.6 FCS_CKM.2 密钥分发

从属于:无其他组件。

依赖关系:[FDP_ITC.1 不带安全属性的用户数据输入,或

FDP_ITC.2 带有安全属性的用户数据输入,或

FCS_CKM.1 密钥生成];

FCS_CKM.4 密钥销毁；

FMT_MSA.2 保密的安全属性。

9.1.6.1 FCS_CKM.2.1

TSF 应根据符合下列标准[赋值:*标准列表*]的一个特定的密钥分发方法[赋值:*密钥分发方法*]来分发密钥。

9.1.7 FCS_CKM.3 密钥存取

从属于:无其他组件。

依赖关系:[FDP_ITC.1 不带安全属性的用户数据输入,或

FDP_ITC.2 带有安全属性的用户数据输入,或

FCS_CKM.1 密钥生成]；

FCS_CKM.4 密钥销毁；

FMT_MSA.2 保密的安全属性。

9.1.7.1 FCS_CKM.3.1

TSF 应根据符合下列标准[赋值:*标准列表*]的一个特定的密钥存取方法[赋值:*密钥存取方法*]来执行[赋值:*密钥存取类型*]。

9.1.8 FCS_CKM.4 密钥销毁

从属于:无其他组件。

依赖关系:[FDP_ITC.1 不带安全属性的用户数据输入,或

FDP_ITC.2 带有安全属性的用户数据输入,或

FCS_CKM.1 密钥生成]；

FMT_MSA.2 保密的安全属性。

9.1.8.1 FCS_CKM.4.1

TSF 应根据符合下列标准[赋值:*标准列表*]的一个特定的密钥销毁方法[赋值:*密钥销毁方法*]来销毁密钥。

9.2 密码运算(FCS_COP)

9.2.1 族行为

为了确保密码运算功能的正确执行,必须按照一个特定的算法和一个规定长度的密钥来进行运算。凡有执行密码运算要求的地方,都必须包含本族。

密码运算通常包括:数据加密或解密、数字签名产生或验证、密码校验和(用于完整性或校验和验证)产生、安全散列(消息摘要)、密钥加密或解密,以及密钥协商。

9.2.2 组件层次(见图 21)

图 21 FCS_COP 组件层次

FCS_COP.1"密码运算",要求根据一个特定的算法和一个规定长度的密钥来进行密码运算。可以基于某个指定标准规定算法和密钥长度。

9.2.3 FCS_COP.1 管理

尚无预见的管理活动。

9.2.4 FCS_COP.1 审计

如果 PP/ST 中包含 FAU_GEN"安全审计数据产生",下列行为宜是可审计的:

a) 最小级:成功和失败,以及密码运算的类型；

b) 基本级:所有有效的密码运算模式、主体属性和客体属性。

9.2.5 FCS_COP.1 密码运算

从属于:无其他组件。

依赖关系:[FDP_ITC.1 不带安全属性的用户数据输入,或
FDP_ITC.2 带有安全属性的用户数据输入,或
FCS_CKM.1 密钥生成];
FCS_CKM.4 密钥销毁;
FMT_MSA.2 保密的安全属性。

9.2.5.1 FCS_COP.1.1

TSF 应根据符合下列标准[赋值:*标准列表*]的特定的密码算法[赋值:*密码算法*]和密钥长度[赋值:*密钥长度*]来行执[赋值:*密码运算列表*]。

10 FDP 类:用户数据保护

本类包含若干族,这些族规定了一些与用户数据保护相关的 TOE 安全功能和 TOE 安全功能策略要求。FDP“用户数据保护”中的族负责在输入、输出和存储阶段,处理 TOE 内部的用户数据和与用户数据直接相关的安全属性,这些族可分成如下四组:

a) 用户数据保护安全功能策略:

——FDP_ACC 访问控制策略;

——FDP_IFC 信息流控制策略。

这些族中的组件允许 PP/ST 作者命名用户数据保护安全功能策略,并定义该安全策略的控制范围,这对于说明安全目的是必要的。这些安全策略的名称将在其他有要求对“访问控制 SFP”、“信息流控制 SFP”赋值或选择操作的功能组件中广泛使用。定义已命名访问控制和信息流控制 SFP 功能性的规则将分别在 FDP_ACF“访问控制功能”和 FDP_IFF“信息流控制功能”族中定义。

b) 用户数据保护形式:

——FDP_ACF 访问控制功能;

——FDP_IFF 信息流控制功能;

——FDP_ITT TOE 内部传送;

——FDP_RIP 残余信息保护;

——FDP_ROL 回退;

——FDP_SDI 存储数据的完整性。

c) 离线存储、输入和输出:

——FDP_DAU 数据鉴别;

——FDP_ETC 输出到 TSF 控制之外;

——FDP_ITC 从 TSF 控制之外输入。

这些族内的组件负责处理进出 TSC 的可信传送。

d) TSF 间的通信:

——FDP_UCT TSF 间用户数据保密性传送保护;

——FDP_UIT TSF 间用户数据完整性传送保护。

这些族内的组件负责处理 TOE 的 TSF 与其他可信 IT 产品间的通信。

FDP 用户数据保护类分解见图 22。

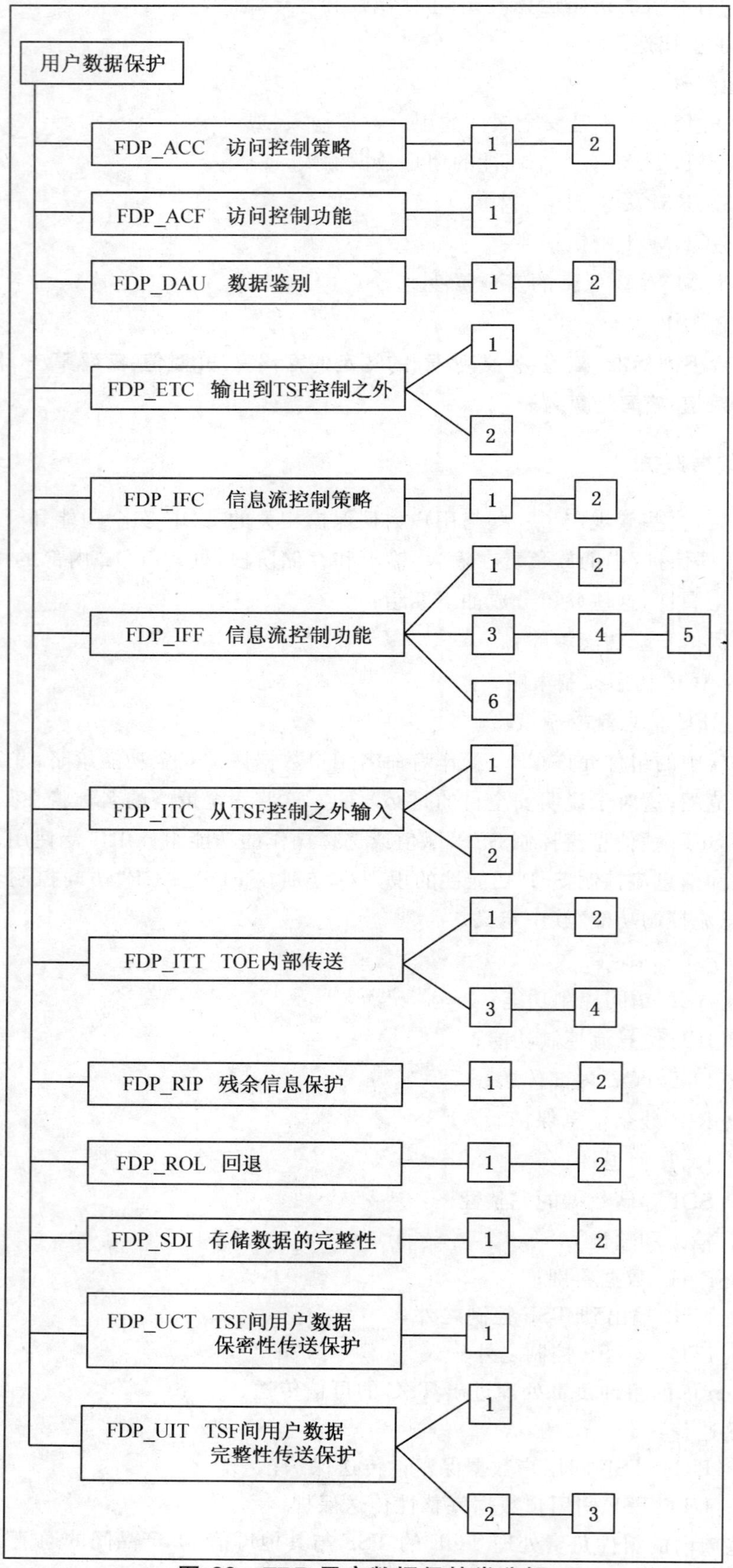

图 22 FDP 用户数据保护类分解

10.1 访问控制策略(FDP_ACC)

10.1.1 族行为

本族(通过命名)识别访问控制 SFP 并定义策略的控制范围,这些策略组成了既定 TSP 的访问控制部分。控制范围由以下三个集合刻画:策略控制下的主体、策略控制下的客体以及策略所涵盖受控主体和受控客体间的操作。本准则允许存在多个策略,只是每个策略需要有一个唯一的名称,这可以通过对每个已命名的访问控制策略反复使用本族中的组件来实现。定义访问控制 SFP 功能的规则将在其他族中定义,如 FDP_ACF"访问控制功能"和 FDP_SDI"存储数据的完整性"。在 FDP_ACC"访问控制策略"中所确定的访问控制 SFP 的名称,将用在所有其余需要对"访问控制 SFP"赋值或选择操作的功能组件中。

10.1.2 组件层次(见图 23)

图 23 FDP_ACC 组件层次

FDP_ACC.1"子集访问控制",要求每个确定的访问控制 SFP 适用于对某个 TOE 客体子集可能执行的操作子集。

FDP_ACC.2"完全访问控制",要求每个确定的访问控制 SFP 涵盖被该 SFP 涵盖的主体和客体之间的所有操作,进而要求 TSC 内的所有客体和操作都至少被一个确定的访问控制 SFP 涵盖。

10.1.3 FDP_ACC.1、FDP_ACC.2 管理

尚无预见的管理活动。

10.1.4 FDP_ACC.1、FDP_ACC.2 审计

尚无预见的可审计事件。

10.1.5 FDP_ACC.1 子集访问控制

从属于:无其他组件。

依赖关系:FDP_ACF.1 基于安全属性的访问控制。

10.1.5.1 FDP_ACC.1.1

TSF 应对[赋值:*主体、客体及 SFP 所涵盖主体和客体之间的操作列表*]执行[赋值:*访问控制 SFP*]。

10.1.6 FDP_ACC.2 完全访问控制

从属于:FDP_ACC.1 子集访问控制。

依赖关系:FDP_ACF.1 基于安全属性的访问控制。

10.1.6.1 FDP_ACC.2.1

TSF 应对[赋值:*主体和客体列表*]及 SFP 所涵盖主体和客体之间的所有操作执行[赋值:*访问控制 SFP*]。

10.1.6.2 FDP_ACC.2.2

TSF 应确保 TSC 内的任何主体和客体之间的所有操作都被一个访问控制 SFP 涵盖。

10.2 访问控制功能(FDP_ACF)

10.2.1 族行为

本族描述能实施一个在 FDP_ACC"访问控制策略"中所命名的访问控制策略的特定功能的一些规则。FDP_ACC"访问控制策略"规定了策略控制的范围。

10.2.2 组件层次(见图 24)

图 24 FDP_ACF 组件层次

本族说明安全属性用法和策略特征。本族中的组件将用来描述实施 SFP 的功能的一些规则,该

SFP由FDP_ACC“访问控制策略”确定。PP/ST作者可以反复使用本组件以说明TOE中的多个策略。

FDP_ACF.1“基于安全属性的访问控制”,允许TSF基于安全属性和已命名属性组的执行访问。此外,TSF有能力根据安全属性明确地授权或拒绝对某个对象的访问。

10.2.3 FDP_ACF.1 管理

FMT中的管理功能可考虑下列行为:

a) 管理用于作出明确访问或拒绝访问决定的属性。

10.2.4 FDP_ACF.1 审计

如果PP/ST中包含FAU_GEN“安全审计数据产生”,下列行为宜是可审计的:

a) 最小级:对SFP涵盖的客体执行某个操作的成功请求;

b) 基本级:对SFP涵盖的客体执行某个操作的所有请求;

c) 详细级:用于进行访问检查的特定安全属性。

10.2.5 FDP_ACF.1 基于安全属性的访问控制

从属于:无其他组件。

依赖关系:FDP_ACC.1 子集访问控制;

FMT_MSA.3 静态属性初始化。

10.2.5.1 FDP_ACF.1.1

TSF应基于[赋值:*指定SFP控制下的主体和客体列表,以及每个对应的SFP相关安全属性或SFP相关安全属性的已命名组*]对客体执行[赋值:*访问控制SFP*]。

10.2.5.2 FDP_ACF.1.2

TSF应执行以下规则,以决定在受控主体与受控客体间的一个操作是否被允许:[赋值:*在受控主体和受控客体间,通过对受控客体采取受控操作来管理访问的一些规则*]。

10.2.5.3 FDP_ACF.1.3

TSF应基于以下附加规则:[赋值:*基于安全属性,明确授权主体访问客体的一些规则*],明确授权主体访问客体。

10.2.5.4 FDP_ACF.1.4

TSF应基于[赋值:*基于安全属性,明确拒绝主体访问客体的一些规则*]明确拒绝主体访问客体。

10.3 数据鉴别(FDP_DAU)

10.3.1 族行为

数据鉴别允许一个实体信息的真实性承担责任(如,通过数字签名)。本族提供一种方法,以保证特定数据单元的有效性,进而可用于验证信息内容没有被伪造或篡改。与FAU“安全审计”类不同,本族适用于“静态”数据而不是正在传送的数据。

10.3.2 组件层次(见图25)

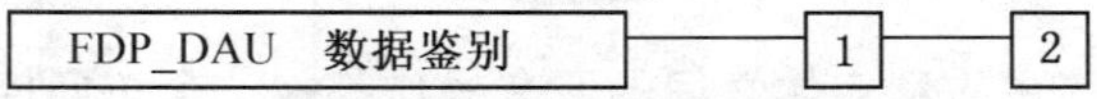

图25 FDP_DAU组件层次

FDP_DAU.1“基本数据鉴别”,要求TSF有能力产生一个客体(如文档)信息内容的真实性担保。

FDP_DAU.2“带担保者身份的数据鉴别”,还另外要求TSF有能力确定提供真实性担保的主体的身份。

10.3.3 FDP_DAU.1、FDP_DAU.2 管理

FMT中的管理功能可考虑下列行为:

a) 适用于数据鉴别的客体的赋值或修改在系统中应是可配置的。

10.3.4 FDP_DAU.1 审计

如果PP/ST中包含FAU_GEN“安全审计数据产生”,下列行为宜是可审计的:

a) 最小级:有效性证据的成功生成;

b) 基本级:有效性证据的未成功生成;

c) 详细级:请求证据的主体身份。

10.3.5 **FDP_DAU.2 审计**

如果 PP/ST 中包含 FAU_GEN"安全审计数据产生",下列行为宜是可审计的:

a) 最小级:有效性证据的成功生成;

b) 基本级:有效性证据的未成功生成;

c) 详细级:请求证据的主体身份;

d) 详细级:产生证据的主体身份。

10.3.6 **FDP_DAU.1 基本数据鉴别**

从属于:无其他组件。

依赖关系:无依赖关系。

10.3.6.1 **FDP_DAU.1.1**

TSF 应提供一种能力,以生成能用来作为[赋值:*客体或信息类型列表*]有效性担保的证据。

10.3.6.2 **FDP_DAU.1.2**

TSF 应为[赋值:*主体列表*]提供能力,以验证指定信息有效的证据。

10.3.7 **FDP_DAU.2 带担保者身份的数据鉴别**

从属于:FDP_DAU.1 基本数据鉴别。

依赖关系:FIA_UID.1 标识的时机。

10.3.7.1 **FDP_DAU.2.1**

TSF 应提供一种能力,以生成能用来作为[赋值:*客体或信息类型列表*]有效性担保的证据。

10.3.7.2 **FDP_DAU.2.2**

TSF 应为[赋值:*主体列表*]提供一种能力,以验证所指定信息的有效性证据**和产生证据的用户身份。**

10.4 **输出到 TSF 控制之外(FDP_ETC)**

10.4.1 **族行为**

本族定义从 TOE 输出用户数据的功能,一旦数据被输出,其安全属性和保护机制不是被明确保留,就是被忽略。这涉及对输出的限制,以及安全属性与所输出用户数据之间的关联关系。

10.4.2 **组件层次**(见图 26)

图 26 FDP_ETC 组件层次

FDP_ETC.1"不带安全属性的用户数据输出",要求 TSF 在把用户数据输出到 TSF 之外时执行合适的 SFP。经由本功能输出的用户数据输出时没有输出相关的安全属性。

FDP_ETC.2"带有安全属性的用户数据输出",要求 TSF 利用一个功能执行合适的 SFP,该功能准确无误地将安全属性与所输出的用户数据相关联。

10.4.3 **FDP_ETC.1 管理**

尚无预见的管理活动。

10.4.4 **FDP_ETC.2 管理**

FMT 中的管理功能可考虑下列行为:

a) 已定义角色中的一个用户能够配置的附加输出控制规则。

10.4.5 审计:FDP_ETC.1、FDP_ETC.2

如果 PP/ST 中包含 FAU_GEN"安全审计数据产生",下列行为宜是可审计的:

a) 最小级:信息的成功输出;

b) 基本级:输出信息的所有尝试。

10.4.6 FDP_ETC.1 不带安全属性的用户数据输出

从属于:无其他组件。

依赖关系:[FDP_ACC.1 子集访问控制,或
FDP_IFC.1 子集信息流控制]。

10.4.6.1 FDP_ETC.1.1

在 SFP 控制下将用户数据输出到 TSC 之外时,TSF 应执行[赋值:*访问控制 SFP 或信息流控制 SFP*]。

10.4.6.2 FDP_ETC.1.2

TSF 应输出用户数据但不带用户数据关联的安全属性。

10.4.7 FDP_ETC.2 带有安全属性的用户数据输出

从属于:无其他组件。

依赖关系:[FDP_ACC.1 子集访问控制,或
FDP_IFC.1 子集信息流控制]。

10.4.7.1 FDP_ETC.2.1

在 SFP 控制下将用户数据输出到 TSC 之外时,TSF 应执行[赋值:*访问控制 SFP 或信息流控制 SFP*]。

10.4.7.2 FDP_ETC.2.2

TSF 应输出用户数据且带有用户数据关联的安全属性。

10.4.7.3 FDP_ETC.2.3

TSF 应确保安全属性,在输出到 TSC 之外时,与所输出的数据确切关联。

10.4.7.4 FDP_ETC.2.4

在从 TSC 输出用户数据时,TSF 应执行下列规则[赋值:*附加的输出控制规则*]。

10.5 信息流控制策略(FDP_IFC)

10.5.1 族行为

本族(通过命名)识别信息流控制 SFP 并定义策略的控制范围,这些策略组成了既定 TSP 的信息流控制部分。控制范围由以下三个集合刻画:策略控制下的主体、策略控制下的信息以及策略所涵盖的引起受控信息流入、流出受控主体的操作。本准则允许存在多个策略,只是每个策略需要有一个唯一的名称,这可以通过对每个已命名的信息流控制策略反复使用本族中的组件来实现。定义信息流控制 SFP 功能的规则将在其他族中定义,如 FDP_IFF"信息流控制功能"和 FDP_SDI"存储数据的完整性"。在 FDP_IFC"信息流控制策略"中所确定的信息流控制 SFP 名称,将用在所有其余需要对"信息流控制 SFP"赋值或选择操作的组件中。

TSF 机制根据信息流控制 SFP 控制信息的流向。一般不允许执行改变信息的安全属性的操作,因为这将违背信息流控制 SFP。不过,如果明确指明,这种操作也可以作为信息流控制 SFP 的例外,得到允许。

10.5.2 组件层次(见图 27)

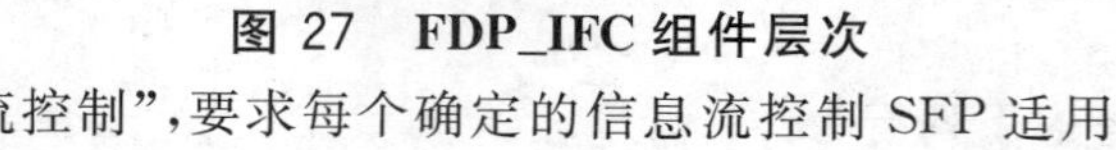

图 27 FDP_IFC 组件层次

FDP_IFC.1"子集信息流控制",要求每个确定的信息流控制 SFP 适用于对 TOE 内某个信息流子集可能执行的操作子集。

FDP_IFC.2“完全信息流控制”,要求每个确定的信息流控制 SFP 涵盖该 SFP 所涵盖主体和信息之间的所有操作,并进一步要求 TSC 内的所有信息流和操作都至少被一个确定的信息流控制 SFP 涵盖。本组件和组件 FPT_RVM.1 一起给出了一个基准监视器“总是被调用”方面的要求。

10.5.3 FDP_IFC.1、FDP_IFC.2 管理

尚无预见的管理活动。

10.5.4 FDP_IFC.1、FDP_IFC.2 审计

尚无预见的可审计事件。

10.5.5 FDP_IFC.1 子集信息流控制

从属于:无其他组件。

依赖关系:FDP_IFF.1 简单安全属性。

10.5.5.1 FDP_IFC.1.1

TSF 应对[赋值:*主体、信息及 SFP 所涵盖导致受控信息流入、流出受控主体的操作列表*]执行[赋值:*信息流控制 SFP*]。

10.5.6 FDP_IFC.2 完全信息流控制

从属于:FDP_IFC.1 子集信息流控制。

依赖关系:FDP_IFF.1 简单安全属性。

10.5.6.1 FDP_IFC.2.1

TSF 应对[赋值:*主体列表和信息列表*]及 SFP 所涵盖导致信息流入、流出主体的**所有操作**执行[赋值:*信息流控制 SFP*]。

10.5.6.2 FDP_IFC.2.2

TSF 应确保导致 TSC 内任意信息流入、流出 TSC 内任意主体的所有操作都被一个信息流控制 SFP 涵盖。

10.6 信息流控制功能(FDP_IFF)

10.6.1 族行为

本族描述能实施一个在 FDP_IFC“信息流控制策略”中所命名的信息流控制 SFP 的特定功能的一些规则。FDP_IFC“信息流控制策略”也规定策略控制的范围。本族中包含两种要求:一种是针对通用的信息流功能问题,另一种是针对非法的信息流(如隐蔽信道)。之所以这样划分是因为非法信息流涉及到的问题,在某种意义上与其他的信息流控制 SFP 是完全不相干的。非法信息流的本质就是为了规避信息流控制 SFP,导致策略失效,因而需要特定的功能限制或防止非法信息流的出现。

10.6.2 组件层次(见图 28)

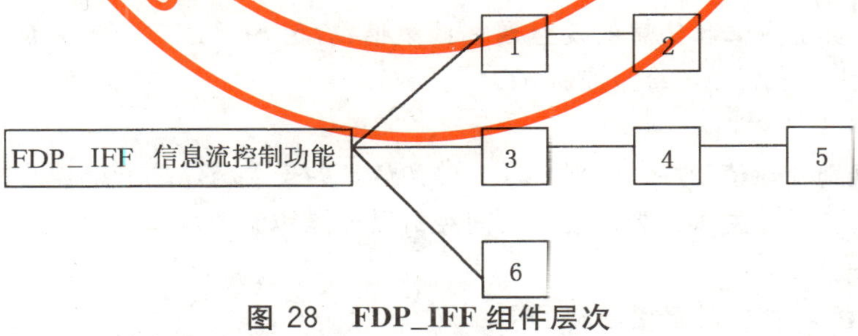

图 28 FDP_IFF 组件层次

FDP_IFF.1“简单安全属性”,需要信息的安全属性、导致信息流动的主体的安全属性以及作为信息接收者的主体的安全属性。它规定了功能必须执行的一些规则,并描述该功能如何得到安全属性。

FDP_IFF.2“分级安全属性”,扩充 FDP_IFF.1“简单安全属性”的要求,通过要求 TSP 中所有信息流控制 SFP 使用可构成一个格序的分级安全属性。

FDP_IFF.3“受限的非法信息流”,要求 SFP 涵盖非法信息流,但不必消除它们。

FDP_IFF.4“部分消除非法信息流”,要求 SFP 涵盖部分(不必是全部)非法信息流的消除。

FDP_IFF.5"无非法信息流",要求 SFP 涵盖所有非法信息流的消除。

FDP_IFF.6"非法信息流监视",要求 SFP 针对指定的最大流量监视非法信息流。

10.6.3 FDP_IFF.1、FDP_IFF.2 管理

FMT 中的管理功能可考虑下列行为:

a) 管理用于作出明确访问决定的属性。

10.6.4 FDP_IFF.3、FDP_IFF.4、FDP_IFF.5 管理

尚无预见的管理活动。

10.6.5 FDP_IFF.6 管理

FMT 中的管理功能可考虑下列行为:

a) 监视功能的启动或关闭;

b) 监视发生时最大流量的修改。

10.6.6 FDP_IFF.1、FDP_IFF.2、FDP_IFF.5 审计

如果 PP/ST 中包含 FAU_GEN"安全审计数据产生",下列行为宜是可审计的:

a) 最小级:允许请求的信息流动的决定;

b) 基本级:请求信息流动的所有决定;

c) 详细级:用于做出信息流动执行决定的特定安全属性;

d) 详细级:根据策略目标(如降级材料的审计)而流动的信息的某些特定子集。

10.6.7 FDP_IFF.3、FDP_IFF.4、FDP_IFF.6 审计

如果 PP/ST 中包含 FAU_GEN"安全审计数据产生",下列行为宜是可审计的:

a) 最小级:允许请求的信息流动的决定;

b) 基本级:请求信息流动的所有决定;

c) 基本级:确定的非法信息流信道的使用;

d) 详细级:用于做出信息流动执行决定的特定安全属性;

e) 详细级:根据策略目标(如降级材料的审计)而流动的信息的某些特定子集;

f) 详细级:估算的最大流量超过一个规定值的既定非法信息流信道的使用。

10.6.8 FDP_IFF.1 简单安全属性

从属于:无其他组件。

依赖关系:FDP_IFC.1 子集信息流控制;

FMT_MSA.3 静态属性初始化。

10.6.8.1 FDP_IFF.1.1

TSF 应基于下列类型主体和信息的安全属性:[赋值:*指定 SFP 控制下的主体和信息列表,以及每个对应的安全属性*]执行[赋值:*信息流控制 SFP*]。

10.6.8.2 FDP_IFF.1.2

如果支持下列规则:[赋值:*对每一个操作,主体和信息的安全属性之间必须支持基于安全属性的关系*],TSF 应允许信息在受控主体和受控信息之间经由受控操作流动。

10.6.8.3 FDP_IFF.1.3

TSF 应执行[赋值:*附加的信息流控制 SFP 规则*]。

10.6.8.4 FDP_IFF.1.4

TSF 应提供下列[赋值:*附加的 SFP 能力列表*]。

10.6.8.5 FDP_IFF.1.5

TSF 应根据下列规则:[赋值:*基于安全属性,明确批准信息流的规则*]明确批准一个信息流。

10.6.8.6 FDP_IFF.1.6

TSF 应根据下列规则:[赋值:*基于安全属性,明确拒绝信息流的规则*]明确拒绝一个信息流。

10.6.9 **FDP_IFF.2 分级安全属性**

从属于:FDP_IFF.1 简单安全属性。

依赖关系:FDP_IFC.1 子集信息流控制;

FMT_MSA.3 静态属性初始化。

10.6.9.1 **FDP_IFF.2.1**

TSF应基于下列类型主体和信息的安全属性:[赋值:*指定SFP控制下的主体和信息列表,以及每个对应的安全属性*]执行[赋值:*信息流控制SFP*]。

10.6.9.2 **FDP_IFF.2.2**

如果**基于安全属性间的有序关系**支持下列的规则[赋值:*对每一个操作,在主体和信息的安全属性之间必须支持基于安全属性的关系*],TSF应允许信息在受控主体和受控信息之间经由受控操作流动。

10.6.9.3 **FDP_IFF.2.3**

TSF应执行[赋值:*附加的信息流控制SFP规则*]。

10.6.9.4 **FDP_IFF.2.4**

TSF应提供下列[赋值:*附加的SFP能力列表*]。

10.6.9.5 **FDP_IFF.2.5**

TSF应根据下列规则:[赋值:*基于安全属性,明确批准信息流的规则*]明确批准一个信息流。

10.6.9.6 **FDP_IFF.2.6**

TSF应根据下列规则:[赋值:*基于安全属性,明确拒绝信息流的规则*]明确拒绝一个信息流。

10.6.9.7 **FDP_IFF.2.7**

TSF应对任意两个有效的信息流控制安全属性执行下列关系:

a) 存在一个有序函数,也就是说,给定两个有效的安全属性,可判断它们是否相等,是否其中一个大于另一个,还是两者不可比较;

b) 在安全属性集合中存在一个"最小上界",也就是说,给定任意两个有效的安全属性,存在一个有效的安全属性大于或等于这两个安全属性;

c) 在安全属性集合中存在一个"最大下界",也就是说,给定任意两个有效的安全属性,存在一个有效的安全属性不大于这两个安全属性。

10.6.10 **FDP_IFF.3 受限的非法信息流**

从属于:无其他组件。

依赖关系:AVA_CCA.1 隐蔽信道分析;

FDP_IFC.1 子集信息流控制。

10.6.10.1 **FDP_IFF.3.1**

TSF应执行[赋值:*信息流控制SFP*],以限制[赋值:*非法信息流的类型*]的流量,不超过[赋值:*最大流量*]。

10.6.11 **FDP_IFF.4 部分消除非法信息流**

从属于:FDP_IFF.3 受限的非法信息流。

依赖关系:AVA_CCA.1 隐蔽信道分析;

FDP_IFC.1 子集信息流控制。

10.6.11.1 **FDP_IFF.4.1**

TSF应执行[赋值:*信息流控制SFP*],以限制[赋值:*非法信息流的类型*]的流量,不超过[赋值:*最大流量*]。

10.6.11.2 **FDP_IFF.4.2**

TSF应阻止[赋值:*非法信息流的类型*]。

10.6.12 FDP_IFF.5 无非法信息流

从属于:FDP_IFF.4 部分消除非法信息流。

依赖关系:AVA_CCA.3 详尽的隐蔽信道分析;

FDP_IFC.1 子集信息流控制。

10.6.12.1 FDP_IFF.5.1

TSF 应确保不存在规避[赋值:*信息流控制 SFP 名字*]的非法信息流。

10.6.13 FDP_IFF.6 非法信息流监视

从属于:无其他组件。

依赖关系:AVA_CCA.1 隐蔽信道分析;

FDP_IFC.1 子集信息流控制。

10.6.13.1 FDP_IFF.6.1

TSF 应执行[赋值:*信息流控制 SFP*],以监视[赋值:*非法信息流的类型*]何时超过了[赋值:*最大流量*]。

10.7 从 TSF 控制之外输入(FDP_ITC)

10.7.1 族行为

本族定义将用户数据导入到 TOE 内的机制,如此这样数据才具有合适的安全属性并得到适当的保护。本族关心对输入的限制、所需安全属性的判断以及用户数据相关安全属性的解释。

10.7.2 组件层次(见图 29)

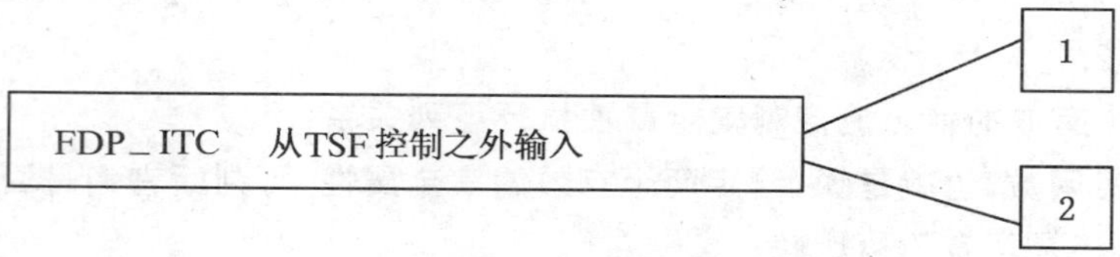

图 29 FDP_ITC 组件层次

FDP_ITC.1“不带安全属性的用户数据输入”,要求安全属性正确表示用户数据,且与客体分离。

FDP_ITC.2“带有安全属性的用户数据输入”,要求安全属性正确表示用户数据,并且准确无误地与从 TSC 外输入的用户数据相关联。

10.7.3 FDP_ITC.1、FDP_ITC.2 管理

FMT 中的管理功能可考虑下列行为:

a) 对用于输入的附加控制规则的修改。

10.7.4 FDP_ITC.1、FDP_ITC.2 审计

如果 PP/ST 中包含 FAU_GEN“安全审计数据产生”,下列行为宜是可审计的:

a) 最小级:用户数据的成功输入,包括任何安全属性;

b) 基本级:用户数据的所有输入尝试,包括任何安全属性;

c) 详细级:授权用户提供的用于输入的用户数据的安全属性规范。

10.7.5 FDP_ITC.1 不带安全属性的用户数据输入

从属于:无其他组件。

依赖关系:[FDP_ACC.1 子集访问控制,或

FDP_IFC.1 子集信息流控制];

FMT_MSA.3 静态属性初始化。

10.7.5.1 FDP_ITC.1.1

在 SFP 控制下从 TSC 之外输入用户数据时,TSF 应执行[赋值:*访问控制 SFP 或信息流控制 SFP*]。

10.7.5.2 FDP_ITC.1.2

从 TSC 外部输入用户数据时,TSF 应略去任何与用户数据相关的安全属性。

10.7.5.3 **FDP_ITC.1.3**

在 SPF 控制下从 TSC 之外输入用户数据时，TSF 应执行下面的规则：[赋值：*附加的输入控制规则*]。

10.7.6 **FDP_ITC.2 带有安全属性的用户数据输入**

从属于：无其他组件。

依赖关系：[FDP_ACC.1 子集访问控制，或
FDP_IFC.1 子集信息流控制]；
[FDP_ITC.1 TSF 间的可信信道，或
FTP_TRP.1 可信路径]；
FPT_TDC.1 TSF 间基本的 TSF 数据一致性。

10.7.6.1 **FDP_ITC.2.1**

在 SFP 控制下从 TSC 之外输入用户数据时，TSF 应执行[赋值：*访问控制 SFP 或信息流控制 SFP*]。

10.7.6.2 **FDP_ITC.2.2**

TSF 应使用与所输入数据相关的安全属性。

10.7.6.3 **FDP_ITC.2.3**

TSF 应确保所使用协议在安全属性和接收到的用户数据之间提供了明确的关联。

10.7.6.4 **FDP_ITC.2.4**

TSF 应确保对所输入用户数据的安全属性的解释与用户数据源的解释是一样的。

10.7.6.5 **FDP_ITC.2.5**

在 SFP 控制下从 TSC 之外输入用户数据时，TSF 应执行[赋值：*附加的输入控制规则*]。

10.8 **TOE 内部传送(FDP_ITT)**

10.8.1 **族行为**

本族提供当用户数据通过内部信道在 TOE 各部分之间传送时，对数据进行保护的要求。本族与族 FDP_UCT“TSF 间用户数据保密性传送保护”和 FDP_UIT“TSF 间用户数据完整性传送保护”的不同之处在于，后两者为用户数据经外部信道在不同的 TSF 间传送时提供保护；而与族 FDP_ETC“输出到 TSF 控制之外”和 FDP_ITC“从 TSF 控制之外输入”的不同之处则在于，它们处理的是出入 TSF 控制之外的数据传送。

10.8.2 **组件层次(见图 30)**

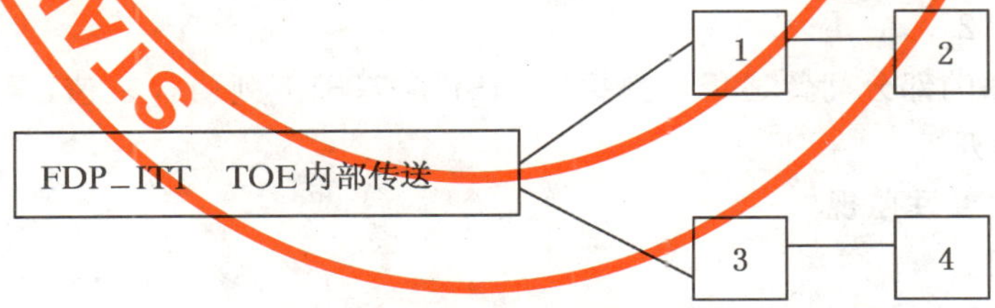

图 30 FDP_ITT 组件层次

FDP_ITT.1“基本内部传送保护”，要求用户数据在 TOE 的各部分间传递时受保护。

FDP_ITT.2“按属性分隔传送”，除第一个组件的要求外，还要求基于 SFP 相关属性把数据分隔开。

FDP_ITT.3“完整性监视”，要求 SF 针对已标识的完整性错误，监视在 TOE 各部分间传递的用户数据。

FDP_ITT.4“基于属性的完整性监视”，通过允许根据不同的 SFP 相关属性进行完整性监视，扩展第 3 个组件的要求。

10.8.3 **FDP_ITT.1、FDP_ITT.2 管理**

FMT 中的管理功能可考虑下列行为：

a) 如果 TSF 提供了多种方法保护在 TOE 物理上分隔的部分间传递的用户数据，则 TSF 能提供

一个预定义的角色,使其有能力选择将使用哪种方法。

10.8.4 FDP_ITT.3、FDP_ITT.4 管理

FMT 中的管理功能可考虑下列行为:

a) 对于检测到一个完整性错误而采取的行为的规范应是可配置的。

10.8.5 FDP_ITT.1、FDP_ITT.2 审计

如果 PP/ST 中包含 FAU_GEN“安全审计数据产生”,下列行为宜是可审计的:

a) 最小级:用户数据的成功传送,包括所用完整性保护方法的标识;

b) 基本级:用户数据传送的所有尝试,包括所用完整性保护方法和出现的任何错误。

10.8.6 FDP_ITT.3、FDP_ITT.4 审计

如果 PP/ST 中包含 FAU_GEN“安全审计数据产生”,下列行为宜是可审计的:

a) 最小级:用户数据的成功传送,包括所用完整性保护方法的标识;

b) 基本级:用户数据传送的所有尝试,包括所用完整性保护方法和出现的任何错误;

c) 基本级:未授权地尝试改变完整性保护方法;

d) 详细级:检测到一个完整性错误而采取的行为。

10.8.7 FDP_ITT.1 基本内部传送保护

从属于:无其他组件。

依赖关系:[FDP_ACC.1 子集访问控制,或
FDP_IFC.1 子集信息流控制]。

10.8.7.1 FDP_ITT.1.1

在 TOE 物理上分隔的部分间传递用户数据时,TSF 应执行[赋值:*访问控制 SFP 或信息流控制 SFP*],以防止用户数据的[选择:*泄露、篡改、可用性丧失*]。

10.8.8 FDP_ITT.2 按属性分隔传送

从属于:FDP_ITT.1 基本内部传送保护。

依赖关系:[FDP_ACC.1 子集访问控制,或
FDP_IFC.1 子集信息流控制]。

10.8.8.1 FDP_ITT.2.1

在 TOE 物理上分隔的部分间传递用户数据时,TSF 应执行[赋值:*访问控制 SFP 或信息流控制 SFP*],以防止用户数据的[选择:*泄露、篡改、可用性丧失*]。

10.8.8.2 FDP_ITT.2.2

在 TOE 物理上分隔的部分间传递用户数据时,TSF 应基于下列值:[赋值:*需要分隔的安全属性*],将 SFP 控制的数据分隔开。

10.8.9 FDP_ITT.3 完整性监视

从属于:无其他组件。

依赖关系:[FDP_ACC.1 子集访问控制,或
FDP_IFC.1 子集信息流控制];
FDP_ITT.1 基本内部传送保护。

10.8.9.1 FDP_ITT.3.1

TSF 应执行[赋值:*访问控制 SFP 或信息流控制 SFP*],以监视用户数据在 TOE 物理上分隔的部分间传递时是否存在下列错误:[赋值:*完整性错误*]。

10.8.9.2 FDP_ITT.3.2

检测到数据完整性错误时,TSF 应[赋值:*规定对完整性错误应采取的动作*]。

10.8.10 FDP_ITT.4 基于属性的完整性监视

从属于:FDP_ITT.3 完整性监视。

依赖关系:[FDP_ACC.1 子集访问控制,或

FDP_IFC.1 子集信息流控制];

FDP_ITT.2 按属性分隔传送。

10.8.10.1 **FDP_ITT.4.1**

TSF 应**基于下列属性**:[赋值:***需要分隔传送信道的安全属性***],执行[赋值:*访问控制 SFP 或信息流控制 SFP*],以监视用户数据在 TOE 物理上分隔的部分间传递时是否存在下列错误:[赋值:完整性错误]。

10.8.10.2 **FDP_ITT.4.2**

检测到数据完整性错误时,TSF 应[赋值:*规定对完整性错误应采取的动作*]。

10.9 残余信息保护(FDP_RIP)

10.9.1 族行为

本族针对如下需要,即确保已经被删除的信息不再是可访问的,并且新产生的客体确实不包含不应被访问的信息。本族要求保护那些已逻辑上删除或释放但仍可能残存在 TOE 中的信息。

10.9.2 组件层次(见图 31)

图 31 FDP_RIP 组件层次

FDP_RIP.1“子集残余信息保护”,要求 TSF 确保任何资源的任何残余信息内容,在资源分配或释放时,对 TSC 内已定义的客体子集而言都是不可再利用的。

FDP_RIP.2“完全残余信息保护”,要求 TSF 确保任何资源的任何残余信息内容,在资源分配或释放时,对于所有客体都是不可再利用的。

10.9.3 FDP_RIP.1、FDP_RIP.2 管理

FMT 中的管理功能可考虑下列行为:

a) 执行残余信息保护(即分配或释放)的时机选择在 TOE 内是可以配置的。

10.9.4 FDP_RIP.1、FDP_RIP.2 审计

尚无预见的可审计事件。

10.9.5 FDP_RIP.1 子集残余信息保护

从属于:无其他组件。

依赖关系:无依赖关系。

10.9.5.1 **FDP_RIP.1.1**

TSF 应确保一个资源的任何先前信息内容,在[选择:*分配资源到、释放资源自*]下列客体:[赋值:*客体列表*]时不再可用。

10.9.6 FDP_RIP.2 完全残余信息保护

从属于:FDP_RIP.1 子集残余信息保护。

依赖关系:无依赖性。

10.9.6.1 **FDP_RIP.2.1**

TSF 应确保一个资源的任何先前信息内容,在[选择:*分配资源到、释放资源自*]**所有客体**时不再可用。

10.10 回退(FDP_ROL)

10.10.1 族行为

回退操作指在某个条件(如一段时间)限制下,撤消最后一次操作或一系列操作,并返回到一个先前已知的状态。回退提供了撤销最后一次或一系列操作结果的能力,以保持用户数据的完整性。

10.10.2 **组件层次**(见图 32)

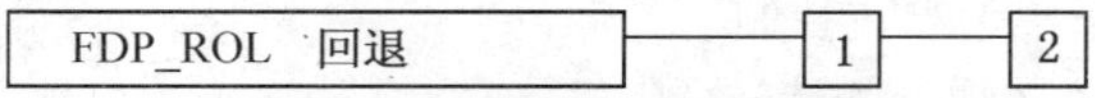

图 32 FDP_ROL 组件层次

FDP_ROL.1“基本回退”,要求在既定的限制条件下回退或撤消有限个操作。

FDP_ROL.2“高级回退”,要求在既定的限制条件下回退或撤消所有操作。

10.10.3 **FDP_ROL.1、FDP_ROL.2 管理**

FMT 中的管理功能可考虑下列行为:

a) 执行回退操作的边界限制条件可能是 TOE 中一个可配置的条目;

b) 执行回退操作的权限可以被限制到一个明确的角色。

10.10.4 **FDP_ROL.1、FDP_ROL.2 审计**

如果 PP/ST 中包含 FAU_GEN“安全审计数据产生”,下列行为宜是可审计的:

a) 最小级:所有成功的回退操作;

b) 基本级:执行回退操作的所有尝试;

c) 详细级:执行回退操作的所有尝试,包括回退操作类型的识别。

10.10.5 **FDP_ROL.1 基本回退**

从属于:无其他组件。

依赖关系:[FDP_ACC.1 子集访问控制,或

FMT_IFC.1 子集信息流控制]。

10.10.5.1 **FDP_ROL.1.1**

TSF 应执行[赋值:*访问控制 SFP 或信息流控制 SFP*],以允许对[赋值:*信息或客体列表*]的[赋值:*操作列表*]进行回退。

10.10.5.2 **FDP_ROL.1.2**

TSF 应允许在[赋值:*执行回退操作的边界限制条件*]下进行回退操作。

10.10.6 **FDP_ROL.2 高级回退**

从属于:FDP_ROL.1 基本回退。

依赖关系:[FDP_ACC.1 子集访问控制,或

FMT_IFC.1 子集信息流控制]。

10.10.6.1 **FDP_ROL.2.1**

TSF 应执行[赋值:*访问控制 SFP 或信息流控制 SFP*],以允许对[赋值:*客体列表*]的**所有操作**进行回退。

10.10.6.2 **FDP_ROL.2.2**

TSF 应允许在[赋值:*执行回退操作的边界限制条件*]下进行回退操作。

10.11 **存储数据的完整性(FDP_SDI)**

10.11.1 **族行为**

本族提供了对存储在 TSC 内的用户数据进行保护的要求。完整性错误可能会影响存放在存储器或存储设备中的数据。本族与 FDP_ITT“TOE 内部传送”的不同之处在于,后者保护的是数据在 TOE 内部传送时的完整性。

10.11.2 **组件层次**(见图 33)

图 33 FDP_SDI 组件层次

FDP_SDI.1“存储数据的完整性监视”,要求 SF 监视存储在 TSC 内的用户数据是否存在已确定的完整性错误。

FDP_SDI.2“存储数据完整性监视和反应”，相比第一个组件增加了在检测到某个错误时允许采取相应动作的能力。

10.11.3 **FDP_SDI.1 管理**

尚无预见的管理活动。

10.11.4 **FDP_SDI.2 管理**

FMT 中的管理功能可考虑下列行为：

a) 检测到完整性错误时所要采取的动作是可配置的。

10.11.5 **FDP_SDI.1 审计**

如果 PP/ST 中包含 FAU_GEN“安全审计数据产生”，下列行为宜是可审计的：

a) 最小级：检查用户数据完整性的成功尝试，包括检查结果的指标；

b) 基本级：检查用户数据完整性的所有尝试，如果成功的话，还包括检查结果的指标；

c) 详细级：出现的完整性错误的类型。

10.11.6 **FDP_SDI.2 审计**

如果 PP/ST 中包含 FAU_GEN“安全审计数据产生”，下列行为宜是可审计的：

a) 最小级：检查用户数据完整性的成功尝试，包括检查结果的指标；

b) 基本级：检查用户数据完整性的所有尝试，如果成功的话，还包括检查结果的指标；

c) 详细级：出现的完整性错误的类型；

d) 详细级：检测到完整性错误时所采取的动作。

10.11.7 **FDP_SDI.1 存储数据完整性监视**

从属于：无其他组件。

依赖关系：无依赖关系。

10.11.7.1 **FDP_SDI.1.1**

TSF 应基于下列属性：[赋值：*用户数据属性*]，对所有客体，监视存储在 TOE 内的用户数据是否存在[赋值：*完整性错误*]。

10.11.8 **FDP_SDI.2 存储数据完整性监视和反应**

从属于：FDP_SDI.1 存储数据完整性监视。

依赖关系：无依赖关系。

10.11.8.1 **FDP_SDI.2.1**

TSF 应基于下列属性：[赋值：*用户数据属性*]，对所有客体，监视存储在 TOE 内的用户数据是否存在[赋值：*完整性错误*]。

10.11.8.2 **FDP_SDI.2.2**

检测到完整性错误时，TSF 应[赋值：*采取的动作*]。

10.12 **TSF 间用户数据保密性传送保护(FDP_UCT)**

10.12.1 **族行为**

本族定义当用户数据通过外部信道，在不同 TOE 之间或在不同 TOE 用户之间传送时，确保用户数据保密性的要求。

10.12.2 **组件层次**(见图 34)

FDP_UCT TSF间用户数据保密性传送保护	—	1

图 34 FDP_UCT 组件层次

FDP_UCT.1“基本的数据交换保密性”，目的是为用户数据提供保护，防止其在传送过程中被泄露。

10.12.3 **FDP_UCT.1 管理**

尚无预见的管理活动。

10.12.4 FDP_UCT.1 审计

如果 PP/ST 中包含 FAU_GEN“安全审计数据产生”,下列行为宜是可审计的:

a) 最小级:使用数据交换机制的任何用户或主体的身份;

b) 基本级:企图使用用户数据交换机制的任何未授权用户或主体的身份;

c) 基本级:名称或其他标引信息的一个索引表,可用于识别传送或接收的用户数据,可能包括与信息相关联的一些安全属性。

10.12.5 FDP_UCT.1 基本的数据交换保密性

从属于:无其他组件。

依赖关系:[FTP_ITC.1 TSF 间的可信信道,或
FTP_TRP.1 可信路径];
[FDP_ACC.1 子集访问控制,或
FDP_IFC.1 子集信息流控制]。

10.12.5.1 FDP_UCT.1.1

TSF 应执行[赋值:*访问控制 SFP 或信息流控制 SFP*],以便能[选择:*传送、接收*]客体,并保护其免遭未授权泄露。

10.13 TSF 间用户数据完整性传送保护(FDP_UIT)

10.13.1 族行为

本族定义一些关于用户数据在 TSF 和其他可信 IT 产品间传送时提供完整性保护以及从可检测的错误中恢复的要求。本族至少要监视对用户数据完整性的篡改,此外还支持采取不同方法纠正检测到的完整性错误。

10.13.2 组件层次(见图 35)

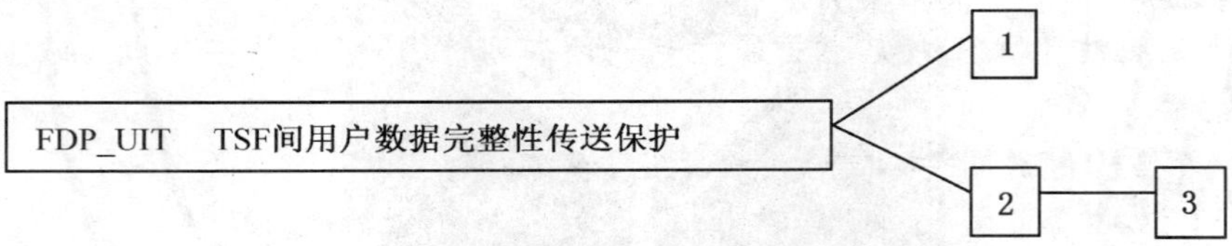

图 35 FDP_UIT 组件层次

FDP_UIT.1“数据交换的完整性”,处理对所传送用户数据的篡改、删除、插入和重放等错误的检测。

FDP_UIT.2“原发端数据交换恢复”,处理由接收端 TSF 借助原发端可信 IT 产品对原始用户数据的恢复。

FDP_UIT.3“接受端数据交换恢复”,处理由接收端 TSF 自己,无需原发端可信 IT 产品的任何帮助,对原始用户数据的恢复。

10.13.3 FDP_UIT.1、FDP_UIT.2、FDP_UIT.3 管理

尚无预见的管理活动。

10.13.4 FDP_UIT.1 审计

如果 PP/ST 中包含 FAU_GEN“安全审计数据产生”,下列行为宜是可审计的:

a) 最小级:使用数据交换机制的任何用户或主体的身份;

b) 基本级:企图使用用户数据交换机制的任何未授权用户或主体的身份;

c) 基本级:名字或其他标引信息的一个索引表,可用于识别传送或接收的用户数据,可能包括与信息相关联的一些安全属性;

d) 基本级:妨碍用户数据传送的任何确定的尝试;

e) 详细级:所传送用户数据的任何检测到的篡改类型或后果。

10.13.5 **FDP_UIT.2、FDP_UIT.3 审计**

如果 PP/ST 中包含 FAU_GEN“安全审计数据产生”，下列行为宜是可审计的：

a) 最小级：使用数据交换机制的任何用户或主体的身份；

b) 最小级：从错误中成功的恢复，包括检测到的错误类型；

c) 基本级：企图使用用户数据交换机制的任何未授权用户或主体的身份；

d) 基本级：名字或其他标引信息的一个索引表，可用于识别传送或接收的用户数据，可能包括与信息相关联的一些安全属性；

e) 基本级：妨碍用户数据传送的任何确定的尝试；

f) 详细级：所传送用户数据的任何检测到的篡改类型或后果。

10.13.6 **FDP_UIT.1 数据交换完整性**

从属于：无其他组件。

依赖关系：[FDP_ACC.1 子集访问控制，或
FDP_IFC.1 子集信息流控制]；
[FTP_ITC.1 TSF 间的可信信道，或
FTP_TRP.1 可信路径]。

10.13.6.1 **FDP_UIT.1.1**

TSF 应执行[赋值：*访问控制 SFP 或信息流控制 SFP*]，以便能[选择：*传送、接收*]用户数据，并保护数据避免带来[选择：*篡改、删除、插入、重放*]错误。

10.13.6.2 **FDP_UIT.1.2**

TSF 应能判断用户数据的接收过程，是否发生了[选择：*篡改、删除、插入、重放*]。

10.13.7 **FDP_UIT.2 原发端数据交换恢复**

从属于：无其他组件。

依赖关系：[FDP_ACC.1 子集访问控制，或
FDP_IFC.1 子集信息流控制]；
[FDP_UIT.1 数据交换完整性，或
FTP_ITC.1 TSF 间的可信信道]。

10.13.7.1 **FDP_UIT.2.1**

TSF 应执行[赋值：*访问控制 SFP 或信息流控制 SFP*]，以便能在原发端可信 IT 产品的帮助下，从[赋值：*可恢复的错误列表*]中恢复用户数据。

10.13.8 **FDP_UIT.3 接受端数据交换恢复**

从属于：FDP_UIT.2 原发端数据交换恢复。

依赖关系：[FDP_ACC.1 子集访问控制，或
FDP_IFC.1 子集信息流控制]；
[FDP_UIT.1 数据交换完整性，或
FTP_ITC.1 TSF 间的可信信道]。

10.13.8.1 **FDP_UIT.3.1**

TSF 应执行[赋值：*访问控制 SFP 或信息流控制 SFP*]，以便能在**没有任何**原发端可信 IT 产品的帮助下，从[赋值：*可恢复的错误列表*]中恢复用户数据。

11 FIA 类：标识和鉴别

本类中的族提出建立和验证所声称的用户身份的功能要求。

需要通过标识和鉴别确保用户与正确的安全属性(如身份、组、角色、安全性或完整性等级)相关联。

授权用户的明确标识以及安全属性与用户和主体的正确关联是实施预定安全策略的关键。本类中的族负责处理用户身份的确定和验证、确定他们与 TOE 交互的权限、以及每个授权用户安全属性的正确关联。其他要求类(如 FDP“用户数据保护”、FAU“安全审计”)的有效性都是建立在对用户的正确标识和鉴别基础上的。

FIA 标识和鉴别类分解见图 36。

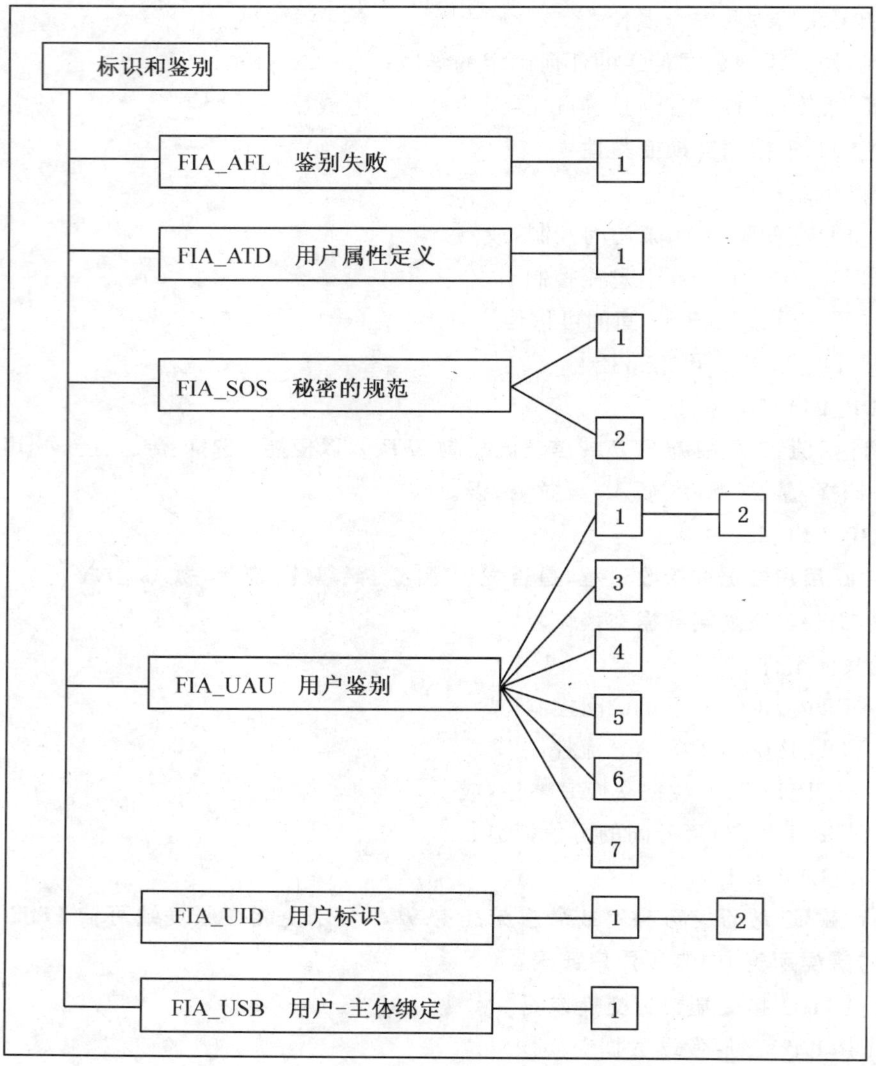

图 36 FIA 标识和鉴别类分解

11.1 鉴别失败(FIA_AFL)

11.1.1 族行为

本族包含为不成功的鉴别尝试次数定义数值和鉴别尝试失败时 TSF 应采取的动作等方面的要求。参数包括但不限于,失败的鉴别尝试次数和时间门限值。

11.1.2 组件层次(见图 37)

图 37 FIA_AFL 组件层次

FIA_AFL.1“鉴别失败处理”，要求TSF能够在用户鉴别尝试失败达到指定的次数后，终止会话建立进程。此外，它还要求会话建立进程终止后，TSF能够使进行尝试的用户帐号或登录点（如工作站）无效，直到满足管理员定义的条件才再次激活。

11.1.3 FIA_AFL.1 管理

FMT中的管理功能可考虑下列行为：

a) 未成功鉴别尝试的门限值的管理；

b) 鉴别失败事件中要采取的动作的管理。

11.1.4 FIA_AFL.1 审计

如果PP/ST中包含FAU_GEN“安全审计数据产生”，下列行为宜是可审计的：

a) 最小级：未成功鉴别尝试达到门限值、达到门限值后所采取的动作（如，使终端无效），及后来（适当时）还原到正常状态（如，重新使终端有效）。

11.1.5 FIA_AFL.1 鉴别失败处理

从属于：无其他组件。

依赖关系：FIA_UAU.1 鉴别的时机。

11.1.5.1 FIA_AFL.1.1

TSF应检测何时发生[选择：[*赋值：正整数*]，*管理员可设置的*[*赋值：可接受数值范围*]*内的一个正整数*]次与[赋值：*鉴别事件列表*]相关的未成功鉴别尝试。

11.1.5.2 FIA_AFL.1.2

当达到或超过所定义的未成功鉴别尝试次数时，TSF应采取的[赋值：*动作列表*]。

11.2 用户属性定义(FIA_ATD)

11.2.1 族行为

所有授权用户可能都有一组除用户身份外的安全属性用来执行TSP。本族将用户安全属性与用户相关联以支持TSP的要求。

11.2.2 组件层次(见图38)

图38 FIA_ATD组件层次

FIA_ATD.1“用户属性定义”，允许对每个用户的用户安全属性分别加以维护。

11.2.3 FIA_ATD.1 管理

FMT中的管理功能可考虑下列行为：

a) 如果赋值中提及的话，授权管理员应该能够为用户定义附加的安全属性。

11.2.4 FIA_ATD.1 审计

尚无预见的可审计事件。

11.2.5 FIA_ATD.1 用户属性定义

从属于：无其他组件。

依赖关系：无依赖关系。

11.2.5.1 FIA_ATD.1.1

TSF应维护属于单个用户的下列安全属性列表：[赋值：*安全属性列表*]。

11.3 秘密的规范(FIA_SOS)

11.3.1 族行为

本族定义关于对所提供的秘密进行既定的质量度量以及生成满足既定度量的秘密的机制的要求。

11.3.2 **组件层次**(见图 39)

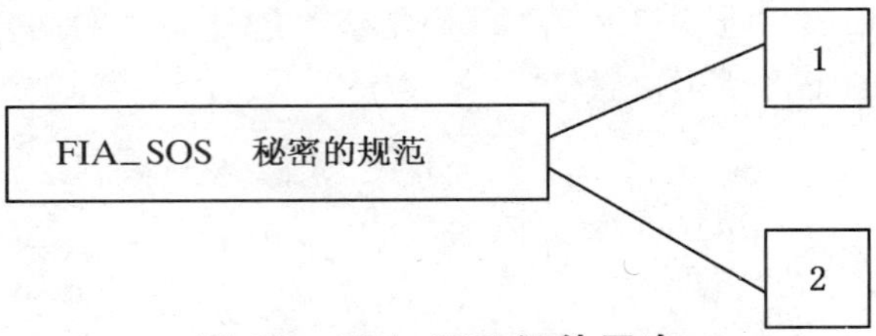

图 39 FIA_SOS 组件层次

FIA_SOS.1"秘密的验证",要求 TSF 验证秘密满足既定的质量度量。

FIA_SOS.2"TSF 生成秘密",要求 TSF 能够产生满足既定的质量度量的秘密。

11.3.3 **FIA_SOS.1 管理**

FMT 中的管理功能可考虑下列行为:

a) 用于验证秘密的度量的管理。

11.3.4 **FIA_SOS.2 管理**

FMT 中的管理功能可考虑下列行为:

a) 用于产生秘密的度量的管理。

11.3.5 **FIA_SOS.1、FIA_SOS.2 审计**

如果 PP/ST 中包含 FAU_GEN"安全审计数据产生",下列行为宜是可审计的:

a) 最小级:TSF 对任何已测试秘密的拒绝;

b) 基本级:TSF 对任何已测试秘密的拒绝或接受;

c) 详细级:对既定的质量度量的任何改动的标识。

11.3.6 **FIA_SOS.1 秘密的验证**

从属于:无其他组件。

依赖关系:无依赖关系。

11.3.6.1 **FIA_SOS.1.1**

TSF 应提供一种机制以验证秘密满足[赋值:*一个既定的质量度量*]。

11.3.7 **FIA_SOS.2 TSF 生成秘密**

从属于:无其他组件。

依赖关系:无依赖关系。

11.3.7.1 **FIA_SOS.2.1**

TSF 应提供一种机制以产生满足[赋值:*一个既定的质量度量*]的秘密。

11.3.7.2 **FIA_SOS.2.2**

TSF 应能够为[赋值:*TSF 功能列表*]使用 TSF 产生的秘密。

11.4 **用户鉴别(FIA_UAU)**

11.4.1 **族行为**

本族定义 TSF 所支持的用户鉴别机制的类型,也定义了作为用户鉴别机制基础的必需的属性。

11.4.2 **组件层次**(见图 40)

FIA_UAU.1"鉴别的时机",允许用户在其身份被鉴别前执行某些动作。

FIA_UAU.2"任何动作前的用户鉴别",要求在 TSF 允许采取任何动作之前,先鉴别用户。

FIA_UAU.3"不可伪造的鉴别",要求鉴别机制能够检测并防止伪造或复制的鉴别数据的使用。

FIA_UAU.4"一次性鉴别机制",要求鉴别机制使用一次性的鉴别数据。

FIA_UAU.5"多重鉴别机制",要求提供和使用不同的鉴别机制,为特定的事件鉴别用户的身份。

FIA_UAU.6"重鉴别",要求有能力说明对于哪些特定事件,用户需要被重新鉴别。

FIA_UAU.7"受保护的鉴别反馈",要求在鉴别期间,只提供给用户有限的反馈信息。

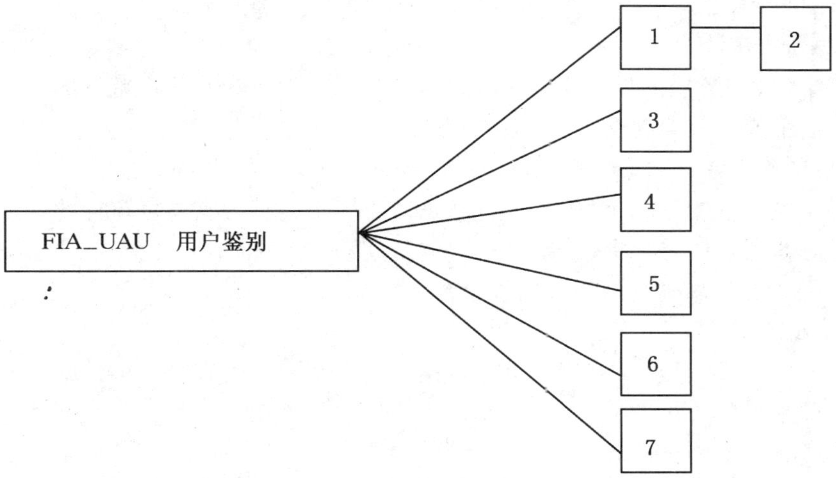

图 40 FIA_UAU 组件层次

11.4.3 FIA_UAU.1 管理

FMT 中的管理功能可考虑下列行为：

a) 管理员对鉴别数据的管理；

b) 相关用户对鉴别数据的管理；

c) 用户被鉴别前可执行的动作列表的管理。

11.4.4 FIA_UAU.2 管理

FMT 中的管理功能可考虑下列行为：

a) 管理员对鉴别数据的管理；

b) 与鉴别数据相关的用户对鉴别数据的管理。

11.4.5 FIA_UAU.3、FIA_UAU.4、FIA_UAU.7 管理

尚无预见的管理活动。

11.4.6 FIA_UAU.5 管理

FMT 中的管理功能可考虑下列行为：

a) 鉴别机制的管理；

b) 鉴别规则的管理。

11.4.7 FIA_UAU.6 管理

FMT 中的管理功能可考虑下列行为：

a) 如果一个授权管理员能请求重鉴别，则管理将包含一个重鉴别请求。

11.4.8 FIA_UAU.1 审计

如果 PP/ST 中包含 FAU_GEN"安全审计数据产生"，下列行为宜是可审计的：

a) 最小级：鉴别机制的未成功使用；

b) 基本级：鉴别机制的所有使用；

c) 详细级：用户鉴别前执行的所有由 TSF 介导的动作。

11.4.9 FIA_UAU.2 审计

如果 PP/ST 中包含 FAU_GEN"安全审计数据产生"，下列行为宜是可审计的：

a) 最小级：鉴别机制的未成功使用；

b) 基本级：鉴别机制的所有使用。

11.4.10 FIA_UAU.3 审计

如果 PP/ST 中包含 FAU_GEN"安全审计数据产生"，下列行为宜是可审计的：

a) 最小级：欺骗性鉴别数据的检测；

b) 基本级:对欺骗性数据检查的结果,以及将采取的所后续有措施。

11.4.11 FIA_UAU.4 审计

如果PP/ST中包含FAU_GEN“安全审计数据产生”,下列行为宜是可审计的:

a) 最小级:重用鉴别数据的企图。

11.4.12 FIA_UAU.5 审计

如果PP/ST中包含FAU_GEN“安全审计数据产生”,下列行为宜是可审计的:

a) 最小级:对鉴别的最终裁决;

b) 基本级:每个被激活机制的结果以及最终裁决。

11.4.13 FIA_UAU.6 审计

如果PP/ST中包含FAU_GEN“安全审计数据产生”,下列行为宜是可审计的:

a) 最小级:重鉴别失效;

b) 基本级:所有重鉴别尝试。

11.4.14 FIA_UAU.7 审计

尚无预见的可审计事件。

11.4.15 FIA_UAU.1 鉴别的时机

从属于:无其他组件。

依赖关系:FIA_UID.1 标识的时机。

11.4.15.1 FIA_UAU.1.1

在用户被鉴别前,TSF应允许执行代表用户的[赋值:*TSF介导的动作列表*]。

11.4.15.2 FIA_UAU.1.2

在允许执行代表该用户的任何其他TSF介导动作前,TSF应要求每个用户都已被成功鉴别。

11.4.16 FIA_UAU.2 任何动作前的用户鉴别

从属于:FIA_UAU.1 鉴别的时机。

依赖关系:FIA_UID.1 标识的时机。

11.4.16.1 FIA_UAU.2.1

在允许执行代表该用户的任何其他TSF介导动作前,TSF应要求每个用户都已被成功鉴别。

11.4.17 FIA_UAU.3 不可伪造的鉴别

从属于:无其他组件。

依赖关系:无依赖关系。

11.4.17.1 FIA_UAU.3.1

TSF应[选择:*检测、防止*]由任何TSF用户伪造的鉴别数据的使用。

11.4.17.2 FIA_UAU.3.2

TSF应[选择:*检测、防止*]从任何其他的TSF用户处拷贝的鉴别数据的使用。

11.4.18 FIA_UAU.4 一次性鉴别机制

从属于:无其他组件。

依赖关系:无依赖关系。

11.4.18.1 FIA_UAU.4.1

TSF应防止与[赋值:*确定的鉴别机制*]有关的鉴别数据的再次使用。

11.4.19 FIA_UAU.5 多重鉴别机制

从属于:无其他组件。

依赖关系:无依赖关系。

11.4.19.1 FIA_UAU.5.1

TSF应提供[赋值:*多重鉴别机制列表*]以支持用户鉴别。

11.4.19.2 **FIA_UAU.5.2**

TSF 应根据[赋值:*描述多重鉴别机制如何提供鉴别的规则*]鉴别任何用户所声称的身份。

11.4.20 **FIA_UAU.6 重鉴别**

从属于:无其他组件。

依赖关系:无依赖关系。

11.4.20.1 **FIA_UAU.6.1**

TSF 应在[赋值:*需要重鉴别的条件列表*]条件下重新鉴别用户。

11.4.21 **FIA_UAU.7 受保护的鉴别反馈**

从属于:无其他组件。

依赖关系:FIA_UAU.1 鉴别的时机

11.4.21.1 **FIA_UAU.7.1**

鉴别进行时,TSF 应仅向用户提供[赋值:*反馈列表*]。

11.5 **用户标识(FIA_UID)**

11.5.1 **族行为**

本族定义在什么条件下要求用户在执行任何其他由 TSF 介导的并需要有用户标识的动作之前,先识别他们自己。

11.5.2 **组件层次**(见图 41)

图 41 FIA_UID 组件层次

FIA_UID.1"标识的时机",允许用户在被 TSF 识别前,执行某些动作。

FIA_UID.2"任何动作前的用户标识",在 TSF 允许其执行任何动作之前,要求用户识别他们自己。

11.5.3 **FIA_UID.1 管理**

FMT 中的管理功能可考虑下列行为:

a) 用户身份的管理;

b) 如果一个授权管理员能够改变在标识前所允许的动作,那么对动作列表的管理。

11.5.4 **FIA_UID.2 管理**

FMT 中的管理功能可考虑下列行为:

a) 用户身份的管理。

11.5.5 **FIA_UID.1、FIA_UID.2 审计**

如果 PP/ST 中包含 FAU_GEN"安全审计数据产生",下列行为宜是可审计的:

a) 最小级:用户标识机制的未成功使用,包括所提供的用户身份;

b) 基本级:用户标识机制的所有使用,包括所提供的用户身份。

11.5.6 **FIA_UID.1 标识的时机**

从属于:无其他组件。

依赖关系:无依赖关系。

11.5.6.1 **FIA_UID.1.1**

在用户被识别之前,TSF 应允许执行代表用户的[赋值:*TSF 介导的动作列表*]。

11.5.6.2 **FIA_UID.1.2**

在允许执行代表该用户的任何其他 TSF 介导动作之前,TSF 应要求每个用户都已被成功识别。

11.5.7 **FIA_UID.2 任何动作前的用户标识**

从属于:FIA_UID.1 标识的时机。

依赖关系:无依赖关系。

11.5.7.1 **FIA_UID.2.1**

在允许执行代表该用户的任何其他 TSF 介导动作之前，TSF 应要求每个用户识别他自己。

11.6 用户-主体绑定(FIA_USB)

11.6.1 族行为

一个已鉴别了的用户，为了使用 TOE，一般要先激活一个主体。用户的安全属性（全部或部分地）与该主体相关联。本族定义建立和维护用户安全属性与代表用户活动的主体间关联关系的要求。

11.6.2 组件层次(见图 42)

图 42 FIA_USB 组件层次

FIA_USB.1“用户-主体绑定”，要求说明制约用户属性及其与对应主体属性间关联关系的规则。

11.6.3 FIA_USB.1 管理

FMT 中的管理功能可考虑下列行为：

a) 授权管理员可以定义默认的主体安全属性。

b) 授权管理员可以改变主体的安全属性。

11.6.4 FIA_USB.1 审计

如果 PP/ST 中包含 FAU_GEN“安全审计数据产生”，下列行为宜是可审计的：

a) 最小级：用户安全属性与一个主体的未成功绑定（如，创建一个主体）；

b) 基本级：用户安全属性与一个主体的成功绑定和失效绑定（如，成功和失效创建一个主体）。

11.6.5 FIA_USB.1 用户-主体绑定

从属于：无其他组件。

依赖关系：FIA_ATD.1 用户属性定义。

11.6.5.1 **FIA_USB.1.1**

TSF 应将下列用户安全属性：[赋值：*用户安全属性列表*]与代表用户活动的主体相关联。

11.6.5.2 **FIA_USB.1.2**

TSF 应执行下列规则：[赋值：*属性初始关联规则*]将用户安全属性与代表用户活动的主体初始关联。

11.6.5.3 **FIA_USB.1.3**

TSF 应执行下列规则：[赋值：*属性更改规则*]管理与代表用户活动的主体相关联的用户安全属性的改变。

12 FMT 类：安全管理

本类目的是规定 TSF 安全属性、TSF 数据和功能等几个方面的管理，也规定了不同的管理角色及其相互作用，如能力的分离。

本类有几个目的：

a) 管理 TSF 数据，例如旗标；

b) 管理安全属性，例如访问控制表和能力表；

c) 管理 TSF 功能，例如功能的选择，影响 TSF 行为的规则或条件；

d) 定义安全角色。

FMT 安全管理类分解见图 43。

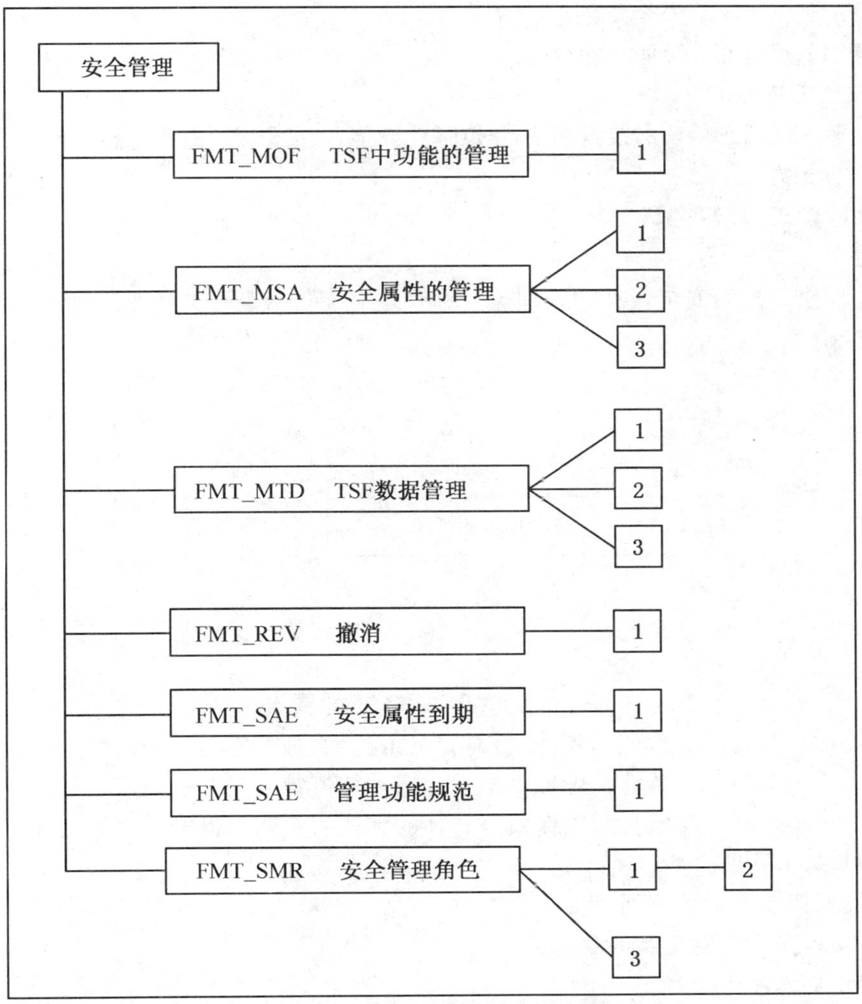

图 43 FMT 安全管理类分解

12.1 TSF 中功能的管理(FMT_MOF)

12.1.1 族行为

本族允许授权用户控制对 TSF 中功能的管理。例如,审计功能和多重鉴别功能都是 TSF 中的功能实例。

12.1.2 组件层次(见图 44)

图 44 FMT_MOF 组件层次

FMT_MOF.1“安全功能行为的管理”,允许授权用户(角色)管理 TSF 中使用规则或具有指定可管理条件的功能的行为。

12.1.3 FMT_MOF.1 管理

FMT 中的管理功能可考虑下列行为:

a) 管理可以与 TSF 中功能交互的角色组。

12.1.4 FMT_MOF.1 审计

如果 PP/ST 中包含 FAU_GEN“安全审计数据产生”,下列行为宜是可审计的:

a) 基本级:TSF 中功能行为的所有改动。

12.1.5 FMT_MOF.1 安全功能行为的管理

从属于:无其他组件。

依赖关系:FMT_SMR.1 安全角色;

FMT_SMF.1 管理功能规范。

12.1.5.1 **FMT_MOF.1.1**

TSF 应仅限于[赋值:*已标识的授权角色*]对功能[赋值:*功能列表*]具有[选择:*确定其行为、终止、激活、修改其行为*]的能力。

12.2 安全属性的管理(FMT_MSA)

12.2.1 族行为

本族允许授权用户控制安全属性的管理。这种管理可能包括查看和修改安全属性的能力。

12.2.2 组件层次(见图 45)

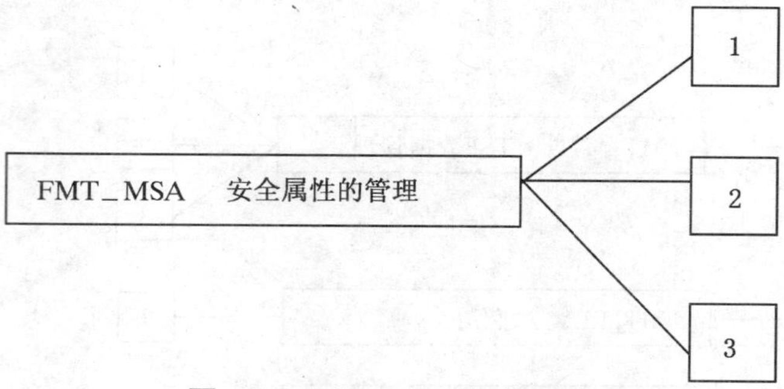

图 45　FMT_MSA 组件层次

FMT_MSA.1"安全属性的管理",允许授权用户(角色)管理指定的安全属性。

FMT_MSA.2"安全的安全属性",确保赋给安全属性的值针对安全状态而言是有效的。

FMT_MSA.3"静态属性初始化",确保安全属性的默认值实际上设成了适当的允许或限制。

12.2.3 FMT_MSA.1 管理

FMT 中的管理功能可考虑下列行为:

a) 管理可以和安全属性交互的角色组。

12.2.4 FMT_MSA.2 管理

尚无预见的管理活动。

12.2.5 FMT_MSA.3 管理

FMT 中的管理功能可考虑下列行为:

a) 管理能指定初始值的角色组;

b) 对于某个给定的访问控制 SFP,管理默认值的允许或限制设置。

12.2.6 FMT_MSA.1 审计

如果 PP/ST 中包含 FAU_GEN"安全审计数据产生",下列行为宜是可审计的:

a) 基本级:所有对安全属性值的改动。

12.2.7 FMT_MSA.2 审计

如果 PP/ST 中包含 FAU_GEN"安全审计数据产生",下列行为宜是可审计的:

a) 最小级:对某安全属性,所有出现和被拒绝的值;

b) 详细级:对某安全属性,所有出现和接受的安全值。

12.2.8 FMT_MSA.3 审计

如果 PP/ST 中包含 FAU_GEN"安全审计数据产生",下列行为宜是可审计的:

a) 基本级:对允许或限制规则默认设置的修改;

b) 基本级:所有对安全属性初始值的修改。

12.2.9 FMT_MSA.1 安全属性的管理

从属于:无其他组件。

依赖关系:[FDP_ACC.1 子集访问控制,或
FDP_IFC.1 子集信息流控制];
FMT_SMR.1 安全角色;
FMT_SMF.1 管理功能规范。

12.2.9.1 FMT_MSA.1.1

TSF 应执行[赋值:*访问控制 SFP、信息流控制 SFP*],以仅限于[赋值:*已标识的授权角色*]能够对安全属性[赋值:*安全属性列表*]进行[选择:*改变默认值、查询、修改、删除、*[赋值:*其他操作*]]。

12.2.10 FMT_MSA.2 安全的安全属性

从属于:无其他组件。

依赖关系:ADV_SPM.1 非形式化的 TOE 安全策略模型;
[FDP_ACC.1 子集访问控制,或
FDP_IFC.1 子集信息流控制];
FMT_MSA.1 安全属性的管理;
FMT_SMR.1 安全角色。

12.2.10.1 FMT_MSA.2.1

TSF 应确保安全属性只接受安全的值。

12.2.11 FMT_MSA.3 静态属性初始化

从属于:无其他组件。

依赖关系:FMT_MSA.1 安全属性的管理;
FMT_SMR.1 安全角色。

12.2.11.1 FMT_MSA.3.1

TSF 应执行[赋值:*访问控制 SFP、信息流控制 SFP*],以便为用于执行 SFP 的安全属性提供[选择,从中选取一个:*受限的、许可的、*[赋值:*其他特性*]]默认值。

12.2.11.2 FMT_MSA.3.2

TSF 应允许[赋值:*已标识的授权角色*]在创建客体或信息时指定替换性的初始值以代替原来的默认值。

12.3 TSF 数据的管理(FMT_MTD)

12.3.1 族行为

本族允许授权用户(角色)控制 TSF 数据的管理。这里的 TSF 数据包括审计信息、时钟、系统配置和其他 TSF 配置参数。

12.3.2 组件层次(见图 46)

图 46 FMT_MTD 组件层次

FMT_MTD.1"TSF 数据的管理",允许授权用户管理 TSF 数据。

FMT_MTD.2"TSF 数据限值的管理",详细说明如果达到或超过了 TSF 数据的限值所应采取的动作。

FMT_MTD.3“安全的 TSF 数据”,确保赋给 TSF 数据的值针对安全状态而言是有效的。

12.3.3 **FMT_MTD.1 管理**

FMT 中的管理功能可考虑下列行为:

a) 管理可以和 TSF 数据交互的角色组。

12.3.4 **FMT_MTD.2 管理**

FMT 中的管理功能可考虑下列行为:

a) 管理可以和 TSF 数据限值交互的角色组。

12.3.5 **FMT_MTD.3 管理**

尚无预见的管理活动。

12.3.6 **FMT_MTD.1 审计**

如果 PP/ST 中包含 FAU_GEN“安全审计数据产生”,下列行为宜是可审计的:

a) 基本级:所有对 TSF 数据值的改动。

12.3.7 **FMT_MTD.2 审计**

如果 PP/ST 中包含 FAU_GEN“安全审计数据产生”,下列行为宜是可审计的:

a) 基本级:所有对 TSF 数据限值的改动;

b) 基本级:在超出限值时,所要采取动作的所有改动。

12.3.8 **FMT_MTD.3 审计**

如果 PP/ST 中包含 FAU_GEN“安全审计数据产生”,下列行为宜是可审计的:

a) 最小级:所有被拒绝的 TSF 数据值。

12.3.9 **FMT_MTD.1 TSF 数据的管理**

从属于:无其他组件。

依赖关系:FMT_SMR.1 安全角色;

FMT_SMF.1 管理功能规范。

12.3.9.1 **FMT_MTD.1.1**

TSF 应仅限于[赋值:*已标识的授权角色*]能够对[赋值:*TSF 数据列表*][选择:*改变默认值、查询、修改、删除、清除、[赋值:其他操作]*]。

12.3.10 **FMT_MTD.2 TSF 数据限值的管理**

从属于:无其他组件。

依赖关系:FMT_MTD.1 TSF 数据的管理;

FMT_SMR.1 安全角色。

12.3.10.1 **FMT_MSA.2.1**

TSF 应仅限于[赋值:*已识别的授权角色*]规定[赋值:*TSF 数据列表*]的限值。

12.3.10.2 **FMT_MSA.2.2**

如果 TSF 数据达到或超过了指明的限值,TSF 应采取下面的动作:[赋值:*要采取的动作*]。

12.3.11 **FMT_MTD.3 安全的 TSF 数据**

从属于:无其他组件。

依赖关系:ADV_SPM.1 非形式化 TOE 安全策略模型;

FMT_MTD.1 TSF 数据的管理。

12.3.11.1 **FMT_MSA.3.1**

TSF 应确保 TSF 数据只接受安全的值。

12.4 **撤消(FMT_REV)**

12.4.1 **族行为**

本族负责处理 TOE 内各种实体安全属性的撤消。

12.4.2 组件层次(见图47)

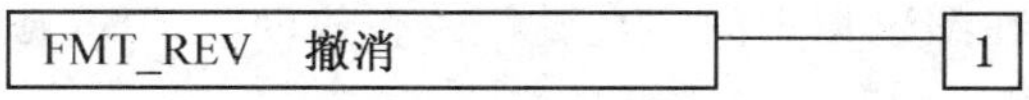

图47 FMT_REV组件层次

FMT_REV.1“撤消”,提供在某一时刻将实施的安全属性撤消。

12.4.3 FMT_REV.1 管理

FMT中的管理功能可考虑下列行为:

a) 管理能够调用安全属性撤消这一功能的角色组;

b) 管理可能发生撤消的用户、主体、客体和其他资源列表;

c) 管理撤消规则。

12.4.4 FMT_REV.1 审计

如果PP/ST中包含FAU_GEN“安全审计数据产生”,下列行为宜是可审计的:

a) 最小级:安全属性的未成功撤消;

b) 基本级:所有撤消安全属性的尝试。

12.4.5 FMT_REV.1 撤消

从属于:无其他组件。

依赖关系:FMT_SMR.1 安全角色。

12.4.5.1 FMT_REV.1.1

TSF应仅限于[赋值:*已标识的授权角色*]能够撤消TSC内与[选择:*用户*、*主体*、*客体*、[赋值:*其他额外资源*]]相关联的安全属性。

12.4.5.2 FMT_REV.1.2

TSF应执行规则[赋值:*撤消规则的详细说明*]。

12.5 安全属性到期(FMT_SAE)

12.5.1 族行为

本族提出对安全属性的有效性实施时间限制的能力。

12.5.2 组件层次(见图48)

图48 FMT_SAE组件层次

FMT_SAE.1“时限授权”,为授权用户提供对指定的安全属性规定有效期的能力。

12.5.3 FMT_SAE.1 管理

FMT中的管理功能可考虑下列行为:

a) 管理支持有效期的安全属性表;

b) 如果到期,将要采取的动作。

12.5.4 FMT_SAE.1 审计

如果PP/ST中包含FAU_GEN“安全审计数据产生”,下列行为宜是可审计的:

a) 基本级:属性有效期的规定;

b) 基本级:因属性到期而采取的动作。

12.5.5 FMT_SAE.1 时限授权

从属于:无其他组件。

依赖关系:FMT_SMR.1 安全角色;

FPT_STM.1 可靠时间戳。

12.5.5.1 FMT_SAE.1.1

TSF应仅限于[赋值:*已标识的授权角色*]能够为[赋值:*支持有效期的安全属性列表*]规定有效期。

12.5.5.2 **FMT_REV.1.2**

对每个这样的安全属性,在超过指定的安全属性的有效期后,TSF 应能够[赋值:*对每一个安全属性将要采取的动作列表*]。

12.6 管理功能规范(FMT_SMF)

12.6.1 族行为

本族允许管理功能的规范由 TOE 提供。管理功能提供 TSFI 以便于管理员定义控制 TOE 安全相关操作的参数,如数据保护属性、TOE 保护属性、审计属性、标识和鉴别属性等。管理功能也包含由操作员执行的用以确保 TOE 连续运行的那些功能,如备份和恢复。本族同 FMT“安全管理”类中的其他组件合在一起使用:本族的组件负责提出管理功能,FMT“安全功能”类中其他族限制使用这些管理功能的能力。

12.6.2 组件层次(见图 49)

图 49 FMT_SMF 组件层次

FMT_SMF.1“管理功能规范”,要求 TSF 提供特定的管理功能。

12.6.3 FMT_SMF.1 管理

尚无预见的管理活动。

12.6.4 FMT_SMF.1 审计

如果 PP/ST 中包含 FAU_GEN“安全审计数据产生”,下列行为宜是可审计的:

a) 最小级:管理功能的使用;

12.6.5 FMT_SMF.1 管理功能规范

从属于:无其他组件。

依赖关系:无依赖关系。

12.6.5.1 **FMT_SMF.1.1**

TSF 应能够执行如下安全管理功能:[赋值:*TSF 提供的安全管理功能列表*]。

12.7 安全管理角色(FMT_SMR)

12.7.1 族行为

本族目的是控制对用户分配不同的角色。这些角色在安全管理方面的能力在本类的其他族中描述。

12.7.2 组件层次(见图 50)

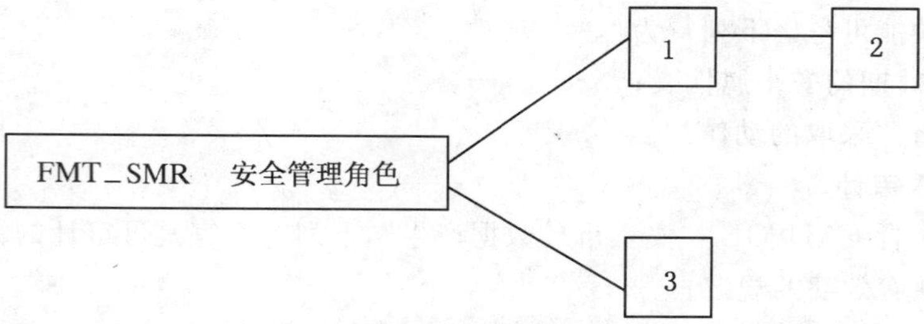

图 50 FMT_SMR 组件层次

FMT_SMR.1“安全角色”,规定 TSF 认同的与安全相关的一些角色。

FMT_SMR.2“安全角色限制”,除了规定角色外,还有规定了控制角色之间关系的规则。

FMT_SMR.3“承担角色”,要求向 TSF 明确请求承担某个角色。

12.7.3 FMT_SMR.1 管理

FMT 中的管理功能可考虑下列行为:

a) 管理充当某个角色的用户组。

b) 管理用户组(某个角色的一部分)

12.7.4 **FMT_SMR.2 管理**

FMT 中的管理功能可考虑下列行为:

a) 管理充当某个角色的用户组。

12.7.5 **FMT_SMR.3 管理**

尚无预见的管理活动。

12.7.6 **FMT_SMR.1 审计**

如果 PP/ST 中包含 FAU_GEN"安全审计数据产生",下列行为宜是可审计的:

a) 最小级:对充当某个角色的用户组的修改;

b) 详细级:对角色权限的每一次使用。

12.7.7 **FMT_SMR.2 审计**

如果 PP/ST 中包含 FAU_GEN"安全审计数据产生",下列行为宜是可审计的:

a) 最小级:对充当某个角色的用户组的修改;

b) 最小级:在对角色给定条件下,使用某个角色的未成功尝试;

c) 详细级:对角色权限的每一次使用。

12.7.8 **FMT_SMR.3 审计**

如果 PP/ST 中包含 FAU_GEN"安全审计数据产生",下列行为宜是可审计的:

a) 最小级:承担一个角色的明确请求。

12.7.9 **FMT_SMR.1 安全角色**

从属于:无其他组件。

依赖关系:FIA_UID.1 标识的时机。

12.7.9.1 **FMT_SMR.1.1**

TSF 应维护角色[赋值:*已标识的授权角色*]。

12.7.9.2 **FMT_SMR.1.2**

TSF 应能够把用户和角色关联起来。

12.7.10 **FMT_SMR.2 安全角色限制**

从属于:FMT_SMR.1 安全角色。

依赖关系:FIA_UID.1 标识的时机。

12.7.10.1 **FMT_SMR.2.1**

TSF 应维护角色[赋值:*已标识的授权角色*]。

12.7.10.2 **FMT_SMR.2.2**

TSF 应能够把用户和角色关联起来。

12.7.10.3 **FMT_SMR.2.3**

TSF 应确保条件[赋值:*不同角色的条件*]得到满足。

12.7.11 **FMT_SMR.3 承担角色**

从属于:无其他组件。

依赖关系:FMT_SMR.1 安全角色。

12.7.11.1 **FMT_SMR.3.1**

TSF 应要求提供一个明确请求以承担下列角色:[赋值:*角色*]。

13 FPR 类:私密性

本类包含私密性有关的一些要求。这些要求为用户提供保护,以防止其身份被其他用户发现并滥用。

FPR 私密性类分解见图 51。

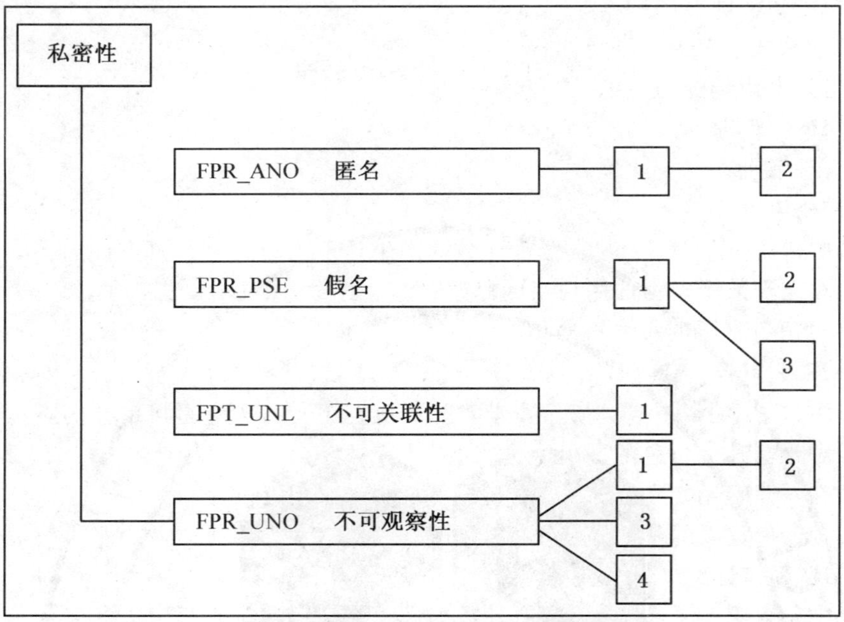

图 51 FPR 私密性类分解

13.1 匿名(FPR_ANO)

13.1.1 族行为

本族确保用户在不暴露其身份的情况下使用资源或服务。本族的要求提供了用户身份的保护,但并不提供主体身份的保护。

13.1.2 组件层次(见图 52)

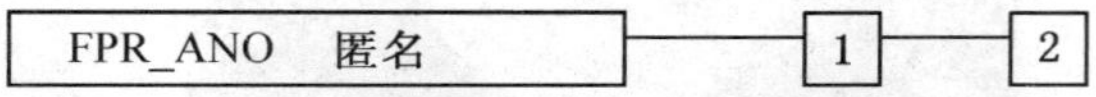

图 52 FPR_ANO 组件层次

FPR_ANO.1“匿名”,要求其他用户或主体不能确定与某个主体或操作所绑定的那个用户的身份。

FPR_ANO.2“无索求信息的匿名”,通过确保 TSF 不询问用户身份来增强 FPR_ANO.1“匿名”的要求。

13.1.3 FPR_ANO.1、FPR_ANO.2 管理

尚无预见的管理活动。

13.1.4 FPR_ANO.1 、FPR_ANO.2 审计

如果 PP/ST 中包含 FAU_GEN“安全审计数据产生”,下列行为宜是可审计的:

a) 最小级:匿名机制的调用。

13.1.5 FPR_ANO.1 匿名

从属于:无其他组件。

依赖关系:无依赖关系。

13.1.5.1 FPR_ANO.1.1

TSF 应确保 [赋值:*用户或主体集*]不能确定与 [赋值:*主体、操作或客体列表*]绑定的真实用户名。

13.1.6 FPR_ANO.2 无索求信息的匿名

从属于:FPR_ANO.1 匿名。

依赖关系:无依赖关系。

13.1.6.1 FPR_ANO.2.1

TSF 应确保 [赋值:*用户或主体集*]不能确定与[赋值:*主体、操作或客体列表*]绑定的真实用户名。

13.1.6.2 **FPR_ANO.2.2**

TSF 应提供［赋值:*服务列表*］给［赋值:*主体列表*］,而不需索求任何有关真实用户名的信息。

13.2 **假名(FPR_PSE)**

13.2.1 **族行为**

本族确保用户在不暴露其身份的情况下使用资源或服务,但仍能对该次使用负责。

13.2.2 **组件层次**(见图 53)

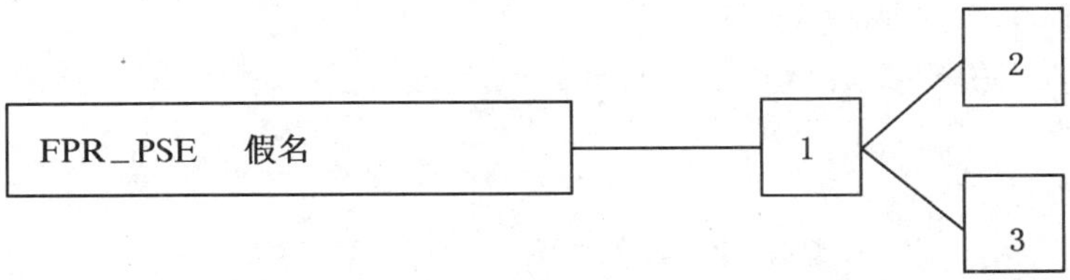

图 53 FPR_PSE 组件层次

FPR_PSE.1"假名",要求一组用户或主体不能确定与主体或操作相绑定的用户身份,但是该用户仍能对其行为负责。

FPR_PSE.2"可逆假名",要求 TSF 提供一种可根据用户所提供的别名确定原始用户身份的能力。

FPR_PSE.3"别名假名",要求 TSF 采用某种构造规则对用户身份和别名进行关联。

13.2.3 **FPR_PSE.1、FPR_PSE.2、FPR_PSE.3 管理**

尚无预见的管理活动。

13.2.4 **FPR_PSE.1、FPR_PSE.2、FPR_PSE.3 审计**

如果 PP/ST 中包含 FAU_GEN"安全审计数据产生",下列行为宜是可审计的:

a) 最小级:对请求辨析用户身份的主体/用户的审计。

13.2.5 **FPR_PSE.1 假名**

从属于:无其他组件。

依赖关系:无依赖关系。

13.2.5.1 **FPR_PSE.1.1**

TSF 应确保［赋值:*用户或主体集*］不能确定与［赋值:*主体、操作或客体列表*］相绑定的真实用户名。

13.2.5.2 **FPR_PSE.1.2**

TSF 应能提供真实用户名的［赋值:*别名的数目*］个别名给［赋值:*主体列表*］。

13.2.5.3 **FPR_PSE.1.3**

TSF 应［选择,选取一个:*确定一个用户的别名、接受该用户的别名*］并验证它是否符合［赋值:*别名的衡量标准*］。

13.2.6 **FPR_PSE.2 可逆假名**

从属于:FPR_PSE.1 假名。

依赖关系:FIA_UID.1 标识的时机。

13.2.6.1 **FPR_PSE.2.1**

TSF 应确保［赋值:*用户或主体集*］不能确定与［赋值:*主体、操作或客体列表*］相绑定的真实用户名。

13.2.6.2 **FPR_PSE.2.2**

TSF 应能提供真实用户名的［赋值:*别名的数目*］个别名给［赋值:*主体列表*］。

13.2.6.3 **FPR_PSE.2.3**

TSF 应能［选择:*确定一个用户的别名、接受该用户的别名*］并验证它是否符合［赋值:别名的*衡量标准*］。

13.2.6.4 FPR_PSE.2.4

TSF 应为[选择:*授权用户*、*[赋值:可信主体列表]*]提供一种能力,以便只在[赋值:*条件列表*]下就能基于所提供的别名确定用户的身份。

13.2.7 **FPR_PSE.3 别名假名**

从属于:FPR_PSE.1 假名。

依赖关系:无依赖关系。

13.2.7.1 FPR_PSE.3.1

TSF 应确保[赋值:*用户或主体集*]不能确定与[赋值:*主体*、*操作或客体列表*]相绑定的真实用户名。

13.2.7.2 FPR_PSE.3.2

TSF 应能提供真实用户名的[赋值:*别名的数目*]个别名给[赋值:*主体列表*]。

13.2.7.3 FPR_PSE.3.3

TSF 应能[选择:*确定一个用户的别名*、*接受该用户的别名*]并验证它是否符合[赋值:*别名的衡量标准*]。

13.2.7.4 FPR_PSE.3.4

TSF 应能为真实用户名提供一个别名,在[赋值:*条件列表*]下,该别名应当与先前所提供的别名相同,而其他情况下,所提供的别名应与先前所提供的别名无关。

13.3 不可关联性(FPR_UNL)

13.3.1 族行为

本族确保一个用户可多次使用资源或服务,而其他人不能将这些使用关联在一起。

13.3.2 组件层次(见图 54)

图 54 FPR_UNL 组件层次

FPR_UNL.1"不可关联性",要求用户或主体不能确定是否同一个用户在系统中进行了某种特定的操作。

13.3.3 FPR_UNL.1 管理

FMT 中的管理功能可考虑下列行为:

a) 不可关联性功能的管理。

13.3.4 FPR_UNL.1 审计

如果 PP/ST 中包含 FAU_GEN"安全审计数据产生",下列行为宜是可审计的:

a) 最小级:不可关联性机制的调用。

13.3.5 FPR_UNL.1 不可关联性

从属于:无其他组件。

依赖关系:无依赖关系。

13.3.5.1 FPR_UNL.1.1

TSF 应确保[赋值:*用户或主体集*]不能确定[赋值:*操作列表*]是否[选择:*由同一个用户引起*、*与如下[赋值:关系列表]有关*]。

13.4 不可观察性(FPR_UNO)

13.4.1 族行为

本族确保一个用户在使用某个资源和服务时,其他人尤其是第三方不能观察到该资源和服务正被使用。

13.4.2 组件层次(见图 55)

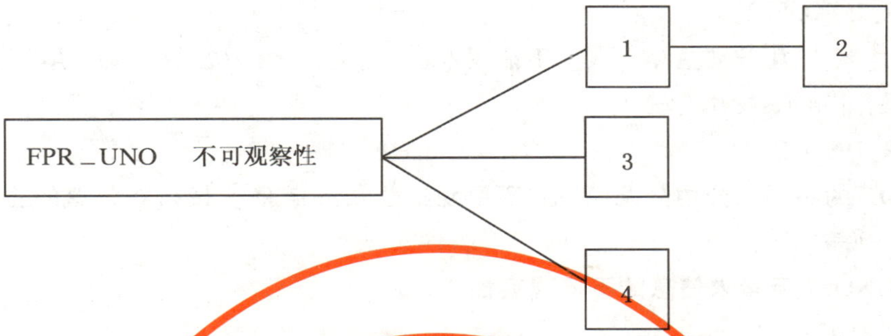

图 55 FPR_UNO 组件层次

FPR_UNO.1“不可观察性”,要求用户或主体不能确定一个操作是否正在被执行。

FPR_UNO.2“影响不可观察性的信息的分配”,要求 TSF 提供专门的机制以避免 TOE 内有关私密性信息的汇集。当出现安全性损害时,这种汇集可能会影响到不可观察性。

FPR_UNO.3“无索求信息的不可观察性”,要求 TSF 不要试图获得私密性有关的信息,因为可能会损害不可观察性。

FPR_UNO.4“授权用户可观察性”,要求 TSF 能够给一个或多个授权用户提供具有观察资源或服务使用情况的能力。

13.4.3 **FPR_UNO.1、FPR_UNO.2 管理**

FMT 中的管理功能可考虑下列行为:

a) 不可观察性功能的行为的管理。

13.4.4 **FPR_UNO.3 管理**

尚无预见的管理活动。

13.4.5 **FPR_UNO.4 管理**

FMT 中的管理功能可考虑下列行为:

a) 有能力确定操作发生的授权用户列表。

13.4.6 **FPR_UNO.1、FPR_UNO.2 审计**

如果 PP/ST 中包含 FAU_GEN“安全审计数据产生”,下列行为宜是可审计的:

a) 最小级:不可观察性机制的调用。

13.4.7 **FPR_UNO.3 审计**

尚无预见的可审计事件。

13.4.8 **FPR_UNO.4 审计**

如果 PP/ST 中包含 FAU_GEN“安全审计数据产生”,下列行为宜是可审计的:

a) 最小级:用户或主体对一个资源或服务使用情况的观察结果。

13.4.9 **FPR_UNO.1 不可观察性**

从属于:无其他组件。

依赖关系:无依赖关系。

13.4.9.1 **FPR_UNO.1.1**

TSF 应确保[赋值:*用户或主体列表*]不能观察由[赋值:*受保护的用户或主体列表*]对[赋值:*客体列表*]进行的操作[赋值:*操作列表*]。

13.4.10 **FPR_UNO.2 影响不可观察性的信息的分配**

从属于:FPR_UNO.1 不可观察性。

依赖关系:无依赖关系。

13.4.10.1 **FPR_UNO.2.1**

TSF 应确保[赋值:*用户或主体列表*]不能观察由[赋值:*受保护的用户或主体列表*]对[赋值:*客体列表*]进行的操作[赋值:*操作列表*]。

13.4.10.2 **FPR_UNO.2.2**

TSF 应在 TOE 的不同部分中分配[赋值:*不可观察性相关信息*],使得在信息的生存期内下列条件成立:[赋值:*条件列表*]。

13.4.11 **FPR_UNO.3 无索求信息的不可观察性**

从属于:无其他组件。

依赖关系:FPR_UNO.1 不可观察性。

13.4.11.1 **FPR_UNO.3.1**

TSF 应当在没有索求任何有关[赋值:*私密性相关信息*]的情况下为[赋值:*主体列表*]提供[赋值:*服务列表*]。

13.4.12 **FPR_UNO.4 授权用户可观察性**

从属于:无其他组件。

依赖关系:无依赖关系。

13.4.12.1 **FPR_UNO.4.1**

TSF 应给[赋值:*授权用户集*]提供观察[赋值:*资源或服务列表*]使用情况的能力。

14 FPT 类:TSF 保护

本类包含了多个功能要求族,这些要求与提供 TSF 的那些机制的完整性和管理有关(独立于 TSP 细节),与 TSF 数据的完整性有关(独立于 TSP 数据的详细内容)。

FPT TSF 保护类分解见图 56。

在某种意义下,FPT 类的族可能出现与 FDP“用户数据保护”类中完全相同的组件,它们甚至利用相同的机制来实现。但是,FDP“用户数据保护”主要侧重于用户数据的保护,而 FPT“TSF 保护”则侧重于 TSF 数据的保护。实际上,FPT“TSF 保护”类的组件对于规范 TOE 中的 SFP 不被篡改或旁路等方面的要求时是必需的。

从 FPT 类的观点看,TSF 包含以下三大组成部分:

a) TSF 抽象机,虚拟的或物理的机器,处于评估下的特定 TSF 实现在其上运行。

b) TSF 实现,运行在抽象机上,并实现那些实施 TSP 的机制。

c) TSF 数据,指导 TSP 实施的管理性数据库。

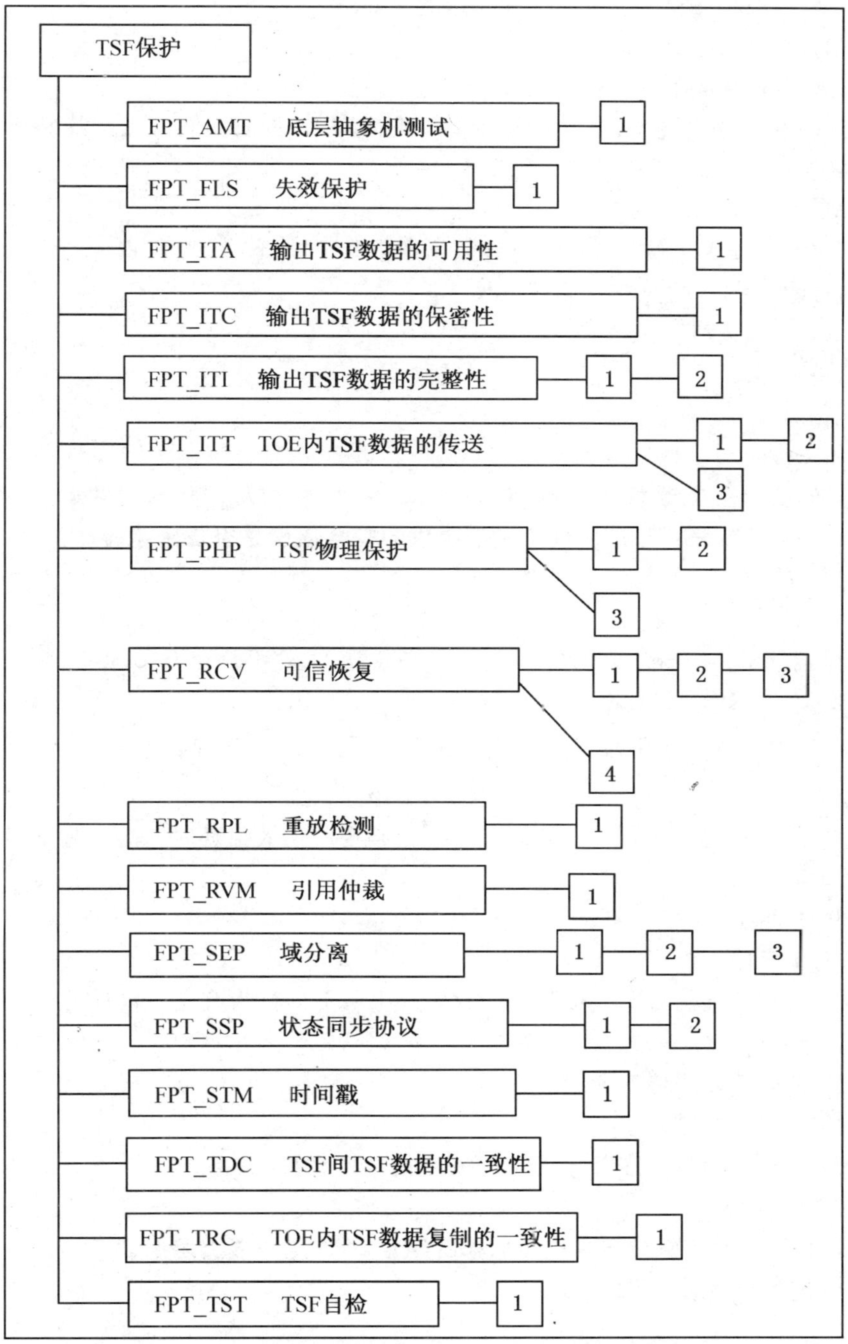

图 56 **FPT TSF 保护类分解**

14.1 底层抽象机测试(FPT_AMT)

14.1.1 族行为

本族定义了一些关于 TSF 安全假设测试的要求,这些安全假设是关于 TSF 所依赖的底层抽象机的。这种“抽象的”机器既可以是硬件/固件平台,也可以是某些已知的并经过评定的软硬件组合构成的一个虚拟机。

14.1.2 组件层次(见图 57)

图 57 **FPT_AMT 组件层次**

FPT _AMT.1“抽象机测试”,提供了对底层抽象机的测试。

14.1.3 FPT_AMT.1 管理

FMT 中的管理功能可考虑下列行为:

a) 抽象机测试发生条件的管理,比如初始启动期间、规定的时间间隔或在某些特定条件下;

b) 时间间隔的管理,如果有时间间隔。

14.1.4 FPT_AMT.1 审计

如果 PP/ST 中包含 FAU_GEN“安全审计数据产生”,下列行为宜是可审计的:

a) 基本级:抽象机测试的执行和测试结果。

14.1.5 FPT_AMT.1 抽象机测试

从属于:无其他组件。

依赖关系:无依赖关系。

14.1.5.1 FPT _AMT.1.1

TSF 应在[选择:*初始化启动期间、正常运转时周期性地、授权用户提出请求时*、[赋值:*其他条件*]]运行一套测试,以验证作为 TSF 基础的抽象机所提供的安全假设是否正确运转。

14.2 失效保护(FPT_FLS)

14.2.1 族行为

本族要求确保当 TSF 中已确定的失效类型出现时,该 TOE 不会违背其 TSP。

14.2.2 组件层次(见图 58)

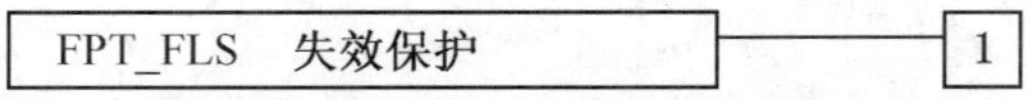

图 58 FPT_FLS 组件层次

FPT_FLS.1“失效即保持安全状态”,要求 TSF 当确定的失效出现时保持一种安全状态。

14.2.3 FPT_FLS.1 管理

尚无预见的管理活动。

14.2.4 FPT_FLS.1 审计

如果 PP/ST 中包含 FAU_GEN“安全审计数据产生”,下列行为宜是可审计的:

a) 基本级:TSF 失效。

14.2.5 FPT_FLS.1 失效即保持安全状态

从属于:无其他组件。

依赖关系:ADV_SPM.1 非形式化的 TOE 安全策略模型。

14.2.5.1 FPT_FLS.1.1

TSF 在下列失效发生时应保持一种安全状态:[赋值:*TSF 的失效类型列表*]。

14.3 输出 TSF 数据的可用性(FPT_ITA)

14.3.1 族行为

本族定义了一些规则,用于防止 TSF 数据在 TSF 与远程可信 IT 产品之间转移时失去其可用性。该数据可能是 TSF 的关键数据,如口令、密钥、审计数据或 TSF 可执行代码。

14.3.2 组件层次(见图 59)

图 59 FPT_ITA 组件层次

FPT_ITA.1“TSF 间可用性不超过既定可用性度量”,要求 TSF 确保向远程可信 IT 产品提供的 TSF 数据的可用性,达到一个确定的可能程度。

14.3.3 FPT_ITA.1 管理

FMT 中的管理功能可考虑下列行为:

a) 远程可信 IT 产品必须可用的 TSF 数据类型列表的管理。

14.3.4 FPT_ITA.1 审计

如果 PP/ST 中包含 FAU_GEN“安全审计数据产生”，下列行为宜是可审计的：

a) 最小级：TOE 需要 TSF 数据时，TSF 数据不存在。

14.3.5 FPT_ITA.1 TSF 间可用性不超过既定可用性度量

从属于：无其他组件。

依赖关系：无依赖关系。

14.3.5.1 FPT_ITA.1.1

在［赋值：*确保可用性的条件*］条件下，TSF 应确保提供给远程可信 IT 产品的［赋值：*TSF 数据类型列表*］的可用性不会超过［赋值：一个*既定可用性度量*］。

14.4 输出 TSF 数据的保密性(FPT_ITC)

14.4.1 族行为

本族定义了一些规则，用于保护 TSF 数据在 TSF 与远程可信 IT 产品之间传送时不被未授权泄露。该数据可能是 TSF 的关键数据，如口令、密钥、审计数据或 TSF 可执行代码。

14.4.2 组件层次(见图 60)

图 60 FPT_ITC 组件层次

FPT_ITC.1“传送过程中 TSF 间的保密性”，要求 TSF 确保数据在 TSF 与远程可信 IT 产品间传送时不被泄露。

14.4.3 FPT_ITC.1 管理

尚无预见的管理活动。

14.4.4 FPT_ITC.1 审计

尚无预见的可审计事件。

14.4.5 FPT_ITC.1 传送过程中 TSF 间的保密性

从属于：无其他组件。

依赖关系：无依赖关系。

14.4.5.1 FPT_ITC.1.1

TSF 应保护所有从 TSF 传送到远程可信 IT 产品的 TSF 数据在传送过程中不会被未授权泄漏。

14.5 输出 TSF 数据的完整性(FPT_ITI)

14.5.1 族行为

本族定义了一些规则，用于防止 TSF 数据在 TSF 与远程可信 IT 产品之间传送时被未授权修改。该数据可能是 TSF 的关键数据，如口令、密钥、审计数据或 TSF 可执行代码。

14.5.2 组件层次(见图 61)

图 61 FPT_ITI 组件层次

FPT_ITI.1“TSF 间修改的检测”，提供检测 TSF 数据在 TSF 与远程可信 IT 产品之间传送时是否被修改的能力，假如远程可信 IT 产品知道所使用的安全机制。

FPT_ITI.2“TSF 间修改的检测与纠正”，提供让远程可信 IT 产品不仅可以检测到 TSF 数据的修改，还可以更正被修改数据的能力，假设远程可信 IT 产品知道所使用的安全机制。

14.5.3 FPT_ITI.1 管理

尚无预见的管理活动。

14.5.4 FPT_ITI.2 管理

FMT 中的管理功能可考虑下列行为：

a) 在传送中若被修改 TSF 将试图纠正的那些 TSF 数据类型的管理；

b) TSF 数据在传送过程中被修改后，TSF 能采取的动作类型的管理。

14.5.5 FPT_ITI.1 审计

如果 PP/ST 中包含 FAU_GEN“安全审计数据产生”，下列行为宜是可审计的：

a) 最小级：所传送 TSF 数据的修改检测；

b) 基本级：为检测所传送 TSF 数据的修改而采取的动作。

14.5.6 FPT_ITI.2 审计

如果 PP/ST 中包含 FAU_GEN“安全审计数据产生”，下列行为宜是可审计的：

a) 最小级：所传送 TSF 数据的修改检测；

b) 基本级：为检测所传送 TSF 数据的修改而采取的动作；

c) 基本级：纠正机制的使用。

14.5.7 FPT_ITI.1 TSF 间修改的检测

从属于：无其他组件。

依赖关系：无依赖关系。

14.5.7.1 FPT_ITI.1.1

TSF 应提供能力，以检测在下列度量标准下：[赋值：*一个既定的修改度量标准*] TSF 与远程可信 IT 产品间所传送的所有 TSF 数据是否被修改。

14.5.7.2 FPT_ITI.1.2

TSF 应提供能力，以验证 TSF 与远程可信 IT 产品间所传送的所有 TSF 数据的完整性，以及如果检测到修改将执行[赋值：*采取的动作*]。

14.5.8 FPT_ITI.2 TSF 间修改的检测与纠正

从属于：FPT_ITI.1 TSF 间修改的检测。

依赖关系：无依赖关系。

14.5.8.1 FPT_ITI.2.1

TSF 应提供能力，以检测在下列度量标准下：[赋值：*一个既定的修改度量标准*]TSF 与远程可信 IT 产品间所传送的所有 TSF 数据被修改。

14.5.8.2 FPT_ITI.2.2

TSF 应提供能力，以验证 TSF 与远程可信 IT 产品间所传送的所有 TSF 数据的完整性，以及如果检测到修改将执行[赋值：*采取的动作*]。

14.5.8.3 FPT_ITI.2.3

TSF 应提供能力，以纠正 TSF 与远程可信 IT 产品间所传送的所有 TSF 数据的[赋值：*修改类型*]。

14.6 TOE 内 TSF 数据的传送(FPT_ITT)

14.6.1 族行为

本族提供的要求，旨在解决 TSF 数据通过一个内部信道在 TOE 的不同部分间传送时的保护问题。

14.6.2 组件层次(见图 62)

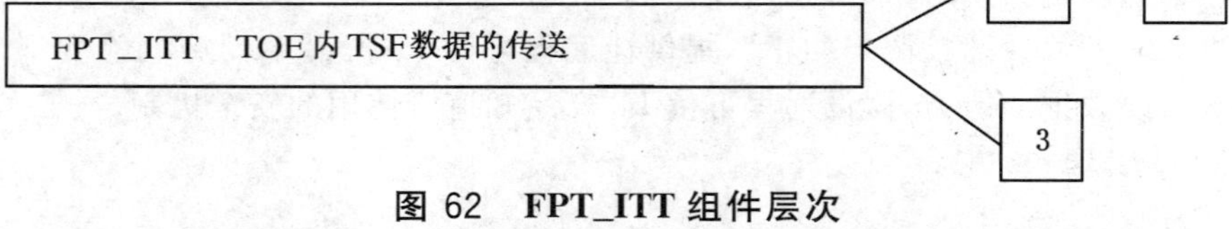

图 62 FPT_ITT 组件层次

FPT_ITT.1“内部 TSF 数据传送的基本保护”，要求对在 TOE 的不同部分间传送的 TSF 数据进行保护。

FPT_ITT.2"TSF数据传送的分离",要求TSF在传送过程中把用户数据从TSF数据中分离出来。

FPT_ITT.3"TSF数据完整性监视",要求监视在TOE不同部分间传送的TSF数据是否存在已确定的完整性错误。

14.6.3 FPT_ITT.1管理

FMT中的管理功能可考虑下列行为：

a) TSF要防止的修改类型的管理；

b) 用来保护在TSF不同部分间传送数据的机制的管理。

14.6.4 FPT_ITT.2管理

FMT中的管理功能可考虑下列行为：

a) TSF要防止的修改类型的管理；

b) 用来保护在TSF不同部分间传送数据的机制的管理；

c) 分离机制的管理。

14.6.5 FPT_ITT.3管理

FMT中的管理功能可考虑下列行为：

a) TSF要防止的修改类型的管理；

b) 用来保护在TSF不同部分间传送数据的机制的管理；

c) TSF试图要检测的TSF数据修改类型的管理；

d) 将采取的动作的管理。

14.6.6 FPT_ITT.1、FPT_ITT.2审计

尚无预见的可审计事件。

14.6.7 FPT_ITT.3审计

如果PP/ST中包含FAU_GEN"安全审计数据产生",下列行为宜是可审计的：

a) 最小级：TSF数据的修改检测；

b) 基本级：检测到完整性错误后采取的动作。

14.6.8 FPT_ITT.1内部TSF数据传送的基本保护

从属于：无其他组件。

依赖关系：无依赖关系。

14.6.8.1 FPT_ITT.1.1

TSF应保护TSF数据在TOE不同部分间传送时不被[选择：*泄漏、修改*]。

14.6.9 FPT_ITT.2 TSF数据传送的分离

从属于：FPT_ITT.1内部TSF数据传送的基本保护。

依赖关系：无依赖关系。

14.6.9.1 FPT_ITT.2.1

TSF应保护TSF数据在TOE不同部分间传送时不被[选择：*泄漏、修改*]。

14.6.9.2 FPT_ITT.2.2

当数据在TOE不同部分间传送时,TSF应将用户数据从TSF数据中分离出来。

14.6.10 FPT_ITT.3 TSF数据完整性监视

从属于：无其他组件。

依赖关系：FPT_ITT.1内部TSF数据传送的基本保护。

14.6.10.1 FPT_ITT.3.1

TSF应能检测在TOE不同部分间传送的TSF数据的[选择：*数据的修改、数据的替换、数据的重排、数据的删除*、[赋值：*其他类型完整性错误*]]。

14.6.10.2 **FPT_ITT.3.2**

检测到数据的完整性错误后，TSF 应采取下列动作：[赋值：*采取规定的动作*]。

14.7 TSF 物理保护(FPT_PHP)

14.7.1 族行为

TSF 物理保护组件涉及限制对 TSF 进行未授权的物理访问，以及阻止和抵抗对 TSF 进行未授权的物理修改或替换。

本族中组件的要求确保了 TSF 不被物理侵害和干扰。若满足了这些组件要求，TSF 就可以被封装起来使用，并可检测出物理侵害或抵抗物理侵害。如果没有这些组件，在物理性损害无法避免的环境中，TSF 的保护功能就会失效。关于 TSF 如何对物理侵害尝试作出反应，本族也提供了要求。

14.7.2 组件层次(见图 63)

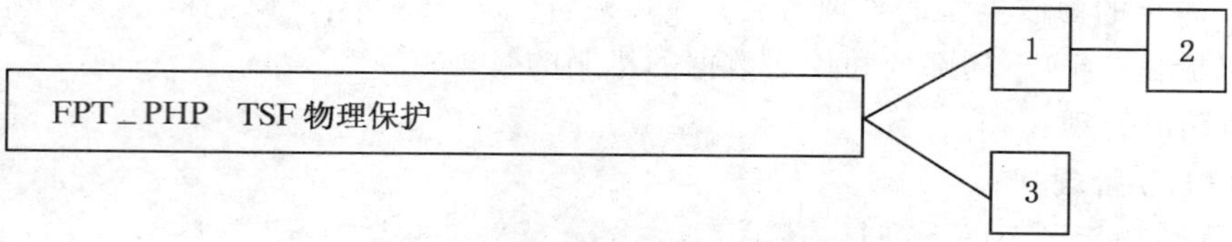

图 63 FPT_PHP 组件层次

FPT_PHP.1"物理攻击的被动检测"，提供指示 TSF 设备或 TSF 元件遭到侵害的特性。但是侵害告知不是自动的，授权用户必须调用一个安全管理功能或进行手工检查才能判断侵害是否发生。

FPT_PHP.2"物理攻击报告"，对一个确定的物理渗透子集提供自动化的侵害报告。

FPT_PHP.3"物理攻击抵抗"，提供防止或抵抗对 TSF 设备和 TSF 元件进行物理侵害的特性。

14.7.3 FPT_PHP.1 管理

FMT 中的管理功能可考虑下列行为：

a) 确定物理侵害是否发生的用户或角色的管理。

14.7.4 FPT_PHP.2 管理

FMT 中的管理功能可考虑下列行为：

a) 获取入侵报告的用户或角色的管理；

b) 向指定用户或角色报告入侵的设备列表的管理。

14.7.5 FPT_PHP.3 管理

FMT 中的管理功能可考虑下列行为：

a) 对物理侵害的自动应答管理。

14.7.6 FPT_PHP.1 审计

如果 PP/ST 中包含 FAU_GEN"安全审计数据产生"，下列行为宜是可审计的：

a) 最小级：入侵的检测，如果使用 IT 手段检测的话。

14.7.7 FPT_PHP.2 审计

如果 PP/ST 中包含 FAU_GEN"安全审计数据产生"，下列行为宜是可审计的：

a) 最小级：入侵的检测。

14.7.8 FPT_PHP.3 审计

尚无预见的可审计事件。

14.7.9 FPT_PHP.1 物理攻击的被动检测

从属于：无其他组件。

依赖关系：无依赖关系。

14.7.9.1 **FPT_PHP.1.1**

TSF 应提供对可能危及 TSF 安全的物理侵害的明确检测。

14.7.9.2 **FPT_PHP.1.2**

TSF 应提供判断 TSF 设备或 TSF 元件是否已被物理侵害的能力。

14.7.10 **FPT_PHP.2 物理攻击报告**

从属于:FPT_PHP.1 物理攻击的被动检测。

依赖关系:FMT_MOF.1 安全功能行为管理。

14.7.10.1 **FPT_PHP.2.1**

TSF 应提供对可能危及 TSF 安全的物理侵害的明确检测。

14.7.10.2 **FPT_PHP.2.2**

TSF 应提供判断 TSF 设备或 TSF 元件是否已被物理侵害的能力。

14.7.10.3 **FPT_PHP.2.3**

对于[赋值:*需主动检测的 TSF 设备/元件列表*],TSF 应监视这些设备和元件,并当其发生物理侵害时通报给[赋值:*指定的用户或角色*]。

14.7.11 **FPT_PHP.3 物理攻击抵抗**

从属于:无其他组件。

依赖关系:无依赖关系。

14.7.11.1 **FPT_PHP.3.1**

TSF 应通过自动响应以抵抗对[赋值:*TSF 设备/元件列表*]的[赋值:*各种物理侵害*],这样才不会违反 TSP。

14.8 **可信恢复(FPT_RCV)**

14.8.1 **族行为**

本族的要求,确保 TSF 能确定 TOE 是在没有削弱保护能力的情况下启动的,并在运行中断后能在不削弱保护能力的情况下恢复。因为 TSF 的启动状态决定了后续状态的保护,故本族是很重要的。

14.8.2 **组件层次**(见图 64)

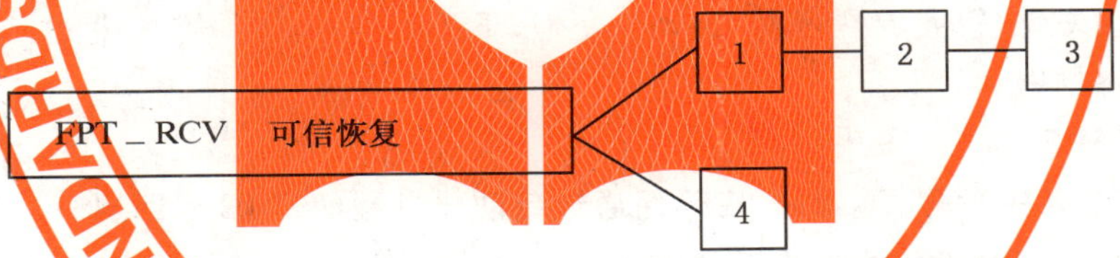

图 64 FPT_RCV 组件层次

FPT_RCV.1"手工恢复",容许 TOE 只提供人工干预以返回安全状态的机制。

FPT_RCV.2"自动恢复",至少对一种类型的服务中断,在无人工干预的情况下能恢复到安全状态;对其他类型服务中断的恢复可以要求人工干预。

FPT_RCV.3"无过度损失的自动恢复",也提供自动恢复,但通过不容许过度损失被保护的客体来加强要求。

FPT_RCV.4"功能恢复",在特定的 SF 级别上提供恢复,确保成功完成恢复或将 TSF 数据回退到一个安全状态。

14.8.3 **FPT_RCV.1 管理**

FMT 中的管理功能可考虑下列行为:

a) 在维护模式下谁能够获得恢复能力的管理。

14.8.4 **FPT_RCV.2、FPT_RCV.3 管理**

FMT 中的管理功能可考虑下列行为:

a) 在维护模式下谁能够获得恢复能力的管理;

b) 通过自动化方式来处理的失效/服务中断列表的管理。

14.8.5 **FPT_RCV.4 管理**

尚无预见的管理活动。

14.8.6 **FPT_RCV.1、FPT_RCV.2、FPT_RCV.3 审计**

如果 PP/ST 中包含 FAU_GEN"安全审计数据产生",下列行为宜是可审计的:

a) 最小级:失效或服务中断的发生;

b) 最小级:正常运行的恢复;

c) 基本级:失效或服务中断类型。

14.8.7 **FPT_PCV.4 审计**

如果 PP/ST 中包含 FAU_GEN"安全审计数据产生",下列行为宜是可审计的:

a) 最小级:如有可能,安全功能失效后,不能返回到安全状态的可能性;

b) 基本级:如有可能,某个安全功能失效的检测。

14.8.8 **FPT_RCV.1 手工恢复**

从属于:无其他组件。

依赖关系:AGD_ADM.1 管理员指南;

ADV_SPM.1 非形式化的 TOE 安全策略模型。

14.8.8.1 **FPT_RCV.1.1**

当发生[赋值:*失效/服务中断列表*]后,TSF 应进入一种维护模式,该模式提供将 TOE 返回到一个安全状态的能力。

14.8.9 **FPT_RCV.2 自动恢复**

从属于:FPT_RCV.1 手工恢复。

依赖关系:AGD_ADM.1 管理员指南;

ADV_SPM.1 非形式化的 TOE 安全策略模型。

14.8.9.1 **FPT_RCV.2.1**

当不能从[赋值:*失效/服务中断列表*]**自动恢复**时,TSF 应进入一种维护模式,该模式提供将 TOE 返回到一个安全状态的能力。

14.8.9.2 **FPT_RCV.2.2**

对[赋值:*失效/服务中断列表*],TSF 应确保通过自动化过程使 TOE 返回到一个安全状态。

14.8.10 **FPT_RCV.3 无过度损失的自动恢复**

从属于:FPT_RCV.2 自动恢复。

依赖关系:FPT_TST.1 TSF 检测;

AGD_ADM.1 管理员指南;

ADV_SPM.1 非形式化的 TOE 安全策略模型。

14.8.10.1 **FPT_RCV.3.1**

当不能从[赋值:*失效或服务中断列表*]自动恢复时,TSF 应进入一种维护模式,该模式提供将 TOE 返回到一个安全状态的能力。

14.8.10.2 **FPT_RCV.3.2**

对[赋值:*失效/服务中断列表*],TSF 应确保通过自动化过程使 TOE 返回到一个安全状态。

14.8.10.3 **FPT_RCV.3.3**

TSF 提供的从失效或服务中断状态恢复的功能,应确保在所损失的 TSC 内 TSF 数据或客体不超出[赋值:*数量*]的情况下,恢复到安全初始状态。

14.8.10.4 **FPT_RCV.3.4**

TSF 应提供确定客体能否被恢复的能力。

14.8.11 FPT_RCV.4 功能恢复

从属于:无其他组件。

依赖关系:ADV_SPM.1 非形式化的 TOE 安全策略模型。

14.8.11.1 FPT_RCV.4.1

TSF 应确保[赋值:*SF 和失效情景列表*]有如下特性,即 SF 或者成功完成,或者针对指明的失效情景恢复到一个前后一致的且安全的状态。

14.9 重放检测(FPT_RPL)

14.9.1 族行为

本族负责对各种类型实体(如消息、服务请求、服务应答)的重放检测及随后的纠正动作。只要检测出重放,就可以有效地避免重放。

14.9.2 组件层次(见图 65)

图 65 FPT_RPL 组件层次

FPT_RPL.1"重放检测",要求 TSF 应能够检测出既定实体的重放。

14.9.3 FPT_RPL.1 管理

FMT 中的管理功能可考虑下列行为:

a) 应该检测出其重放的既定实体列表的管理;

b) 发生重放时需采取的动作列表的管理。

14.9.4 FPT_RPL.1 审计

如果 PP/ST 中包含 FAU_GEN"安全审计数据产生",下列行为宜是可审计的:

a) 基本级:检测到的重放攻击;

b) 详细级:基于具体操作而采取的动作。

14.9.5 FPT_RPL.1 重放检测

从属于:无其他组件。

依赖关系:无依赖关系。

14.9.5.1 FPT_RPL.1.1

TSF 应检测对以下实体的重放:[赋值:*既定实体列表*]。

14.9.5.2 FPT_RPL.1.2

检测到重放时,TSF 应执行[赋值:*具体操作列表*]。

14.10 引用仲裁(FPT_RVM)

14.10.1 族行为

本族的要求解决一个传统基准监视器"总是被调用"这一特征问题。本族的目的是对一个给定的 SFP,确保策略执行所需要的所有动作都由 TSF 根据 SFP 加以确认。如果 TSF 中执行该 SFP 的部分也满足来自 FPT_SEP"域分离"和 ADV_INT"TSF 内部"的合适组件要求,那么 TSF 的该部分就为 SFP 提供了一个"基准监视器"。

当且仅当相对于 SFP 的部分或全部内容不可信主体所请求的所有可执行动作(例如访问客体)都在完成之前被 TSF 确认,实现该 SFP 的一个 TSF 才能提供有效保护以抵抗未授权操作。如果一个可被 TSF 执行的操作,被不正确地执行或旁路,则该 SFP 的整体执行力已被削弱。这样,主体就能通过多种未授权的途径旁路掉该 SFP(例如避开对某些主体或客体的存取校验、旁路对由应用程序提供保护的客体的校验、保留访问权限超过其预定的有效期、旁路对被审计动作的审计或旁路鉴别机制)。注意,某些主体,对某个特定 SFP 而言称作"可信主体",可以被他们自己所信任以执行该 SFP,并且旁路该 SFP 的仲裁。

14.10.2 组件层次(见图 66)

图 66 FPT_RVM 组件层次

FPT_RVM.1“TSP 的不可旁路性”,要求对 TSP 中的所有 SFP 都不可旁路。

14.10.3 **FPT_RVM.1 管理**

尚无预见的管理活动。

14.10.4 **FPT_RVM.1 审计**

尚无预见的可审计事件。

14.10.5 **FPT_RVM.1 TSP 的不可旁路性**

从属于:无其他组件。

依赖关系:无依赖关系。

14.10.5.1 **FPT_RVM.1.1**

TSF 应确保在允许 TSC 内每一项功能继续进行之前,TSP 执行功能都已被调用。

14.11 **域分离(FPT_SEP)**

14.11.1 **族行为**

本族的组件确保至少有一个安全域可用于 TSF 的自我执行,并保护该 TSF 不被不可信主体从外部干扰和篡改(如修改 TSF 代码或数据结构)。满足本族的要求,TSF 将具有自我保护能力,即不可信主体将不能修改或破坏该 TSF。

本族的要求如下:

a) 将 TSF 安全域(“保护域”)的资源和该域外主体及不受约束实体相关的资源分离开,使得保护域外的实体不能观察或修改保护域内的 TSF 数据或 TSF 代码。

b) 域间的传送是受控的,不能随意地进入保护域或随意从保护域返回。

c) 通过地址传递方式传到保护域的用户或应用程序参数,应被证明满足保护域地址空间;而通过值传递方式传到保护域的那些用户或应用参数,则应被证明满足保护域期望值。

d) 除了通过 TSF 控制的共享部分外,主体的安全域都是截然不同的。

14.11.2 **组件层次**(见图 67)

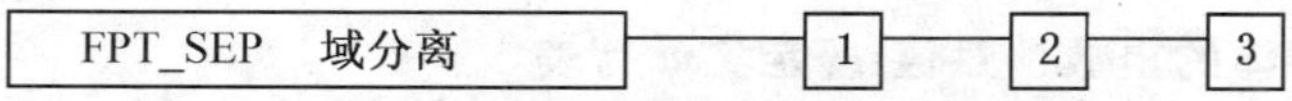

图 67 FPT_SEP 组件层次

FPT_SEP.1“TSF 域分离”,为 TSF 提供一个独特的保护域,并分离 TSC 内不同的主体。

FPT_SEP.2“SFP 域分离”,要求进一步细分 TSF,其中独特的域用于一组既定的 SFP 作为策略的基准监视器,一个域用于 TSF 剩余的部分,还有一些域用于 TOE 的非 TSF 部分。

FPT_SEP.3“完全的基准监视器”,要求具有独特的域用于 TSP 执行,具有一个域用于 TSF 剩余的部分,还有一些域用于 TOE 的非 TSF 部分。

14.11.3 **FPT_SEP.1、FPT_SEP.2、FPT_SEP.3 管理**

尚无预见的管理活动。

14.11.4 **FPT_SEP.1、FPT_SEP.2、FPT_SEP.3 审计**

尚无预见的可审计事件。

14.11.5 **FPT_SEP.1 TSF 域分离**

从属于:无其他组件。

依赖关系:无依赖关系。

14.11.5.1 **FPT_SEP.1.1**

TSF 应为它自己的执行维护一个安全域,防止不可信主体对其干扰和篡改。

14.11.5.2　**FPT_SEP.1.2**

TSF 应分离 TSC 内各主体的安全域。

14.11.6　**FPT_SEP.2 SFP 域分离**

从属于:FPT_SEP.1 TSF 域分离。

依赖关系:无依赖关系。

14.11.6.1　**FPT_SEP.2.1**

TSF **的未隔离部分**应为它自己的执行维护一个安全域,防止不可信主体对其干扰和篡改。

14.11.6.2　**FPT_SEP.2.2**

TSF 应分离 TSC 内各主体的安全域。

14.11.6.3　**FPT_SEP.2.3**

TSF 应将与[赋值:*访问控制或信息流控制 SFP 列表*]有关的 TSF 部分维持在一个安全域中,用于自身执行,以防止它们被 TSF 其余部分以及这些 SFP 不可信的主体干扰和篡改。

14.11.7　**FPT_SEP.3 完全的基准监视器**

从属于:FPT_SEP.2 SFP 域分离。

依赖关系:无依赖关系。

14.11.7.1　**FPT_SEP.3.1**

TSF 的未隔离部分应为它自己的执行维护一个安全域,防止不可信主体对其干扰和篡改。

14.11.7.2　**FPT_SEP.3.2**

TSF 应分离 TSC 内各主体的安全域。

14.11.7.3　**FPT_SEP.3.3**

TSF 应维护**执行访问控制或信息流控制 SFP** 的 TSF 部分,并为它自己的执行维护一个安全域,以防止它被 TSF 其余部分和 TSP 不可信的主体干扰和篡改。

14.12　**状态同步协议(FPT_SSP)**

14.12.1　**族行为**

分布式系统由于存在系统各部分间潜在的状态差别及通信延迟等问题,因而比单一系统复杂得多。大多数情况下,分布式功能间的状态同步涉及到一个交换协议,而不是一个简单的动作。当在这些协议的分布式环境中存在蓄意的危害时,就需要更为复杂的防御协议。

FPT_SSP“状态同步协议”规定了关于 TSF 某些关键安全功能如何使用该可信协议的要求。FPT_SSP“状态同步协议”确保 TOE 的两个分布式部分(如主机)在完成一个安全有关的动作后,状态保持同步。

14.12.2　**组件层次**(见图 68)

图 68　FPT_SSP 组件层次

FPT_SSP.1“简单的可信回执”,只要求数据接收者给出简单回执。

FPT_SSP.2“相互的可信回执”,要求数据交换相互回执。

14.12.3　**FPT_SSP.1、FPT_SSP.2 管理**

尚无预见的管理活动。

14.12.4　**FPT_SSP.1、FPT_SSP.2 审计**

如果 PP/ST 中包含 FAU_GEN“安全审计数据产生”,下列行为宜是可审计的:

a)　最小级:期待接收一个回执时,发生的失效。

14.12.5　**FPT_SSP.1 简单的可信回执**

从属于:无其他组件。

依赖关系:FPT_ITT.1 内部 TSF 数据传送的基本保护。

14.12.5.1 FPT_SSP.1.1

当 TSF 的另一部分发出请求时,TSF 应承认接收到一个未经修改的 TSF 数据传送。

14.12.6 FPT_SSP.2 相互的可信回执

从属于:FPT_SSP.1 简单的可信回执。

依赖关系:FPT_ITT.1 内部 TSF 数据传送的基本保护。

14.12.6.1 FPT_SSP.2.1

当 TSF 的另一部分发出请求时,TSF 应承认接收到一个未经修改的 TSF 数据传送。

14.12.6.2 FPT_SSP.2.2

TSF 应通过使用回执,确保 TSF 的有关部分知道在不同部分间所传送数据处于正确状态。

14.13 时间戳(FPT_STM)

14.13.1 族行为

本族对一个 TOE 内可靠的时间戳功能提出要求。

14.13.2 组件层次(见图 69)

图 69 FPT_STM 组件层次

FPT_STM.1"可靠的时间戳",要求 TSF 为 TSF 功能提供可靠的时间戳。

14.13.3 FPT_STM.1 管理

FMT 中的管理功能可考虑下列行为:

a) 时间的管理。

14.13.4 FPT_STM.1 审计

如果 PP/ST 中包含 FAU_GEN"安全审计数据产生",下列行为宜是可审计的:

a) 最小级:时间的改变;

b) 详细级:提供一个时间戳。

14.13.5 FPT_STM.1 可靠的时间戳

从属于:无其他组件。

依赖关系:无依赖关系。

14.13.5.1 FPT_STM.1.1

TSF 应能为它自己的使用提供可靠的时间戳。

14.14 TSF 间 TSF 数据的一致性(FPT_TDC)

14.14.1 族行为

在分布式或复合系统环境下,TOE 或许需要与其他可信 IT 产品交换 TSF 数据(如与数据有关的 SFP 属性、审计信息、标识信息等等)。本族定义了一些关于在 TOE 的 TSF 和不同可信 IT 产品的 TSF 间共享这些属性并对其作出一致性解释的要求。

14.14.2 组件层次(见图 70)

图 70 FPT_TDC 组件层次

FPT_TDC.1"TSF 间基本的 TSF 数据一致性",要求 TSF 提供确保 TSF 间属性一致性的能力。

14.14.3 FPT_TDC.1 管理

尚无预见的管理活动。

14.14.4 FPT_TDC.1 审计

如果 PP/ST 中包含 FAU_GEN"安全审计数据产生",下列行为宜是可审计的:

a) 最小级:TSF 数据一致性机制的成功使用;

b) 基本级:TSF 数据一致性机制的使用;

c) 基本级:哪些 TSF 数据已被解释的识别;

d) 基本级:TSF 数据修改的检测。

14.14.5 **FPT_TDC.1 TSF 间基本的 TSF 数据一致性**

从属于:无其他组件。

依赖关系:无依赖关系。

14.14.5.1 **FPT_TDC.1.1**

当 TSF 与其他可信 IT 产品共享 TSF 数据时,TSF 应提供对[赋值:*TSF 数据类型列表*]进行一致性解释的能力。

14.14.5.2 **FPT_TDC.1.2**

当解释来自其他可信 IT 产品的 TSF 数据时,TSF 应使用[赋值:*TSF 使用的解释规则列表*]。

14.15 **TOE 内 TSF 数据复制的一致性(FPT_TRC)**

14.15.1 **族行为**

在 TOE 内部复制 TSF 数据时,需要满足本族的要求以确保 TSF 数据的一致性。如果 TOE 不同组成部分间的内部信道不能正常工作,这些复制的 TSF 数据就可能不一致。如果 TOE 内部被构造成像 TOE 组成部分的一个网络并且部分 TOE 网络连接中断时,这种不一致的情况就会在 TOE 网络组件失效时发生。

14.15.2 **组件层次**(见图 71)

图 71 FPT_TRC 组件层次

FPT_TRC.1"内部 TSF 的一致性",要求 TSF 确保 TSF 数据在多点复制时的一致性。

14.15.3 **FPT_TRC.1 管理**

尚无预见的管理活动。

14.15.4 **FPT_TRC.1 审计**

如果 PP/ST 中包含 FAU_GEN"安全审计数据产生",下列行为宜是可审计的:

a) 最小级:重新连接时恢复一致性;

b) 基本级:检测 TSF 数据间的不一致情形。

14.15.5 **FPT_TRC.1 内部 TSF 的一致性**

从属于:无其他组件。

依赖关系:FPT_ITT.1 内部 TSF 数据传送的基本保护。

14.15.5.1 **FPT_TRC.1.1**

TSF 应确保 TSF 数据在 TOE 各部分间复制时是前后一致的。

14.15.5.2 **FPT_TRC.1.2**

当含有所复制 TSF 数据的 TOE 部分断开连接时,TSF 在处理任何对[赋值:*依赖于 TSF 数据复制一致性的 SF 列表*]的请求前,应确保重建连接后所复制 TSF 数据的一致性。

14.16 **TSF 自检(FPT_TST)**

14.16.1 **族行为**

本族定义了一些关于 TSF 自检的要求,这些检测与某些期望的正确操作有关,比如执行功能的接口和 TOE 关键部分的抽样算术运算。这些检测可在启动时进行,或周期性地进行,或应授权用户的请求进行,或满足其他条件时进行。TOE 根据自检结果所采取的动作在其他族中定义。

本族的要求也用于检测由多种失效造成的 TSF 可执行代码(如 TSF 软件)和 TSF 数据损坏,这种检测并不需要 TOE 停止工作(这将由别的族处理)。因为这些失效不可避免,故必须执行这些检测。这些失效可能是由不可预见的失效方式或硬件、固件、软件设计的某些忽略所造成,也可能由于逻辑的或物理的保护不充分导致 TSF 恶意损坏所造成。

14.16.2 **组件层次**(见图 72)

图 72 FPT_TST 组件层次

FPT_TST.1“TSF 检测”,提供检测 TSF 是否正确运转的能力。这些检测可在启动时进行,或周期性地进行,或当授权用户要求时进行,或满足别的条件时进行。本组件也提供验证 TSF 数据及可执行码完整性的能力。

14.16.3 **FPT_TST.1 管理**

FMT 中的管理功能可考虑下列行为:

a) TSF 自检触发条件的管理,如初始化启动期间、固定时间间隔或特定条件;

b) 时间间隔的管理,如果适当。

14.16.4 **FPT_TST.1 审计**

如果 PP/ST 中包含 FAU_GEN“安全审计数据产生”,下列行为宜是可审计的:

a) 基本级:TSF 自检的执行及检测结果。

14.16.5 **FPT_TST.1 TSF 检测**

从属于:无其他组件。

依赖关系:FPT_AMT.1 抽象机测试。

14.16.5.1 **FPT_TST.1.1**

TSF 应在[选择:*初始化启动期间、正常工作期间周期性地、授权用户要求时、满足[赋值:产生自检的条件]时*] 运行一套自检以证明[选择:*[赋值:TSF 的某些组成部分]、TSF*]运转的正确性。

14.16.5.2 **FPT_TST.1.2**

TSF 应为授权用户提供验证[选择:*[赋值:TSF 的部分数据]、TSF 数据*]完整性的能力。

14.16.5.3 **FPT_TST.1.3**

TSF 应为授权用户提供验证所存储的 TSF 可执行代码完整性的能力。

15 **FRU 类:资源利用**(见图 73)

本类提供三个族以支持所需资源的可用性,诸如处理能力或存储容量。“容错”族提供保护以防止由 TOE 失效引起的能力不可用。“服务优先级”族确保资源将被分配到更重要的或时间要求更苛刻的任务中,而且不能被优先级低的任务所独占。“资源分配”族提供对可用资源的使用限制,从而防止用户独占资源。

FRU 资源利用类分解见图 73。

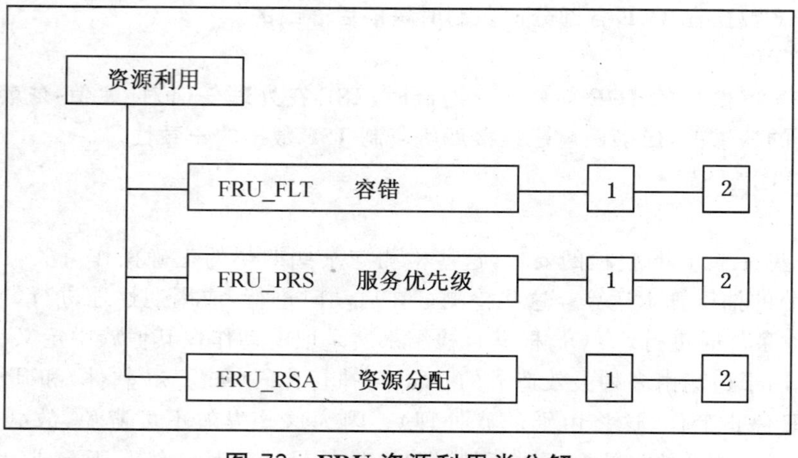

图 73 FRU 资源利用类分解

15.1 容错(FRU_FLT)

15.1.1 族行为

本族的要求确保即便发生了失效,TOE 也将维持正常运转。

15.1.2 组件层次(见图 74)

FRU_FLT 容错	1	2

图 74 FRU_FLT 组件层次

FRU_FLT.1“降级容错”,要求如果发生了确定的失效,TOE 能继续正确发挥既定的能力。

FRU_FLT.2“受限容错”,要求如果发生了确定的失效,TOE 能继续正确发挥所有的能力。

15.1.3 FRU_FLT.1、FRU_FLT.2 管理

尚无预见的管理活动。

15.1.4 FRU_FLT.1 审计

如果 PP/ST 中包含 FAU_GEN“安全审计数据产生”,下列行为宜是可审计的:

a) 最小级:TSF 检测出的任何失效;

b) 基本级:由于一个失效而中断的所有 TOE 能力。

15.1.5 FRU_FLT.2 审计

如果 PP/ST 中包含 FAU_GEN“安全审计数据产生”,下列行为宜是可审计的:

a) 最小级:TSF 检测出的任何失效。

15.1.6 FRU_FLT.1 降级容错

从属于:无其他组件。

依赖关系:FPT_FLS.1 带保存安全状态的失效。

15.1.6.1 FRU_FLT.1.1

TSF 应确保当以下失效:[赋值:*失效类型列表*]发生时,[赋值:*TOE 能力列表*]能正常发挥。

15.1.7 FRU_FLT.2 受限容错

从属于:FRU_FLT.1 降级容错。

依赖关系:FPT_FLS.1 带保存安全状态的失效。

15.1.7.1 FRU_FLT.2.1

TSF 应确保当以下失效:[赋值:*失效类型列表*]发生时,**所有 TOE 能力均**能正常发挥。

15.2 服务优先级(FRU_PRS)

15.2.1 族行为

本族的要求允许 TSF 通过控制用户和主体对 TSC 内资源的使用,确保 TSC 内高优先级活动的均能完成,而不受低优先级活动造成的不当干扰或延迟影响。

15.2.2 组件层次(见图 75)

FRU_PRS 服务优先级	1	2

图 75 FRU_PRS 组件层次

FRU_PRS.1“有限服务优先级”,提供一个主体使用 TSC 内某个资源子集的优先级。

FRU_PRS.2“全部服务优先级”,提供一个主体使用 TSC 内全部资源的优先级。

15.2.3 FRU_PRS.1、FRU_PRS.2 管理

FMT 中的管理功能可考虑下列行为:

a) TSF 中每个主体优先级的分配。

15.2.4 FRU_PRS.1、FRU_PRS.2 审计

如果 PP/ST 中包含 FAU_GEN“安全审计数据产生”,下列行为宜是可审计的:

a) 最小级:基于配置中优先级的用途,对操作的拒绝;

b) 基本级:对涉及服务功能优先级的配置功能的所有使用尝试。

15.2.5 **FRU_PRS.1 有限服务优先级**

从属于:无其他组件。

依赖关系:无依赖关系。

15.2.5.1 **FRU_PRS.1.1**

TSF 应给 TSF 中的每个主体分配一个优先级。

15.2.5.2 **FRU_PRS.1.2**

TSF 应确保对[赋值:*受控资源*]的每次访问都应该基于主体所配得的优先级进行协调。

15.2.6 **FRU_PRS.2 全部服务优先级**

从属于:FRU_PRS.1 有限服务优先级。

依赖关系:无依赖关系。

15.2.6.1 **FRU_PRS.2.1**

TSF 应给 TSF 中的每个主体分配一个优先级。

15.2.6.2 **FRU_PRS.2.2**

TSF 应确保对**所有可共享资源**的每次访问都应该基于主体所配得的优先级进行协调。

15.3 **资源分配(FRU_RSA)**

15.3.1 **族行为**

本族的要求允许 TSF 通过控制用户和主体对资源的使用,使得不因未授权地独占资源而出现拒绝服务。

15.3.2 **组件层次**(见图 76)

图 76 FRU_RSA 组件层次

FRU_RSA.1"最高配额",提供配额机制的要求,确保用户和主体不会独占某种受控资源。

FRU_RSA.2"最低和最高配额",提供配额机制的要求,确保用户和主体至少总拥有最少的规定资源且不会独占某种受控资源。

15.3.3 **FRU_RSA.1 管理**

FMT 中的管理功能可考虑下列行为:

a) 由管理员为用户组、单个用户或主体指定的某种资源的最大使用限度。

15.3.4 **FRU_RSA.2 管理**

FMT 中的管理功能可考虑下列行为:

a) 由管理员为用户组、单个用户或主体指定的某种资源的最小和最大使用限度。

15.3.5 **FRU_RSA.1、FRU_RSA.2 审计**

如果 PP/ST 中包含 FAU_GEN"安全审计数据产生",下列行为宜是可审计的:

a) 最小级:由于资源的限制导致分配操作的拒绝;

b) 基本级:对资源分配功能的所有尝试使用,为了分配 TSF 控制的资源。

15.3.6 **FRU_RSA.1 最高配额**

从属于:无其他组件。

依赖关系:无依赖关系。

15.3.6.1 **FRU_RSA.1.1**

TSF 应对以下资源:[赋值:*受控资源*]分配最高配额,以便[选择:*单个用户、预定义用户组、主体*]能[选择:*同时、在规定的时间间隔内*]使用。

15.3.7 **FRU_RSA.2 最低和最高配额**

从属于:FRU_RSA.1 最高配额。

依赖关系:无依赖关系。

15.3.7.1 **FRU_RSA.2.1**

TSF应对以下资源:[赋值:*受控资源*]分配最高配额,以便[选择:*单个用户、预定义的用户组、主体*]能[选择:*同时、规定的时间间隔内*]使用。

15.3.7.2 **FRU_RSA.2.2**

TSF应确保每个[赋值:*受控资源*]的最低供应量,以便[选择:*单个用户、预定义的用户组、主体*]能[选择:*同时、规定的时间间隔内*]使用。

16 FTA类:TOE访问

本类规定用以控制建立用户会话的功能要求。FTA TOE访问类分解见图77。

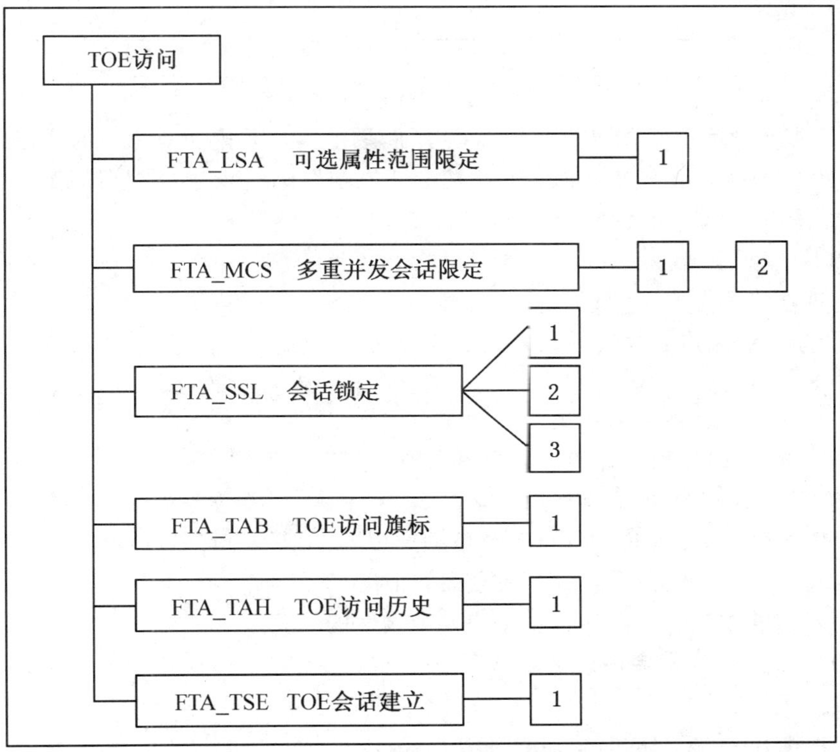

图77 FTA TOE访问类分解

16.1 可选属性范围限定(FTA_LSA)

16.1.1 族行为

本族定义了限制一个用户可以为某个会话选择的会话安全属性范围的要求。

16.1.2 组件层次(见图78)

图78 FTA_LSA组件层次

FTA_LSA.1"可选属性范围限定",提供关于TOE在建立会话时限制会话安全属性范围的要求。

16.1.3 FTA_LSA.1 管理

FMT中的管理功能可考虑下列行为:

a) 管理员对会话安全属性范围的管理。

16.1.4 FTA_LSA.1 审计

如果PP/ST中包含FAU_GEN"安全审计数据产生",下列行为宜是可审计的:

a) 最小级:选择某种会话安全属性时的所有失败尝试;

b) 基本级:选择某种会话安全属性时的所有尝试;

c) 详细级:每种会话安全属性的值的获得。

16.1.5 FTA_LSA.1 可选属性范围限定

从属于:无其他组件。

依赖关系:无依赖关系。

16.1.5.1 FTA_LSA.1.1

TSF 应基于[赋值:*属性*],限制下列会话安全属性的范围:[赋值:*会话安全属性*]。

16.2 多重并发会话限定(FTA_MCS)

16.2.1 族行为

本族定义了一些限制属于同一用户的并发会话数的要求。

16.2.2 组件层次(见图 79)

图 79 FTA_MCS 组件层次

FTA_MCS.1"多重并发会话的基本限定",提供了适用于 TSF 内所有用户的限定。

FTA_MCS.2"基于每个用户属性的多重并发会话限定",通过要求有能力规定基于有关安全属性限定并发会话的数量,从而对 FTA_MCS.1 进行扩展。

16.2.3 FTA_MCS.1 管理

FMT 中的管理功能可考虑下列行为:

a) 管理员所允许的用户并发会话数最大值的管理。

16.2.4 FTA_MCS.2 管理

FMT 中的管理功能可考虑下列行为:

a) 控制管理员所允许的用户并发会话数最大值的规则的管理。

16.2.5 FTA_MCS.1、FTA_MCS.2 审计

如果 PP/ST 中包含 FAU_GEN"安全审计数据产生",下列行为宜是可审计的:

a) 最小级:基于多重并发会话限定对新会话的拒绝。

b) 详细级:当前的用户并发会话数和用户安全属性的捕获。

16.2.6 FTA_MCS.1 多重并发会话的基本限定

从属于:无其他组件。

依赖关系:FIA_UID.1 标识的时机。

16.2.6.1 FTA_MCS.1.1

TSF 应限制属于同一用户的并发会话的最大数目。

16.2.6.2 FTA_MCS.1.2

TSF 应缺省地限定每个用户[赋值:*缺省数*]次会话。

16.2.7 FTA_MCS.2 基于每个用户属性的多重并发会话限定

从属于:FTA_MCS.1 多重并发会话的基本限定。

依赖关系:FIA_UID.1 标识的时机。

16.2.7.1 FTA_MCS.2.1

TSF 应**依据规则[赋值:*并发会话最大数的规则*]**限制属于同一用户的并发会话的最大数目。

16.2.7.2 FTA_MCS.2.2

TSF 应缺省地限定每个用户[赋值:*缺省数*]次会话。

16.3 会话锁定(FTA_SSL)

16.3.1 族行为

本族为 TSF 定义了一些要求,以提供 TSF 原发和用户原发的交互式会话的锁定和解锁能力。

16.3.2 **组件层次**(见图 80)

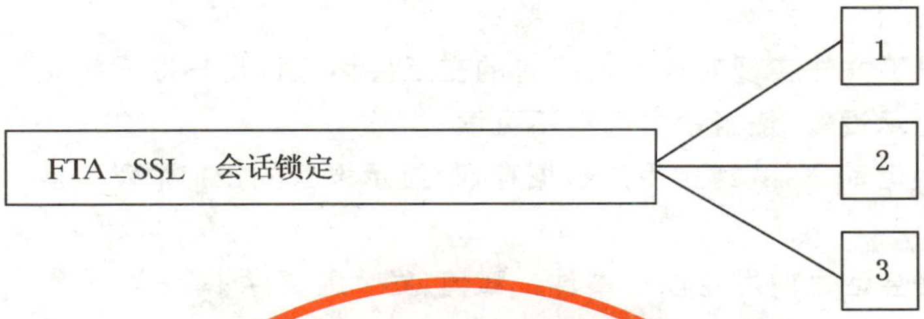

图 80 FTA_SSL 组件层次

FTA_SSL.1“TSF 原发会话锁定”,用户在规定的时间内一直不活动,系统就发起对一个交互式会话的锁定。

FTA_SSL.2“用户原发会话锁定”,提供用户锁定和解锁他自己拥有的交互式会话的能力。

FTA_SSL.3“TSF 原发会话终止”,为 TSF 提供在用户在一段时间不活动后终止该会话的要求。

16.3.3 **FTA_SSL.1 管理**

FMT 中的管理功能可考虑下列行为:

a) 对于单个用户不活动时间的规定,达到该时限会话将被锁定;

b) 用户不活动的默认时间的规定,达到该时限会话将被锁定;

c) 会话解锁前发生事件的管理。

16.3.4 **FTA_SSL.2 管理**

FMT 中的管理功能可考虑下列行为:

a) 会话解锁前发生事件的管理。

16.3.5 **FTA_SSL.3 管理**

FMT 中的管理功能可考虑下列行为:

a) 对于单个用户不活动时间的规定,达到该时限交互式会话将被终止;

b) 用户不活动的默认时间的规定,达到该时限交互式会话将被终止。

16.3.6 **FTA_SSL.1、FTA_SSL.2 审计**

如果 PP/ST 中包含 FAU_GEN“安全审计数据产生”,下列行为宜是可审计的:

a) 最小级:利用会话锁定机制对交互式会话的锁定;

b) 最小级:交互式会话的成功解锁;

c) 基本级:对交互式会话解锁的各种尝试。

16.3.7 **FTA_SSL.3 审计**

如果 PP/ST 中包含 FAU_GEN“安全审计数据产生”,下列行为宜是可审计的:

a) 最小级:利用会话锁定机制对交互式会话的终止。

16.3.8 **FTA_SSL.1 TSF 原发会话锁定**

从属于:无其他组件。

依赖关系:FIA_UAU.1 鉴别的时机。

16.3.8.1 **FTA_SSL.1.1**

TSF 应在达到[赋值:*用户不活动的时间间隔*]后,通过以下方法锁定一个交互式会话:

a) 清除或覆写显示设备,使当前的内容不可读;

b) 除了会话解锁活动之外,终止用户数据存取/显示设备的任何活动。

16.3.8.2 **FTA_SSL.1.2**

TSF 应要求在解锁会话之前发生以下事件:[赋值:*发生的事件*]。

16.3.9 **FTA_SSL.2 用户原发会话锁定**

从属于:无其他组件。

依赖关系:FIA_UAU.1 鉴别的时机。

16.3.9.1 **FTA_SSL.2.1**

TSF 应允许通过以下方法实现对他自已拥有的交互会话进行用户原发锁定:

a) 清除或覆写显示设备,使当前的内容不可读;

b) 除了会话解锁活动之外,终止用户数据存取/显示设备的任何活动。

16.3.9.2 **FTA_SSL2.2**

TSF 应要求在解锁会话之前发生以下事件:[赋值:*发生的事件*]。

16.3.10 **FTA_SSL.3 TSF 原发会话终止**

从属于:无其他组件。

依赖关系:无依赖关系。

16.3.10.1 **FTA_SSL.3.1**

TSF 应在达到[赋值:*用户不活动的时间间隔*]之后终止一个交互式会话。

16.4 TOE 访问旗标(FTA_TAB)

16.4.1 族行为

本族定义了向用户显示有关适当使用 TOE 的一个可配置劝告性警示信息的要求。

16.4.2 组件层次(见图 81)

图 81 **FTA_TAB 组件层次**

FTA_TAB.1"缺省的 TOE 访问旗标",提供了一个 TOE 访问旗标相关的要求。该旗标应在会话的对话建立之前予以显示。

16.4.3 FTA_TAB.1 管理

FMT 中的管理功能可考虑下列行为:

a) 授权管理员对旗标的维护。

16.4.4 FTA_TAB.1 审计

尚无预见的可审计事件。

16.4.5 FTA_TAB.1 缺省的 TOE 访问旗标

从属于:无其他组件。

依赖关系:无依赖关系。

16.4.5.1 **FTA_TAB.1.1**

在建立一个用户会话之前,TSF 应显示有关未授权使用 TOE 的一个劝告性警示信息。

16.5 TOE 访问历史(FTA_TAH)

16.5.1 族行为

本族定义了 TSF 在成功地建立了会话的基础上,为一个用户显示访问该用户帐号的成功和不成功尝试历史的一些要求。

16.5.2 组件层次(见图 82)

图 82 **FTA_TAH 组件层次**

FTA_TAH.1"TOE 访问历史",提供了 TOE 显示与先前尝试建立一个会话相关的信息的要求。

16.5.3 FTA_TAH.1 管理

尚无预见的管理活动。

16.5.4 FTA_TAH.1 审计

尚无预见的可审计事件。

16.5.5 **FTA_TAH.1 TOE 访问历史**

从属于:无其他组件。

依赖关系:无依赖关系。

16.5.5.1 **FTA_TAH.1.1**

在会话成功建立的基础上,TSF 应向用户显示上一次成功建立的会话的[赋值:*日期*、*时间*、*方法*、*位置*]。

16.5.5.2 **FTA_TAH.1.2**

在会话成功建立的基础上,TSF 应显示上一次会话建立的未成功尝试的[赋值:*日期*、*时间*、*方法*、*位置*]和从上一次成功的会话建立以来的不成功尝试次数。

16.5.5.3 **FTA_TAH.1.3**

如果没有向用户提供审阅访问历史信息的机会,TSF 就不能从用户接口擦除该信息。

16.6 TOE 会话建立(FTA_TSE)

16.6.1 **族行为**

本族定义了拒绝允许一个用户与 TOE 建立会话的要求。

16.6.2 **组件层次**(见图 83)

图 83 FTA_TSE 组件层次

FTA_TSE.1"TOE 会话建立",提供了拒绝用户基于属性对 TOE 进行访问的要求。

16.6.3 **FTA_TSE.1 管理**

FMT 中的管理功能可考虑下列行为:

a) 授权管理员对会话建立条件的管理。

16.6.4 **FTA_TSE.1 审计**

如果 PP/ST 中包含 FAU_GEN"安全审计数据产生",下列行为宜是可审计的:

a) 最小级:依据会话建立机制对一个会话建立的拒绝。

b) 基本级:一个用户会话建立时的所有尝试。

c) 详细级:所选的访问参数值(例如访问位置、访问时间)的获得。

16.6.5 **FTA_TSE.1 TOE 会话建立**

从属于:无其他组件。

依赖关系:无依赖关系。

16.6.5.1 **FTA_TSE.1.1**

TSF 应能基于[赋值:*属性*]拒绝会话的建立。

17 FTP 类:可信路径/信道

本类中的族提供关于用户和 TSF 之间可信通信路径的要求,以及关于 TSF 和其他可信 IT 产品之间可信通信信道的要求。可信路径和信道具备以下特点:

——通信路径由内部和外部通信信道构成(对组件适当的话),它将 TSF 数据和命令的确定子集与余下的 TSF 和用户数据分离。

——通信路径的启用可由用户或 TSF 来发起(对组件适当的话)。

——通信路径有能力保证用户正在同正确的 TSF 通信,并且 TSF 也正在同正确的用户通信(对组件适当的话)。

在本范型中,可信信道是可以由该信道的任何一端发起的一条通信信道,并且提供该信道两端身份的抗抵赖特性。

可信路径通过与 TSF 进行有保证地直接交互,为用户提供一种手段以完成功能。可信路径通常用于初始标识或鉴别等用户活动，但也可用于用户会话过程中的其他时刻。可信路径的交换可以由用户或 TSF 发起。应确保经由可信路径的用户应答受到保护，不会被不可信应用修改或泄露给不可信应用。

FTP 可信路径/信道类分解见图 84。

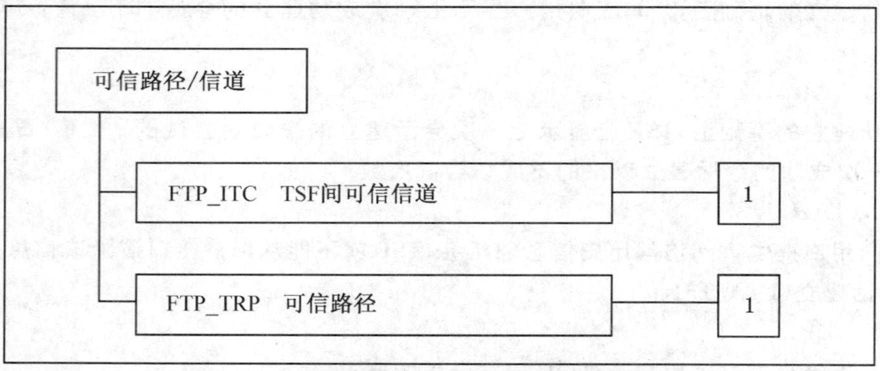

图 84 FTP 可信路径/信道类分解

17.1 TSF 间可信信道(FTP_ITC)

17.1.1 族行为

本族定义为执行关键的安全操作，在 TSF 和其他可信 IT 产品之间建立一个可信信道的要求。只要在 TOE 和其他可信 IT 产品之间进行用户或 TSF 数据的保密通信，就应包括本族的要求。

17.1.2 组件层次(见图 85)

图 85 FTP_ITC 组件层次

FTP_ITC.1"TSF 间可信信道"，要求 TSF 在它自己和另一个可信 IT 产品之间提供一条可信信道。

17.1.3 FTP_ITC.1 管理

FMT 中的管理功能可考虑下列行为：

a) 需要可信信道的动作的配置，如果支持的话。

17.1.4 FTP_ITC.1 审计

如果 PP/ST 中包含 FAU_GEN"安全审计数据产生"，下列行为宜是可审计的：

a) 最小级：可信信道功能的失效；
b) 最小级：失效的可信信道功能的发起者和目标端的标识；
c) 基本级：可信信道功能的所有使用尝试；
d) 基本级：所有可信信道功能的发起者和目标端的标识。

17.1.5 FTP_ITC.1 TSF 间可信信道

从属于：无其他组件。

依赖关系：无依赖关系。

17.1.5.1 FTP_ITC.1.1

TSF 应在它自己和一个远程可信 IT 产品之间提供一条通信信道，此信道在逻辑上与其他通信信道截然不同，其端点具有保证标识，并且能保护信道中数据免遭修改或泄露。

17.1.5.2 FTP_ITC.1.2

TSF 应允许［选择：*TSF、远程的可信 IT 产品*］经由可信信道发起通信。

17.1.5.3 FTP_ITC.1.3

对于［赋值：*需要可信信道的功能列表*］，TSF 应经由可信信道发起通信。

17.2 可信路径(FTP_TRP)

17.2.1 族行为

本族定义了建立并维护用户和 TSF 间可信通信的要求。对任何与安全有关的交互活动而言,一条可信路径可能是必需的。可信路径的交换可以由用户在与 TSF 交互期间发起,或者 TSF 可能经由一条可信路径与用户建立通信。

17.2.2 组件层次(见图 86)

图 86 FTP_TRP 组件层次

FTP_TRP.1"可信路径",要求为 PP/ST 作者定义的一组事件,在 TSF 和用户之间提供一条可信路径。用户或 TSF 均有能力发起该可信路径。

17.2.3 FTP_TRP.1 管理

FMT 中的管理功能可考虑下列行为:

a) 需要可信路径的动作的配置,如果支持的话。

17.2.4 FTP_TRP.1 审计

如果 PP/ST 中包含 FAU_GEN"安全审计数据产生",下列行为宜是可审计的:

a) 最小级:可信路径功能的失效;

b) 最小级:如果有的话,与所有可信路径失效相关的用户标识;

c) 基本级:可信路径功能的所有使用尝试;

d) 基本级:如果有的话,与所有可信路径调用相关的用户标识。

17.2.5 FTP_TRP.1 可信路径

从属于:无其他组件。

依赖关系:无依赖关系。

17.2.5.1 FTP_TRP.1.1

TSF 应在它自己和[选择:*远程、本地*]用户之间提供一条通信路径,此路径在逻辑上与其他通信路径截然不同,其末端点具有保证的标识,并能保护通信数据免遭修改或泄露。

17.2.5.2 FTP_TRP.1.2

TSF 应允许[选择:*TSF、本地用户、远程用户*]经由可信路径发起通信。

17.2.5.3 FTP_TRP.1.3

对于[选择:*启动用户鉴别、[赋值:其他需要可信路径的服务]*],TSF 应要求使用可信路径。

附　录　A
（规范性附录）
安全功能要求应用注释

本附录包含关于本部分中所定义族和组件的附加指南，用户、开发者和评估者在使用组件时可能需要这些指南。为了便于查找，本附录中类、族和组件的表示与标准中的表示相似。

A.1　注释的结构

本章定义与GB/T 18336功能要求相关的注释的内容和形式。

A.1.1　类结构

下面的图A.1说明本附录中功能类的结构。

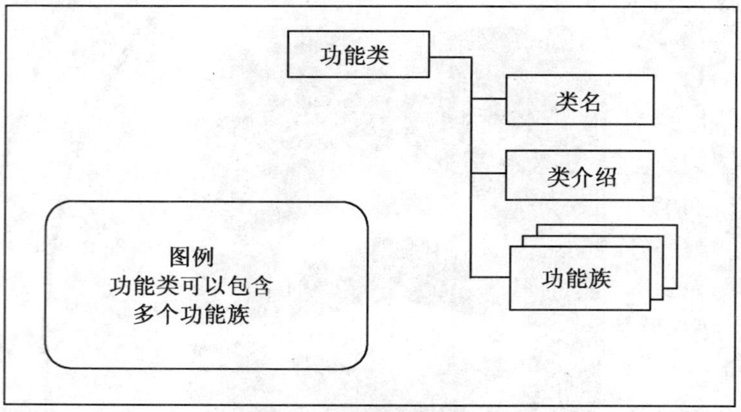

图A.1　功能类结构

A.1.1.1　类名

这是本部分中所定义类的唯一名称。

A.1.1.2　类介绍

本附录中的类介绍提供使用该类中族和组件的有关信息。这些信息连同相关的图表描述了每个类的组织形式和每个类中的族，以及每个族中组件间的层次关系。

A.1.2　族结构

图A.2用图解形式说明应用注释部分功能族的结构。

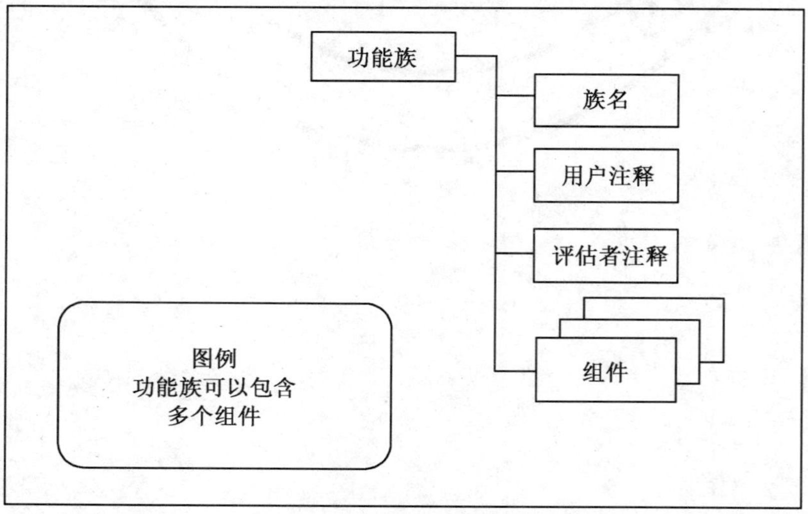

图A.2　功能族结构

A.1.2.1　族名

这是本部分中所定义族的唯一名称。

A.1.2.2　用户注释

用户注释包含功能族的潜在用户所关心的一些附加信息。潜在用户包括PP、ST和功能包的作者，以及具体化功能组件的TOE开发者。本部分陈述是提示性的，可包括与使用的局限性有关的一些警示信息以及使用组件时应当特别注意的地方。

A.1.2.3　评估者注释

评估者注释包含TOE开发者和评估者所关心的所有信息。该TOE声称符合族中某一组件。本部分陈述是提示性的，可涵盖评估TOE时需特别注意的各个方面，其中可包括澄清含义，详细说明解释这些要求的方式，以及评估者特别关心的一些警告和警示信息。

"用户注释"和"评估者注释"部分不是必需的，仅在适当时出现。

A.1.3　组件结构

图A.3说明了应用注释部分功能组件的结构。

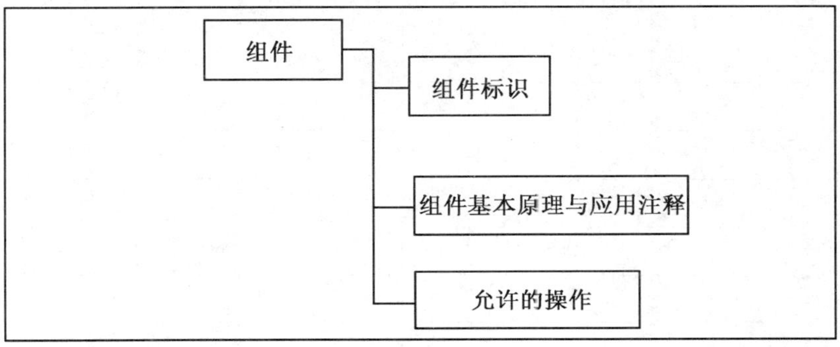

图A.3　功能组件结构

A.1.3.1　组件标识

这是本部分中所定义组件的唯一名称。

A.1.3.2　组件基本原理与应用注释

任何与组件有关的特定信息都可在该小节中找到。

——*基本原理*包含基本原理的详细解释，在特定级别下细化关于基本原理的一般性陈述，且应仅在需要特定级别详述的情况下使用。

——*应用注释*包含对于一个特定组件在叙述的详细程度方面的进一步细化。这种细化可相对于A.1.2部分所描述的用户注释或评估者注释。这种细化可用于解释依赖关系的性质(例如，共享信息或共享操作)。

"组件基本原理与应用注释"部分不是必需的，仅在适当时出现。

A.1.3.3　允许的操作

每个组件的这部分内容包含与该组件所允许的操作有关的一些建议。

"允许的操作"部分不是必需的，仅在适当时出现。

A.2　依赖关系表

以下的功能组件依赖关系表(表A.1～表A.10)列出了功能组件之间直接、间接和可选的依赖关系。作为功能组件依赖方的每个组件在表中占据一列，每个功能组件在表中占据一行。表格单元中的值表示行中标的组件是直接要求列中标的组件(用"×"表示)，间接要求列中标的组件(用"—"表示)，还是可选要求列中标的组件(用"○"表示)。例如FDP_ETC.1"不带安全属性的用户数据输出"就是一个具有可选依赖关系的组件，它要求依赖FDP_ACC.1"子集访问控制"，或依赖FDP_IFC.1"子集信息流控制”，所以如果满足了FDP_ACC.1，就不必满足FDP_IFC.1，反之亦然。如果表格单元为空，则该组件不依赖于另一个组件。

表 A.1　FAU 安全审计类依赖关系表

	FAU_GEN.1	FAU_SAA.1	FAU_SAR.1	FAU_STG.1	FIA_UID.1	FMT_MTD.1	FMT_SMF.1	FMT_SMR.1	FPT_STM.1
FAU_ARP.1	—	×							—
FAU_GEN.1									×
FAU_GEN.2	×				×				—
FAU_SAA.1	×								—
FAU_SAA.2					×				
FAU_SAA.3									
FAU_SAA.4									
FAU_SAR.1	×								—
FAU_SAR.2	—		×						—
FAU_SAR.3	—		×						—
FAU_SEL.1	×				—	×	—	—	—
FAU_STG.1	×								—
FAU_STG.2	×								—
FAU_STG.3	—			×					—
FAU_STG.4	—			×					—

表 A.2　FCO 通信类依赖关系表

	FIA_UID.1
FCO_NRO.1	×
FCO_NRO.2	×
FCO_NRR.1	×
FCO_NRR.2	×

表 A.3　FCS 密码支持类依赖关系表

	ADV_SPM.1	FCS_CKM.1	FCS_CKM.2	FCS_CKM.4	FCS_COP.1	FDP_ACC.1	FDP_ACF.1	FDP_IFC.1	FDP_IFF.1	FDP_ITC.1	FDP_ITC.2	FIA_UID.1	FMT_MAS.1	FMT_MSA.2	FMT_MSA.3	FMT_SMF.1	FMT_SMR.1	FPT_TDC.1	FTP_ITC.1	FTP_TRP.1
FCS_CKM.1	—	—	○	×	○	—	—	—	—	—	—	—	—	×	—	—	—	—	—	—
FCS_CKM.2	—	○	—	×	—	—	—	—	—	○	○	—	—	×	—	—	—	—	—	—
FCS_CKM.3	—	○	—	×	—	—	—	—	—	○	○	—	—	×	—	—	—	—	—	—
FCS_CKM.4	—	○	—	—	—	—	—	—	—	○	○	—	—	×	—	—	—	—	—	—
FCS_COP.1	—	○	—	×	—	—	—	—	—	○	○	—	—	×	—	—	—	—	—	—

表 A.4　FDP 用户数据保护类依赖关系表

	AVA_CCA.1	AVA_CCA.3	FDP_ACC.1	FDP_ACF.1	FDP_IFC.1	FDP_IFF.1	FDP_ITT.1	FDP_ITT.2	FDP_UIT.1	FIA_UID.1	FMT_MSA.1	FMT_MSA.3	FMT_SMF.1	FMT_SMR.1	FPT_TDC.1	FTP_ITC.1	FTP_TRP.1
FDP_ACC.1			—	×	—	—				—	—	—	—	—			
FDP_ACC.2			—	×	—	—				—	—	—	—	—			
FDP_ACF.1			×	—	—	—				—	—	×	—	—			
FDP_DAU.1																	
FDP_DAU.2										×							
FDP_ETC.1			○	—	○	—				—	—	—	—	—			
FDP_ETC.2			○	—	○	—				—	—	—	—	—			
FDP_IFC.1			—	—	—	×				—	—	—	—	—			
FDP_IFC.2			—	—	—	×				—	—	—	—	—			
FDP_IFF.1			—	—	×	—				—	—	×	—	—			
FDP_IFF.2			—	—	×	—				—	—	×	—	—			
FDP_IFF.3	×		—	—	×	—				—	—	—	—	—			
FDP_IFF.4	×		—	—	×	—				—	—	—	—	—			
FDP_IFF.5		×	—	—	×	—				—	—	—	—	—			
FDP_IFF.6	×		—	—	×	—				—	—	—	—	—			
FDP_ITC.1			○	—	○	—				—	—	×	—	—			
FDP_ITC.2			○	—	○	—				—	—	—	—	—	×	○	○
FDP_ITT.1			○	—	○	—				—	—	—	—	—			
FDP_ITT.2			○	—	○	—				—	—	—	—	—			
FDP_ITT.3			○	—	○	—	×			—	—	—	—	—			
FDP_ITT.4			○	—	○	—		×		—	—	—	—	—			
FDP_RIP.1																	
FDP_RIP.2																	
FDP_ROL.1			○	—	○	—				—	—	—	—	—			
FDP_ROL.2			○	—	○	—				—	—	—	—	—			
FDP_SDI.1																	
FDP_SDI.2																	
FDP_UCT.1			○	—	○	—				—	—	—	—	—		○	○
FDP_UIT.1			○	—	○	—				—	—	—	—	—		○	○
FDP_UIT.2			○	—	○	—			○	—	—	—	—	—		○	
FDP_UIT.3			○	—	○	—			○	—	—	—	—	—		○	

表 A.5　FIA 标识和鉴别类依赖关系表

	FIA_ATD.1	FIA_UAU.1	FIA_UID.1
FIA_AFL.1		×	—
FIA_ATD.1			
FIA_SOS.1			
FIA_SOS.2			
FIA_UAU.1			×
FIA_UAU.2			×
FIA_UAU.3			
FIA_UAU.4			
FIA_UAU.5			
FIA_UAU.6			
FIA_UAU.7		×	—
FIA_UID.1			
FIA_UID.2			
FIA_USB.1	×		

表 A.6　FMT 安全管理类依赖关系表

	ADV_SPM.1	FDP_ACC.1	FDP_ACF.1	FDP_IFC.1	FDP_IFF.1	FIA_UID.1	FMT_MAS.1	FMT_MSA.3	FMT_MTD.1	FMT_SMF.1	FMT_SMR.1	FPT_STM.1
FMT_MOF.1						—				×	×	
FMT_MSA.1		○	—	○	—	—	—	—		×	×	
FMT_MSA.2	×	○	—	○	—	—	×	—		—	×	
FMT_MSA.3		—	—	—	—	—	×	—		—	×	
FMT_MTD.1						—				×	×	
FMT_MTD.2						—			×	—	×	
FMT_MTD.3	×					—			×	—	—	
FMT_REV.1						—					×	
FMT_SAE.1						—					×	×
FMT_SMF.1												
FMT_SMR.1						×						
FMT_SMR.2						×						
FMT_SMR.3						—					×	

表 A.7 FPR 私密性类依赖关系表

	FIA_UID.1	FPR_UNO.1
FPR_ANO.1		
FPR_ANO.2		
FPR_PSE.1		
FPR_PSE.2	×	
FPR_PSE.3		
FPR_UNL.1		
FPR_UNO.1		
FPR_UNO.2		
FPR_UNO.3		×
FPR_UNO.4		

表 A.8 FPT TSF 保护类依赖关系表

	ADV_SPM.1	ACD_ADM.1	FIA_UID.1	FMT_MOF.1	FMT_SMF.1	FMT_SMR.1	FPT_AMT.1	FPT_ITT.1	FPT_TST.1
FPT_AMT.1									
FPT_FLS.1	×								
FPT_ITA.1									
FPT_ITC.1									
FPT_ITI.1									
FPT_ITI.2									
FPT_ITT.1									
FPT_ITT.2									
FPT_ITT.3								×	
FPT_PHP.1									
FPT_PHP.2			—	×	—	—			
FPT_PHP.3									
FPT_RCV.1	×	×							
FPT_RCV.2	×	×							
FPT_RCV.3	×	×							×
FPT_RCV.4	×								
FPT_RPL.1									
FPT_RVM.1									
FPT_SEP.1									
FPT_SEP.2									

表 A.8（续）

	ADV_SPM.1	ACD_ADM.1	FIA_UID.1	FMT_MOF.1	FMT_SMF.1	FMT_SMR.1	FPT_AMT.1	FPT_ITT.1	FPT_TST.1
FPT_SEP.3									
FPT_SSP.1								×	
FPT_SSP.2								×	
FPT_STM.1									
FPT_TDC.1									
FPT_TRC.1								×	
FPT_TST.1							×		

表 A.9　FRU 资源利用类依赖关系表

	ADV_SPM.1	FPT_FLS.1
FRU_FLT.1	—	×
FRU_FLT.2	—	×
FRU_PRS.1		
FRU_PRS.2		
FRU_RSA.1		
FRU_RSA.2		

表 A.10　FTA TOE 访问类依赖关系表

	FIA_UAU.1	FIA_UID.1
FTA_LSA.1		
FTA_MCS.1		×
FTA_MCS.2		×
FTA_SSL.1	×	—
FTA_SSL.2	×	—
FTA_SSL.3		
FTA_TAB.1		
FTA_TAH.1		
FTA_TSE.1		

附　录　B
（规范性附录）
功能类、族和组件

下面的附录C到附录M提供本部分正文中定义的功能类的应用注释。

附 录 C
（规范性附录）
FAU 类:安全审计

GB/T 18336 的审计族允许 PP/ST 作者能够定义监测用户活动以及在某些情况下检测对 TSP 真实的、潜在的或即将发生的侵害等方面的要求。定义 TOE 的安全审计功能有助于监测与安全有关的事件,并能对安全侵害起到威慑作用。审计族的要求涉及到包括审计数据保护、记录格式和事件选择,以及分析工具、侵害报警和实时分析等功能。审计迹应以人类可读的格式直接(如以人类可读的格式存储)或间接(如使用审计归纳工具)呈现。

在开发安全审计要求时,PP/ST 作者必须对审计族及其组件之间的相互关系加以注意。存在这样的可能:规定了一组遵从族/组件依赖表的审计要求,但同时造就了一个有缺陷的审计功能(例如,某个审计功能要求对所有与安全有关的事件加以审计,但是缺乏选择性控制它们的任何合理的基础,诸如单个用户或客体)。

C.1 在分布式环境中的审计要求

对网络和其他大型系统的审计要求,在实现上可能明显地有别于那些独立系统。对于更大、更复杂和更活跃的系统而言,由于解释(甚至存储)所收集审计数据的可行性较低,所以必须更多地考虑收集哪些审计数据以及如何对其进行管理。在一个随时可能发生许多事件的多时区全球性网络中,按时间排序罗列或“跟踪”被审计事件的传统方法可能就不适用。

此外,在分布式 TOE 中的不同主机和服务器可能具有不同的命名策略和名称。对于审计查阅而言,符号名称的表示法可能就需要在整个网络范围内加以约定,以避免重复和“命名冲突”。

如果在分布式系统中审计仓库服务于一个实用的功能,则可能需要一个多对象审计仓库,其中该仓库的某一部分可以接受潜在的各种各样的授权用户的访问。

最后,应通过系统地避免本地存储与管理员活动有关的审计数据,解决授权用户对权限的滥用。

本类的组件构成分解如图 C.1 所示。

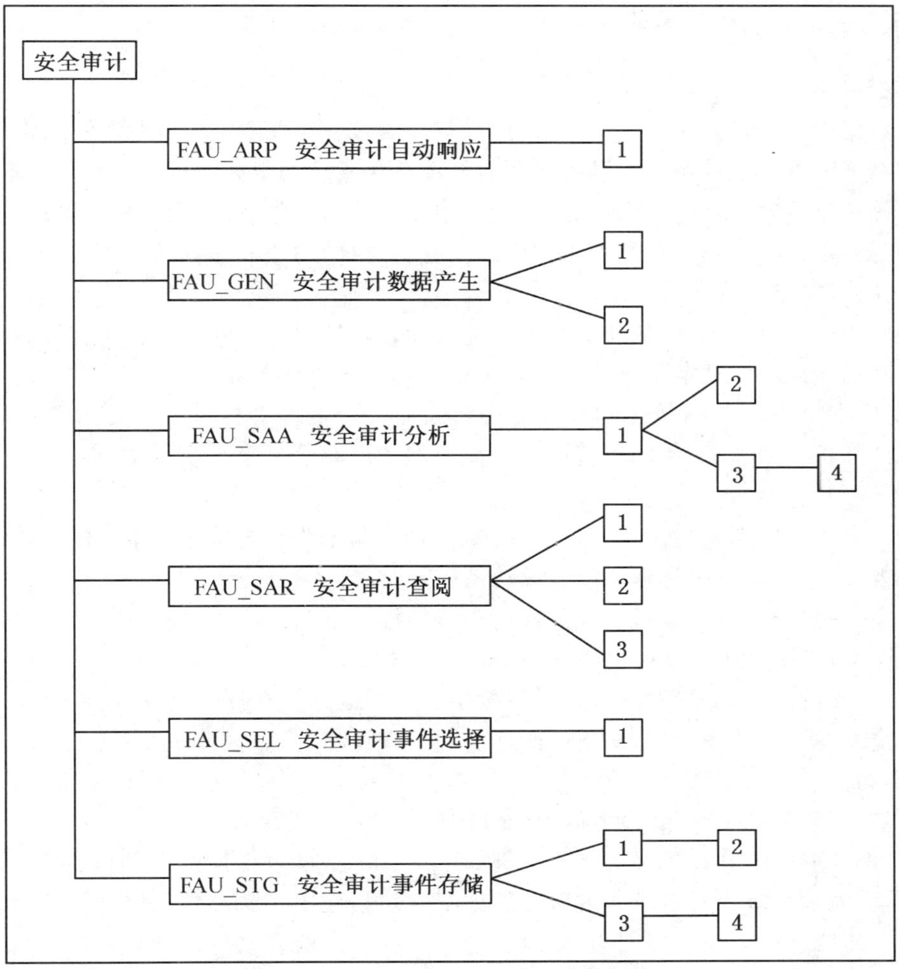

图 C.1　FAU 安全审计类分解

C.2　安全审计自动响应(FAU_ARP)

C.2.1　应用注释

安全审计自动响应族描述了处理审计事件的要求。这些要求包括告警或 TSF 采取动作(自动应答)。例如,TSF 可能采取的动作包括产生实时的报警、终止违例的进程、中断服务、断开连接或者使用户帐号失效等。

如果 FAU_SAA“安全审计分析”中的组件指出一个审计事件是对 TSP 的一个潜在侵害,那么定义该审计事件为一个“潜在的安全侵害”。

C.2.2　FAU_ARP.1 安全告警

C.2.2.1　用户应用注释

应在出现一个警告事件之后随即采取动作。这种动作可以是通知授权用户,可以是呈现给授权用户连同一组可能的遏制动作,或是采取纠正动作,PP/ST 作者应认真考虑采取这些动作的时间。

C.2.2.2　操作

C.2.2.2.1　赋值

在 FAU_ARP.1.1 中,PP/ST 作者应规定一旦出现潜在的安全侵害时要采取的动作。“通知授权用户,使产生潜在安全侵害的主体失效”就是动作列表的一个例子。也可以规定由授权用户来确定要采取的动作。

C.3 安全审计数据产生(FAU_GEN)

C.3.1 应用注释

安全审计数据产生族包括了规定应由 TSF 对与安全有关的事件生成审计事件的要求。

引入本族在某种意义上避免了一种关于所有需要审计支持的组件的依赖关系。在本部分中每个组件都有一个审计小节,在该小节中列出了该功能区中要审计的事件。当 PP/ST 作者编写 PP/ST 时,在相关组件审计部分中条款可用来填补本组件中的变量。这样,对于一个功能区中能够被审计事件的详细规范就局限在该功能区中。

可审计事件的列表完全依赖于 PP/ST 内其他功能族,所以每个族的定义应包括该族所规定的可审计事件列表。在功能族中所规定可审计事件列表中的每个可审计事件必须对应于本族所规定的某个审计事件产生级别(即最小级、基本级和详细级)。这就向 PP/ST 作者提供了必要的信息,以确保所有适当的可审计事件都将在 PP/ST 中加以规范。下面的例子说明了可审计事件如何在适当的功能族中加以规定:

"如果 PP/ST 中包含 FAU_GEN'安全审计数据产生',下列行为宜是可审计的:

a) 最小级:用户安全属性管理功能的成功使用;

b) 基本级:用户安全属性管理功能的所有尝试使用;

c) 基本级:用户安全属性已被修改的标识;

d) 详细级:除特定敏感属性数据项(如口令字、密钥)以外,应俘获的新的属性值。"

对于所选定的每一个功能组件,该组件所指出的可审计事件,只要属 FAU_GEN"安全审计数据产生"指定的级别和低于该级别都应被审计。例如,在上面的例子中,如果 FAU_GEN"安全审计数据产生"中选择了"基本级",则 a)、b)和 c)中提到的可审计事件必须被审计。

很明显,可审计事件的分类是层次化的。例如,当期望"基本级审计产生"时,通过使用适当的赋值操作,所有被标识为最小级或基本级的可审计事件都应包括在 PP/ST 之内,除非高级别的事件只是比低级别事件提供的信息更详细。当期望"详细级产生审计"时,所有已标识的可审计事件(最小级、基本级和详细级)都应该包括在 PP/ST 之内。

PP/ST 的作者可以决定增加一些超出给定审计级别要求之外的可审计事件。例如,某个 PP/ST 尽管包含了大部分基本级能力,由于少数几个没有被包括进来的基本级能力与 PP/ST 其他强制要求相冲突(例如它们需要收集不可用的数据),也只能称作具有最小级审计能力。

创建可审计事件的功能应在 PP 或 ST 中作为一项功能要求加以规定。

下面列出了一些应该在每个 PP/ST 功能要求中定义为可审计事件的事件类型例子:

a) 把 TSC 之内的客体引入到一个主体的地址空间;

b) 客体的删除;

c) 访问权限或能力的分配和撤消;

d) 改变主体或客体的安全属性;

e) 由 TSF 执行的策略检查,作为一个主体的请求结果;

f) 访问权限的使用以回避策略检查;

g) 标识和鉴别功能的使用;

h) 操作员或授权用户所采取的动作(如禁止一个 TSF 保护机制作为人可读标签);

i) 从可移动介质输出数据或将数据输入到可移动介质(如打印输出、磁带和磁盘等)。

C.3.2 FAU_GEN.1 审计数据产生

C.3.2.1 用户应用注释

本组件定义了标识可审计事件的一些要求,包括应产生审计记录以及审计记录中所应提供的信息。

当 TSP 不要求单个用户身份与审计事件相关联时,可单独使用 FAU_GEN.1"审计数据产生",当

PP/ST 包含私密性要求时这种情况就可能存在。如果必需在审计中考虑用户身份，就应增加使用 FAU_GEN.2“用户身份关联”。

C.3.2.2 评估者应用注释

存在一个关于 FPT_STM“时间戳”的依赖关系，如果时间的正确性不成为该 TOE 的一个问题，可删去这一依赖关系。

C.3.2.3 操作

C.3.2.3.1 选择

在 FAU_GEN.1.1 中，PP/ST 作者应选择 PP/ST 中其他功能组件审计小节所提出的可审计事件级别。这些级别可以是“最小级”、“基本级”、“详细级”或“未规定”等。

C.3.2.3.2 赋值

在 FAU_GEN.1.1 中，PP/ST 作者应指定一个其他专门定义的可审计事件列表，一并归入可审计事件列表中。这种赋值可以是“无”，也可以是一个功能要求的可审计事件其审计级别比 b)中所要求的审计级别更高，也可以是由特定应用程序接口(API)的使用而产生的一些事件。

在 FAU_GEN.1.2 中，PP/ST 作者应对 PP/ST 中每个可审计事件指定一个其他审计相关信息列表，并将其纳入审计事件记录中，或者指定为“无”。

C.3.3 FAU_GEN.2 用户身份关联

C.3.3.1 用户应用注释

本组件负责处理在单个用户身份级别上可审计事件的责任追溯性方面要求。本组件应该用作 FAU_GEN.1“审计数据产生”的补充。

审计要求和私密性要求之间存在着潜在的冲突，为了审计，希望能了解谁完成了一个动作，而该用户则可能希望只有自己知道自己的动作，而不被他人(如同事)识别出，或者可能在组织安全策略要求必须保护用户身份。在这些情况下，审计与私密性的目标是互相矛盾的。所以，如果选定这一审计要求，并且私密性也很重要，应考虑增加用户假名组件。私密性类中规定了基于假名确定真实用户名的要求。

C.4 安全审计分析(FAU_SAA)

C.4.1 应用注释

本族定义关于自动方式分析系统活动和审计数据，以寻找可能的或真实的安全侵害等方面的要求。这种分析可以由入侵检测来支持，或通过对即将来临的安全侵害作出自动响应来支持。

FAU_ARP“安全审计自动响应”中的组件定义了在检测到可能即将发生的或潜在的安全侵害后，TSF 应采取的动作。

为了实时分析，审计数据可能被转换成一种便于自动处理的格式，在交付给授权用户查阅时再转换成另一种可读格式。

C.4.2 FAU_SAA.1 潜在的侵害分析

C.4.2.1 用户应用注释

本组件用于规定一个可审计事件集，这些事件的出现或累计出现预示着一个对 TSP 的潜在违犯，也用来规定用于执行侵害分析的所有规则。

C.4.2.2 操作

C.4.2.2.1 赋值

在 FAU_SAA.1.2 中，PP/ST 作者应识别已定义的可审计事件的子集，需要检测这些事件的出现或累计出现，作为对 TSP 的潜在违犯的一个预示。

在 FAU_SAA.1.2 中，PP/ST 作者应规定 TSF 用于分析审计迹的所有其他规则，这些规则可以包括一些表达需要事件在某个确定的时间周期内(如天数、持续时间)出现的特殊要求。如果没有额外的规则供 TSF 用于分析审计迹,则此赋值可以为“无”。

C.4.3 FAU_SAA.2 基于轮廓的异常检测

C.4.3.1 应用注释

*轮廓*是一种表征用户或主体行为的结构,它描绘了用户/主体怎样以各种方法与 TSF 交互。使用模式的建立对应于用户/主体所从事的各种类型活动,例如异常情况出现模式、资源利用模式(何时、哪个、怎样)、动作执行模式等。轮廓中记录各种类型活动的方式(如资源测量、事件计数器、定时器),称做轮廓度量。

每个轮廓代表由*轮廓目标*组成员执行的预期使用模式。此模式可以基于过去的使用(历史模式)或相似目标组用户的正常使用(预期模式)。轮廓目标组指与 TSF 交互的一个或多个用户。轮廓组每个成员的活动被分析工具用来建立轮廓中描绘的使用模式。以下是几个轮廓目标组的例子:

a) **单用户帐号**:每个用户一个轮廓。

b) **组 ID 或组帐号**:所有拥有同一个组 ID 或使用同一个组帐号的用户为一个轮廓。

c) **操作角色**:共享一个给定操作角色的所有用户为一个轮廓。

d) **系统**:一个系统的所有用户为一个轮廓。

对一个轮廓目标组的每个成员分配了一个单独的*置疑等级*,它表示成员的新活动对应于在组轮廓中已建立使用模式的相近程度。

异常检测工具的复杂程度将主要由 PP/ST 所要求目标轮廓组的数量和所要求轮廓度量的复杂性来决定。

本组件用于规定一个可审计事件集,这些事件的出现或累计出现预示着一个对 TSP 的潜在违犯,也用来规定用于执行侵害分析的所有规则。该事件或规则集能够由授权用户通过增加、修改或删除事件或规则来进行修改。

PP/ST 作者应该明确列举出由 TSF 监测或分析的活动。PP/ST 作者也应该明确识别构造使用轮廓所需的相关活动信息。

FAU_SAA.2“基于轮廓的异常检测”要求 TSF 维护系统的使用轮廓。“维护”这个词暗示异常检测工具基于轮廓目标组成员进行的新活动主动更新使用轮廓。重要的是表示用户活动性的度量都由 PP/ST 作者来定义。例如,一个个体可能执行一千个不同的动作,而异常检测工具可以仅选择监测这些活动的一个子集。异常活动可以象正常活动一样被集成到轮廓中(假设工具正在监测那些活动)。在四个月以前可能已出现异常的事件经过一段时间,随着用户职责的改变可能已变成正常(反之亦然)。如果 TSF 利用轮廓更新算法过滤掉异常活动,它就不能够捕获这种情况。

应提供管理性通告,以便于授权用户理解置疑等级的重要性。

PP/ST 作者应定义如何解释置疑等级和向 FAU_ARP“安全审计自动响应”机制指示异常活动的条件。

C.4.3.2 操作

C.4.3.2.1 赋值

在 FAU_SAA.2.1 中,PP/ST 作者应规定轮廓目标组。单个 PP/ST 可包括多个轮廓目标组。

在 FAU_SAA.2.3 中,PP/ST 作者应规定由 TSF 报告的异常活动的条件。条件可以包括达到某一确定值的置疑等级,或基于观察到的异常活动的类型。

C.4.4 FAU_SAA.3 简单攻击探测

C.4.4.1 用户应用注释

实际上,很少有分析工具能确切检测到安全侵害即将在何时发生,但确实有一些系统事件非常重要,值得进行单独查阅。这种事件的例子有,删除一个关键 TSF 安全数据文件(如口令文件)或远程用户试图获得管理级特权的行为。这些事件都称作*特征事件*,如果它们的出现独立于系统的其他活动就预示着入侵活动。

给定工具的复杂程度将在很大程度上依赖于 PP/ST 作者在确定特征事件基本集时所定义的赋值。

为执行分析，PP/ST 作者应逐一列举出哪些事件应该由 TSF 监测。PP/ST 作者应识别那些与事件有关的必要信息，以决定该事件是否映射为特征事件。

应提供管理性通告，以便授权用户能够理解事件的意义以及如何做出适当的响应。

为了避免把审计数据作为监测系统活动唯一的输入，在这些功能要求的详细说明中要求利用以前开发的入侵检测工具，而该工具不只使用审计数据进行系统活动分析(其他的输入数据包括如网络数据报文、资源/计帐数据或者各类系统数据的组合等)。

FAU_SAA.3"简单攻击探测"的元素不要求实现直接攻击探测的 TSF 与其活动受监测的 TSF 为同一个。因此，可以开发一个入侵检测组件，其运行能够独立于那些系统活动正在被分析的系统。

C.4.4.2 操作

C.4.4.2.1 赋值

在 FAU_SAA.3.1 中，PP/ST 作者应确定系统事件的一个基本子集，其出现独立于所有其他系统活动，可预示着一个对 TSP 的违犯。这包括那些本身就清晰地指明对 TSP 违犯的事件，或其出现对证明活动正常十分重要的那些事件。

在 FAU_SAA.3.2 中，PP/ST 作者应规定用于确定系统活动的信息。该信息是分析工具所使用的输入数据，用来确定发生在 TOE 上的系统活动。这些数据可包括审计数据、审计数据与其他系统数据的组合、或者也可由其他非审计数据组成。PP/ST 作者应准确定义在所输入的数据中哪些系统事件及其属性正在被监测。

C.4.5 FAU_SAA.4 复杂攻击探测

C.4.5.1 用户应用注释

实际上，很少有分析工具能确切检测到安全侵害即将在何时发生，但确实有一些系统事件非常重要，值得进行单独查阅。这种事件的例子有，删除一个关键 TSF 安全数据文件(如：口令文件)或远程用户试图获得管理级特权的行为。这些事件都称作特征事件，如果它们的出现独立于系统的其他活动就预示着入侵活动。事件的序列是可预示入侵活动的特征事件有序集合。

给定工具的复杂程度将在很大程度上依赖于 PP/ST 作者在确定特征事件基本集和事件序列时所定义的赋值。

PP/ST 作者应定义一个由 TSF 表示的特征事件基本集和事件序列。额外的特征事件和事件序列可以由系统开发者加以定义。

为执行分析，PP/ST 作者必须逐一列举出哪些事件应该由 TSF 所监测。PP/ST 作者应识别那些与事件有关的必要信息，以决定该事件是否映射为特征事件。

应提供管理性通告，以便授权用户能够理解事件的意义以及如何做出适当的响应。

为了避免把审计数据作为监测系统活动唯一的输入，在这些功能要求的详细说明中要求利用以前开发的入侵检测工具，而该工具不只使用审计数据进行系统活动分析(其他的输入数据包括如网络数据报、资源/计帐数据或者各类系统数据的组合等)，因此需要 PP/ST 作者规范用于监测系统活动的输入数据的类型。

FAU_SAA.4"复杂攻击探测"的元素不要求实现复杂攻击探测的 TSF 与其活动受监测的 TSF 为同一个。因此，可以开发一个入侵检测组件，其运行能够独立于那些系统活动正在被分析的系统。

C.4.5.2 操作

C.4.5.2.1 赋值

在 FAU_SAA.4.1 中，PP/ST 作者应确定系统事件序列列表的一个基本集，其出现表示已经有入侵的情况发生。这些事件序列表示已知的入侵情形，序列中所描绘的每一个事件应映射到一个受监测的系统事件，从而使得随着这些系统事件被执行，它们就映射到已知的入侵事件序列。

在 FAU_SAA.4.1 中,PP/ST 作者应确定系统事件的一个基本子集,其出现独立于所有其他系统活动,可预示着一个对 TSP 的违犯。这包括那些本身就清晰地指明对 TSP 违犯的事件,或其出现对证明活动正常十分重要的那些事件。

在 FAU_SAA.4.2 中,PP/ST 作者应规定用于确定系统活动的信息。该信息是分析工具所使用的输入数据,用来确定发生在 TOE 上的系统活动。这些数据可包括审计数据、审计数据与其他系统数据的组合、或者也可由其他非审计数据组成。PP/ST 的作者应准确定义在所输入的数据中哪些系统事件及其属性正在被监测。

C.5 安全审计查阅(FAU_SAR)

C.5.1 应用注释

安全审计查阅族定义了与审计信息查阅有关的一些要求。

这些功能应该允许预存储或事后存储审计选择结果,例如包括能够选择性查阅下列几个方面内容:

——一个或者多个用户的动作(如识别、鉴别、TOE 登录以及访问控制活动);

——对某个特定客体或 TOE 资源采取的动作;

——规定的审计例外情况集的全部内容;

——与某个特定的 TSP 属性有关的动作。

以下几种审计查阅之间的区别在于功能性。"审计查阅"只包含查阅审计数据的能力。而"可选审计查阅"更加复杂,要求能够基于某个标准或带逻辑关系(即"与"/"或")的多个标准执行搜索,并能够在查阅审计数据之前对它们进行分类和筛选。

C.5.2 FAU_SAR.1 审计查阅

C.5.2.1 基本原理

本组件将为授权用户提供获得和解释相关信息的能力。用户是人员用户时,信息必须以人类可理解的方式表示;用户是外部 IT 实体时,信息必须以电子方式无歧义地表示。

C.5.2.2 用户应用注释

本组件用于规定用户或授权用户能够读取审计记录。审计记录将以适合于用户的方式加以提供,因为不同类型的用户(人员用户、机器用户)可能有不同的需求。

可以规定能被查阅的审计记录内容。

C.5.2.3 操作

C.5.2.3.1 赋值

在 FAU_SAR.1.1 中,PP/ST 作者应规定能够使用这种能力的授权用户。PP/ST 作者也可以适当地指定一些安全角色(参见 FMT_SMR.1 安全角色)。

在 FAU_SAR.1.1 中,PP/ST 作者应规定准许指定的用户从审计记录中获得信息的类型,如,可以是"全部"、"主体身份"或"涉及该用户的所有审计记录信息"。

C.5.3 FAU_SAR.2 限制审计查阅

C.5.3.1 用户应用注释

本组件规定,未在 FAU_SAR.1"审计查阅"中标识的所有用户不能读取审计记录。

C.5.4 FAU_SAR.3 可选审计查阅

C.5.4.1 用户应用注释

本组件规定应能对要查阅的审计数据进行选择。如果基于多个标准,这些标准之间必须具有某种逻辑关系(即"与"/"或"),审计工具也应该提供处理审计数据的能力(如分类、筛选等)。

C.5.4.2 操作

C.5.4.2.1 选择

在 FAU_SAR.3.1 中,PP/ST 作者应选定是否由 TSF 执行搜索、分类、排序。

C.5.4.2.2 赋值

在 FAU_SAR.3.1 中，PP/ST 作者应指定用于选择需要查阅的审计数据的标准(可能连同逻辑关系一起)。逻辑关系预期用于规定是否对单个属性或还是对属性的集合进行操作。这种赋值可能形如“应用、用户帐号或位置”。在这种情况下，操作可用应用、用户帐号和位置这三种属性的任意组合来规定。

C.6 安全审计事件选择(FAU_SEL)

C.6.1 应用注释

安全审计事件选择族提供一些关于识别能力方面的要求，这种能力指从可能发生的可审计事件中识别出哪些需要被审计。FAU_GEN“安全审计数据产生”族中定义了可审计事件，但这些事件在本组件中应定义为是可选的事件。

本族通过定义所选择安全审计事件的适当粒度，确保所保留的审计迹不至过于庞大而无法使用。

C.6.2 FAU_SEL.1 选择性审计

C.6.2.1 用户应用注释

本组件定义了用于选择被审计事件的标准。这些标准允许根据用户属性、主体属性、客体属性或事件类型，从可审计事件集中包括或排出事件。

本组件假设不存在单个用户身份，如路由器等设备就是不支持用户概念的 TOE。

对于分布式环境，主机身份可以用作被审计事件的选择条件。

管理功能 FMT_MTD.1“TSF 数据的管理”将处理授权用户对选择进行查询或修改的权限。

C.6.2.2 操作

C.6.2.2.1 选择

在 FAU_SEL.1.1 中，PP/ST 作者应该选择审计选择性所依据的安全属性是否与客体身份、用户身份、主体身份、主机身份或事件类型相关。

C.6.2.2.2 赋值

在 FAU_SEL.1.1 中，PP/ST 作者应规定审计选择性所依据的所有附加属性。如果没有附加规则供审计选择性依据，则赋值为“无”。

C.7 安全审计事件存储(FAU_STG)

C.7.1 应用注释

安全审计事件存储族描述了存储审计数据以备今后使用的要求，包括对由于系统失效、发生攻击或存储空间溢满等原因所引起审计数据丢失进行控制的要求。

C.7.2 FAU_STG.1 受保护的审计迹存储

C.7.2.1 用户应用注释

在分布式环境中，由于审计迹位于 TSC 中，不一定要与生成审计数据的功能模块在一起，PP/ST 作者可能要求对审计记录的原发者进行鉴别，或在将此记录存入审计迹之前要求记录的源不可否认。

TSF 将保护审计迹免遭未授权地删除或修改。值得注意的是，在某些系统中审计员(角色)可能在一定的时期内不能得到删除审计记录的授权。

C.7.2.2 操作

C.7.2.2.1 选择

在 FAU_STG.1.2 中，PP/ST 作者应该规定 TSF 是应防止，还是只能检测对审计迹的修改。这二者中只能选择一个。

C.7.3 FAU_STG.2 审计数据可用性保证

C.7.3.1 用户应用注释

本组件允许 PP/ST 作者规定审计迹应该符合那个度量标准。

在分布式环境中，由于审计迹位于 TSC 中，不一定要与生成审计数据的功能模块在一起，PP/ST

作者可能请求对审计记录的原发者进行鉴别，或在将此记录存入审迹之前要求记录的源不可否认。

C.7.3.2 操作

C.7.3.2.1 选择

在 FAU_STG.2.2 中，PP/ST 作者应该规定 TSF 是应防止，还是只能检测对审计迹的修改。这二者中只能选择一个。

C.7.3.2.2 赋值

在 FAU_STG.2.3 中，PP/ST 作者应对于审计迹规定 TSF 必须确保的度量。该度量通过列举必须保持的记录数或保证记录维护的时间来限制数据的丢失。例如，度量值“100000”就意味着能够存储 100000 条审计记录。

C.7.3.2.3 选择

在 FAU_STG.2.3 中，PP/ST 作者应该规定 TSF 仍能维护确定数量的审计数据的条件。这些条件可能是：审计存储耗尽、失效和受攻击。

C.7.4 FAU_STG.3 审计数据可能丢失时的动作

C.7.4.1 用户应用注释

本组件要求当审计迹超过预先定义限度时应采取相应的动作。

C.7.4.2 操作

C.7.4.2.1 赋值

在 FAU_STG.3.1 中，PP/ST 作者应指明预定的限度。如果管理功能指出这个数值可被授权用户改变，该值便为默认值。PP/ST 作者可选择让授权用户来定义该值，在这种情况下，该赋值可以是“授权用户设定的限度”。

在 FAU_STG.3.1 中，PP/ST 作者应规定，即将发生由超过门限值所指示的审计存储失效时所应采取的动作。这些动作可包括通知授权用户。

C.7.5 FAU_STG.4 防止审计数据丢失

C.7.5.1 用户应用注释

本组件规定了审计迹已满时 TOE 的行为：或者忽略审计记录，或者冻结 TOE 使得任何可审计事件都不能发生。本要求还规定无论怎样规定这类要求，对此具有特殊权限的授权用户总可以继续产生可审计事件(采取动作)，这是因为要不这样，授权用户甚至将无法重启系统。因此，一旦审计存储空间溢满，应考虑选择 TSF 要采取的动作，如忽略事件，这样能提供更好的 TOE 可用性，也将准许不带记录且不追查用户责任地执行动作。

C.7.5.2 操作

C.7.5.2.1 选择

在 FAU_STG.4.1 中，PP/ST 作者应选定 TSF 是否忽略可审计的动作，或者是否应该防止可审计动作的发生，或当 TSF 不能再存储审计记录时将最早的审计记录涵盖。只选择其中一项。

C.7.5.2.2 赋值

在 FAU_STG.4.1 中，PP/ST 作者应规定一旦发生审计存储失效，所应采取的其他动作，如通知授权用户。如审计存储失效时不需采取任何其他动作，则赋值为“无”。

附　录　D
（规范性附录）
FCO 类:通信

本类所描述的要求对用于传送信息的 TOE 有特殊意义。本类中各族都涉及抗抵赖。

本类中使用了“信息”这一概念。在这里信息应该解释为进行通信的客体，可能包括电子邮件消息、文件或一组预定义属性的类型。

在本文中，术语“接收证明”和“原发证明”是通常使用的术语，虽然认为术语“证明”在法律意义上被解释为隐含某种数学原理。本类中的组件按“证据”的具体情况来解释 “证明”一词的具体使用，TSF 举例说明了各种类型信息传送的不可否认。

本类的组件构成分解如图 D.1 所示。

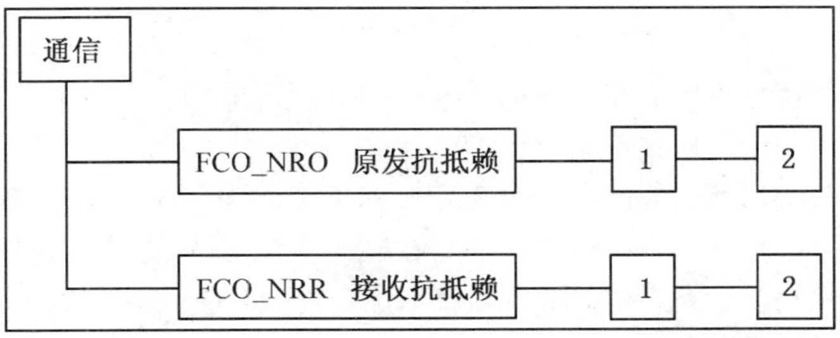

图 D.1　FCO 通信类分解

D.1　原发抗抵赖(FCO_NRO)

D.1.1　用户注释

原发抗抵赖定义了向用户/主体提供有关某些信息原发者身份证据的要求。由于原发证据(如数字签名)在原发者和所发送的信息之间提供了证据绑定，原发者不能成功地否认已发送该信息，接收者或第三方可验证原发证据。原发证据应是不可伪造的。

如果以任何方式改变了信息或相关属性，对原发证据的验证就可能失败。因此，PP/ST 作者应考虑在 PP/ST 中加入完整性方面要求，如 FDT_UIT.1“数据交换完整性”。

抗抵赖涉及几个不同的角色，每个角色都可能结合一个或多个主体。第一个角色是请求原发证据的主体(仅在 FCO_NRO.1“选择性原发证明”中)；第二个角色是接收者或将证据提供给的其他主体(如公证人)；第三个角色是请求验证原发证据的主体，如接收者或象仲裁者这样的第三方。

PP/ST 作者必须规定为了能验证证据的有效性而必须满足的条件。例如，可能规定的一个条件是对证据的验证必须在 24 h 内进行。因此，这些条件允许按法律要求对抗抵赖进行裁剪，例如能够提供几年内的证据。

在多数情况下，接收者的身份将是接收传送的用户的身份。在一些情况下，PP/ST 作者不希望用户身份被输出，此时 PP/ST 作者应该考虑包括此类是否合适，或者是否应使用传送服务提供者的身份或主机的身份。

除了(或代替)用户身份，一个 PP/ST 作者可能更关注信息被发送的时间。例如，请求建议必须在某个确定日期之前发送才能被接纳，在这种情形下，这些要求应能被定制以提供时间戳指示(原发时间)。

D.1.2 FCO_NRO.1 选择性原发证明

D.1.2.1 操作

D.1.2.1.1 赋值

在 FCO_NRO.1.1 中，PP/ST 作者应将信息主体的类型填写到原发功能的证据中，如电子邮件消息。

在 FCO_NRO.1.1 中，PP/ST 作者应根据选择结果指定能请求原发证据的第三方。第三方可以是仲裁者、法官和法定机构。

D.1.2.1.2 选择

在 FCO_NRO.1.1 中，PP/ST 作者应指定可以请求原发证据的用户/主体。

D.1.2.1.3 赋值

在 FCO_NRO.1.2 中，PP/ST 作者应填写可链接到信息的属性列表，如原发者身份、发送时间和发送位置。

在 FCO_NRO.1.2 中，PP/ST 作者应在信息中填写信息域列表，表上的属性提供了原发证据，如消息体。

D.1.2.1.4 选择

在 FCO_NRO.1.3 中，PP/ST 作者应指定能验证原发证据的用户/主体。

D.1.2.1.5 赋值

在 FCO_NRO.1.3 中，PP/ST 作者应根据选择结果指定能验证原发证据的第三方。

在 FCO_NRO.1.3 中，PP/ST 作者应填写证据在其下能被验证的限制条件列表。例如，证据只能在 24 h 时间间隔之内被验证。赋值为“立即的”或“不确定的”也是可接受的。

D.1.3 FCO_NRO.2 强制性原发证明

D.1.3.1 操作

D.1.3.1.1 赋值

在 FCO_NRO.2.1 中，PP/ST 作者应将信息主体的类型填写到原发功能的证据中，如电子邮件消息。

在 FCO_NRO.2.2 中，PP/ST 作者应填写可链接到信息的属性列表，如原发者身份、发送时间和发送位置。

在 FCO_NRO.2.2 中，PP/ST 作者应在信息中填写信息域列表，表上的属性提供了原发证据，如消息体。

D.1.3.1.2 选择

在 FCO_NRO.2.3 中，PP/ST 作者应指定能验证原发证据的用户/主体。

D.1.3.1.3 赋值

在 FCO_NRO.2.3 中，PP/ST 作者应根据选择结果指定能验证原发证据的第三方。

在 FCO_NRO.2.3 中，PP/ST 作者应填写证据在其下能被验证的限制条件列表。例如，证据只能在 24 h 时间间隔之内被验证。赋值为“立即的”或“不确定的”也是可接受的。

D.2 接收抗抵赖(FCO_NRR)

D.2.1 用户注释

接收抗抵赖定义了向其他用户/主体提供信息已被接收者接收到的证据的要求。由于接收证据(例如数字签名)在接收者和所接收信息之间提供了证据绑定，接收者不能成功地否认已接收该信息，原发者或第三方可验证接收证据。此证据应是不可伪造的。

应该注意的是，提供收到信息的证据不一定暗示信息主体被读取或被理解，而只是被交付了。

如果以任何方式改变了信息或相关属性，验证与原始信息相关的接收证据就可能失败。因此，PP/

ST 作者应考虑在 PP/ST 中加入完整性方面要求，如 FDT_UIT.1“数据交换完整性”。

抗抵赖涉及几个不同的角色，每个角色都可能结合在一个或多个主体。第一个角色是请求接收证据的主体(仅在 FCO_NRO.1“选择性接收证明”中)；第二个角色是接收者或其他向其提供证据的主体(如公证人)；第三个角色是请求验证接收证据的主体，如接收者或象仲裁者这样的第三方。

PP/ST 作者必须规定为了能验证证据的有效性而必须满足的条件。例如，可能规定的一个条件是对证据的验证必须在 24 h 内进行。因此，这些条件允许按法律要求对抗抵赖进行裁剪，例如能够提供在几年内的证据。

在多数情况下，接收者的身份将是接收传送的用户的身份。在一些情况下，PP/ST 作者不希望用户身份被输出。此时 PP/ST 作者必须考虑包括此类是否合适，或者是否应使用传送服务提供者的身份或主机的身份。

除了(或代替)用户身份，一个 PP/ST 作者可能更关注接收信息的时间。例如，报价将在某个日期终止，定单必须在某个确定日期前接收到才能被接纳，在这些情况下，这些要求应能被定制以提供时间戳指示(接收时间)。

D.2.2 FCO_NRR.1 选择性接收证明

D.2.2.1 操作

D.2.2.1.1 赋值

在 FCO_NRR.1.1 中，PP/ST 作者应将信息主体的类型填写到接收功能的证据中，如电子邮件消息。

在 FCO_NRR.1.1 中，PP/ST 作者应根据选择结果指定能请求接收证据的第三方。第三方可以是仲裁者、法官和法定机构。

D.2.2.1.2 选择

在 FCO_NRR.1.1 中，PP/ST 作者应指定可以请求接收证据的用户/主体。

D.2.2.1.3 赋值

在 FCO_NRR.1.2 中，PP/ST 作者应填写可链接到信息的属性列表，如接收者身份、接收时间和接收位置。

在 FCO_NRR.1.2 中，PP/ST 作者应将信息填写到信息域列表上，表中的属性提供了接收证据，如消息体。

D.2.2.1.4 选择

在 FCO_NRR.1.3 中，PP/ST 作者应指定能验证接收证据的用户/主体。

D.2.2.1.5 赋值

在 FCO_NRR.1.3 中，PP/ST 作者应根据选择结果指定能验证接收证据的第三方。

在 FCO_NRR.1.3 中，PP/ST 作者应填写证据在其下能被验证的限制条件列表。例如，证据只能在 24 h 时间间隔之内被验证。赋值为“立即的”或“不确定的”也是可接受的。

D.2.3 FCO_NRR.2 强制接收证明

D.2.3.1 操作

D.2.3.1.1 赋值

在 FCO_NRR.2.1 中，PP/ST 作者应将信息主体的类型填写到接收功能的证据中，如电子邮件消息。

在 FCO_NRR.2.2 中，PP/ST 作者应填写可链接到信息的属性列表，如接收者身份、接收时间和接收位置。

在 FCO_NRR.2.2 中，PP/ST 作者应将信息填写信息域列表上，表中的属性提供了接收证据，如消息体。

D.2.3.1.2 选择

在 FCO_NRR.2.3 中,PP/ST 作者应指定能验证接收证据的用户/主体。

D.2.3.1.3 赋值

在 FCO_NRR.2.3 中,PP/ST 作者应根据选择结果指定能验证接收证据的第三方。

在 FCO_NRR.2.3 中,PP/ST 作者应填写证据在其下能被验证的限制条件列表。例如,证据只能在 24 h 时间间隔之内被验证。赋值为“立即的”或“不确定的”也是可接受的。

附 录 E
（规范性附录）
FCS 类:密码支持

TSF 可以利用密码功能来帮助满足几种高级安全目的。这些安全目的包括了(但不限于):标识和鉴别、抗抵赖、可信路经、可信信道和数据分离。在 TOE 实现密码功能时使用本类,其实现可为硬件、固件或软件。

FCS“密码支持”类是由两个族构成:FCS_CKM“密钥管理”和 FCS_COP“密码运算”。FCS_CKM 族解决密钥管理方面的问题,而 FCS_COP 族则关注这些密钥的运算使用情况。

若由 TOE 实现每个密钥的生成方法,PP/ST 作者应选择 FCS_CKM.1“密钥生成”组件。

若由 TOE 实现每个密钥的分发方法,PP/ST 作者应选择 FCS_CKM.2“密钥分发”组件。

若由 TOE 实现每个密钥的存取方法,PP/ST 作者应选择 FCS_CKM.3“密钥存取”组件。

若由 TOE 实现每个密钥的销毁方法,PP/ST 作者应选择 FCS_CKM.4“密钥销毁”组件。

若由 TOE 执行每个密钥的运算(如数字签名、数据加密、密钥协商、安全散列等),PP/ST 作者应该选择 FCS_COP.1“密码运算”组件。

密码功能可以用来满足 FCO“通信”类中规定的安全目的,还可以满足 FDP_DAU“数据鉴别”、FDP_SDI“存储数据的完整性”、FDP_UCT“TSF 间用户数据保密性传送保护”、FDP_UIT“TSF 间用户数据完整性传送保护”、FIA_SOS“秘密的规范”、FIA_UAU“用户鉴别”族中规定的各种目的。当密码功能性用于满足其他功能类的目的时,应有单独的功能组件规定密码功能性必须满足的目的。当客户特地需要 TOE 的密码功能时,应使用 FCS“密码支持”类中的目的。

本类的组件构成分解如图 E.1 所示。

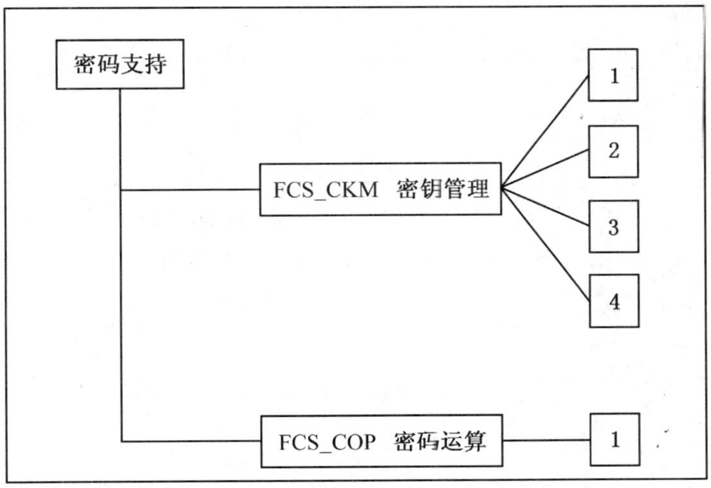

图 E.1 FCS 密码支持类分解

E.1 密钥管理(FCS_CKM)

E.1.1 用户注释

密钥管理必须在其整个生命期内进行,密钥生命期中的典型事件包括(但不限于):生成、分发、导入、存储、存取(如备份、托管、归档、恢复)和销毁。

密钥至少要经历以下阶段:生成、存储和销毁,是否包括其他阶段取决于所实施的密钥管理策略,因为 TOE 不一定涉及到整个密钥生命期(例如 TOE 可以只生成并分发密钥)。

本族预期要支持密钥生命期，因此定义了对以下活动的要求：密钥生成、密钥分发、密钥存取和密钥销毁。只要存在密钥管理方面的功能要求，就应选择本族。

如果PP/ST中包含FAU_GEN“安全审计数据产生”，下列行为宜是可审计的：

a) 客体属性可包括密钥的指定用户、用户角色、将使用该密钥的密码运算、密钥标识和密钥有效期。

b) 客体值可包括密钥的值和除了任何敏感信息外的参数(例如秘密密钥或私有密钥)。

一般来讲，随机数用于生成密钥，在这种情况下，应使用FCS_CKM.1“密钥生成”代替FIA_SOS.2“TSF生成秘密”。当不是为生成密钥而要求生成随机数时，应使用组件FIA_SOS.2“TSF生成秘密”。

E.1.2 FCS_CKM.1 密钥生成

E.1.2.1 用户应用注释

本组件要求规定密钥的长度和用于生成密钥的方法，密钥长度和生成方法要符合一个指定标准。该标准能被用于规定密钥的长度和规定用于生成密钥的方法(例如算法)。对于同一种方法和多种密钥长度的情况，本组件只需使用一次。密钥长度对于不同的实体可能是相同的或不同的，可以作为方法的输入，也可作为方法的输出。

E.1.2.2 操作

E.1.2.2.1 赋值

在FCS_CKM.1.1中，PP/ST作者应规定所使用的密钥生成算法。

在FCS_CKM.1.1中，PP/ST作者应规定所使用的密钥长度。所规定的密钥长度应适合于算法及其预期使用。

在FCS_CKM.1.1中，PP/ST作者应规定指定的标准，该标准描述生成密钥所使用的方法。指定的标准可不包含任何现行公开标准，也可包含一个或多个现行标准，如国际、国家、行业或组织标准。

E.1.3 FCS_CKM.2 密钥分发

E.1.3.1 用户应用注释

本组件要求规定用于分发密钥的方法，该方法应符合指定的标准。

E.1.3.2 操作

E.1.3.2.1 赋值

在FCS_CKM.2.1中，PP/ST作者应规定所使用的密钥分发方法。

在FCS_CKM.2.1中，PP/ST作者应规定指定的标准，该标准描述分发密钥的方法。指定的标准可不包含任何现行公开标准，也可包含一个或多个现行标准，如国际、国家、行业或组织标准。

E.1.4 FCS_CKM.3 密钥存取

E.1.4.1 用户应用注释

本组件要求规定用于密钥存取的方法，该方法应符合指定的标准。

E.1.4.2 操作

E.1.4.2.1 赋值

在FCS_CKM.3.1中，PP/ST作者应规定所使用的密钥存取类型，密钥存取的类型包括(但不限于)：密钥备份、密钥归档、密钥托管和密钥恢复。

在FCS_CKM.3.1中，PP/ST作者规定所使用的密钥存取方法。

在FCS_CKM.3.1中，PP/ST作者应规定指定的标准，该标准描述存取密钥的方法。指定的标准可不包含任何现行公开标准，也可包含一个或多个现行标准，如国际、国家、行业或组织标准。

E.1.5 FCS_CKM.4 密钥销毁

E.1.5.1 用户应用注释

本组件要求规定用于密钥销毁的方法，该方法应符合指定的标准。

E.1.5.2 操作

E.1.5.2.1 赋值

在 FCS_CKM.4.1 中，PP/ST 作者应指定用来销毁密钥的方法。

在 FCS_CKM.4.1 中，PP/ST 作者应规定指定的标准，该标准描述了密钥销毁的方法。指定的标准可不包含任何现行公开标准，也可包含一个或多个现行标准，如国际、国家、行业或组织标准。

E.2 密码运算(FCS_COP)

E.2.1 用户注释

密码运算可能具有与之相关联的密码模式，因此必须规定密码模式。常见的密码模式有密码块链接模式(CBC)、输出反馈模式(OFB)、电子密本模式(ECB)和密码反馈模式(CFB)等。

密码运算可用于支持一个或多个 TOE 安全服务。FCS_COP“密码运算”中的组件可以根据需要重复多次，这取决于：

a) 使用安全服务的用户应用；

b) 不同密码算法或密钥长度的使用；

c) 所运算数据的类型或敏感度。

如果 PP/ST 中包含 FAU_GEN“安全审计数据产生”，则以下密码运算事件应被审计：

a) 密码运算的类型可以包括数字签名的产生或验证、用于完整性或校验和验证的密码校验和的产生、安全散列(消息摘要)的计算、数据加密或解密、密钥加密或解密、密钥协商和随机数生成。

b) 主体属性可包括同主体有关的主体角色和用户。

c) 客体属性可包括密钥的指定用户、用户角色、使用密钥的密码运算、密钥标识和密钥有效期。

E.2.2 FCS_COP.1 密码运算

E.2.2.1 用户应用注释

本组件要求用于执行规定密码运算的密码算法和密钥长度能基于某个指定的标准。

E.2.2.2 操作

E.2.2.2.1 赋值

在 FCS_COP.1.1 中，PP/ST 作者应规定所执行的密码运算。密码运算通常包括：数字签名的生成或验证、用于完整性或校验和验证的密码校验和的产生、安全散列(消息摘要)的计算、数据加密或解密、密钥加密或解密、密钥协商和随机数生成。密码运算可针对用户数据或 TSF 数据执行。

在 FCS_COP.1.1 中，PP/ST 作者应规定所使用的密码算法。通常的密码算法包括(但不限于) DES、RSA 和 IDEA 等。

在 FCS_COP.1.1 中，PP/ST 作者应规定所使用的密钥长度。规定的密钥长度应适合于算法及其预期使用。

在 FCS_COP.1.1 中，PP/ST 作者应规定所指定的标准，该标准文本应描述如何执行已确定的密码运算。指定的标准可不包含任何现行公开标准，也可以包含一个或多个现行的公开标准，例如国际、国家、行业或组织标准。

附　录　F
（规范性附录）
FDP 类：用户数据保护

本类包含几个族，这些族详细规定了与保护用户数据相关的 TOE 安全功能和 TOE 安全功能策略。本类中的组件不同于 FIA 和 FPT 中的组件：FDP 规定了一些保护用户数据的组件，FIA 规定了一些保护与用户相关属性的组件，FPT 规定了一些保护 TSF 信息的组件。

本类没有对常用的强制访问控制（MAC）和自主访问控制（DAC）做明确的要求，然而，这些要求可由本类中的一些组件构建。

FDP“用户数据保护”并不明确地处理保密性、完整性或可用性，因为上述三性经常与策略和机制紧密相关。但在 PP/ST 中，TOE 安全策略必须完全涵盖这三个方面。

本类的最后一个方面就是用术语“操作”来规定访问控制。操作就是对特定客体的一种特定类型访问。它依赖于 PP/ST 作者的抽象水平，是否将这些操作描述成“读”或“写”操作，还是更复杂的操作，比如“更新数据库”。

访问控制策略是控制对信息载体访问的策略。其属性代表该载体的属性。一旦信息在载体之外，访问者就可以自由地修改，包括将信息写入具有不同属性的载体中。相对应的，信息流策略控制对信息的访问，而与载体无关。信息的属性，可能与载体的属性相关（也许无关，如多级数据库），将与信息一起移动。没有明确的授权，访问者无法改变信息的属性。

本类并不像人们想象的那样，是一个 IT 访问策略的完备分类。这里所包括的策略仅仅是当前实际系统中一些具有的经验，这些经验为规范要求提供了一个基础。也可能还存在其他形式的目的不被这里的定义所关注。

比如，你可以设想一个目的，由用户施行（和用户定义）对信息流的控制（例如，一个非外部自动告警工具），这种概念就可以通过细化或扩展 FDP“用户数据保护”的组件来处理。

最后要强调一点，在阅读 FDP“用户数据保护”中组件时要记住，这些组件都是关于某机制可实现功能方面的要求，同样也服务于或能够服务于另外的目的。比如，可以建立一种访问控制策略（FDP_ACC“访问控制策略”），此策略使用标签（FDP_IFF.1“简单安全属性”）作为访问控制机制的基础。

TOE 安全策略可以包含多个安全功能策略（SFP），每一个 SFP 都可标识为 FDP_ACC“访问控制策略”和 FDP_IFC“信息流控制策略”中组件所确定的策略。这些策略主要考虑保密性、完整性和可用性三个方面以满足 TOE 要求。值得注意的是，要确保所有客体都至少被一个 SFP 涵盖，并且在实现多个 SFP 时不会出现冲突。

在编制 PP/ST 时，以下信息有助于查找和选择 FDP“用户数据保护”类中的组件。

FDP“用户数据保护”类中的要求都是针对将要执行一个 SFP 的安全功能（缩写为 SF）而定义的。由于 TOE 可以同时执行多个 SFP，PP/ST 作者必须为每一个 SFP 命名，以便能在其他族中引用。这个名字将用在每一个所选组件，表明其已用作该功能要求定义的部分。这便于作者指定操作的范围，如涵盖的客体、涵盖的操作和授权用户等等。

组件的每一个实例化只能用于一个 SFP。因此，如果一个组件指定了某个 SFP，则该 SFP 将适用于此组件中的所有元素。在 PP/ST 中，可以对组件多次实例化，以说明预期的各种策略。

从本族中选取组件的关键，是有一个明确定义的 TOE 安全策略，以便能够从两个策略族（FDP_

ACC“访问控制策略”和 FDP_IFC“信息流控制策略”)中选择合适的组件。分别在 FDP_ACC 和 FDP_TFC 相关组件中,为所有的访问控制策略和信息流控制策略命名,而且这些组件在主体、客体和操作方面的控制范围都被该安全功能涵盖。这些策略名将广泛用于其他要求对“访问控制 SFP”或“信息流控制 SFP”进行赋值或选择操作的功能组件中。定义所命名访问控制 SFP 和信息流控制 SFP 功能性的规则将分别在 FDP_ACF“访问控制功能”和 FDP_IFF“信息流控制功能”族中定义。

下列步骤将指导我们在编制 PP/ST 时如何使用本类:

a) 从 FDP_ACC“访问控制策路”和 FDP_IFC“信息流控制策略”族中识别出将要执行的策略。这两个族定义了策略的控制范围、控制粒度,并可以确定一些与策略相对应的规则。

b) 识别组件并执行策略组件中所有合适的操作。赋值操作可以一般性地执行(如表述为“所有文件”),也可以特定地执行(如指定文件“A”、“B”等),这取决于掌握的详细程度。

c) 从 FDP_ACF“访问控制功能”和 FDP_IFF“信息流控制功能”中识别出所有合适的功能组件,以处理 FDP_ACC 和 FDP_IFC 中所命名的策略。执行这个操作,使组件定义出已命名策略所执行的规则。应当使组件满足预期的或已建立的所选功能要求。

d) 识别该功能中谁有能力控制和改变安全属性,比如只有安全管理员、只有客体的所有者等等。从 FMT 安全管理类中选择合适的组件并执行操作。这里可能需要细化操作,以确定某些缺少的特征,比如部分或所有的修改都必须通过可信路径来完成。

e) 对于新客体和主体的初始值,在 FMT“安全管理”类中识别所有合适的组件。

f) 在 FDP_ROL“回退”族中识别出所有适用的回退组件。

g) 在 FDP_RIP“残余信息保护”族中识别出所有适用的残余信息保护要求。

h) 在 FDP_ITC“从 TSF 控制之外输入”和 FDP_ETC“输出到 TSF 控制之外”族中,识别出所有适用的输入、输出组件,以及在输入、输出中应如何处理安全属性。

i) 在 FDP_ITT“TOE 内部传送”族中识别出所有适用的 TOE 内部通信组件。

j) 在 FDP_SDI“存储数据的完整性”中识别出所存储信息完整性保护的所有要求。

k) 在 FDP_UCT“TSF 间用户数据保密性传送保护”或 FDP_UIT“TSF 间用户数据完整性传送保护”族中识别出所有适用的 TSF 间通信组件。

本类的组件构成分解如图 F.1 所示。

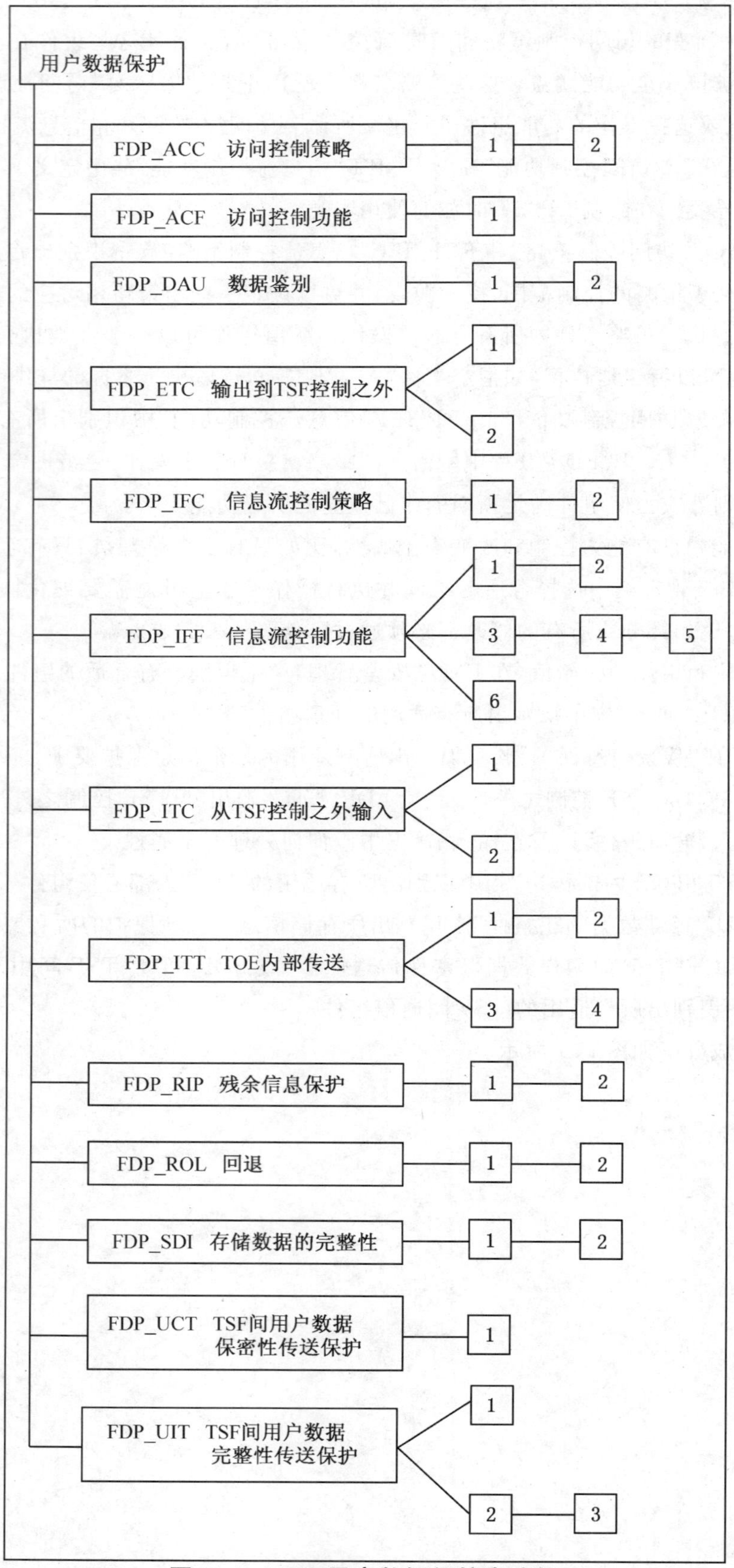

图 F.1 FDP 用户数据保护类分解

F.1 访问控制策略(FDP_ACC)

F.1.1 用户注释

本族是基于独立的概念,控制主体和客体间的相互作用。控制的范围和目的是基于访问者(主体)的属性、被访问载体(客体)的属性、行为(操作)和任何相关的访问控制规则。

本族中的组件能(通过命名)识别出由传统自主访问控制机制(DAC)执行的访问控制 SFP,进一步定义所识别访问控制 SFP 涵盖的主体、客体和操作。定义访问控制 SFP 功能性的规则将在其他族中定义,如 FDP_ACF“访问控制功能”和 FDP_RIP“残余信息保护”。FDP_ACC“访问控制策略”中定义的访问控制 SFP 名将广泛用于其他要求对“访问控制 SFP”进行赋值或选择操作的功能组件中。

访问控制 SFP 涵盖一个三元组:主体、客体和操作。因此一个主体可由多个访问控制 SFP 所涵盖,但只涉及单个操作或单个客体。对于多个客体和多个操作也同样如此。

实施访问控制 SFP 的访问控制功能的关键点是用户能够修改访问控制决定中涉及的属性,而 FDP_ACC“访问控制策略”族没有涉及这些方面。有些要求没有定义,但可以在细化操作中增加,而余下的要求可包含在其他族和类中,比如 FMT“安全管理”类。

FDP_ACC“访问控制策略”中没有审计要求,因为本族只规定访问控制 SFP 要求。审计要求将在规定功能以满足本族中确定的访问控制 SFP 的相关族中出现。

本族为 PP/ST 作者提供了规定多种策略的能力,比如,在一个控制范围内实施固定的访问控制 SFP,在另外的控制范围中实施灵活的访问控制 SFP。为规定多个访问控制策略,本族中的组件可以在 PP/ST 中针对不同的操作和客体子集多次反复,这将适应于具有多重策略的 TOE,每一个策略处理一组特定的操作和客体。也就是说,PP/ST 作者应对 TSF 执行的每一个访问控制 SFP 指定 ACC 组件中所要求的信息。比如,一个 TOE 实施了三个访问控制 SFP,每个 SFP 只涵盖 TOE 中客体、主体和操作的一个子集,对于各个访问控制 SFP,都将包含一个 FDP_ACC.1“子集访问控制”组件,从而总共需要三个 FDP_ACC.1 组件。

F.1.2 FDP_ACC.1 子集访问控制

F.1.2.1 用户应用注释

术语客体和主体都是指 TOE 中的一般元素。对于一个可执行的策略,必须清晰地定义相关的实体。对于一个 PP,客体和操作可以表示为命名的客体、数据仓库、观察访问等类型。对于一个特定的系统,这些一般的术语(主体、客体)必须细化,比如:文件、寄存器、端口、守护进程、开放调用等。

本组件规定策略应涵盖一些定义好的对某个客体子集的操作集合,而不对集合外的任何操作做任何限制,包括对其他操作受控的客体进行的操作。

F.1.2.2 操作

F.1.2.2.1 赋值

在 FDP_ACC.1.1 中,PP/ST 作者应规定一个唯一命名的访问控制 SFP 以执行 TSF。

在 FDP_ACC.1.1 中,PP/ST 作者应规定一个主体、客体以及主体和客体间操作列表。

F.1.3 FDP_ACC.2 完全访问控制

F.1.3.1 用户应用注释

本组件要求所有对客体的可能操作,都包含在访问控制 SFP 中,都被一个访问控制 SFP 涵盖。

PP/ST 的作者必须证明每一组客体和主体都被一个访问控制 SFP 涵盖。

F.1.3.2 操作

F.1.3.2.1 赋值

在 FDP_ACC.2.1 中,PP/ST 作者应规定唯一命名的访问控制 SFP 以执行 TSF。

在 FDP_ACC.2.1 中,PP/ST 作者应规定 SFP 所涵盖的主体和客体列表。所有这些主体和客体间操作都将被 SFP 涵盖。

F.2 访问控制功能(FDP_ACF)

F.2.1 用户注释

本族描述了关于能实现 FDP_ACC 中所命名访问控制策略的特定功能的一些规则，并规定策略控制的范围。

本族为 PP/ST 作者提供了描述访问控制规则的能力。这导致系统中对客体的访问不会发生改变。作为这种客体的一个例子就是“今日消息”，它可以被所有人阅读，但只能被授权管理员修改。本族也为 PP/ST 作者提供了描述普通访问控制规则之外的规则。这些例外规则可以明确允许或者拒绝授权对一个客体的访问。

没有明确的组件规定其他可能的功能，比如双人控制、操作顺序规则或互斥控制。然而，这些机制同传统 DAC 机制一样，能够通过仔细制定访问控制规则，用现有的组件来表示。

在本族中可描述各种可接受的访问控制 SF，如：

——访问控制表(ACL)；

——基于时间的访问控制规范；

——基于原发端的访问控制规范；

——属主控制的访问控制属性。

F.2.2 FDP_ACF.1 基于安全属性的访问控制

F.2.2.1 用户应用注释

本组件对基于与主体和客体有关的安全属性调停访问控制的机制提出要求。每一个客体和主体都有一组相关的属性，比如位置、创建时间、访问权限(如访问控制表(ACL))。本组件允许 PP/ST 作者指定用于访问控制调停的属性，并允许使用这些属性来指定访问控制规则。

下面的段落中给出 PP/ST 作者对属性进行赋值的例子。

身份属性可与用于调停的用户、主体或客体有关。这种属性的例子可能是用于创建主体的程序镜象名，或者是授予程序镜象的一个安全属性。

时间属性能用来指定在一天中的哪些时间，或者在一星期中的哪几天，或在哪一年授予访问权限。

位置属性能规定该地址是不是操作请求的地址，或是不是操作执行的地址，或两者都是。它能基于内部表格，将 TSF 逻辑接口转换成位置，比如通过终端位置、CPU 位置，等等。

为了达到访问控制的目的，组属性允许将单个用户组与某个操作相关联。如果需要，应使用细化操作来指定可定义的最大组数、一个组的最大成员数以及用户可以同时关联的最大组数。

本组件也要求访问控制安全功能能基于安全属性，明确授权或拒绝对一个客体的访问，可用来在 TOE 中设置特权、访问权限或访问授权。这些特权、权限或授权可适用于用户、主体(代表用户或应用)和客体。

F.2.2.2 操作

F.2.2.2.1 赋值

在 FDP_ACF.1.1 中，PP/ST 作者应指定 TSF 要执行的访问控制 SFP 名称。访问控制 SFP 名称和该策略的控制范围在 FDP_ACC 的组件中定义。

在 FDP_ACF.1.1 中，PP/ST 作者应针对每一个受控主体和客体，指定安全属性或命名的安全属性组，其功能将用于规则的规范。例如，这些属性可以是用户身份、主体身份、角色、时间、位置、ACL 或者 PP/ST 作者指定的其他属性。可规定已命名的安全属性组以提供一种便捷的方式引用多个安全属性。命名组能提供一种有效的方法，将 FMT_SMR“安全管理角色”中定义的角色和所有相关角色与主体相关联。换句话说，每个角色都能与一个命名属性组相关联。

在 FDP_ACF.1.2 中，PP/ST 作者应规定在受控主体和受控客体间，通过对受控客体执行受控操作来管理访问的 SFP 规则。这些规则规定何时访问被允许或被拒绝。可以指定普通访问控制功能(如典型的许可位)或粒状访问控制功能(如 ACL)。

在 FDP_ACF.1.3 中,PP/ST 作者应基于安全属性规定主体对客体的明确授权访问规则,用于明确授权访问。这些规则是 FDP_ACF.1.1 中规定规则的补充,之所以被包含在 FDP_ACF.1.3 中,是因为含有 FDP_ACF.1.1 中规定规则的例外情况。明确授权访问规则的例子有,基于一个与主体相关的特权向量,总是准许访问已指定访问控制 SFP 所涵盖的客体。如果不需要这种能力,PP/ST 作者应给定赋值为"无"。

在 FDP_ACF.1.4 中,PP/ST 作者应基于安全属性规定主体对客体的明确拒绝访问规则。这些规则是对 FDP_ACF.1.1 中规定规则的补充,之所以被包含在 FDP_ACF.1.4 中,是因为含有 FDP_ACF.1.1 中规定规则的例外情况。明确拒绝访问规则的例子有,基于一个与主体相关的特权向量,总是拒绝访问已指定访问控制 SFP 所涵盖的对象。如果不需要这种能力,PP/ST 作者应给定赋值为"无"。

F.3 数据鉴别(FDP_DAU)

F.3.1 用户注释

本族描述能用于鉴别"静态"数据的特定功能。

当需要"静态"数据鉴别时,即数据被标记但不传送时,使用本族中的组件。(注意,FCO_NRO"原发抗抵赖"族提供了数据交换时所接收信息的源的不可否认要求)。

F.3.2 FDP_DAU.1 基本数据鉴别

F.3.2.1 用户应用注释

本组件可由单向散列函数(密码校验和、指纹、信息摘要)来满足,通过对一个确定的文档产生一个散列值,可用于验证文档信息内容的有效性或真实性。

F.3.2.2 操作

F.3.2.2.1 赋值

在 FDP_DAU.1.1 中,PP/ST 作者应指定客体或信息类型列表,对此 TSF 应能够生成数据鉴别证据。

在 FDP_DAU.1.2 中,PP/ST 作者应指定一个主体列表,这些主体能验证在先前的元素中所确定客体的数据鉴别证据。如果主体已知,或者能更一般化并归诸于一"类"主体,比如一个确定的角色,主体列表就可以非常具体。

F.3.3 FDP_DAU.2 带担保者身份的数据鉴别

F.3.3.1 用户应用注释

本组件额外还要求有能力验证提供鉴别保证的用户(如可信第三方)的身份。

F.3.3.2 操作

F.3.3.2.1 赋值

在 FDP_DAU.2.1 中,PP/ST 作者应指定客体或信息类型列表,对此 TSF 应能够生成数据鉴别证据。

在 FDP_DAU.2.2 中,PP/ST 作者应指定一个主体列表,这些主体应能验证在先前的元素中所确定客体的数据鉴别证据和产生数据鉴别证据的用户身份。

F.4 输出到 TSF 控制之外(FDP_ETC)

F.4.1 用户注释

本族定义从 TOE 中输出用户数据的功能,既可以在输出时明确保留安全属性,也可以不保留安全属性。这些安全属性的一致性将由 FPT_TDC"TSF 间 TSF 数据的一致性"负责处理。

FDP_ETC"输出到 TSF 控制之外"主要关心对数据输出的限制和所输出用户数据与安全属性的关联性。

本族以及相应的输入族 FDP_ITC"从 TSF 控制之外输入"，负责说明 TOE 如何将用户数据输入到其控制范围内和从其控制范围输出。原则上，本族只涉及用户数据及其相关安全属性的输出。

这里可包含下列两种活动：

a) 不带任何安全属性的用户数据输出；

b) 带有安全属性的用户数据输出。

这两者彼此相互关联，并且安全属性明确无误地表征了所输出的用户数据。

如果存在多个(访问控制或信息流控制)SFP，那么对每一个已命名的 SFP 就可以反复使用本族中的这些组件。

F.4.2 FDP_ETC.1 不带安全属性的用户数据输出

F.4.2.1 用户应用注释

本组件用来指定在输出用户数据时，并不输出其安全属性。

F.4.2.2 操作

F.4.2.2.1 赋值

在 FDP_ETC.1.1 中，PP/ST 作者应指定输出用户数据时将执行的访问控制 SFP 或信息流控制 SFP。这些 SFP 赋值限定了此功能所输出用户数据的范围。

F.4.3 FDP_ETC.2 带有安全属性的用户数据输出

F.4.3.1 用户应用注释

用户数据与它的安全属性一起被输出，安全属性明确地与用户数据相关联。有多种方法实现这种关联，一种方法是物理上将用户数据和安全属性摆放在一起(如同一张软盘)，或使用密码技术(如安全签字)将属性和用户数据相关联。FTP_ITC"TSF 间可信信道"可以用来保证属性被另一个可信 IT 产品正确接收，同时，FPT_TDC"TSF 间 TSF 数据的一致性"可以用来保证那些属性得到正确的解释。此外，FTP_TRP"可信路径"可用来保证输出是由正确的用户发起的。

F.4.3.2 操作

F.4.3.2.1 赋值

在 FDP_ETC.2.1 中，PP/ST 作者应指定在输出用户数据时要执行的访问控制 SFP 或信息流控制 SFP。这些 SFP 赋值限定了此功能所输出用户数据的范围。

在 FDP_ETC.2.4 中，PP/ST 作者应指定所有附加的输出控制规则，如果没有额外的输出控制规则则赋值为"无"。除在 FDP_ETC.2.1 中选择的访问控制 SFP 或信息流控制 SFP 之外，TSF 还应执行这些规则。

F.5 信息流控制策略(FDP_IFC)

F.5.1 用户注释

本族包含信息流控制 SFP 的识别，以及针对每个 SFP，分别确定其控制范围。

下面的安全策略能满足这个目的：

——Bell 和 La Padula 安全模型[1]；

——Biba 完整性模型[2]；

——无干扰[3][4]。

本族中的组件能够识别 TOE 中传统的强制访问控制(MAC)机制执行的信息流控制 SFP。虽然，它们已经超出了传统 MAC 机制，但可用来识别和描述无干扰策略和状态转变，并进一步为 TOE 中每个信息流控制 SFP 定义策略控制下的主体、策略控制下的信息以及引发受控信息流入、流出受控主体的操作。定义信息流控制 SFP 规则的功能将由其他诸如 FDP_IFF"信息流控制功能" 和 FDP_RIP"残余信息保护"等族定义。在 FDP_IFC"信息流控制策略"中命名的访问控制 SFP，应在其他所有选择"信息流控制 SFP" 的功能组件或为其进行赋值操作的功能组件中使用。

这些组件非常灵活，它们允许指定信息流控制的域，而对基于标签的机制则没有这方面的要求。可允许信息流控制组件的不同元素对策略有不同程度的偏离。

每个 SFP 都包含一个三元组：主体、信息和导致信息流入流出主体的操作。一些信息流控制策略可能处于一个非常低的详细程度，但仍可根据操作系统中的进程明确描述主体。另一些可能处于高层，用通常意义上的用户或输入/输出信道来描述主体。如果信息流控制策略所处的详细程度太高，就有可能不能清晰地定义所需要的 IT 安全功能。在这种情况下，将信息流控制策略描述作为目的会更合适。这样就能规定所期望的 IT 安全功能，作为对那些目的的支持。

在第二个组件(FDP_IFC.2“完全信息流控制”)中，每一个信息流控制 SFP 将涵盖所有可能引发 SFP 所涵盖信息流入、流出 SFP 所涵盖主体的操作。进而，所有信息流都应被 SFP 所涵盖。因此，对于引起信息流动的每一个动作，都有一组规则来决定该动作是否被允许。如果有多个 SFP 适用于一个给定的信息流，在准许其发生之前，应得到所有相关 SFP 的许可。

一个信息流控制 SFP 涵盖一组明确定义的操作。对于一些信息流而言，SFP 涵盖范围可能是“完备”的，或仅处理部分影响信息流的操作。

访问控制 SFP 控制对包含信息的客体的访问，信息流控制 SFP 控制对信息的访问，而独立于它的载体。信息流动时，其属性可能与承载信息的载体属性相关(也可能无关，如多级数据库)。在没有明确授权的情况下，访问者不能改变信息的属性。

信息流和操作可以从多个层面来表述。对于 ST，信息流和操作可以在一个特定系统级别上进行规范：如 TCP/IP 包基于已知的 IP 地址穿越防火墙。对于 PP，信息流和操作可表示为不同类型，如：电子邮件、数据仓库、观测访问等等。

本族中的组件，在一个 PP/ST 中可以针对不同的操作和客体子集多次使用。这将满足包含多种策略的 TOE，其中每个策略对应一个特定的客体、主体和操作子集。

F.5.2　FDP_IFC.1 子集信息流控制

F.5.2.1　用户应用注释

本组件要求一个信息流控制策略适用于 TOE 中所有可能操作的一个子集。

F.5.2.2　操作

F.5.2.2.1　赋值

在 FDP_IFC.1.1 中，PP/ST 作者应指定由 TSF 执行的唯一命名的信息流控制 SFP。

在 FDP_IFC.1.1 中，PP/ST 作者应指定 SFP 所涵盖的主体列表、信息列表和引发受控信息流入流出受控主体的操作列表。如上所述，根据 PP/ST 作者的需要，主体列表可有不同的详细程度，比如可以指定为用户、机器或进程。信息可以引用数据，如电子邮件、网络协议或类似访问控制策略中指定的更特殊的客体。如果指定的信息包含在某个遵从访问控制策略的客体中，则在所指定的信息流入、流出客体之前，访问控制策略和信息流控制策略都必须执行。

F.5.3　FDP_IFC.2 完全信息流控制

F.5.3.1　用户应用注释

本组件要求一个信息流控制 SFP 涵盖所有可能引发信息流入、流出 SFP 中主体的操作。

PP/ST 作者必须证明信息流控制 SFP 涵盖了每一个信息流和主体的组合。

F.5.3.2　操作

F.5.3.2.1　赋值

在 FDP_IFC.2.1 中，PP/ST 作者应指定由 TSF 执行的唯一命名的信息流控制 SFP。

在 FDP_IFC.2.1 中，PP/ST 作者应指定 SFP 所涵盖的主体和信息列表。所有引发信息流入流出主体的操作也应被 SFP 涵盖。与上面所述，根据 PP/ST 作者的需要，主体列表可有不同的详细程度，比如可以指定为用户、机器或者进程。信息可以引用数据，如电子邮件、网络协议或类似访问控制策略中指定的更特殊的客体。如果指定的信息包含在某个遵从访问控制策略的客体中，则在所指定的信息流入、流出客体之前,访问控制策略和信息流控制策略都必须执行。

F.6 信息流控制功能(FDP_IFF)

F.6.1 用户注释

本族描述关于能实现在FDP_IFC中命名的信息流控制SFP的一些特定功能的规则,这些规则同样也指定了策略的控制范围。它由两方面组成:一个负责处理一般的信息流控制功能,另一个负责处理关于一个或多个信息流控制SFP的非法信息流问题。这样划分是因为与非法信息流有关的问题,在某种程度上与SFP的其余部分毫不相关,非法信息流是指信息流违背了策略,因而不是一个策略问题。

对于不可信任的软件,为了实现强有力的保护,防止泄露和修改,对信息流的控制是必需的。单独的访问控制是不够的,因为它只控制对信息载体的访问,而允许载体中的信息可以不加控制地在一个系统中流动。

本族使用了短语"非法信息流类型",这个短语可以用于指如"存储信道"或"时间信道"一样的信息流分类方法,或者是指体现PP/ST作者需求的改进分类方法。

这些组件的灵活性允许在FDP_IFF.1和FDP_IFF.2中定义特权策略,以允许旁路全部或部分特定的SFP时实现有效的控制。如果有预定义的方法旁路SFP,PP/ST作者应考虑与某个特权策略合并使用。

F.6.2 FDP_IFF.1 简单安全属性

F.6.2.1 用户应用注释

本组件需要信息的安全属性、引发信息流动的主体的安全属性以及作为信息接收者的主体的安全属性。信息载体的属性也应考虑,如果期望它们在信息流控制决策中起一定的作用,或者它们被一个访问控制策略涵盖。本组件规定应执行的关键规则,并描述如何导出安全属性。比如,当TSP中至少一个信息流控制SFP,像Bell-LaPadula安全策略模型[1]中定义的那样,是基于标签的,但这些安全属性并没有形成一个层次关系时,应使用本组件。

本组件没有规定如何分配安全属性的细节(即,用户相对进程)。如果需要,可以通过赋值来指定附加策略和功能要求,从而提供了策略的灵活性。

本组件也提供了对信息流控制功能的要求,以便能基于安全属性明确地授权或拒绝信息流。这可用来实现包含本组件所定义的基本策略之外的特权策略。

F.6.2.2 操作

F.6.2.2.1 赋值

在FDP_IFF.1.1中,PP/ST作者应规定TSF执行的信息流控制SFP。信息流控制SFP的名字及其控制范围由FDP_IFC"信息流控制策路"中的组件负责定义。

在FDP_IFF.1.1中,PP/ST作者应针对每一类受控主体和信息,规定与SFP规则规范有关的安全属性。比如,这些属性可以是主体标识符、主体敏感性标签、主体通行标签、信息敏感性标签等。安全属性的类型应足以满足环境的需求。

在FDP_IFF.1.2中,PP/ST作者应针对每一个TSF将执行的操作,规定主体和信息安全属性之间必须支持基于安全属性的关系。

在FDP_IFF.1.3中,PP/ST作者应规定TSF要执行的所有附加的信息流控制SFP规则。如果没有附加规则,PP/ST作者应指明为"无"。

在FDP_IFF.1.4中,PP/ST作者应规定TSF提供的所有附加的SFP能力。如果没有附加能力,PP/ST作者应指明为"无"。

在FDP_IFF.1.5中,PP/ST作者应基于安全属性,规定明确授权信息流的规则。这些规则是前面元素中规定规则的补充,之所以包含在FDP_IFF.1.5中,是因为它们含有前面元素中规定规则的例外情况。明确授权信息流的规则的例子是,基于一个与主体相关的特权向量,对于已规定SFP所涵盖的信息,总是批准主体具有引发一个信息流的能力。如果不需要这种能力,PP/ST 作者应指明为“无”。

在 FDP_IFF.1.6 中,PP/ST 作者应基于安全属性,规定明确拒绝信息流的规则。这些规则是前面元素中规定规则的补充,之所以包含在 FDP_IFF.1.6 中,是因为它们含有前面元素中规定规则的例外情况。明确拒绝信息流动的规则的例子是,基于一个与主体相关的特权向量,对于已规定 SFP 所涵盖的信息,总是拒绝主体具有引发一个信息流的能力。如果不需要这种能力,PP/ST 作者应指明为“无”。

F.6.3 FDP_IFF.2 分级安全属性

F.6.3.1 用户应用注释

本组件要求 TSP 中所有的信息流控制 SFP 都使用构成一个“格序”的分级安全属性。

比如,当 TSP 中至少一个信息流控制 SFP,像 Bell-LaPadula 安全策略模型[1]中定义的那样,是基于标签的并构成了一个分级关系时,应使用本组件。

值得注意的是,FDP_IFF.2.7 中确定的分级关系要求,仅需应用于在 FDP_IFF.2.1 中所确定的信息流控制 SFP 的信息流控制安全属性。本组件不打算用于其他的 SFP,比如访问控制 SFP。

像前面的组件一样,本组件也可用于实现包含明确授权或拒绝信息流规则的特权策略。

如果规定了多个信息流控制 SFP,各个 SFP 都有自己的安全属性,并且互不相关时,PP/ST 作者应为每个 SFP 反复使用本组件。否则,会因为由于所需的关系不存在,而导致 FDP_IFF.2.7 的各子项之间相互冲突。

F.6.3.2 操作

F.6.3.2.1 赋值

在 FDP_IFF.2.1 中,PP/ST 作者应规定 TSF 执行的信息流控制 SFP。信息流控制 SFP 的名字及其控制范围由 FDP_IFC“信息流控制策略”中的组件负责定义。

在 FDP_IFF.2.1 中,PP/ST 作者应针对每一类受控主体和信息,规定与 SFP 规则规范有关的安全属性。比如,这些属性可以是主体标识符、主体敏感性标签、主体通行标签、信息敏感性标签等。安全属性的类型应足以满足环境的需求。

在 FDP_IFF.2.2 中,PP/ST 作者应针对每一个 TSF 将执行的操作,规定主体和信息安全属性之间必须支持基于安全属性的关系。这些关系应基于安全属性间的有序关系。

在 FDP_IFF.2.3 中,PP/ST 作者应规定 TSF 要执行的所有附加的信息流控制 SFP 规则。如果没有附加规则,PP/ST 作者应指明为“无”。

在 FDP_IFF.2.4 中,PP/ST 作者应规定 TSF 提供的所有附加的 SFP 能力。如果没有附加能力,PP/ST 作者应指明为“无”。

在 FDP_IFF.2.5 中,PP/ST 作者应基于安全属性,规定明确授权信息流的规则。这些规则是前面元素中规定规则的补充,之所以包含在 FDP_IFF.2.5 中,是因为它们含有前面元素中规定规则的例外情况。明确授权信息流的规则的例子是,基于一个与主体相关的特权向量,对于已规定 SFP 所涵盖的信息,总是批准主体具有引发一个信息流的能力。如果不需要这种能力,PP/ST 作者应指明为“无”。

在 FDP_IFF.2.6 中,PP/ST 作者应基于安全属性,规定明确拒绝信息流的规则。这些规则是前面元素中规定规则的补充,之所以包含于 FDP_IFF.2.6 中,是因为它们含有前面元素中规定规则的例外情况。明确拒绝信息流动的规则的例子是,基于一个与主体相关的特权向量,对于已规定 SFP 所涵盖的信息,总是拒绝主体具有引发一个信息流动的能力。如果不需要这种能力,PP/ST 作者应指明为“无”。

F.6.4 FDP_IFF.3 受限的非法信息流

F.6.4.1 用户应用注释

当至少一个 SFP 要求控制但并不要求消除非法信息流时,应使用本组件。

对于指定的非法信息流,应规定某个最大流量。此外,PP/ST 作者能够指定是否必须审计非法信息流。

F.6.4.2 操作

F.6.4.2.1 赋值

在 FDP_IFF.3.1 中,PP/ST 作者应规定 TSF 执行的信息流控制 SFP。信息流控制 SFP 的名字及其控制范围在 FDP_IFC“信息流控制策略”的组件中定义。

在 FDP_IFF.3.1 中,PP/ST 作者应指定非法信息流的类型,并服从最大流量限制。

在 FDP_IFF.3.1 中,PP/ST 作者应对所有确定的非法信息流规定最大流量。

F.6.5 FDP_IFF.4 部分消除非法信息流

F.6.5.1 用户应用注释

当所有要求控制非法信息流的 SFP 都要求部分(而不必全部)消除非法信息流时,应使用本组件。

F.6.5.2 操作

F.6.5.2.1 赋值

在 FDP_IFF.4.1 中,PP/ST 作者应规定 TSF 执行的信息流控制 SFP。信息流控制 SFP 的名字及其控制范围在 FDP_IFC“信息流控制策略”的组件中定义。

在 FDP_IFF.4.1 中,PP/ST 作者应指定非法信息流类型,并服从最大流量限制。

在 FDP_IFF.4.1 中,PP/ST 作者应对所有确定的非法信息流规定最大流量。

在 FDP_IFF.4.2 中,PP/ST 作者应指定要消除的非法信息流类型。该列表不能为空,因为本组件要求一些非法信息流必须被消除。

F.6.6 FDP_IFF.5 无非法信息流

F.6.6.1 用户应用注释

当要求控制非法信息流的 SFP 要求消除所有非法信息流时,应使用本组件。然而,PP/ST 作者应仔细考虑消除所有非法信息流对 TOE 正常的功能操作可能造成的影响。许多实际应用表明,TOE 中的功能与非法信息流之间存在着某种间接的联系,消除所有非法信息流将减少预期的 TOE 功能。

F.6.6.2 操作

F.6.6.2.1 赋值

在 FDP_IFF.5.1 中,PP/ST 作者应规定需要消除非法信息流的信息流控制 SFP。信息流控制 SFP 的名字及其控制范围在 FDP_IFC“信息流控制策略”的组件中定义。

F.6.7 FDP_IFF.6 非法信息流监视

F.6.7.1 用户应用注释

当期望 TSF 监视非法信息流的使用是否超出一个规定量时,应使用本组件。如果期望审计这种流,那么本组件可作为 FAU_GEN“安全审计数据产生”族中组件所使用的审计事件源。

F.6.7.2 操作

F.6.7.2.1 赋值

在 FDP_IFF.6.1 中,PP/ST 作者应规定 TSF 执行的信息流控制 SFP。信息流控制 SFP 的名字及其控制范围在 FDP_IFC“信息流控制策略”的组件中定义。

在 FDP_IFF.6.1 中,PP/ST 作者应规定非法信息流类型,并监视此类信息流是否超出最大流量。

在 FDP_IFF.6.1 中,PP/ST 作者应规定 TSF 监视非法信息流是否超出最大流量。

F.7 从 TSF 控制之外输入(FDP_ITC)

F.7.1 用户注释

本族定义从 TSC 之外向 TOE 输入用户数据的机制,这样用户数据的安全属性才能得到保护。安全属性的一致性由 FPT_TDC“TSF 间 TSF 数据的一致性”负责。

FDP_ITC 关心对输入的限制、安全属性的用户规范以及安全属性与用户数据的关联。

本族以及相应的输出族 FDP_ETC“输出到 TSF 控制之外”,说明了 TOE 如何处理其控制之外的用户数据。本族关心用户数据安全属性的赋值和抽象。

这里，可能涉及下列活动：

a) 从未格式化的媒体（如软盘、磁带、扫描仪、视频或音频信号）输入用户数据，不包含任何安全属性，并通过对媒体进行物理标记来指示其内容。

b) 从媒体输入用户数据，包括安全属性，并校验客体安全属性是否适当。

c) 从媒体输入用户数据，包括安全属性，并使用密码封装技术保护用户数据及其安全属性的关联性。

本族并不关心用户数据是否可以输入的判定，而只关心与所输入用户数据相关联的安全属性值。

用户数据的输入有两种可能性：用户数据明确无误地与可靠的客体安全属性相关联（安全属性的值和含义都没有被修改），或者从输入源没有获得可靠的安全属性（甚至没有安全属性）。本族负责处理了以上两种情况。

如果有可靠的安全属性，它们可通过物理方式（安全属性在同一媒体上）或逻辑方式（安全属性分布各不相同，但包含唯一的客体标识，比如密码校验和）与用户数据相关联。

本族关心用户数据的输入和 SFP 所需安全属性关联关系的维持。其他族关心输入的其他方面，比如一致性、可信信道和完整性，这些都超出本族的范围。此外，FDP_ITC“从 TSF 控制之外输入”只关心与输入媒体的接口。FDP_ETC“输出到 TSF 控制之外”负责媒体的另一端（原发端）。

下面是一些常见的输入要求：

a) 不带任何安全属性的用户数据输入；

b) 带有安全属性的用户数据输入。

两者相互关联，并且安全属性明确无误地表征了所输入的信息。

有没有人为干预，TSF 都可以处理这些输入要求，这取决于 IT 限制和组织安全策略。比如，如果通过“机密”信道接收用户数据，客体安全属性将置为“机密”。

如果存在多个（访问控制或信息流控制）SFP，那么对每个已命名的 SFP 就可以反复使用本族中的这些组件。

F.7.2 FDP_ITC.1 不带安全属性的用户数据输入

F.7.2.1 用户应用注释

本组件用于规定没有可靠的（或者任何）安全属性与之关联的用户数据的输入。此功能要求关于所输入用户数据的安全属性要在 TSF 中初始化。也可以是 PP/ST 作者规定输入规则。在某些环境中，要求通过可信路径或可信信道机制来提供这些属性也是合适的。

F.7.2.2 操作

F.7.2.2.1 赋值

在 FDP_ITC.1.1 中，PP/ST 作者应规定，当从 TSC 外部输入用户数据时，将执行的访问控制 SFP 或信息流控制 SFP。对这些 SFP 的赋值确定了该功能输入的用户数据的范围。

在 FDP_ITC.1.3 中，PP/ST 作者应规定所有附加的输入控制规则，如果没有额外的输入控制规则就赋值为“无”。这些规则将与 FDP_ITC.1.1 中所选访问控制 SFP 或信息流控制 SFP 一起被 TSF 执行。

F.7.3 FDP_ITC.2 带有安全属性的用户数据输入

F.7.3.1 用户应用注释

本组件用于规定具有可靠的安全属性与之关联的用户数据的输入。此功能依赖于安全属性准确无误地与输入媒体上的客体相关联。一旦输入后，那些客体将具有相同的属性。这需要 FPT_TDC“TSF 间 TSF 数据一致性”保证数据的一致性。也可以是 PP/ST 作者规定输入规则。

F.7.3.2 操作

F.7.3.2.1 赋值

在 FDP_ITC.2.1 中,PP/ST 作者应规定,当从 TSC 外部输入用户数据时,将执行的访问控制 SFP 或信息流控制 SFP。对这些 SFP 的赋值确定了该功能输入的用户数据的范围。

在 FDP_ITC.2.5 中,PP/ST 作者应规定所有附加的输入控制规则,如果没有额外的输入控制规则就赋值为“无”。这些规则将与 FDP_ITC.2.1 中所选访问控制 SFP 或信息流控制 SFP 一起被 TSF 执行。

F.8 TOE 内部传送(FDP_ITT)

F.8.1 用户注释

当用户数据通过内部信道在 TOE 各部分间传送时,本族提供对用户数据进行保护的要求。本族与 FDP_UCT“TSF 间用户数据保密性传送保护”和 FDP_UIT“TSF 间用户数据完整性传送保护”族的不同之处在于,后两者为用户数据经外部信道在不同的 TSF 间传送时提供保护;而与族 FDP_ETC“输出到 TSF 控制之外”和 FDP_ITC“从 TSF 控制之外输入”的不同之处则在于,它们处理的是出入 TSF 控制之外的数据传送。

当用户数据在 TOE 内部传送时,本族中的要求允许 PP/ST 作者规定对其所期望的安全性,这种安全性可以是保护数据避免被泄露、被篡改或可用性丧失。

决定本族应采用的物理隔离程度取决于预期的使用环境。在恶劣环境中,只用一条系统总线在分散的 TOE 部分间传送数据,可能会产生风险。在比较可靠的环境中,传送就可通过更多的传统网络介质进行。

如果存在多个(访问控制或信息流控制)SFP,对每个已命名的 SFP,可反复使用本族中的这些组件。

F.8.2 FDP_ITT.1 基本内部传送保护

F.8.2.1 操作

F.8.2.1.1 赋值

在 FDP_ITT.1.1 中,PP/ST 作者应规定涵盖所传送信息的访问控制 SFP 或信息流控制 SFP。

F.8.2.1.2 选择

在 FDP_ITT.1.1 中,PP/ST 作者应规定用户数据在传送时,TSF 应防止发生的传送错误类型。选项为:泄露、篡改、可用性丧失。

F.8.3 FDP_ITT.2 按属性分隔传送

F.8.3.1 用户应用注释

本组件可用于对具有不同通行级别的信息提供不同形式的保护。

在数据传送时实现相互隔离的方法之一是使用不同的逻辑或物理信道。

F.8.3.2 操作

F.8.3.2.1 赋值

在 FDP_ITT.2.1 中,PP/ST 作者应规定涵盖所传送的信息的访问控制 SFP 或信息流控制 SFP。

F.8.3.2.2 选择

在 FDP_ITT.2.1 中,PP/ST 作者应规定用户数据在传送时,TSF 应防止发生的传送错误类型。选项为:泄露、篡改、可用性丢失。

F.8.3.2.3 赋值

在 FDP_ITT.2.2 中,PP/ST 作者应规定安全属性,TSF 将使用这些属性值,决定何时分离在 TOE 物理上分隔的部分之间传送的数据。比如,与一个属主身份相关联的用户数据将与关联另一个属主身份的用户数据分别传送。在这种情况下,数据属主的身份值,就用来决定何时分隔传送的数据。

F.8.4 FDP_ITT.3 完整性监视

F.8.4.1 用户应用注释

本组件与 FDP_ITT.1 或 FDP_ITT.2 结合起来使用，确保 TSF 检查所接收到的用户数据（及其属性）的完整性。FDP_ITT.1 或 FDP_ITT.2 将以一种保护数据不被篡改的方式提供数据（所以 FDP_ITT.3 能检测出对数据的任何篡改）。

PP/ST 作者应规定必须检测的错误类型。PP/ST 作者应考虑：数据篡改、数据替换、数据不可恢复的排序改变、数据重放、不完全的数据以及其他完整性错误。

PP/ST 作者必须规定在检测到一个失败后 TSF 应采取的动作。比如：忽略用户数据、重新请求数据、告知授权管理员、从其他线路重新路由。

F.8.4.2 操作

F.8.4.2.1 赋值

在 FDP_ITT.3.1 中，PP/ST 作者应规定涵盖所传送信息的信息访问控制 SFP 或信息流控制 SFP，并监视完整性错误。

在 FDP_ITT.3.1 中，PP/ST 作者应规定在用户数据传送时，应监视的可能的完整性错误类型。

在 FDP_ITT.3.2 中，PP/ST 作者应规定当出现一个完整性错误时，TSF 应采取的动作。比如：TSF 应请求重新发送用户数据。在 FDP_ITT.3.1 中规定的 SFP 将作为 TSF 采取的动作被执行。

F.8.5 FDP_ITT.4 基于属性的完整性监视

F.8.5.1 用户应用注释

本组件与 FDP_ITT.2 结合使用，确保 TSF 检查所接收的通过不同信道（基于指定的安全属性值）传送的用户数据的完整性。允许 PP/ST 作者规定检测到完整性错误后应采取的动作。比如，本组件可用来规定不同的完整性错误检测和对不同完整性级别信息应采取的动作。

PP/ST 作者应指定必须检测的错误类型。PP/ST 作者应考虑：数据篡改、数据替换、数据不可恢复的排序改变、数据重放、不完全的数据以及其他完整性错误。

PP/ST 作者应指定使得需要完整性错误监视的属性（以及相关的传送信道）。

PP/ST 作者必须规定在检测到一个失败后 TSF 应采取的动作。比如：忽略用户数据、重新请求数据、告知授权管理员、从其他线路重新路由。

F.8.5.2 操作

F.8.5.2.1 赋值

在 FDP_ITT.4.1 中，PP/ST 作者应规定涵盖所传送信息的信息访问控制 SFP 或信息流控制 SFP 并监视完整性错误。

在 FDP_ITT.4.1 中，PP/ST 作者应规定在用户数据传送时，应监视的可能的完整性错误类型。

FDP_ITT.4.1 中，PP/ST 作者应规定需要分隔传送信道的安全属性列表。该列表用于决定哪些用户数据需要基于其安全属性和传送信道进行完整性错误监视。本元素与 FDP_ITT.2“按属性分隔传送”直接相关。

在 FDP_ITT.4.2 中，PP/ST 作者应规定当出现一个完整性错误时，TSF 应采取的动作。比如：TSF 应请求重新发送用户数据。在 FDP_ITT.4.1 中规定的 SFP 将作为 TSF 采取的动作被执行。

F.9 残余信息保护（FDP_RIP）

F.9.1 用户注释

本族要求确保已删除的信息不再可访问，新产生的客体不包含 TOE 中以前使用过的客体的信息。本族不负责离线保存的客体。

本族要求保护已逻辑删除或释放的信息（尽管仍在系统中，并可以被恢复，但用户不可访问）。特别包括那些包含在一个客体中、作为 TSF 可再度使用资源的组成部分的信息。这里，客体的破坏并不必等同于资源或者任何资源内容的破坏。

它也适用于被系统中不同主体连续重复使用的资源。比如,大多数操作系统通常依赖硬件寄存器(资源)来支持系统中的进程。当进程从“运行”状态转换为“休眠”状态(反之亦然),这些寄存器被不同的主体连续地重复使用。“转换”动作并没有考虑一个资源的分配或释放,FDP_RIP“残余信息保护”能用于这种事件和资源。

FDP_RIP“残余信息保护”通常控制对信息的访问,此信息不是任何当前所定义的或可访问的客体的一部分,但在某些情况下可能并不如此。比如,客体A是一个文件,客体B是驻留该文件的一个磁盘,如果客体A被删除,尽管它仍是客体B的一部分,但来自客体“A”的信息将受FDP_RIP的控制。

值得注意的是,FDP_RIP仅适用于在线客体,不适用于那些诸如备份在磁带上的离线客体。比如,如果一个TOE内的文件被删除,就可以实例化FDP_RIP,要求在释放资源时不能有残余信息存在;然而,TSF不能将该要求扩展到离线备份中的同一文件,因此该文件仍然可用。如果要关注离线客体,PP/ST作者应确保具有适当的环境目的,以支持管理指南负责处理离线客体。

当FDP_RIP实例化要求,在应用程序释放客体到TSF(即重新分配)的同时立即清除残余信息时,FDP_RIP“残余信息保护”和FDP_ROL“回退”会产生冲突。因而,FDP_RIP选择“释放资源”时,不应与FDP_ROL同时使用,因为没有信息可以回退。另一个选择,“无效分配”可与FDP_ROL同时使用,但存在一个风险,就是带有信息的资源在回退发生前分配给了新客体,如果是这样,回退就不可能实现。

在FDP_RIP中没有审计要求,因为这不是一个由用户使用的功能。分配或释放资源的审计将作为访问控制SFP或信息流控制SFP操作的一部分来进行。

本族适用于由访问控制SFP或信息流控制SFP所指定的客体,如PP/ST作者所规定的那样。

F.9.2 FDP_RIP.1 子集残余信息保护

F.9.2.1 用户注释

对于TOE中的一个客体子集,本组件要求TSF确保在分配给这些客体的资源或从这些客体释放的资源中都没有可用的残余信息。

F.9.2.2 操作

F.9.2.2.1 选择

在FDP_RIP.1.1中,PP/ST作者应规定调用残余信息保护功能分配或释放资源的事件。

F.9.2.2.2 赋值

在FDP_RIP.1.1中,PP/ST作者应规定受残余信息保护的客体列表。

F.9.3 FDP_RIP.2 完全残余信息保护

F.9.3.1 用户应用注释

对于TOE中的所有客体,本组件要求TSF确保在分配给这些客体的资源或从这些客体释放的资源中都没有可用的残余信息。

F.9.3.2 操作

F.9.3.2.1 选择

在FDP_RIP.2.1中,PP/ST作者应规定调用残余信息保护功能分配或释放资源的事件。

F.10 回退(FDP_ROL)

F.10.1 用户注释

本族负责处理返回到一个明确定义的有效状态的这类需求,如用户需要撤销对一个文件的修改操作或撤销对数据库的一连串未完成的处理操作。

本族的目的在于帮助用户,在撤销最后一组操作后,返回到一个明确定义的有效状态,或对于分布式数据库,将数据库的所有分布式拷贝返回到操作失效发生之前的状态。

当FDP_RIP“残余信息保护”使得在释放客体资源的同时其内容不再可利用时,FDP_RIP“残余信息保护”与 FDP_ROL“回退”会相互冲突。因此，FDP_RIP 不能与 FDP_ROL 结合使用，因为已没有信息可以回退。当仅要求在给客体分配资源时使其内容不可用，FDP_RIP 可与 FDP_ROL 一起使用，这是因为 FDP_ROL 机制将有机会访问仍然存于 TOE 中的那些早先信息，以成功实现回退操作。

回退要求受某些约束条件限制。比如，文本编辑器常常只允许回退一定数量的命令。另一个例子是备份，在备份磁带重复使用后，它以前的信息将不能恢复，这同样就需要对回退要求提出限制。

F.10.2 FDP_ROL.1 基本回退

F.10.2.1 用户应用注释

本组件允许用户或主体对预先定义的一组客体撤销一组操作。撤销只能在某种限制条件下进行，如一定数量的字符或一定的时间段。

F.10.2.2 操作

F.10.2.2.1 赋值

在 FDP_ROL.1.1 中，PP/ST 作者应指定进行回退操作时需执行的访问控制 SFP 或信息流控制 SFP。这对于确保回退不是用来回避指定的 SFP 是必须的。

在 FDP_ROL.1.1 中，PP/ST 作者应指定能被回退的操作列表。

在 FDP_ROL.1.1 中，PP/ST 作者应指定服从于回退策略的信息或客体列表。

在 FDP_ROL.1.2 中，PP/ST 作者应指定回退操作可以进行的边界条件。该边界条件可以是预定义的时间段，比如可以撤销在过去的两分钟内所执行的操作。其他可能的边界可定义为允许的最大操作数量或缓冲器大小。

F.10.3 FDP_ROL.2 高级回退

F.10.3.1 用户应用注释

本组件要求 TSF 提供回退全部操作的能力，但用户只能选择仅回退其中一部分操作。

F.10.3.2 操作

F.10.3.2.1 赋值

在 FDP_ROL.2.1 中，PP/ST 作者应指定进行回退操作时要执行的访问控制 SFP 或信息流控制 SFP。这对于确保回退不是用来回避指定的 SFP 是必须的。

在 FDP_ROL.2.1 中，PP/ST 作者应指定服从于回退策略的客体列表。

在 FDP_ROL.2.2 中，PP/ST 作者应指定回退操作可以进行的边界条件。该边界条件可以是预定义的时间段，比如可以撤销在过去的两分钟内所执行的操作。其他可能的边界可定义为是允许的最大操作数量或缓冲器大小。

F.11 存储数据的完整性(FDP_SDI)

F.11.1 用户注释

本族提供了对 TSC 内所存用户数据进行保护的要求。

硬件失灵或错误都可能影响存储在内存中的数据。本族提出检测这些无意的错误的要求。TSC 内保存在存储设备中的用户数据的完整性也由本族负责。

要想避免主体修改数据，应选择 FDP_IFF“信息流控制功能”或 FDP_ACF“访问控制功能”族(而不是本族)。

本族不同于 FDP_ITT“TOE 内部传送”，FDP_ITT 是保护用户数据在 TOE 内部传送时不出现完整性错误。

F.11.2 FDP_SDI.1 存储数据的完整性监视

F.11.2.1 用户应用注释

本组件监视在媒体中所存储数据的完整性错误。PP/ST 作者可指定各种用户数据属性作为监视的基础。

F.11.2.2 操作

F.11.2.2.1 赋值

在 FDP_SDI.1.1 中,PP/ST 作者应指定 TSF 应检测的完整性错误。

在 FDP_SDF.1.1 中,PP/ST 作者应指定作为监视基础的用户数据属性。

F.11.3 FDP_SDI.2 存储数据完整性监视和反应

F.11.3.1 用户应用注释

本组件监视在媒体中所存储数据的完整性错误。PP/ST 作者应指定监视到完整性错误时应采取的动作。

F.11.3.2 操作

F.11.3.2.1 赋值

在 FDP_SDI.2.1 中,PP/ST 作者应指定 TSF 应检测的完整性错误。

在 FDP_SDI.2.1 中,PP/ST 作者应指定作为监视基础的用户数据属性。

在 FDP_SDI.2.2 中,PP/ST 作者应指定检测到完整性错误时应采取的动作。

F.12 TSF 间用户数据保密性传送保护(FDP_UCT)

F.12.1 用户注释

当用户数据通过外部信道,在 TOE 和其他可信 IT 产品间传递时,本族定义确保其保密性的要求。用户数据在两点间传送时,通过防止未授权的泄露来实现保密性。端点可以是一个 TSF 或用户。

本族对传送中的用户数据保护提出了要求,大不相同的是,FTP_ITC"输出 TSF 数据的保密性"处理的是 TSF 数据。

F.12.2 FDP_UCT.1 基本的数据交换保密性

F.12.2.1 用户应用注释

TSF 具有能力保护某些用户数据在交换时不被泄漏。

F.12.2.2 操作

F.12.2.2.1 赋值

在 FDP_UCT.1.1 中,PP/ST 作者应指定交换用户数据时,应执行的访问控制 SFP 或信息流控制 SFP。指定的策略将用于决定谁可以交换数据以及哪些数据可以交换。

F.12.2.2.2 选择

在 FDP_UCT.1.1 中,PP/ST 作者应指定本元素是用在传送用户数据的机制中,还是用在接收用户数据的机制中。

F.13 TSF 间用户数据完整性传送保护(FDP_UIT)

F.13.1 用户注释

当用户数据在 TSF 和其他可信 IT 产品间传送时,本族定义提供完整性保护以及从可检测到的错误中恢复的要求。至少,本族要针对篡改行为监视用户数据的完整性。此外,本族还支持采用不同方法纠正检测到的完整性错误。

本族对传送中的用户数据提出了完整性要求,而 FPT_ITI"输出 TSF 数据的完整性"处理的是 TSF 数据。

FDP_UIT"TSF 间数据完整性传送保护"和 FDP_UCT"TSF 间数据保密性传送保护"彼此都是成双成对的,由于 FDP_UCT 负责处理用户数据的保密性,因此实现 FDP_UIT 的机制同样可用于实现 FDP_UCT 和 FDP_ITC 族。

F.13.2 FDP_UIT.1 数据交换的完整性

F.13.2.1 用户应用注释

TSF 具有一种基本能力,能用某种方式发送和接收用户数据,并能检测对用户数据的篡改。本组件没有对试图从篡改中恢复数据的 TSF 机制提出要求。

F.13.2.2 操作

F.13.2.2.1 赋值

在 FDP_UIT.1.1 中,PP/ST 作者应指定在发送或接收数据时,应执行的访问控制 SFP 或信息流控制 SFP。指定的策略将用于确定谁可以发送或接收数据以及哪些数据可以发送或接收。

F.13.2.2.2 选择

在 FDP_UIT.1.1 中,PP/ST 作者应指定本元素用在发送客体的 TSF 中,还是用在接收客体的 TSF 中。

在 FDP_UIT.1.1 中,PP/ST 作者应指定是否需要保护数据,以避免被篡改、删除、插入或重放。

在 FDP_UIT.1.2 中,PP/ST 作者应指定是否应检测以下错误类型:篡改、删除、插入或重放。

F.13.3 FDP_UIT.2 原发端数据交换恢复

F.13.3.1 用户应用注释

本组件提供从一组确定的传送错误中恢复数据的能力,必要时需要其他可信 IT 产品提供帮助。由于其他可信 IT 产品处于 TSC 之外,TSF 不能控制其行为。但本组件可提供能与其他可信 IT 产品合作共通实现恢复目的的功能。比如,TSF 可包含这种功能:在检测到错误时,依靠原发端可信 IT 产品来重新发送数据。本组件涉及 TSF 恢复这种错误的能力。

F.13.3.2 操作

F.13.3.2.1 赋值

在 FDP_UIT.2.1 中,PP/ST 作者应指定在恢复用户数据时,应执行的访问控制 SFP 或信息流控制 SFP。指定的策略用于确定哪些数据能被恢复以及如何恢复。

在 FDP_UIT.2.1 中,PP/ST 作者应指定完整性错误列表,TSF 在原发端可信 IT 产品的帮助下,能够从其中恢复原来的用户数据。

F.13.4 FDP_UIT.3 接受端数据交换恢复

F.13.4.1 用户应用注释

本组件提供从一组确定的传送错误中恢复数据的能力。它能在没有原发端可信 IT 产品的帮助下完成该任务。比如,如果检测到某些错误,传送协议必须足够健壮,使 TSF 能基于校验和和协议中其他可用信息,从错误中恢复数据。

F.13.4.2 操作

F.13.4.2.1 赋值

在 FDP_UIT.3.1 中,PP/ST 作者应指定在恢复用户数据时,应执行的访问控制 SFP 或信息流控制 SFP。指定的策略用于确定哪些数据能够恢复以及如何恢复。

在 FDP_UIT.3.1 中,PP/ST 作者应指定完整性错误的列表,接收端 TSF 独自就能恢复原始用户数据。

附 录 G
（规范性附录）
FIA 类:标识和鉴别

一个常见的安全要求是无歧义地标识执行 TOE 中功能的人和(或)实体。这不仅包括设置每一个用户所声称的身份,而且包括验证每一个用户确实是他或她所声称的人,这可通过要求用户向 TSF 提供一些已为 TSF 所知的与该用户有关的信息来实现。

此类中的族负责处理关于设置和验证所声称的用户身份方面的功能要求。需要"标识和鉴别",是为了确保用户与正确的安全属性(比如身份、组、角色、安全性或完整性级别)相关联。

授权用户的明确标识和安全属性与用户和主体的正确关联是安全策略实施的关键。

FIA_UID"用户标识"族负责确定用户的身份。

FIA_UAU"用户鉴别"族负责验证用户的身份。

FIA_AFL"鉴别失败"族负责对重复的未成功鉴别尝试定义限制条件。

FIA_ATD"用户属性定义"族负责定义用于执行 TSP 的用户属性。

FIA_USB"用户-主体绑定"族负责正确关联每一授权用户安全属性。

FIA_SOS"秘密的规范"族负责生成和验证满足一个指定度量的秘密。

本类的组件构成分解如图 G.1 所示。

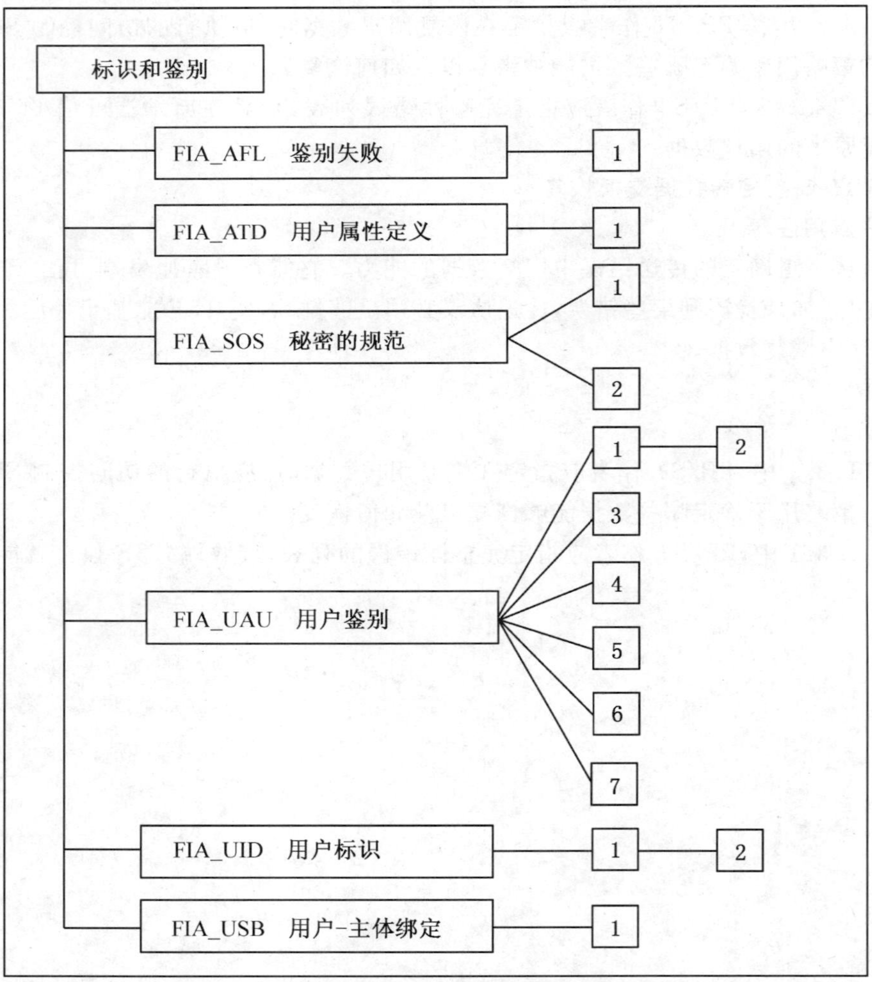

图 G.1 FIA 标识和鉴别类分解

G.1 鉴别失败(FIA_AFL)

G.1.1 用户注释

本族要求定义鉴别尝试的值和鉴别尝试失败时 TSF 的动作。参数包括但不限于尝试的次数和时间门限值。

会话建立过程是与用户进行交互,执行会话建立的过程,独立于实际实现。如果不成功的鉴别尝试次数超过指定的门限值,那么用户帐号或终端(或者两者都)将被锁死。如果用户帐号被禁止,用户就不能登录到系统上。如果终端被禁止,终端(或终端所拥有的地址)就不能再使用。这两种状态都将保持,直到满足重建条件为止。

G.1.2 FIA_AFL.1 鉴别失败处理

G.1.2.1 用户应用注释

PP/ST 作者可以定义不成功鉴别尝试的次数,也可选择让 TOE 开发者或授权用户来定义该数值。不成功的鉴别尝试不必是连续的,但应与鉴别事件相关。如这种鉴别事件可以是,在指定的终端上从上一次成功建立会话以来的尝试计数。

PP/ST 作者可以规定在鉴别失败的情况下,TSF 将采取的动作列表。如果 PP/ST 作者认为合适的话,也可让授权的管理员来管理这些事件。这些动作可以是:终端失效、用户帐号失效或向管理员报警等。对这些动作必须说明,在什么条件下,情况可恢复正常。

为了防止拒绝服务,TOE 通常保证至少有一个用户帐号不能失效。

PP/ST 作者可以说明 TSF 可采取的进一步动作,包括重新允许用户会话建立过程或向管理员报警的规则。例如这些动作有:直到过了指定的时间、直到授权管理员重新激活终端/帐号、与上次失败尝试相关的一个时间(每次尝试失败,失效时间就加倍)。

G.1.2.2 操作

G.1.2.2.1 选择

在 FIA_AFL.1.1 中,PP/ST 作者应选择一个正整数赋值,或选择"管理员可设置的正整数"来规定可接受的数值范围。

G.1.2.2.2 赋值

在 FIA_AFL.1.1 中,PP/ST 作者应指定鉴别事件。例如,这些鉴别事件可以是:对指定的用户身份,自从上次鉴别成功以来的不成功鉴别尝试;当前终端自从上次成功鉴别以来的不成功鉴别尝试;最后 10 min 内不成功鉴别尝试的次数,等等。至少应规定一个鉴别事件。

在 FIA_AFL.1.1 中,如果选择了一个正整数赋值,PP/ST 作者应规定不成功鉴别尝试的缺省次数(正整数),一旦达到或超过该次数,将触发这些事件。

在 FIA_AFL.1.1 中,如果选择了管理员可设置的正整数,PP/ST 作者应规定可接受的数值范围,TOE 管理员可从中配置不成功鉴别尝试的次数。鉴别尝试的次数不应小于或等于上限值,和大于或等于下限值。

在 FIA_AFL.1.2 中,PP/ST 作者应规定当达到或超过门限值时,将采取的动作。这些动作可以是:使一个帐户失效 5 min、使终端失效一段随次数增加的时间(2 的不成攻鉴别次数次幂,单位是秒)、或使帐号失效到直到管理员解除并且同时通知管理员。这些动作应规定措施,措施的持续时间(若适用的话),或措施终止的条件。

G.2 用户属性定义(FIA_ATD)

G.2.1 用户注释

除了用户身份之外,所有授权用户还可以拥有一组安全属性,用以执行 TSP。本族定义将用户安全属性与用户相关联的要求,这是支持 TSP 所必需的。

存在着对单个安全策略定义的依赖关系。这些单独的定义应包含策略执行所需的属性列表。

G.2.2 FIA_ATD.1 用户属性定义

G.2.2.1 用户应用注释

本组件规定安全属性应在用户层面上加以维护。这意味着所列出的安全属性可以在用户层面上分配和改变。也就是说，改变这个列表中与一个用户有关的一个安全属性，对其他任何用户的安全属性不会产生影响。

在安全属性属于一组用户的情况下(如，组的能力列表)，用户将需要有一个对有关组的引用(作为安全属性)。

G.2.2.2 操作

G.2.2.2.1 赋值

在 FIA_ATD.1.1 中，PP/ST 作者应规定与单个用户相关的安全属性。例如，{“许可”、“组的标识符”、“权限”}就是此类列表的一个实例。

G.3 秘密的规范(FIA_SOS)

G.3.1 用户注释

本族定义关于对所提供的秘密进行既定质量度量，以及生成满足既定度量的秘密的机制的要求。例如，用户所提供口令的自动校验，或自动生成口令就是一种机制。

秘密可以在 TOE 之外生成(比如，由用户选择并导入系统)。在这种情况下，FIA_SOS.1“秘密的验证”组件可用来确保外部生成的秘密遵从某些标准，比如最小长度、非字典用字或以前未用过。

秘密也可由 TOE 生成。在这种情况下，FIA_SOS.2“TSF 生成秘密”组件可用来要求 TOE 确保秘密将遵从某些指定的度量。

用户为鉴别机制提供的包含鉴别数据的秘密是基于用户所拥有的知识的。当采用密钥时，应使用 FCS“密码支持”类来代替本族。

G.3.2 FIA_SOS.1 秘密的验证

G.3.2.1 用户应用注释

秘密可以由用户生成。这个组件确保，可以验证那些由用户生成的秘密满足某个质量度量。

G.3.2.2 操作

G.3.2.2.1 赋值

在 FIA_SOS.1.1 中，PP/ST 作者应提供一个既定的质量度量。该质量度量的规范可以简单到只是对一个要执行的质量检查进行描述，也可像引用政府出版的标准一样正式定义秘密必须满足的质量度量。例如，质量度量可包括对可接受的秘密的字母数字结构描述或可接受的秘密必须满足的空间大小的描述。

G.3.3 FIA_SOS.2 TSF 生成秘密

G.3.3.1 用户应用注释

本组件允许 TSF 为指定的功能，如利用口令方式的鉴别功能生成秘密。

当秘密的生成算法中使用了伪随机数生成器时，应允许输入的随机数将提供具有高不可预见性的输出。该随机数(种子)可从许多可用的参数中导出，如系统时钟、系统寄存器、日期、时间等。参数的选择应保证可以从这些输入中生成的唯一性种子数至少应等于必须生成的最少秘密数。

G.3.3.2 操作

G.3.3.2.1 赋值

在 FIA_SOS.2.1 中，PP/ST 作者应提供一个既定的质量度量。该质量度量的规范可以简单到只是对一个要执行的质量检查进行描述，也可像引用政府出版的标准一样正式定义秘密必须满足的质量度量。例如，质量度量可包括对可接受的秘密的字母数字结构描述或可接受的秘密必须满足的空间大小的描述。

在 FIA_SOS.2.2 中,PP/ST 作者应提供一个必须使用 TSF 所生成秘密的 TSF 功能列表。例如,基于口令的鉴别机制即属此类功能。

G.4 用户鉴别(FIA_UAU)

G.4.1 用户注释

本族定义 TSF 所支持的用户鉴别机制类型,也定义用户鉴别机制必须依赖的所需属性。

G.4.2 FIA_UAU.1 鉴别的时机

G.4.2.1 用户应用注释

本组件要求 PP/ST 作者定义 TSF 介导的动作,在用户声称的身份得到鉴别前,TSF 可代表用户执行这些动作。这些 TSF 介导的动作应该与在得到鉴别之前错误标识自己的用户无任何安全关系。对于其他一切不在该列表中的 TSF 介导的动作,在动作能够被 TSF 代表用户执行前,用户必须得到鉴别。

本组件不能控制这些动作在标识发生前是否也能被执行。这需要使用 FIA_UID.1“标识的时机”和 FIA_UID.2“任何动作前的用户标识”,且适当的赋值。

G.4.2.2 操作

G.4.2.2.1 赋值

在 FIA_UAU.1.1 中,PP/ST 作者应规定在用户声称的身份得到鉴别前,TSF 代表用户可执行的 TSF 介导的动作列表。这个列表不能为空,如果没有合适的动作,应使用组件 FIA_UAU.2“任何动作前的用户标识”来代替。此类动作的一个实例是:在登录过程中请求帮助。

G.4.3 FIA_UAU.2 任何动作前的用户鉴别

G.4.3.1 用户应用注释

本组件要求在代表用户的任何 TSF 介导的动作发生前,用户已被成功鉴别。

G.4.4 FIA_UAU.3 不可伪造的鉴别

G.4.4.1 用户应用注释

本组件对提供鉴别数据保护的机制提出了要求。应检测出或拒绝掉从另一个用户处拷贝来的,或用其他方法构建的鉴别数据。这些机制提供一种信任,即 TSF 鉴别过的用户确实是他们所声称的那个。

本组件可能只对基于不可共享的鉴别数据(比如生物测定学)的那些鉴别机制有用。对 TSF 来说,检测或防止 TSF 控制之外的口令共享是不可能的。

G.4.4.2 操作

G.4.4.2.1 选择

在 FIA_UAU.3.1 中,PP/ST 作者应规定 TSF 是检测、防止还是检测并防止对鉴别数据的伪造。

在 FIA_UAU.3.2 中,PP/ST 作者应规定 TSF 是检测、防止还是检测并防止对鉴别数据的拷贝。

G.4.5 FIA_UAU.4 一次性鉴别机制

G.4.5.1 用户应用注释

本组件对基于一次性鉴别数据的鉴别机制提出了要求。一次性鉴别数据可以是用户拥有或知道的某些事情,而非用户是什么。例如,一次性口令、加密的时间戳或秘密查找表中的随机数都是一次性鉴别数据。

PP/ST 作者可规定本要求适用于哪一种鉴别机制。

G.4.5.2 操作

G.4.5.2.1 赋值

在 FIA_UAU.4.1 中,PP/ST 作者应规定本要求适用的鉴别机制列表。该赋值可以是"所有鉴别机制"。例如,该赋值可以是"用于鉴别外部网络上人员的鉴别机制"。

G.4.6 FIA_UAU.5 多重鉴别机制

G.4.6.1 用户应用注释

本组件提出在 TOE 内使用一个以上鉴别机制的要求。对每一个不同的机制,必须从 FIA"标识和鉴别"类中选择合适的要求,应用于该机制。为了体现不同要求针对鉴别机制的不同使用,同一组件可能被多次选中。

FMT 类中的管理功能可以为这组鉴别机制提供维护能力,也为确定鉴别是否成功的规则提供维护能力。

为了让匿名用户进入系统,"无"鉴别机制这样的赋值也是可接受的,此类访问的使用应在 FIA_UAU.5.2 的规则中清晰地加以解释。

G.4.6.2 操作

G.4.6.2.1 赋值

在 FIA_UAU.5.1 中,PP/ST 作者应定义可利用的鉴别机制。例如,此类列表可以是:"无、口令机制、生物测定(视网膜扫描)、S/Key 机制"。

在 FIA_UAU.5.2 中,PP/ST 作者应规定描述鉴别机制如何提供鉴别以及每一机制将在何时使用的规则。这意味着,对每一种情况必须描述可用于鉴别用户的那组机制。例如,"如果用户有特殊权限,口令机制和生物测定机制两者都将使用,只有两者都鉴别成功后,这个鉴别才成功;对所有其他用户将使用口令机制。"就是这种规则的一个列表。

PP/ST 作者可以给出一个范围,在这个范围内,授权管理员可以规定具体规则。规则的例子如:"应总是使用令牌(token)的方式对用户来进行鉴别;管理员可以规定也必须使用的附加鉴别机制"。PP/ST 作者也可以选择不指定任何范围,把鉴别机制和它们的规则全部留给授权管理员。

G.4.7 FIA_UAU.6 重鉴别

G.4.7.1 用户应用注释

本组件负责处理在既定的时刻对用户重新鉴别的潜在需求。可能包括用户要求 TSF 执行安全相关的动作,以及非 TSF 实体要求重新鉴别(例如,服务器应用程序要求 TSF 对其服务的客户端进行重鉴别)。

G.4.7.2 操作

G.4.7.2.1 赋值

在 FIA_UAU.6.1 中,PP/ST 作者应规定需要重鉴别的条件列表。该列表可包括:所指定的用户不活动期已过,用户要求改变正在活动的安全属性,或用户请求 TSF 执行某关键的安全功能。

PP/ST 作者可以给出重鉴别发生的边界条件,而把细节留给授权管理员。这样一条规则的实例如:"用户在一天之内至少被鉴别一次;管理员可以指定经常进行重鉴别,但不能比每 10 min 一次更频繁"。

G.4.8 FIA_UAU.7 受保护的鉴别反馈

G.4.8.1 用户应用注释

本组件负责处理在鉴别过程中提供给用户的反馈。在一些系统中,反馈显示出了用户所键的字符数,但不显示字符本身;在另一些系统中,甚至这些信息可能也是不合适的。

本组件要求不能把鉴别数据原样返回给用户。在工作站环境中,对每一个输入的口令字符,可显示一"哑元"(比如星号),不显示原始字符。

G.4.8.2 操作

G.4.8.2.1 赋值

在 FIA_UAU.7.1 中,PP/ST 作者应规定提供给用户的与鉴别过程相关的反馈。例如,可指定反馈为:“所键字符数”,另一种类型的反馈是“鉴别失败的鉴别机制”。

G.5 用户标识(FIA_UID)

G.5.1 用户注释

本族定义用户在执行任何其他由 TSF 介导的并需要用户标识的动作之前,要求用户识别他自己的条件。

G.5.2 FIA_UID.1 标识的时机

G.5.2.1 用户应用注释

本组件对被识别的用户提出要求。PP/ST 作者可以指出在标识发生前可执行的具体动作。

如果使用了 FIA_UID.1“标识的时机”,在 FIA_UID.1 中提到的 TSF 介导的动作也应在 FIA_UAU.1“鉴别的时机”中出现。

G.5.2.2 操作

G.5.2.2.1 赋值

在 FIA_UID.1.1 中,PP/ST 作者应规定在用户必须识别他自己之前,TSF 代表用户可执行的 TSF 介导动作列表。如果没有合适的动作,应使用组件 FIA_UID.2“任何动作前的用户标识”来替代。此动作的实例可能有:在登录过程中请求帮助。

G.5.3 FIA_UID.2 在任何动作之前的用户标识

G.5.3.1 用户应用注释

在本组件中用户将被识别。在用户被识别之前,TSF 不允许用户执行任何动作。

G.6 用户—主体绑定(FIA_USB)

G.6.1 用户注释

一个已鉴别了的用户,为了使用 TOE,一般要先激活一个主体。用户的安全属性(全部或部分地)与这个主体相关联。本族定义建立和维护用户安全属性与代表用户活动的主体间关联的要求。

G.6.2 FIA_USB.1 用户—主体绑定

G.6.2.1 用户应用注释

已经证明“代表……活动”一词在以前的准则中是有争议的问题。本意是,主体代表的是导致主体产生或被激活,以执行某个任务的用户。因此,当一个主体被创建时,该主体就代表了发起该创建的用户。在使用匿名的情况下,主体仍代表着用户,但用户的身分是未知的。一类特殊的主体是它们服务于多个用户(例如,一个服务器进程),在这种情况下,创建这个主体的用户就被假定为这个主体的“所有者”。

G.6.2.2 操作

G.6.2.2.1 赋值

在 FIA_USB.1.1 中,PP/ST 作者应规定与主体绑定的用户属性列表。

在 FIA_USB.1.2 中,PP/ST 作者应规定任何适用于属性与主体初始关联的规则,或“无”。

在 FIA_USB.1.3 中,PP/ST 作者应规定任何适用于改变与代表用户活动的主体相关联的用户安全属性的规则,或“无”。

附 录 H
（规范性附录）
FMT类:安全管理

本类规定TSF几个方面的管理：安全属性、TSF数据和TSF中功能。不同的管理角色和它们之间的相互作用(如能力的分离)也可在本类中规定。

在TOE由多个物理上分离的部件组成,形成一个分布式系统的环境中,与安全属性传播、TSF数据和功能修改的时机问题变得非常复杂,尤其是当这些信息需要在TOE的各部分间复制时更是如此。当选取诸如FMT_REV.1“撤消”或FMT_SAE.1“时限授权”这样的组件时,由于行为有可能被削弱,更需要考虑上面的问题。在这种情况下,建议使用FPT_TRC“TOE内TSF数据复制的一致性”中的组件。

本类的组件构成分解如图H.1所示。

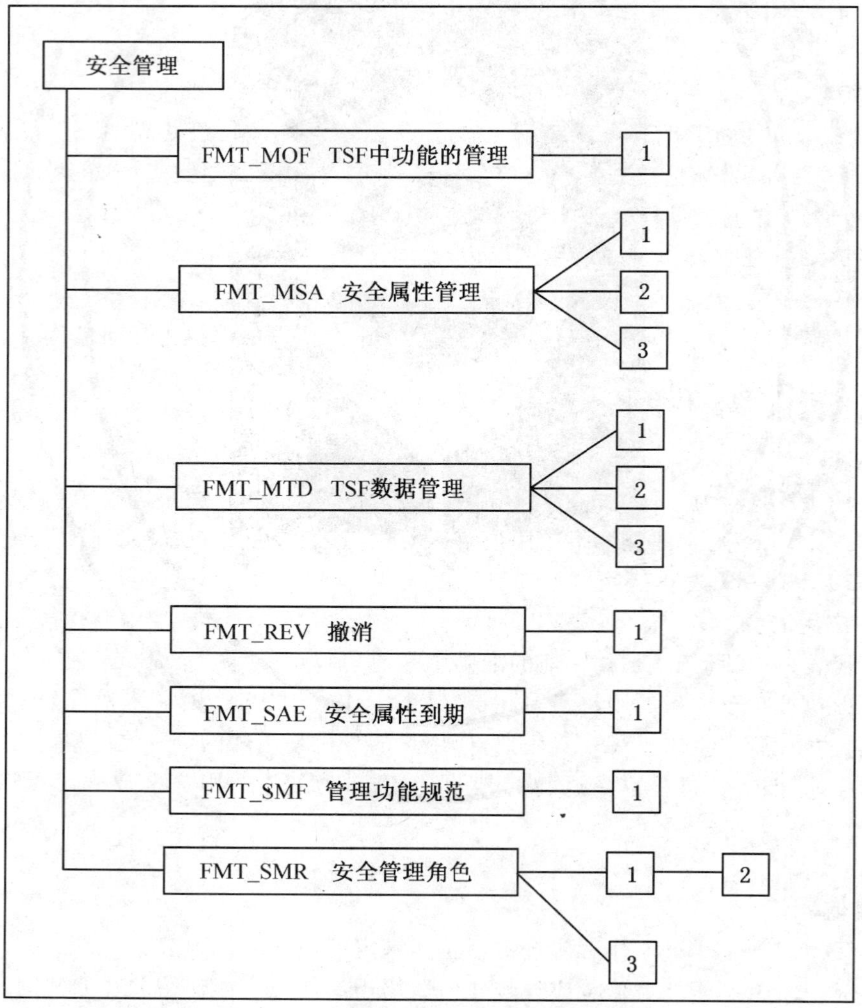

图H.1 FMT安全管理类分解

H.1 TSF中功能的管理(FMT_MOF)

H.1.1 用户注释

TSF管理功能使授权用户能够建立和控制TOE的安全操作。这些管理功能通常分为以下几种不同的类别：

a) 涉及 TOE 执行的访问控制、责任可追查性和鉴别控制的管理功能。例如，用户安全特征（如与用户名、用户帐号、系统入口参数相关的唯一标识符）的定义和更新；审计性系统控制（如审计事件的选取、审计迹的管理、审计迹的分析和审计报告的生成）的定义与更新；每个用户策略属性（如用户许可）的定义和更新；已知系统访问控制标签的定义以及用户组的控制与管理。

b) 涉及可用性控制的管理功能。例如，可用性参数或资源配额的定义和更新。

c) 涉及普通安装和配置的管理功能。例如，TOE 的配置、手工恢复、TOE 安全补丁的安装（如果有的话）、硬件的修理和重新安装。

d) 涉及 TOE 资源常规控制和维护的管理功能。例如，激活或终止外围设备、移动存储媒体的装配、用户和系统客体的备份与恢复。

注意，这些功能需根据 PP 或 ST 中包含的族，呈现在一个 TOE 中。PP/ST 作者有责任确保提供了足够的功能，以便以安全的方式管理系统。

TSF 可能包含一些能够被管理员控制的功能。例如，审计功能可以被关闭，时间同步可以是可切换的，或鉴别机制可以是可修改的。

H.1.2 FMT_MOF.1 安全功能行为的管理

H.1.2.1 用户应用注释

本组件允许已标识的角色管理 TSF 的安全功能。这可能需要获取安全功能的当前状态、终止或激活安全功能、修改安全功能的行为。例如，改变鉴别机制就是一个修改安全功能行为的例子。

H.1.2.2 操作

H.1.2.2.1 选择

在 FMT_MOF.1.1 中，PP/ST 作者应该选择角色是否能：确定安全功能的行为、终止安全功能、激活安全功能、修改安全功能的行为。

H.1.2.2.2 赋值

在 FMT_MOF.1.1 中，PP/ST 作者应规定能够被已标识的角色修改的功能，例如审计和确定时间等。

在 FMT_MOF.1.1 中，PP/ST 作者应规定允许修改 TSF 中功能的角色。可能的角色在 FMT_SMR.1“安全角色”中规定。

H.2 安全属性的管理（FMT_MSA）

H.2.1 用户注释

本族定义关于安全属性管理的一些要求。

用户、主体和客体具有与之相关联的，将影响 TSF 行为的安全属性。此类安全属性的例子有：用户所属的组、用户可能承担的角色、进程（主体）的优先级以及属于一个角色或用户的权限。这些安全属性可能需要由用户、主体或特定的授权用户（即对于此管理具有明确给定权限的用户）来管理。

必须注意，给用户分配权限的权限本身就是一个安全属性，或者潜在地受 FMT_MSA.1“安全属性的管理”管理。

FMT_MSA.2“安全的安全属性”可用来确保任何可以接受的安全属性组合都处于一个安全状态。“安全”含义的定义留待 TOE 指南和 TSP 模型中给出。如果开发者提供了安全值的清晰定义和认为其安全的理由，则 FMT_MSA.2“安全的安全属性”对 ADV_SPM.1“非形式化的 TOE 安全策略模型”的依赖关系就可以不考虑。

在某些情况下，主体、客体或用户帐号都已建立，如果没有对相关的安全属性给出明确的值，那么就需使用默认值,FMT_MSA.1“安全属性的管理”可以用来规定这些默认值是可以管理的。

H.2.2　FMT_MSA.1 安全属性的管理

H.2.2.1　用户应用注释

本组件允许担当特定角色的用户管理指定的安全属性。在组件 FMT_SMR.1“安全角色”内,这些用户都被赋予一个角色。

参数的默认值是指在参数实例化没有专门指定某个值时,该参数所取的值。初始值是指在参数实例化(创建)过程中提供的值,将取代默认值。

H.2.2.2　操作

H.2.2.2.1　赋值

在 FMT_MSA.1.1 中,PP/ST 作者应列出安全属性所适用的访问控制 SFP 或信息流控制 SFP。

H.2.2.2.2　选择

在 FMT_MSA.1.1 中,PP/ST 作者应规定可应用于指定的安全属性的操作。PP/ST 作者可规定:某角色可以修改安全属性的默认值(改变默认值)、查询安全属性、修改安全属性、删除整个安全属性或定义他们自己的操作。

H.2.2.2.3　赋值

在 FMT_MSA.1.1 中,PP/ST 作者应规定那些能够由已标识角色操作的安全属性。PP/ST 作者可规定默认值,如默认访问权限,是可管理的。这些安全属性的例子有:用户许可、服务优先级、访问控制表、默认访问权限。

在 FMT_MSA.1.1 中,PP/ST 作者应规定允许对安全属性进行操作的角色。可能的角色在 FMT_SMR.1“安全角色”中规定。

在 FMT_MSA.1.1 中,如果选择了“其他操作”,PP/ST 作者应规定该角色能够执行哪些其他操作。“创建”便可能是这种操作的一个例子。

H.2.3　FMT_MSA.2 安全的安全属性

H.2.3.1　用户应用注释

本组件包含对安全属性能被赋予的值的一些要求。所赋值应使得 TOE 保持一种安全状态。

“安全”含义的定义在本组件中没有给出,而留给了 TOE 的开发(特别是 ADV_SPM.1“非形式化 TOE 安全策略模型”)和在指南中给出。例如:如果建立了一个用户帐号,则应拥有一个复杂口令。

H.2.4　FMT_MSA.3 静态属性初始化

H.2.4.1　用户应用注释

本组件要求 TSF 为相关客体的安全属性提供默认值,该默认值能够被初始值所取代。如果存在一种机制在创建时规定许可权,一个新客体在创建时仍可能有不同的安全属性。

H.2.4.2　操作

H.2.4.2.1　赋值

在 FMT_MSA.3.1 中,PP/ST 作者应列出安全属性所适用的访问控制 SFP 或信息流控制 SFP。

H.2.4.2.2　选择

在 FMT_MSA.3.1 中,PP/ST 作者应选择访问控制属性的默认特性是受限的,是许可的,还是其他特性。如选择其他特性,PP/ST 作者应将其细化为一个特定的特性。这些选项只能选择一个。

H.2.4.2.3　赋值

在 FMT_MSA.3.2 中,如果 PP/ST 作者选择了“其他特性”,PP/ST 作者应规定默认值的预期特征。

在 FMT_MSA.3.2 中,PP/ST 作者应规定允许修改安全属性值的角色。这些可能的角色在 FMT_SMR.1“安全角色”中规定。

H.3 TSF 数据的管理(FMT_MTD)

H.3.1 用户注释

本组件对 TSF 数据管理提出要求。TSF 数据的例子有:当前时间、审计迹等。因此,本族允许规定谁能读、删除或创建审计迹。

H.3.2 FMT_MTD.1 TSF 数据的管理

H.3.2.1 用户应用注释

本组件允许具有某个角色的用户管理 TSF 数据的值。在组件 FMT_SMR.1“安全角色”中为用户分配了角色。

参数的默认值是指在参数实例化过程中,没有专门指定某个值时,该参数所取的值。初始值是指在参数实例化(创建)过程中提供的值,将取代默认值。

H.3.2.2 操作

H.3.2.2.1 选择

在 FMT_MTD.1.1 中,PP/ST 作者应规定可用于指定 TSF 数据的操作。PP/ST 作者可规定,角色可以:修改 TSF 数据的默认值(改变默认值)、清除 TSF 数据、查询 TSF 数据、修改 TSF 数据或完全删除 TSF 数据。如此,PP/ST 作者可以规定任何类型的操作。需要澄清的是“清除 TSF 数据”意味着 TSF 数据的内容被迁移,但是该实体本身还保留在系统内。

H.3.2.2.2 赋值

在 FMT_MTD.1.1 中,PP/ST 作者应规定能够被已标识角色操作的 TSF 数据。PP/ST 作者可能规定,默认值可被管理。

在 FMT_MTD.1.1 中,PP/ST 作者应规定允许对 TSF 数据进行操作的角色。可能的角色在 FMT_SMR.1“安全角色”中规定。

在 FMT_MTD.1.1 中,如果选择了“其他操作”,PP/ST 作者应规定角色能够执行哪些其他操作。“创建” 就是这种操作的一个例子。

H.3.3 FMT_MTD.2 TSF 数据限值的管理

H.3.3.1 用户应用注释

本组件规定关于 TSF 数据的限制,以及当超过这些限制时将要采取的动作。例如,本组件将允许定义对审计记录大小的限值,以及规定超过这些限值时将要采取动作。

H.3.3.2 操作

H.3.3.2.1 赋值

在 FMT_MTD.2.1 中,PP/ST 作者应规定可能有限值的 TSF 数据及其限值。这种 TSF 数据的一个例子是:登录用户数。

在 FMT_MTD.2.1 中,PP/ST 作者应规定允许修改 TSF 数据限值的角色以及将采取的动作。可能的角色在 FMT_SMR.1“安全角色”中规定。

在 FMT_MTD.2.2 中,PP/ST 作者应规定如果超过对指定 TSF 数据的指定限值,所要采取的动作。此类 TSF 动作的一个例子是:通知授权用户且生成审计记录。

H.3.4 FMT_MTD.3 安全的 TSF 数据

H.3.4.1 用户应用注释

本组件包含了一些关于 TSF 数据能赋予的值的要求。所赋值应使得 TOE 保持在一个安全状态。

“安全”含义的定义在本组件中没有给出,而留给了 TOE 的开发者(特别是 ADV_SPM.1“非形式化 TOE 安全策略模型”)和在指南中给出。如果开发者提供了安全值的清晰定义和认为它们安全的理由，则 FMT_MTD.3“安全的 TSF 数据”对 ADV_SPM.1“非形式化 TOE 安全策略模型”的依赖关系就可以不考虑。

H.4 撤消(FMT_REV)

H.4.1 用户注释

本族负责处理一个 TOE 内各种实体安全属性的撤消。

H.4.2 FMT_REV.1 撤消

H.4.2.1 用户应用注释

本组件规定关于权限撤消的要求。它需要规定撤消规则，例如：

a) 撤消将发生在用户下次登录时；

b) 撤消将发生在下次试图打开该文件时；

c) 撤消将发生在某一固定时间段内。这可能意味着所有打开的连接每隔 X min 后就要重新评价。

H.4.2.2 操作

H.4.2.2.1 选择

在 FMT_REV.1.1 中，PP/ST 作者应规定 TSF 是否应提供撤消来自用户、主体、客体或任何额外资源的安全属性的能力。

H.4.2.2.2 赋值

在 FMT_REV.1.1 中，PP/ST 作者应规定允许修改 TSF 中功能的角色。这些可能的角色在 FMT_SMR.1“安全角色”中规定。

在 FMT_REV.1.1 中，如果选择了“其他额外资源”，PP/ST 作者应规定 TSF 是否应提供撤销这些资源的安全属性的能力。

在 FMT_REV.1.2 中，PP/ST 作者应规定撤消规则。例如，撤消发生在“对相关资源的下一次操作之前”或“所有新主体创建时”。

H.5 安全属性到期(FMT_SAE)

H.5.1 用户注释

本族提出对安全属性的有效性实施时间限制的能力。本族可用来为访问控制属性、标识和鉴别属性、证书(密钥证书，如 ANSI X.509)和审计属性等规定到期要求。

H.5.2 FMT_SAE.1 时限授权

H.5.2.1 操作

H.5.2.1.1 赋值

在 FMT_SAE.1.1 中，PP/ST 作者应提供支持有效期的安全属性列表。此类属性的一个例子是：用户的安全许可。

在 FMT_SAE.1.1 中，PP/ST 作者应规定允许修改 TSF 中安全属性的角色。可能的角色在 FMT_SMR.1“安全角色”中规定。

在 FMT_SAE.1.2 中，PP/ST 作者应对每一个安全属性提供一个到期时将采取的动作列表。例如：用户的安全许可，当它到期时，将被设置为 TOE 上允许的最低级别的许可。如果 PP/ST 希望立即撤消，则应指定为“立即撤消”这一动作。

H.6 管理功能规范(FMT_SMF)

H.6.1 用户注释

本族允许管理功能的规范由 TOE 提供。每个被列出以完成赋值的安全管理功能不是安全属性管理，就是 TSF 数据管理或安全功能管理。

H.6.2 FMT_SMF.1 管理功能规范

H.6.2.1 用户应用注释

本组件规定 TSF 提供的管理功能。

PP/ST 作者应参考其 PP/ST 中“管理”小节的组件，该小节为本组件列出管理功能提供了一个基础。

H.6.2.2 操作

H.6.2.2.1 赋值

在 FMT_SMF.1.1 中，PP/ST 作者应规定 TSF 提供的管理功能，不是安全属性管理，就是 TSF 数据管理或安全功能管理。

H.7 安全管理角色(FMT_SMR)

H.7.1 用户注释

本族用于减少因用户采取超越已赋予的功能职责范围的动作，滥用其授权而遭受损失的可能性，也负责处理当采用不适当的机制对 TSF 进行安全管理时产生的威胁。

本族要求维护信息，以识别一个用户是否有权使用一个特定的安全相关管理功能。

某些管理动作可由用户完成，另外一些仅能由组织内的指定人员完成。本族允许定义不同的角色，如拥有者、审计员、管理员、日常管理者。

本族中所用的角色都是与安全有关的角色。每个角色可拥有一组广泛的能力(如 Unix 中的 root)，也可以只拥有一个单一的权限(如读取象帮助文件这样的单个客体的权限)。本族定义这些角色，而角色的能力则在 FMT_MOF“TSF 中功能的管理”、FMT_MSA“安全属性的管理”和 FMT_MTD“TSF 数据的管理”中定义。

某些类型的角色可能是互斥的。例如日常管理者可能能够定义和激活用户，但可能不能删除用户(这留给管理员(角色))。本族允许规定两人控制这样的策略。

H.7.2 FMT_SMR.1 安全角色

H.7.2.1 用户应用注释

本组件规定 TSF 应认可的不同角色。通常系统区分实体的拥有者、管理员和其他用户。

H.7.2.2 操作

H.7.2.2.1 赋值

在 FMT_SMR.1.1 中，PP/ST 作者应规定系统所认同的角色，这些角色都是用户可以拥有的，与安全有关的角色。例如：拥用者、审计员和管理员。

H.7.3 FMT_SMR.2 安全角色限制

H.7.3.1 用户应用注释

本组件规定 TSF 应该认同的不同角色，以及如何管理这些角色的条件。通常系统区分实体的拥有者、管理员和其他用户。

这些角色的条件规定了不同角色之间的相互关系，以及限制用户何时能承担这些角色。

H.7.3.2 操作

H.7.3.2.1 赋值

在 FMT_SMR.2.1 中，PP/ST 作者应规定系统所认同的角色。这些角色都是用户可以拥有的，与安全有关的角色。例如：拥有者、审计员、管理员。

在 FMT_SMR.2.3 中，PP/ST 作者应规定管理角色分配的条件。这些条件的例子有：“一个帐号不能同时具有审计员和管理员两种角色”或“具有助理角色的用户也必须具有拥有者角色。”

H.7.4 FMT_SMR.3 承担角色

H.7.4.1 用户应用注释

本组件规定必须给出明确的请求以承担特定的角色。

H.7.4.2 操作

H.7.4.2.1 赋值

在 FMT_SMR.3.1 中，PP/ST 作者应规定需要作出明确请求才能承担的角色。例如：审计员和管理员。

附　录　I
（规范性附录）
FPR 类:私密性

本类描述了这样的要求,它能被用来满足用户的隐私需求,同时允许系统具有尽可能强的灵活性,以保持对系统操作的充分控制。

在本类的组件中,所要求的安全功能是否涵盖授权用户是具有灵活性的。例如,PP/ST 作者可认为,不要求针对适当的授权用户保护用户的私密性是合理的。

本类同其他的类(如有关审计、访问控制、可信路径和抗抵赖等的类)一起,提供了灵活性以规定期望的私密性行为。另一方面,本类中的要求可能会影响其他类(如 FIA“标识和鉴别”或 FAU“安全审计”)中组件的使用限制。例如,如果不允许授权用户看到用户的身份(如,匿名或假名),则显然由于私密性要求,使得不可能让单个用户对他们所执行的任何安全相关行为负责。然而,仍然有可能在 PP/ST 中包括审计要求,因为发生特定安全相关事件的这个事实比知道谁对它负责更加重要。

在 FAU“安全审计”类的应用注释中,提供了附加的信息,其中解释了关于审计的“身份”定义,也可能是一个别名或其他能标识用户身份的信息。

本类描述了 4 个族:匿名、假名、不可关联性、不可观察性。匿名、假名和不可关联性有复杂的相互关系。当选择一个族时,该选择应依赖于所确定的威胁。对某些类型的私密性威胁,假名会比匿名更合适(如:有审计要求时)。此外,某些类型的私密性威胁,要通过几个族的组件组合,才可以很好地对抗。

所有的族都假定用户没有明确执行暴露用户自己身份的动作。例如,不期望 TSF 在电子消息或数据库中屏显用户名。

本类中的所有族都有可通过操作确定范围的组件。这些操作允许 PP/ST 作者指明 TSF 必须对其具有抵抗力的协作用户/主体。匿名的实例化可以是:“TSF 应确保用户或主体不能确定与远程咨询应用相绑定的用户身份。”

要注意 TSF 不仅应该防止单个用户获取信息,而且应防止用户协作获取信息。本类所提供的保护强度应与 GB/T 18336.1 附录 A 和附录 B 所规定的功能强度一样。

本类的组件构成分解如图 I.1 所示。

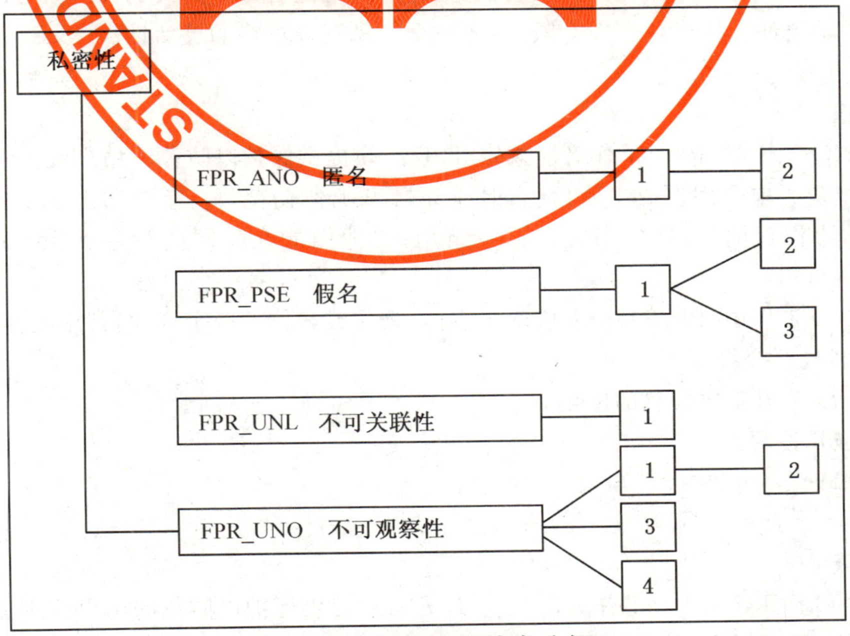

图 I.1　FPR 私密性类分解

I.1 匿名(FPR_ANO)

I.1.1 用户注释

匿名确保主体可使用资源和服务而不暴露它的用户身份。

本族的意图是规定一个用户或主体可以采取动作而不把用户的身份暴露给其他的用户、主体或客体。本族为 PP/ST 作者提供了一个方法去标识一组用户,这些用户不能看到那些执行某些动作的用户的身份。

因此,如果使用匿名的主体执行一个动作,另一个主体将不能确定其身份,甚至不能确定利用该主体的用户身份的引证。匿名的焦点是保护用户的身份,而不是保护主体的身份,所以主体的身份不受防止泄露的保护。

虽然主体的身份没有发布给其他主体和用户,但并不明确禁止 TSF 获得用户的身份。如果不允许 TSF 知道用户的身份,可以调用 FPR_ANO.2"无索求信息的匿名",在那种情形下,TSF 不应要求用户的信息。

对"确定"一词的解释应在最广的字面意义上来理解。PP/ST 作者可能想使用一个"功能强度"来指示应用的严格程度。

本组件分级区分了用户和授权用户。授权用户经常被排除在本组件之外,因此允许找回一个用户的身份。然而,并没有特别要求一个授权用户必须有能力确定用户的身份。在极端的私密性情况下,本组件将意味着没有用户或授权用户能看到执行任何动作的任何人的身份。

虽然一些系统将为所提供的所有服务提供匿名,仍然存在其他的一些系统只为某些确定的主体/操作提供匿名。为了提供这一灵活性,一个操作应包括在定义了的要求范围内。如果 PP/ST 作者想处理所有的主体/操作,则应规定为"所有的主体和所有的操作"。

可能的应用包括查询公用数据库的保密性质、应答电子民意测验、匿名支付或捐赠。

潜在的敌意用户或主体包括把恶意部件(如特洛伊木马)偷偷引入系统中的那些提供者、系统操作员、通信伙伴和用户。所有这些用户能研究使用模式(如哪些用户使用哪些服务)并滥用这些信息。

I.1.2 FPR_ANO.1 匿名

I.1.2.1 用户应用注释

本组件保证用户的身份受到保护而不被泄露。然而,可能有这样的实例,即一个授权用户能确定谁执行某些动作。本组件提供了是遵守有限的,还是全部私密性策略的灵活性。

I.1.2.2 操作

I.1.2.2.1 赋值

在 FPR_ANO.1.1 中,PP/ST 作者应规定 TSF 必须提供保护以防范的用户或主体集。例如,即使 PP/ST 作者只规定了单个用户或主体角色,但 TSF 不仅必须防范每一单个用户或主体,而且也必须防范用户或主体的协作。例如,用户集可以是一组用户,他们能在相同的角色下操作或都能用相同的进程。

在 FPR_ANO.1.1 中,PP/ST 作者应确定主体、操作或客体的一个列表,其中主体的真实用户名应受到保护。例如"投票表决应用"。

I.1.3 FPR_ANO.2 无索求信息的匿名

I.1.3.1 用户应用注释

本组件用来确保不允许 TSF 知道用户的身份。

I.1.3.2 操作

I.1.3.2.1 赋值

在 FPR_ANO.2.1 中,PP/ST 作者应规定 TSF 必须提供保护以防范的用户或主体集。例如,即使 PP/ST 作者只规定了单个用户或主体角色,但 TSF 不仅必须防范每一单个用户或主体,而且也必须防范用户或主体的协作。例如,用户集可以是一组用户,他们能在相同的角色下操作或都能用相同的进程。

在 FPR_ANO.2.1 中,PP/ST 作者应确定主体、操作或客体的一个列表,其中主体的真实用户名应受到保护。例如“投票表决应用”。

在 FPR_ANO.2.2 中,PP/ST 作者应确定满足匿名要求的服务列表。例如,“工作描述的访问”。

在 FPR_ANO.2.2 中,PP/ST 应标识出主体的列表,当提供规定的服务时,这些主体的真实用户名应受到保护。

I.2 假名(FPR_PSE)

I.2.1 用户注释

假名确保一个用户能够使用资源或服务而不泄露自己的身份,但仍能对该使用负责。通过直接将用户与 TSF 持有的一个引证(别名)关联起来,或是通过提供用于处理目的的别名(如一个帐号),用户可以是负责任的。

在许多方面,假名类似于匿名。假名和匿名都保护用户的身份,但在假名中,维护对用户身份的一个引证,是为责任可追查性或其他目的。

组件 FPR_PSE.1“假名”没规定引用用户身份的要求。为了规定关于这种引用的要求,提供了两组要求:FPR_PSE.2“可逆假名”和 FPR_PSE.3“别名假名”。

使用引证的一种途径是拥有获取原始用户标识符的能力。例如,在一个数字现金环境中,当一张支票已经被多次签发时(即欺骗),若能追踪用户的身份将会更有利一些。一般来说,用户身份须在特定的条件下才被检索。PP/ST 作者可能要结合 FPR_PSE.2“可逆假名”来描述这些服务。

引证的另一个用法是作为用户的一个别名。例如,一个用户不希望被标识,可向他提供一个帐户,使用资源就向该帐户收费。在这种情形下,用户身份的引证是该用户的一个别名,其他用户或主体无需获得该用户的身份就可以利用此别名执行它们的功能(例如,对其使用系统的次数进行统计操作)。在此情形下,PP/ST 作者可能希望结合 FPR_PSE.3“别名假名”来规定引证须遵守的规则。

通过使用上面的这些结构,用 FPR_PSE.2“可逆假名”可建立数字货币,它规定用户身份将得到保护,而且如果在条件中就是这么规定的话,则当数字货币被使用两次时,就有一个追踪用户身份的要求。若用户是诚实的,用户身份受到保护;当用户试图欺骗时,用户身份能被追踪。

一种不同的系统可能是数字信用卡,其中用户提供一个假名,指示一个可从中提取现金的帐户。在这种情形下,可以使用 FPR_PSE.3“别名假名”。该组件将规定用户身份将得到保护,此外同一个用户仅能获得与他/她已提供钱款相符的数目(如果在条件中已这样规定的话)。

应当认识到,更严格的组件可能不能同其他要求组合使用,诸如标识和鉴别、审计。“确定身份”的解释应在更广的字面意义上理解。在操作过程中,TSF 不提供这些信息,实体也不能确定调用操作的主体或主体的拥有者,TSF 也不会记录用户或主体可用的、在将来会暴露用户身份的一些信息。

目的是 TSF 不揭示任何有损用户身份的信息,如代表用户活动的主体的身份。信息被认为是敏感的,依赖于攻击者所花费的努力。因此,FPR_PSE“假名”族遵从功能强度要求。

可能的应用包括:向声讯服务拨打者的收费而不揭示其身份,或对电子支付系统的匿名使用收费。

潜在的敌意用户或主体包括把恶意部件(如特洛伊木马)偷偷引入系统中的那些提供者、系统操作员、通信伙伴和用户。所有这些攻击者会研究哪些用户使用哪些服务,并滥用这些信息。作为对匿名服务的补充,假名服务包含了不需标识的授权方法,特别是对匿名支付(“数字现金”)。这将帮助提供者以安全的方式获得他们的费用,同时还维持了顾客的匿名。

I.2.2 FPR_PSE.1 假名

I.2.2.1 用户应用注释

本组件提供用户保护,防止将其身份泄露给其他用户。但用户仍能对其行为负责。

I.2.2.2 操作

I.2.2.2.1 赋值

在 FPR_PSE.1.1 中,PP/ST 作者应规定 TSF 必须提供保护以防范的用户或主体集。例如,即使 PP/ST 作者只规定了单个用户或主体角色,但 TSF 不仅必须防范每一单个用户或主体,而且也必须防范用户或主体的协作。例如,用户集可以是一组用户,他们能在相同的角色下操作或都能用相同的进程。

在 FPR_PSE.1.1 中,PP/ST 作者应确定主体、操作或客体的一个列表,其中主体的真实用户名应受到保护。例如"对招聘信息的访问"。注意,"客体"包括能使其他用户或主体导出真实用户身份的任何其他属性。

在 FPR_PSE.1.2 中,PP/ST 作者应确定 TSF 能提供的别名的数目(一个或多个)。

在 FPR_PSE.1.2 中,PP/ST 作者应确定 TSF 能向其提供别名的主体列表。

I.2.2.2.2 选择

在 FPR_PSE.1.3 中,PP/ST 作者应规定用户别名是由 TSF 生成,还是由用户提供。这些选项中只能选择其一。

I.2.2.2.3 赋值

在 FPR_PSE.1.3 中,PP/ST 作者应确定 TSF 生成的或用户生成的别名应遵守的量度方式。

I.2.3 FPR_PSE.2 可逆假名

I.2.3.1 用户应用注释

在本组件中,TSF 应确保在特定的条件下,可以确定与所提供引用相关的用户身份。

在 FPR_PSE.1"假名"中,TSF 应提供别名代替用户身份。当满足规定的条件时,别名所属的用户身份是可以确定的。例如,在电子现金环境下,这样条件的一个例子如下:"TSF 应向公证人提供,仅在支票已经签发两次的条件下,依据所提供的别名能确定用户身份的能力。"

I.2.3.2 操作

I.2.3.2.1 赋值

在 FPR_PSE.2.1 中,PP/ST 作者应规定 TSF 必须提供保护以防范的用户或主体集。例如,即使 PP/ST 作者只规定了单个用户或主体角色,但 TSF 不仅必须防范每一单个用户或主体,而且也必须防范用户或主体的协作。例如,用户集可以是一组用户,他们能在相同的角色下操作或都能使用相同的进程。

在 FPR_PSE.2.1 中,PP/ST 作者应确定主体、操作或客体的一个列表,其中主体的真实用户名应受到保护。例如"工作提供者的访问"。注意,"客体"包括能使其他用户或主体导出真实的用户身份的任何其他属性。

在 FPR_PSE.2.2 中,PP/ST 作者应确定 TSF 能提供的别名的数目(一个或多个)。

在 FPR_PSE.2.2 中,PP/ST 作者应确定 TSF 能向其提供别名的主体列表。

I.2.3.2.2 选择

在 FPR_PSE.2.3 中,PP/ST 作者应规定用户别名是由 TSF 生成,还是由用户提供。这些选项中只能选择其一。

I.2.3.2.3 赋值

在 FPR_PSE.2.3 中,PP/ST 作者应确定 TSF 生成的或用户生成的别名应遵守的量度方式。

I.2.3.2.4 选择

在 FPR_PSE.2.4 中,PP/ST 作者应选择是授权用户,还是可信主体或者二者都可确定真实的用户名。

I.2.3.2.5 赋值

在 FPR_PSE.2.4 中,PP/ST 作者应确定在规定条件下能获取真实用户名的可信主体列表。例如,公证人或特定的授权用户。

在 FPR_PSE.2.4 中,PP/ST 作者应确定条件列表,在这些条件下可信主体和授权用户能基于所提供的引证确定真实的用户名。这些条件可以是一天中的某个时段,或是象法院指令一样可被管理。

I.2.4　FPR_PSE.3 别名假名

I.2.4.1　用户应用注释

在本组件中,TSF 应确保所提供的引证满足特定的构造规则,因此可被潜在的不安全主体以安全的方式使用。

如果一个用户想使用磁盘资源但不泄露自己的身份,此时可使用假名。然而,每次用户访问这个系统时,必须使用相同的别名。这样的条件可在本组件中规定。

I.2.4.2　操作

I.2.4.2.1　赋值

在 FPR_PSE.3.1 中,PP/ST 作者应规定 TSF 必须提供保护以防范的用户或主体集。例如,即使 PP/ST 作者只规定了单个用户或主体角色,但 TSF 不仅必须防范每一单个用户或主体,而且也必须防范用户或主体的协作。例如,用户集可以是一组用户,他们能在相同的角色下操作或都能用相同的进程。

在 FPR_PSE.3.1 中,PP/ST 作者应确定主体、操作或客体的一个列表,其中主体的真实用户名应受到保护。例如"对招聘信息的访问"。注意,"客体"包括能使其他用户或主体导出真实的用户身份的任何其他属性。

在 FPR_PSE.3.2 中,PP/ST 作者应确定 TSF 能提供的别名的数目(一个或多个)。

在 FPR_PSE.3.2 中,PP/ST 作者应确定 TSF 能向其提供别名的主体列表。

I.2.4.2.2　选择

在 FPR_PSE.3.3 中,PP/ST 作者应规定用户别名是由 TSF 生成,还是由用户提供。这些选项中只能选择其一。

I.2.4.2.3　赋值

在 FPR_PSE.3.3 中,PP/ST 作者应确定 TSF 生成的或用户生成的别名应遵守的量度方式。

在 FPR_PSE.3.4 中,PP/ST 作者应确定条件列表,这些条件指出对真实用户名所使用的引证何时是相同的,何时是不同的。例如,"当用户登录到相同的主机上"时,将使用唯一的别名。

I.3　不可关联性(FPR_UNL)

I.3.1　用户注释

不可关联性确保一个用户可以多次使用资源和服务,而其他人不能将这些使用关联在一起。不可关联性与假名的不同在于,虽然在假名中用户也是未知的,但可提供不同动作之间的关系。

不可关联性要求试图保护用户身份,以防止对用户操作进行跟踪分析。例如,当一个电话智能卡绑定了一个唯一号码时,电话公司可确定该电话卡用户的行为。如果知道了用户的电话使用情况,就能将此卡与一个特定的用户相关联。隐藏一个服务的不同调用之间或一个资源的不同访问之间的关系将防止对这种信息的收集。

由此,对不可关联性的一个要求可能隐含如下要求:必须保护操作的主体及其用户身份。否则,该信息可用来将不同操作关联起来。

不可关联性要求不同的操作是不能被关联的。这种关联关系有几种形式。例如,用户与操作相关,或与发起动作的终端相关,或与该动作执行的时间相关。PP/ST 作者可以规定必须阻止的关系种类。

可能的应用包括:多次使用假名,而不会建立可能泄露用户身份的使用模式。

潜在的敌意用户或主体包括把恶意部件(如特洛伊木马)偷偷引入系统中的那些提供者、系统操作员、通信伙伴和用户,他们不做操作而只想获取有关信息。所有这些攻击者都能研究哪些用户使用哪些服务并滥用这些信息。不可关联性保护用户，以防关联，这种关联可以从一个客户的几次动作中得出。一个例子是，匿名客户打给不同合伙人的一系列电话，这些合伙人身份的组合可以揭示该客户的身份。

I.3.2 FPR_UNL.1 不可关联性

I.3.2.1 用户应用注释

本组件确保用户不能关联系统中不同的操作并以此获取信息。

I.3.2.2 操作

I.3.2.2.1 赋值

在 FPR_UNL.1.1 中，PP/ST 作者应规定 TSF 必须提供保护以防范的用户或主体集。例如，即使 PP/ST 作者只规定了单个用户或主体角色，但 TSF 不仅必须防范每一单个用户或主体，而且也必须防范用户或主体的协作。例如，用户集可以是一组用户，他们能在相同的角色下操作或都能用相同的进程。

在 FPR_UNL.1.1 中，PP/ST 作者应确定应满足不可关联性要求的操作(例如，“发送电子邮件”)列表。

I.3.2.2.2 选择

在 FPR_UNL.1.1 中，PP/ST 应选取应被掩盖的关系。该选择允许规定用户身份或者对关系进行赋值。

I.3.2.2.3 赋值

在 FPR_UNL.1.1 中，如果选择了后一项，PP/ST 作者应确定受到保护的关系列表。例如，“源自相同的终端”。

I.4 不可观察性(FPR_UNO)

I.4.1 用户注释

不可观察性确保一个用户可以使用一个资源或服务，而其他人，特别是第三方，不能观察到该资源或服务正被使用。

与先前的“匿名”、“假名”和“不可关联性”族不同，不可观察性从另一不同的方向处理用户的身份。在此情形下，目的是隐藏资源和服务的使用，而不是隐藏用户的身份。

一些技术可用来实现不可观察性。提供不可观察性的技术例子有：

a) 影响不可观察性的信息分配：不可观察性相关的信息(如描述一个操作发生的信息)可分配在 TOE 内的几个地方。一种方法是信息可被分配到 TOE 的一个随机选择的、单独的部分，这样攻击者不知道应攻击 TOE 的哪个部分。另一种方法是将信息分散在 TOE 的不同部分中，使得没有哪一个单独的 TOE 部分有足够的信息，从而避免用户的隐私遭到破坏。这一技术在 FPR_UNO.2“影响不可观察性的信息的分配”中明确提出。

b) 广播：在广播信息时(如以太网、无线电)，用户不能确定谁真正接收和使用了这些信息。当信息应送达对此信息(如敏感的医学信息)感兴趣但又害怕受到耻笑的接受者，这一技术特别有用。

c) 密码保护和消息填充：观察消息流的人可从消息被传送这一事实以及从该消息的属性中获得信息。通过通信量填充、消息填充以及加密消息流，可以保护消息的传送和它的属性。

有时，用户不应了解一个资源的使用情况，但是为了履行其职责，一个授权用户必须被许可知道资源的使用情况。在此情形，FRO_UNO.4“授权用户可观察性”可用来提供使一个或几个授权用户知道使用情况的能力。

本族使用了概念“TOE 的部分”，它可以是物理上或是逻辑上与 TOE 的其他部分分离的 TOE 的任何部分。在逻辑分离的情况下，与 FPT_SEP“域分离”相关。

通信的不可观察性在许多领域中是重要的要素。例如固有权限的执行、组织策略或与防御相关的应用。

I.4.2 FPR_UNO.1 不可观察性

I.4.2.1 用户应用注释

本组件要求功能或资源的使用不能被未授权用户观察到。除了此组件外,PP/ST 作者还希望结合使用“隐蔽信道分析”。

I.4.2.2 操作

I.4.2.2.1 赋值

在 FPR_UNO.1.1 中,PP/ST 作者应规定 TSF 必须提供保护以防范的用户或主体集。例如,即使 PP/ST 作者只规定了单个用户或主体角色,但 TSF 不仅必须防范每一单个用户或主体,而且也必须防范用户或主体的协作。例如,用户集可以是一组用户,他们能在相同的角色下操作或都能用相同的进程。

在 FPR_UNO.1.1 中,PP/ST 作者应确定操作列表,这些操作遵从不可观察性要求。其他的用户/主体因而不能够观察到对指定列表中某个隐蔽客体的操作(如对该客体的读写)。

在 FPR_UNO.1.1 中,PP/ST 作者应确定被不可观察性要求覆盖的客体的列表。例如,特定的邮件服务器或 ftp 站点。

在 FPR_UNO.1.1 中,PP/ST 作者应规定一组受保护的用户或主体,他们的不可观察性信息是受保护的。这样的例子可以是:“通过 Internet 访问该系统的用户。”

I.4.3 FPR_UN0.2 影响不可观察性的信息的分配

I.4.3.1 用户应用注释

本组件要求功能或资源的使用不能被规定的用户或主体观察到。进一步讲,本组件规定与用户隐私有关的信息在 TOE 内是分布式的,这样攻击者可能就不知道将 TOE 的哪一部分作为攻击目标,或是他们需要攻击 TOE 的多个部分。

使用此组件的一个例子是:使用一个随机分配的节点去提供某个功能。在这种情况下,本组件可要求与私密性相关的信息不仅只会被一个确定的 TOE 部分利用,而且不会传播到该 TOE 部分之外。

在某些“投票算法”中可以找到更复杂的例子。在该服务中将牵涉到 TOE 的几个部分,但没有一个 TOE 的独立部分能违反策略。所以一个人可以投票(或不投票),而 TOE 不能确定某个选票是否已投,以及该选票的投票结果是怎样的(除非投票一致通过)。

除了本组件,PP/ST 作者还希望结合使用“隐蔽信道分析”。

I.4.3.2 操作

I.4.3.2.1 赋值

在 FPR_UNO.2.1 中,PP/ST 作者应规定 TSF 必须提供保护以防范的用户或主体集。例如,即使 PP/ST 作者只规定了单个用户或主体角色,但 TSF 不仅必须防范每一单个用户或主体,而且也必须防范用户或主体的协作。例如,用户集可以是一组用户,他们能在相同的角色下操作或都能用相同的进程。

在 FPR_UNO.2.1 中,PP/ST 作者应确定操作列表,这些操作遵从不可观察性要求。这样,其他用户/主体就不能够观察到对指定列表中一个隐蔽客体的操作(如对该客体的读写)。

在 FPR_UNO.2.1 中,PP/ST 作者应确定被不可观察性要求覆盖的客体的列表。例如,一个特定的邮件服务器或 ftp 站点。

在 FPR_UNO.2.1 中,PP/ST 作者应规定一组受保护的用户或主体,他们的不可观察性信息是受保护的。这样的例子可以是:“通过 Internet 访问该系统的用户。”

在 FPR_UNO.2.2 中,PP/ST 作者应确定哪些与私密性相关的信息应以受控制的方式分布到系统中。这些信息的例子可以是:主体的 IP 地址、客体的 IP 地址、时间、所使用的密钥。

在 FPR_UNO.2.2 中,PP/ST 作者应规定信息分发应遵循的条件。这些条件应在每个实例的私密性相关信息的整个生命期内得到维护。这些条件的例子可以是:“该信息只能出现在 TOE 的一个单独部分,且不能传送到TOE这部分之外”,“该信息仅驻留在TOE的一个单独部分,但可定期地移动到TOE的另一个部分”,“该信息应分布在TOE的不同部分中,使得即使破坏任意5个不同的TOE部分,也不会危及安全策略。”

I.4.4 FPR_UNO.3 无索求信息的不可观察性

I.4.4.1 用户应用注释

本组件用来要求当提供特定的服务时,TSF不试图获取会破坏不可观察性的信息。因此TSF不索求(即试图从其他实体获得)能用来破坏不可观察性的任何信息。

I.4.4.2 操作

I.4.4.2.1 赋值

在FPR_UNO.3.1中,PP/ST作者应确定遵从不可观察性要求的服务列表。例如,“对工作描述的访问”。

在FPR_UNO.3.1中,PP/ST作者应确定主体列表,在提供特定服务时,应保护其与私密性相关的信息。

在FPR_UNO.3.1中,PP/ST作者应规定特定主体受保护的私密性相关信息。例如,使用一个服务的主体身份,以及已被使用的服务量如内存资源的使用情况。

I.4.5 FPR_UNO.4 授权用户可观察性

I.4.5.1 用户应用注释

本组件用来要求将有一个或多个授权用户有权查看资源的使用情况。如果没有本组件,则该查阅是允许的,但不是强制的。

I.4.5.2 操作

I.4.5.2.1 赋值

在FPR_UNO.4.1中,PP/ST作者应规定授权用户集,TSF须为他们提供观察资源使用情况的能力。例如,授权用户集可以是一组授权用户,他们能在相同的角色下操作或都能使用相同的进程。

在FPR_UNO.4.1中,PP/ST作者应规定授权用户必须能观察的资源或服务集。

附 录 J
(规范性附录)
FPT 类:TSF 保护

本类包含了多个功能要求族,这些要求与提供 TSF 的机制的完整性和管理有关(独立于特定 TSP),并与 TSF 数据的完整性有关(独立于 TSP 数据的特定内容)。在某种意义下,本类中的族可能出现与 FDP"用户数据保护"类中完全相同的组件,甚至可以用同一个机制来实现。但是,FDP"用户数据保护"主要侧重于用户数据的保护,而 FPT"TSF 保护"主要侧重于 TSF 数据的保护。事实上,FPT"TSF 保护"类的组件对于规范 TOE 中的 SFP 不被篡改或旁路等方面的要求时是必需的。

从 FPT 类的观点看,TSF 有以下三大组成部分:

a) TSF 抽象机,虚拟的或物理的机器,据此特定的 TSF 实现才能按照评估的要求进行。

b) TSF 实现,在抽象机上执行并实现执行 TSP 的机制。

c) TSF 数据,指导 TSP 实施的管理性数据库。

所有 FPT 类中的族都与这几个部分相关,并分属下面几个组:

a) FPT_PHP"TSF 物理保护",向授权用户提供检测对组成 TSF 的 TOE 各部分的外部攻击的能力。

b) FPT_AMT"底层抽象机测试"和 FPT_TST"TSF 自检",向授权用户提供这样的能力:验证底层抽象机和 TSF 的正确操作,以及 TSF 数据和可执行代码的完整性。

c) FPT_SEP"域分离"和 FPT_RVM"引用仲裁",在执行期间保护 TSF,而且确保 TSF 不能被旁路。当这些族中的适当组件与 ADV_INT"TSF 内部"的适当组件相组合时,TOE 即可具有传统上所说的"基准监视器"特性。

d) FPT_RCV"可信恢复"、FPT_FLS"失效保护"和 FPT_TRC"TOE 内 TSF 数据复制的一致性",负责处理失效发生时和紧接失效之后的 TSF 的行为。

e) FPT_ITA"输出 TSF 数据的可用性"、FPT_ITC"输出 TSF 数据的保密性"和 FPT_ITI"输出 TSF 数据的完整性",负责处理 TSF 和远程可信 IT 产品之间的 TSF 数据的保护和可用性。

f) FPT_ITT"TOE 内 TSF 数据的传送",当 TSF 数据在物理上分离的 TOE 部分间传送时,负责处理 TSF 数据的保护。

g) FPT_RPL"重放检测",负责处理不同类型的信息或操作的重放。

h) FPT_SSP"状态同步协议",依据 TSF 数据,负责处理在一个分布式 TSF 的不同部分之间的状态同步。

i) FPT_STM"时间戳",负责提供可靠的时间。

j) FPT_TDC"TSF 间 TSF 数据的一致性",负责处理在 TSF 和远程可信 IT 产品之间共享的 TSF 数据的一致性。

本类的组件构成分解如图 J.1 所示。

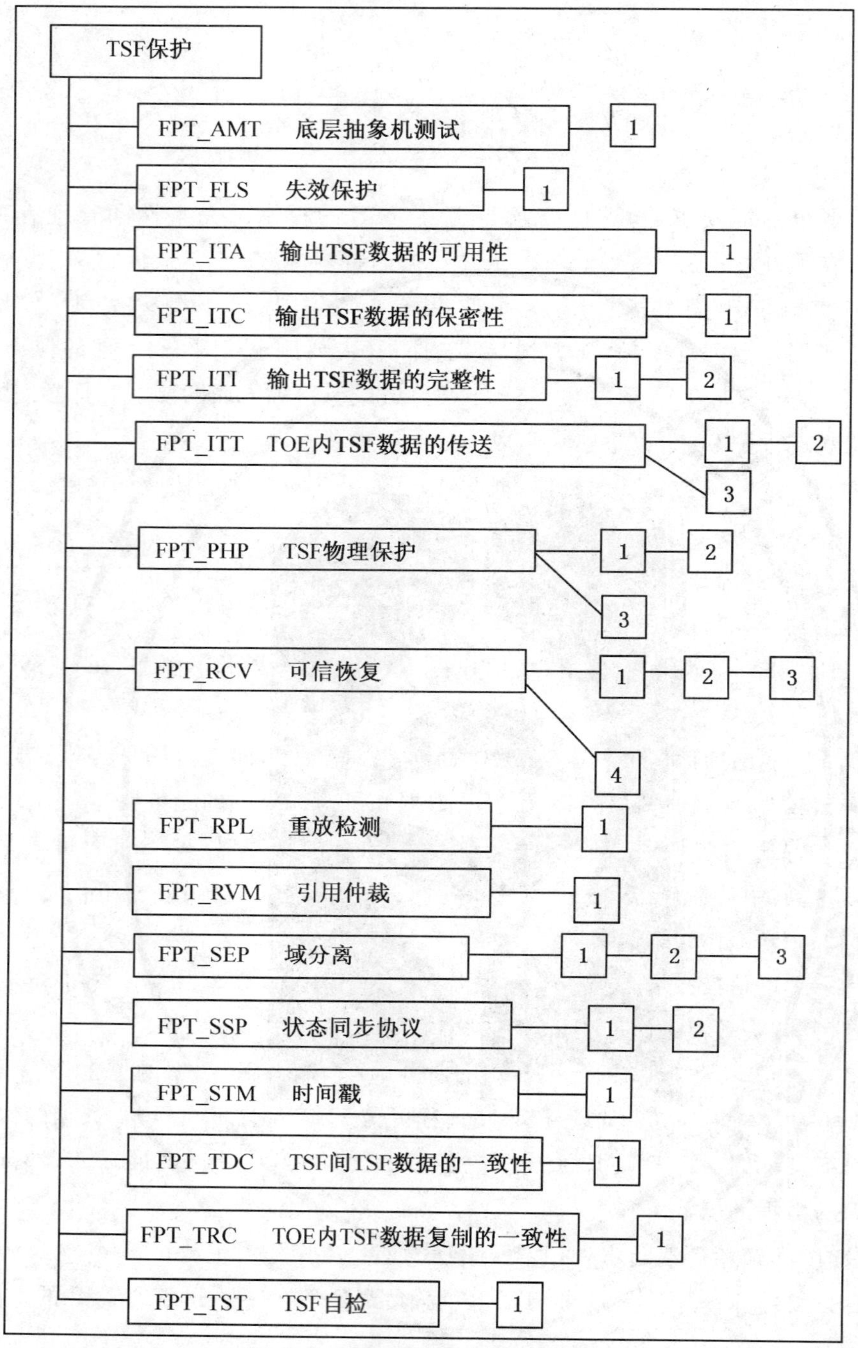

图 J.1 FPT TSF 保护类分解

J.1 底层抽象机测试(FPT_AMT)

J.1.1 用户注释

本族定义了一些对 TSF 安全假设进行测试的要求,这些安全假设是关于 TSF 所依赖的底层抽象机的。这个"抽象的"机器可以是一个硬件/固件平台,也可以是某些已知的且已评定过的硬件/软件组合构成的一个虚拟机。这种测试的例子可以是测试硬件页面保护,可以是通过网络发送样本包以确认是否能收到,也可以检验虚拟机接口的行为。这些测试可以在维护状态下、起动时、在线时或是连续不断地进行。TOE 根据测试结果采取的动作在 FPT_RVC"可信恢复"中定义。

术语"底层抽象机"通常是指实现 TSF 的硬件构件。然而,这短语也可用来指一个底层的、已评估过的硬件和软件组合，改组合如同一个 TSP 所依赖的虚拟机一样运转。

抽象机测试有几种形式：

a) 上电测试：这些测试确保底层平台能正确操作。对于硬件和固件，可包括如下元器件测试：内存板、数据路径、总线、控制逻辑、处理器寄存器、通信端口、控制台接口、话筒以及外围设备。对于软件(虚拟机)，包括检验初始化和行为是否正确。

b) 可加载测试：这些测试可由授权用户加载和执行，或在特定条件下激活。可包括处理器部件压力测试(逻辑单元、计算单元等等)以及控制存储。

J.1.2 评估者注释

底层抽象机测试应足以测试 TSF 所依赖的底层抽象机的所有特征。

J.1.3 FPT_AMT.1 抽象机测试

J.1.3.1 用户应用注释

本组件通过要求周期性地调用测试功能，支持周期性地测试 TSF 操作依赖的底层抽象机的安全假设。

PP/ST 作者可细化这一要求，以声明在离线、在线或维护模式下该功能是否可利用。

J.1.3.2 评估者应用注释

仅在离线或维护模式下，可以执行周期性测试这样的功能是可以接受的。在维护期间，应采取适当的控制措施限制授权用户的访问。

J.1.3.3 操作

J.1.3.3.1 选择

在 FPT_AMT.1.1 中，PP/ST 作者应规定什么时候 TSF 要执行抽象机测试，是在初始化启动期间、正常运转时周期性地、授权用户提出请求时，还是在其他条件下。在最后一种情况下，PP/ST 作者应细化这些条件是什么。通过这种选择，PP/ST 作者能指出自检运行的频率。如果测试经常运行，则比起该测试不那么频繁地运行而言，终端用户会对该 TOE 正在正常运转更有信心。但是，对 TOE 正在正常运转这一信心的需求须同对 TOE 可用性的潜在影响相平衡，通常，自检会延迟 TOE 的正常运转。

J.1.3.3.2 赋值

在 FPT_AMT.1.1 中，如果选择了其他条件，PP/ST 作者应规定自检运行的频率。

J.2 失效保护(FPT_FLS)

J.2.1 用户注释

本族的要求确保在 TSF 中发生某些类型的失效时，TOE 不会违背它的 TSP。

J.2.2 FPT_FLS.1 失效即保持安全状态

J.2.2.1 用户应用注释

术语“安全状态”指示一个状态，在此状态中 TSF 数据是一致的，而且 TSF 继续正确执行 TSP。“安全状态”在 TSP 模型中定义。如果开发者了提供安全状态的明确定义和认为它是安全的理由，则可忽略 FPT_FLS.1“失效即保持安全状态”对 ADV_SPM.1“非形式化的 TOE 安全策略模型”的依赖性。

虽然希望审计失效即保持安全状态的情况，但是不可能在所有的情况下都能审计。PP/ST 作者应规定希望审计并可执行审计的那些情形。

在 TSF 中的失效可能包括“硬”失效，它指示一个设备发生故障且需要维护、维修或修理 TSF。TSF 中的失效也可能包括可恢复的“软”失效，它仅要求初始化或重新设置 TSF。

J.2.2.2 操作

J.2.2.2.1 赋值

在 FPT_FLS.1.1 中，PP/ST 作者应列出 TSF 中失效的类型，对此失效 TSF 应“失效保护”，也就是说,应保持一个安全的状态,且继续正确执行 TSP。

J.3 输出 TSF 数据的可用性(FPT_ITA)

J.3.1 用户应用注释

本族定义了防止在 TSF 和远程可信任 IT 产品之间移动的 TSF 数据丧失可用性的有关规则。该数据可能是 TSF 关键的数据,如口令、密钥、审计数据或 TSF 可执行代码。

本族常用于分布式的系统环境中,其中 TSF 向远程可信 IT 产品提供 TSF 数据。该 TSF 只能在本端上采取措施,而不能对其他可信 IT 产品的 TSF 负责。

如果对不同类型的 TSF 数据,存在不同的可用性度量的话,那么对于每个某一的度量和 TSF 数据类型配对都应重述本组件。

J.3.2 FPT_ITA.1 TSF 间可用性不超过既定可用性度量

J.3.2.1 操作

J.3.2.1.1 赋值

在 FPT_ITA.1.1 中,PP/ST 作者应规定服从可用性度量的 TSF 数据类型。

在 FPT_ITA.1.1 中,PP/ST 应针对可用的 TSF 数据,规定可用性度量。

在 FPT_ITA.1.1 中,PP/ST 作者应规定必须确保可用性的那些条件。例如:在 TOE 和远程可信任 IT 产品之间必须有一个连接。

J.4 输出 TSF 数据的保密性(FPT_ITC)

J.4.1 用户应用注释

本族定义了防止在 TSF 和远程可信任 IT 产品之间移动的 TSF 数据被未授权泄露的规则。该数据可能是 TSF 关键的数据,如口令、密钥、审计数据或 TSF 可执行代码。

本族常用于分布式的系统环境中,其中 TSF 向远程可信 IT 产品提供 TSF 数据。该 TSF 只能在本端上采取措施,而不能对其他可信 IT 产品的行为负责。

J.4.2 FPT_ITC.1 传送过程中 TSF 间的保密性

J.4.2.1 评估者应用注释

传送过程中 TSF 数据的保密性是必须受保护的,以防止这些信息被泄露。某些可能的实现可提供保密性包括使用加密算法和扩频技术。

J.5 输出 TSF 数据的完整性(FPT_ITI)

J.5.1 用户注释

本族定义了一些规则,用于保护在 TSF 和远程可信 IT 产品之间传送的 TSF 数据,防止其被未授权修改。该数据可能是 TSF 关键数据如口令、密钥、审计数据或是 TSF 可执行代码。

本族常用于分布式的系统环境中,其中 TSF 同远程可信 IT 产品交换 TSF 数据。注意,不能规定在远程可信 IT 产品上处理修改、检测和恢复这样的要求,因为不能事先确定远程可信 IT 产品将用什么样的机制来保护它的数据。由于这一原因,这些要求被表述为“TSF 提供一种能力”,这种能力是远程可信 IT 产品也能使用的。

J.5.2 FPT_ITI.1 TSF 间修改的检测

J.5.2.1 用户应用注释

本组件应用在那些足以检测到数据何时被修改的场合。例如以下场合:当检测到修改时,远程可信 IT 产品可以要求 TOE 的 TSF 重新传送数据,或对这种类型的请求进行响应。

所期望的修改检测强度是基于一个指定的修改度量的,它是所用算法的一个函数,可以涵盖从无法检测多个比特更改的一个弱校验和和奇偶校验机制,到更复杂的密码校检和方法。

J.5.2.2 操作

J.5.2.2.1 赋值

在 FPT_ITI.1.1 中，PP/ST 应规定检测机制必须满足的修改度量。这一修改度量应规定所期望的修改检测强度。

在 FPT_ITI.1.2 中，PP/ST 应规定检测到对 TSF 数据的修改时应采取的动作。这种动作的一个例子就是“忽略 TSF 数据，并要求原发可信产品再次发送这些 TSF 数据。”

J.5.3 **FPT_ITI.2 TSF 间修改的检测与纠正**

J.5.3.1 用户应用注释

本组件应用在有必要检测或纠正 TSF 关键数据修改的场合。

所期望的修改检测强度是基于一个指定的修改度量的，它是所用算法的一个函数，可以涵盖从无法检测多个比特更改的一个弱校验和和奇偶校验机制，到更复杂的密码校检和方法。需定义的度量既可参考将要抵御的攻击(如，仅有千分之一的随机消息会被接受)，也可以参考公开文献中共所周知一些机制(如，这一强度必须与由安全散列算法(SHA)提供的强度一致)。

纠正修改采用的方法可以通过某种差错纠正校验和的形式来完成。

J.5.3.2 评估者注释

满足这一要求的某些方法可能涉及密码功能的使用或校验和的某种形式。

J.5.3.3 操作

J.5.3.3.1 赋值

在 FPT_ITI.2.1 中，PP/ST 应规定检测机制必须满足的修改度量。这一修改度量应规定所期望的修改检测的强度。

在 FPT_ITI.2.2 中，PP/ST 应规定检测到对 TSF 数据的修改时应采取的动作。这种动作的一个例子就是“忽略 TSF 数据，并要求原发可信产品再次发送这些 TSF 数据。”

在 FPT_ITI.2.3 中，PP/ST 作者应定义修改的类型，TSF 应能从这些修改中恢复。

J.6 TOE 内 TSF 数据的传送(FPT_ITT)

J.6.1 用户注释

本族提供了通过内部信道在 TOE 的不同部分间传送 TSF 数据时，对这些数据进行保护的要求。

物理的或逻辑的分离使得本族的应用更具有意义，而对这种分离程度的确定取决于所要使用的环境。在恶意环境中，如果仅通过一条系统总线或进程间通信信道，在分离的各个 TOE 部件间传送数据，可能会由此产生一些风险。在比较良好的环境里，这一传送可通过更传统的网络媒体来完成。

J.6.2 评估者注释

一个适用于 TSF 以提供这种保护的实用机制是建立在密码基础上的。

J.6.3 **FPT_ITT.1 内部 TSF 数据传送的基本保护**

J.6.3.1 操作

J.6.3.1.1 选择

在 FPT_ITT.1.1 中，PP/ST 作者应规定希望提供的保护类型：是防止泄露，还是防止修改。

J.6.4 **FPT_ITT.2 TSF 数据传送的分离**

J.6.4.1 用户应用注释

基于 SFP 相关属性，实现 TSF 数据分离的方法之一，是通过使用不同的逻辑或物理信道。

J.6.4.2 操作

J.6.4.2.1 选择

在 FPT_ITT.2.1 中，PP/ST 作者应规定希望提供的保护类型：是防止泄露，还是防止修改。

J.6.5 FPT_ITT.3 TSF 数据完整性监视

J.6.5.1 操作

J.6.5.1.1 选择

在 FPT_ITT.3.1 中,PP/ST 作者应规定 TSF 所能检测到的修改类型。PP/ST 作者应从以下类型中进行选择:数据的修改、数据的替换、数据的重排、数据的删除或任何其他类型完整性错误。

J.6.5.1.2 赋值

在 FPT_ITT.3.1 中,如果 PP/ST 作者选择了上面段落中的最后一种选项,那么该作者也应该规定哪些其他类型完整性差错是 TSF 有能力检测到的。

在 FPT_ITT.3.2 中,PP/ST 作者应规定在识别到一个完整性错误时应采取的动作。

J.7 TSF 物理保护(FPT_PHP)

J.7.1 用户注释

TSF 物理保护组件涉及限制对 TSF 进行未授权的物理访问,以及阻止和抵制对 TSF 进行未授权的物理修改或替换。

本族中的要求确保了 TSF 是被保护的,以防物理上的侵害和干扰。若满足这些组件要求,将会使 TSF 被封装后以如下方式使用:物理侵害是可检测的,或基于既定工作因素对物理侵害的防御是可测量的。如果没有这些组件,在物理破坏无法避免的环境下,TSF 的保护功能就会失效。这一组件同时也提供了一些有关 TSF 必须如何响应物理侵害尝试的要求。

有关物理侵害情景的例子包括机械攻击、辐射、温度改变。

对授权用户来讲,仅在离线状态或维护模式下才能检测到物理侵害的这种功能是可接受的。在这些状态下,对授权用户应加以控制以限制访问。由于在这些状态下 TSF 可能是非"操作性"的,它也许不能正常执行授权用户访问。TOE 的物理实现可能由几个结构组成:例如外部屏蔽罩、卡和芯片。这一组"元件"作为一个整体必须保护(保护、报告和抵抗)TSF 免受物理侵害。这并不意味着所有的设备都必须提供这些特征,不过作为一个完整的物理构造,总体上应具备上述特征。

尽管只有最小级审计与这些组件有关,这完全是因为在与审计子系统交互的层面下,存在完全以硬件实现检测和预警机制的可能性(例如,当授权用户按下一个按钮断开电路时,一个基于电路断开就亮灯这种策略的硬件检测系统就点亮发光二级管(LED))。不过,PP/ST 作者也可决定对一个特定的可预料的威胁环境,是否需要审计物理侵害。如果需要,PP/ST 作者应在审计事件列表中包括合适的要求。注意加入这些要求可能会对硬件设计和它的软件接口产生影响。

J.7.2 FPT_PHP.1 物理攻击的被动检测

J.7.2.1 用户应用注释

FPT_PHP.1"物理攻击的被动检测"应在程序化方法不能对抗对 TOE 部件进行未授权物理侵害威胁时使用,负责处理对 TSF 进行未被发现的物理侵害威胁。通常应赋予授权用户验证侵害是否发生的职责。如上所述,这一组件仅提供 TSF 检测篡改的能力。应考虑在 FMT_MOF.1"安全功能行为的管理"的管理功能规范中,规定谁可以使用这一功能及如何使用这一功能。如果这一功能由非 IT 机制(如物理检查)来实现,那么就不需要管理功能。

J.7.3 FPT_PHP.2 物理攻击报告

J.7.3.1 用户应用注释

PT_PHP.2"物理攻击报告"应在程序化方法不能对抗对 TOE 部件进行未授权物理侵害威胁时使用,要求指定人员能得到有关物理侵害的通知。本组件负责处理那种尽管检测到了对 TSF 元件的物理篡改却可能不会报告的威胁。

J.7.3.2 操作

J.7.3.2.1 赋值

在 FPT_PHP.2.3 中,PP/ST 作者应提供需主动检测物理侵害的 TSF 设备/元件列表。

在 FPT_PHP.2.3 中,PP/ST 作者应指定在检测到侵害时应通知的用户或角色。用户或角色的类型可以根据 PP/ST 中包含的特定安全管理组件(来自 FMT_MOF.1“安全功能行为的管理”族)而改变。

J.7.4 FPT_PHP.3 物理攻击抵抗

J.7.4.1 用户应用注释

对某些形式的侵害,TSF 不仅有必要监测该侵害,更要真正地抵抗侵害或延滞攻击者。

当希望 TSF 设备或 TSF 元件运行在 TSF 设备或 TSF 元件自身内部的物理侵害(如观察、分析或修改)也是一个威胁的环境中时,应使用本组件。

J.7.4.2 操作

J.7.4.2.1 赋值

在 FPT_PHP.3.1 中,对那个 TSF 应为之抵抗物理侵害的 TSF 设备/元件列表,PP/ST 应为其规定侵害情景。基于技术限制和相关设备的物理暴露等考虑,这一列表可用于一个既定的 TSF 物理设备或元件的子集。应明确定义和证明这些子集。另外,TSF 应能自动响应物理侵害。此自动响应应是使设备受到保护的策略。例如,根据保密性策略,物理上“禁用”该设备,这样被保护信息就不能被检索是可接受的。

在 FPT_PHP.3.1 中,PP/ST 作者应规定 TSF 设备/元件列表,TSF 应在既定的情景中为其抵抗物理侵害。

J.8 可信恢复(FPT_RCV)

J.8.1 用户注释

本族的要求确保 TSF 能确定 TOE 是在没有削弱保护能力的情况下启动的,以及在运行中断后能在没有削弱保护能力的情况下即可恢复。本族很重要,因为 TSF 的启动状态决定了后续状态的保护。

作为对预期失效的发生、运行中断或启动的直接响应,恢复组件重建 TSF 安全状态,或是阻止向不安全状态迁移。通常,必须预期的失效包括:

a) 总是导致系统崩溃的可揭露动作失效(如关键的系统表总是不一致、由瞬间的硬件或固件故障引起的 TSF 编码内非受控的传送、电力失效、处理器失效、通信失效);

b) 导致代表 TSF 客体的部分或全部媒体变得不可访问或崩溃的媒体失效(如奇偶错误、磁盘头损坏、由磁盘头偏离引起的持续读写失灵、磁涂层损坏、磁盘表面的灰尘);

c) 由错误的管理行为或缺乏及时的管理行为造成的运行中断(如不可预知的关掉电闸、没有注意到关键的资源已被用尽、安装配置不适当)。

注意,恢复可以是完全失效或部分失效情景的恢复。完全失效可能发生在一个单一操作系统,不太可能发生在分布式的环境中。在分布式环境中,子系统可能失效,但其他部分仍能工作。另外,关键的组件可以冗余(磁盘镜像、可选路由),并且可能有检查点。因此,恢复是指恢复到一个安全状态。

在选择 FPT_RCV“可信恢复”时,应考虑 FPT_RCV“可信恢复”和 FPT_TST“TSF 自检”之间存在不同相互影响:

a) 可信恢复需求可以通过 TSF 自检结果来指示,其中自检结果指示 TSF 处于一个非安全状态并需要回到一个安全状态或进入维护模式;

b) 如上所述,可以由管理员识别出一个失效。管理员可以执行操作将 TOE 返回到一个安全状态,然后调用 TSF 自检功能确认安全状态已经达到。或者,可以调用 TSF 自检功能完成恢复过程;

c) 上述 a)和 b)的组合,TSF 自检结果指示需要可信恢复,管理员执行操作将 TOE 返回到一个安全状态,然后调用 TSF 自检功能确认安全状态已经达到;

d) 自检检测一个失效/服务中断,然后自动恢复或进入维护模式。

本族确定了一个维护模式。在这个维护模式中,不能进行正常的操作,或正常操作受严格限制,否则另外的不安全情况可能发生。通常,应只允许授权的用户访问这一模式,但究竟谁能访问这一模式的细节规定由 FMT"安全管理"类中的一个功能负责。如果 FMT"安全管理"对谁能访问这一模式没进行控制,那么若 TOE 进入这种状态,则允许任何用户恢复系统是可接受的。但实际上,由于恢复系统的用户有机会以违反 TSP 的方式配置 TOE,因此可能并不希望这样。

用于检测运行中异常情况的机制归到 FPT_TST"TST 自检"、FPT_TLS"失效保护"和负责处理"软件安全"概念的其他领域。类似地,将要求使用这些族其中一个,以支持 FPT_RCV"可信恢复"的采用,这是为了确保 TOE 能检测到何时需要恢复。

在本族中使用了"安全状态"一词。它指的是 TOE 具有一致的 TSF 数据以及 TSF 能正确地实施策略的某个状态。该状态可能是一个干净系统的初始"引导",或者是某个检查点状态。"安全状态"在 TSP 模型中定义。如果开发者提供一个安全状态的清晰定义,及它之所以被认为安全的原因,则 FPT_RCV"可信恢复"中每个组件对 ADN_SPM.1"非形式化的 TOE 安全策略模型"的依赖关系可忽略。

对于恢复,通过 TSF 的自检确认安全状态已经达到是必需的。但是,如果以某种方式执行恢复时,要求仅当达到安全状态,否则恢复失败,则此时对 FPT_TST.1"TST 检测"组件的依赖关系可忽略。

J.8.2 FPT_RCV.1 手工恢复

J.8.2.1 用户应用注释

在可信恢复族的分层体系中,只需要手工干涉的恢复是最低要求,因为它避免在无人干涉的方式下使用系统。

本组件试图在 TOE 不要求自动恢复到安全状态时使用。本组件的要求降低了由人工介入的 TOE 从一个失效或其他中断恢复后又返回到不安全状态时所带来的削弱保护能力的威胁。

J.8.2.2 评估者应用注释

授权用户仅在维护模式下可用本组件功能进行可信恢复是可接受的。应采取控制措施限制授权用户在维护模式下的访问。

J.8.2.3 操作

J.8.2.3.1 赋值

在 FPT_RCV.1.1 中,PP/ST 作者应规定失效或服务中断列表(如电力故障、审计存储耗尽、任何失效或中断)。在该失效或服务中断发生后,TSF 将进入一种维护模式。

J.8.3 FPT_RCV.2 自动恢复

J.8.3.1 用户应用注释

由于自动恢复允许机器以无人干涉的方式进行操作,所以被认为比手工恢复更有用。

通过要求在失效或服务中断后至少有一种自动恢复方法,组件 FPT_RCV.2"自动恢复"扩展了 FPT_RCB.1"手工恢复"的作用范围。它负责处理由无人干涉的 TOE 从一个失效或其他中断恢复后又返回到不安全状态时所带来的削弱保护能力的威胁。

J.8.3.2 评估者应用注释

授权用户仅在维护模式下可用本组件功能进行可信恢复是可接受的。应采取控制措施限制授权用户在维护模式下的访问。

对 FPT_RCV.2.1,TSF 开发者有责任决定可恢复的失效和服务中断集合。

假定自动恢复机制的健壮性得到了验证。

J.8.3.3 操作

J.8.3.3.1 赋值

在 FPT_RCV.1.1 中,PP/ST 作者应规定失效或服务中断列表(如电力故障、审计存储耗尽、任何失效或中断)。在该失效或服务中断发生后,TSF 将进入一种维护模式。

在 FPT_RCV.2.2 中,PP/ST 作者应规定必须可以自动恢复的失效或其他中断列表。

J.8.4 FPT_RCV.3 无过度损失的自动恢复

J.8.4.1 用户应用注释

自动恢复被认为比手工恢复更为有用,但它要冒有可能损失相当数量客体的风险。防止客体的过度损失对恢复工作提出了额外的要求。

通过要求在 TSC 中没有 TSF 数据或客体的过度损失,组件 FPT_RCV.3“无过度损失的自动恢复”扩展了 FPT_RCV.2“自动恢复”的作用范围。在 FPT_RCV.2“自动恢复”中,自动恢复机制可通过删除所有客体并将 TSF 返回到一个已知的安全状态来进行恢复。这种极端的自动恢复形式被排除在 FPT_RCV.3“无过度损失的自动恢复”之外。

本组件负责处理由无人干涉的 TOE 从一个失效或其他中断恢复后又返回到一个不安全状态,并伴随着 TSC 内 TSF 数据或客体大量损失时所带来的削弱保护能力的威胁。

J.8.4.2 评估者应用注释

授权用户仅在维护模式下可用本组件功能进行可信恢复是可接受的。应采取控制措施限制授权用户在维护模式下的访问。

假定评估者将验证自动恢复机制的健壮性。

J.8.4.3 操作

J.8.4.3.1 赋值

在 FPT_RCV.3.1 中,PP/ST 作者应规定失效或服务中断列表(如电力故障、审计存储耗尽、任何失效或中断)。在该失效或服务中断发生后,TSF 将进入一种维护模式。

在 FPT_RCV.3.2 中,PP/ST 作者应规定必须可以自动恢复的失效或其他中断列表。

在 FPT_RCV.3.3 中,PP/ST 作者规定一个可接受的 TSF 数据或客体的损失数量。

J.8.5 FPT_RCV.4 功能恢复

J.8.5.1 用户应用注释

功能恢复要求如果 TSF 发生了某个失效,则 TSF 中的某些 SF 要么能成功地完成,要么恢复到一个安全的状态。

J.8.5.2 操作

J.8.5.2.1 赋值

在 FPT_RCV.4.1 中,PP/ST 作者应规定 SF 和失效情景的列表。任何一种已被标识的失效情景发生时,已规定的 SF 必须要么成功地完成,要么恢复到一个安全状态。

J.9 重放检测(FPT_RPL)

J.9.1 用户注释

本族负责处理对不同类型实体的重放检测以及随后的纠正行为。

J.9.2 FPT_RPL.1 重放检测

J.9.2.1 用户应用注释

此处包括的实体的例子有:消息、服务请求、服务响应或会话。

J.9.2.2 操作

J.9.2.2.1 赋值

在 FPT_RPL.1.1 中,PP/ST 作者应提供能进行重放检测的既定实体列表。这些实体的例子可能包括：消息、服务请求、服务响应和用户会话。

在 FPT_RPL.1.2 中，PP/ST 作者应规定当检测到重放时 TSF 应采取的动作列表。可采取的可能的动作包括：忽略被重放的实体、请求确认来自确定来源的实体、终止重放实体的原发主体。

J.10 引用仲裁(FPT_RVM)

J.10.1 用户注释

本族中的组件负责处理一个传统基准监视器的“总是被调用”这个方面。相对于 TSC 来说，这些组件的目的是：当相对于部分或全部 SFP 不可信的主体对由 SFP 控制的客体调用需要执行策略的活动时，确保这些活动都由 TSF 根据 SFP 加以确认。如果实施 SFP 的 TSF 的这一部分也满足 FPT_SEP“域分离”和 ADV_INT“TSF 内部”中适当组件的要求，那么 TSF 的这部分就为该 SFP 提供了一个“基准监视器”。

基准监视器是 TSF 负责执行 TSP 的那个部分，它有以下三个特征：

a) 不可信主体不能干涉它的操作，即它是防篡改的。这由 FPT_SEP“域分离”族中的组件来解决。

b) 不可信主体不能旁路它的检查，即它是总是被调用的。这由 FPT_RVM“引用仲裁”族的组件来解决。

c) 它足够简单，易于分析且行为易懂(即它的设计概念十分简单)。这由 ADV_INT“TSF 内部”族中的组件来解决。

这一组件指出：“TSF 应确保在允许 TSC 内每一项功能继续进行之前，TSP 执行功能都已被调用并成功”。在任何系统(分布式或其他形式)中，都只有有限个功能对 TSP 的执行负责。这一要求中没有任何有关强制或规定调用单个功能以处理安全的内容。相反，它允许由多个功能来充当基准监视器角色，这些负责执行 TSP 的功能合在一起就被称作基准监视器。但是，它必须与保持基准监视器的简单性目的相平衡。

当且仅当相对于任何或全部 SFP 不可信得主体所请求的所有可执行动作(例如对客体的访问)都在完成之前被 TSF 确认，实现该 SFP 的一个 TSF 才能提供有效保护以对抗未授权功能。如果可执行动作被不正确地执行或旁路的话，则 SFP 的整体执行力已被削弱。这样，“不可信”主体就能通过多种未授权的途径旁路此 SFP(如避开对某些主体或客体的存取校验、旁路对由应用程序提供保护的客体的检查、保留访问权限超过其预定的有效期、旁路对被审计动作的审计或旁路鉴别机制)。注意，术语“不可信主体”指的是相对于任何或全部正被执行的特定 SFP 不可信的主体；一个主体可能对于一个 SFP 是可信的，而对于另一个不同的 SFP 是不可信的。

J.10.2 FPT_RVM.1 TSP 的不可旁路性

J.10.2.1 用户应用注释

为实现与基准监视器的等价，本组件必须与 FPT_SEP.2“SFP 域分离”或 FPT_SEP.3“完全的基准监视器”和 ADV_INT.3“复杂性最小化”一起使用。进一步，如果要求完全的引用仲裁的话，那么选自 FDP“用户数据保护”类的组件必须涵盖所有的客体。

J.11 域分离(FPT_SEP)

J.11.1 用户注释

本族的组件确保至少有一个安全域可用于 TSF 自己的执行，并保护该 TSF 不被不可信主体从外部干扰和篡改(如修改 TSF 代码或数据结构)。满足本族的要求，TSF 将具有自我保护能力，即不可信主体将不能修改或破坏该 TSF。

本族的要求如下：

a) 将 TSF 的安全域(“保护域”)的资源和该域外主体及非受限实体的资源相分离，这样，保护域外的实体就不能观察或修改保护域内的 TSF 数据或 TSF 代码。

b) 域间的传送是受控的，这样，就不能随意地进入保护域或随意从保护域返回。

c) 通过地址传递方式传到保护域的用户或应用程序参数，都应根据保护域地址空间进行校验，而通过其值传递方式传到保护域的那些用户或应用参，则应根据该保护域所期望的值进行校验。

d) 除了通过 TSF 控制的共享部分外，主体的安全域都是截然不同的。

只要要求相信 TSF 还没被破坏，就需要本族。

为了获得一个基准监视器的等价物，本族内的组件 FPT_SEP.2"SFP 域分离"、或 FPT_SEP.3"完全的基准监视器"必须与 FPT_RVM.1"TSP 的不可旁路性"和 ADV_INT.3"复杂性最小化"一起使用。进一步，如果要求有完整的引用仲裁的话，那么选自 FDP"用户数据保护"类的组件必须涵盖所有的客体。

J.11.2 FPT_SEP.1 TSF 域分离

J.11.2.1 用户应用注释

如果 TSF 没有一个独立的保护域，就不能保证 TSF 没有受到不可信主体的篡改攻击。这些攻击可包括修改 TSF 代码或 TSF 数据结构。

J.11.3 FPT_SEP.2 SFP 域分离

J.11.3.1 用户应用注释

TSF 提供的最重要的功能在于执行其 SFP。为了简化设计和增加那些重要 SFP 展现基准监视器(RM)特性，特别是防篡改保护的可能性，它们必须处在与 TSF 的其他部分所不同的域中。

J.11.3.2 评估者应用注释

按层次设计的基准监视器可提供超出 SFP 的功能是可能的，这是层次化软件设计所致。目标应是将与非 SFP 相关功能个数降到最小。

注意，对基准监视器来说，所有包含的 SFP 在一个单独的基准监视器域内和有多个基准监视器域(每一个域执行一个或多个 SFP)都是可接受的。如果 SFP 存在多个基准监视器域的话，则他们之间是对等的或是存在层次关系都是可接受的。

对于 FPT_SEP.2，"TSF 的未隔离部分"指的是 TSF 中没有被 FPT_SEP.3.2 涵盖的那些功能组成的 TSF 部分。

J.11.3.3 操作

J.11.3.3.1 赋值

在 FPT_SEP.2.3 中，PP/ST 作者应规定 TSP 中需要有一个单独域的访问控制或信息流控制 SFP。

J.11.4 FPT_SEP.3 完全的基准监视器

J.11.4.1 用户应用注释

TSF 提供的最重要的功能是执行 SFP。这一组件构建在前一个组件意图的基础上，这是通过要求所有的访问控制或信息流控制 SFP 必须在一个与 TSF 其他部分截然不同的域内实现的。进一步简化设计，并增加在 TSF 内发现基准监视器(RM)特性(特别是防篡改保护)的可能性。

J.11.4.2 评估者应用注释

按层次设计的基准监视器可提供超出 SFP 的功能是可能的，这是层次化软件设计所致。目标应是将与非 SFP 相关功能个数降到最小。

注意，对基准监视器来说，所有包含的 SFP 在一个单独的基准监视器域内和有多个基准监视器域(每一个域执行一个或多个 SFP)都是可接受的。如果 SFP 存在多个基准监视器域的话，则他们之间是对等的或是存在层次关系都是可接受的。

J.12 状态同步协议(FPT_SSP)

J.12.1 用户注释

分布式系统由于系统不同部分之间潜在的状态差别和通信延迟,可能会比单一系统更复杂。在大多数情况下,分布式功能间的状态同步涉及一个交换协议,而不是一个简单的动作。当这些协议所处的分布式环境中存在蓄意的危害时,就需要更为复杂的防御协议。

FPT_SSP"状态同步协议"规定了关于TSF某些关键安全功能如何使用可信协议的要求。FPT_SSP"状态同步协议"确保TOE的两个分布式部分(如主机)在完成一个安全有关的活动之后,已将他们的状态同步。

有些状态可能永远不能被同步,或实际使用所需代价太高:以加密密钥撤消为例,撤消活动被初始化后的状态可能永远是不可知的:或者是采取了活动但回执不能发出,或者是敌意的通信方忽略了这一信息且永远不执行撤消。不确定性是分布式系统所特有的,不确定性和状态同步是相关的,可使用相同的解决方案。不确定的状态不能通过设计来解决,PP/ST作者应针对此情况指出其他要求(如发出警报、审计事件)。

J.12.2 FPT_SSP.1 简单的可信回执

J.12.2.1 用户应用注释

本组件要求TSF在收到请求时必需为TSF的其他部分提供回执。这一回执应表明分布式TOE的一个部分成功地接收到了来自分布式TOE其他不同部分的未被修改的传送。

J.12.3 FPT_SSP.2 相互的可信回执

J.12.3.1 用户应用注释

本组件要求TSF除了能对一个数据传送的接收提供回执外,还必须应答其他TSF部分对该回执给出一个回执的请求。

例如,本地TSF发送一些数据到TSF远程部分。TSF远程部分给出成功地收到了该数据的回执,并请求TSF发送方确认它已收到这一回执。这一机制对涉及此数据传送的TSF双方都知道已成功地完成了传送提供了进一步的信任。

J.13 时间戳(FPT_STM)

J.13.1 用户注释

本族对一个TOE中可靠的时间戳功能提出要求。

PP/ST作者有责任明确解释"可靠的时间戳"的含义,并指出如何才能确定其可信。

J.13.2 FPT_STM.1 可靠的时间戳

J.13.2.1 用户应用注释

可能用到这一组件的情况包括为审计目的和安全属性到期提供可靠的时间戳。

J.14 TSF间TSF数据的一致性(FPT_TDC)

J.14.1 用户注释

在分布式或复合系统环境下,TOE或许需要与其他可信IT产品交换TSF数据(如与数据有关的SFP属性、审计信息、标识信息等等)。本族定义了一些关于在TOE的TSF和不同可信IT产品的TSF间共享和一致性解释这些属性的要求。

本族中的组件打算提出当在TOE的TSF和另一个可信IT产品的TSF之间传送TSF数据时,自动支持TSF数据一致性的要求。也有可采用完全程序化的方法来实现安全属性的一致性,但这里不提供。

本族不同于FDP_ETC和FDP_ITC,因为那两个族只涉及解决TSF和它的输入/输出媒体之间的安全属性。

如果关心 TSF 数据的完整性，应从 FPT_ITI“输出 TSF 数据的完整性”族中选择要求，这些组件规定了 TSF 能检测或检测并纠正传送中的 TSF 数据改动的要求。

J.14.2 FPT_TDC.1 TSF 间基本的 TSF 数据一致性

J.14.2.1 用户应用注释

TSF 负责维护指定功能所使用或相关联的 TSF 数据的一致性，通常存在于两个或多个可信系统之间。例如，两个不同系统的 TSF 数据可能有不同的内部约定，为了使可信 IT 产品的接收方能正确使用 TSF 数据(例如对用户数据提供象在 TOE 内部一样的保护)，TOE 和其他可信 IT 产品必须使用一个预先建立的协议来交换 TSF 数据。

J.14.2.2 操作

J.14.2.2.1 赋值

在 FPT_TDC.1.1 中，PP/ST 作者应定义一个 TSF 数据类型列表，从而当 TSF 数据在 TSF 和其他可信 IT 产品间共享时，TSF 将提供一致地解释它们的能力。

在 FPT_TDC.1.2 中，PP/ST 应规定 TSF 使用的解释规则列表。

J.15 TOE 内 TSF 数据复制的一致性(FPT_TRC)

J.15.1 用户注释

在 TOE 内部复制 TSF 数据时，需要满足本族的要求以确保 TSF 数据的一致性。如果 TOE 不同组成部分间的内部信道不能正常工作，这些复制的 TSF 数据就可能不一致。如果 TOE 内部被构造成象 TOE 组成部分的一个网络一样，则 TOE 组成部分失效时，网络连接中断时，等等，都会发生这种不一致的情况。

确保一致性的方法未在这一组件中规定。此方法可通过某种事务处理日志得到(适当的事务处理被“回退”到某一点重新连接)；通过同步协议可更新被复制的数据。如果 PP/ST 需要特定的协议，可以通过细化来指定。

某些状态的同步几乎不可能，或同步的开销太大。例如通信信道和加密密钥的撤销。不确定状态也可能发生；如果期望某个特定的行为，应通过细化来规定。

J.15.2 FPT_TRC.1 内部 TSF 的一致性

J.15.2.1 操作

J.15.2.1.1 赋值

在 FPT_TRC.1.2 中，PP/ST 作者应规定依赖于 TSF 数据复制一致性的 SF 列表。

J.16 TSF 自检(FPT_TST)

J.16.1 用户注释

本族定义了一些关于 TSF 自检的要求，这些检测与某些期待的正确操作有关。如执行功能的接口和 TOE 关键部分的抽样算术运算。这些检测可在启动时进行，或周期性地进行，或应授权用户的请求进行，或满足其他条件时进行。TOE 根据自检结果所采取的动作在其他族中定义。

本族的要求也用于检测由多种失效造成的 TSF 可执行代码(如 TSF 软件)和 TSF 数据损坏，这种检测并不需要 TOE 停止工作(这将由别的族处理)。因为这些失效不可避免，故必须执行这些检查。这些失效可能是由不可预见的失效方式或硬件、固件、软件设计的某些忽略所造成，也可能由于逻辑的或物理的保护不充分导致 TSF 恶意损坏所造成。

另外，在合适的条件下，作为维护活动的结果，使用这一组件可帮助防止不合适的或有害的 TSF 更改被应用到一个运行中的 TOE 上。

“TSF 正确操作”主要是指 TSF 软件操作和 TSF 数据的完整性。实现 TSF 软件的抽象机是通过依靠 FPT_AMT“底层抽象机测试”来检测的。

J.16.2 FPT_TST.1 TSF 检测

J.16.2.1 用户应用注释

这一组件通过要求能够调用检测功能和检查 TSF 数据和可执行代码的完整性，对 TSF 操作的关键功能的检测提供支持。

J.16.2.2 评估者应用注释

授权用户可用于周期性检测的功能仅在离线或维护模式下有用是可接受的。在这些模式下，应采用控制措施限制授权用户的访问。

J.16.2.3 操作

J.16.2.3.1 选择

在 FPT_TST.1.1 中，PP/ST 作者应规定何时 TSF 将执行 TSF 检测：在初始化启动期间，在正常工作期间周期性地，授权用户要求时或在其他条件下。如果选择了最后一项，PP/ST 作者还应通过以下的赋值具体规定这些条件。

在 FPT_TST.1.1 中，PP/ST 作者应规定执行自检是为了证明整个 TSF 的正确操作，还是 TSF 的某些指定组成部分的正确操作。

J.16.2.3.2 赋值

在 FPT_TST.1.1 中，如果选择了“满足产生自检的条件时”，PP/ST 作者应规定应进行自检的条件。

在 FPT_TST.1.1 中，如果选择了“TSF 的某些组成部分”，PP/ST 作者应规定应该被 TSF 自检的 TSF 组成部分列表。

J.16.2.3.3 选择

在 FPT_TST.1.2 中，PP/ST 作者应规定是验证所有 TSF 数据的完整性，还是仅验证所选 TSF 数据的完整性。

J.16.2.3.4 赋值

在 FPT_TST.1.2 中，如果选择了“TSF 的部分数据”，PP/ST 作者应规定将要被验证完整性的 TSF 数据列表。

附 录 K
（规范性附录）
FRU 类:资源利用

本类提供三个族以支持所需资源的可用性，诸如处理能力或存储容量。“容错”族提供保护以防止由 TOE 失效引起的能力不可用。“服务优先级”族确保资源将被分配到更重要的或时间要求更苛刻的任务中，而且不能被优先级低的任务所独占。“资源分配”族提供可用资源的使用限制，从而防止用户独占资源。

本类的组件构成分解如图 K.1 所示。

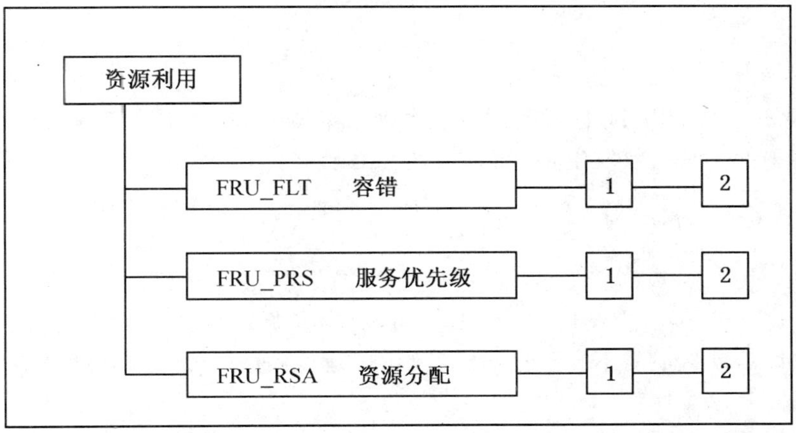

图 K.1 FRU 资源利用类分解

K.1 容错(FRU_FLT)

K.1.1 用户注释

本族提供即使在发生失效时能力的可用性要求。失效的例子有电力中断、硬件故障、软件错误。发生这些错误时，如果按本族规定，TOE 将维持规定的能力。例如，PP/ST 作者可能规定，在电力中断或通信中断时，一个核工厂所使用的 TOE 将继续执行关闭程序操作。

因为在强制要求遵守 TSP 的情况下，TOE 只能继续它的正确操作，这样就要求系统必须在失效发生后保持一个安全状态。这种能力由 FPT_FLS.1“降级容错”提供。

提供容错的机制可以是主动的或被动的。如果是一个主动机制，特定的功能在错误发生时将会被激活。例如，火警就是一种主动机制：TSF 将监测火情并能采取措施，如将运行切换到一个备份上。在被动方案中，TOE 的构造使其能处理错误。例如，使用带多个处理器的一个多数票表决系统就是一个被动的解决方案，这样其中一个处理器失效并不会扰乱整个 TOE 的运行(尽管需要对其进行检测以便允许更正)。

对于本族，失效的发生是偶然的(如洪灾或错拔设备)还是有意的(如独占)并不重要。

K.1.2 FRU_FLT.1 降级容错

K.1.2.1 用户应用注释

本组件规定在系统发生失效之后 TOE 仍将提供的能力。由于难以描述所有的特定失效，但可以规定失效的类别。一般失效的例子有计算机房进水、电力短暂中断、CPU 或主机的崩溃、软件错误或缓冲区溢出等。

K.1.2.2 操作

K.1.2.2.1 赋值

在 FRU_FLT.1.1 中,PP/ST 作者应规定在某个特定的失效发生期间或发生之后 TOE 将保持的能力列表。

在 FRU_FLT.1.1 中,PP/ST 作者应规定一个失效类型列表,对 TOE 必须加以明确保护以防止这些失效。如果列表中的一种失效发生,TOE 仍能继续运行。

K.1.3 FRU_FLT.2 受限容错

K.1.3.1 用户应用注释

本组件规定在哪种失效是 TOE 必须防止的。由于难以描述所有的特定失效,但可以规定失效的类别。一般失效的例子有计算机房进水、电力短暂中断、CPU 或主机的崩溃、软件错误或缓冲区溢出等。

K.1.3.2 操作

K.1.3.2.1 赋值

在 FRU_FLT.2.1 中,PP/ST 作者应规定一个失效类型列表,对 TOE 必须加以明确保护以防止这些失效。如果列表中的一种失效发生,TOE 仍能继续运行。

K.2 服务优先级(FRU_PRS)

K.2.1 用户注释

本族的要求允许 TSF 通过控制用户和主体对 TSC 内资源的使用,使得 TSC 内高优先级活动的完成总是不受低优先级活动造成的不当干扰或延迟影响。换句话说,时间敏感度高的任务不会被时间敏感度低的任务耽搁。

本族可被适用于几种不同类型的资源,如处理能力、通信信道容量。

“服务优先级”机制可以是被动的,也可以是主动的。在一个被动的服务优先级系统中,对两个等待中的应用作选择时,系统会选择具有最高优先级的任务。使用被动服务优先级机制时,当一个低优先级的任务正在运行时,它不能被另一个高优先级的任务中断。而当使用主动服务优先机制时,低优先级的任务则有可能被新的高优先级的任务中断。

审计要求规定所有拒绝的原因都应被审计。有关一个操作不被拒绝而只是延缓执行的问题留给开发者去考虑。

K.2.2 FRU_PRS.1 有限服务优先级

K.2.2.1 用户应用注释

本组件定义一个主体的优先级,并指出对何种资源将使用这一优先级。如果一个主体打算对由服务优先级要求控制的一个资源采取动作,那么其访问或访问时间将取决于该主体的优先级、当前活动的主体的优先级和仍在队列中的主体的优先级。

K.2.2.2 操作

K.2.2.2.1 赋值

在 FRU_PRS.1.2 中,PP/ST 作者应规定 TSF 为之实施服务优先级的受控资源列表(诸如进程、磁盘空间、内存、带宽等资源)。

K.2.3 FRU_PRS.2 全部服务优先级

K.2.3.1 用户应用注释

本组件定义一个主体的优先级。TSC 中所有可共享资源都服从服务优先级机制。如果一个主体打算对一个可共享的 TSC 资源采取动作,那么其访问或访问时间将取决于该主体的优先级、当前活动的主体的优先级和仍在队列中的主体的优先级。

K.3 资源分配(FPR_RSA)

K.3.1 用户注释

本族的要求允许 TSF 通过控制用户和主体对资源的使用,使得不因其他用户或主体未授权地独占资源而出现拒绝服务。

资源分配规则允许通过建立配额或其他方式来定义为特定用户或主体分配的资源空间或时间量的限度。例如,这些规则可以:

——规定客体配额,限制某一特定用户可以分配的客体数量或大小。

——控制预先指定资源单位的分配/取消分配,这些单位受 TSF 的控制。

一般来讲,这些功能将通过使用赋给用户和资源的属性来实现。

这些组件的目的是为了在用户和主体间保证一定的公平(如单个的用户不能分配所有的可用空间)。由于资源的分配常常超出了一个主体的生命期(即文件通常比产生它们的应用存在的时间更长),并且同一用户对主体的多个实例化不应对其他用户产生太多的负面影响,这些组件允许分配限值与用户相关。有些情况下,资源是按主体来分配的(如主内存或 CPU 周期),在那些实例中,这些组件允许资源在主体层面上进行分配。

本族的重点在对资源分配提出要求,而没有对资源本身的使用提出要求。因而审计要求也适用于资源的分配,而不是资源的使用。

K.3.2 FRU_RSA.1 最高配额

K.3.2.1 用户应用注释

本组件对仅应用于 TOE 中一组特定的可共享资源的配额机制提出了要求。这些要求允许配额关联一个用户,或者如适用于 TOE 一样可以赋给用户组或主体。

K.3.2.2 操作

K.3.2.2.1 赋值

在 FRU_RSA.1.1 中,PP/ST 作者应规定需要最大资源分配限值的受控资源列表(如进程、磁盘空间、内存、带宽)。如果 TSC 中的所有资源都需包括在内的话,那么可规定为"所有 TSC 资源"。

K.3.2.2.2 选择

在 FRU_RSA.1.1 中,PP/ST 作者应选择是将最高配额应用到单个用户,到预定义的用户组,到主体,还是到它们的任何组合上。

在 FRU_RSA.1.1 中,PP/ST 作者应选择最高配额是在任何给定时间(同时)都可使用,还是在某一规定的时间间隔内可使用。

K.3.3 FRU_RSA.2 最低和最高配额

K.3.3.1 用户应用注释

本组件对仅应用于 TOE 中的一组特定的可共享资源的配额机制提出了要求。这些要求允许配额关联一个用户,或者如适用于 TOE 一样可能赋给用户组。

K.3.3.2 操作

K.3.3.2.1 赋值

在 FRU_RSA.2.1 中,PP/ST 作者应规定需要最大和最小资源分配限值的受控资源列表(如进程、磁盘空间、内存、带宽)。如果 TSC 中的所有资源都需包括在内的话,那么可规定为"所有 TSC 资源"。

K.3.3.2.2 选择

在 FRU_RSA.2.1 中,PP/ST 作者应选择是将最高配额应用到单个用户,到预定义的用户组,到主体,还是到它们的任何组合上。

在 FRU_RSA.2.1 中,PP/ST 作者应选择最高配额是在任何给定时间(同时)都可使用,还是在某一规定的时间间隔内可使用。

K.3.3.2.3 赋值

在 FRU_RSA.2.2 中,PP/ST 作者应规定需要对其最小分配限值进行设定的受控资源(例如进程、磁盘空间、内存、带宽)。如果 TSC 中的所有资源都需包括在内的话,则可规定为“所有 TSC 资源”。

K.3.3.2.4 选择

在 FRU_RSA.2.2 中,PP/ST 作者应选择是将最低配额应用到单个用户,到规定的用户组,到主体,还是到它们的任何组合上。

在 FRU_RSA.2.2 中,PP/ST 作者应选择最低配额是在任何给定时间(同时)都可使用,还是在某一规定的时间间隔内可使用。

附 录 L
（规范性附录）
FTA 类:TOE 访问

用户会话的建立通常包括一个或多个主体的创建,这个(些)主体在 TOE 中代表用户执行操作。在会话建立过程的最后,倘若 TOE 的访问要求都已满足,所创建的主体则具有由标识和鉴别功能决定的属性。本族规定了控制一个用户会话的建立的功能要求。

一个用户会话被定义为一个周期,它开始于标识/鉴别时间,更恰当地说是开始于用户和系统之间进行交互时,止于所有与会话相关的主体(资源和属性)都已撤销分配时。

图 L.1 给出了本类具体组件的分解情况。

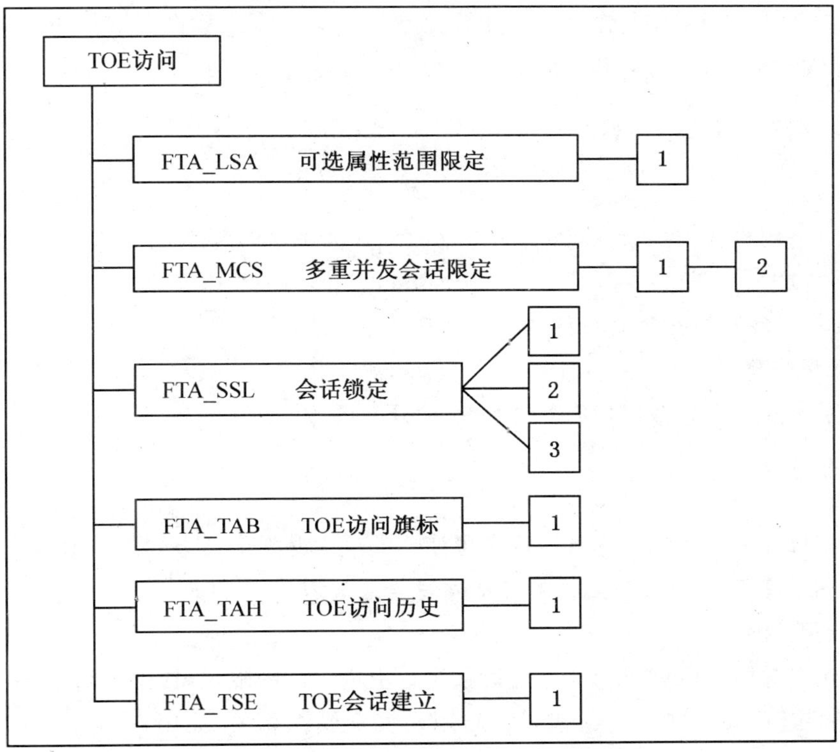

图 L.1 FTA TOE 访问类分解

L.1 可选属性范围限定(FTA_LSA)

L.1.1 用户注释

本族定义了一些要求,将限制一个用户可能选择的会话安全属性和一个用户可以被绑定到的主体,这些限定取决于:访问方法、访问的位置或端口、时间(如一日的某些时间、一周的某些天)。

本族使 PP/ST 作者能为 TSF 规定一些要求,以基于环境条件对授权用户的安全属性范围设置限度。例如,可允许一个用户在正常的工作时间内建立一个"秘密会话",但在除此之外的时间里该用户就可能会受到制约,只能建立"非保密会话"。可选属性范围相关限定的识别可用选择操作来完成。这些限定可按逐个属性来应用。当需要规定对多个属性的限定时,这一组件就必须被复制到每一属性上。

可用于限制会话安全属性的属性例子有：

a) 访问方法可用于规定用户将在何种环境下工作(如文件传送协议、终端、vtam)。

b) 访问位置可用于限定基于用户访问位置或访问端口的用户可选属性域。这种能力主要用于使用拔号设备或网络设备的环境中。

c) 访问时间可用来限定一个用户可选属性域。例如，时间范围可基于一日的某些时间、一周的某些天或日历日期。这一限定提供了一些操作性的保护，以防止用户行为在未实施正确的监测或正确的程序性措施时就能发生。

L.1.2 FAT_LSA.1 可选属性范围限定

L.1.2.1 操作

L.1.2.1.1 赋值

在 FTA_LSA.1.1 中，PP/ST 作者应规定要受到限制的会话安全属性集。这些会话安全属性的例子有用户许可级别、完整性级别和角色。

在 FTA_LSA.1.1 中，PP/ST 作者应规定可用于决定会话安全属性范围的属性集，这些属性的例子有用户身份、原发地点、访问时间和访问方法。

L.2 多重并发会话限定(FTA_MCS)

L.2.1 用户注释

本族定义了一个用户在同一时间可以拥有多少个会话(并发会话)。并发会话数也可为一组用户或为每一个单独用户设置。

L.2.2 FTA_MCS.1 多重并发会话的基本限定

L.2.2.1 用户应用注释

本组件允许系统限制会话数以便有效地使用 TOE 的资源。

L.2.2.2 操作

L.2.2.2.1 赋值

在 FTA_MCS.1.2 中，PP/ST 作者应规定可使用的最大并发会话数的默认值。

L.2.3 FTA_MCS.2 基于每个用户属性的多重并发会话限定

L.2.3.1 用户应用注释

本组件通过允许对用户可调用的并发会话数进行更进一步的限定，提供了超出 FTA_MCS.1“多重并发会话的基本限定”的额外能力。这些限定与用户安全属性相关，如用户的身份或某个角色的成员资格。

L.2.3.2 操作

L.2.3.2.1 赋值

在 FTA_MCS.2.1 中，PP/ST 作者应规定决定最大并发会话数的规则。一个规则的例子是“如果用户的分类级别为‘秘密的’，则最大并发会话数为 1，否则为 5”。

在 FTA_MCS.2.2 中，PP/ST 作者应规定可使用的最大并发会话数的默认值。

L.3 会话锁定(FTA_SSL)

L.3.1 用户注释

本族为 TSF 定义了一些要求，以为交互式会话提供锁定和解锁能力(如键盘锁定)。

当一个用户直接与 TOE 中的主体进行交互(交互会话)时，用户的终端在无人照管的情况下很容易受到攻击。本族为 TSF 提供了一些要求,在规定时间内不活动时,锁定终端或终止会话,并要求用户可以发起终端的锁定行为。为了重新激活终端,必须发生由 PP/ST 作者规定的一个事件,如用户再次鉴别。

如果一个用户在一段时间内没有向 TOE 提供任何刺激,则认为该用户是非活动的。

PP/ST 作者应考虑是否应该把 FTP_TRP.1“可信路径”包括进去。那样的话,“会话锁定”功能应包括在 FTP_TRP.1“可信路径”的操作中。

L.3.2 FTA_SSL.1 TSF 原发会话锁定

L.3.2.1 用户应用注释

FTA_SSL.1“TSF 原发会话锁定”为 TSF 提供了在规定的一段时间后锁定一个活动的用户会话的能力。锁定一个终端可防止通过使用被锁定终端与现有活动会话进行任何进一步的交互。

如果覆写显示设备,则替代内容不必是静态的(即允许“屏幕保护”)。

本组件允许 PP/ST 作者规定何种事件将解锁会话。这些事件可能与终端(如用固定的一组按键来解锁会话)、用户(如重鉴别)或时间有关。

L.3.2.2 操作

L.3.2.2.1 赋值

在 FTA_SSL.1.1 中,PP/ST 作者应规定将触发交互式会话的锁定的用户不活动的时间间隔。如果期望这样,PP/ST 作者可通过这一赋值规定这一时间间隔的设置是留给授权管理者还是用户。FMT 类中的管理功能可规定修改这一时间间隔或将其设为默认值的能力。

在 FTA_SSL.1.2 中,PP/ST 作者应规定解锁会话之前应发生的事件。例如这一事件可能是“用户重鉴别”或“用户输入解锁按键序列”。

L.3.3 FTA_SSL.2 用户原发锁定

L.3.3.1 用户应用注释

FTA_SSL.2“用户原发锁定”向授权用户提供了锁定和解锁自己的终端的能力。这使得授权用户无需终止活动的会话,就能有效地阻止进一步使用他们的活动会话。

如果覆写显示设备,则替代内容不必是静态的(即允许“屏幕保护”)。

L.3.3.2 操作

L.3.3.2.1 赋值

在 FTA_SSL.2.2 中,PP/ST 作者应规定解锁会话之前应发生的事件。例如这一事件可能是“用户重鉴别”或“用户输入解锁按键序列”。

L.3.4 FTA_SSL.3 TSF 原发终止

L.3.4.1 用户应用注释

FTA_SSL.3“TSF 原发终止”要求 TSF 在用户一段时间不活动后终止一个交互式用户会话。

PP/ST 作者应意识到,在用户终止其活动后,会话可能仍在继续,如后台处理。在用户一段时间不活动后,不管主体处于何种状态,本要求将终止该后台主体。

L.3.4.2 操作

L.3.4.2.1 赋值

在 FTA_SSL.3.1 中,PP/ST 作者应规定将触发一个交互式会话锁定的用户不活动的时间间隔。如果期望这样,PP/ST 作者可通过这一赋值规定这一时间间隔的设置是留给授权管理者还是用户。FMT 类中的管理功能可规定修改这一时间间隔或将其设为默认值的能力。

L.4 TOE 访问旗标(FTA_TAB)

L.4.1 用户注释

在标识和鉴别之前,TOE 访问要求为 TOE 提供了向潜在用户显示有关慎用 TOE 的一个劝告性警示信息的能力。

L.4.2 FTA_TAB.1 缺省的 TOE 访问旗标

L.4.2.1 用户应用注释

本组件要求对 TOE 的未经授权使用存在一个劝告性警示。PP/ST 作者可细化这一要求以包含一个缺省旗标。

L.5 TOE 访问历史(FTA_TAH)

L.5.1 用户注释

本族为 TSF 定义了一些要求,要求在与 TOE 成功地建立了会话后,向用户显示那些对该帐户的不成功访问尝试的历史记录。这些历史记录包括日期、时间、访问方法、最后一次成功访问 TOE 的端口,以及已标识用户自上次成功访问以来企图访问这个 TOE 的未成功尝试次数。

L.5.2 FTA_TAH.1 TOE 访问历史

L.5.2.1 用户应用注释

本族可向授权用户提供可预示其用户帐号可能被滥用的信息。

本组件要求向用户呈现这些信息。用户应能够查阅这些信息,但并不强制这么做。如果一个用户查阅这些信息的话,他可以创建忽视这些信息并开始其他处理的角本。

L.5.2.2 操作

L.5.2.2.1 选择

在 FTA_TAH.1.1 中,PP/ST 作者应选择将在用户界面上显示的最后一次成功会话建立的安全属性,包括:日期、时间、访问方法(如 FTP)或位置(如终端 50)。

在 FTA_TAH.1.2 中,PP/ST 作者应选择将在用户界面上显示的最后一次不成功会话建立的安全属性,包括:时间、日期、访问方法(如 FTP)或位置(如终端 50)。

L.6 TOE 会话建立(FTA_TSE)

L.6.1 用户注释

本族定义了拒绝允许一个用户与 TOE 建立会话的要求,基于下面的属性:如访问位置或端口、用户安全属性(如用户身份、许可级别、完整性级别、一个角色中的成员)、时间范围(如一日的某些时间、一周的某些天、日历日期)或这些参数的组合。

本族为 PP/ST 作者提供如下能力:可规定一些要求,要求 TOE 能限制一个授权用户与 TOE 建立会话的能力。相关限制的标识可用选择操作来完成。可用来规定会话建立限制的属性如:

a) 基于用户的访问位置或端口,访问位置可用来限制一个用户与 TOE 建立一个活动会话的能力。这一能力尤其可用在使用拨号设备或网络设备的环境中。

b) 用户的安全属性可用来限制一个用户与 TOE 建立一个活动会话的能力。例如,这些属性将提供基于下述各项拒绝会话建立的能力:

——用户身份;

——用户许可级别;

——用户完整性级别；

——在一个角色中用户的成员资格。

这一能力尤其与授权或登录可发生在不同地点、TOE访问核查都要被执行的情形相关。

c) 基于时间范围，访问时间可用来限制一个用户与TOE建立活动会话的能力。例如，时间范围可基于一日的某些时间、一周的某些天或日历日期。这一限制提供了一些操作性的保护，防止一些动作在未实施正确的监测或正确的程序性措施时就能发生。

L.6.2 FTA_TSE.1 TOE会话建立

L.6.2.1 操作

L.6.2.1.1 赋值

在FTA_TSE.1.1中，PP/ST作者应规定可用于限制会话建立的属性。例如可能的属性有用户身份、原发地点（如非远程终端）、访问时间（如外部时间）或访问方法（如X-windows）。

附 录 M
（规范性附录）
FTP 类：可信路径/信道

用户经常需要直接与 TSF 进行交互来执行一些功能。一条可信路径提供了一种信任，即用户无论何时都可调用 TSF 直接与之通信。通过可信路径的用户响应确保那些不可信应用不能截取或修改用户的响应。同样，可信信道是在 TSF 和远程 IT 产品之间安全通信的一种方式。

本部分图 1.2，例示了可能发生在一个 TOE 或 TOE 网络中的各种通信类型之间的关系（如 TOE 内部传送、TSF 间传送、TSF 的控制之外的导入导出）和各种形式的可信路径和信道。

缺少一条可信路径可能引起使用不可信应用的环境中的责任可追查性或访问控制的缺失。这些应用可截取用户私有的信息，如口令，并用它来冒名顶替其他用户。因而，对所有系统行为的职责都不能可靠地赋予一个可追查责任的实体。同样，这些应用可在可信用户的显示上输出错误信息，导致用户后来的动作是错误的，进而导致安全缺失。

图 M.1 给出了本类的组件的分解图。

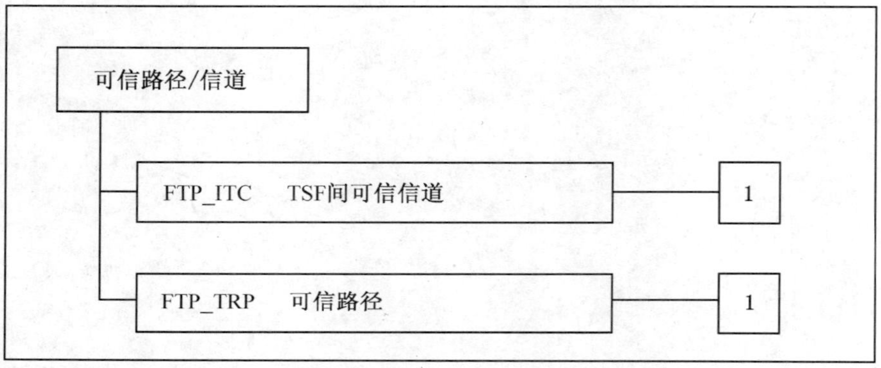

图 M.1　FTP 可信路径/信道类分解

M.1　TSF 间可信信道(FTP_ITC)

M.1.1　用户注释

本族定义了在 TSF 和其他可信 IT 产品之间为执行关键安全操作而创建可信信道连接的规则。关键安全操作的一个例子是，通过其功能是收集审计数据的可信产品传送数据，更新 TSF 鉴别数据库。

M.1.2　FTP_ITC.1 TSF 间可信信道

M.1.2.1　用户应用注释

在 TSF 和其他可信 IT 产品之间要求有可信通信信道的时候应使用这一组件。

M.1.2.2　操作

M.1.2.2.1　选择

在 FTP_ITC.1.2 中，PP/ST 作者必须规定是本地 TSF、远程可信 IT 产品还是两者都具有初始化可信信道的能力。

M.1.2.2.2　赋值

在 FTP_ITC.1.3 中，PP/ST 作者应规定要求可信信道的功能。这些功能的例子可包括用户、主体或客体安全属性的传送，以及保持 TSF 数据的一致性。

M.2 可信路径(FTP_TRP)

M.2.1 用户注释

本族定义了建立和维护用户和 TSF 间的可信通信的要求。任何与安全相关的交互都可能要求有可信路径。可信路径交换可由用户在与 TSF 进行交互的时候初始化,TSF 也可通过可信路径与用户建立通信。

M.2.2 FTP_TRP.1 可信路径

M.2.2.1 用户应用注释

当需要在用户和 TSF 之间可信通信时,不管仅是为了原发鉴别,还是为了额外的特定用户操作,宜使用本组件。

M.2.2.2 操作

M.2.2.2.1 选择

在 FTP_TRP.1.1 中,PP/ST 作者应规定可信路径是否必须扩展到远程或本地的用户。

在 FTP_TRP.1.2 中,PP/ST 作者应规定 TSF、本地用户或远程用户是否能初始化可信路径。

在 FTP_TRP.1.3 中,PP/ST 作者应规定可信路径是否应被应用于原发用户鉴别或其他特定的服务。

M.2.2.2.2 赋值

在 FTP_TRP.1.3 中,如果选择了的话,PP/ST 作者应标识需要可信路径的其他服务(如果有的话)。